UG软件应用认证指导用书

UG NX 9.0 数控加工教程

北京兆迪科技有限公司　编著

中国水利水电出版社
www.waterpub.com.cn

内 容 提 要

本书全面、系统地介绍了UG NX 9.0数控加工的技术和技巧，内容包括数控加工基础、UG NX 9.0数控加工入门、平面铣加工、轮廓铣削加工、多轴加工、孔加工、车削加工、线切割、后置处理以及数控加工综合范例等。

书中讲解所选用的范例、实例或应用案例覆盖了不同行业，具有很强的实用性和广泛的适用性。本书附有2张多媒体DVD学习光盘，制作了105个UG数控编程技巧和具有针对性的实例教学视频，并进行了详细的语音讲解，时间为7.4小时（446分钟）；光盘中还包含书中所有的教案文件、范例文件以及练习素材文件（2张DVD光盘的教学文件容量共计6.5GB）。另外，为方便UG NX低版本读者的学习，光盘中特提供了UG NX 6.0、7.0、8.0和8.5版本的素材源文件。

在内容安排上，本书紧密结合实例对UG NX数控编程加工的流程、方法与技巧进行讲解和说明，这些实例都是实际生产一线中具有代表性的例子，这样的安排可增加本书的实用性和可操作性，还能使读者较快地进入数控加工编程实战状态；在写作方式上，本书紧贴软件的实际操作界面，使初学者能够直观、准确地操作软件进行学习，从而尽快地上手，提高学习效率。

本书可作为工程技术人员学习UG NX数控加工编程的自学教程和参考书，也可作为大中专院校学生和各类培训学校学员的CAD/CAM课程上课及上机练习的教材。

图书在版编目（CIP）数据

UG NX 9.0数控加工教程 / 北京兆迪科技有限公司编著. -- 北京 : 中国水利水电出版社, 2014.4
UG软件应用认证指导用书
ISBN 978-7-5170-1876-6

Ⅰ. ①U… Ⅱ. ①北… Ⅲ. ①数控机床－加工－计算机辅助设计－应用软件－教材 Ⅳ. ①TG659-39

中国版本图书馆CIP数据核字(2014)第067626号

策划编辑：杨庆川/杨元泓　　责任编辑：宋俊娥　　封面设计：梁　燕

书　　名	UG软件应用认证指导用书 UG NX 9.0数控加工教程
作　　者	北京兆迪科技有限公司　编著
出版发行	中国水利水电出版社 （北京市海淀区玉渊潭南路1号D座　100038） 网址：www.waterpub.com.cn E-mail：mchannel@263.net（万水） sales@waterpub.com.cn 电话：（010）68367658（发行部）、82562819（万水）
经　　售	北京科水图书销售中心（零售） 电话：（010）88383994、63202643、68545874 全国各地新华书店和相关出版物销售网点
排　　版	北京万水电子信息有限公司
印　　刷	三河市铭浩彩色印装有限公司
规　　格	184mm×260mm　16开本　23.5印张　495千字
版　　次	2014年4月第1版　2014年4月第1次印刷
印　　数	0001—4000册
定　　价	48.00元（附2张DVD）

前　言

UG 是由美国 UGS 公司推出的功能强大的三维 CAD/CAM/CAE 软件系统，其内容涵盖了产品从概念设计、工业造型设计、三维模型设计、分析计算、动态模拟与仿真、工程图输出，到生产加工成产品的全过程，应用范围涉及航空航天、汽车、机械、造船、通用机械、数控（NC）加工、医疗器械和电子等诸多领域。

由于具有强大而完美的功能，UG 近几年几乎成为三维 CAD/CAM 领域的一面旗帜和标准，它在国外大学院校中已成为学习工程类专业必修的课程，也成为工程技术人员必备的技术。作为提高产品研发效率和竞争力的有效工具和手段，UG 也正在国内形成广泛应用的热潮。UG NX 9.0 是目前最新的版本，该版本在易用性、数字化模拟、知识捕捉、可用性和系统工程、模具设计和数控编程等方面进行了创新，对以前版本进行了数百项以客户为中心的改进。

本书全面、系统地介绍了 UG NX 9.0 数控加工的技术和技巧，其特色如下：

- 内容全面，与其他的同类书籍相比，包括更多的 UG 数控加工知识和内容。
- 范例丰富，对软件中的主要命令和功能，先结合简单的范例进行讲解，然后安排一些较复杂的综合范例帮助读者深入理解，灵活运用。
- 讲解详细，条理清晰，保证自学的读者能独立学习。
- 写法独特，采用 UG NX 9.0 软件中真实的对话框、菜单和按钮等进行讲解，使初学者能够直观、准确地操作软件，从而大大提高学习效率。
- 附加值高，本书附有 2 张多媒体 DVD 学习光盘，制作了 105 个 UG 数控编程技巧和具有针对性的实例教学视频，并进行了详细的语音讲解，时间为 7.4 小时（446 分钟），2 张 DVD 光盘的教学文件容量共计 6.5GB，可以帮助读者轻松、高效地学习。

本书主要参编人员来自北京兆迪科技有限公司，展迪优承担本书的主要编写工作，参加编写的人员还有周涛、黄红霞、尹泉、李行、詹超、尹佩文、赵磊、王晓萍、陈淑童、周攀、吴伟、王海波、高策、冯华超、周思思、黄光辉、党辉、冯峰、詹聪、平迪、管璇、王平、李友荣。该公司专门从事 CAD/CAM/CAE 技术的研究、开发、咨询及产品设计与制造服务，并提供 UG、ANSYS、ADAMS 等软件的专业培训及技术咨询。在本书编写过程中得到了该公司的大力帮助，在此表示衷心的感谢。读者在学习本书的过程中如果遇到问题，可通过访问该公司的网站 http://www.zalldy.com 来获得帮助。

编　者

本 书 导 读

为了能更高效地学习本书，请仔细阅读下面的内容。

读者对象

本书可作为工程技术人员学习 UG 数控加工技术的自学教程和参考书，也可作为大中专院校学生和各类培训学校学员的 CAD/CAM 课程上课及上机练习教材。

写作环境

本书使用的操作系统为 64 位的 Windows 7，系统主题采用 Windows 经典主题。本书采用的写作蓝本是 UG NX 9.0 版。

光盘使用

为方便读者练习，特将本书所有素材文件、已完成的范例文件、配置文件和视频语音讲解文件等放入随书附带的光盘中，读者在学习过程中可以打开相应的素材文件进行操作和练习。

本书附有两张多媒体 DVD 光盘，建议读者在学习本书前，先将两张 DVD 光盘中的所有文件复制到计算机的 D 盘中，然后再将第二张光盘 ugnx90.9-video2 文件夹中的所有文件复制到第一张光盘的 video 文件夹中。在 D 盘的 ugnx90.9 目录中共有 4 个子目录：

（1）ugnx90_system_file 子目录：包含一些系统文件。

（2）work 子目录：包含本书的全部已完成的实例文件。

（3）video 子目录：包含本书讲解中的视频录像文件。读者学习时，可在该子目录中按顺序查找所需的视频文件。

（4）before 子目录：为方便 UG 低版本用户和读者的学习，光盘中特提供了 UG NX 6.0、UG NX 7.0、UG NX 8.0 和 UG NX 8.5 版本的配套素材源文件。

光盘中带有 ok 的文件或文件夹表示已完成的范例。

本书约定

- 本书中有关鼠标操作的说明如下：
  - ☑ 单击：将鼠标指针移至某位置处，然后按一下鼠标的左键。
  - ☑ 双击：将鼠标指针移至某位置处，然后连续快速地按两次鼠标的左键。
  - ☑ 右击：将鼠标指针移至某位置处，然后按一下鼠标的右键。
  - ☑ 单击中键：将鼠标指针移至某位置处，然后按一下鼠标的中键。

☑ 滚动中键：只是滚动鼠标的中键，而不能按中键。
☑ 选择（选取）某对象：将鼠标指针移至某对象上，单击以选取该对象。
☑ 拖移某对象：将鼠标指针移至某对象上，然后按下鼠标左键不放，同时移动鼠标，将该对象移动到指定的位置后再松开鼠标的左键。

- 本书中的操作步骤分为 Task、Stage 和 Step 三个级别，说明如下：
  ☑ 对于一般的软件操作，每个操作步骤以 Step 字符开始。
  ☑ 每个 Step 操作视其复杂程度，其下面可含有多级子操作，例如 Step1 下可能包含（1）、（2）、（3）等子操作，（1）子操作下可能包含①、②、③等子操作，①子操作下可能包含 a)、b)、c）等子操作。
  ☑ 如果操作较复杂，需要几个大的操作步骤才能完成，则每个大的操作冠以 Stage1、Stage2、Stage3 等，Stage 级别的操作下再分 Step1、Step2、Step3 等操作。
  ☑ 对于多个任务的操作，则每个任务冠以 Task1、Task2、Task3 等，每个 Task 操作下则可包含 Stage 和 Step 级别的操作。
- 由于已建议读者将随书光盘中的所有文件复制到计算机的 D 盘中，所以书中在要求设置工作目录或打开光盘文件时，所述的路径均以“D:”开始，例如，下面是一段有关这方面的描述：

……在 查找范围(I): 下拉列表中选择文件目录 D:\ugnx90.9\work\ch02，然后在中间的列表框中选择文件 pocketing.prt，单击 OK 按钮，系统打开模型并进入建模环境。

技术支持

本书主要参编人员来自北京兆迪科技有限公司，该公司专门从事 CAD/CAM/CAE 技术的研究、开发、咨询及产品设计与制造服务，并提供 UG、ANSYS、ADAMS 等软件的专业培训及技术咨询。读者在学习本书的过程中如果遇到问题，可通过访问该公司的网站 http://www.zalldy.com 来获得技术支持。

咨询电话：010-82176248，010-82176249。

目 录

第1章 数控加工基础

本章提要

本章主要介绍数控加工的基础知识，内容包括数控编程和数控机床简述、数控加工工艺基础、高度与安全高度、数控加工的补偿、轮廓控制、顺铣与逆铣以及加工精度等。

1.1 数控加工概论

数控技术即数字控制技术（Numerical Control Technology），是指用计算机以数字指令的方式控制机床动作的技术。

数控加工具有产品精度高、自动化程度高、生产效率高以及生产成本低等特点，在制造业中，数控加工是所有生产技术中相当重要的一环。尤其是汽车或航天产业零部件，其几何外形复杂且精度要求较高，更突出了数控加工技术的优点。

数控加工技术集传统的机械制造、计算机、信息处理、现代控制、传感检测等光机电技术于一体，是现代机械制造技术的基础。数控加工技术的广泛应用给机械制造业的生产方式及产品结构带来了深刻的变化。

近年来，由于计算机技术的迅速发展，数控技术的发展相当迅速。数控技术的水平和普及程度，已经成为衡量一个国家综合国力和工业现代化水平的重要标志。

1.2 数控编程简述

数控编程一般可以分为手工编程和自动编程。手工编程是指从零件图样分析、工艺处理、数值计算、编写程序单到程序校核等各步骤的数控编程工作均由人工完成。该方法适用于零件形状不太复杂、加工程序较短的情况，而复杂形状的零件，如具有非圆曲线、列表曲面和组合曲面的零件，或形状虽不复杂但程序很长的零件，则比较适合于自动编程。

自动数控编程是从零件的设计模型（即参考模型）直接获得数控加工程序，其主要任务是计算加工进给过程中的刀位点（Cutter Location Point，CL 点），从而生成 CL 数据文件。采用自动编程技术可以帮助人们解决复杂零件的数控加工编程问题，其大部分工作由计算机来完成，使编程效率大大提高，还能解决手工编程无法解决的许多复杂形状零件的加工

编程问题。

UG NX 9.0 数控模块提供了多种加工类型，用于各种复杂零件的粗精加工，用户可以根据零件结构、加工表面形状和加工精度要求选择合适的加工类型。

数控编程的主要内容有：图样分析及工艺处理、数值处理、编写加工程序单、输入数控系统、程序检验及试切。

（1）图样分析及工艺处理。在确定加工工艺过程时，编程人员首先应根据零件图样对工件的形状、尺寸和技术要求等进行分析，然后选择合适的加工方案，确定加工顺序和路线、装夹方式、刀具以及切削参数。为了充分发挥机床的功用，还应该考虑所用机床的指令功能，选择最短的加工路线，选择合适的对刀点和换刀点，以减少换刀次数。

（2）数值处理。根据图样的几何尺寸、确定的工艺路线及设定的坐标系，计算工件粗、精加工的运动轨迹，得到刀位数据。零件图样坐标系与编程坐标系不一致时，需要对坐标进行换算。对形状比较简单的零件的轮廓进行加工时，需要计算出几何元素的起点、终点及圆弧的圆心，以及两几何元素的交点或切点的坐标值，有的还需要计算刀具中心运动轨迹的坐标值。对于形状比较复杂的零件，需要用直线段或圆弧段逼近，根据要求的精度计算出各个节点的坐标值。

（3）编写加工程序单。确定加工路线、工艺参数及刀位数据后，编程人员可以根据数控系统规定的指令代码及程序段格式，逐段编写加工程序单。此外，还应填写有关的工艺文件，如数控刀具卡片、数控刀具明细表和数控加工工序卡片等。随着数控编程技术的发展，现在大部分的机床已经直接采用自动编程。

（4）输入数控系统。输入数控系统即把编制好的加工程序，通过某种介质传输到数控系统。过去我国数控机床的程序输入一般使用穿孔纸带，穿孔纸带的程序代码通过纸带阅读器输入到数控系统。随着计算机技术的发展，现代数控机床主要利用键盘将程序输入到计算机中。随着网络技术进入工业领域，通过 CAM 生成的数控加工程序可以通过数据接口直接传输到数控系统中。

（5）程序检验及试切。程序单必须经过检验和试切才能正式使用。检验的方法是直接将加工程序输入到数控系统中，让机床空运转，即以笔代刀，以坐标纸代替工件，画出加工路线，以检查机床的运动轨迹是否正确。若数控机床有图形显示功能，可以采用模拟刀具切削过程的方法进行检验。但这些过程只能检验出运动是否正确，不能检查被加工零件的精度，因此必须进行零件的首件试切。试切时，应该以单程序段的运行方式进行加工，监视加工状况，调整切削参数和状态。

从以上内容来看，作为一名数控编程人员，不但要熟悉数控机床的结构、功能及标准，而且必须熟悉零件的加工工艺、装夹方法、刀具以及切削参数的选择等方面的知识。

1.3 数控机床

1.3.1 数控机床的组成

数控机床的种类很多，但任何一种数控机床都主要由数控系统、伺服系统和机床主体三大部分以及辅助控制系统等组成。

1. 数控系统

数控系统是数控机床的核心，是数控机床的"指挥系统"，其主要作用是对输入的零件加工程序进行数字运算和逻辑运算，然后向伺服系统发出控制信号。现代数控系统通常是一台带有专门系统软件的计算机系统，开放式数控系统就是将 PC 机配以数控系统软件而构成的。

2. 伺服系统

伺服系统（也称驱动系统）是数控机床的执行机构，由驱动和执行两大部分组成。它包括位置控制单元、速度控制单元、执行电动机和测量反馈单元等部分，主要用于实现数控机床的进给伺服控制和主轴伺服控制。它接受数控系统发出的各种指令信息，经功率放大后，严格按照指令信息的要求控制机床运动部件的进给速度、方向和位移。目前数控机床的伺服系统中，常用的位移执行机构有步进电动机、液压马达、直流伺服电动机和交流伺服电动机，其中，后两者均带有光电编码器等位置测量元件。一般来说，数控机床的伺服系统，要求有快速响应和灵敏而准确的跟踪指令功能。

3. 机床主体

机床主体是加工运动的实际部件，除了机床基础件以外，还包括主轴部件、进给部件、实现工件回转与定位的装置和附件、辅助系统和装置（如液压、气压、防护等装置）、刀库和自动换刀装置（Automatic Tools Changer，ATC）、自动托盘交换装置（Automatic Pallet Changer，APC）。机床基础件通常是指床身或底座、立柱、横梁和工作台等，它是整台机床的基础和框架。加工中心则还应具有 ATC，有的还有双工位 APC 等。与传统机床相比，数控机床的本体结构发生了很大变化，普遍采用了滚珠丝杠、滚动导轨，传动效率更高。由于现代数控机床减少了齿轮的使用数量，使得传动系统更加简单。数控机床可根据自动化程度、可靠性要求和特殊功能需要，选用各种类型的刀具破损监控系统、机床与工件精度检测系统、补偿装置和其他附件等。

1.3.2 数控机床的特点

科学技术和市场经济的不断发展，对机械产品的质量、生产率和新产品的开发周期提出了越来越高的要求。为了满足上述要求，适应科学技术和经济的不断发展，数控机床应运而生。20 世纪 50 年代，美国麻省理工学院成功地研制出第一台数控铣床。1970 年首次展出了第一台用计算机控制的数控机床（Computer Numerical Control，CNC）。图 1.3.1 所示为 CNC 数控铣床，图 1.3.2 所示为数控加工中心。

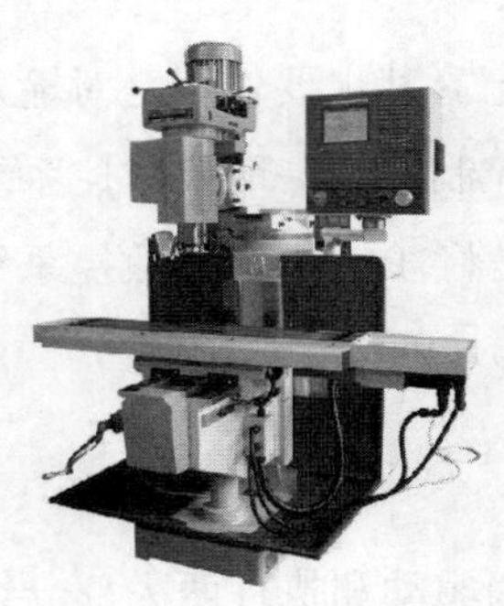

图 1.3.1 CNC 数控铣床

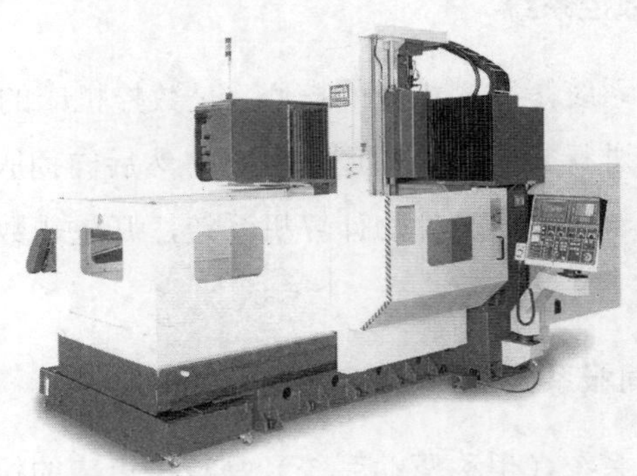

图 1.3.2 数控加工中心

数控机床自问世以来得到了高速发展，并逐渐为各国生产组织和管理者接受，这与它在加工中表现出来的特点是分不开的。数控机床具有以下主要特点：

- 高精度，加工重复性高。目前，普通数控加工的尺寸精度通常可达到±0.005mm，数控装置的脉冲当量（即机床移动部件的移动量）一般为 0.001mm，高精度的数控系统可达 0.0001mm。数控加工过程中，机床始终都在指定的控制指令下工作，消除了人工操作所引起的误差，不仅提高了同一批加工零件尺寸的统一性，而且能使产品质量得到保证，废品率也大为降低。
- 高效率。机床自动化程度高，工序、刀具可自行更换、检测。例如，加工中心在一次装夹后，除定位表面不能加工外，其余表面均可加工；生产准备周期短，加工对象变化时，一般不需要专门的工艺装备设计制造时间；切削加工中可采用最佳切削参数和走刀路线。数控铣床一般不需要使用专用夹具和工艺装备。在更换工件时，只需调用存储于计算机的加工程序、装夹工件和调整刀具数据即可，大大缩短了生产周期。更主要的是，数控铣床的万能性提高了效率，如一般的数控铣床都具有铣床、镗床和钻床的功能，工序高度集中，提高了劳动生产率，并减少了工件的装夹误差。
- 高柔性。数控机床的最大特点是高柔性，即通用、灵活、万能，可以适应加工不同形状的工件。如数控铣床一般能完成铣平面、铣斜面、铣槽、铣削曲面、钻孔、

镗孔、铰孔、攻螺纹和铣削螺纹等加工工序，而且一般情况下，可以在一次装夹中完成所需的所有加工工序。加工对象改变时，除了相应地更换刀具和解决工件装夹方式外，只需改变相应的加工程序即可，特别适应于目前多品种、小批量和变化快的生产特征。

- 大大减轻了操作者的劳动强度。数控铣床对零件加工是根据加工前编好的程序自动完成的。操作者除了操作键盘、装卸工件、中间测量及观察机床运行外，不需要进行繁重的重复性手工操作，大大减轻了劳动强度。
- 易于建立计算机通信网络。数控机床使用数字信息作为控制信息，易于与 CAD 系统连接，从而形成 CAD/CAM 一体化系统，它是 FMS、CIMS 等现代制造技术的基础。
- 初期投资大，加工成本高。数控机床的价格一般是普通机床的若干倍，且机床备件的价格也高；另外，加工首件需要进行编程、程序调试和试加工，时间较长，因此零件的加工成本也大大高于普通机床。

1.3.3　数控机床的分类

数控机床的分类有多种方式，分别介绍如下。

1．按工艺用途划分

按工艺用途分类，数控机床可分为数控钻床、车床、铣床、磨床和齿轮加工机床等，压床、冲床、电火花切割机、火焰切割机和点焊机等也都采用数字控制。加工中心是带有刀库及自动换刀装置的数控机床，它可以在一台机床上实现多种加工。工件只需一次装夹，就可以完成多种加工，这样既节省了工时，又提高了加工精度。加工中心特别适用于箱体类和壳类零件的加工。车削加工中心可以完成所有回转体零件的加工。

2．按机床数控运动轨迹划分

按机床数控运动轨迹可划分为如下几种：

（1）点位控制数控机床（PTP）：指在刀具运动时，不考虑两点间的轨迹，只控制刀具相对于工件位移的准确性。这种控制方法用于数控冲床、数控钻床及数控点焊设备，还可以用在数控坐标镗铣床上。

（2）点位直线控制数控机床：是指要求在点位准确控制的基础上，还要保证刀具的运动轨迹是一条直线，并且刀具在运动过程中还要进行切削加工。采用这种控制的机床有数控车床、数控铣床和数控磨床等，一般用于加工矩形和台阶形零件。

（3）轮廓控制数控机床（CP）：轮廓控制（亦称连续控制）是对两个或两个以上的坐标运动进行控制（多坐标联动），刀具运动轨迹可为空间曲线。它不仅能保证各点的位置，而且还能控制加工过程中的位移速度，即刀具的轨迹，既要保证尺寸的精度，还要保证形状的精度。在运动过程中，同时向两个坐标轴分配脉冲，使它们能走出要求的形状来，这就称为插补运算。它是一种软仿形加工，而不是硬仿形（靠模），并且这种软仿形加工的精度比硬仿形加工的精度高很多。这类机床主要有数控车床、数控铣床、数控线切割机和加工中心等。在模具行业中，对于一些复杂曲面的加工多使用这类机床，如三坐标以上的数控铣床或加工中心。

3．按伺服系统控制方式划分

按伺服系统控制方式可划分为开环控制、半闭环控制和闭环控制三种。

（1）开环控制是无位置反馈的一种控制方法，它采用的控制对象、执行机构多半是步进式电动机或液压转矩放大器。因为没有位置反馈，所以其加工精度及稳定性差，但其结构简单、价格低廉，控制方法简单。对于精度要求不高且功率需求不大的情况，这种数控机床还是比较适用的。

（2）半闭环控制在丝杠上装有角度测量装置作为间接的位置反馈。因为这种系统未将丝杠螺母副和齿轮传动副等传动装置包含在反馈系统中，因而称为半闭环控制系统。它不能补偿传动装置的传动误差，但却可以获得稳定的控制特性。这类系统介于开环与闭环之间，精度没有闭环高，调试比闭环方便。

（3）闭环控制系统对机床移动部件的位置直接用直线位置检测装置进行检测，再把实际测量出的位置反馈到数控装置中去，与输入指令比较看是否有差值，然后把这个差值经过放大和变换，最后驱动工作台向减少误差的方向移动，直到差值符合精度要求为止。这类控制系统，因为把机床工作台纳入了位置控制环，故称为闭环控制系统。该系统可以消除包括工作台传动链在内的运动误差，因而定位精度高、调节速度快。但由于该系统受到进给丝杠的拉压刚度、扭转刚度、摩擦阻尼特性和间隙等非线性因素的影响，给调试工作造成较大的困难。如果各种参数匹配不当，将会引起系统振荡，造成系统不稳定，影响定位精度。由于闭环伺服系统复杂和成本高，故适用于精度要求很高的数控机床，如超精密数控车床和精密数控镗铣床等。

4．按联动坐标轴数划分

按联动坐标轴数可划分为：

（1）两轴联动数控机床。主要用于三轴以上控制的机床，其中任意两轴作插补联动，第三轴作单独的周期进给，常称 2.5 轴联动。

（2）三轴联动数控机床。X、Y、Z 三轴可同时进行插补联动。

（3）四轴联动数控机床。

（4）五轴联动数控机床。除了同时控制 X、Y、Z 三个直线坐标轴联动以外，还同时控制围绕这些直线坐标轴旋转的 A、B、C 坐标轴中的两个坐标，即同时控制 5 个坐标轴联动。这时刀具可以被定位在空间的任何位置。

1.3.4 数控机床的坐标系

数控机床的坐标系统包括坐标系、坐标原点和运动方向，它对于数控加工及编程是一个十分重要的概念。每一个数控编程员和操作者，都必须对数控机床的坐标系有一个很清晰的认识。为了使数控系统规范化及简化数控编程，ISO 对数控机床的坐标系系统做了若干规定。关于数控机床坐标和运动方向命名的详细内容，可参阅 GB/T 19660—2005 的规定。

机床坐标系是机床上固有的坐标系，是机床加工运动的基本坐标系。它是考察刀具在机床上的实际运动位置的基准坐标系。对于具体机床来说，有的是刀具移动工作台不动，有的则是刀具不动而工作台移动。然而不管是刀具移动还是工件移动，机床坐标系永远假定刀具相对于静止的工件运动，同时，运动的正方向是增大工件和刀具之间距离的方向。为了编程方便，一律规定为工件固定、刀具运动。

标准的坐标系是一个右手直角坐标系，如图 1.3.3 所示。拇指指向为 X 轴正方向，食指指向为 Y 轴正方向，中指指向为 Z 轴正方向。一般情况下，主轴的方向为 Z 坐标，而工作台的两个运动方向分别为 X、Y 坐标。

若有旋转轴时，规定绕 X、Y、Z 轴的旋转轴分别为 A、B、C 轴，其方向为右旋螺纹方向，如图 1.3.4 所示。旋转轴的原点一般定在水平面上。

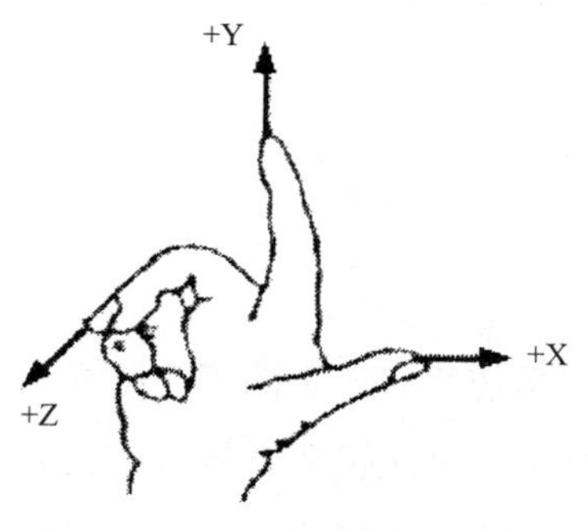

图 1.3.3 右手直角坐标系

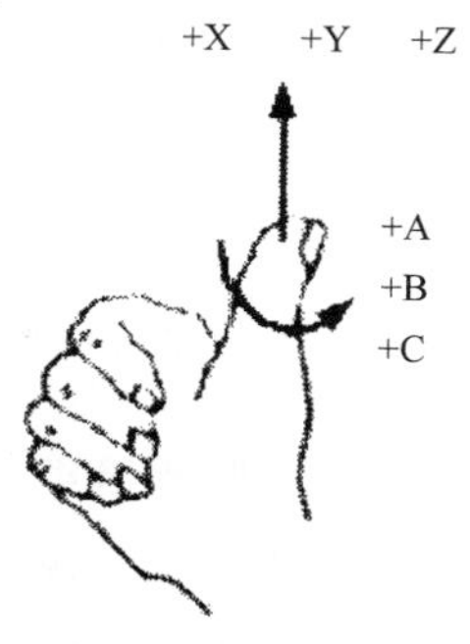

图 1.3.4 旋转坐标系

图 1.3.5 是典型的单立柱立式数控铣床加工运动坐标系示意图。刀具沿与地面垂直的方向上下运动，工作台带动工件在与地面平行的平面内运动。机床坐标系的 Z 轴是刀具的运动方向，并且刀具向上运动为正方向，即远离工件的方向。当面对机床进行操作时，刀具

相对工件的左右运动方向为 X 轴，并且刀具相对工件向右运动（即工作台带动工件向左运动）时为 X 轴的正方向。Y 轴的方向可用右手法则确定。若以 X′、Y′、Z′ 表示工作台相对于刀具的运动坐标轴，而以 X、Y、Z 表示刀具相对于工件的运动坐标轴，则显然有 X′ =-X、Y′ =-Y、Z′ =-Z。

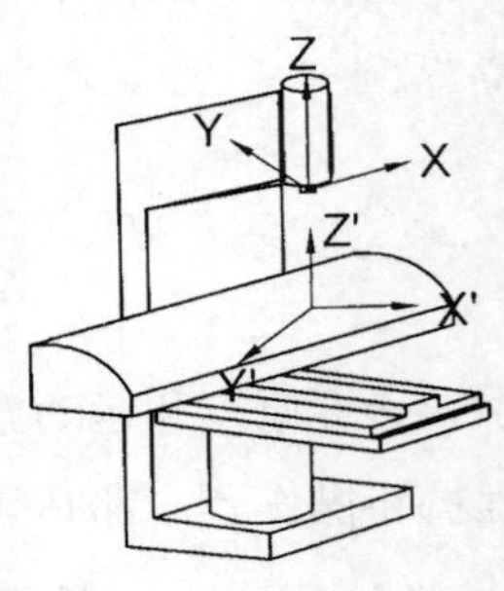

图 1.3.5　铣床坐标系示意图

1.4　数控加工程序

1.4.1　数控加工程序结构

数控加工程序由为使机床运转而给予数控装置的一系列指令的有序集合所构成。一个完整的程序由程序起始符、程序号、程序内容、程序结束和程序结束符 5 部分组成。例如：

```
程序起始符   %
程序号       O 0001
           ┌ N01    G92 X30 Y30;
           │ N02    G90 G00 X30 T01 M03;
           │ N03    G01 X8 Y8 F200;
程序内容   ┤ N04    XO   YO;
           │ .........
           └ N07    G00 X40;
程序结束     N08    M30
程序结束符   %
```

根据系统本身的特点及编程的需要，每种数控系统都有一定的程序格式。对于不同的机床，其程序格式也不同，因此编程人员必须严格按照机床说明书规定的格式进行编程，靠这些指令使刀具按直线、圆弧或其他曲线运动，控制主轴的回转和停止、切削液的开关、自动换刀装置和工作台自动交换装置等的动作。

- 程序起始符。程序起始符位于程序的第一行，一般是“%”、“$”等。不同的数控机床，起始符也有可能不同，应根据具体数控机床说明书使用。
- 程序号，也称为程序名，是每个程序的开始部分。为了区别存储器中的程序，每

个程序都要有程序编号。程序号单列一行，一般有两种形式：一种是以规定的英文字母（通常为O）为首，后面接若干位数字（通常为2位或4位），如O 0001；另一种是以英文字母、数字和符号"_"混合组成，比较灵活。程序名具体采用何种形式，由数控系统决定。

- 程序内容。程序内容是整个程序的核心，由多个程序段（Block）组成。程序段是数控加工程序中的一句，单列一行，用于指挥机床完成某一个动作。每个程序段又由若干个指令组成，每个指令表示数控机床要完成的动作。指令由字（word）和";"组成。而字是由地址符和数值构成，如X（地址符）100.0（数值）Y（地址符）50.0（数值）。字首是一个英文字母，称为字的地址，它决定了字的功能类别。一般字的长度和顺序不固定。
- 程序结束。在程序末尾一般有程序结束指令，如M30或M02，用于停止主轴、切削液和进给，并使控制系统复位。M30还可以使程序返回到开始状态，一般在换工件时使用。
- 程序结束符。程序结束符是指程序结束的标记符，一般与程序起始符相同。

1.4.2 数控指令

数控加工程序的指令由一系列的程序字组成，而程序字通常由地址（address）和数值（number）两部分组成，地址通常是某个大写字母。数控加工程序中地址代码的意义如表1.4.1所示。

表 1.4.1 地址代码的意义

功能	地址	意义
程序号	O(EIA)	程序序号
顺序号	N	顺序序号
准备功能	G	动作模式
尺寸字	X、Y、Z	坐标移动指令
	A、B、C、U、V、W	附加轴移动指令
	R	圆弧半径
	I、J、K	圆弧中心坐标
主轴旋转功能	S	主轴转速
进给功能	F	进给速率
刀具功能	T	刀具号、刀具补偿号
辅助功能	M	辅助装置的接通和断开

续表

功能	地址	意义
补偿号	H、D	补偿序号
暂停	P、X	暂停时间
子程序重复次数	L	重复次数
子程序号指定	P	子程序序号
参数	P、Q、R	固定循环

一般的数控机床可以选择米制单位毫米（mm）或英制单位英寸（in）为数值单位。米制可以精确到 0.001mm，英制可以精确到 0.0001in，这也是一般数控机床的最小移动量。表 1.4.2 列出了一般数控机床能输入的指令数值范围，而数控机床实际使用范围受到机床本身的限制，因此需要参考数控机床的操作手册而定。例如，表 1.4.2 中的 X 轴可以移动±99999.999mm，但实际上数控机床的 X 轴行程可能只有 650mm；进给速率 F 最大可输入 10000.0mm/min，但实际上数控机床的进给速率可能限制在 3000mm/min 以下。因此，在编制数控加工程序时，一定要参照数控机床的使用说明书。

表 1.4.2　编码字符的数值范围

功能	地址	米制单位	英制单位
程序号	：(ISO)O(ETA)	1～9999	1～9999
顺序号	N	1～9999	1～9999
准备功能	G	0～99	0～99
尺寸字	X、Y、Z、Q、R、I、J、K	±99999.999mm	±9999.9999in
	A、B、C	±99999.999°	±9999.9999°
进给功能	F	1～10000.0mm/min	0.01～400.0in/min
主轴转速功能	S	0～9999	0～9999
刀具功能	T	0～99	0～99
辅助功能	M	0～99	0～99
子程序号	P	1～9999	1～9999
暂停	X、P	0～99999.999s	0～99999.999s
重复次数	L	1～9999	1～9999
补偿号	D、H	0～32	0～32

下面简要介绍各种数控指令的意义。

1．语句号指令

语句号指令也称程序段号，用以识别程序段的编号。它位于程序段之首，以字母 N 开头，其后为一个 2～4 位的数字。需要注意的是，数控加工程序是按程序段的排列次序执行的，与顺序段号的大小次序无关，即程序段号实际上只是程序段的名称，而不是程序段执行的先后次序。

2. 准备功能指令

准备功能指令以字母 G 开头，后接一个两位数字，因此又称为 G 代码，它是控制机床运动的主要功能类别。G 指令从 G00～G99 共 100 种，如表 1.4.3 所示。

表 1.4.3 JB/T 3208—1999 准备功能 G 代码

G 代码	功能	G 代码	功能
G00	点定位	G01	直线插补
G02	顺时针方向圆弧插补	G03	逆时针方向圆弧插补
G04	暂停	G05	不指定
G06	抛物线插补	G07	不指定
G08	加速	G09	减速
G10～G16	不指定	G17	XY 平面选择
G18	ZX 平面选择	G19	YZ 平面选择
G20～G32	不指定	G33	螺纹切削，等螺距
G34	螺纹切削，增螺距	G35	螺纹切削，减螺距
G36～G39	永不指定	G40	刀具补偿/刀具偏置注销
G41	刀具半径左补偿	G42	刀具半径右补偿
G43	刀具正偏置	G44	刀具负偏置
G45	刀具偏置+/+	G46	刀具偏置+/-
G47	刀具偏置-/-	G48	刀具偏置-/+
G49	刀具偏置 0/+	G50	刀具偏置 0/-
G51	刀具偏置+/0	G52	刀具偏置-/+
G53	直线偏移，注销	G54	直线偏移 X
G55	直线偏移 Y	G56	直线偏移 Z
G57	直线偏移 XY	G58	直线偏移 XZ
G59	直线偏移 YZ	G60	准确定位 1（精）
G61	准确定位 2（中）	G62	准确定位 3（粗）
G63	攻螺纹	G64～G67	不指定
G68	刀具偏置，内角	G69	刀具偏置，外角
G70～G79	不指定	G80	固定循环注销
G81～G89	固定循环	G90	绝对尺寸
G91	增量尺寸	G92	预置寄存

续表

G 代码	功能	G 代码	功能
G93	时间倒数，进给率	G94	每分钟进给
G95	主轴每转进给	G96	恒线速度
G97	每分钟转数	G98～G99	不指定

3．辅助功能指令

辅助功能指令也称作 M 功能或 M 代码，一般由字符 M 及随后的两位数字组成。它是控制机床或系统辅助动作及状态的功能。JB/T 3208—1999 标准中规定的 M 代码从 M00～M99 共 100 种。表 1.4.4 所示的是部分辅助功能的 M 代码。

表 1.4.4　部分辅助功能的 M 代码

M 代码	功能	M 代码	功能
M00	程序停止	M01	计划停止
M02	程序结束	M03	主轴顺时针旋转
M04	主轴逆时针旋转	M05	主轴停止旋转
M06	换刀	M08	切削液开
M09	切削液关	M30	程序结束并返回
M74	错误检测功能打开	M75	错误检测功能关闭
M98	子程序调用	M99	子程序调用返回

4．其他常用功能指令

- 尺寸指令——主要用来指令刀位点坐标位置。如 X、Y、Z 主要用于表示刀位点的坐标值，而 I、J、K 用于表示圆弧刀轨的圆心坐标值。
- F 功能——进给功能。以字符 F 开头，因此又称为 F 指令，用于指定刀具插补运动（切削运动）的速度，称为进给速度。在只有 X、Y、Z 三坐标运动的情况下，F 代码后面的数值表示刀具的运动速度，单位是 mm/min（数控车床还可为 mm/r）。如果运动坐标有转角坐标 A、B、C 中的任何一个，则 F 代码后的数值表示进给率，即 $F=1/\triangle t$，$\triangle t$ 为走完一个程序段所需要的时间，F 的单位为 1/min。
- T 功能——刀具功能。以字符 T 开头，因此又称为 T 指令，用于指定采用的刀具号，该指令在加工中心上使用。Tnn 代码用于选择刀具库中的刀具，但并不执行换刀操作，M06 用于启动换刀操作。Tnn 不一定要放在 M06 之前，只要放在同一程序段中即可。T 指令只有在数控车床上，才具有换刀功能。

- S功能——主轴转速功能。以字符S开头，因此又称为S指令，主轴的转速，以其后的数字给出，要求为整数，单位是r/min。速度范围从1r/min到最大的主轴转速。对于数控车床，可以指定恒表面切削速度。

1.5 数控工艺概述

1.5.1 数控加工工艺的特点

数控加工工艺与普通加工工艺基本相同，在设计零件的数控加工工艺时，首先要遵循普通加工工艺的基本原则与方法，同时还需要考虑数控加工本身的特点和零件编程的要求。由于数控机床本身自动化程度较高，控制方式不同，设备费用也高，所以使数控加工工艺具有以下几个特点。

1．工艺内容具体、详细

数控加工工艺与普通加工工艺相比，在工艺文件的内容和格式上都有较大区别，如加工顺序、刀具的配置及使用顺序、刀具轨迹和切削参数等方面，都要比普通机床加工工艺中的工序内容更详细。在用通用机床加工时，许多具体的工艺问题，如工艺中各工步的划分与顺序安排、刀具的几何形状、走刀路线及切削用量等，在很大程度上都是由操作工人根据自己的实践经验和习惯自行考虑决定的，一般无需工艺人员在设计工艺规程时进行过多的规定。而在数控加工时，上述这些具体的工艺问题，必须由编程人员在编程时给予预先确定。也就是说，在普通机床加工时，本来由操作工人在加工中灵活掌握并可通过适时调整来处理的许多具体工艺问题和细节，在数控加工时就转变为必须由编程人员事先设计和安排的内容。

2．工艺要求准确、严密

数控机床虽然自动化程度较高，但自适性差。它不能像通用机床那样在加工时根据加工过程中出现的问题，自由地进行人为调整。例如，在数控机床上进行深孔加工时，它就不知道孔中是否已挤满了切屑，何时需要退刀，也不能待清除切屑后再进行加工，而是一直到加工结束为止。所以在数控加工的工艺设计中，必须注意加工过程中的每一个细节，尤其是对图形进行数学处理、计算和编程时，一定要力求准确无误，以使数控加工顺利进行。在实际工作中，由于一个小数点或一个逗号的差错就可能酿成重大机床事故和质量事故。

3．应注意加工的适应性

由于数控加工自动化程度高、可多坐标联动、质量稳定、工序集中，但价格昂贵、操

作技术要求高等特点均比较突出，因此要注意数控加工的特点，在选择加工方法和对象时更要特别慎重，甚至有时还要在基本不改变工件原有性能的前提下，对其形状、尺寸和结构等做适应数控加工的修改，这样才能既充分发挥出数控加工的优点，又达到较好的经济效益。

4．可自动控制加工复杂表面

在进行简单表面的加工时，数控加工与普通加工没有太大的差别。但是对于一些复杂曲面或有特殊要求的表面，数控加工就表现出与普通加工根本不同的加工方法。例如，对一些曲线或曲面的加工，普通加工是通过画线、靠模、钳工和成型加工等方法进行加工，这些方法不仅生产效率低，而且还很难保证加工精度；而数控加工则采用多轴联动进行自动控制加工，用这种方法所得到的加工质量是普通加工方法所无法比拟的。

5．工序集中

由于现代数控机床具有精度高、切削参数范围广、刀具数量多、多坐标以及多工位等特点，因此，在工件的一次装夹中可以完成多道工序的加工，甚至可以在工作台上装夹几个相同的工件进行加工，这样就大大缩短了加工工艺路线和生产周期，减少了加工设备和工件的运输量。

6．采用先进的工艺装备

数控加工中广泛采用先进的数控刀具和组合夹具等工艺装备，以满足数控加工中高质量、高效率和高柔性的要求。

1.5.2　数控加工工艺的主要内容

工艺安排是进行数控加工的前期准备工作，它必须在编制程序之前完成，因为只有在确定工艺设计方案以后，编程才有依据，否则，如果加工工艺设计考虑不周全，往往会成倍增加工作量，有时甚至出现加工事故。可以说，数控加工工艺分析决定了数控加工程序的质量。因此，编程人员在编程之前，一定要先把工艺设计做好。

概括起来，数控加工工艺主要包括如下内容：

- 选择适合在数控机床上加工的零件，并确定零件的数控加工内容。
- 分析零件图样，明确加工内容及技术要求。
- 确定零件的加工方案，制定数控加工工艺路线，如工序的划分及加工顺序的安排等。
- 数控加工工序的设计，如零件定位基准的选取、夹具方案的确定、工步的划分、

刀具的选取及切削用量的确定等。

- 数控加工程序的调整，对刀点和换刀点的选取，确定刀具补偿，确定刀路轨迹。
- 分配数控加工中的容差。
- 处理数控机床上的部分工艺指令。
- 数控加工专用技术文件的编写。

数控加工专用技术文件不仅是进行数控加工和产品验收的依据，同时也是操作者遵守和执行的规程，还为产品零件重复生产积累了必要的工艺资料，并进行了技术储备。这些由工艺人员做出的工艺文件，是编程人员在编制加工程序单时依据的相关技术文件。

不同的数控机床，其工艺文件的内容也有所不同。一般来讲，数控铣床的工艺文件应包括如下几项：

- 编程任务书。
- 数控加工工序卡片。
- 数控机床调整单。
- 数控加工刀具卡片。
- 数控加工进给路线图。
- 数控加工程序单。

其中最为重要的是数控加工工序卡片和数控加工刀具卡片。前者说明了数控加工的顺序和加工要素，后者是刀具使用的依据。

为了加强技术文件管理，数控加工工艺文件也应向标准化、规范化方向发展。但目前尚无统一的国家标准，各企业可根据本部门的特点制订上述有关工艺文件。

1.6 数控工序的安排

1. 工序划分的原则

在数控机床上加工零件，工序可以比较集中，尽量一次装夹完成全部工序。与普通机床加工相比，加工工序划分有其自身的特点，常用的工序划分有以下两项原则。

- 保证精度的原则：数控加工要求工序尽可能集中，通常粗、精加工在一次装夹下完成，为减少热变形和切削力变形对工件的形状精度、位置精度、尺寸精度和表面粗糙度的影响，应将粗、精加工分开。对轴类或盘类零件，应该先粗加工，留少量余量精加工，来保证表面质量要求。同时，对一些箱体工件，为保证孔的加工精度，应先加工表面而后加工孔。
- 提高生产效率的原则：数控加工中，为减少换刀次数、节省换刀时间，应将需用同一把刀加工的加工部位全部完成后，再换另一把刀来加工其他部位。同时应尽量减少空行程。用同一把刀加工工件的多个部位时，应以最短的路线到达各加工部位。

实际中，数控加工工序要根据具体零件的结构特点和技术要求等情况综合考虑。

2．工序划分的方法

在数控机床上加工零件，工序应比较集中，在一次装夹中应尽可能完成尽量多的工序。首先应根据零件图样，考虑被加工零件是否可以在一台数控机床上完成整个零件的加工工作。若不能，则应该选择哪一部分零件表面需要用数控机床加工。根据数控加工的特点，一般工序划分可按如下方法进行：

- 按零件装卡定位方式进行划分。

对于加工内容很多的零件，可按其结构特点将加工部位分成几个部分，如内形、外形、曲面或平面等。一般加工外形时，以内形定位；加工内形时，以外形定位。因而可以根据定位方式的不同来划分工序。

- 按同一把刀具加工的内容划分。

为了减少换刀次数，压缩空程时间，减少不必要的定位误差，可按刀具集中工序的方法加工零件。虽然有些零件能在一次安装加工出很多待加工面，但考虑到程序太长，会受到某些限制，如控制系统的限制（主要是内存容量）、机床连续工作时间的限制（如一道工序在一个班内不能结束）等，此外，程序太长会增加出错率，查错与检索也相应比较困难，因此程序不能太长，一道工序的内容也不能太多。

- 按粗、精加工划分。

根据零件的加工精度、刚度和变形等因素来划分工序时，可按粗、精加工分开的原则来进行工序划分，即先进行粗加工再进行精加工。特别对于易发生加工变形的零件，由于粗加工后可能发生较大的变形而需要进行校形，因此一般来说，凡要进行粗、精加工的工件都要将工序分开。此时可用不同的机床或不同的刀具进行加工。通常在一次装夹中，不允许将零件某一部分表面加工完成后，再加工零件的其他表面。

综上所述，在划分工序时，一定要根据零件的结构与工艺性、机床的功能、零件数控加工的内容、装夹次数及本单位生产组织状况等灵活协调。

对于加工顺序的安排，还应根据零件的结构和毛坯状况，以及定位安装与夹紧的需要来考虑，重点是工件的刚性不被破坏。顺序安排一般应按下列原则进行：

（1）要综合考虑上道工序的加工是否影响下道工序的定位与夹紧，中间穿插有通用机床加工工序等因素。

（2）先安排内形加工工序，后安排外形加工工序。

（3）在同一次安装中进行多道工序时，应先安排对工件刚性破坏小的工序。

（4）在安排以相同的定位和夹紧方式或用同一把刀具完成加工工序时，最好连续进行，以减少重复定位次数、换刀次数与挪动压板次数。

1.7 加工刀具的选择和切削用量的确定

加工刀具的选择和切削用量的确定是数控加工工艺中的重要内容，它不仅影响数控机床的加工效率，而且直接影响加工质量。CAD/CAM 技术的发展，使得在数控加工中直接利用 CAD 的设计数据成为可能，特别是微机与数控机床的连接，使得设计、工艺规划及编程的整个过程可以全部在计算机中完成，一般不需要输出专门的工艺文件。

现在，许多 CAD/CAM 软件包都提供自动编程功能，这些软件一般是在编程界面中提示工艺规划的有关问题，比如刀具选择、加工路径规划和切削用量设定等。编程人员只要设置了有关的参数，就可以自动生成 NC 程序并传输至数控机床完成加工。因此，数控加工中的刀具选择和切削用量的确定是在人机交互状态下完成的，这与普通机床加工形成鲜明的对比，同时也要求编程人员必须掌握刀具选择和切削用量确定的基本原则，在编程时充分考虑数控加工的特点。

1.7.1 数控加工常用刀具的种类及特点

数控加工刀具必须适应数控机床高速、高效和自动化程度高的特点，一般应包括通用刀具、通用连接刀柄及少量专用刀柄。刀柄要连接刀具并装在机床动力头上，因此已逐渐标准化和系列化。数控刀具的分类有多种方法。根据切削工艺可分为：车削刀具（分外圆、内孔、螺纹和切割刀具等多种）、钻削刀具（包括钻头、铰刀和丝锥等）、镗削刀具、铣削刀具等；根据刀具结构可分为：整体式、镶嵌式、采用焊接和机夹式连接，机夹式又可分为不转位和可转位两种；根据制造刀具所用的材料可分为：高速钢刀具、硬质合金刀具、金刚石刀具及其他材料刀具，如陶瓷刀具、立方氮化硼刀具等。为了适应数控机床对刀具耐用、稳定、易调、可换等的要求，近几年机夹式可转位刀具得到了广泛的应用，在数量上达到全部数控刀具的 30%～40%，金属切除量占总数的 80%～90%。

数控刀具与普通机床上所用的刀具相比，有许多不同的要求，主要有以下特点：

- 刚性好，精度高，抗振及热变形小。
- 互换性好，便于快速换刀。
- 寿命高，切削性能稳定、可靠。

- 刀具的尺寸便于调整，以减少换刀调整时间。
- 刀具应能可靠地断屑或卷屑，以利于切屑的排除。
- 系列化、标准化，以利于编程和刀具管理。

1.7.2 数控加工刀具的选择

刀具的选择是在数控编程的人机交互状态下进行的。应根据机床的加工能力、加工工序、工件材料的性能、切削用量以及其他相关因素正确选用刀具和刀柄。刀具选择的总原则是：适用、安全和经济。适用是要求所选择的刀具能达到加工的目的，完成材料的去除，并达到预定的加工精度。安全是指在有效去除材料的同时，不会产生刀具的碰撞和折断等，要保证刀具及刀柄不会与工件相碰撞或挤擦，造成刀具或工件的损坏。经济是指能以最小的成本完成加工。在同样可以完成加工的情形下，选择相对综合成本较低的方案，而不是选择最便宜的刀具；在满足加工要求的前提下，尽量选择较短的刀柄，以提高刀具加工的刚性。

选取刀具时，要使刀具的尺寸与被加工工件的表面尺寸相适应。生产中，平面零件周边轮廓的加工，常采用立铣刀；铣削平面时，应选用硬质合金刀片铣刀；加工凸台、凹槽时，选用高速钢立铣刀；加工毛坯表面或粗加工孔时，可选用镶硬质合金刀片的玉米铣刀；对一些立体型面和变斜角轮廓外形的加工，常采用球头铣刀、环形铣刀、盘形铣刀和锥形铣刀。

在生产过程中，铣削零件周边轮廓时，常采用立铣刀，所用的立铣刀的刀具半径一定要小于零件内轮廓的最小曲率半径。一般取最小曲率半径的 0.8～0.9 倍即可。零件的加工高度（Z 方向的背吃刀量）最好不要超过刀具的半径。

平面铣削时，应选用不重磨硬质合金端铣刀、立铣刀或可转位面铣刀。一般采用二次进给，第一次进给最好用端铣刀粗铣，沿工件表面连续进给。选好每次进给的宽度和铣刀的直径，使接痕不影响精铣精度。因此，加工余量大且不均匀时，铣刀直径要选得小些。精加工时，一般用可转位密齿面铣刀，铣刀直径要选得大些，最好能够包容加工面的整个宽度，可以设置 6～8 个刀齿，密布的刀齿使进给速度大大提高，从而提高切削效率，同时可以达到理想的表面加工质量，甚至可以实现以铣代磨。

加工凸台、凹槽和箱口面时，选取高速钢立铣刀、镶硬质合金刀片的端铣刀和立铣刀。在加工凹槽时应采用直径比槽宽小的铣刀，先铣槽的中间部分，然后再利用刀具半径补偿（或称直径补偿）功能对槽的两边进行铣加工，这样可以提高槽宽的加工精度，减少铣刀的种类。

加工毛坯表面时，最好选用硬质合金波纹立铣刀，它在机床、刀具和工件系统允许的情况下，可以进行强力切削。对一些立体型面和变斜角轮廓外形的加工，常采用球头铣刀、锥形铣刀和盘形铣刀。加工孔时，应该先用中心钻刀打中心孔，用以引正钻头。然后再用较小的钻头钻孔至所需深度，之后用扩孔钻头进行扩孔，最后加工至所需尺寸并保证孔的精度。在加工较深的孔时，特别要注意钻头的冷却和排屑问题，可以利用深孔钻削循环指令 G83 进行编程，即让钻头攻进一段后，快速退出工件进行排屑和冷却；再攻进，再进行冷却和排屑，循环直至孔深钻削完成。

在进行自由曲面加工时，由于球头刀具的端部切削速度为零，因此，为保证加工精度，切削行距一般取得很密，故球头常用于曲面的精加工。而平头刀具在表面加工质量和切削效率方面都优于球头刀，因此只要在保证不过切的前提下，无论是曲面的粗加工还是精加工，都应优先选择平头刀。另外，刀具的耐用度和精度与刀具价格关系极大，必须引起注意的是，在大多数情况下，虽然选择好的刀具增加了刀具成本，但由此带来的加工质量和加工效率的提高，则可以使整个加工成本大大降低。

在加工中心上，各种刀具分别装在刀库上，按程序规定随时进行选刀和换刀动作。因此必须采用标准刀柄，以便使钻、镗、扩、铣等工序用的标准刀具迅速、准确地装到机床主轴或刀库中去。编程人员应了解机床上所用刀柄的结构尺寸、调整方法以及调整范围，以便在编程时确定刀具的径向和轴向尺寸。目前我国的加工中心采用 TSG 工具系统，其刀柄有直柄（三种规格）和锥柄（四种规格）两类，共包括十六种不同用途的刀柄。

在经济型数控加工中，由于刀具的刃磨、测量和更换多为人工手动进行，占用辅助时间较长，因此必须合理安排刀具的排列顺序。一般应遵循以下原则：尽量减少刀具数量；一把刀具装夹后，应完成其所能进行的所有加工；粗精加工的刀具应分开使用，即使是相同尺寸规格的刀具；先铣后钻；先进行曲面精加工，后进行二维轮廓精加工；在可能的情况下，应尽可能利用数控机床的自动换刀功能，以提高生产效率等。

1.7.3 切削用量的确定

合理选择切削用量的原则如下：粗加工时，一般以提高生产率为主，但也应考虑经济性和加工成本；半精加工和精加工时，应在保证加工质量的前提下，兼顾切削效率、经济性和加工成本。具体数值应根据机床说明书和切削用量手册，并结合经验而定。

1. 背吃刀量 a_p

背吃刀量 a_p 也称为切削深度，在机床、工件和刀具刚度允许的情况下，a_p 就等于加工余量，这是提高生产率的一个有效措施。为了保证零件的加工精度和表面粗糙度，一般应留一定的余量进行精加工。数控机床的精加工余量可略小于普通机床。

2．切削宽度 L

切削宽度称 L 为步距，一般切削宽度 L 与刀具直径 D 成正比，与背吃刀量成反比。在经济型数控加工中，一般 L 的取值范围为：$L=(0.6\sim0.9)D$。在粗加工中，大步距有利于加工效率的提高。使用圆鼻刀进行加工，实际参与加工的部分是从刀具直径扣除刀尖的圆角部分，即实际加工宽度 $d=D-2r$（D 为刀具直径，r 为刀尖圆角半径），L 可以取 $(0.8\sim0.9)d$。使用球头刀进行精加工时，步距的确定应首先考虑所能达到的精度和表面粗糙度。

3．切削线速度 v_c

切削线速度 v_c 也称为单齿切削量，单位为 m/min。提高 v_c 值也是提高生产率的一个有效措施，但 v_c 与刀具寿命的关系比较密切。随着 v_c 的增大，刀具寿命急剧下降，故 v_c 的选择主要取决于刀具寿命。另外，切削速度与加工材料也有很大关系，例如用立铣刀铣削合金钢 30CrNi2MoVA 时，v_c 可采用 8m/min 左右；而用同样的立铣刀铣削铝合金时，v_c 可选 200m/min 以上。一般好的刀具供应商都会在其手册或刀具说明书中提供刀具的切削速度推荐参数 v_c。

此外，在确定精加工、半精加工的切削速度时，应注意避开积屑瘤和鳞刺产生的区域；在易发生振动的情况下，切削速度应避开自激振动的临界速度；在加工带硬皮的铸锻件时或加工大件、细长件和薄壁件，以及断切削时，应选用较低的切削速度。

4．主轴转速 n

主轴转速的单位是 r/min，一般应根据切削速度 v_c，刀具或工件直径来选定。计算公式为：

$$n=\frac{1000v_c}{\pi D_c}$$

式中，D_c 是刀具直径，单位为 mm。在使用球头铣刀时要做一些调整，球头铣刀的计算直径 D_{eff} 要小于铣刀直径 D_c，故其实际转速不应按铣刀直径 D_c 计算，而应按计算直径 D_{eff} 计算。

$$D_{eff}=[D_c^2-(D_c-2t)^2]\times0.5$$

$$n=\frac{1000v_c}{\pi D_{eff}}$$

数控机床的控制面板上一般备有主轴转速修调（倍率）开关，可在加工过程中对主轴转速进行整倍数调整。

5．进给速度 v_f

进给速度 v_f 是指机床工作台在做插位时的进给速度，单位为 mm/min。v_f 应根据零件的加工精度和表面粗糙度要求以及刀具和工件材料来选择。v_f 的增加可以提高生产效率，但是刀具寿命也会降低。加工表面粗糙度要求低时，v_f 可选择得大些。在加工过程中，v_f 也可通过机床控制面板上的修调开关进行人工调整，但是最大进给速度要受到设备刚度和进给系统性能等的限制。进给速度可以按以下公式进行计算：

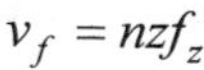

$$v_f = nzf_z$$

式中，v_f 是工作台进给速度，单位为 mm/min；n 表示主轴转速，单位为 r/min；z 表示刀具齿数；f_z 表示进给量，单位为 mm/齿，f_z 值由刀具供应商提供。

在数控编程中，还应考虑在不同情形下选择不同的进给速度。如在初始切削进给时，特别是在 Z 轴下刀时，因为进行端铣，受力较大，同时还要考虑程序的安全性问题，所以应以相对较慢的速度进给。

随着数控机床在生产实际中的广泛应用，数控编程已经成为数控加工中的关键问题之一。在数控加工程序的编制过程中，要在人机交互状态下及时选择刀具、确定切削用量。因此，编程人员必须熟悉刀具的选择方法和切削用量的确定原则，从而保证零件的加工质量和加工效率，充分发挥数控机床的优点，提高企业的经济效益和生产水平。

1.8　高度与安全高度

安全高度是为了避免刀具碰撞工件或夹具而设定的高度，即在主轴方向上的偏移值。在铣削过程中，如果刀具需要转移位置，将会退到这一高度，然后再进行 G00 插补到下一个进刀位置。一般情况下这个高度应大于零件的最大高度（即高于零件的最高表面）。起止高度是指在程序开始时，刀具将先到达这一高度，同时在程序结束后，刀具也将退回到这一高度。起止高度大于或等于安全高度，如图 1.8.1 所示。

刀具从起止高度到接近工件开始切削，需要经过快速进给和慢速下刀两个过程。刀具先以 G00 快速进给到指定位置，然后慢速下刀到加工位置。如果刀具不是经过先快速再慢速的过程接近工件，而是以 G00 的速度直接下刀到加工位置，这样就很不安全。因为假使该加工位置在工件内或工件上，在采用垂直下刀方式的情况下，刀具很容易与工件相碰，这在数控加工中是不允许的。即使是在空的位置下刀，如果不采用先快后慢的方式下刀，由于惯性的作用也很难保证下刀所到位置的准确性。但是慢速下刀的距离不宜取得太大，因为此时的速度往往比较慢，太长的慢速下刀距离将影响加工效率。

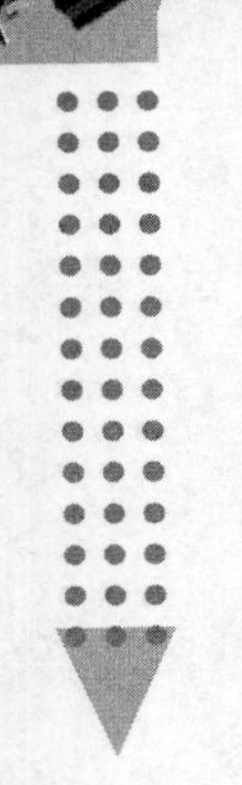

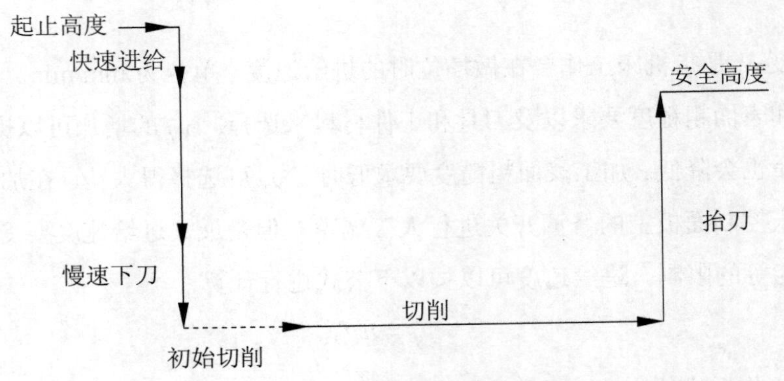

图 1.8.1　起止高度与安全高度示意图

在加工过程中，当刀具在两点间移动而不切削时，如果设定为抬刀，刀具将先提高到安全高度平面，再在此平面上移动到下一点，这样虽然延长了加工时间，但比较安全。特别是在进行分区加工时，可以防止两区域之间有高于刀具移动路线的部分与刀具碰撞事故的发生。一般来说，在进行大面积粗加工时，通常建议使用抬刀，以便在加工时可以暂停，对刀具进行检查；在精加工或局部加工时，通常使用不抬刀以提高加工速度。

1.9　走刀路线的选择

在数控加工中，刀具（严格说是刀位点）相对于工件的运动轨迹和方向称为加工路线，即刀具从对刀点开始运动起，直至结束加工程序所经过的路径，包括切削加工的路径及刀具引入、返回等非切削空行程。走刀路线是刀具在整个加工工序中相对于工件的运动轨迹，不但包括了工序的内容，而且也反映出工序的顺序。走刀路线是编写程序的依据之一。确定加工路线时首先必须保证被加工零件的尺寸精度和表面质量，其次应考虑数值计算简单、走刀路线尽量短、效率较高等。

工序顺序是指同一道工序中各个表面加工的先后次序。工序顺序对零件的加工质量、加工效率和数控加工中的走刀路线有直接影响，应根据零件的结构特点和工序的加工要求等合理安排。工序的划分与安排一般可随走刀路线来进行，在确定走刀路线时，主要考虑以下几点。

（1）对点位加工的数控机床，如钻床、镗床，要考虑尽可能使走刀路线最短，减少刀具空行程时间，提高加工效率。

如图 1.9.1a 所示，按照一般习惯，总是先加工均布于外圆周上的八个孔，再加工内圆周上的四个孔。但是对点位控制的数控机床而言，要求定位精度高，定位过程应该尽可能快，因此这类机床应按空程最短来安排走刀路线，以节省时间，如图 1.9.1b 所示。

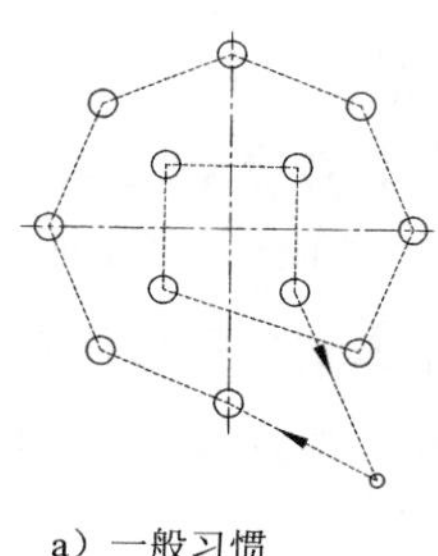

a）一般习惯

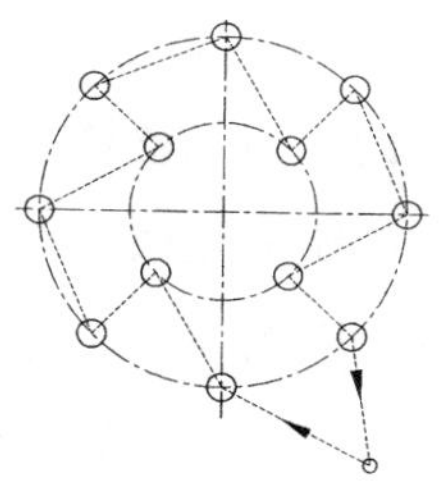

b）正确的走刀路线

图 1.9.1 走刀路线示意图

（2）应能保证零件的加工精度和表面粗糙度要求。

当铣削零件外轮廓时，一般采用立铣刀侧刃切削。刀具切入工件时，应沿外轮廓曲线延长线的切向切入，避免沿零件外轮廓的法向切入，以免在切入处产生刀具的刻痕而影响表面质量，保证零件外轮廓曲线平滑过渡。同理，在切离工件时，应该沿零件轮廓延长线的切向逐渐切离工件，避免在工件的轮廓处直接退刀影响表面质量，如图 1.9.2 所示。

铣削封闭的内轮廓表面时，如果内轮廓曲线允许外延，则应沿切线方向切入或切出。若内轮廓曲线不允许外延，则刀具只能沿内轮廓曲线的法向切入或切出，此时刀具的切入切出点应尽量选在内轮廓曲线两几何元素的交点处。若内部几何元素相切无交点时，刀具切入切出点应远离拐角，以防刀补取消时在轮廓拐角处留下凹口，如图 1.9.3 所示。

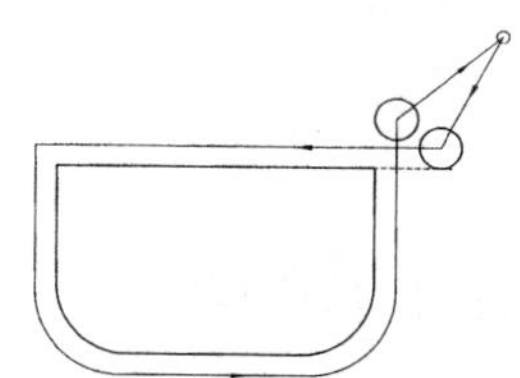

图 1.9.2 外轮廓铣削走刀路线

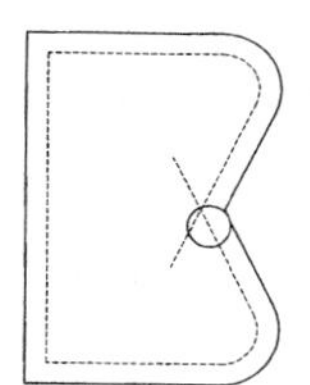

图 1.9.3 内轮廓铣削走刀路线

对于边界敞开的曲面加工，可采用两种走刀路线。第 1 种走刀路线如图 1.9.4a 所示，每次沿直线加工，刀位点计算简单，程序少，加工过程符合直纹面的形成，以保证母线的直线度；第 2 种走刀路线如图 1.9.4b 所示，便于加工后检验，曲面的准确度较高，但程序较多。由于曲面零件的边界是敞开的，没有其他表面限制，所以边界曲面可以延伸，球头铣刀应由边界外开始加工。

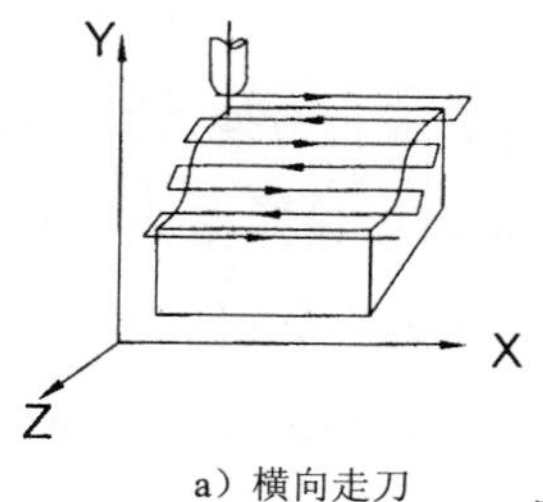

a）横向走刀

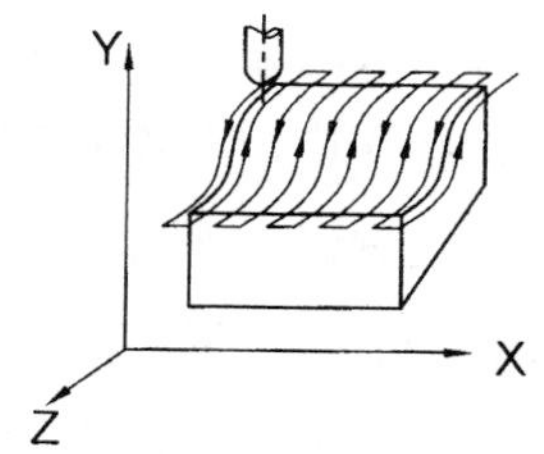

b）纵向走刀

图 1.9.4 曲面铣削走刀路线

图 1.9.5a、b 所示分别为用行切法加工和环切法加工凹槽的走刀路线，而图 1.9.5c 是先用行切法，最后环切一刀光整轮廓表面。所谓行切法是指刀具与零件轮廓的切点轨迹是一行一行的，而行间的距离是按零件加工精度的要求确定的；环切法则是指刀具与零件轮廓的切点轨迹是一圈一圈的。这三种方案中，图 1.9.5a 所示方案在周边留有大量的残余，表面质量最差；图 1.9.5b 所示方案和图 1.9.5c 所示方案都能保证精度，但图 1.9.5b 所示方案走刀路线稍长，程序计算量大。

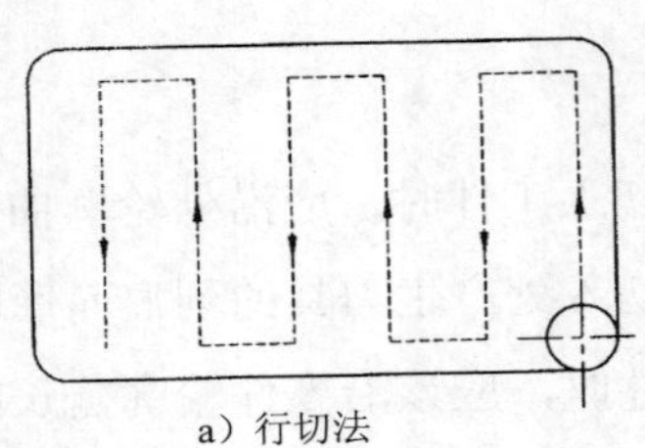

a）行切法

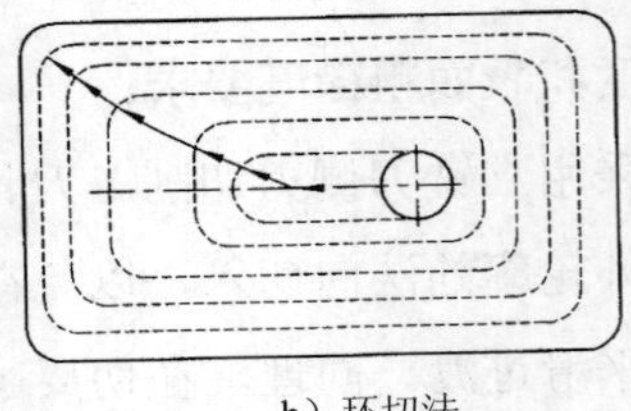

b）环切法

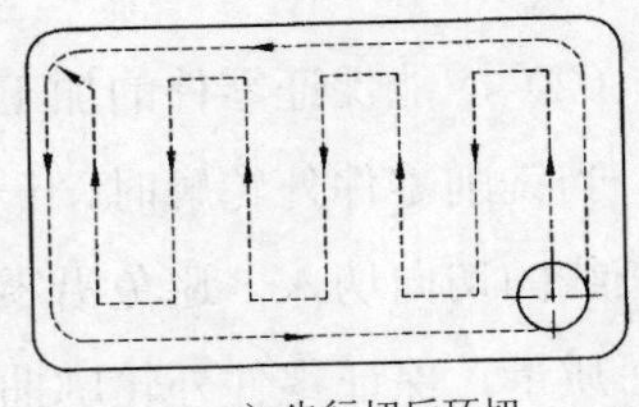

c）先行切后环切

图 1.9.5　凹槽的走刀路线

此外，轮廓加工中应避免进给停顿。因为加工过程中的切削力会使工艺系统产生弹性变形并处于相对平衡状态，进给停顿时，切削力突然减小会改变系统的平衡状态，刀具会在进给停顿处的零件轮廓上留下刻痕。为提高工件表面的精度和减小表面粗糙度，可以采用多次走刀的方法，精加工余量一般以 0.2～0.5mm 为宜。而且精铣时宜采用顺铣，以减小零件被加工表面粗糙度的值。

1.10　对刀点与换刀点的选择

“对刀点”是数控加工时刀具相对零件运动的起点，又称“起刀点”，也是程序的开始。在加工时，工件可以在机床加工尺寸范围内任意安装，要正确执行加工程序，必须确定工件在机床坐标系的确切位置。确定对刀点的位置，也就确定了机床坐标系和零件坐标系之间的相互位置关系。对刀点是工件在机床上定位装夹后，再设置在工件坐标系中的。对于数控车床、加工中心等多刀具加工的数控机床，在加工过程中需要进行换刀，所以在编程时应考虑不同工序之间的换刀位置，即“换刀点”。换刀点应选择在工件的外部，避免换刀时刀具与工件及夹具发生干涉，损坏刀具或工件。

对刀点的选择原则，主要是考虑对刀方便，对刀误差小，编程方便，加工时检查方便、可靠。对刀点的设置没有严格规定，可以设置在工件上，也可以设置在夹具上，但在编程坐标系中必须有确定的位置，如图 1.10.1 所示的 X_1 和 Y_1。对刀点既可以与编程原点重合，也可以不重合，主要取决于加工精度和对刀的方便性。当对刀点与编程原点重合时，$X_1=0$，$Y_1=0$。

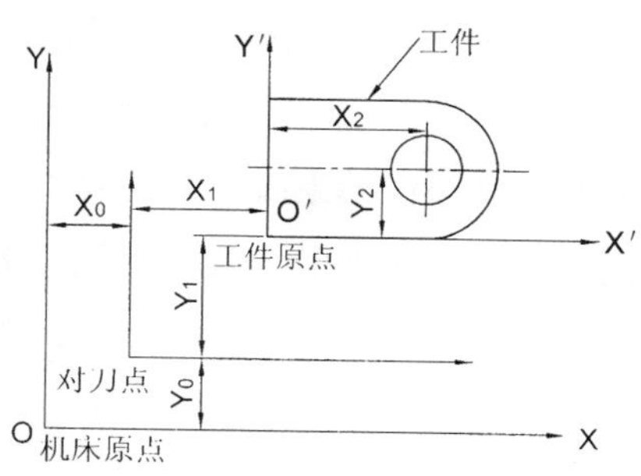

图 1.10.1　对刀点选择示意图

为了提高零件的加工精度，对刀点要尽可能选择在零件的设计基准或工艺基准上。例如，零件上孔的中心点或两条相互垂直的轮廓边的交点都可以作为对刀点，有时零件上没有合适的部位，可以加工出工艺孔来对刀。生产中常用的对刀工具有百分表、中心规和寻边器等，对刀操作一定要仔细，对刀方法一定要与零件的加工精度相适应。

1.11　数控加工的补偿

在二十世纪六七十年代的数控加工中没有补偿的概念，所以编程人员不得不围绕刀具的理论路线和实际路线的相对关系来进行编程，容易产生错误。补偿的概念出现以后，大大提高了编程的工作效率。

在数控加工中有刀具半径补偿、刀具长度补偿和夹具补偿。这三种补偿基本上能解决在加工中因刀具形状而产生的轨迹问题。下面简单介绍这三种补偿在一般加工编程中的应用。

1.11.1　刀具半径补偿

在数控机床进行轮廓加工时，由于刀具有一定的半径（如铣刀半径），因此在加工时，刀具中心的运动轨迹必须偏离实际零件轮廓一个刀具半径值，否则实际需要的尺寸将与加工出的零件尺寸相差一个刀具半径值或一个刀具直径值。此外，在零件加工时，有时还需要考虑加工余量和刀具磨损等因素的影响。有了刀具半径补偿后，在编程时就可以不考虑太多刀具的直径大小了。刀具半径补偿一般只用于铣刀类刀具，当铣刀在内轮廓加工时，刀具中心向零件内偏离一个刀具半径值；在外轮廓加工时，刀具中心向零件外偏离一个刀具半径值。当数控机床具备刀具半径补偿功能时，数控编程只需按工件轮廓进行，然后再加上刀具半径补偿值，此值可以在机床上设定。程序中通常使用 G41/G42 指令来执行，其中 G41 为刀具半径左补偿，G42 为刀具半径右补偿。根据 ISO 标准，沿刀具前进方向看去，当刀具中心轨迹位于零件轮廓右边时，称为刀具半径右补偿；反之，称为刀具半径左补偿。

在使用 G41/G42 进行半径补偿时，应采取如下步骤：设置刀具半径补偿值；让刀具移动来使补偿有效（此时不能切削工件）；正确地取消半径补偿（此时也不能切削工件）。当然要注意的是，在切削完成而刀具补偿结束时，一定要用 G40 使补偿无效。G40 的使用同样遇到和使补偿有效相同的问题，一定要等刀具完全切削完毕并安全地退出工件后，才能执行 G40 命令来取消补偿。

1.11.2　刀具长度补偿

根据加工情况，有时不仅需要对刀具半径进行补偿，还要对刀具长度进行补偿。程序员在编程时，首先要指定零件的编程中心，然后才能建立工件编程的坐标系，而此坐标系只是一个工件坐标系，零点一般在工件上。长度补偿只是和 Z 坐标有关，因为刀具是由主轴锥孔定位而不改变，对于 Z 坐标的零点就不一样了。每一把刀的长度都是不同的，例如，要钻一个深为 60mm 的孔，然后攻螺纹长度为 55mm，分别用一把长为 250mm 的钻头和一把长为 350mm 的丝锥。先用钻头钻深 60mm 的孔，此时机床已经设定了工件零点。当换上丝锥攻螺纹时，如果两把刀都设定从零点开始加工，丝锥因为比钻头长而攻螺纹过长，会损坏刀具和工件。这时就需要进行刀具长度补偿，铣刀的长度补偿与控制点有关。一般用一把标准刀具的刀头作为控制点，则该刀具称为零长度刀具。长度补偿的值等于所换刀具与零长度刀具的长度差。另外，当把刀具长度的测量基准面作为控制点，则刀具长度补偿始终存在。无论用哪一把刀具都要进行刀具的绝对长度补偿。

在进行刀具长度补偿前，必须先进行刀具参数的设置。设置的方法有机内试切法、机内对刀法和机外对刀法。对数控车床来说，一般采用机内试切法和机内对刀法。对数控铣床而言，采用机外对刀法为宜。不管采用哪种方法，所获得的数据都必须通过手动输入数据方式将刀具参数输入数控系统的刀具参数表中。

程序中通常使用指令 G43（G44）和 H3 来执行刀具长度补偿。使用指令 G49 可以取消刀具长度补偿，其实不必使用这个指令，因为每把刀具都有自己的长度补偿。当换刀时，利用 G43（G44）和 H3 指令同样可以赋予刀具自身刀长补偿而自动取消了前一把刀具的长度补偿。在加工中心上，刀具长度补偿的使用，一般是将刀具长度数据输入到机床的刀具数据表中，当机床调用刀具时，自动进行长度的补偿。刀具的长度补偿值也可以在设置机床工作坐标系时进行补偿。

1.11.3　夹具偏置补偿

刀具半径补偿和刀具长度补偿一样，让编程人员可以不用考虑刀具的长短和大小，夹

具偏置补偿可以让编程人员不考虑工件夹具的位置。当用加工中心加工小的工件时，工装上一次可以装夹几个工件，编程人员可以不用考虑每一个工件在编程时的坐标零点，而只需按照各自的编程零点进行编程，然后使用夹具偏置来移动机床在每一个工件上的编程零点。夹具偏置是使用夹具偏置指令 G54～G59 来执行或使用 G92 指令设定坐标系。当一个工件加工完成之后，加工下一个工件时使用 G92 来重新设定新的工件坐标系。

上述三种补偿在数控加工中是常用的，它给编程和加工带来很大的方便，能大大地提高工作效率。

1.12 轮廓控制

在数控编程中，有时需要通过轮廓来限制加工范围，而某些刀轨的生成中，轮廓是必不可少的因素，缺少轮廓将无法生成刀路轨迹。轮廓线需要设定其偏置补偿的方向，对于轮廓线会有三种参数选择，即刀具在轮廓上、轮廓内或轮廓外。

（1）刀具在轮廓上（On）：刀具中心线始终完全处于轮廓上，如图 1.12.1a 所示。

（2）刀具在轮廓内（To）：刀具轴将触到轮廓，相差一个刀具半径，如图 1.12.1b 所示。

（3）刀具在轮廓外（Past）：刀具完全越过轮廓线，超过轮廓线一个刀具半径，如图 1.12.1c 所示。

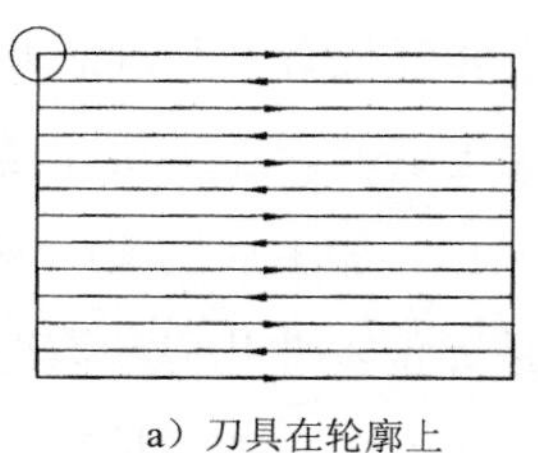

a）刀具在轮廓上

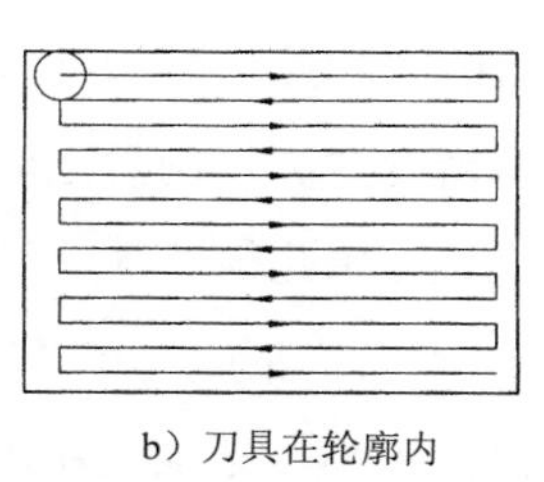

b）刀具在轮廓内

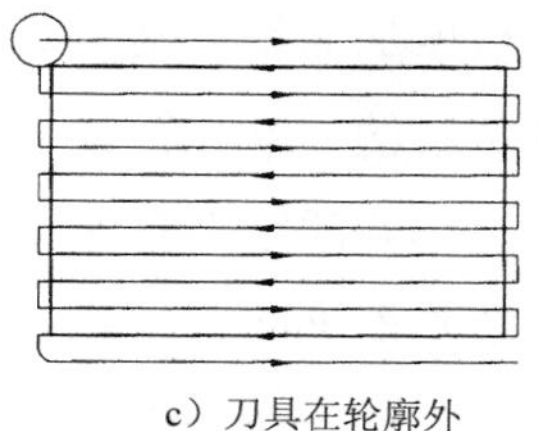

c）刀具在轮廓外

图 1.12.1 轮廓控制

1.13 顺铣与逆铣

在加工过程中，铣刀的进给方向有两种：顺铣和逆铣。对着刀具的进给方向看，如果工件位于铣刀进给方向的左侧，则进给方向称为顺时针，当铣刀旋转方向与工件进给方向相同，即为顺铣，如图 1.13.1a 所示。如果工件位于铣刀进给方向的右侧时，则进给方向定义为逆时针，当铣刀旋转方向与工件进给方向相反，即为逆铣，如图 1.13.1b 所示。顺铣时，刀齿开始和工件接触时切削厚度最大，且从表面硬质层开始切入，刀齿受很大的冲击载荷，

铣刀变钝较快，刀齿切入过程中没有滑移现象。逆铣时，切削由薄变厚，刀齿从已加工表面切入，对铣刀的磨损较小。逆铣时，铣刀刀齿接触工件后不能马上切入金属层，而是在工件表面滑动一小段距离，且在滑动过程中，由于强烈的摩擦产生大量的热量，同时在待加工表面易形成硬化层，降低了刀具的耐用度，影响工件表面粗糙度，给切削带来不利因素。因此一般情况下应尽量采用顺铣加工，以降低被加工零件表面的粗糙度，保证尺寸精度，并且顺铣的功耗要比逆铣小，在同等切削条件下，顺铣功耗要低 5%～15%，同时顺铣也更有利于排屑。但在切削面上有硬质层、积渣以及工件表面凹凸不平较显著的情况下，应采用逆铣法，例如加工锻造毛坯。

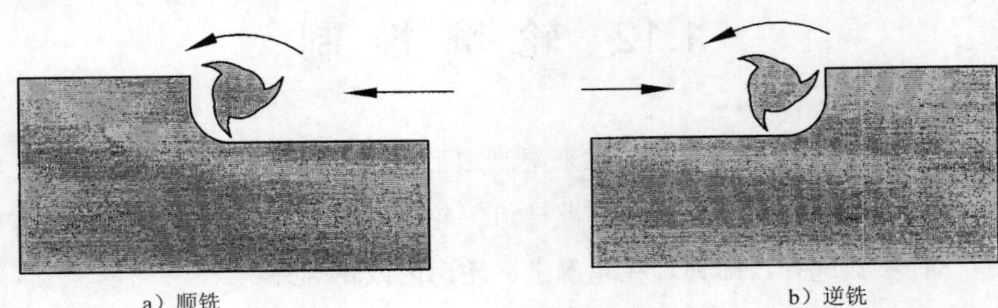

图 1.13.1　顺铣和逆铣示意图

1.14　加 工 精 度

机械加工精度是指零件加工后的实际几何参数（尺寸、形状及相互位置）与理想几何参数符合的程度，符合程度越高，精度愈高。两者之间的差异即加工误差。加工误差是指加工后得到的零件实际几何参数偏离理想几何参数的程度（图 1.14.1），加工后的实际型面与理论型面之间存在着一定的误差。“加工精度”和“加工误差”是评定零件几何参数准确程度这一问题的两个方面。加工误差越小，则加工精度越高。实际生产中，加工精度的高低往往是以加工误差的大小来衡量的。在生产过程中，任何一种加工方法所能达到的加工精度和表面粗糙度都是有一定范围的，不可能也没必要把零件做得绝对准确，只要把加工误差控制在性能要求的允许（公差）范围之内即可，通常称之为“经济加工精度”。

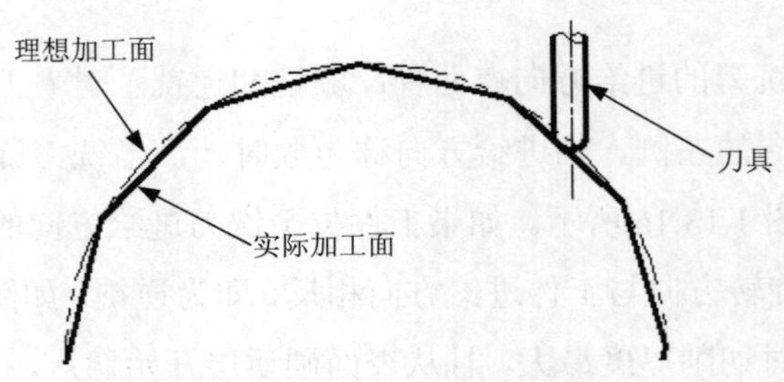

图 1.14.1　加工精度示意图

零件的加工精度包括尺寸精度、形状位置精度和表面粗糙度三方面的内容。通常形状公差应限制在位置公差之内，而位置误差也应限制在尺寸公差之内。当尺寸精度高时，相应的位置精度、形状精度也高。但是当形状精度要求高时，相应的位置精度和尺寸精度不一定高，这需要根据零件加工的具体要求来决定。一般情况下，零件的加工精度越高，则加工成本相应地也越高，生产效率则会相应地越低。

数控加工的特点之一就是具有较高的加工精度，因此对于数控加工的误差必须加以严格控制，以达到加工要求。首先要了解在数控加工中可能造成加工误差的因素及其影响规律。

由机床、夹具、刀具和工件组成的机械加工工艺系统（简称工艺系统）会有各种各样的误差产生，这些误差在各种不同的具体工作条件下都会以各种不同的方式（或扩大、或缩小）反映为工件的加工误差。工艺系统的原始误差主要有工艺系统的原理误差、几何误差、调整误差、装夹误差、测量误差、夹具的制造误差与磨损、机床的制造误差、安装误差及磨损、工艺系统的受力变形引起的加工误差、工艺系统的受热变形引起的加工误差以及工件内应力重新分布引起的变形等。

在交互图形自动编程中，一般仅考虑两个主要误差：插补计算误差和残余高度。

刀轨是由圆弧和直线组成的线段集合近似地取代刀具的理想运动轨迹，两者之间存在着一定的误差，称为插补计算误差。插补计算误差是刀轨计算误差的主要组成部分，它与插补周期成正比，插补周期越大，插补计算误差越大。一般情况下，在 CAM 软件上通过设置公差带来控制插补计算误差，即实际刀轨相对理想刀轨的偏差不超过公差带的范围。

残余高度是指在数控加工中相邻刀轨间所残留的未加工区域的高度，它的大小决定了所加工表面的表面粗糙度，同时决定了后续的抛光工作量，是评价加工质量的一个重要指标。在利用 CAM 软件进行数控编程时，对残余高度的控制是刀轨行距计算的主要依据。在控制残余高度的前提下，以最大的行间距生成数控刀轨是高效率数控加工所追求的目标。

第 2 章 UG NX 9.0 数控加工入门

本章提要 UG NX 9.0 的加工模块为用户提供了非常方便、实用的数控加工功能，本章将通过一个简单零件的加工来说明 UG NX 9.0 数控加工操作的一般过程。通过对本章的学习，希望读者能够清楚地了解数控加工的一般流程及操作方法，并了解其中的原理。

2.1 UG NX 9.0 数控加工流程

UG NX 9.0 能够模拟数控加工的全过程，其一般流程（图 2.1.1）为：

（1）创建制造模型，包括创建或获取设计模型以及工件规划。

（2）进入加工环境。

（3）进行 NC 操作（如创建程序、几何体、刀具等）。

（4）创建刀具路径文件，进行加工仿真。

（5）利用后处理器生成 NC 代码。

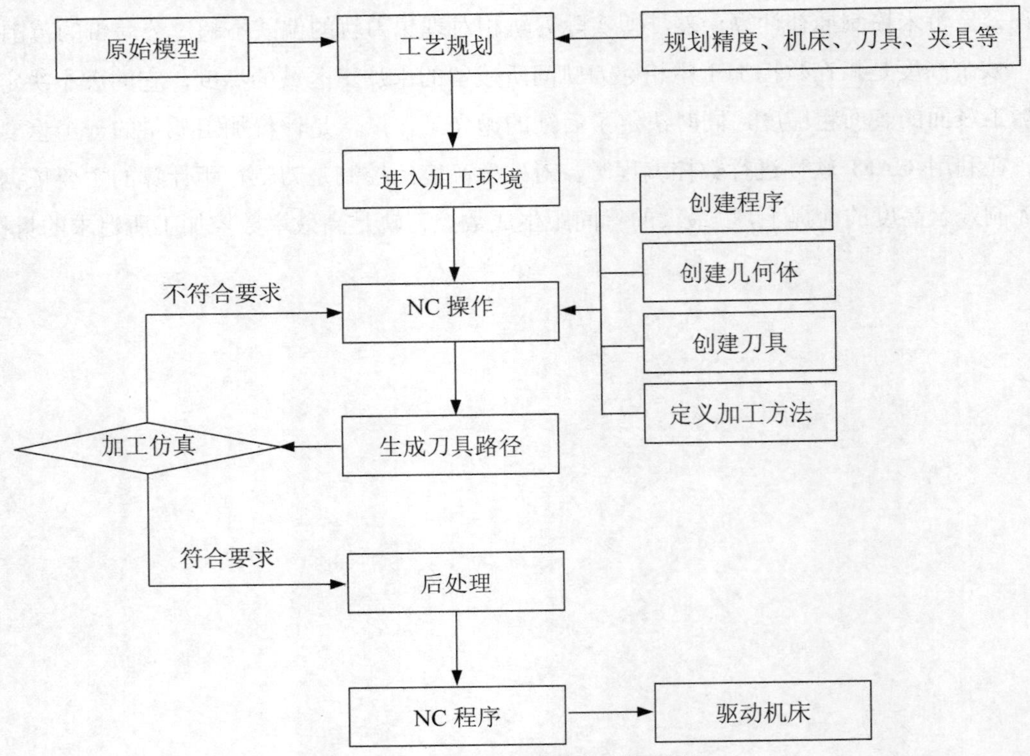

图 2.1.1 UG NX 9.0 数控加工流程图

2.2 进入 UG NX 9.0 的加工模块

在进行数控加工操作之前首先需要进入 UG NX 9.0 数控加工环境，其操作如下。

Step1. 打开模型文件。选择下拉菜单 文件(F) → 打开... 命令，系统弹出图 2.2.1 所示的"打开"对话框；在 查找范围(I): 下拉列表中选择文件目录 D:\ugnx90.9\work\ch02，然后在中间的列表框中选择 pocketing.prt 文件，单击 OK 按钮，系统打开模型并进入建模环境。

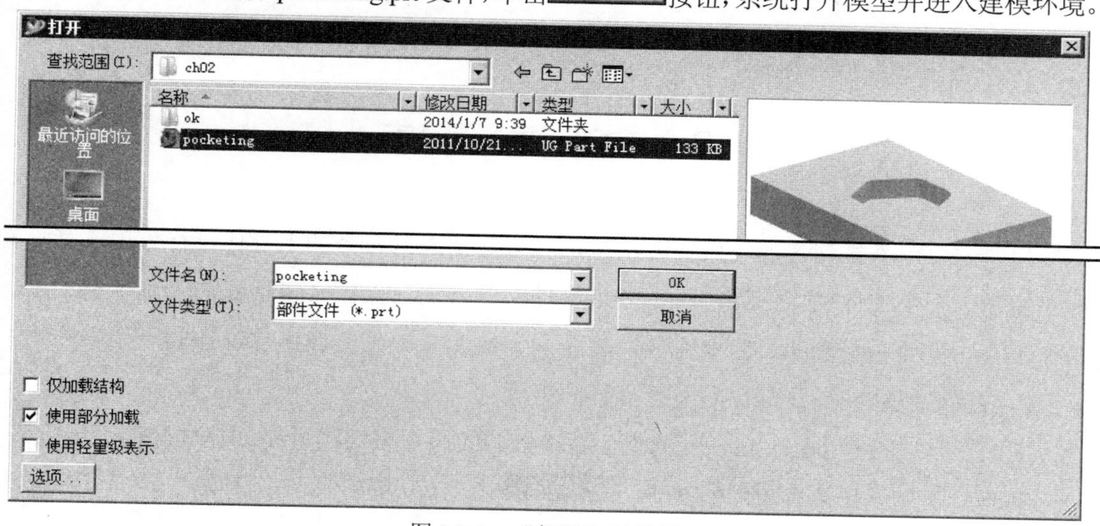

图 2.2.1 "打开"对话框

Step2. 进入加工环境。选择下拉菜单 启动 → 加工(R)... 命令，系统弹出图 2.2.2 所示的"加工环境"对话框。

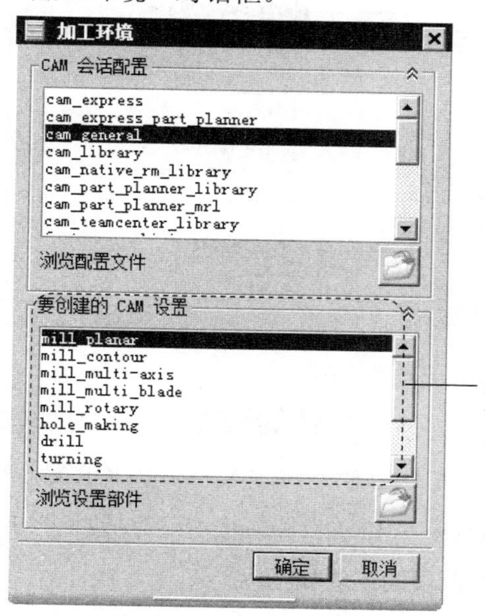

图 2.2.2 "加工环境"对话框

Step3. 选择操作模板类型。在“加工环境”对话框的要创建的 CAM 设置列表框中选择mill_contour选项，单击确定按钮，系统进入加工环境。

说明：当加工零件第一次进入加工环境时，系统将弹出“加工环境”对话框，在要创建的 CAM 设置列表中选择好操作模板类型后，单击确定按钮，系统将根据指定的操作模板类型，调用相应的模块和相关的数据进行加工环境的设置。在以后的操作中，选择下拉菜单工具(T) → 工序导航器(O) → 删除设置(S)命令，在系统弹出的“设置删除确认”对话框中单击确定(O)按钮，此时系统将再次弹出“加工环境”对话框，可以重新进行操作模板类型的选择。

2.3 创建程序

程序主要用于排列各加工操作的次序，并可方便地对各个加工操作进行管理，某种程度上相当于一个文件夹。例如，一个复杂零件的所有加工操作（包括粗加工、半精加工、精加工等）需要在不同的机床上完成，将在同一机床上加工的操作放置在同一个程序组，就可以直接选取这些操作所在的父节点程序组进行后处理。

下面还是以模型 pocketing.prt 为例，紧接上节的操作来继续说明创建程序的一般步骤。

Step1. 选择下拉菜单插入(S) → 程序(P)...命令(或单击“插入”工具栏中的按钮)，系统弹出图 2.3.1 所示的“创建程序”对话框。

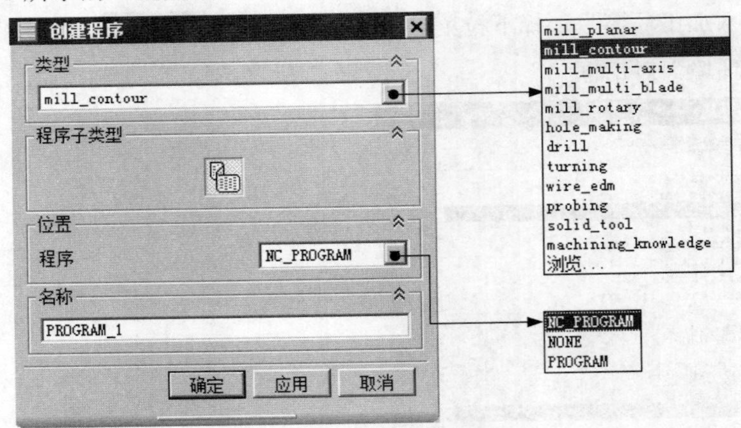

图 2.3.1 “创建程序”对话框

Step2. 在“创建程序”对话框的类型下拉列表中选择mill_contour选项，在位置区域的程序下拉列表中选择NC_PROGRAM选项，在名称文本框中输入程序名称 PROGRAM_1，单击确定按钮，在系统弹出的“程序”对话框中单击确定按钮，完成程序的创建。

图 2.3.1 所示的“创建程序”对话框中各选项的说明如下：

- mill_planar：平面铣加工模板。

- mill_contour：轮廓铣加工模板。
- mill_multi-axis：多轴铣加工模板。
- mill_multi_blade：多轴铣叶片模板。
- mill_rotary：旋转铣削模板。
- hole_making：钻孔模板。
- drill：钻加工模板。
- turning：车加工模板。
- wire_edm：电火花线切割加工模板。
- probing：探测模板。
- solid_tool：整体刀具模板。
- machining_knowledge：加工知识模板。

2.4 创建几何体

创建几何体主要是定义要加工的几何对象（包括部件几何体、毛坯几何体、切削区域、检查几何体、修剪几何体）和指定零件几何体在数控机床上的机床坐标系（MCS）。几何体可以在创建工序之前定义，也可以在创建工序过程中指定。其区别是提前定义的加工几何体可以为多个工序使用，而在创建工序过程中指定加工几何体只能为该工序使用。

2.4.1 创建机床坐标系

在创建加工操作前，应首先创建机床坐标系，并检查机床坐标系与参考坐标系的位置和方向是否正确，要尽可能地将参考坐标系、机床坐标系、绝对坐标系统一到同一位置。

下面以前面的模型 pocketing.prt 为例，紧接着上节的操作来继续说明创建机床坐标系的一般步骤。

Step1. 选择下拉菜单 插入(S) → 几何体(G)... 命令，系统弹出如图 2.4.1 所示的“创建几何体”对话框。

Step2. 在“创建几何体”对话框的 几何体子类型 区域中单击 MCS 按钮，在 位置 区域的 几何体 下拉列表中选择 GEOMETRY 选项，在 名称 文本框中输入 CAVITY_MCS。

Step3. 单击 确定 按钮，系统弹出如图 2.4.2 所示的 MCS 对话框。

图 2.4.1 所示的“创建几何体”对话框中的各选项说明如下：

- （MCS 机床坐标系）：使用此选项可以建立 MCS（机床坐标系）和 RCS（参考坐标系）、设置安全距离和下限平面以及避让参数等。

- (WORKPIECE 工件几何体)：用于定义部件几何体、毛坯几何体、检查几何体和部件的偏置。所不同的是，它通常位于 MCS_MILL 父级组下，只关联 MCS_MILL 中指定的坐标系、安全平面、下限平面和避让等。

图 2.4.1 “创建几何体”对话框

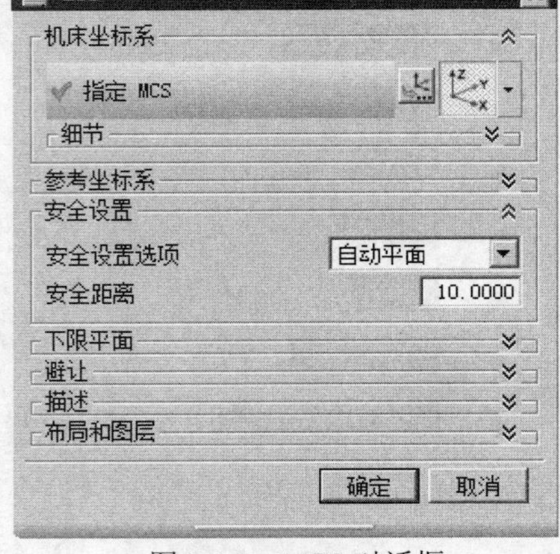

图 2.4.2 MCS 对话框

- (MILL_AREA 切削区域几何体)：使用此按钮可以定义部件、检查、切削区域、壁和修剪等几何体。切削区域也可以在以后的操作对话框中指定。
- (MILL_BND 边界几何体)：使用此按钮可以指定部件边界、毛坯边界、检查边界、修剪边界和底平面几何体。在某些需要指定加工边界的操作，如表面区域铣削、3D 轮廓加工和清根切削等操作中会用到此按钮。
- A (MILL_TEXT 文字加工几何体)：使用此按钮可以指定“平面文本”和“曲面文本”工序中的雕刻文本。
- (MILL_GEOM 铣削几何体)：此按钮可以通过选择模型中的体、面、曲线和切削区域来定义部件几何体、毛坯几何体、检查几何体，还可以定义零件的偏置、材料，储存当前的视图布局与层。
- 在 位置 区域的 几何体 下拉列表中提供了如下选项：
  ☑ GEOMETRY：几何体中的最高节点，由系统自动产生。
  ☑ MCS_MILL：选择加工模板后系统自动生成，一般是工件几何体的父节点。
  ☑ NONE：未用项。当选择此选项时，表示没有任何要加工的对象。
  ☑ WORKPIECE：选择加工模板后，系统在MCS_MILL下自动生成的工件几何体。

图 2.4.2 所示的 MCS 对话框中的主要选项和区域说明如下：

- 机床坐标系区域：单击此区域中的“CSYS 对话框”按钮，系统弹出 CSYS 对话框，在此对话框中可以对机床坐标系的参数进行设置。机床坐标系即加工坐标系，它是所有刀路轨迹输出点坐标值的基准，刀路轨迹中所有点的数据都是根据机床

坐标系生成的。在一个零件的加工工艺中，可能会创建多个机床坐标系，但在每个工序中只能选择一个机床坐标系。系统默认的机床坐标系定位在绝对坐标系的位置。

- 参考坐标系区域：选中该区域中☑链接 RCS 与 MCS复选框，即指定当前的参考坐标系为机床坐标系，此时指定 RCS选项将不可用；取消选中☐链接 RCS 与 MCS复选框，单击指定 RCS右侧的“CSYS 对话框”按钮，系统弹出 CSYS 对话框，在此对话框中可以对参考坐标系的参数进行设置。参考坐标系主要用于确定所有刀具轨迹以外的数据，如安全平面、对话框中指定的起刀点、刀轴矢量以及其他矢量数据等，当正在加工的工件从工艺各截面移动到另一个截面时，将通过搜索已经存储的参数，使用参考坐标系重新定位这些数据。系统默认的参考坐标系定位在绝对坐标系上。
- 安全设置区域的安全设置选项下拉列表提供了如下选项：
  - ☑ 使用继承的：选择此选项，安全设置将继承上一级的设置，可以单击此区域中的“显示”按钮，显示出继承的安全平面。
  - ☑ 无：选择此选项，表示不进行安全平面的设置。
  - ☑ 自动平面：选择此选项，可以在安全距离文本框中设置安全平面的距离。
  - ☑ 平面：选择此选项，可以单击此区域中的按钮，在系统弹出的“平面”对话框中设置安全平面。
- 下限平面区域：此区域中的设置可以采用系统的默认值，不影响加工操作。

说明：在设置机床坐标系时，该对话框中的设置可以采用系统的默认值。

Step4. 在 MCS 对话框的机床坐标系区域中单击“CSYS 对话框”按钮，系统弹出如图 2.4.3 所示的 CSYS 对话框，在类型下拉列表中选择动态。

说明：系统弹出 CSYS 对话框的同时，在图形区会出现图 2.4.4 所示的待创建坐标系，可以通过移动原点球来确定坐标系原点的位置，拖动圆弧边上的圆点可以分别绕相应轴进行旋转以调整角度。

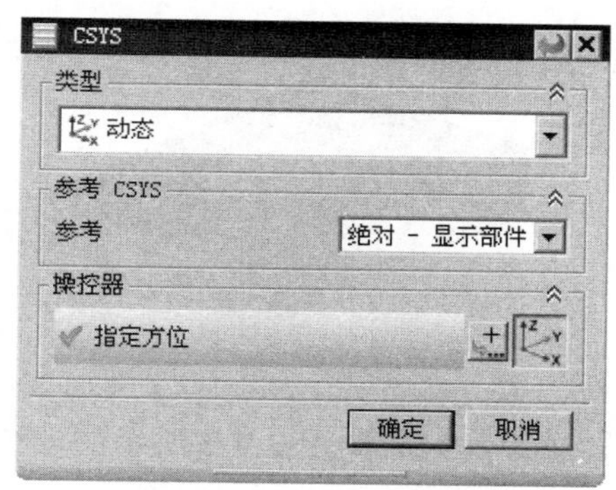

图 2.4.3　CSYS 对话框

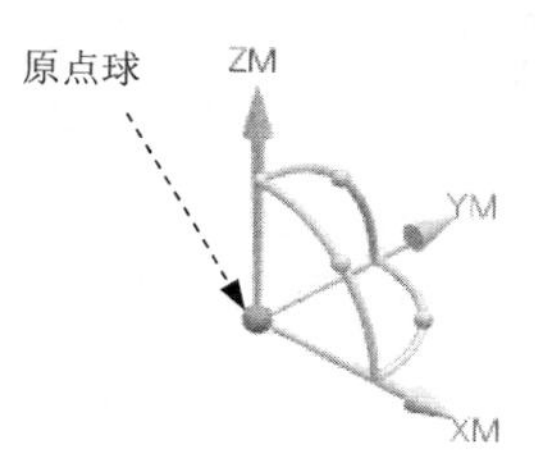

图 2.4.4　创建坐标系

Step5. 单击 CSYS 对话框 操控器 区域中的“操控器”按钮，系统弹出如图 2.4.5 所示的“点”对话框，在 Z 文本框中输入值 10.0，单击 确定 按钮，此时系统返回至 CSYS 对话框，单击 确定 按钮，完成如图 2.4.6 所示的机床坐标系的创建，系统返回到 MCS 对话框。

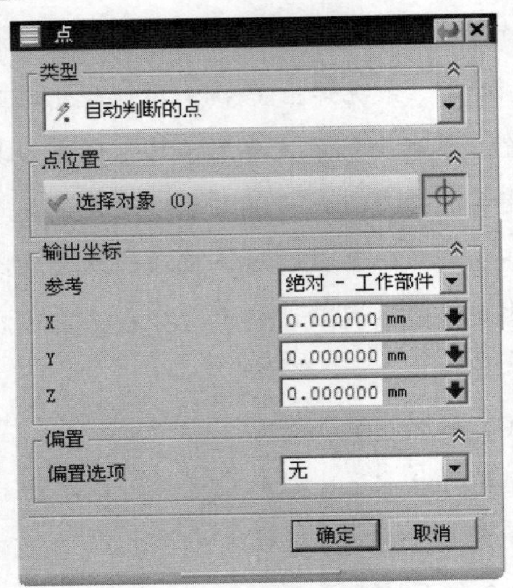

图 2.4.5 “点”对话框

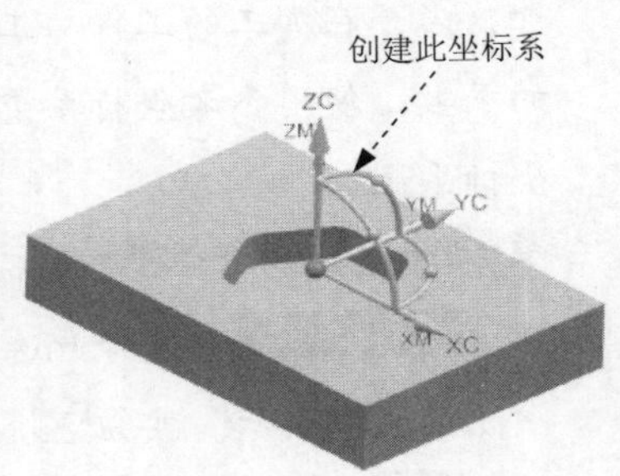

图 2.4.6 机床坐标系

2.4.2 创建安全平面

设置安全平面可以避免在创建每一工序时都设置避让参数。可以选取模型的表面或者直接选择基准面作为参考平面，然后设定安全平面相对于所选平面的距离。下面以前面的模型 pocketing.prt 为例，紧接上节的操作，说明创建安全平面的一般步骤。

Step1. 在 MCS 对话框的 安全设置 区域的 安全设置选项 下拉列表中选择 平面 选项。

Step2. 单击“平面对话框”按钮，系统弹出如图 2.4.7 所示的“平面”对话框，选取如图 2.4.8 所示的模型表面为参考平面，在 偏置 区域的 距离 文本框中输入值 3.0。

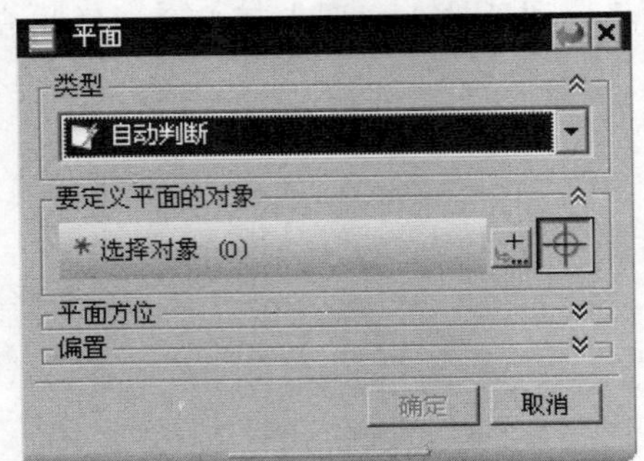

图 2.4.7 “平面”对话框

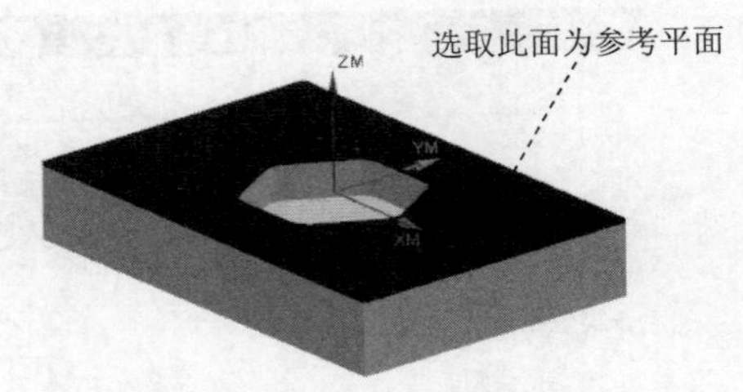

图 2.4.8 选取参考平面

Step3. 单击“平面”对话框中的 确定 按钮，完成如图 2.4.9 所示的安全平面的创建。

Step4. 单击 MCS 对话框中的 确定 按钮，完成安全平面的创建。

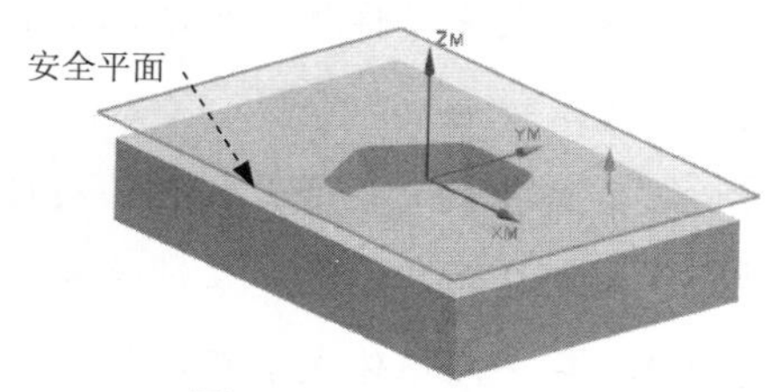

图 2.4.9 安全平面

2.4.3 创建工件几何体

下面以模型 pocketing.prt 为例，紧接着上节的操作，说明创建工件几何体的一般步骤。

Step1. 选择下拉菜单 插入(S) ➡ 几何体(G)... 命令，系统弹出“创建几何体”对话框。

Step2. 在 几何体子类型 区域中单击 WORKPIECE 按钮，在 位置 区域的 几何体 下拉列表中选择 CAVITY_MCS 选项，在 名称 文本框中输入 CAVITY_ WORKPIECE，然后单击 确定 按钮，系统弹出如图 2.4.10 所示的“工件”对话框。

Step3. 创建部件几何体。

（1）单击“工件”对话框中的按钮，系统弹出如图 2.4.11 所示的“部件几何体”对话框。

图 2.4.10 “工件”对话框

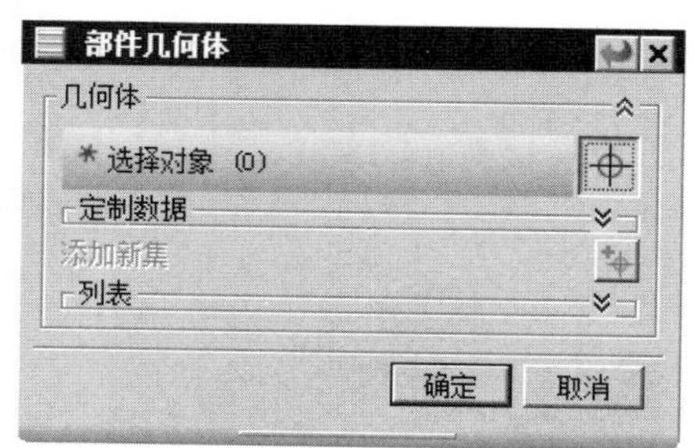

图 2.4.11 “部件几何体”对话框

如图 2.4.10 所示的“工件”对话框中的主要按钮说明如下：

- 按钮：单击此按钮，在弹出的“部件几何体”对话框中可以定义加工完成后的几何体，即最终的零件，它可以控制刀具的切削深度和活动范围，可以通过设置选择过滤器来选择特征、几何体（实体、面、曲线）和小平面体来定义部件几何体。

- 按钮：单击此按钮，在弹出的“毛坯几何体”对话框中可以定义将要加工的原材料，可以设置选择过滤器来选择特征、几何体（实体、面、曲线）以及偏置部件几何体来定义毛坯几何体。
- 按钮：单击此按钮，在弹出的“检查几何体”对话框中可以定义刀具在切削过程中要避让的几何体，如夹具和其他已加工过的重要表面。
- 按钮：当部件几何体、毛坯几何体或检查几何体被定义后，其后的按钮将高亮度显示，此时单击此按钮，已定义的几何体对象将以不同的颜色高亮度显示。
- 部件偏置文本框：用于设置在零件实体模型上增加或减去指定的厚度值。正的偏置值在零件上增加指定的厚度，负的偏置值在零件上减去指定的厚度。
- 按钮：单击该按钮，系统弹出“搜索结果”对话框，在此对话框中列出了材料数据库中的所有材料类型，材料数据库由配置文件指定。选择合适的材料后，单击 确定 按钮，则为当前创建的工件指定材料属性。
- 布局和图层区域提供了如下选项：
  - ☑ 保存图层设置复选框：选中该复选框，则在选择“保存布局/图层”选项时，保存图层的设置。
  - ☑ 布局名文本框：用于输入视图布局的名称，如果不更改，则使用默认名称。
  - ☑ 按钮：用于保存当前的视图布局和图层。

（2）在图形区选取整个零件实体为部件几何体，如图 2.4.12 所示。

（3）单击 确定 按钮，系统返回“工件”对话框。

Step4. 创建毛坯几何体。

（1）在“工件”对话框中单击按钮，系统弹出如图 2.4.13 所示的“毛坯几何体”对话框（一）。

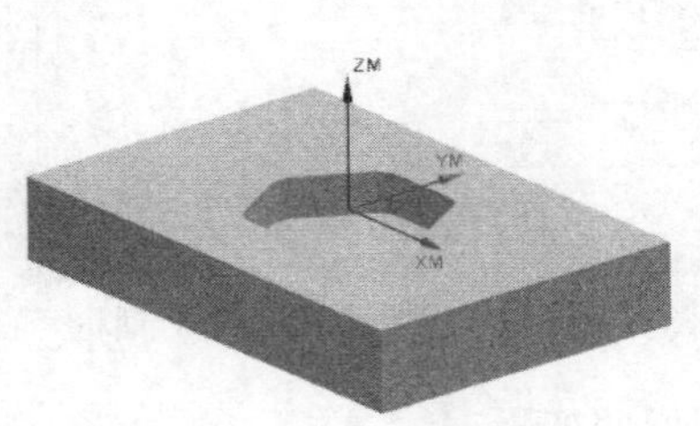

图 2.4.12　部件几何体

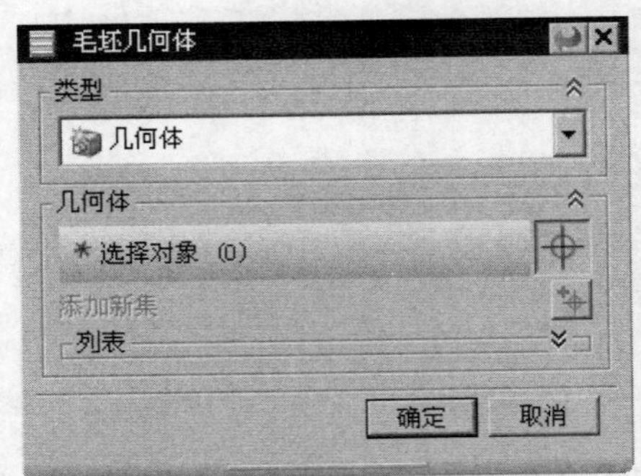

图 2.4.13　“毛坯几何体”对话框（一）

（2）在类型下拉列表中选择 包容块 选项，此时毛坯几何体如图 2.4.14 所示，显示“毛坯几何体”对话框（二），如图 2.4.15 所示。

（3）单击 确定 按钮，系统返回到“工件”对话框。

Step5. 单击“工件”对话框中的 确定 按钮，完成工件的设置。

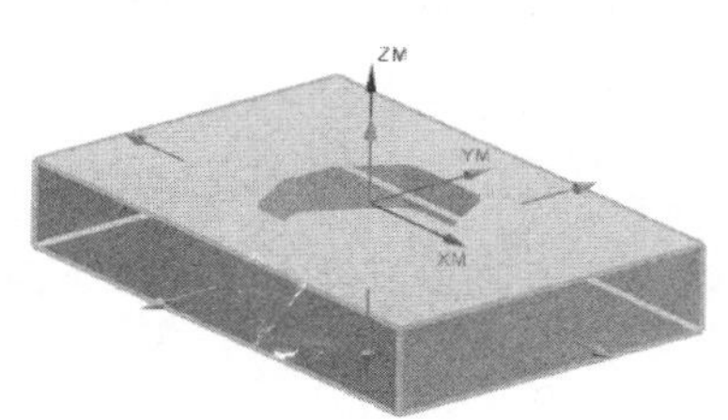

图 2.4.14　毛坯几何体

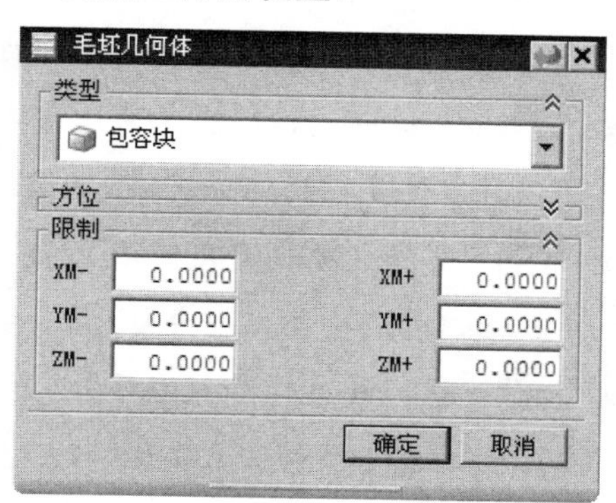

图 2.4.15　“毛坯几何体”对话框（二）

2.4.4　创建切削区域几何体

Step1. 选择下拉菜单 插入(S) → 几何体(G)... 命令，系统弹出“创建几何体”对话框。

Step2. 在 几何体子类型 区域中单击 MILL_AREA 按钮，在 位置 区域的 几何体 下拉列表中选择 CAVITY_WORKPIECE 选项，在 名称 文本框中输入 CAVITY_AREA，然后单击 确定 按钮，系统弹出如图 2.4.16 所示的“铣削区域”对话框。

Step3. 单击 指定切削区域 右侧的 按钮，系统弹出图 2.4.17 所示的“切削区域”对话框。

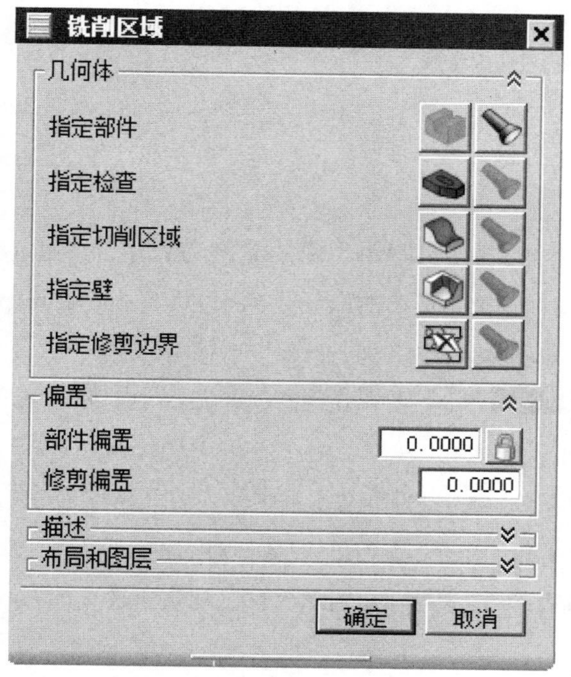

图 2.4.16　“铣削区域”对话框

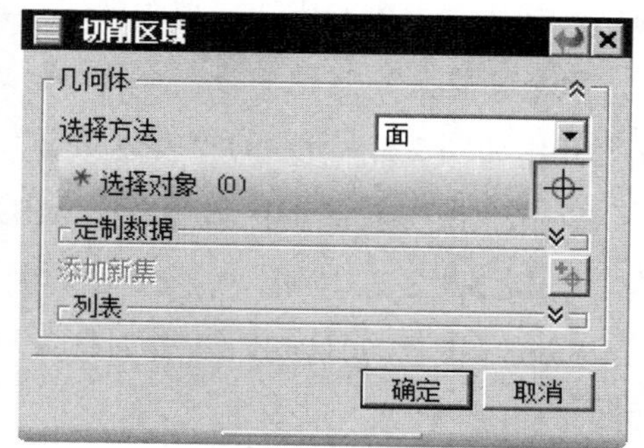

图 2.4.17　“切削区域”对话框

图 2.4.16 所示的“铣削区域”对话框中的各按钮说明如下：

- （选择或编辑检查几何体）：用于检查几何体是否为在切削加工过程中要避让的几何体，如夹具或重要加工平面。
- （选择或编辑切削区域几何体）：使用该按钮可以指定具体要加工的区域，可以是零件几何的部分区域；如果不指定，系统将认为是整个零件的所有区域。
- （选择或编辑壁几何体）：通过设置侧壁几何体来替换工件余量，表示除了加工面以外的全局工件余量。
- （选择或编辑修剪边界）：使用该按钮可以进一步控制需要加工的区域，一般是通过设定剪切侧来实现的。
- 部件偏置：用于在已指定的部件几何体的基础上进行法向的偏置。
- 修剪偏置：用于对已指定的修剪边界进行偏置。

Step4. 选取如图 2.4.18 所示的模型表面（共 13 个面）为切削区域，然后单击“切削区域”对话框中的确定按钮，系统返回到“铣削区域”对话框。

Step5. 单击确定按钮，完成切削区域几何体的创建。

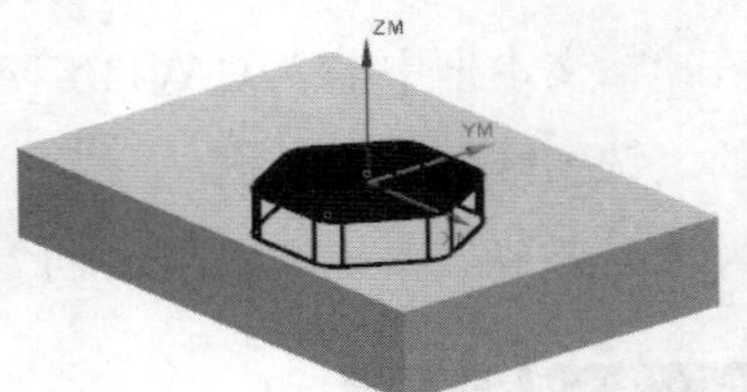

图 2.4.18 指定切削区域

2.5 创 建 刀 具

在创建工序前，必须设置合理的刀具参数或从刀具库中选取合适的刀具。刀具的定义直接关系到加工表面质量的优劣、加工精度以及加工成本的高低。下面以模型 pocketing.prt 为例，紧接着上节的操作，说明创建刀具的一般步骤。

Step1. 选择下拉菜单 插入(S) → 刀具(T)... 命令（或单击“插入”工具栏中的按钮），系统弹出如图 2.5.1 所示的“创建刀具”对话框。

Step2. 在刀具子类型区域中单击 MILL 按钮，在名称文本框中输入刀具名称 D6R0，然后单击确定按钮，系统弹出如图 2.5.2 所示的“铣刀-5 参数”对话框。

Step3. 设置刀具参数。设置刀具参数如图 2.5.2 所示，在图形区可以观察所设置的刀具，如图 2.5.3 所示。

Step4. 单击确定按钮，完成刀具的设定。

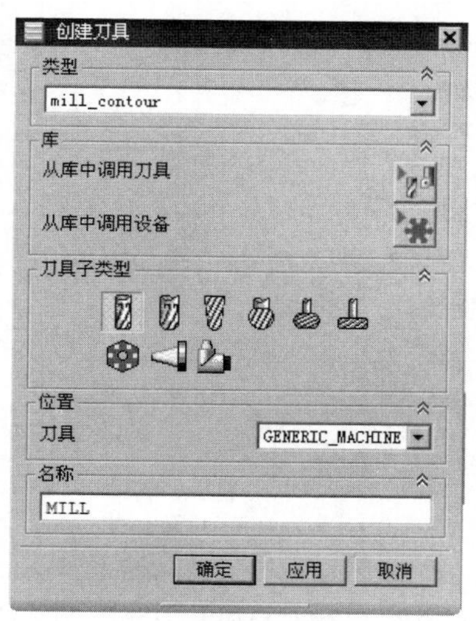

图 2.5.1 “创建刀具”对话框

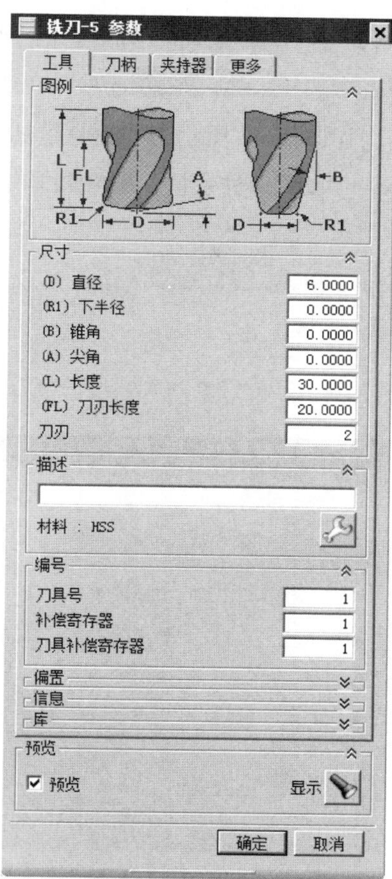

图 2.5.2 “铣刀-5 参数”对话框

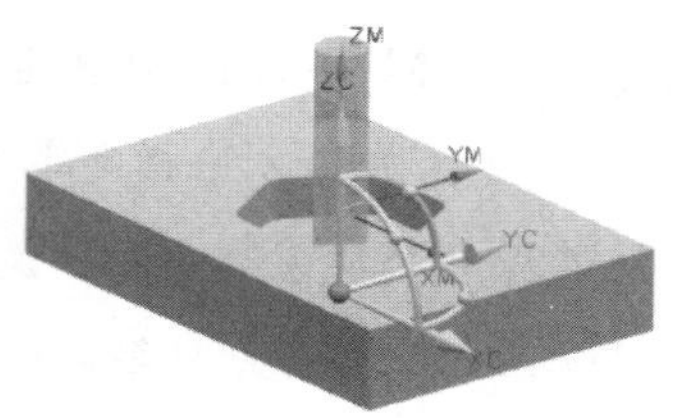

图 2.5.3 刀具预览

2.6 创建加工方法

在零件加工过程中，通常需要经过粗加工、半精加工、精加工几个步骤，而它们的主要差异在于加工后残留在工件上的余料的多少以及表面粗糙度。在加工方法中可以通过对加工余量、几何体的内外公差和进给速度等选项进行设置，从而控制加工残留余量。下面紧接着上节的操作，说明创建加工方法的一般步骤。

Step1. 选择下拉菜单 插入(S) → 方法(M)... 命令（或单击“插入”工具栏中的按钮），系统弹出如图 2.6.1 所示的“创建方法”对话框。

Step2. 在方法子类型区域中单击 MOLD_FINISH_HSM 按钮，在位置区域的方法下拉列表中选择MILL_SEMI_FINISH选项，在名称文本框中输入 FINISH；然后单击确定按钮，系统弹出如图 2.6.2 所示的“模具精加工 HSM”对话框。

Step3. 设置部件余量。在余量区域的部件余量文本框中输入值 0.4，其他参数采用系统默认值。

Step4. 单击确定按钮，完成加工方法的设置。

图 2.6.1 “创建方法”对话框

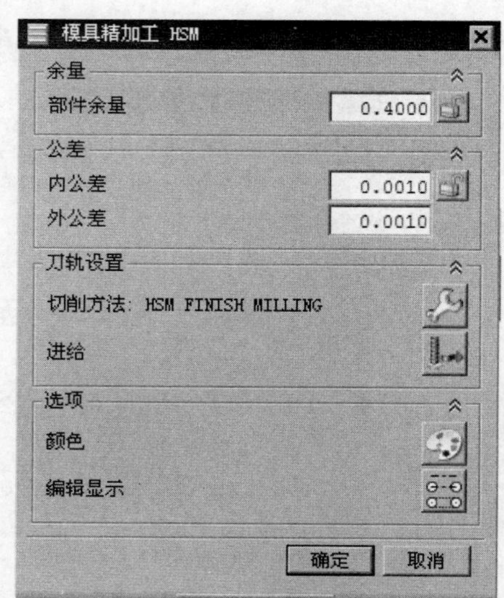

图 2.6.2 “模具精加工 HSM”对话框

图 2.6.2 所示的“模具精加工 HSM”对话框中的各按钮说明如下：

- 部件余量：用于为当前所创建的加工方法指定零件余量。
- 内公差：用于设置切削过程中刀具穿透曲面的最大量。
- 外公差：用于设置切削过程中刀具避免接触曲面的最大量。
- （切削方法）：单击该按钮，在系统弹出的“搜索结果”对话框中系统为用户提供了 7 种切削方法，分别是 FACE MILLING（面铣）、END MILLING（端铣）、SLOTING（台阶加工）、SIDE/SLOT MILL（边和台阶铣）、HSM ROUTH MILLING（高速粗铣）、HSM SEMI FINISH MILLING（高速半精铣）、HSM FINISH MILLING（高速精铣）。
- （进给）：单击该按钮后，可以在弹出的“进给”对话框中设置切削进给量。
- （颜色）：单击该按钮，可以在弹出的“刀轨显示颜色”对话框中对刀轨的颜色显示进行设置。
- （编辑显示）：单击该按钮，系统弹出“显示选项”对话框，可以设置刀具显示方式、刀轨显示方式等。

2.7 创建工序

在 UG NX 9.0 加工中，每个加工工序所产生的加工刀具路径、参数形态及适用状态有所不同，所以用户需要根据零件图样及工艺技术状况，选择合理的加工工序。下面以模型 pocketing.prt 为例，紧接着上节的操作，说明创建工序的一般步骤。

Step1. 选择操作类型。

（1）选择下拉菜单 插入(S) ⟶ 工序(E)... 命令（或单击“插入”工具栏中的按钮），系统弹出如图 2.7.1 所示的“创建工序”对话框。

（2）在 类型 下拉列表中选择 mill_contour 选项，在 工序子类型 区域中单击“型腔铣”按钮，在 程序 下拉列表中选择 PROGRAM_1 选项，在 刀具 下拉列表中选择 D6R0（铣刀-5 参数）选项，在 几何体 下拉列表中选择 CAVITY_AREA 选项，在 方法 下拉列表中选择 FINISH 选项，接受系统默认的名称。

（3）单击 确定 按钮，系统弹出如图 2.7.2 所示的“型腔铣”对话框。

图 2.7.2 所示的“型腔铣”对话框区域中的选项说明如下：

- 刀轨设置 区域的 切削模式 下拉列表中提供了如下 7 种切削方式。
  - ☑ 跟随部件：根据整个部件几何体并通过偏置来产生刀轨。与“跟随周边”方式不同的是，“跟随周边”只从部件或毛坯的外轮廓生成并偏移刀轨，“跟随部件”方式是根据整个部件中的几何体生成并偏移刀轨，它可以根据部件的外轮廓生成刀轨，也可以根据岛屿和型腔的外围环生成刀轨，所以无需进行“岛清理”的设置。另外，“跟随部件”方式无需指定步距的方向，一般来讲，型腔的步距方向总是向外的，岛屿的步距方向总是向内的。此方式也十分适合带有岛屿和内腔零件的粗加工，当零件只有外轮廓这一条边界几何时，它和“跟随周边”方式是一样的，一般优先选择“跟随部件”方式进行加工。
  - ☑ 跟随周边：沿切削区域的外轮廓生成刀轨，并通过偏移该刀轨形成一系列的同心刀轨，并且这些刀轨都是封闭的。当内部偏移的形状重叠时，这些刀轨将被合并成一条轨迹，然后再重新偏移产生下一条轨迹。和往复式切削一样，也能在步距运动间连续的进刀，因此效率也较高。设置参数时需要设定步距的方向是“向内”（外部进刀，步距指向中心）还是“向外”（中间进刀，步距指向外部）。此方式常用于带有岛屿和内腔零件的粗加工，如模具的型芯和型腔等。
  - ☑ 轮廓加工：用于创建一条或者几条指定数量的刀轨来完成零件侧壁或外形轮

廓的加工，生成刀轨的方式和“跟随部件”方式相似，主要以精加工或半精加工为主。

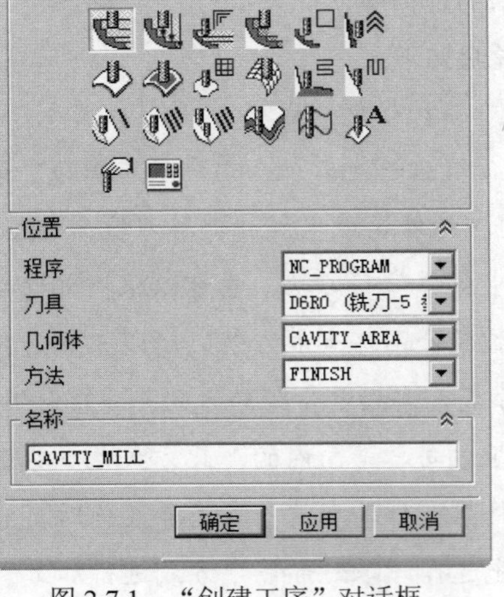

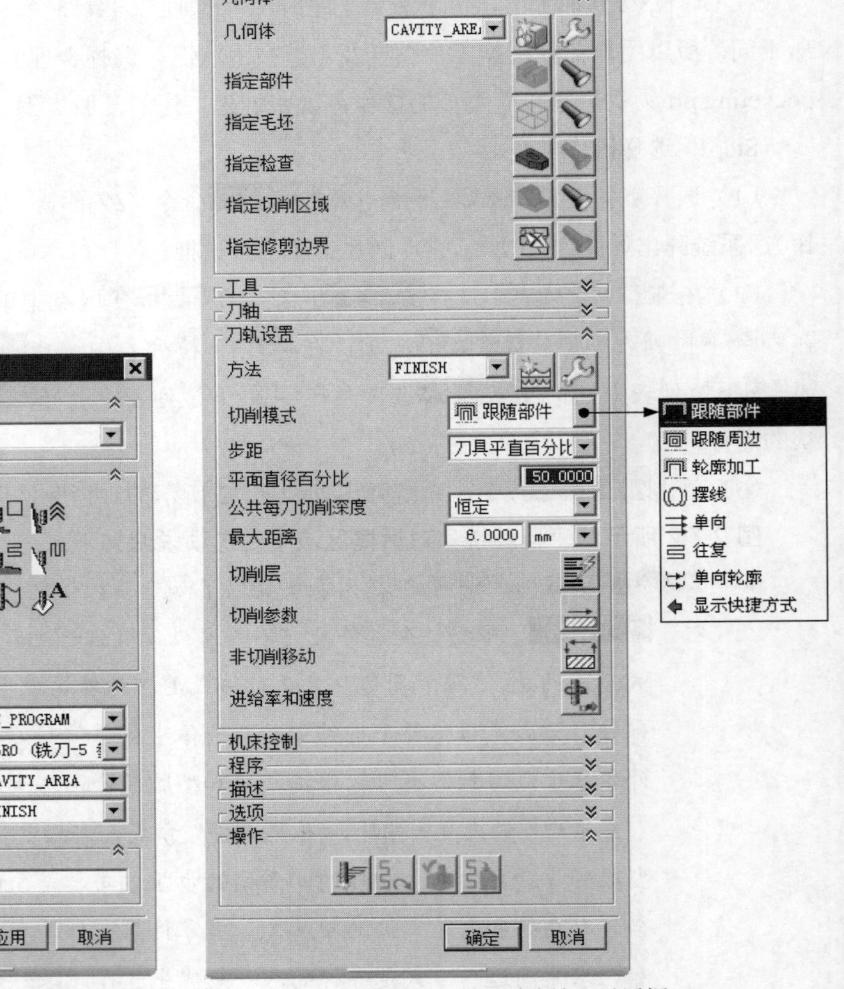

图 2.7.1 “创建工序”对话框

图 2.7.2 “型腔铣”对话框

☑ 摆线：刀具会以圆形回环模式运动，生成的刀轨是一系列相交且外部相连的圆环，像一个拉开的弹簧。它控制了刀具的切入，限制了步距，以免在切削时因刀具完全切入受冲击过大而断裂。选择此选项，需要设置步距（刀轨中相邻两圆环的圆心距）和摆线的路径宽度（刀轨中圆环的直径）。此方式比较适合部件中的狭窄区域，岛屿和部件及两岛屿之间区域的加工。

☑ 单向：刀具在切削轨迹的起点进刀，切削到切削轨迹的终点，然后抬刀至转换平面高度，平移到下一行轨迹的起点，刀具开始以同样的方向进行下一行切削。切削轨迹始终维持一个方向的顺铣或者逆铣切削，在连续两行平行

刀轨间没有沿轮廓的切削运动，从而会影响切削效率，此方式常用于岛屿的精加工和无法运用往复式加工的场合，如一些陡壁的筋板。

- ☑ 往复：是指刀具在同一切削层内不抬刀，在步距宽度的范围内沿着切削区域的轮廓维持连续往复的切削运动。往复式切削方式生成的是多条平行直线刀轨，连续两行平行刀轨的切削方向相反，但步进方向相同，所以在加工中会交替出现顺铣切削和逆铣切削。在加工策略中指定顺铣或逆铣不会影响此切削方式，但会影响其中的“壁清根”的切削方向（顺铣和逆铣是会影响加工精度的，逆铣的加工质量比较高）。这种方法在加工时刀具在步进时始终保持进刀状态，能最大化的对材料进行切除，是最经济和高效的切削方式，通常用于型腔的粗加工。
- ☑ 单向轮廓：与单向切削方式类似，但在进刀时将进刀在前一行刀轨的起始点位置，然后沿轮廓切削到当前行的起点进行当前行的切削，切削到端点时，仍然沿轮廓切削到前一行的端点，然后抬刀转移平面，再返回到起始边当前行的起点进行下一行的切削。其中抬刀回程是快速横越运动，在连续两行平行刀轨间会产生沿轮廓的切削壁面刀轨（步距），因此壁面加工的质量较高。此方法切削比较平稳，对刀具冲击很小，常用于粗加工后对要求余量均匀的零件进行精加工，如一些对侧壁要求较高的零件和薄壁零件等。

- 步距：是指两个切削路径之间的水平间隔距离，而在环形切削方式中是指两个环之间的距离。其方式分别是恒定、残余高度、刀具平直百分比和多个4种。
  - ☑ 恒定：选择该选项后，用户需要定义切削刀路间的固定距离。如果指定的刀路间距不能平均分割所在区域，系统将减小这一刀路间距以保持恒定步距。
  - ☑ 残余高度：选择该选项后，用户需要定义两个刀路间剩余材料的高度，从而在连续切削刀路间确定固定距离。
  - ☑ 刀具平直百分比：选择该选项后，用户需要定义刀具直径的百分比，从而在连续切削刀路之间建立起固定距离。
  - ☑ 多个：选择该选项后，可以设定几个不同步距大小的刀路数以提高加工效率。
- 平面直径百分比：步距方式选择刀具平直百分比时，该文本框可用，用于定义切削刀路之间的距离为刀具直径的百分比。
- 公共每刀切削深度：用于定义每一层切削的公共深度。

选项区域中的选项说明如下：

- 编辑显示选项：单击此选项后的“编辑显示”按钮，系统弹出如图 2.7.3 所示的“显示选项”对话框，在此对话框中可以进行刀具显示、刀轨显示以及其他

选项的设置。在系统默认情况下，在“显示选项”对话框的刀轨生成区域中，使☐ 显示切削区域、☐ 显示后暂停、☐ 显示前刷新和☐ 抑制刀轨显示4 个复选框为取消选中状态。

说明：在系统默认情况下，刀轨生成区域中的 4 复选框均为取消选中状态，选中这 4 个复选框，在“型腔铣”对话框的操作区域中单击“生成”按钮后，系统会弹出如图 2.7.4 所示的“刀轨生成”对话框。

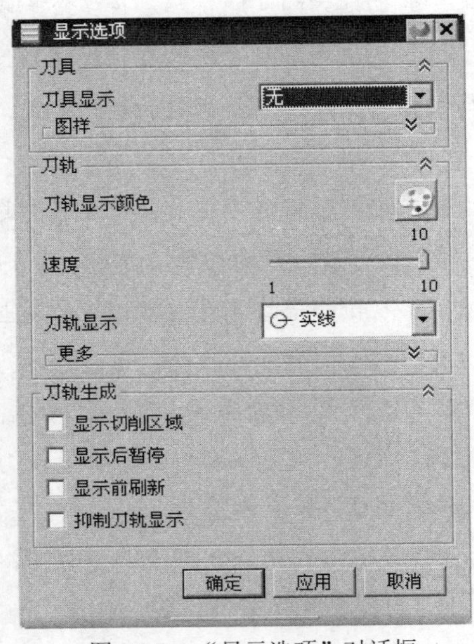

图 2.7.3 “显示选项”对话框

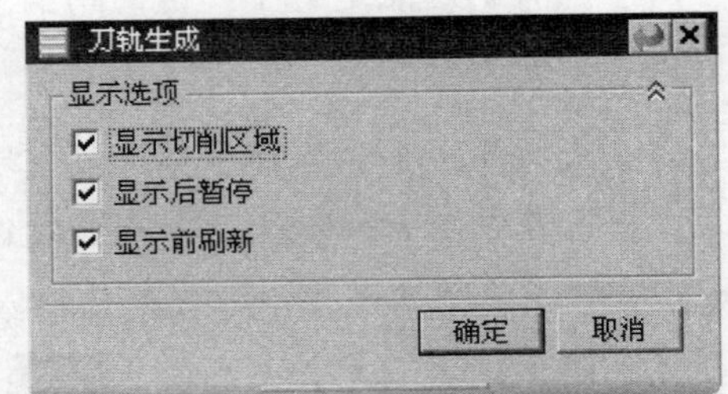

图 2.7.4 “刀轨生成”对话框

图 2.7.4 所示的“刀轨生成”对话框中的各选项说明如下：

- ☑ 显示切削区域：若选中该复选框，在切削仿真时，则会显示切削加工的切削区域，但从实践效果来看，选中或不选中，仿真时的区别不是很大。为了测试选中和不选中之间的区别，可以选中☑ 显示前刷新复选框，这样可以很明显地看出选中和不选中之间的区别。
- ☑ 显示后暂停：若选中该复选框，处理器将在显示每个切削层的可加工区域和刀轨后暂停。此复选框只对平面铣、型腔铣和固定可变轮廓铣 3 种加工方法有效。
- ☑ 显示前刷新：若选中该复选框，系统将移除所有临时屏幕显示。此复选框只对平面铣、型腔铣和固定可变轮廓铣 3 种加工方法有效。

Step2. 设置一般参数。在“型腔铣”对话框的切削模式下拉列表中选择跟随部件选项，在步距下拉列表中选择刀具平直百分比选项，在平面直径百分比文本框中输入值 50.0，在公共每刀切削深度下拉列表中选择恒定选项，在最大距离文本框中输入值 1.0。

Step3. 设置切削参数。

（1）单击“切削参数”按钮，系统弹出如图 2.7.5 所示的“切削参数”对话框。

（2）单击“切削参数”对话框中的余量选项卡，在部件侧面余量文本框中输入值 0.1，在公差区域的内公差文本框中输入值 0.02，在外公差文本框中输入值 0.02。

（3）其他参数的设置采用系统默认值，单击确定按钮，完成切削参数的设置，系统返回到“型腔铣”对话框。

Step4. 设置非切削移动参数。

（1）单击“型腔铣”对话框中的“非切削移动”按钮，系统弹出如图 2.7.6 所示的“非切削移动”对话框。

（2）单击“非切削移动”对话框中的进刀选项卡，在封闭区域区域的进刀类型下拉列表中选择螺旋选项，其他参数采用系统默认设置，单击确定按钮，完成非切削移动参数的设置。

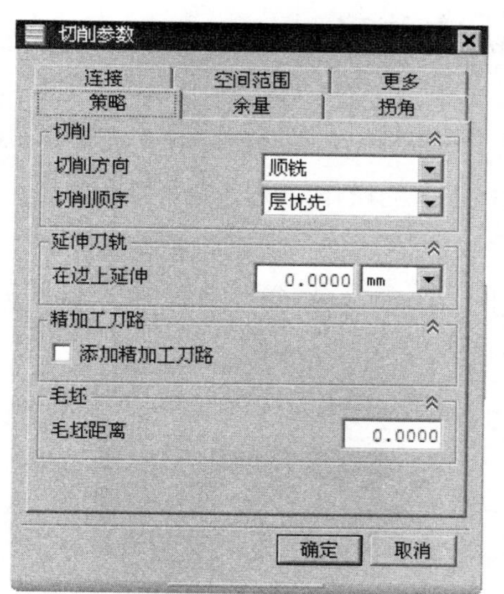

图 2.7.5 “切削参数”对话框

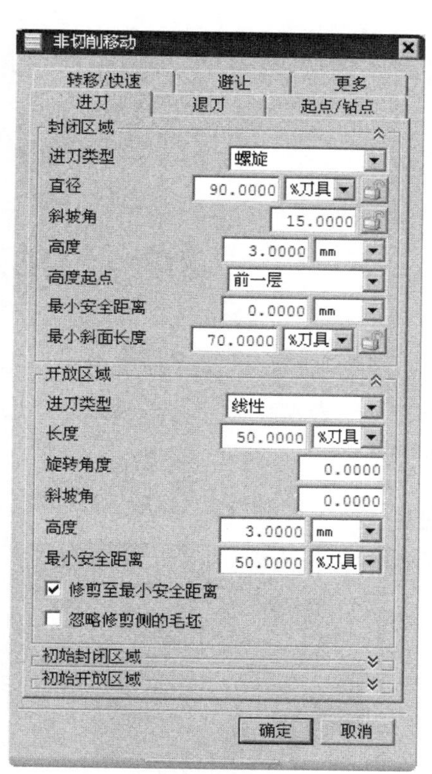

图 2.7.6 “非切削移动”对话框

Step5. 设置进给率和速度。

（1）单击“型腔铣”对话框中的“进给率和速度”按钮，系统弹出如图 2.7.7 所示的“进给率和速度”对话框。

（2）在“进给率和速度”对话框中选中 主轴速度 (rpm) 复选框，然后在其文本框中输入值 1500.0，在进给率区域的切削文本框中输入值 2500.0，并单击该文本框右侧的按钮计算表面速度和每齿进给量，其他参数采用系统默认设置值。

（3）单击确定按钮，完成进给率和速度参数的设置，系统返回到“型腔铣”对话框。

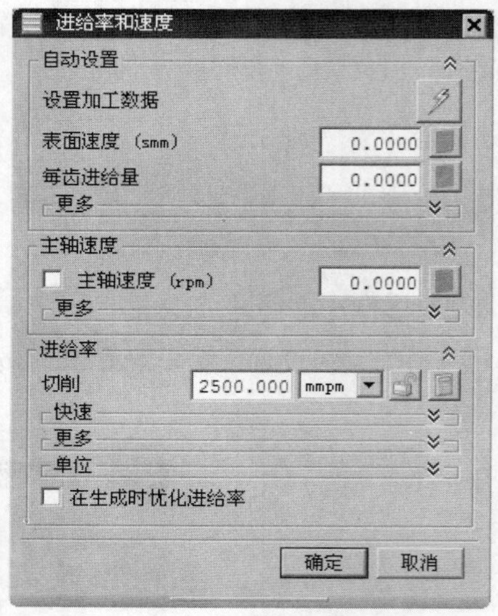

图 2.7.7 “进给率和速度”对话框

2.8 生成刀路轨迹并确认

刀路轨迹是指在图形窗口中显示已生成的刀具运动路径。刀路确认是指在计算机屏幕上对毛坯进行去除材料的动态模拟。下面还是紧接上节的操作，说明生成刀路轨迹并确认的一般步骤。

Step1. 在“型腔铣”对话框的操作区域中单击“生成”按钮，在图形区中生成如图 2.8.1 所示的刀路轨迹。

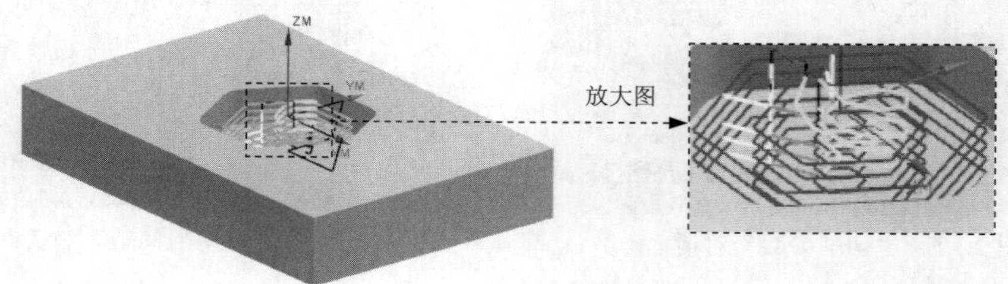

图 2.8.1 刀路轨迹

Step2. 在操作区域中单击“确认”按钮，系统弹出如图 2.8.2 所示的“刀轨可视化”对话框。

Step3. 单击 2D 动态 选项卡，然后单击“播放”按钮▶，即可进行 2D 动态仿真，完成仿真后的模型如图 2.8.3 所示。

Step4. 单击 确定 按钮，系统返回到“型腔铣”对话框，单击 确定 按钮完成型腔铣操作。

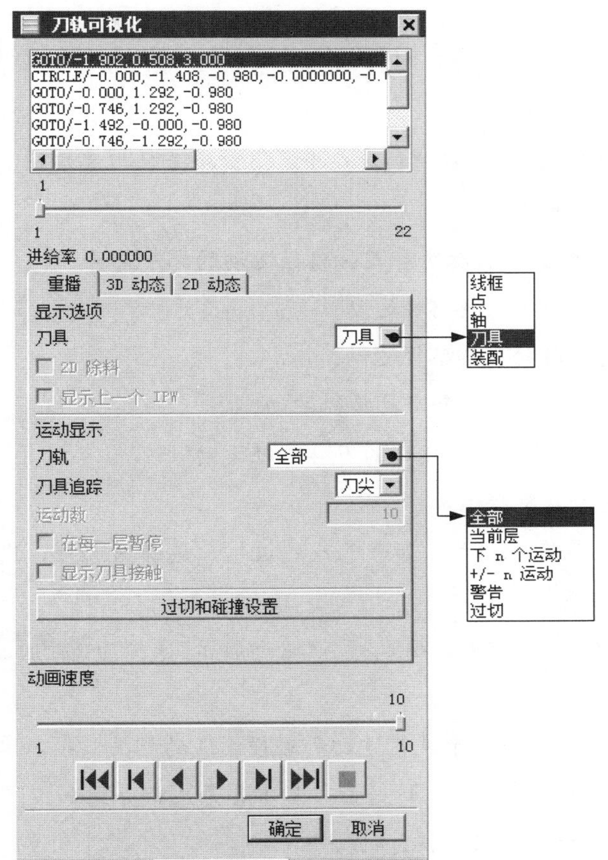

图 2.8.2 “刀轨可视化”对话框

图 2.8.3 2D 仿真结果

刀具路径模拟有 3 种方式：刀具路径重播、动态切削过程和静态显示加工后的零件形状，它们分别对应于图 2.8.2 对话框中的 重播 、 3D 动态 和 2D 动态 选项卡。

1. 刀具路径重播

刀具路径重播是指沿一条或几条刀具路径显示刀具的运动过程。通过刀具路径模拟中的重播，用户可以完全控制刀具路径的显示，即可查看程序对应的加工位置，可查看各个刀位点的相应程序。

当在如图 2.8.2 所示的“刀轨可视化”对话框中选择 重播 选项卡时，对话框上部的路径列表框列出了当前操作所包含的刀具路径命令语句。如果在列表框中选择某一行命令语句时，则在图形区中显示对应的刀具位置；反之也可在图形区中选取任何一个刀位点，则刀具自动在所选位置显示，同时在刀具路径列表框中高亮显示相应的命令语句行。

图 2.8.2 所示的“刀轨可视化”对话框中的各选项说明如下：

- 显示选项：该选项可以指定刀具在图形窗口中的显示形式。
  - ☑ 线框：刀具以线框形式显示。
  - ☑ 点：刀具以点形式显示。
  - ☑ 轴：刀具以轴线形式显示。
  - ☑ 刀具：刀具以三维实体形式显示。
  - ☑ 装配：在一般情况下与实体类似，不同之处在于，当前位置的刀具显示是一个从数据库中加载的 NX 部件。
- 运动显示：该选项可以指定在图形窗口显示所有刀具路径运动的那一部分。
  - ☑ 全部：在图形窗口中显示所有刀具路径运动。
  - ☑ 当前层：显示属于当前切削层的刀具路径运动。
  - ☑ 下 n 个运动：显示从当前位置起的 *n* 个刀具路径运动。
  - ☑ +/- n 运动：仅显示当前刀位前后指定数目的刀具路径运动。
  - ☑ 警告：显示引起警告的刀具路径运动。
  - ☑ 过切：只显示过切的刀具路径运动。如果已找到过切，选择该选项，则只显示产生过切的刀具路径运动。
- 运动数：显示刀具路径运动的个数，该文本框只有在“运动显示”选择为下 n 个运动时才激活。
- 过切和碰撞设置：该选项用于设置过切和碰撞设置的相关选项，单击该按钮后，系统会弹出“过切和碰撞设置”对话框，其中各复选框介绍如下：
  - ☑ ☑ 过切检查：选中该复选框后，可以进行过切检查。
  - ☑ ☑ 检查刀具和夹持器：选中该复选框，则可以检查刀具夹持器间的碰撞。
  - ☑ ☑ 显示过切：选中该复选框后，图形窗口中将高亮显示发生过切的刀具路径。
  - ☑ ☑ 过切间刷新：选中该复选框，则检查刀具路径存在过切时，只高亮显示最近找到的刀具路径。该复选框只有在选中☑ 显示过切复选框时才被激活。
  - ☑ ☑ 完成时列出过切：选中该复选框，在检查结束后，刀具路径列表框中将列出所有找到的过切。
- 动画速度：该区域用于改变刀具路径仿真的速度。可以通过移动其滑块的位置调整动画的速度，“1”表示速度最慢，“10”表示速度最快。

2．3D 动态切削

在“刀轨可视化”对话框中单击3D 动态选项卡，对话框切换为如图 2.8.4 所示的形式。

选择对话框下部的播放图标，则在图形窗口中动态显示刀具切除工件材料的过程。此模式以三维实体方式仿真刀具的切削过程，非常直观，并且播放时允许用户在图形窗口中通过放大、缩小、旋转、移动等功能显示细节部分。

3．2D 动态切削

在“刀轨可视化”对话框中单击 2D 动态 选项卡，对话框切换为如图 2.8.5 所示的形式。选择对话框下部的播放图标，则在图形窗口中显示刀具切除运动过程，此模式是采用固定视角模拟，播放时不支持图形的缩放和旋转。

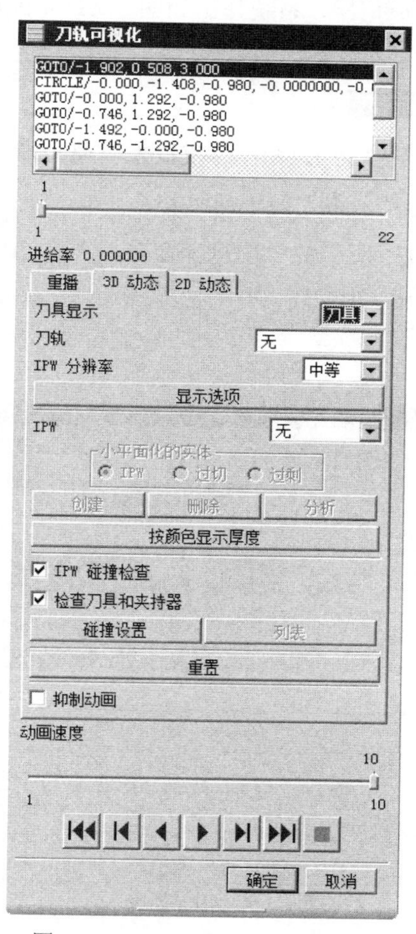

图 2.8.4 “3D 动态”选项卡

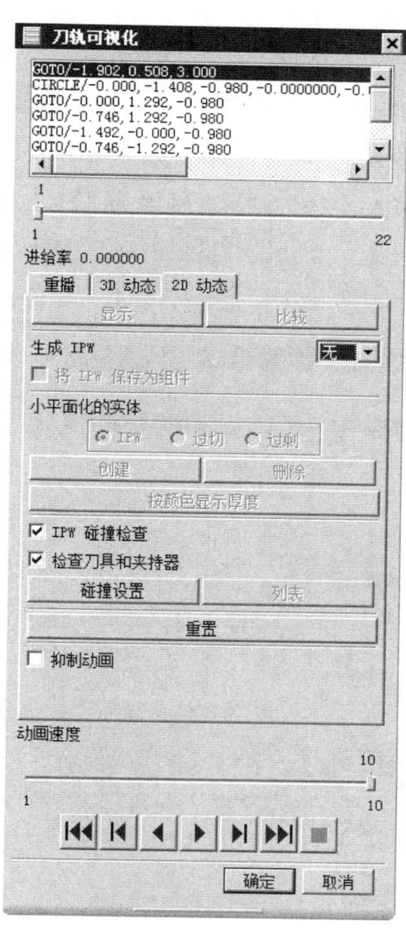

图 2.8.5 “2D 动态”选项卡

2.9 生成车间文档

UG NX 提供了一个车间工艺文档生成器，它从 NC part 文件中提取对加工车间有用的 CAM 的文本和图形信息，包括数控程序中用到的刀具参数清单、加工工序、加工方法清单

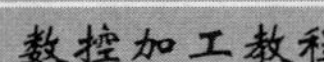

和切削参数清单。它们可以用文本文件（TEXT）或超文本链接语言（HTML）两种格式输出。操作工、刀具仓库的工人或其他需要了解有关信息的人员都可方便地在网上查询并使用车间工艺文档。这些文件多半用于提供给生产现场的机床操作人员，免除了手工撰写工艺文件的麻烦。同时可以将自己定义的刀具快速加入到刀具库中，供以后使用。

NX CAM 车间工艺文档可以包含零件几何和材料、控制几何、加工参数、控制参数、加工次序、机床刀具设置、机床刀具控制事件、后处理命令、刀具参数和刀具轨迹信息。创建车间文档的一般步骤如下。

Step1. 单击“操作”工具栏中的“车间文档”按钮，系统弹出如图 2.9.1 所示的“车间文档”对话框。

Step2. 在报告格式区域选择Operation List Select (TEXT)选项。

说明：工艺文件模板用来控制文件的格式，扩展名为 HTML 的模板生成超文本链接网页格式的车间文档，扩展名为 TEXT 的模板生成纯文本格式的车间文档。

Step3. 单击确定按钮，系统弹出如图 2.9.2 所示的“信息”窗口，并在当前模型所在的文件夹中生成一个记事本文件，该文件即车间文档。

图 2.9.1 “车间文档”对话框

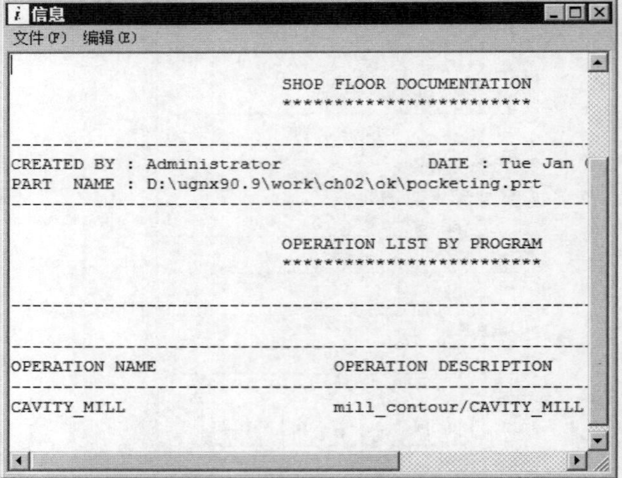

图 2.9.2 车间文档

2.10 输出 CLSF 文件

CLSF 文件也称为刀具位置源文件，是一个可用第三方后置处理程序进行后置处理的独立文件。它是一个包含标准 APT 命令的文本文件，其扩展名为 cls。

由于一个零件可能包含多个用于不同机床的刀具路径，因此在选择程序组进行刀具位置源文件输出时，应确保程序组中包含的各个操作可在同一机床上完成。如果一个程序组包含多个用于不同机床的刀具路径，则在输出刀具路径的 CLSF 文件前，应首先重新组织程序结构，使同一机床的刀具路径处于同一个程序组中。

输出 CLSF 文件的一般步骤如下。

Step1. 在工序导航器中选择 CAVITY_MILL 节点，然后单击“操作”工具栏中的“输出 CLSF”按钮，系统弹出如图 2.10.1 所示的“CLSF 输出”对话框。

Step2. 在 CLSF 格式 区域选择系统默认的 CLSF_STANDARD 选项。

Step3. 单击 确定 按钮，系统弹出“信息”窗口，如图 2.10.2 所示，在当前模型所在的文件夹中生成一个名为 pocketing.cls 的 CLSF 文件，可以用记事本打开该文件。

说明：输出 CLSF 文件时，可以根据需要指定 CLSF 文件的名称和路径，或者单击按钮，指定输出文件的名称和路径。

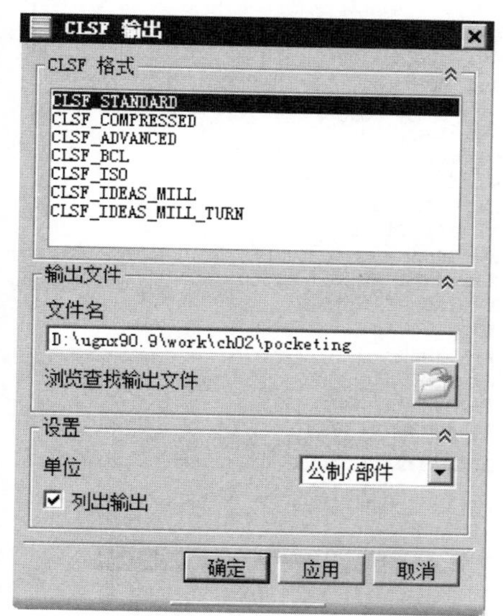

图 2.10.1 “CLSF 输出”对话框

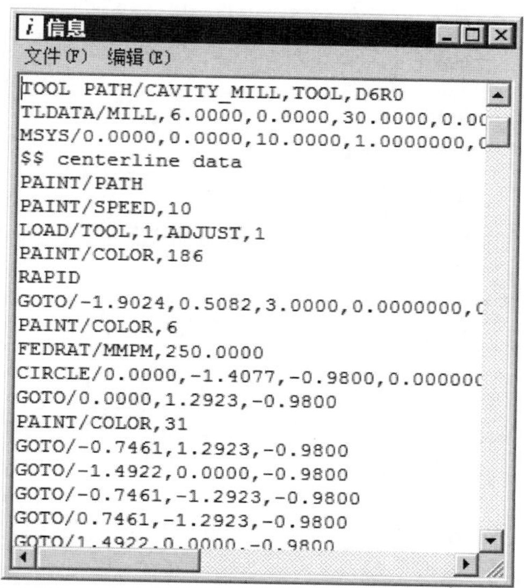


```
TOOL PATH/CAVITY_MILL,TOOL,D6R0
TLDATA/MILL,6.0000,0.0000,30.0000,0.00
MSYS/0.0000,0.0000,10.0000,1.0000000,0
$$ centerline data
PAINT/PATH
PAINT/SPEED,10
LOAD/TOOL,1,ADJUST,1
PAINT/COLOR,186
RAPID
GOTO/-1.9024,0.5082,3.0000,0.0000000,0
PAINT/COLOR,6
FEDRAT/MMPM,250.0000
CIRCLE/0.0000,-1.4077,-0.9800,0.000000
GOTO/0.0000,1.2923,-0.9800
PAINT/COLOR,31
GOTO/-0.7461,1.2923,-0.9800
GOTO/-1.4922,0.0000,-0.9800
GOTO/-0.7461,-1.2923,-0.9800
GOTO/0.7461,-1.2923,-0.9800
GOTO/1.4922,0.0000,-0.9800
```

图 2.10.2 CLSF 文件

2.11 后 处 理

在工序导航器中选中一个操作或者一个程序组后，用户可以利用系统提供的后处理器来处理程序，其中利用 Post Builder（后处理构造器）建立特定机床定义文件以及事件处理文件后，可用 NX/Post 进行后置处理，将刀具路径生成为合适的机床 NC 代码。用 NX/Post 进行后置处理时，可在 NX 加工环境下进行，也可在操作系统环境下进行。后处理的一般操作步骤如下。

Step1. 在工序导航器中选择 CAVITY_MILL 节点，然后单击“操作”工具栏中的“后处理”

按钮，系统弹出如图 2.11.1 所示的“后处理”对话框。

Step2. 在后处理器区域中选择MILL_3_AXIS选项，在单位下拉列表中选择公制/部件选项。

Step3. 单击确定按钮，系统弹出“后处理”警告对话框，单击确定(O)按钮，系统弹出“信息”窗口，如图 2.11.2 所示。并在当前模型所在的文件夹中生成一个名为 pocketing.ptp 的加工代码文件。

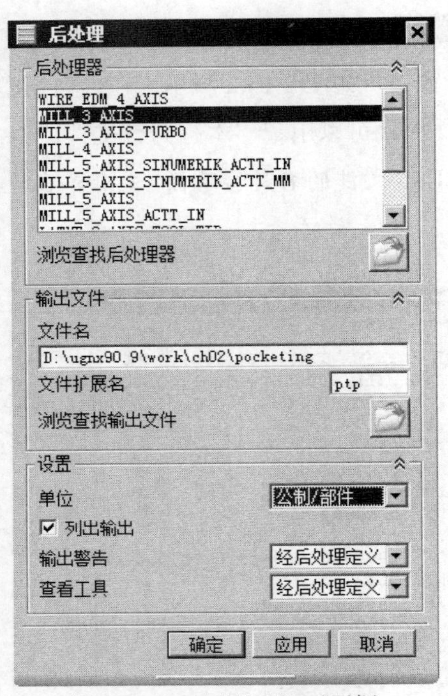

图 2.11.1 “后处理”对话框

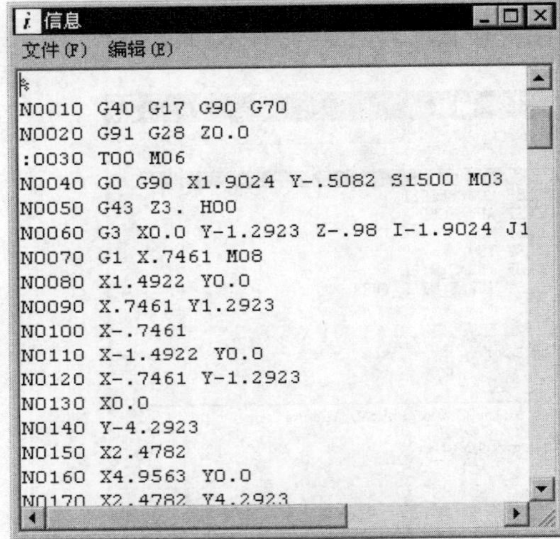

图 2.11.2 NC 代码

Step4. 保存文件。关闭“信息”窗口，选择下拉菜单文件(F) ➡ 保存(S)命令，即可保存文件。

2.12 工序导航器

工序导航器是一种图形化的用户界面，它用于管理当前部件的加工工序和工序参数。在 NX 工序导航器的空白区域右击，系统会弹出如图 2.12.1 所示的快捷菜单，用户可以在此菜单中选择显示视图的类型，分别为程序顺序视图、机床视图、几何视图和加工方法视图；用户可以在不同的视图下方便快捷地设置操作参数，从而提高工作效率。为了使读者充分理解工序导航器的应用，本书将在后面的讲解中多次使用工序导航器进行操作。

2.12.1 程序顺序视图

程序顺序视图按刀具路径的执行顺序列出当前零件的所有工序，显示每个工序所属的程序组和每个工序在机床上的执行顺序，如图 2.12.2 所示为程序顺序视图。在工序导航器中任意选择某一对象并右击，系统弹出如图 2.12.3 所示的快捷菜单，可以通过编辑、剪切、复制、删除和重命名等操作来管理复杂的编程刀路，还可以创建刀具、操作、几何体、程序组和方法。

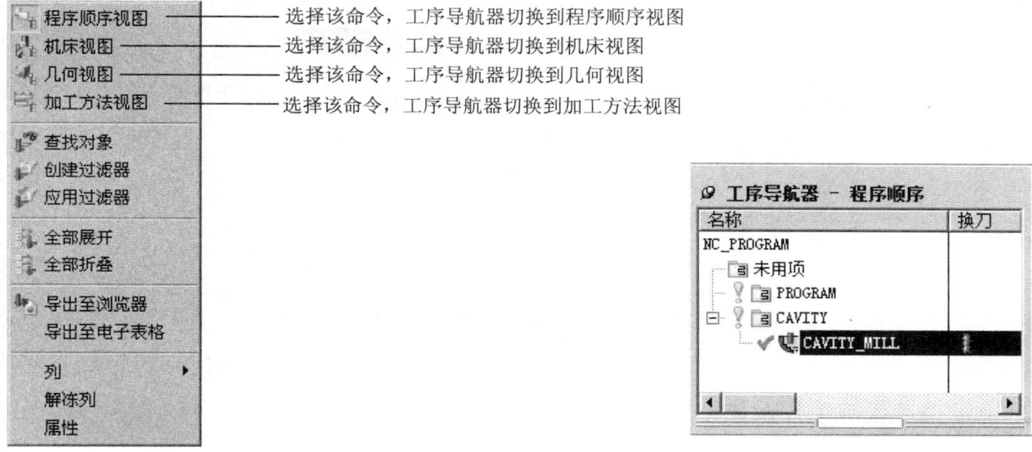

图 2.12.1 快捷菜单

图 2.12.2 程序顺序视图

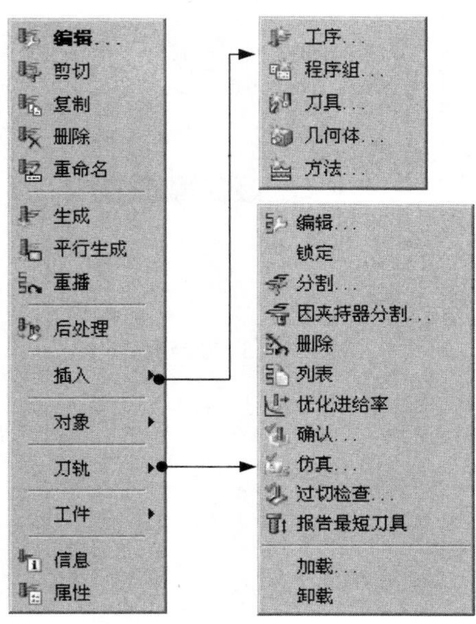

图 2.12.3 快捷菜单

2.12.2 几何视图

几何视图是以几何体为主线来显示加工操作的，该视图列出了当前零件中存在的几何体和坐标系，以及使用这些几何体和坐标系的操作名称。如图 2.12.4 所示为几何视图，图中包含坐标系和几何体。

2.12.3 机床视图

机床视图用切削刀具来组织各个操作，列出了当前零件中存在的各种刀具以及使用这些刀具的操作名称。在如图 2.12.5 所示机床视图中的 GENERIC_MACHINE 选项处右击，在弹出的快捷菜单中选择 编辑... 命令，系统弹出“通用机床”对话框。在此对话框中可以进行调用机床、调用刀具、调用设备和编辑刀具安装等操作。

2.12.4 加工方法视图

加工方法视图列出了当前零件中的加工方法，以及使用这些加工方法的操作名称。在如图 2.12.6 所示的加工方法视图中显示了根据加工方法分组在一起的操作。通过这种组织方式，可以很轻松地选择操作中的方法。

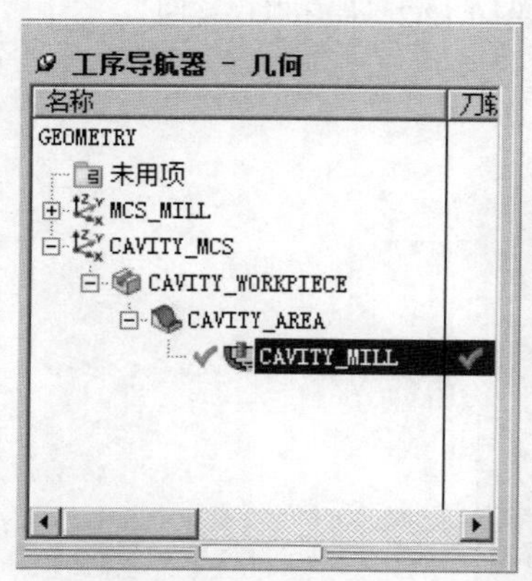

图 2.12.4　几何视图

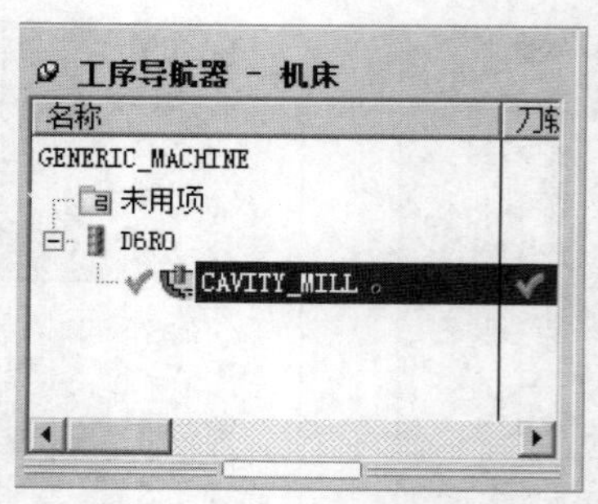

图 2.12.5　机床视图

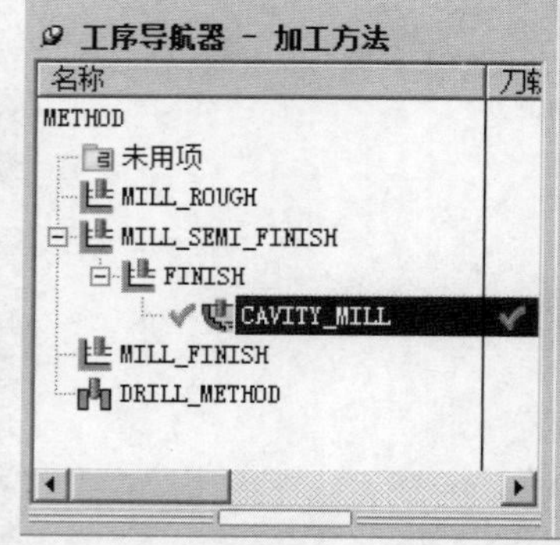

图 2.12.6　加工方法视图

第 3 章 平面铣加工

本章提要 本章通过介绍平面铣加工的基本概念，阐述了平面铣加工的基本原理和主要用途，详细讲解了平面铣加工的一些主要方法，包括底壁加工、面铣、平面铣、平面轮廓铣以及精铣底面等，并且通过一些典型的范例，介绍了上述方法的主要操作过程。在学习完本章后，读者将会熟练掌握上述加工方法，深刻领会到各种加工方法的特点。

3.1 概　　述

“平面铣”加工即移除零件平面层中的材料，多用于加工零件的基准面、内腔的底面、内腔的垂直侧壁及敞开的外形轮廓等，对于加工直壁，并且岛屿顶面和槽腔底面为平面的零件尤为适用。平面铣是一种 2.5 轴的加工方式，在加工过程中水平方向的 XY 两轴联动，而 Z 轴方向只在完成一层加工后进入下一层时才单独运动。当设置不同的切削方法时，平面铣也可以加工槽和轮廓外形。

平面铣的优点在于它可以不作出完整的造型，而依据 2D 图形直接进行刀具路径的生成，它可以通过边界和不同的材料侧方向，创建任意区域的任一切削深度。

3.2 平面铣类型

在创建平面铣工序时，系统会弹出如图 3.2.1 所示的“创建工序”对话框，在此对话框中显示出了所有平面铣工序的子类型，下面将对其中的子类型作简要介绍。

图 3.2.1 所示的“创建工序”对话框中的各按钮说明如下：

- A1（FLOOR_WALL）：底壁加工。
- A2（FLOOR_WALL_IPW）：底壁加工 IPW。
- A3（FACE_MILLING）：使用边界的面铣削。
- A4（FACE_MILLING_MANUAL）：手工面铣削。
- A5（PLANAR_MILL）：平面铣。
- A6（PLANAR_PROFILE）：平面轮廓铣削。
- A7（CLEANUP_CORNERS）：清理拐角。

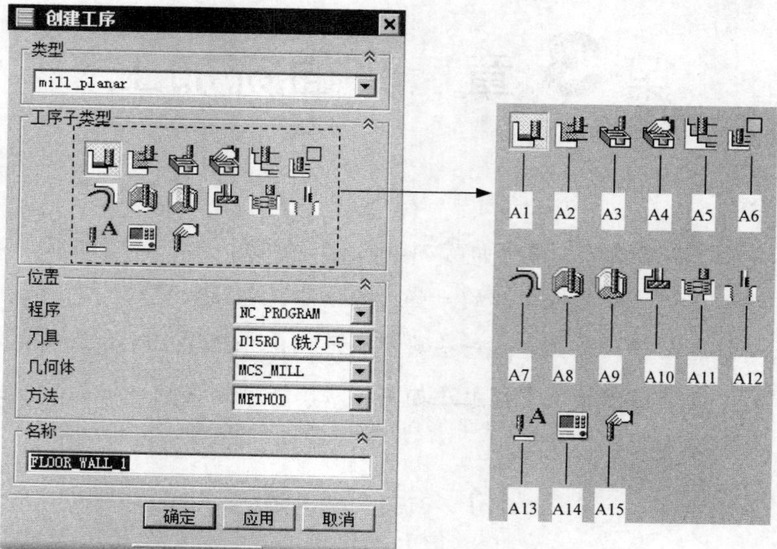

图 3.2.1 “创建工序”对话框

- A8 (FINISH_WALLS)：精加工壁。
- A9 (FINISH_FLOOR)：精加工底面。
- A10 (GROOVE_MILLING)：槽铣削。
- A11 (HOLE_MILLING)：铣削孔。
- A12 (THREAD_MILLING)：螺纹铣。
- A13 (PLANAR_TEXT)：平面文本。
- A14 (MILL_CONTROL)：铣削控制。
- A15 (MILL_USER)：用户定义的铣削。

3.3 底壁加工

底壁加工是平面铣工序中比较常用的铣削方式之一，它通过选择加工平面来指定加工区域，一般选用端铣刀。底壁加工可以进行粗加工，也可以进行精加工。

下面以图 3.3.1 所示的零件来介绍创建底壁加工的一般步骤。

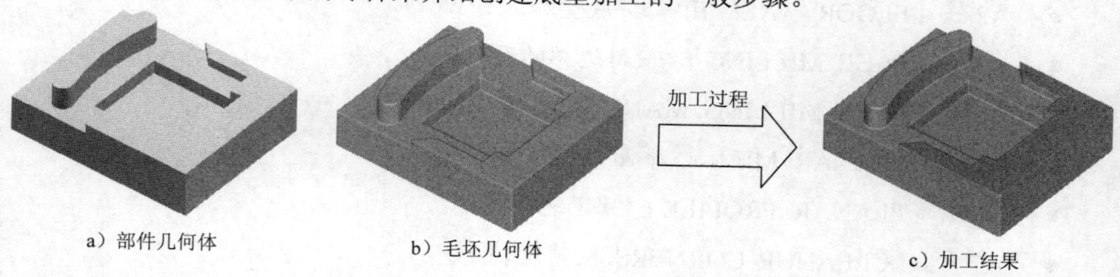

a）部件几何体　b）毛坯几何体　c）加工结果

图 3.3.1 底壁加工

Task1. 打开模型文件并进入加工模块

Step1. 打开文件 D:\ugnx90.9\work\ch03.03\face_milling_area.prt。

Step2. 进入加工环境。选择下拉菜单启动 → 加工(R)...命令，在系统弹出的“加工环境”对话框的要创建的 CAM 设置列表框中选择mill_planar选项，然后单击确定按钮，进入加工环境。

Task2. 创建几何体

Stage1. 创建机床坐标系和安全平面

Step1. 进入几何视图。在工序导航器的空白处右击，在系统弹出的快捷菜单中选择几何视图命令，在工序导航器中双击MCS_MILL节点，系统弹出如图 3.3.2 所示的“MCS 铣削”对话框。

Step2. 创建机床坐标系。

（1）在“MCS 铣削”对话框的机床坐标系区域中单击“CSYS 对话框”按钮，系统弹出 CSYS 对话框，确认在类型下拉列表中选择动态选项。

（2）单击 CSYS 对话框操控器区域中的“操控器”按钮，系统弹出“点”对话框，在“点”对话框的Z文本框中输入值 65.0，单击确定按钮，此时系统返回至 CSYS 对话框。单击确定按钮，完成如图 3.3.3 所示机床坐标系的创建，系统返回到“MCS 铣削”对话框。

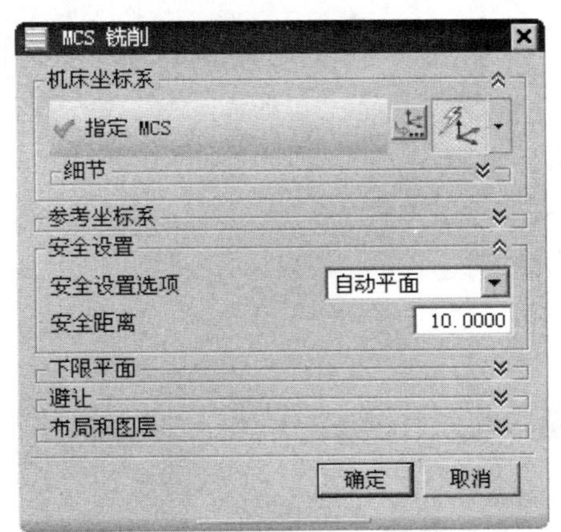

图 3.3.2 “MCS 铣削”对话框

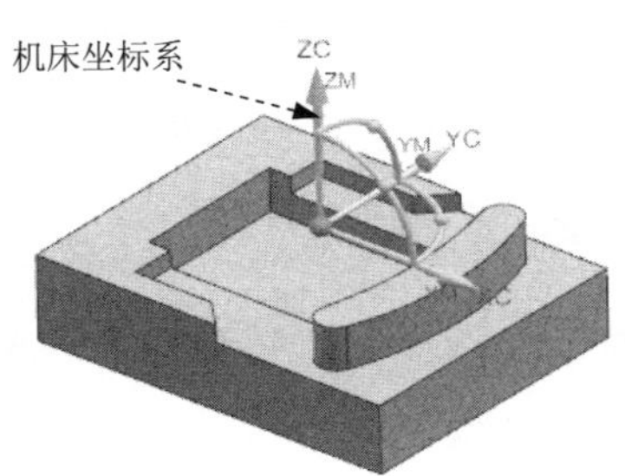

图 3.3.3 创建机床坐标系

Step3. 创建安全平面。

（1）在“MCS 铣削”对话框安全设置区域的安全设置选项下拉列表中选择平面选项，单击“平面对话框”按钮，系统弹出“平面”对话框。

（2）选取如图 3.3.4 所示的平面参照，在偏置区域的距离文本框中输入值 10.0，单击确定按钮，系统返回到“MCS 铣削”对话框，完成如图 3.3.4 所示的安全平面的创建。

（3）单击“MCS 铣削”对话框中的确定按钮。

Stage2．创建部件几何体

Step1．在工序导航器中双击MCS_MILL节点下的WORKPIECE，系统弹出“工件”对话框。

Step2．选取部件几何体。单击按钮，系统弹出“部件几何体”对话框。在“选择条”工具条中确认“类型过滤器”设置为“实体”，在图形区选取整个零件为部件几何体。

Step3．单击确定按钮，完成部件几何体的创建，同时系统返回到“工件”对话框。

Stage3．创建毛坯几何体

Step1．在“工件”对话框中单击按钮，系统弹出“毛坯几何体”对话框。

Step2．在类型下拉列表中选择部件的偏置选项，在偏置文本框中输入值 1.0，如图 3.3.5 所示。

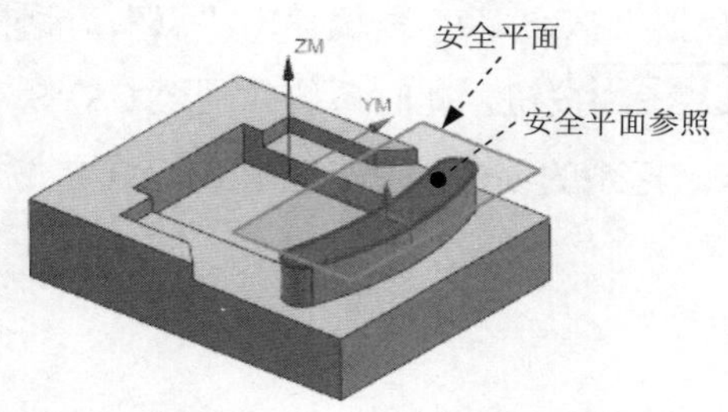

图 3.3.4　创建安全平面

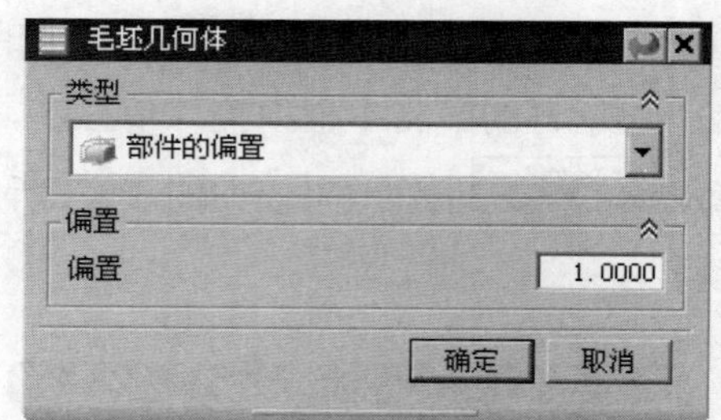

图 3.3.5　“毛坯几何体”对话框

Step3．单击确定按钮，系统返回到“工件”对话框。

Step4．单击确定按钮，完成毛坯几何体的创建。

Task3．创建刀具

Step1．选择下拉菜单插入(S) → 刀具(T)...命令，系统弹出如图 3.3.6 所示的“创建刀具”对话框。

Step2．确定刀具类型。在类型下拉列表中选择mill_planar选项，在刀具子类型区域中单击 MILL 按钮，在位置区域的刀具下拉列表中选择GENERIC_MACHINE选项，在名称文本框中输入刀具名称 D15R0，单击确定按钮，系统弹出如图 3.3.7 所示的“铣刀-5 参数”对话框。

Step3．设置刀具参数。设置如图 3.3.7 所示的刀具参数，单击确定按钮完成刀具的创建。

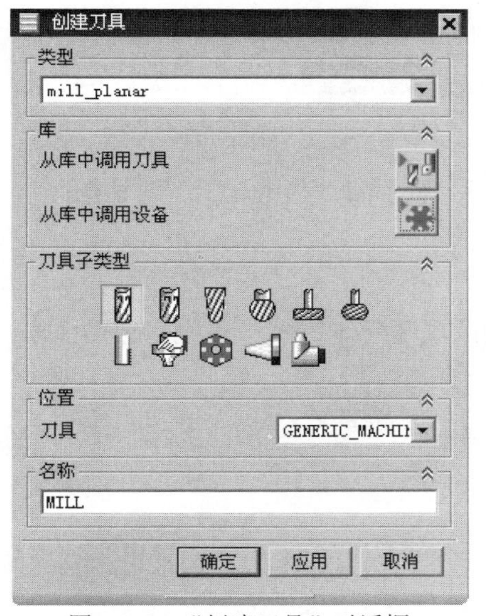

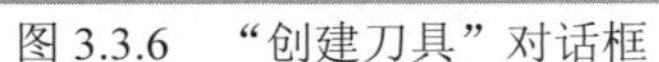

图 3.3.6 “创建刀具”对话框

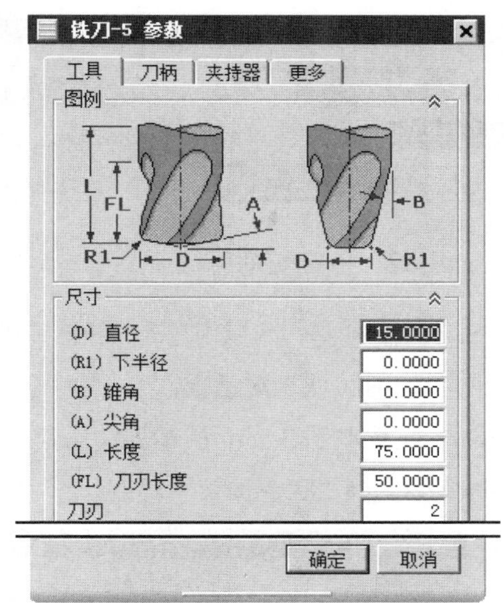

图 3.3.7 “铣刀-5 参数”对话框

图 3.3.6 所示的“创建刀具”对话框中刀具子类型的说明如下：

- (端铣刀)：在大多数的加工中均可以使用此种刀具。
- (倒斜铣刀)：带有倒斜角的端铣刀。
- (球头铣刀)：多用于曲面以及圆角处的加工。
- (球形铣刀)：多用于曲面以及圆角处的加工。
- (T 形键槽铣刀)：多用于键槽加工。
- (桶形铣刀)：多用于平面和腔槽的加工。
- (螺纹刀)：用于铣螺纹。
- (用户自定义铣刀)：用于创建用户特制的铣刀。
- (刀库)：用于刀具的管理，可将每把刀具设定一个唯一的刀号。
- (刀座)：用于装夹刀具。
- (动力头)：给刀具提供动力。

注意：如果在加工的过程中，需要使用多把刀具，比较合理的方式是一次性把所需要的刀具全部创建完毕，这样在后面的加工中直接选取创建好的刀具即可，有利于后续工作的快速完成。

Task4. 创建底壁加工工序

Stage1. 插入工序

Step1. 选择下拉菜单 插入(S) → 工序(E)... 命令，系统弹出“创建工序”对话框。

Step2. 确定加工方法。在"创建工序"对话框的类型下拉列表中选择mill_planar选项，在工序子类型区域中单击FLOOR_WALL按钮，在程序下拉列表中选择PROGRAM选项，在刀具下拉列表中选择D15R0（铣刀-5 参数）选项，在几何体下拉列表中选择WORKPIECE选项，在方法下拉列表中选择MILL_FINISH选项，采用系统默认的名称。

Step3. 单击确定按钮，系统弹出如图3.3.8所示的"底壁加工"对话框。

Stage2. 指定切削区域

Step1. 在几何体区域中单击"选择或编辑切削区域几何体"按钮，系统弹出如图3.3.9所示的"切削区域"对话框。

Step2. 选取图3.3.10所示的面为切削区域，单击确定按钮，完成切削区域的创建，同时系统返回到"底壁加工"对话框。

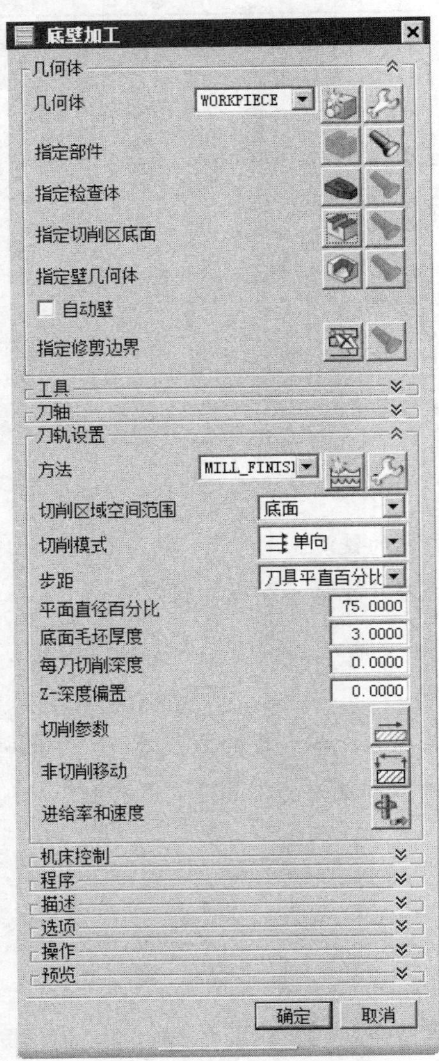

图3.3.8 "底壁加工"对话框

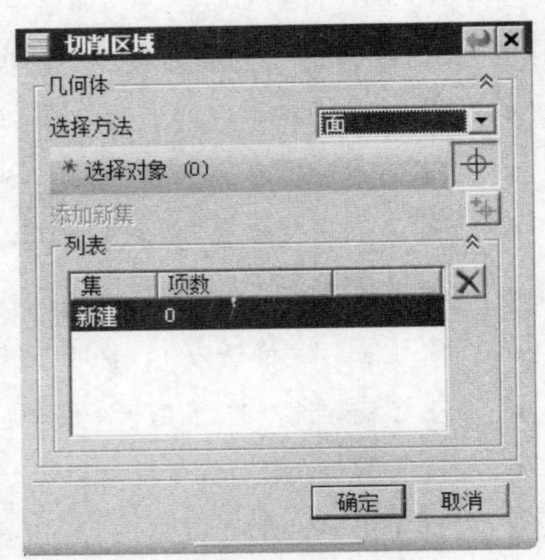

图3.3.9 "切削区域"对话框

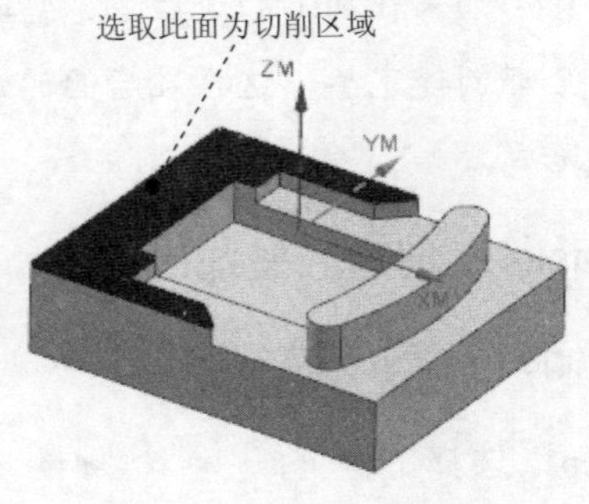

图3.3.10 指定切削区域

图 3.3.8 所示的“底壁加工”对话框中的各按钮说明如下：

- （新建）：用于创建新的几何体。
- （编辑）：用于对部件几何体进行编辑。
- （选择或编辑检查几何体）：检查几何体是在切削加工过程中需要避让的几何体，例如夹具或重要的加工平面。
- （选择或编辑切削区域几何体）：指定部件几何体中需要加工的区域，该区域可以是部件几何体中的几个重要部分，也可以是整个部件几何体。
- （选择或编辑壁几何体）：通过设置侧壁几何体来替换工件余量，表示除了加工面以外的全局工件余量。
- （切削参数）：用于切削参数的设置。
- （非切削移动）：用于进刀、退刀等参数的设置。
- （进给率和速度）：用于主轴速度、进给率等参数的设置。

Stage3．显示刀具和几何体

Step1．显示刀具。在工具区域中单击“编辑/显示”按钮，系统弹出“铣刀-5 参数”对话框，同时在图形区会显示当前刀具，在弹出的对话框中单击取消按钮。

Step2．显示几何体。在几何体区域中单击“显示”按钮，在图形区中会显示当前的部件几何体以及切削区域。

说明：这里显示的刀具和几何体用于确认前面的设置是否正确，如果能保证前面的设置无误，可以省略此步操作。

Stage4．设置刀具路径参数

Step1．设置切削模式。在刀轨设置区域的切削模式下拉列表中选择跟随周边选项。

Step2．设置步进方式。在步距下拉列表中选择刀具平直百分比选项，在平面直径百分比文本框中输入值 50.0，在底面毛坯厚度文本框中输入值 1.0，在每刀切削深度文本框中输入值 0.5。

Stage5．设置切削参数

Step1．单击“底壁加工”对话框刀轨设置区域中的“切削参数”按钮，系统弹出“切削参数”对话框。单击策略选项卡，设置参数如图 3.3.11 所示。

图 3.3.11 所示的“切削参数”对话框“策略”选项卡中的各选项说明如下：

- 切削方向：用于指定刀具的切削方向，包括顺铣和逆铣两种方式。
  - ☑ 顺铣：沿刀轴方向向下看，主轴的旋转方向与运动方向一致。
  - ☑ 逆铣：沿刀轴方向向下看，主轴的旋转方向与运动方向相反。

说明：关于顺铣和逆铣的更多内容，可参阅 1.13 节的内容。

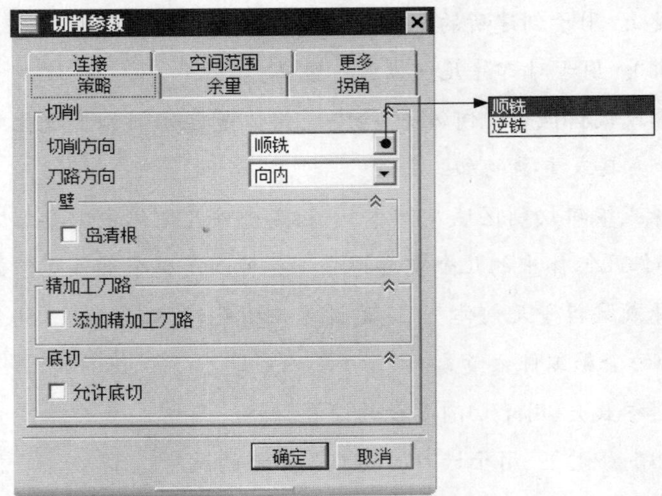

图 3.3.11 “策略”选项卡

- 选中精加工刀路区域的☑添加精加工刀路复选框，系统会出现如下选项：
  - ☑ 刀路数：用于指定精加工走刀的次数。
  - ☑ 精加工步距：用于指定精加工两道切削路径之间的距离，可以是一个固定的距离值，也可以是以刀具直径的百分比表示的值。取消选中☐添加精加工刀路复选框，零件中岛屿侧面的刀路轨迹如图 3.3.12a 所示；选中☑添加精加工刀路复选框，并在刀路数文本框中输入值 2.0，此时零件中岛屿侧面的刀路轨迹如图 3.3.12b 所示。

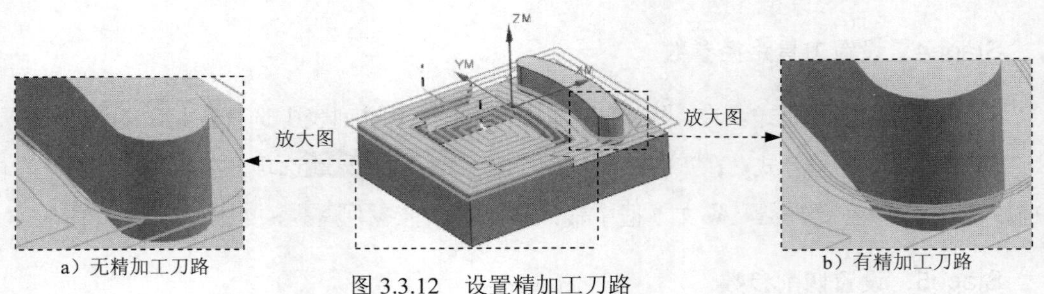

a）无精加工刀路　　b）有精加工刀路

图 3.3.12 设置精加工刀路

- ☐允许底切复选框：取消选中该复选框可防止刀柄与工件或检查几何体碰撞。

Step2. 单击余量选项卡，设置参数如图 3.3.13 所示。

图 3.3.13 所示的“切削参数”对话框“余量”选项卡中的各选项说明如下：

- 部件余量：用于定义在当前平面铣削结束时，留在零件周壁上的余量。通常在粗加工或半精加工时会留有一定的部件余量用于精加工。
- 壁余量：用于定义零件侧壁面上剩余的材料，该余量是在每个切削层上沿垂直于刀轴方向的测量，应用于所有能够进行水平测量的部件的表面上。

- 最终底面余量：用于定义当前加工操作后保留在腔底和岛屿顶部的余量。
- 毛坯余量：用于定义刀具定位点与所创建的毛坯几何体之间的距离。
- 检查余量：用于定义刀具与已创建的检查边界之间的余量。
- 内公差：用于定义切削零件时允许刀具切入零件的最大偏距。
- 外公差：用于定义切削零件时允许刀具离开零件的最大偏距。

Step3. 单击拐角选项卡，设置参数如图 3.3.14 所示。

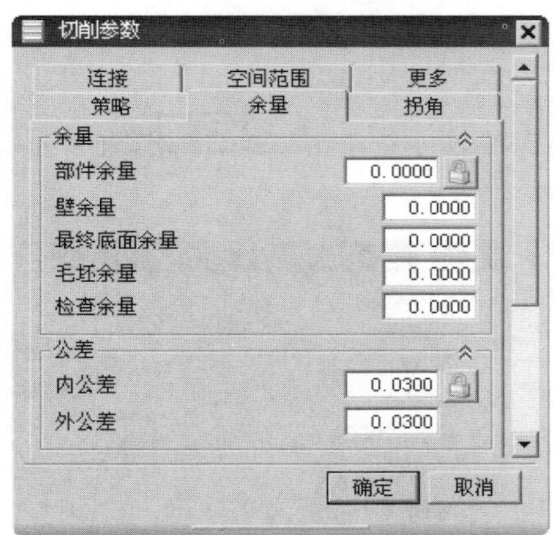

图 3.3.13　“余量”选项卡

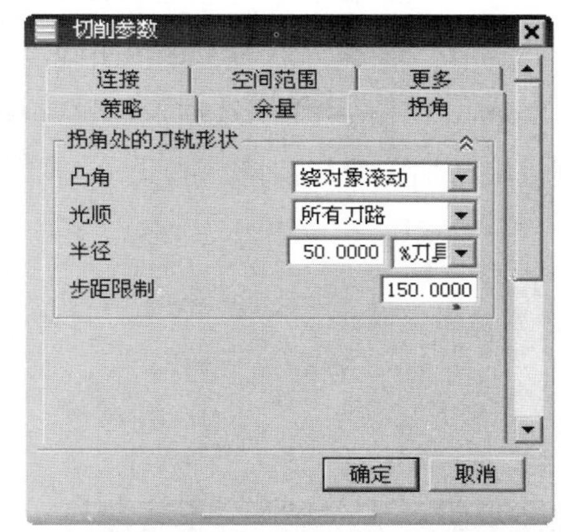

图 3.3.14　“拐角”选项卡

图 3.3.14 所示的“切削参数”对话框“拐角”选项卡中的各选项说明如下：

- 凸角：用于设置刀具在零件拐角处的切削运动方式，有绕对象滚动、延伸并修剪和延伸3个选项。
- 光顺：用于添加并设置拐角处的圆弧刀路，有所有刀路和无两个选项。添加圆弧拐角刀路可以减少刀具突然转向对机床的冲击，一般在实际加工中都将此参数设置值为所有刀路。此参数生成的刀路轨迹如图 3.3.15b 所示。

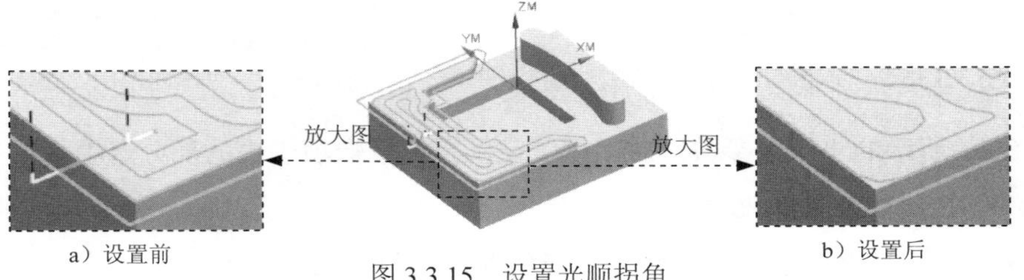

a）设置前　　b）设置后

图 3.3.15　设置光顺拐角

Step4. 单击连接选项卡，设置参数如图 3.3.16 所示。

图 3.3.16 所示的“切削参数”对话框“连接”选项卡中的各选项说明如下：

- 切削顺序区域的区域排序下拉列表中提供了四种加工顺序的方式。
  - ☑ 标准：根据切削区域的创建顺序来确定各切削区域的加工顺序。
  - ☑ 优化：根据抬刀后横越运动最短的原则决定切削区域的加工顺序，效率比

“标准”顺序高，系统默认为此选项。

☑ 跟随起点：将根据创建“切削区域起点”时的顺序来确定切削区域的加工顺序。

☑ 跟随预钻点：将根据创建“预钻进刀点”时的顺序来确定切削区域的加工顺序。

- 跨空区域区域中的运动类型下拉列表：用于创建在跟随周边切削模式中跨空区域的刀路类型，共有 3 种运动方式。

☑ 跟随：刀具跟随跨空区域形状移动。

☑ 切削：在跨空区域做切削运动。

☑ 移刀：在跨空区域中移刀。

Step5. 单击空间范围选项卡，设置参数如图 3.3.17 所示；单击确定按钮，系统返回到“底壁加工”对话框。

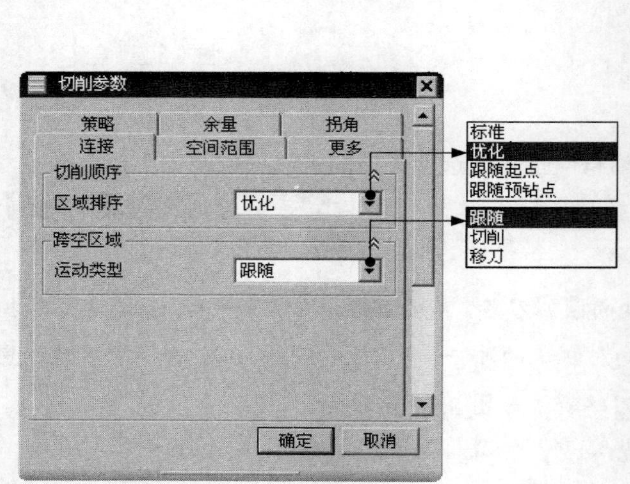

图 3.3.16 “连接”选项卡

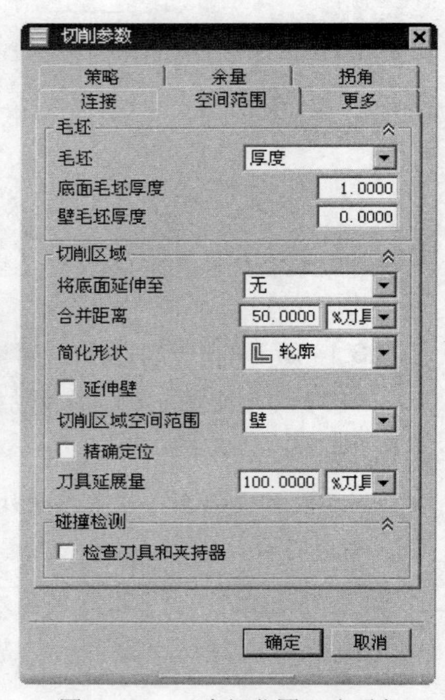

图 3.3.17 “空间范围”选项卡

图 3.3.17 所示的“切削参数”对话框“空间范围”选项卡中的部分选项说明如下：

- 毛坯区域的各选项说明如下：

☑ 毛坯下拉列表：用于设置毛坯的加工类型，包括如下 3 种类型。

◆ 厚度：选择此选项后，将会激活其下的底面毛坯厚度和壁毛坯厚度文本框。用户可以输入相应的数值以分别确定底面和侧壁的毛坯厚度值。

◆ 毛坯几何体：选择此选项后，将会按照工件几何体或铣削几何体中已提前定义的毛坯几何体进行计算和预览。

◆ 3D IPW：选择此选项后，将会按照前面工序加工后的 IPW 进行计算和预览。

● 切削区域 区域的各选项说明如下：

☑ 将底面延伸至：用于设置刀路轨迹是否根据部件的整体外部轮廓来生成。选中 部件轮廓 选项，刀路轨迹则延伸到部件的最大外部轮廓，如图 3.3.18 所示；选中 无 选项，刀路轨迹只在所选切削区域内生成，如图 3.3.19 所示；选中 毛坯轮廓 选项，刀路轨迹则延伸到毛坯的最大外部轮廓（仅在“毛坯几何体”有效时可用）。

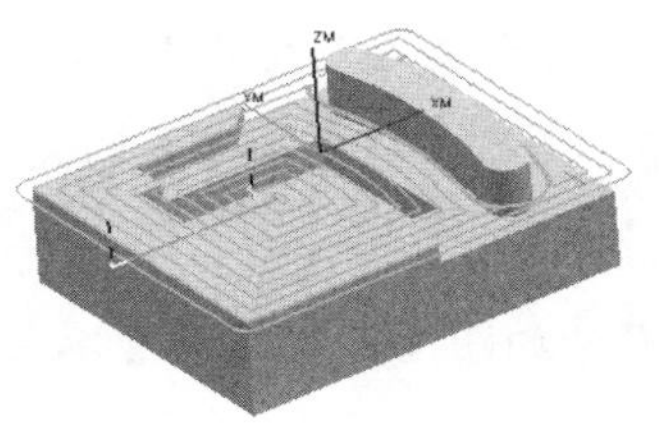

图 3.3.18 刀路延伸到部件的外部轮廓

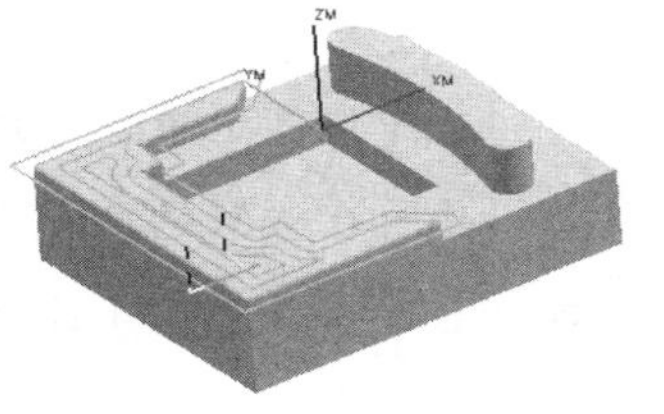

图 3.3.19 刀路在切削区域内生成

☑ 合并距离：用于设置加工多个等高的平面区域时，相邻刀路轨迹之间的合并距离值。如果两条刀路轨迹之间的最小距离小于合并距离值，那么这两条刀路轨迹将合并成为一条连续的刀路轨迹，合并距离值越大，合并的范围也越大。读者可以打开文件 D:\ugnx90.9\work\ch03.03\Merge_distance.prt 进行查看，当合并距离值设置为 0 时，两区域间的刀路轨迹是独立的，如图 3.3.20 所示；合并距离值设置为 15mm 时，两区域间的刀路轨迹部分合并，如图 3.3.21 所示；合并距离值设置为 40mm 时，两区域间的刀路轨迹完全合并，如图 3.3.22 所示。

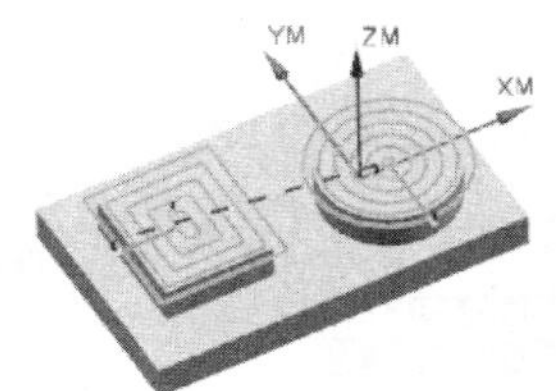

图 3.3.20 刀路轨迹（一）

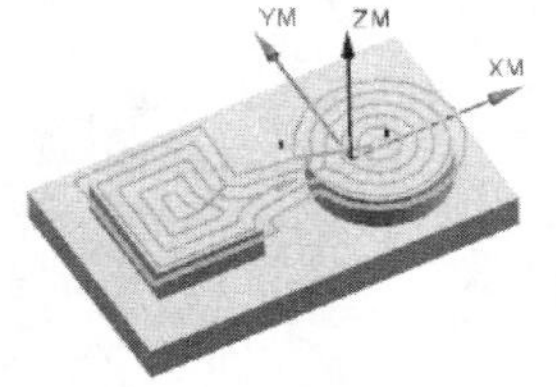

图 3.3.21 刀路轨迹（二）

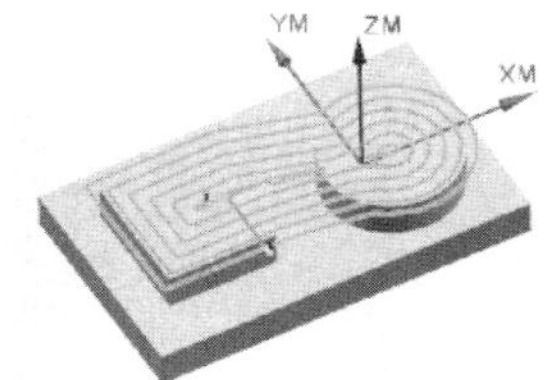

图 3.3.22 刀路轨迹（三）

☑ 简化形状：用于设置刀具的走刀路线相对于加工区域轮廓的简化形状，系统提供了 轮廓、凸包、最小包围盒 3 种走刀路线。选择 轮廓 选项时，刀路轨迹如图 3.3.23 所示；选择 最小包围盒 选项时，刀路轨迹如图 3.3.24 所示。

☑ 切削区域空间范围：用于设置刀具的切削范围。当选择 底面 选项时，刀具只在底面边界的垂直范围内进行切削，此时侧壁上的余料将被忽略；当选择 壁 选项时，刀具只在底面和侧壁围成的空间范围内进行切削。

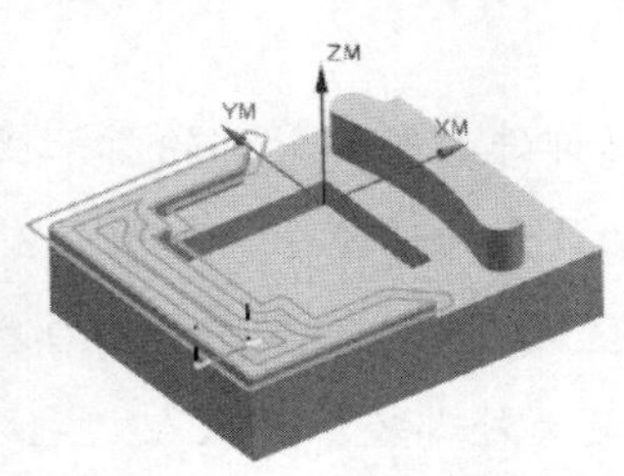

图 3.3.23 简化形状为“轮廓”的刀路轨迹

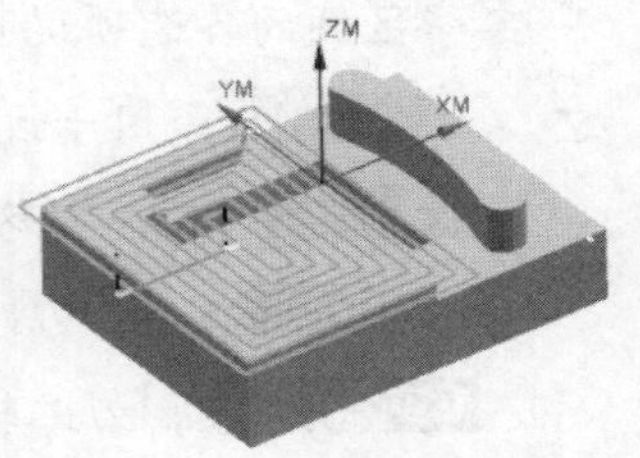

图 3.3.24 简化形状为“最小包围盒”的刀路轨迹

☑ 精确定位复选框：用于设置在计算刀具路径时是否忽略刀具的尖角半径值。选中该复选框，将会精确计算刀具的位置；否则，将忽略刀具的尖角半径值，此时在倾斜的侧壁上将会留下较多的余料。

☑ 刀具延展量：用于设置刀具延展到毛坯边界外的距离，该距离可以是一个固定值，也可以是刀具直径的百分比值。

Stage6．设置非切削移动参数

Step1．单击“底壁加工”对话框 刀轨设置 区域中的“非切削移动”按钮，系统弹出“非切削移动”对话框。

Step2．单击 进刀 选项卡，其参数的设置如图 3.3.25 所示，其他选项卡中的参数设置值采用系统的默认值，单击 确定 按钮完成非切削移动参数的设置。

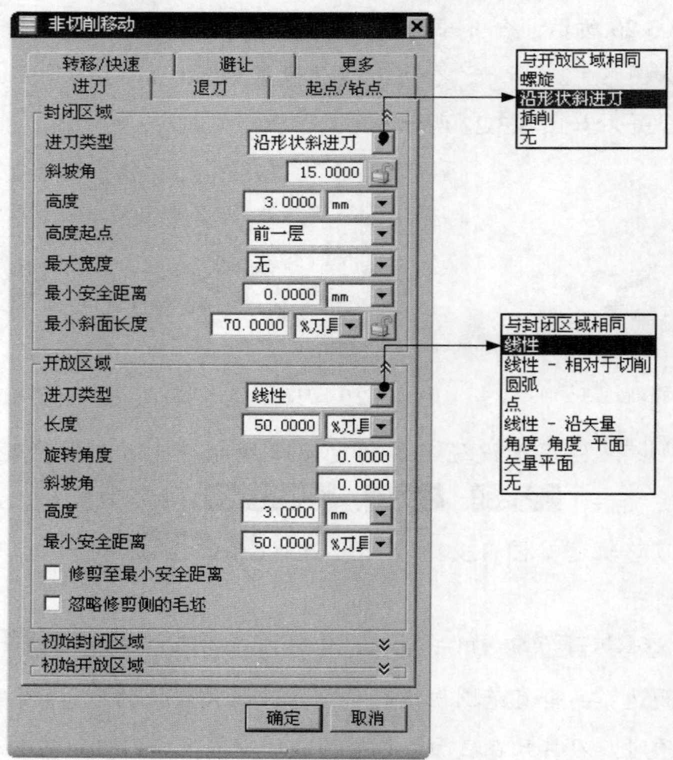

图 3.3.25 “进刀”选项卡

图 3.3.25 所示的“非切削移动”对话框“进刀”选项卡中的各选项说明如下：

封闭区域：用于设置部件或毛坯边界之内区域的进刀方式。

- 进刀类型：用于设置刀具在封闭区域中进刀时切入工件的类型。
  - ☑ 螺旋：刀具沿螺旋线切入工件，刀具轨迹（刀具中心的轨迹）是一条螺旋线，此种进刀方式可以减少切削时对刀具的冲击力。
  - ☑ 沿形状斜进刀：刀具按照一定的倾斜角度切入工件，能减少刀具的冲击力。
  - ☑ 插削：刀具沿直线垂直切入工件，进刀时刀具的冲击力较大，一般不选择这种进刀方式。
  - ☑ 无：没有进刀运动。
- 斜坡角：用于定义刀具斜进刀进入部件表面的角度，即刀具切入材料前的最后一段进刀轨迹与部件表面的角度。
- 高度：用于定义刀具沿形状斜进刀或螺旋进刀时的进刀点与切削点的垂直距离，即进刀点与部件表面的垂直距离。
- 高度起点：用于定义前面 高度 选项的计算参照。
- 最大宽度：用于定义斜进刀时相邻两拐角间的最大宽度。
- 最小安全距离：用于定义沿形状斜进刀或螺旋进刀时，工件内非切削区域与刀具之间的最小安全距离。
- 最小斜面长度：用于定义沿形状斜进刀或螺旋进刀时最小倾斜斜面的水平长度。

开放区域：用于设置在部件或毛坯边界之外区域，刀具靠近工件时的进刀方式。

- 进刀类型：用于设置刀具在开放区域中进刀时切入工件的类型。
  - ☑ 与封闭区域相同：刀具的走刀类型与封闭区域的相同。
  - ☑ 线性：刀具按照指定的线性长度以及旋转的角度等参数进行移动，刀具逼近切削点时的刀轨是一条直线或斜线。
  - ☑ 线性 - 相对于切削：刀具相对于衔接的切削刀路呈直线移动。
  - ☑ 圆弧：刀具按照指定的圆弧半径以及圆弧角度进行移动，刀具逼近切削点时的刀轨是一段圆弧。
  - ☑ 点：从指定点开始移动。选取此选项后，可以用下方的“点构造器”和“自动判断点”来指定进刀开始点。
  - ☑ 线性 - 沿矢量：指定一个矢量和一个距离来确定刀具的运动矢量、运动方向和运动距离。
  - ☑ 角度 角度 平面：刀具按照指定的两个角度和一个平面进行移动，其中，角度可以确定进刀的运动方向，平面可以确定进刀开始点。
  - ☑ 矢量平面：刀具按照指定的一个矢量和一个平面进行移动，矢量确定进刀方向，平面确定进刀开始点。

注意：选择不同的进刀类型时，“进刀”选项卡中参数的设置会不同，应根据加工工件的具体形状选择合适的进刀类型，从而进行各参数的设置。

Stage7．设置进给率和速度

Step1．单击“底壁加工”对话框中的“进给率和速度”按钮，系统弹出如图 3.3.26 所示的“进给率和速度”对话框。

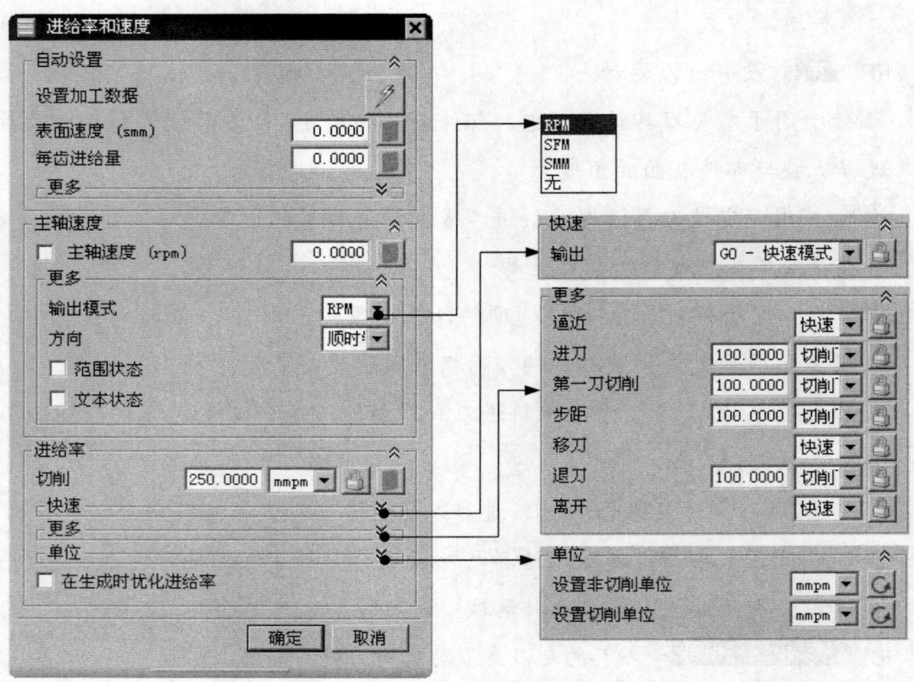

图 3.3.26 “进给率和速度”对话框

Step2．选中主轴速度区域中的☑ 主轴速度 (rpm)复选框，在其后的文本框中输入值 1500.0，在进给率区域的切削文本框中输入值 800.0，按回车键，然后单击按钮，其他参数的设置如图 3.3.26 所示。

Step3．单击 确定 按钮，系统返回“底壁加工”对话框。

注意：这里不设置表面速度和每齿进给量并不表示其值为 0，单击按钮后，系统会根据主轴转速计算表面速度，再根据切削进给率自动计算每齿进给量。

图 3.3.26 所示的“进给率和速度”对话框中的各选项说明如下：

- 表面速度 (smm)：用于设置表面速度。表面速度即刀具在旋转切削时与工件的相对运动速度，与机床的主轴速度和刀具直径相关。
- 每齿进给量：刀具每个切削齿切除材料量的度量。

- 输出模式：系统提供了以下 3 种主轴速度输出模式。
  - ☑ RPM：以每分钟转数为单位创建主轴速度。
  - ☑ SFM：以每分钟曲面英尺为单位创建主轴速度。
  - ☑ SMM：以每分钟曲面米为单位创建主轴速度。
  - ☑ 无：没有主轴输出模式。
- ☑ 范围状态 复选框：选中该复选框以激活 范围 文本框，范围 文本框用于创建主轴的速度范围。
- ☑ 文本状态 复选框：选中该复选框以激活其下的文本框可输入必要的字符。在 CLSF 文件输出时，此文本框中的内容将添加到 LOAD 或 TURRET 中；在后处理时，此文本框中的内容将存储在 mom 变量中。
- 切削：切削过程中的进给量，即正常进给时的速度。
- 快速 区域：用于设置快速运动时的速度，即刀具从开始点到下一个前进点的移动速度，有 G0 - 快速模式、G1 - 进给模式 两种选项可选。
- 更多 区域中各选项的说明如下（刀具的进给率和速度示意图如图 3.3.27 所示）。

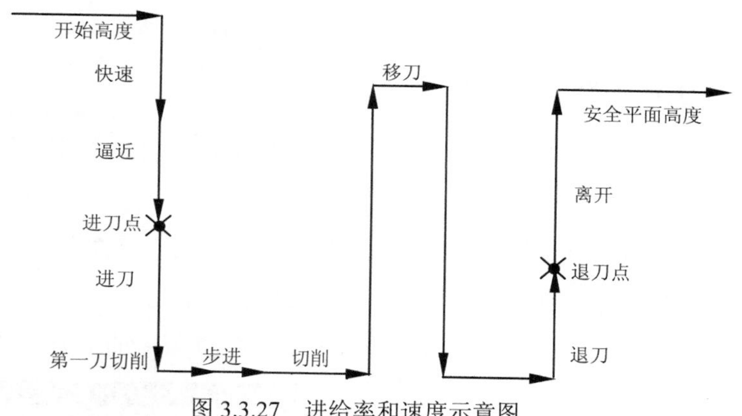

图 3.3.27　进给率和速度示意图

- ☑ 逼近：用于设置刀具接近时的速度，即刀具从起刀点到进刀点的进给速度。在多层切削加工中，它控制刀具从一个切削层到下一个切削层的移动速度。默认为 快速 模式，可通过其后的下拉列表选择 无、mmpm（毫米/分钟）、mmpr（毫米/转）、快速、切削百分比 等模式。

  注意：以下几处进给率的设定方法与此类似，故不再赘述。
- ☑ 进刀：用于设置刀具从进刀点到初始切削点时的进给率。
- ☑ 第一刀切削：用于设置第一刀切削时的进给率。
- ☑ 步距：用于设置刀具进入下一个平行刀轨切削时的横向进给速度，即铣削宽度，多用于往复式的切削方式。

☑ 移刀：用于设置刀具从一个切削区域跨越到另一个切削区域时做水平非切削移动时刀具的移动速度。移刀时，刀具先抬刀至安全平面高度，然后做横向移动，以免发生碰撞。

☑ 退刀：用于设置退刀时，刀具切出部件的速度，即刀具从最终切削点到退刀点之间的速度。

☑ 离开：设置离开时的进给率，即刀具退出加工部位到返回点的移动速度。在钻孔加工和车削加工中，刀具由里向外退出时和加工表面有很小的接触，因此速度会影响加工表面的表面粗糙度。

- 单位 区域中各选项的说明如下：

☑ 设置非切削单位：单击其后的“更新”按钮，可将所有的“非切削进给率”单位设置为下拉列表中的无、mmpm（毫米/分钟）、mmpr（毫米/转）或快速等类型。

☑ 设置切削单位：单击其后的“更新”按钮，可将所有的“切削进给率”单位设置为下拉列表中的无、mmpm（毫米/分钟）、mmpr（毫米/转）或快速等类型。

Task5. 生成刀路轨迹并仿真

Step1. 在“底壁加工”对话框中单击“生成”按钮，在图形区中生成如图 3.3.28 所示的刀路轨迹。

Step2. 在图形区通过旋转、平移、放大视图，再单击“重播”按钮重新显示路径，可以从不同角度对刀路轨迹进行查看，以判断其路径是否合理。

Step3. 单击“确认”按钮，系统弹出如图 3.3.29 所示的“刀轨可视化”对话框。

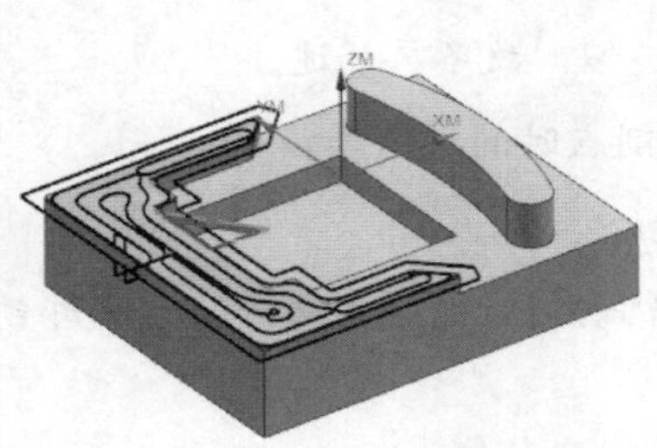

图 3.3.28 刀路轨迹

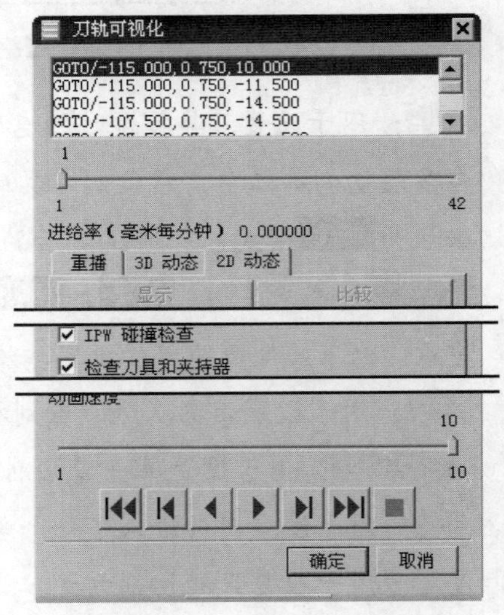

图 3.3.29 “刀轨可视化”对话框

Step4. 使用 2D 动态仿真。单击2D 动态选项卡，采用系统默认设置值，调整动画速度后单击“播放”按钮▶，即可演示 2D 动态仿真加工，完成演示后的模型如图 3.3.30 所示，仿真完成后单击确定按钮，完成刀轨确认操作。

Step5. 单击确定按钮，完成操作。

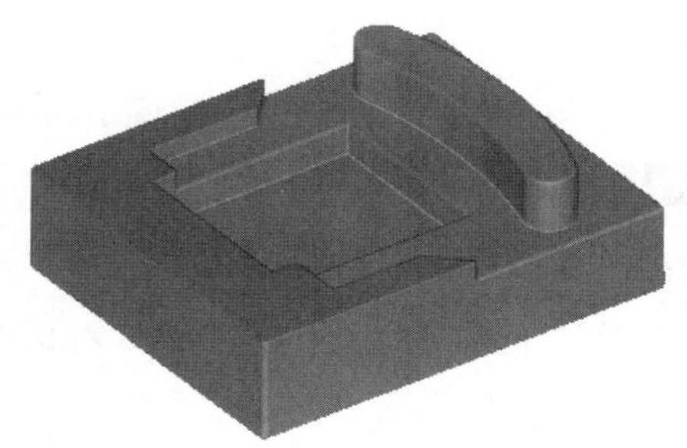

图 3.3.30 2D 仿真结果

Task6. 保存文件

选择下拉菜单文件(F) ⟶ 保存(S)命令，保存文件。

3.4 表 面 铣

表面铣是通过定义面边界来确定切削区域的，在定义边界时可以通过面，或者面上的曲线以及一系列的点来得到一个封闭的边界几何体。

下面以图 3.4.1 所示的零件介绍创建表面铣加工的一般步骤。

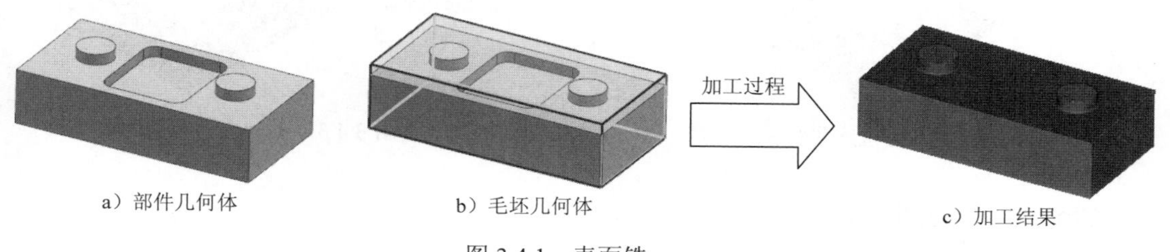

a）部件几何体 b）毛坯几何体 c）加工结果

图 3.4.1 表面铣

Task1. 打开模型文件并进入加工模块

Step1. 打开文件 D:\ugnx90.9\work\ch03.04\face_milling.prt。

Step2. 进入加工环境。选择下拉菜单启动 ⟶ 加工(R)...命令，在系统弹出的“加工环境”对话框的要创建的 CAM 设置列表框中选择mill_planar选项，然后单击确定按钮，进入加工环境。

Task2．创建几何体

Stage1．创建机床坐标系

Step1. 在工序导航器中将视图调整到几何视图状态，双击坐标系 MCS_MILL 节点，系统弹出“MCS 铣削”对话框。

Step2. 创建机床坐标系。

（1）在机床坐标系区域中单击“CSYS 对话框”按钮，系统弹出 CSYS 对话框，确认在类型下拉列表中选择动态选项。

（2）单击操控器区域中的“操控器”按钮，系统弹出“点”对话框，在 Z 文本框中输入值 60.0，单击确定按钮，此时系统返回至 CSYS 对话框，单击确定按钮，完成如图 3.4.2 所示的机床坐标系的创建。

Stage2．创建安全平面

Step1. 在“MCS 铣削”对话框安全设置区域的安全设置选项下拉列表中选择平面选项，单击“平面对话框”按钮，系统弹出“平面”对话框。

Step2. 选取如图 3.4.3 所示的参考平面，在偏置区域的距离文本框中输入值 10.0，单击确定按钮，系统返回到“MCS 铣削”对话框，完成安全平面的创建。

Step3. 单击确定按钮。

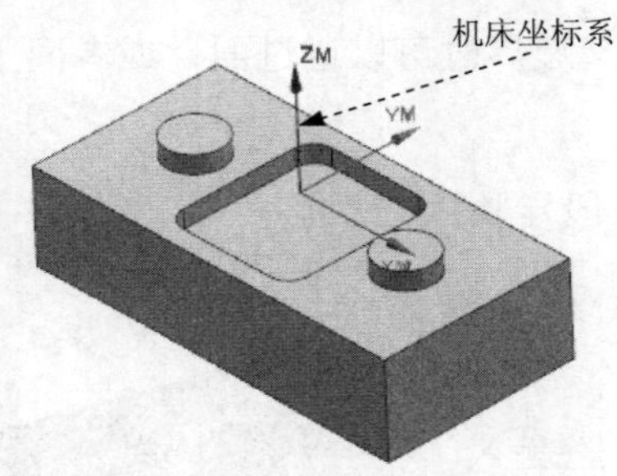

图 3.4.2 创建机床坐标系

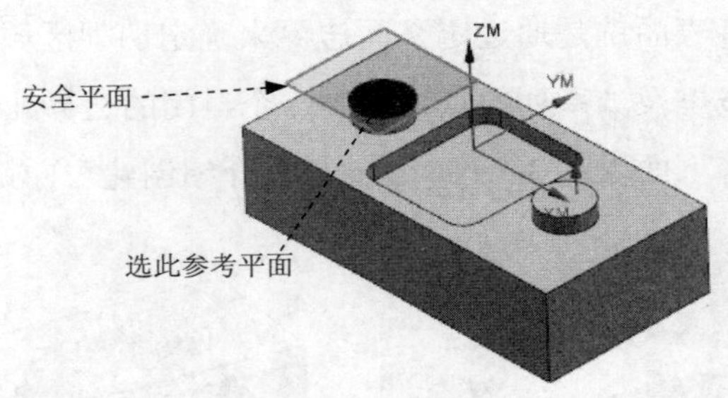

图 3.4.3 创建安全平面

Stage3．创建部件几何体

Step1. 在工序导航器中双击 MCS_MILL 节点下的 WORKPIECE，系统弹出“工件”对话框。

Step2. 选取部件几何体。单击按钮，系统弹出“部件几何体”对话框。确认“选择条”工具条中的“类型过滤器”设置为“实体”类型，在图形区选取整个零件为部件几何体。

Step3. 单击确定按钮，完成部件几何体的创建，同时系统返回到“工件”对话框。

Stage4．创建毛坯几何体

Step1. 在“工件”对话框中单击按钮，系统弹出“毛坯几何体”对话框。

Step2. 在类型下拉列表中选择包容块选项。

Step3. 单击确定按钮，然后单击“工件”对话框中的确定按钮。

Task3. 创建刀具

Step1. 选择下拉菜单插入(S) → 刀具(T)...命令，系统弹出“创建刀具”对话框。

Step2. 确定刀具类型。在图 3.4.4 所示的“创建刀具”对话框中刀具子类型区域中单击CHAMFER_MILL 按钮，在位置区域的刀具下拉列表中选择GENERIC_MACHINE选项，在名称文本框中输入 D20C1，然后单击确定按钮，系统弹出“倒斜铣”对话框。

Step3. 设置刀具参数。设置如图 3.4.5 所示的刀具参数，设置完成后单击确定按钮，完成刀具参数的设置。

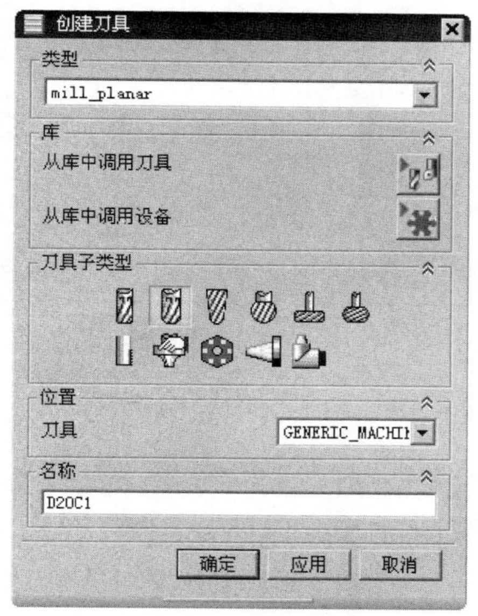

图 3.4.4 “创建刀具”对话框

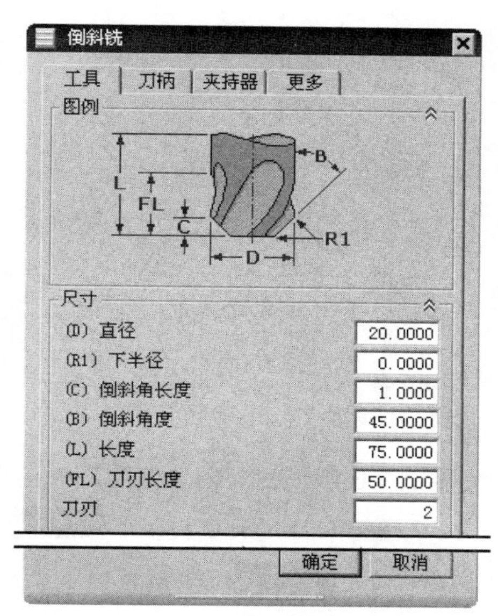

图 3.4.5 “倒斜铣”对话框

Task4. 创建表面铣工序

Stage1. 创建工序

Step1. 选择下拉菜单插入(S) → 工序(E)...命令，系统弹出“创建工序”对话框。

Step2. 确定加工方法。在类型下拉列表中选择mill_planar选项，在工序子类型区域中单击FACE_MILLING 按钮，在程序下拉列表中选择PROGRAM选项，在刀具下拉列表中选择D20C1（倒斜铣）选项，在几何体下拉列表中选择WORKPIECE选项，在方法下拉列表中选择MILL FINISH选项，采用系统默认的名称，如图 3.4.6 所示。

Step3. 单击确定按钮，此时，系统弹出如图 3.4.7 所示的“面铣”对话框。

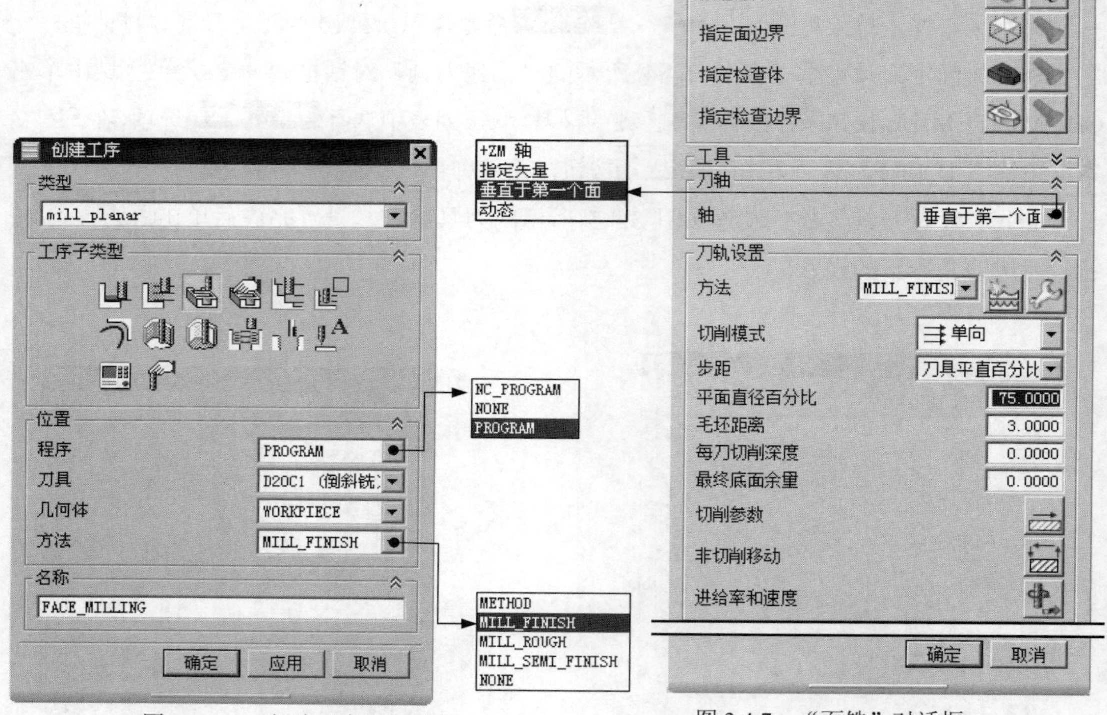

图 3.4.6 “创建工序”对话框　　　图 3.4.7 “面铣”对话框

图 3.4.6 所示的“创建工序”对话框中的各选项说明如下：

- 程序下拉列表中提供了NC_PROGRAM、NONE和PROGRAM3 种选项，分别介绍如下：
  - ☑ NC_PROGRAM：采用系统默认的加工程序根目录。
  - ☑ NONE：系统将提供一个不含任何程序的加工目录。
  - ☑ PROGRAM：采用系统提供的一个加工程序的根目录。
- 刀具下拉列表：用于选取该操作所用的刀具。
- 方法下拉列表：用于确定该操作的加工方法。
  - ☑ METHOD：采用系统给定的加工方法。
  - ☑ MILL_FINISH：铣削精加工方法。
  - ☑ MILL_ROUGH：铣削粗加工方法。
  - ☑ MILL_SEMI_FINISH：铣削半精加工方法。
  - ☑ NONE：选取此选项后，系统不提供任何的加工方法。
- 名称文本框：用户可以在该文本框中定义工序的名称。

图 3.4.7 所示的“面铣”对话框刀轴区域中的各选项说明如下：

轴下拉列表中提供了 4 种刀轴方向的设置方法。

- +ZM 轴：设置刀轴方向为机床坐标系 ZM 轴的正方向。
- 指定矢量：选择或创建一个矢量作为刀轴方向。
- 垂直于第一个面：设置刀轴方向垂直于第一个面，此为默认选项。
- 动态：通过动态坐标系来调整刀轴的方向。

Stage2. 指定面边界

Step1. 在几何体区域中单击“选择或编辑面几何体”按钮，系统弹出如图 3.4.8 所示的“毛坯边界”对话框。

Step2. 在选择方法下拉列表中选择面选项，其余采用系统默认的参数设置值，选取图 3.4.9 所示的模型表面，此时系统将自动创建 3 条封闭的毛坯边界。

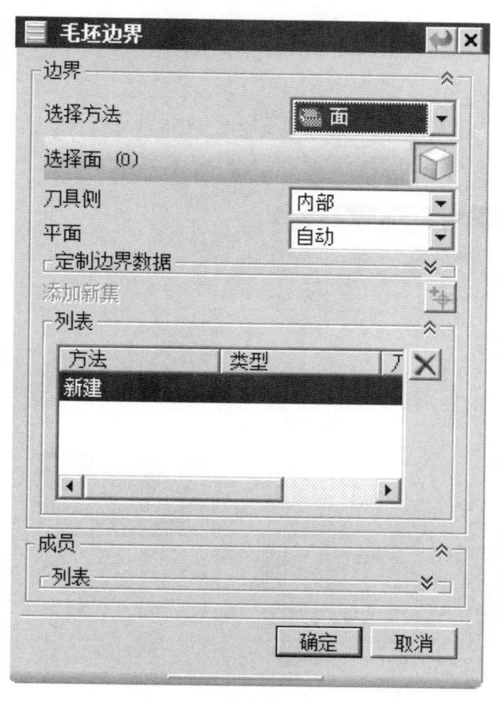

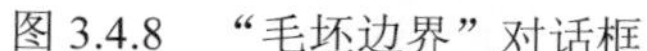

图 3.4.8 “毛坯边界”对话框

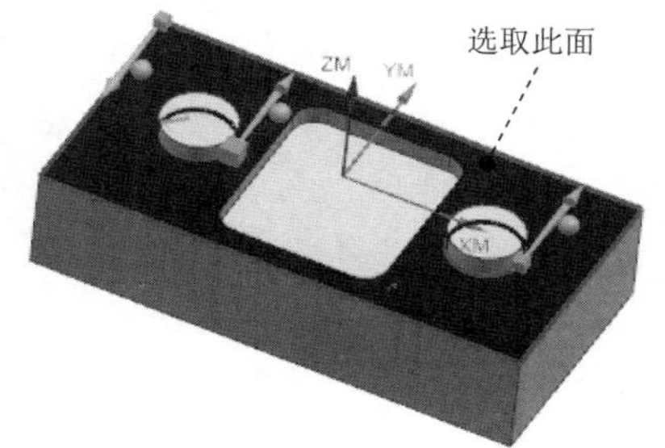

图 3.4.9 选择面边界几何

Step3. 单击确定按钮，系统返回到“面铣”对话框。

说明：如果在“毛坯边界”对话框的选择方法下拉列表中选择曲线选项，可以依次选取图 3.4.10 所示的曲线为边界几何。但要注意选择曲线边界几何时，刀轴方向不能设置为垂直于第一个面选项，否则在生成刀轨时会出现如图 3.4.11 所示的“操作编辑”对话框，此时应将刀轴方向改为+ZM 轴选项。

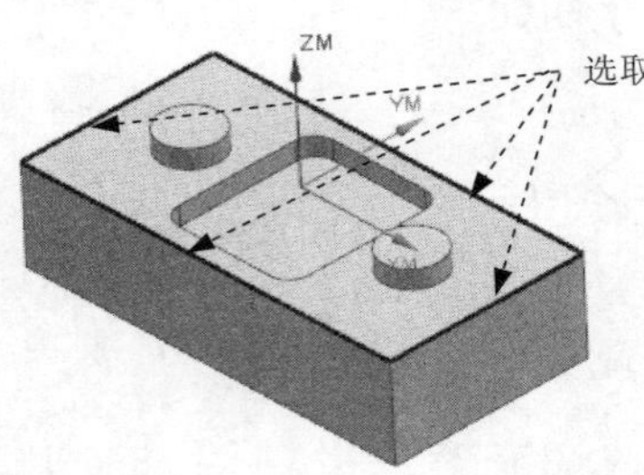

图 3.4.10 选择线边界几何

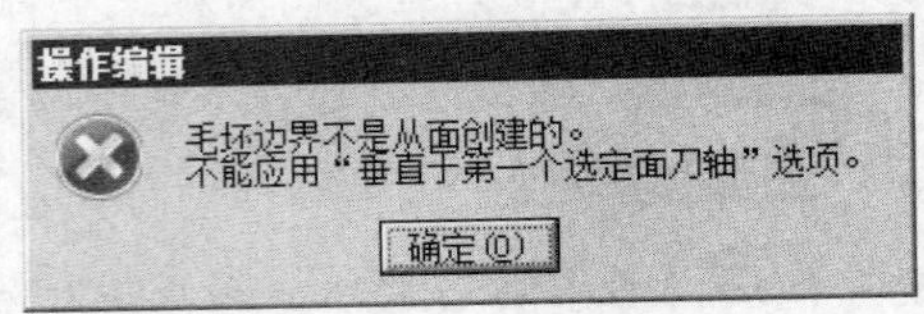

图 3.4.11 “操作编辑”对话框

Stage3. 设置刀具路径参数

Step1. 选择切削模式。在“面铣”对话框的切削模式下拉列表中选择跟随周边选项。

Step2. 设置一般参数。在步距下拉列表中选择刀具平直百分比选项，在平面直径百分比文本框中输入值 50.0，在毛坯距离文本框中输入值 10，在每刀切削深度文本框中输入值 2.0，其他参数采用系统默认设置值。

Stage4. 设置切削参数

Step1. 在刀轨设置区域中单击“切削参数”按钮，系统弹出“切削参数”对话框。

Step2. 单击策略选项卡，设置参数如图 3.4.12 所示。

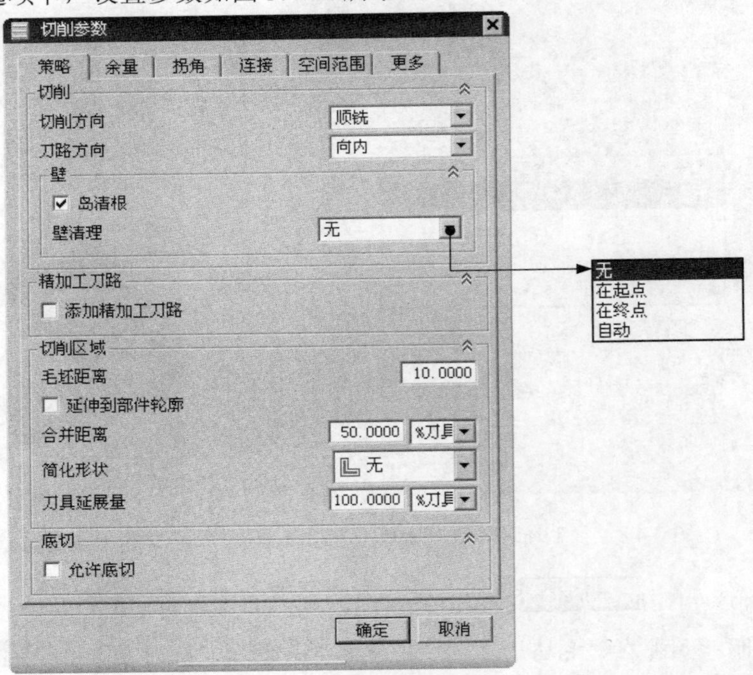

图 3.4.12 “策略”选项卡

图 3.4.12 所示的“切削参数”对话框中“策略”选项卡的部分选项说明如下：

- 刀路方向：用于设置刀路轨迹是否沿部件的周边向中心切削，系统默认值是“向外”。

- ☑ 岛清根 复选框：选中该复选框后将在每个岛区域都包含一个沿该岛的完整清理刀路，可确保在岛的周围不会留下多余的材料。
- 壁清理：用于创建清除切削平面的侧壁上多余材料的刀路，系统提供了以下 3 种类型。

☑ 无：不移除侧壁上的多余材料，此时侧壁的留量小于步距值。

☑ 在起点：在切削各个层时，先在周边进行清壁加工，然后再切削中心区域。

☑ 在终点：在切削各个层时，先切削中心区域，然后再进行清壁加工。

☑ 自动：在切削各个层时，系统自动计算何时添加清壁加工刀路。

Step3. 单击 余量 选项卡，设置如图 3.4.13 所示的参数，单击 确定 按钮返回到“面铣”对话框。

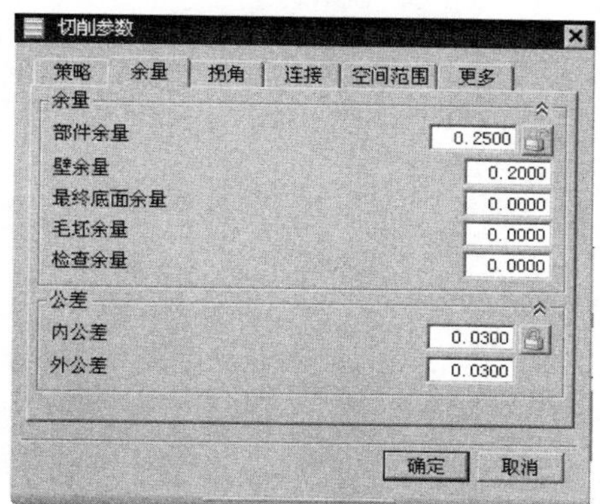

图 3.4.13 “余量”选项卡

Stage5. 设置非切削移动参数

Step1. 在“面铣”对话框 刀轨设置 区域中单击“非切削移动”按钮，系统弹出“非切削移动”对话框。

Step2. 单击 进刀 选项卡，其参数设置值如图 3.4.14 所示，其他选项卡中的设置采用系统默认值，单击 确定 按钮完成非切削移动参数的设置。

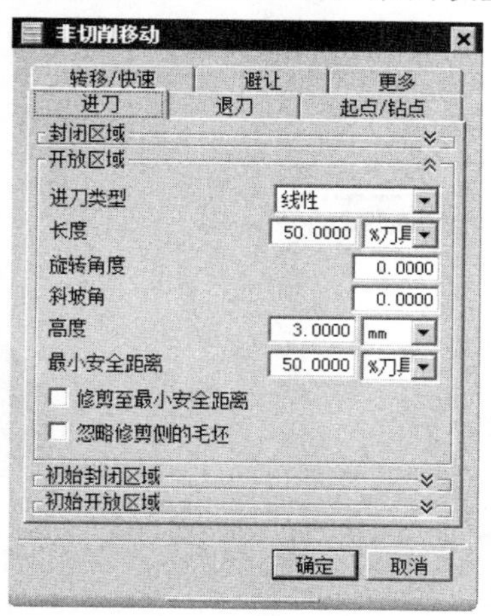

图 3.4.14 “进刀”选项卡

Stage6．设置进给率和速度

Step1．单击“面铣”对话框中的“进给率和速度”按钮，系统弹出“进给率和速度”对话框。

Step2．在主轴速度区域中选中☑ 主轴速度（rpm）复选框，在其后的文本框中输入值 1500.0，在进给率区域的切削文本框中输入值 600.0，按回车键，然后单击按钮，其他参数的设置如图 3.4.15 所示。

Step3．单击确定按钮。

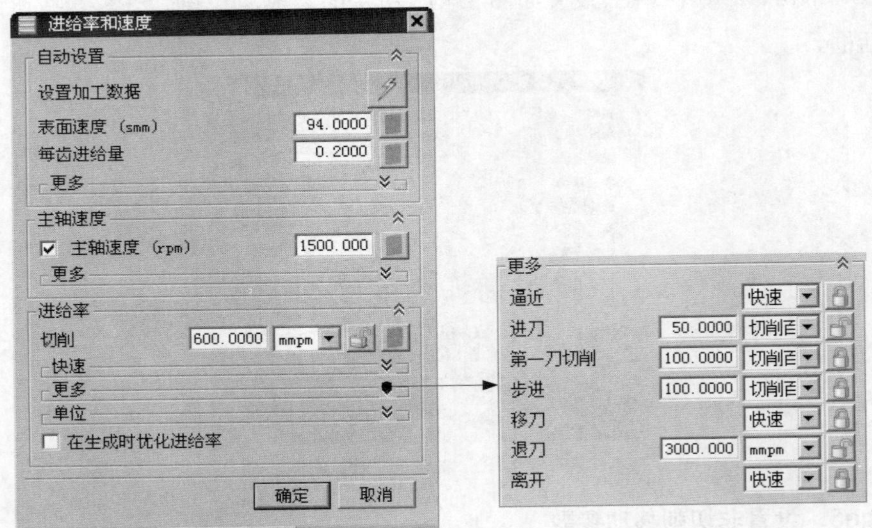

图 3.4.15 “进给率和速度”对话框

Task5．生成刀路轨迹并仿真

Step1．生成刀路轨迹。在“面铣”对话框中单击“生成”按钮，在图形区中生成图 3.4.16 所示的刀路轨迹。

Step2．使用 2D 动态仿真。完成演示后的模型如图 3.4.17 所示。

Task6．保存文件

选择下拉菜单文件(F) → 保存(S)命令，保存文件。

图 3.4.16 刀路轨迹

图 3.4.17 2D 仿真结果

3.5 手工面铣削

手工面铣削又称为混合铣削，也是底壁加工的一种。创建该操作时，系统会自动选用混合切削模式加工零件。在该模式中，需要对零件中的多个加工区域分别指定不同的切削模式和切削参数，也可以实现不同切削层的单独编辑。

下面以如图 3.5.1 所示的零件介绍创建手工面铣削加工的一般步骤。

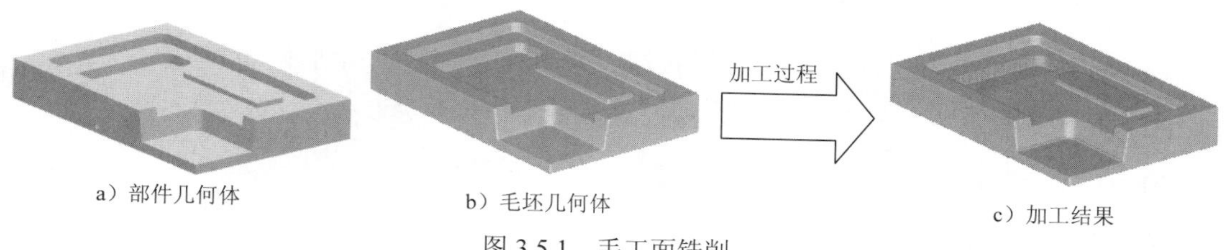

图 3.5.1 手工面铣削

Task1. 打开模型文件并进入加工环境

Step1. 打开文件 D:\ugnx90.9\work\ch03.05\face_milling_manual.prt。

Step2. 进入加工环境。选择下拉菜单 启动 → 加工(R)... 命令，在系统弹出的“加工环境”对话框的 要创建的 CAM 设置 列表框中选择 mill_planar 选项，然后单击 确定 按钮，进入加工环境。

Task2. 创建几何体

Stage1. 创建机床坐标系

Step1. 在工序导航器中将视图调整到几何视图状态，双击坐标系节点 MCS_MILL，系统弹出“MCS 铣削”对话框。

Step2. 创建机床坐标系。采用系统默认的机床坐标系，如图 3.5.2 所示。

Stage2. 创建安全平面

定义安全平面相对图 3.5.3 所示参考零件表面的偏置值为 15.0。

说明：创建安全平面的详细步骤可以参考 3.4 节的相关操作。

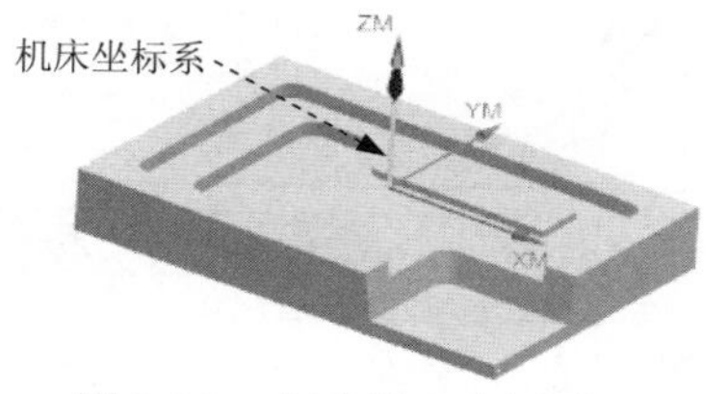

图 3.5.2 创建机床坐标系

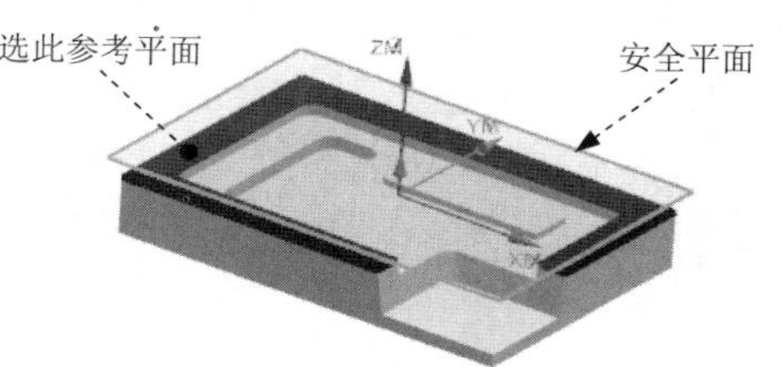

图 3.5.3 创建安全平面

Stage3. 创建部件几何体

Step1. 在工序导航器中双击 MCS_MILL 节点下的 WORKPIECE，系统弹出“工件”对话框。

Step2. 选取部件几何体。单击按钮，系统弹出“部件几何体”对话框。

Step3. 确认“选择条”工具条中的“类型过滤器”设置为“实体”，在图形区选取整个零件为部件几何体。

Step4. 单击 确定 按钮，完成部件几何体的创建，同时系统返回到“工件”对话框。

Stage4. 创建毛坯几何体

Step1. 在“工件”对话框中单击按钮，系统弹出“毛坯几何体”对话框。

Step2. 在 类型 下拉列表中选择 部件的偏置 选项，在 偏置 文本框中输入值 0.5。

Step3. 单击 确定 按钮，然后单击“工件”对话框中的 确定 按钮。

Task3. 创建刀具

Step1. 选择下拉菜单 插入(S) → 刀具(T)... 命令，系统弹出“创建刀具”对话框。

Step2. 确定刀具类型。在“创建刀具”对话框的 刀具子类型 区域单击 MILL 按钮，在 名称 文本框中输入 D10R1，如图 3.5.4 所示，然后单击 确定 按钮，系统弹出“铣刀-5 参数”对话框。

Step3. 设置刀具参数。设置如图 3.5.5 所示的刀具参数，设置完成后单击 确定 按钮，完成刀具参数的设置。

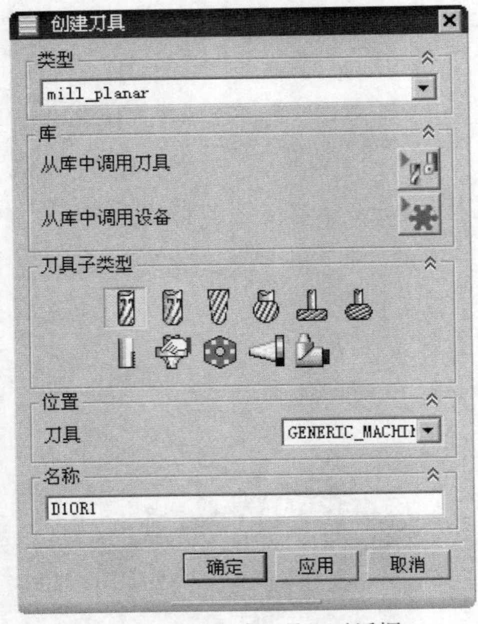

图 3.5.4 “创建刀具”对话框

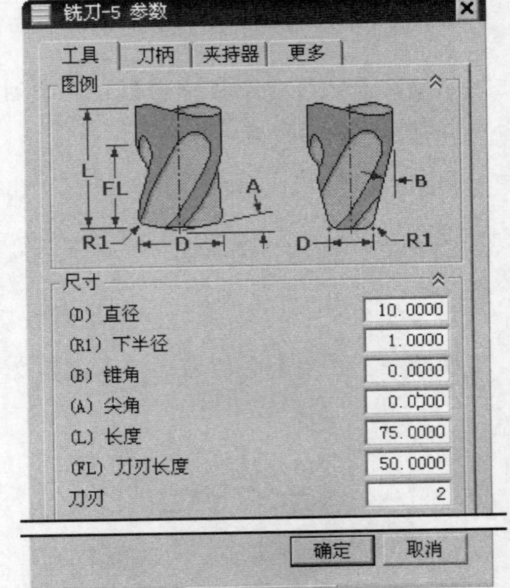

图 3.5.5 “铣刀-5 参数”对话框

Task4. 创建手工面铣工序

Stage1. 创建工序

Step1. 选择下拉菜单 插入(S) → 工序(E)... 命令，系统弹出“创建工序”对话框。

Step2. 确定加工方法。在图 3.5.6 所示的“创建工序”对话框的类型下拉列表中选择 mill_planar 选项，在工序子类型区域中单击 FACE_MILLING_MANUAL 按钮，在程序下拉列表中选择 PROGRAM 选项，在刀具下拉列表中选择 D10R1 (铣刀-5 参数) 选项，在几何体下拉列表中选择 WORKPIECE 选项，在方法下拉列表中选择 MILL_FINISH 选项，采用系统默认的名称。

图 3.5.6 “创建工序”对话框

Step3. 单击 确定 按钮，此时，系统弹出图 3.5.7 所示的“手工面铣削”对话框。

Stage2. 指定切削区域

Step1. 在几何体区域中单击“选择或编辑切削区域几何体”按钮，系统弹出如图 3.5.8 所示的“切削区域”对话框。

Step2. 依次选取图 3.5.9 所示的面 1、面 2 和面 3 为切削区域，单击 确定 按钮，完成切削区域的创建，同时系统返回到“手工面铣削”对话框。

Stage3. 设置刀具路径参数

Step1. 选择切削模式。在“手工面铣削”对话框的切削模式下拉列表中选择 混合 选项。

Step2. 设置一般参数。在步距下拉列表中选择刀具平直百分比选项，在平面直径百分比文本框中输入值 50.0，在毛坯距离文本框中输入值 0.5，其他参数采用系统默认值。

Stage4．设置切削参数

Step1．在刀轨设置区域中单击“切削参数”按钮，系统弹出“切削参数”对话框。

Step2．单击拐角选项卡，在光顺下拉列表中选择所有刀路选项，其他参数采用系统默认值。

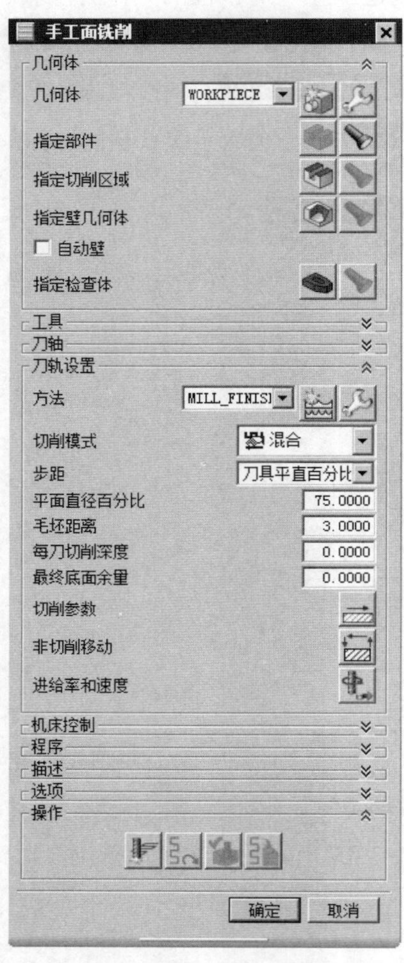

图 3.5.7 “手工面铣削”对话框

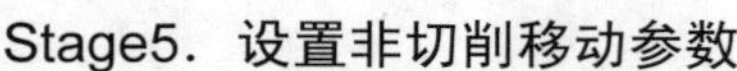

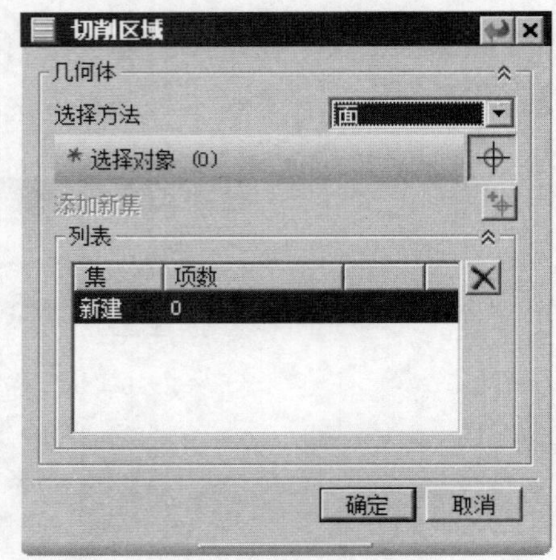

图 3.5.8 “切削区域”对话框

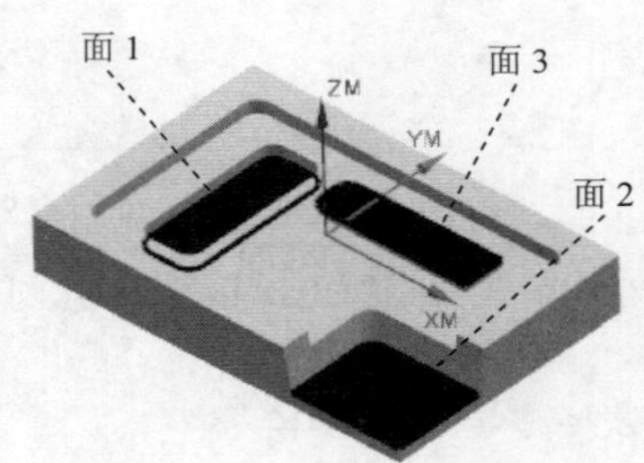

图 3.5.9 指定切削区域

Stage5．设置非切削移动参数

采用系统默认的非切削移动参数。

Stage6．设置进给率和速度

Step1．在“手工面铣削”对话框中单击“进给率和速度”按钮，系统弹出“进给率和速度”对话框。

Step2．选中主轴速度区域中的☑ 主轴速度 (rpm)复选框，在其后的文本框中输入值 1400.0，在进给率区域的切削文本框中输入值 600.0，按回车键，然后单击按钮，单击确定

按钮。

Task5. 生成刀路轨迹并仿真

Stage1. 生成刀路轨迹

Step1. 进入区域切削模式。在“手工面铣削”对话框中单击“生成”按钮，系统弹出图 3.5.10 所示的“区域切削模式”对话框（一）。

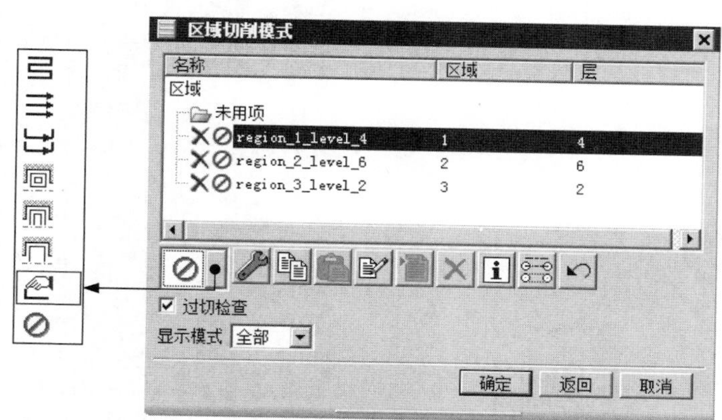

图 3.5.10 “区域切削模式”对话框（一）

注意：加工区域在“区域切削模式”对话框（一）中排列的顺序与选取切削区域时的顺序一致。如果设置了分层切削，则列表中切削区域的数量将成倍增加。例如在本例中共有 3 个区域，若设置分层数为 2，则需要设置的切削区域数量将为 6 个。

Step2. 定义各加工区域的切削模式。

（1）设置第 1 个加工区域的切削模式。在“区域切削模式”对话框的显示模式下拉列表中选择选定的选项，单击region_1_level_4选项，此时图形区显示该加工区域，如图 3.5.11 所示；在下拉列表中选择“跟随周边”选项；单击按钮，系统弹出“跟随周边切削参数”对话框，在该对话框中设置如图 3.5.12 所示的参数，然后单击确定按钮。

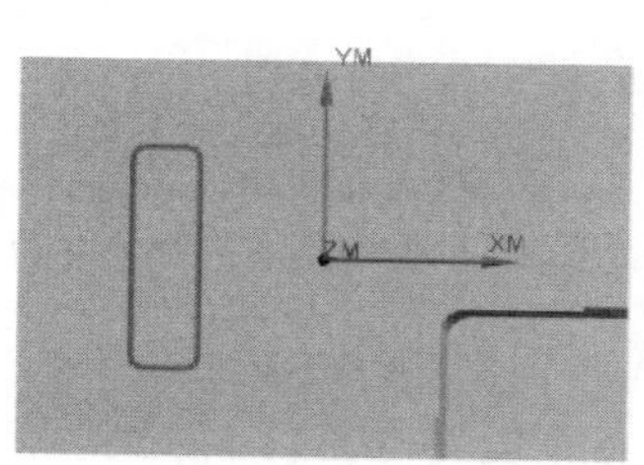

图 3.5.11 显示加工区域

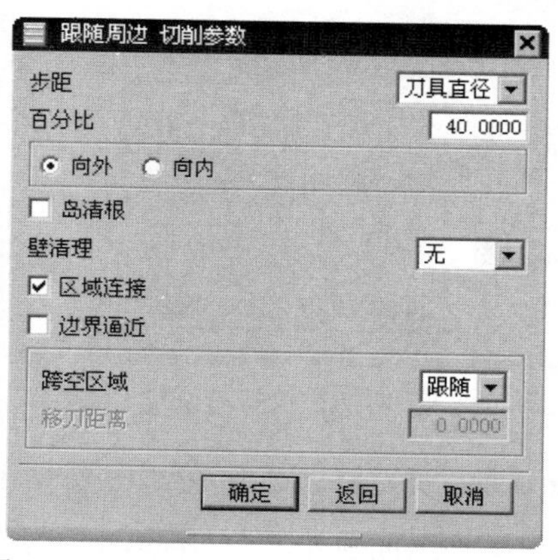

图 3.5.12 “跟随周边 切削参数”对话框

（2） 设置第 2 个加工区域的切削模式。在“区域切削模式”对话框中单击 region_2_level_6 选项，此时图形区显示该加工区域，如图 3.5.13 所示；在下拉列表中选择“跟随部件”选项，单击按钮，系统弹出“跟随部件 切削参数”对话框，设置如图 3.5.14 所示的参数，然后单击 确定 按钮。

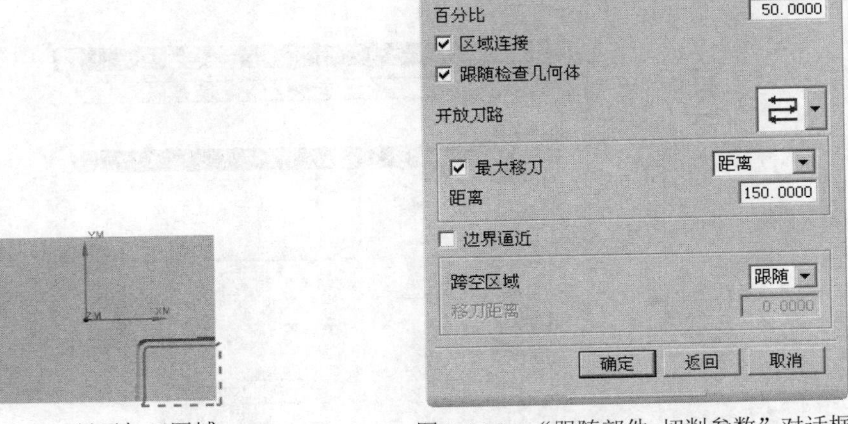

图 3.5.13　显示加工区域

图 3.5.14　“跟随部件 切削参数”对话框

（3）设置第 3 个加工区域的切削模式。在“区域切削模式”对话框中单击 region_3_level_2 选项；在下拉列表中选择“往复”选项，单击按钮，系统弹出“往复 切削参数”对话框，设置如图 3.5.15 所示的参数，然后单击 确定 按钮。

（4）此时“区域切削模式”对话框如图 3.5.16 所示，在 显示模式 下拉列表中选择 全部 选项，图形区中显示所有加工区域正投影方向下的刀路轨迹，如图 3.5.17 所示。

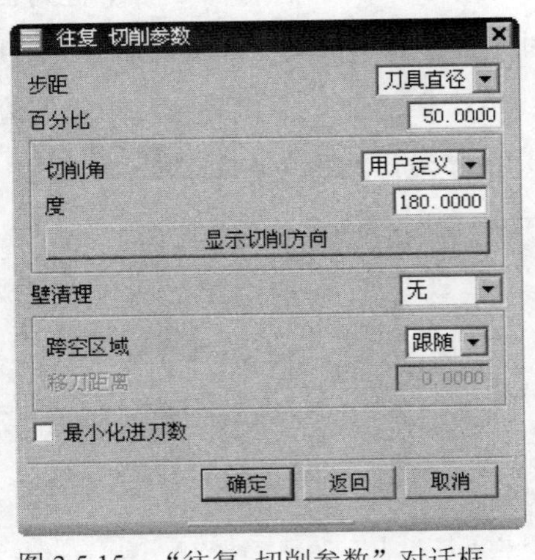

图 3.5.15　“往复 切削参数”对话框

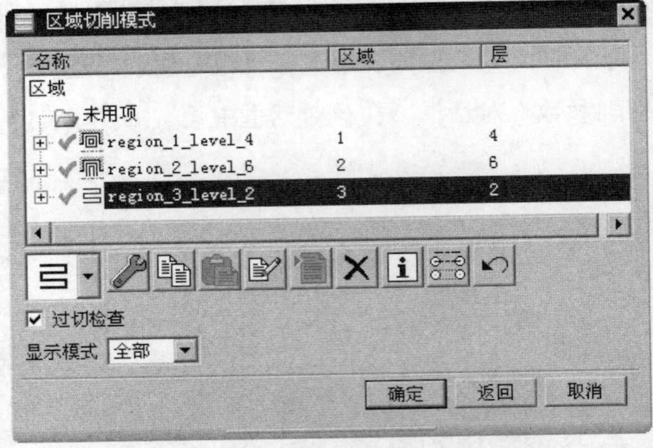

图 3.5.16　“区域切削模式”对话框（二）

Step3. 生成刀路轨迹。在“区域切削模式”对话框（二）中单击 确定 按钮，系统返回到“手工面铣削”对话框，并在图形区中显示 3D 状态下的刀路轨迹，如图 3.5.18

所示。

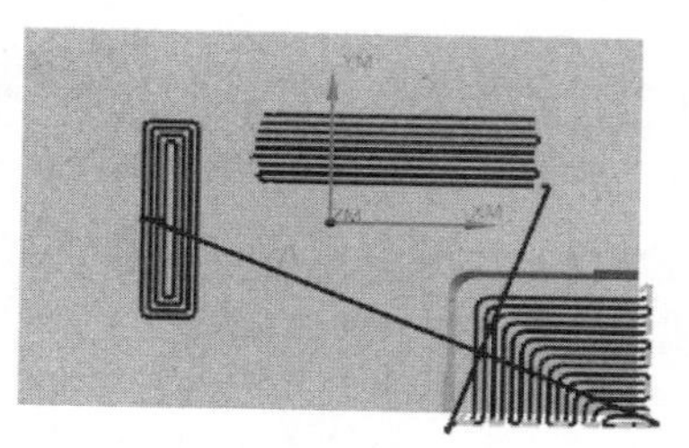

图 3.5.17 刀路轨迹（一）

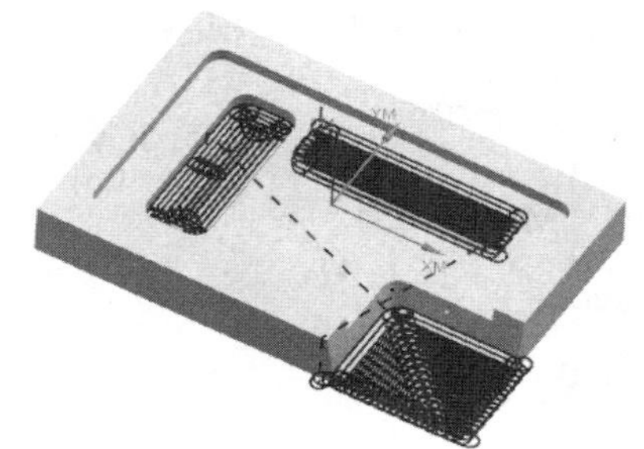

图 3.5.18 刀路轨迹（二）

Stage2．2D 动态仿真

在“手工面铣削”对话框中单击“确认”按钮，然后在系统弹出的“刀轨可视化”对话框中进行 2D 动态仿真，单击两次 确定 按钮完成操作。

Task6．保存文件

选择下拉菜单 文件(F) → 保存(S) 命令，保存文件。

3.6 平 面 铣

平面铣是使用边界来创建几何体的平面铣削方式，既可用于粗加工，也可用于精加工零件表面和垂直于底平面的侧壁。与面铣不同的是，平面铣是通过生成多层刀轨逐层切削材料来完成的，其中增加了切削层的设置，读者在学习时要重点关注。下面以图 3.6.1 所示的零件介绍创建平面铣加工的一般步骤。

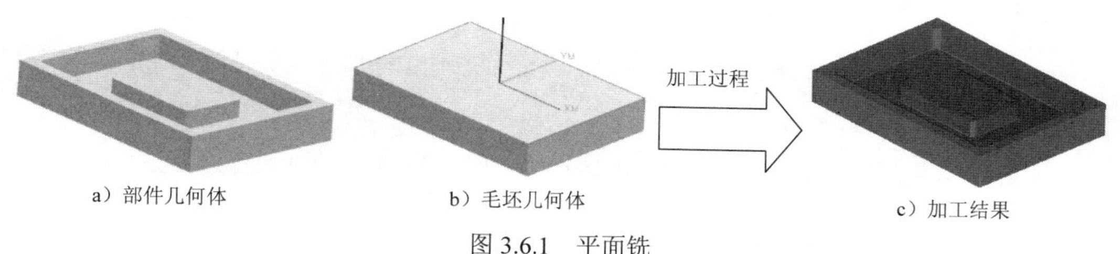

a）部件几何体　b）毛坯几何体　c）加工结果

图 3.6.1 平面铣

Task1．打开模型文件并进入加工环境

打开文件 D:\ugnx90.9\work\ch03.06\planar_mill.prt，选择下拉菜单 启动 → 加工(R)... 命令，选择初始化的 CAM 设置为 mill_planar 选项。

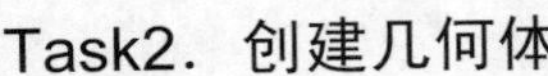

Task2. 创建几何体

Stage1. 创建机床坐标系

Step1. 在工序导航器中将视图调整到几何视图状态，双击坐标系节点 MCS_MILL，系统弹出“MCS 铣削”对话框。

Step2. 创建机床坐标系。设置机床坐标系与系统默认机床坐标系位置在 Z 方向的偏距值为 30.0，如图 3.6.2 所示。

Stage2. 创建安全平面

Step1. 在“MCS 铣削”对话框 安全设置 区域的 安全设置选项 下拉列表中选择 平面 选项，单击“平面对话框”按钮，系统弹出“平面”对话框。

Step2. 设置安全平面与如图 3.6.3 所示的参考模型表面偏距值为 15.0。

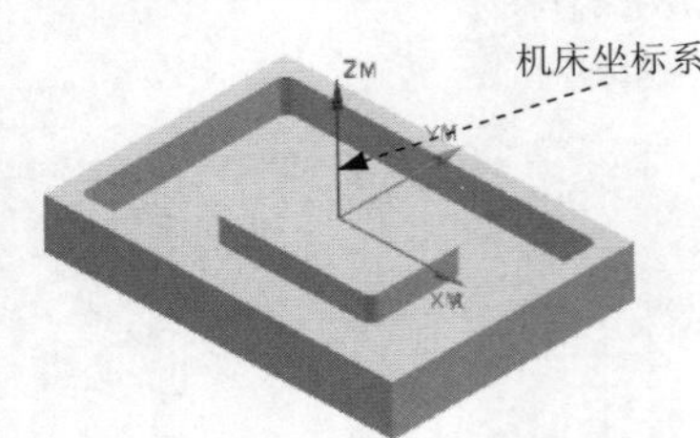

图 3.6.2 创建机床坐标系

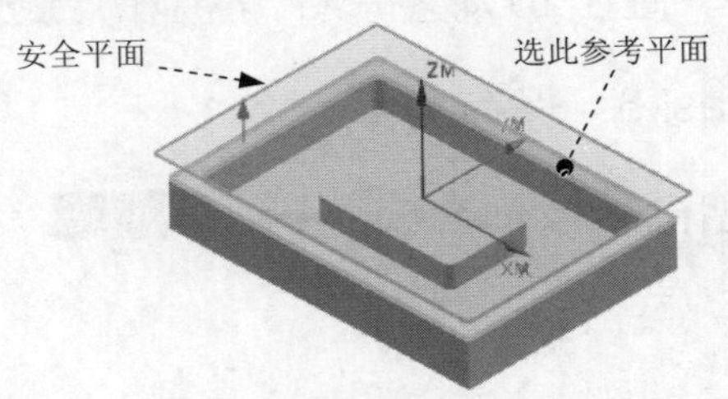

图 3.6.3 创建安全平面

Stage3. 创建部件几何体

Step1. 在工序导航器中双击 MCS_MILL 节点下的 WORKPIECE，在系统弹出的“工件”对话框中单击按钮，系统弹出“部件几何体”对话框。

Step2. 确认“选择条”工具条中的“类型过滤器”设置为“实体”，在图形区选取整个零件为部件几何体，单击 确定 按钮，系统返回到“工件”对话框。

Stage4. 创建毛坯几何体

Step1. 在“工件”对话框中单击按钮，在系统弹出的“毛坯几何体”对话框的 类型 下拉列表中选择 包容块 选项。

Step2. 单击 确定 按钮，系统返回到“工件”对话框，单击 确定 按钮。

Stage5. 创建边界几何体

Step1. 选择下拉菜单 插入(S) → 几何体(G)... 命令，系统弹出如图 3.6.4 所示的“创建几何体”对话框。

Step2. 在 几何体子类型 区域中单击 MILL_BND 按钮，在 位置 区域的 几何体 下拉列表中选择 WORKPIECE 选项，采用系统默认的名称。

Step3. 单击 确定 按钮，系统弹出如图 3.6.5 所示的“铣削边界”对话框。

图 3.6.4 “创建几何体”对话框

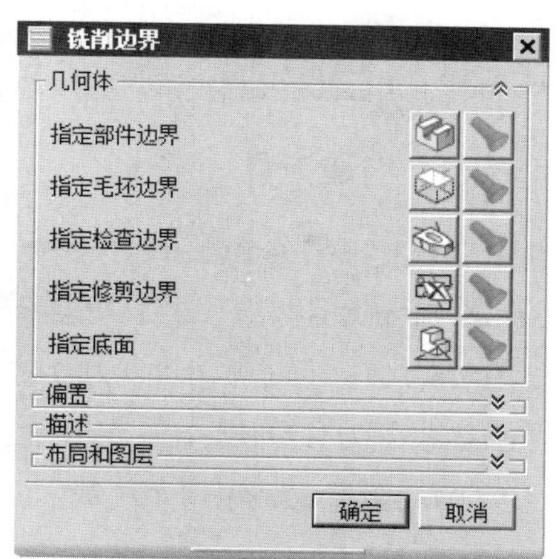

图 3.6.5 “铣削边界”对话框

Step4. 单击 指定部件边界 右侧的按钮，系统弹出“部件边界”对话框，如图 3.6.6 所示。

Step5. 在 选择方法 下拉列表中选择 曲线 选项，在 边界类型 下拉列表中选择 封闭的 选项，在 刀具侧 下拉列表中选择 内部 选项，在 平面 下拉列表中选择 自动 选项，在图形区选取图 3.6.7 所示的曲线串 1。

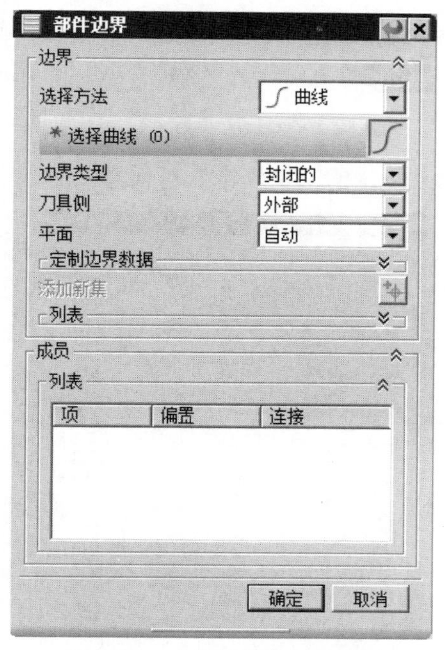

图 3.6.6 “部件边界”对话框

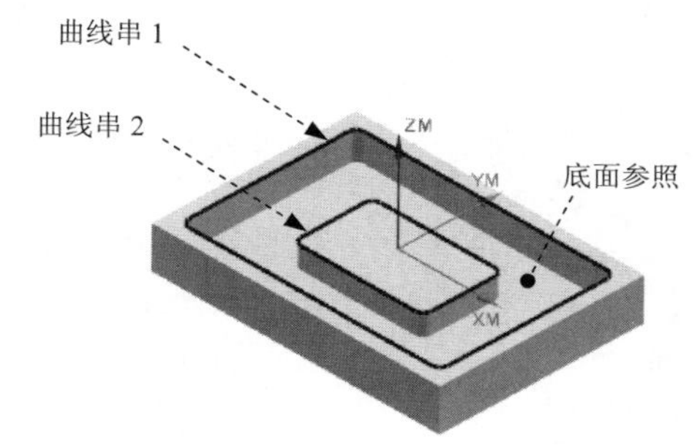

图 3.6.7 边界和底面参照

Step6. 单击“添加新集”按钮，在 刀具侧 下拉列表中选择 外部 选项，其余参数不变，在图形区选取图 3.6.7 所示的曲线串 2；单击 确定 按钮，完成边界的创建，返回到“铣削边界”对话框。

Step7. 单击指定底面右侧的按钮，系统弹出“平面”对话框，在图形区中选取图 3.6.7 中所示的底面参照。单击确定按钮，完成底面的指定，返回到“铣削边界”对话框。

Step8. 单击确定按钮，完成边界几何体的创建。

Task3. 创建刀具

Step1. 选择下拉菜单插入(S) ➡ 刀具(T)...命令，系统弹出“创建刀具”对话框。

Step2. 确定刀具类型。选择刀具子类型为，在名称文本框中输入刀具名称 D10R0，单击确定按钮，系统弹出“铣刀-5 参数”对话框。

Step3. 设置刀具参数。在尺寸区域的(D) 直径文本框中输入值 10.0，在(R1) 下半径文本框中输入值 0.0，其他参数采用系统默认设置值，单击确定按钮，完成刀具的创建。

Task4. 创建平面铣工序

Stage1. 创建工序

Step1. 选择下拉菜单插入(S) ➡ 工序(E)...命令，系统弹出“创建工序”对话框，如图 3.6.8 所示。

Step2. 确定加工方法。在类型下拉列表中选择mill_planar选项，在工序子类型区域中单击 PLANAR_MILL 按钮，在程序下拉列表中选择PROGRAM选项，在刀具下拉列表中选择D10R0 (铣刀-5 参数)选项，在几何体下拉列表中选择MILL_BND选项，在方法下拉列表中选择MILL_SEMI_FINISH选项，采用系统默认的名称。

Step3. 单击确定按钮，系统弹出如图 3.6.9 所示的“平面铣”对话框。

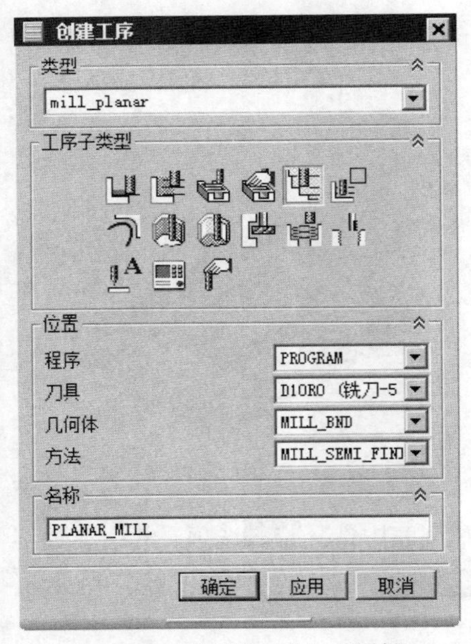

图 3.6.8 “创建工序”对话框

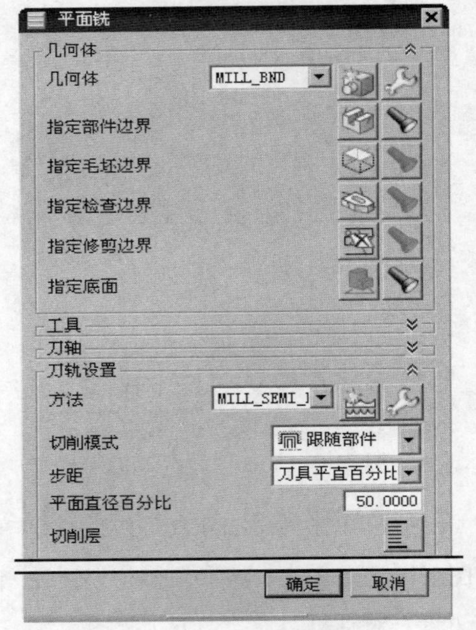

图 3.6.9 “平面铣”对话框

Stage2．设置刀具路径参数

Step1．设置一般参数。在切削模式下拉列表中选择跟随部件选项，在步距下拉列表中选择刀具平直百分比选项，在平面直径百分比文本框中输入值 50.0，其他参数采用系统默认设置值。

Step2．设置切削层。

（1）在“平面铣”对话框中单击“切削层”按钮，系统弹出如图 3.6.10 所示的“切削层”对话框。

（2）在类型下拉列表中选择恒定选项，在公共文本框中输入值 1.0，其余参数采用系统默认设置值，单击确定按钮，系统返回到“平面铣”对话框。

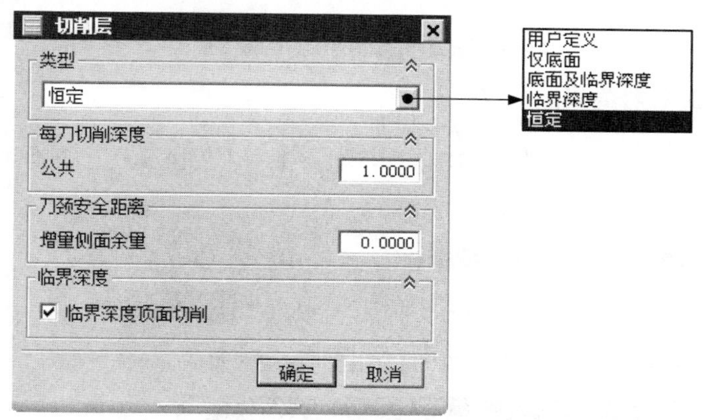

图 3.6.10 “切削层”对话框

图 3.6.10 所示的“切削层”对话框中的部分选项说明如下：

- 类型：用于设置切削层的定义方式，共有 5 个选项：
  - ☑ 用户定义：选择该选项，可以激活相应的参数文本框，需要用户输入具体的数值来定义切削深度参数。
  - ☑ 仅底面：选择该选项，系统仅在指定底平面上生成单个切削层。
  - ☑ 底面及临界深度：选择该选项，系统不仅在指定底平面上生成单个切削层，并且会在零件中的每个岛屿的顶部区域生成一条清除材料的刀轨。
  - ☑ 临界深度：选择该选项，系统会在零件中的每个岛屿顶部生成切削层，同时也会在底平面上生成切削层。
  - ☑ 恒定：选择该选项，系统会以恒定的深度生成多个切削层。
- 公共文本框：用于设置每个切削层允许的最大切削深度。
- ☑ 临界深度顶面切削复选框：选择该复选框，可额外在每个岛屿的顶部区域生成一条清除材料的刀轨。
- 增量侧面余量文本框：用于设置多层切削中连续层的侧面余量增加值，该选项常用

在多层切削的粗加工操作中。设置此参数后，每个切削层移除材料的范围会随着侧面余量的递增而相应减少，如图 3.6.11 所示。当切削深度较大时，设置一定的增量值可以减轻刀具压力。

说明：读者可以打开文件 D:\ugnx90.9\work\ch03.06\planar_mill-sin.prt 查看如图 3.6.11 所示的模型。

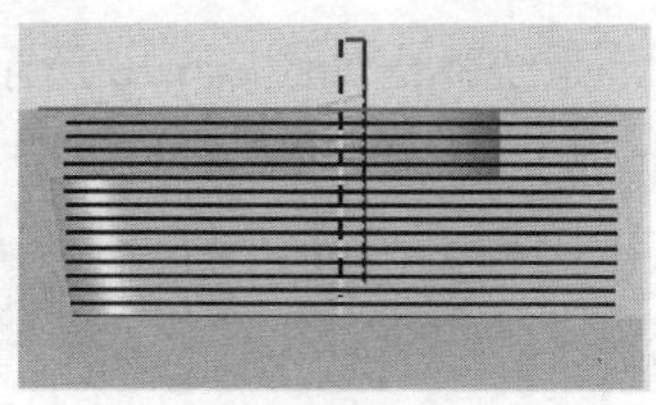

a）设置前

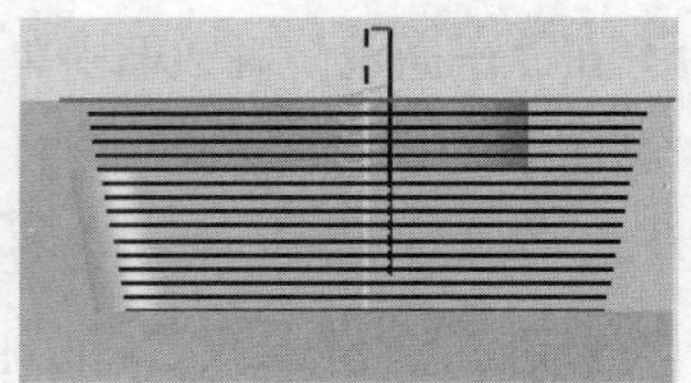

b）设置后

图 3.6.11　设置侧面余量增量

Stage3. 设置切削参数

Step1. 在“平面铣”对话框中单击“切削参数”按钮，系统弹出“切削参数”对话框。

Step2. 单击 余量 选项卡，在 部件余量 文本框中输入值 0.5。

Step3. 单击 拐角 选项卡，在 光顺 下拉列表中选择 所有刀路 选项。

Step4. 单击 连接 选项卡，设置如图 3.6.12 所示的参数。

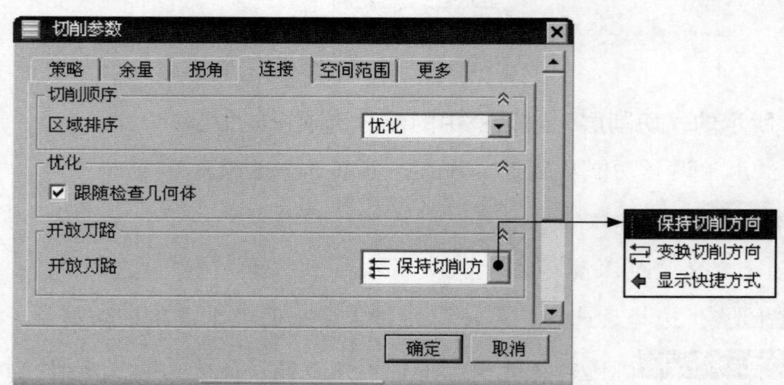

图 3.6.12　“连接”选项卡

图 3.6.12 所示的“切削参数”对话框中“连接”选项卡的部分选项说明如下：

- ☑ 跟随检查几何体 复选框：选中该复选框后，刀具将不抬刀绕开“检查几何体”进行切削，否则刀具将使用传递的方式进行切削。
- 开放刀路：用于创建在“跟随部件”切削模式中开放形状部位的刀路类型。
  - ☑ 保持切削方向：在切削过程中，保持切削方向不变。
  - ☑ 变换切削方向：在切削过程中，切削方向可以改变。
- ☑ 短距离移动上的进给 复选框：只有当选择 变换切削方向 选项后，此复选框才可用，

选中该复选框时，最大移刀距离文本框可用，在文本框中设置变换切削方向时的最大移刀距离。

Step5. 单击确定按钮，系统返回到“平面铣”对话框。

Stage4. 设置非切削移动参数

Step1. 在“平面铣”对话框的刀轨设置区域中单击“非切削移动”按钮，系统弹出“非切削移动”对话框。

Step2. 单击退刀选项卡，其参数设置值如图 3.6.13 所示，单击确定按钮，完成非切削移动参数的设置。

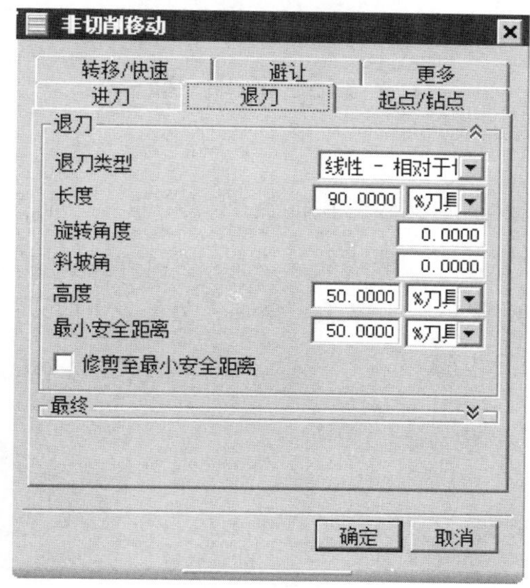

图 3.6.13 “退刀”选项卡

Stage5. 设置进给率和速度

Step1. 单击“平面铣”对话框中的“进给率和速度”按钮，系统弹出“进给率和速度”对话框。

Step2. 选中主轴速度区域中的☑ 主轴速度 (rpm)复选框，在其后的文本框中输入值 3000.0，在进给率区域的切削文本框中输入值 800.0，按回车键，然后单击按钮，其他参数采用系统默认设置值。

Step3. 单击确定按钮。

Task5. 生成刀路轨迹并仿真

Step1. 在“平面铣”对话框中单击“生成”按钮，在图形区中生成如图 3.6.14 所示的刀路轨迹。

Step2. 使用 2D 动态仿真。完成仿真后的模型如图 3.6.15 所示。

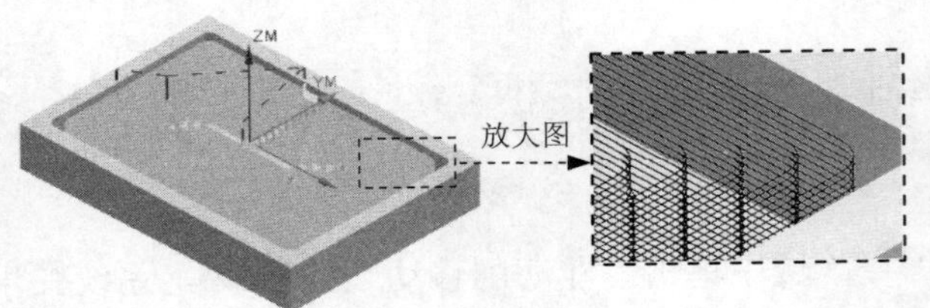

图 3.6.14 刀路轨迹

图 3.6.15 2D 仿真结果

Task6. 保存文件

选择下拉菜单 文件(F) ➡ 保存(S) 命令，保存文件。

3.7 平面轮廓铣

平面轮廓铣是平面铣操作中比较常用的铣削方式之一，通俗地讲就是平面铣的轮廓铣削，不同之处在于平面轮廓铣不需要指定切削驱动方式，系统自动在所指定的边界外产生适当的切削刀路。平面轮廓铣多用于修边和精加工处理。下面以图 3.7.1 所示的零件来介绍创建平面轮廓铣加工的一般步骤。

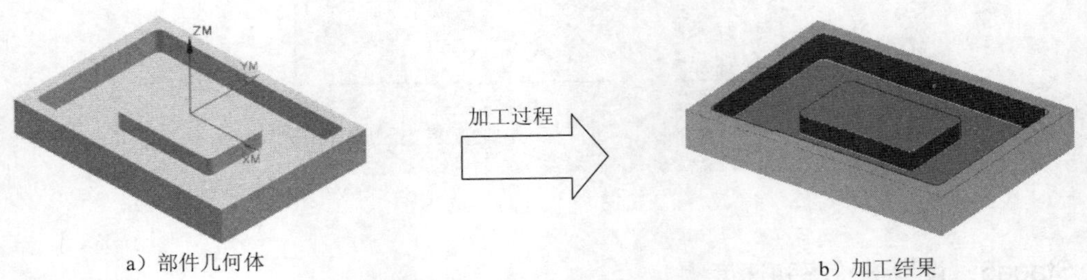

a）部件几何体

b）加工结果

图 3.7.1 平面轮廓铣

Task1. 打开模型

打开文件 D:\ugnx90.9\work\ch03.07\planar_profile.prt，系统自动进入加工模块。

说明： 本节模型是利用上节的模型继续加工的，所以工件坐标系等沿用模型文件中所创建的。

Task2. 创建刀具

Step1. 选择下拉菜单 插入(S) ➡ 刀具(T)... 命令，系统弹出“创建刀具”对话框。

Step2. 确定刀具类型。在 类型 下拉列表中选择 mill_planar 选项，在 刀具子类型 区域中单击 MILL 按钮，在 位置 区域的 刀具 下拉列表中选择 GENERIC_MACHINE 选项，在 名称 文本框中

输入 D8R0，单击确定按钮，系统弹出“铣刀-5 参数”对话框。

Step3. 设置图 3.7.2 所示的刀具参数，单击确定按钮，完成刀具参数的设置。

Task3. 创建平面轮廓铣工序

Stage1. 创建工序

Step1. 选择下拉菜单插入(S) → 工序(E)...命令，系统弹出“创建工序”对话框，如图 3.7.3 所示。

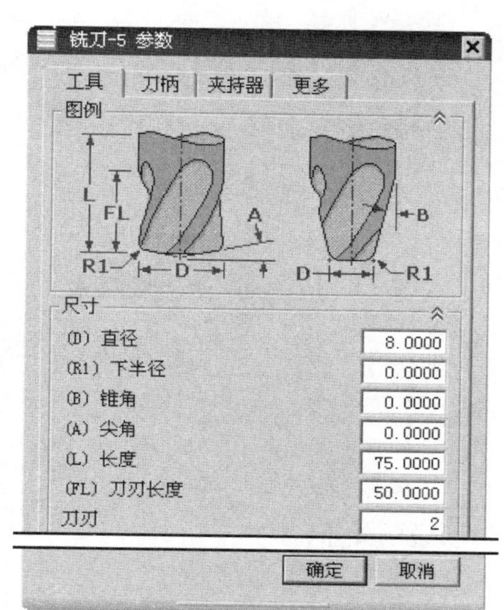

图 3.7.2 “铣刀-5 参数”对话框

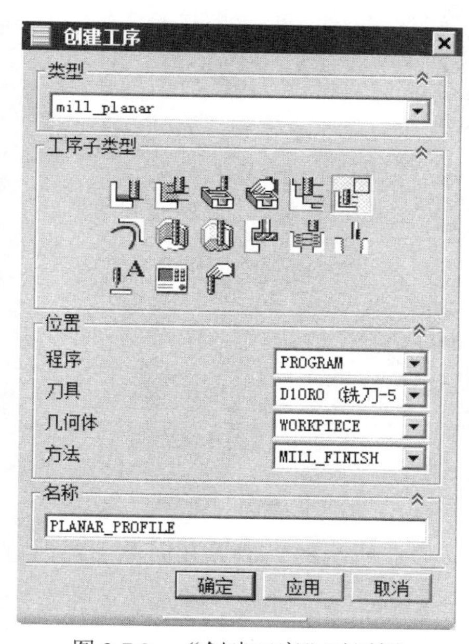

图 3.7.3 “创建工序”对话框

Step2. 确定加工方法。在类型下拉列表中选择mill_planar选项，在工序子类型区域中单击 PLANAR_PROFILE 按钮，在刀具下拉列表中选择D8R0（铣刀-5 参数）选项，在几何体下拉列表中选择WORKPIECE选项，在方法下拉列表中选择MILL_FINISH选项，采用系统默认的名称。

Step3. 单击确定按钮，此时，系统弹出如图 3.7.4 所示的“平面轮廓铣”对话框。

Step4. 创建部件边界。

（1）在“平面轮廓铣”对话框的几何体区域中单击按钮，系统弹出如图 3.7.5 所示的“边界几何体”对话框。

图 3.7.4 所示的“平面轮廓铣”对话框中的部分选项说明如下：

- ：用于创建完成后部件几何体的边界。
- ：用于创建毛坯几何体的边界。
- ：用于创建不希望破坏几何体的边界，如夹具等。
- ：用于指定修剪边界进一步约束切削区域的边界。
- ：用于创建底部面最低的切削层。

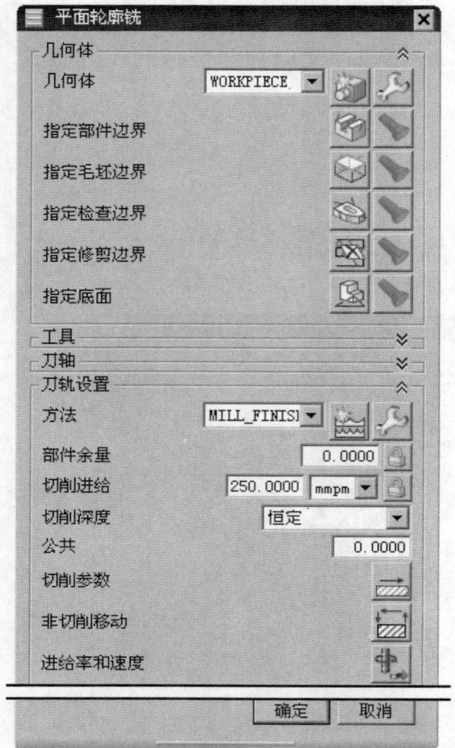

图 3.7.4 “平面轮廓铣”对话框

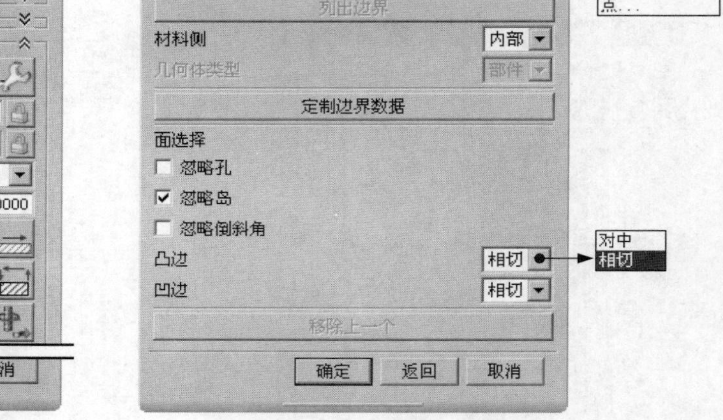

图 3.7.5 “边界几何体”对话框

图 3.7.5 所示的“边界几何体”对话框中的部分选项说明如下：

- 模式 下拉列表：提供了 4 种选择边界的方法。
- 名称：可以在该文本框中输入边界几何体的名称。
- 材料侧：该下拉列表中的选项用于指定部件的材料处于边界的哪一侧。
- ☑ 忽略孔 复选框：选中该复选框后，系统将忽略用户所选择边界面上的孔。
- ☑ 忽略岛 复选框：选中该复选框后，系统将忽略用户所选择边界面上的岛。
- ☑ 忽略倒斜角 复选框：选中该复选框后，系统将忽略用户所选择边界面上的倒角及圆角。
- 凸边：用于设置刀具沿着所选面的凸边边界的位置。
  - ☑ 对中：选择该选项，使刀具中心处于凸边边界线上。
  - ☑ 相切：选择该选项，使刀具侧边与凸边边界线相切。
- 凹边：此选项与“凸边”功能相似。

（2）在“边界几何体”对话框的 模式 下拉列表中选择 曲线/边... 选项，系统弹出如图 3.7.6 所示的“创建边界”对话框。

（3）在 材料侧 下拉列表中选择 内部 选项，其他参数采用系统默认选项。在零件模型上选取如图 3.7.7 所示的边线串 1 为几何体边界，单击“创建边界”对话框中的 创建下一个边界 按钮。

（4）在材料侧下拉列表中选择外部选项，选取图 3.7.7 所示的边线串 2 为几何体边界，单击确定按钮，系统返回到“边界几何体”对话框。

Step5. 单击确定按钮，系统返回到“平面轮廓铣”对话框，完成部件边界的创建。

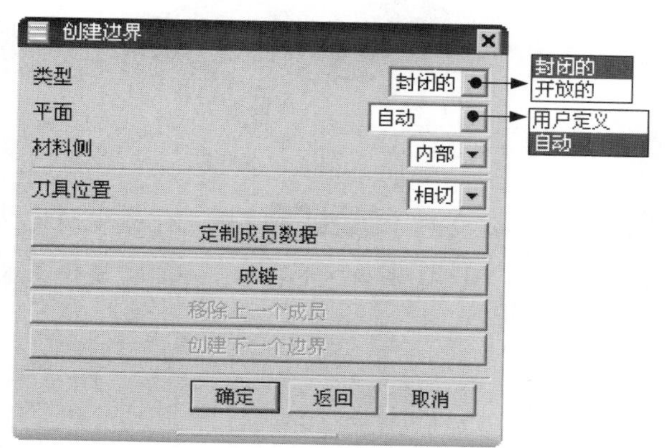

图 3.7.6 “创建边界”对话框

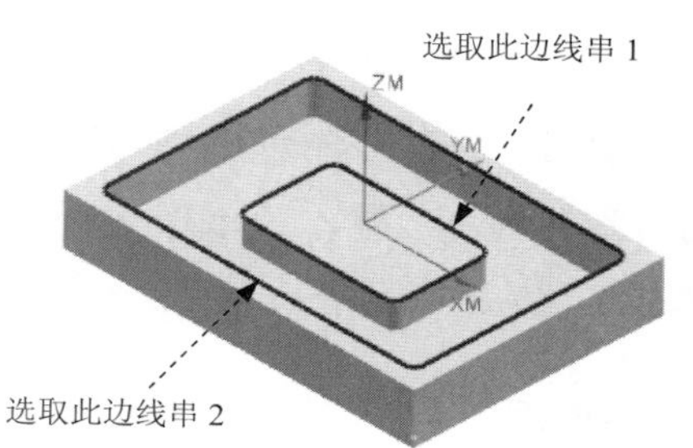

图 3.7.7 创建边界

图 3.7.6 所示的“创建边界”对话框中的部分选项说明如下：

- 类型：用于定义边界的类型，包括封闭的和开放的两种类型。
  - ☑ 封闭的：一般创建的是一个加工区域，可以通过选择线和面的方式来创建加工区域。
  - ☑ 开放的：一般创建的是一条加工轨迹，通常是通过选择加工曲线创建加工区域。
- 平面：用于创建工作平面，可以通过用户创建，也可以通过系统自动选择。
  - ☑ 用户定义：可以通过手动的方式选择模型现有的平面或者通过构建的方式创建平面。
  - ☑ 自动：系统根据所选择的定义边界的元素自动计算出工作平面。
- 材料侧：用于指定边界哪一侧的材料被保留。
- 刀具位置：刀具位置决定刀具在逼近边界成员时将如何放置。可以为边界成员指定两种刀位：对中或相切。
- 成链按钮：在选择“曲线/边”选项时，可以通过单击该按钮，选择起始边和终止边，快速选取连续曲线而形成边界。

Step6. 指定底面。

（1）在“平面轮廓铣”对话框中单击按钮，系统弹出图 3.7.8 所示的“平面”对话框，在类型下拉列表中选择自动判断选项。

（2）在模型上选取图 3.7.9 所示的参照模型平面，在偏置区域的距离文本框中输入值-20.0，单击确定按钮，完成底面的指定。

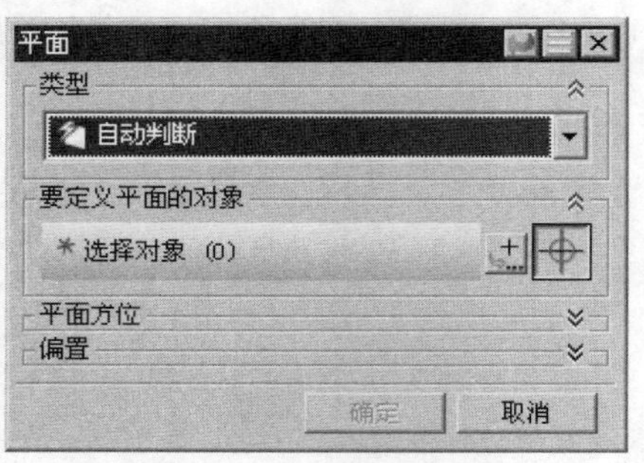

图 3.7.8 “平面”对话框

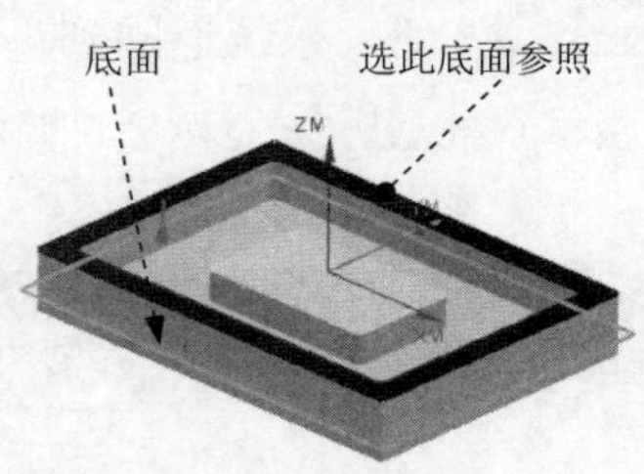

图 3.7.9 指定底面

说明： 如果在 Step2 中 几何体 选择 MILL_BND 选项，就会继承 MILL_BND 边界几何体中所定义的边界和底面，那么 Step3～Step6 就不需要执行了。这里采用 Step3～Step6 的操作是为了说明相关选项的含义和用法。

Stage2．显示刀具和几何体

Step1．显示刀具。在 工具 区域中单击“编辑/显示”按钮，系统弹出“铣刀-5 参数”对话框，同时在图形区会显示当前刀具的形状及大小，单击 确定 按钮。

Step2．显示几何体边界。在 指定部件边界 右侧单击“显示”按钮，在图形区会显示当前创建的几何体边界。

Stage3．创建刀具路径参数

Step1．在 刀轨设置 区域的 部件余量 文本框中输入值 0.0，在 切削进给 文本框中输入值 250.0，在其后的下拉列表中选择 mmpm 选项。

Step2．在 切削深度 下拉列表中选择 恒定 选项，在 公共 文本框中输入值 2.0，其他参数采用系统默认设置值。

Stage4．设置切削参数

Step1．单击“平面轮廓铣”对话框中的“切削参数”按钮，系统弹出“切削参数”对话框，单击 策略 选项卡，设置参数如图 3.7.10 所示。

图 3.7.10 所示“策略”选项卡中的部分选项说明如下：

- 深度优先：切削完工件上某个区域的所有切削层后，再进入下一切削区域进行切削。
- 层优先：将全部切削区域中的同一高度层切削完后，再进行下一个切削层进行切削。

Step2．单击 余量 选项卡，采用系统默认的参数设置值。

Step3．单击 连接 选项卡，在 切削顺序 区域的 区域排序 下拉列表中选择 标准 选项，单击 确定 按钮，系统返回到“平面轮廓铣”对话框。

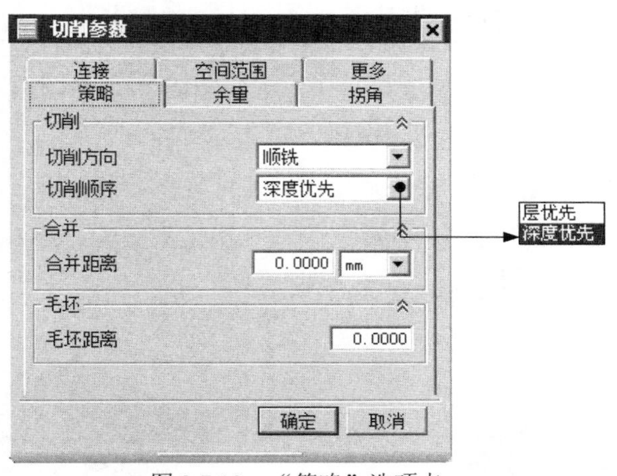

图 3.7.10 “策略”选项卡

Stage5．设置非切削移动参数

采用系统默认的非切削移动参数的设置。

Stage6．设置进给率和速度

Step1．单击“平面轮廓铣”对话框中的“进给率和速度”按钮，系统弹出“进给率和速度”对话框。

Step2．选中☑ 主轴速度（rpm）复选框，然后在其后的文本框中输入值 2000.0，在切削文本框中输入值 250.0，按回车键，然后单击按钮，其他参数的设置如图 3.7.11 所示。

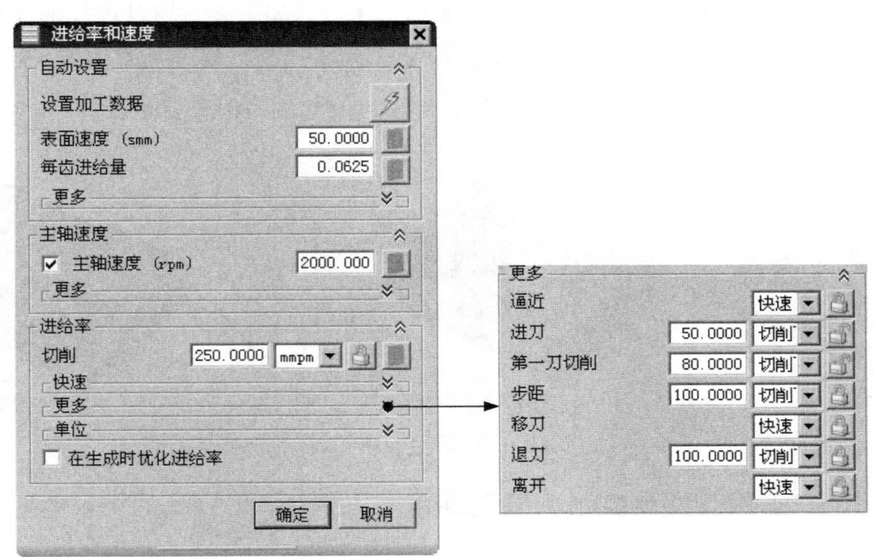

图 3.7.11 “进给率和速度”对话框

Step3．单击 确定 按钮，完成进给率和速度的设置，系统返回到“平面轮廓铣”对话框。

Task4. 生成刀路轨迹并仿真

Step1. 在“平面轮廓铣”对话框中单击“生成”按钮，在图形区中生成图 3.7.12 所示的刀路轨迹。

Step2. 单击“确认”按钮，系统弹出“刀轨可视化”对话框。单击 2D 动态 选项卡，采用系统默认设置值，调整动画速度后单击“播放”按钮，完成演示后的模型如图 3.7.13 所示，仿真完成后单击 确定 按钮，完成操作。

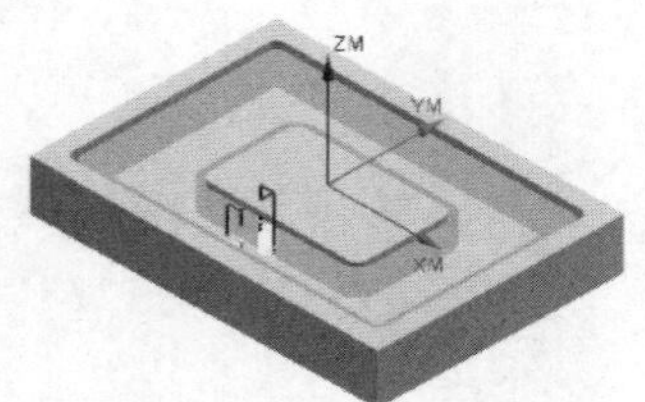

图 3.7.12　刀路轨迹

图 3.7.13　2D 仿真结果

Task5. 保存文件

选择下拉菜单 文件(F) → 保存(S) 命令，保存文件。

3.8　底壁加工 IPW

底壁加工 IPW 是基于底壁加工工序的加工工序，其加工时是通过选择部件几何体和 IPW 来决定所要移除的材料，一般用于通过 IPW 跟踪未切削材料的加工中。

下面以图 3.8.1 所示的零件来介绍创建底壁加工 IPW 的一般创建步骤。

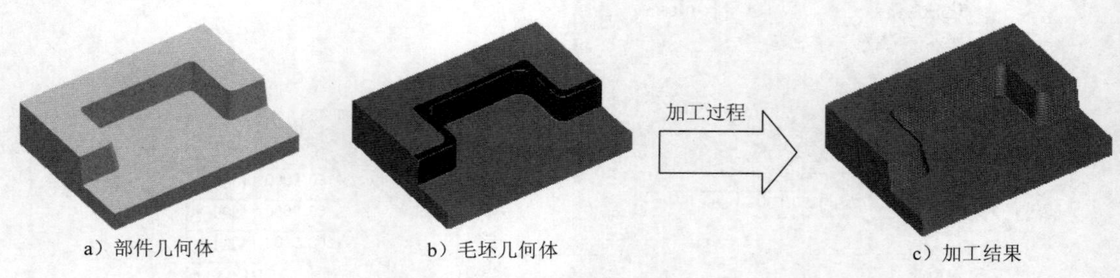

图 3.8.1　底壁加工 IPW

Task1. 打开模型文件并进入加工环境

打开文件 D:\ugnx90.9\work\ch03.08\floor_wall_IPW.prt，系统进入加工环境。

Task2. 创建刀具

Step1. 选择下拉菜单 插入(S) → 刀具(T)... 命令，系统弹出“创建刀具”对话框。

Step2. 在类型下拉列表中选择mill_planar选项，在刀具子类型区域中单击 MILL 按钮，在名称文本框中输入刀具名称 D6，单击确定按钮，系统弹出“铣刀-5 参数”对话框。

Step3. 在(D) 直径文本框中输入值 6.0，其他参数采用系统默认设置值，单击确定按钮完成刀具的设置。

Task3. 创建底壁加工 IPW 工序

Stage1. 创建工序

Step1. 选择下拉菜单插入(S) → 工序(E)...命令，系统弹出“创建工序”对话框。

Step2. 确定加工方法。在类型下拉列表中选择mill_planar选项，在工序子类型区域中单击 FLOOR_WALL_IPW 按钮，在程序下拉列表中选择PROGRAM选项，在刀具下拉列表中选择D6 (铣刀-5 参数)选项，在几何体下拉列表中选择WORKPIECE选项，在方法下拉列表中选择MILL_ROUGH选项，采用系统默认的名称。

Step3. 单击确定按钮，系统弹出图 3.8.2 所示的“底壁加工 IPW”对话框。

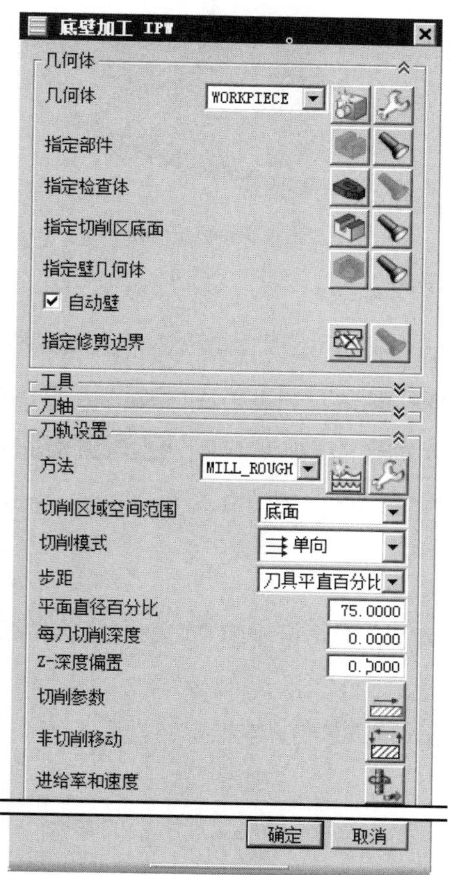

图 3.8.2 “底壁加工 IPW”对话框

Stage2．指定切削区域

Step1．指定底面。单击“底壁加工 IPW”对话框中的“选择或编辑切削区域几何体”按钮，系统弹出“切削区域”对话框。在模型中选取图 3.8.3 所示的模型平面，然后单击 确定 按钮，返回到“底壁加工 IPW”对话框。

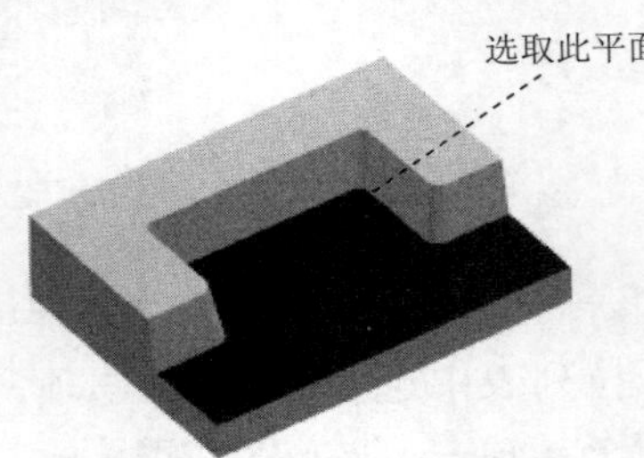

图 3.8.3　指定底面

Step2．显示自动壁。在 几何体 区域确认 ☑ 自动壁 复选框被选中，单击 指定壁几何体 右侧的按钮，此时在模型中显示图 3.8.4 所示的壁几何体。

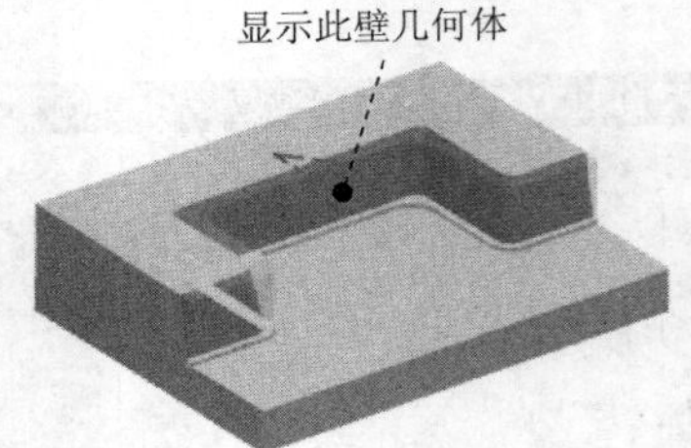

图 3.8.4　显示壁几何体

Stage3．设置刀具路径参数

Step1．设置切削模式。在“底壁加工 IPW”对话框中 刀轨设置 区域的 切削区域空间范围 下拉列表中选择 壁 选项，在 切削模式 下拉列表中选择 跟随部件 选项。

Step2．设置步进方式。在 步距 下拉列表中选择 刀具平直百分比 选项，在 平面直径百分比 文本框中输入值 20.0，在 每刀深度 文本框中输入值 1.0。

Stage4．设置切削参数

Step1．单击“底壁加工 IPW”对话框中的“切削参数”按钮，系统弹出“切削参数”对话框。

Step2．单击 余量 选项卡，在 壁余量 文本框中输入值 0.25，在 内公差 和 外公差 文本框中均输入值 0.01。

Step3．单击 空间范围 选项卡，设置如图 3.8.5 所示的参数。

Step4．其他选项卡参数采用系统默认设置值，单击 确定 按钮，返回到“底壁加工 IPW”对话框。

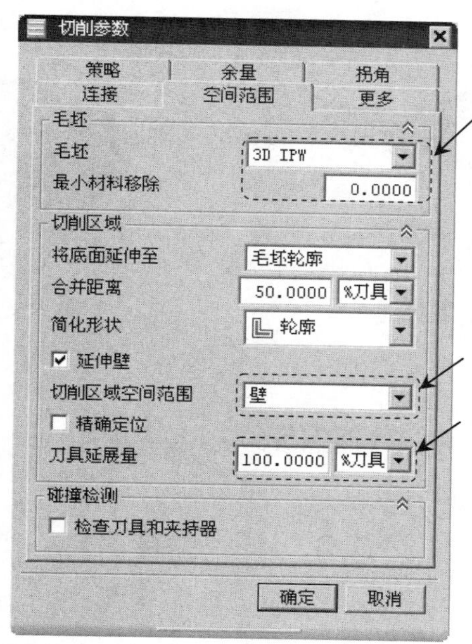

图 3.8.5 “空间范围”选项卡

Stage5. 设置非切削移动参数

Step1. 单击“底壁加工 IPW”对话框中的“非切削移动”按钮，系统弹出“非切削移动”对话框。

Step2. 单击 进刀 选项卡，在 开放区域 区域的 进刀类型 下拉列表中选择 圆弧 选项，其他参数采用系统默认设置值。

Step3. 单击 转移/快速 选项卡，在 区域内 区域的 转移类型 下拉列表中选择 毛坯平面 选项，其他参数采用系统默认设置值。

Step4. 单击 确定 按钮，返回到“底壁加工 IPW”对话框。

Stage6. 设置进给率和速度

Step1. 在“底壁加工 IPW”对话框中单击“进给率和速度”按钮，系统弹出“进给率和速度”对话框。

Step2. 选中 ☑ 主轴速度 (rpm) 复选框，然后在其后的文本框中输入值 1500.0，在 切削 文本框中输入值 300.0，按回车键，然后单击按钮，其他选项采用系统默认的参数设置值。

Step3. 单击 确定 按钮，完成进给率和速度的设置，系统返回“底壁加工 IPW”对话框。

Task4. 生成刀路轨迹并仿真

生成的刀路轨迹如图 3.8.6 所示，2D 动态仿真加工后的零件模型如图 3.8.7 所示。

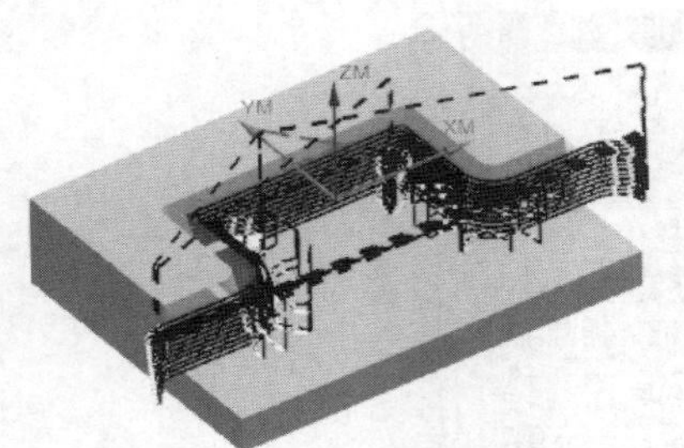

图 3.8.6　显示刀路轨迹

图 3.8.7　2D 仿真结果

Task5．保存文件

选择下拉菜单 文件(F) → 保存(S) 命令，保存文件。

3.9　清　角　铣

清角铣用来切削零件中的拐角部分，由于粗加工中采用的刀具直径较大，会在零件的小拐角处残留下较多的余料，所以在精加工前有必要安排清理拐角的工序，需要注意的是清角铣需要指定合适的参考刀具。

下面以图 3.9.1 所示的零件来介绍创建清角铣的一般步骤。

a）部件几何体　　b）毛坯几何体　　c）加工结果

图 3.9.1　清角铣

Task1．打开模型文件

打开文件 D:\ugnx90.9\work\ch03.09\cleanup_corners.prt，系统自动进入加工环境。

Task2．设置刀具

Step1. 选择下拉菜单 插入(S) → 刀具(T)... 命令，系统弹出“创建刀具”对话框。

Step2. 在 类型 下拉列表中选择 mill_planar 选项，在 刀具子类型 区域中单击 MILL 按钮，在 名称 文本框中输入刀具名称 D5，单击 确定 按钮，系统弹出“铣刀-5 参数”对话框。

Step3. 在 (D) 直径 文本框中输入值 5.0，在 刀具号 文本框中输入值 2，其他参数采用系统默认的设置值，单击 确定 按钮完成刀具的设置。

Task3. 创建清角铣工序

Stage1. 创建工序

Step1. 选择下拉菜单插入(S) → 工序(E)...命令，系统弹出“创建工序”对话框。

Step2. 确定加工方法。在类型下拉列表中选择mill_planar选项，在工序子类型区域中单击CLEANUP_CORNERS 按钮，在程序下拉列表中选择PROGRAM选项，在刀具下拉列表中选择D5 (铣刀-5 参数)选项，在几何体下拉列表中选择WORKPIECE选项，在方法下拉列表中选择MILL_SEMI_FINISH选项，采用系统默认的名称。

Step3. 单击确定按钮，系统弹出“清理拐角”对话框。

Stage2. 指定切削区域

Step1. 指定部件边界。

（1）单击“清理拐角”对话框中指定部件边界右侧的按钮，系统弹出“边界几何体”对话框。

（2）在模式下拉列表中选择面选项，其他参数采用系统默认选项，在模型中选取图3.9.2 所示的模型表面，单击确定按钮，返回到“清理拐角”对话框。

Step2. 指定底面。单击指定底面右侧的按钮，系统弹出“平面”对话框，在模型中选取图 3.9.3 所示的面为底面，在偏置区域的距离文本框中输入值 0.0，单击确定按钮，返回到“清理拐角”对话框。

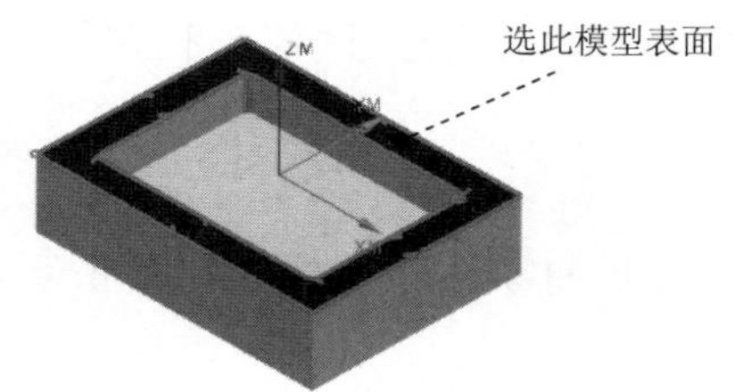

图 3.9.2 指定部件边界

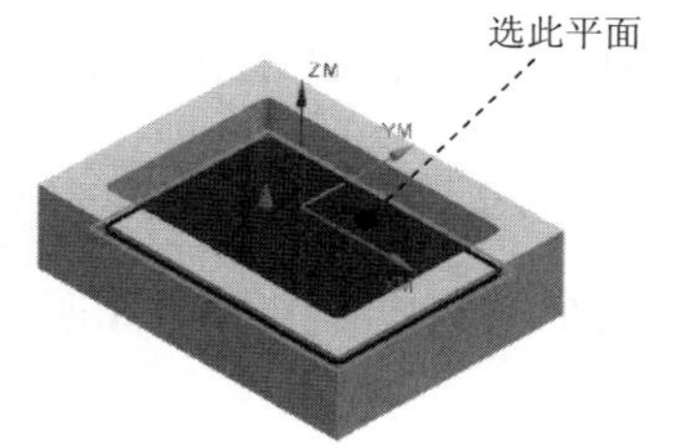

图 3.9.3 指定底面

Stage3. 设置切削层参数

Step1. 在“清理拐角”对话框中单击“切削层”按钮，系统弹出“切削层”对话框。

Step2. 在类型下拉列表中选择恒定选项，在公共文本框中输入值 2.0，单击确定按钮，系统返回到“清理拐角”对话框。

Stage4. 设置切削参数

Step1. 在刀轨设置区域中单击“切削参数”按钮，系统弹出“切削参数”对话框。

Step2. 单击策略选项卡，在切削顺序下拉列表中选择深度优先选项。

Step3. 单击空间范围选项卡，在处理中的工件下拉列表中选择使用参考刀具选项，在参考刀具下拉列表中选择D15（铣刀-5 参数）选项，在重叠距离文本框中输入值 4.0，单击确定按钮，系统返回到“清理拐角”对话框。

说明：这里选择的参考刀具一般是前面粗加工使用的刀具，也可以通过单击参考刀具下拉列表右侧的“新建”按钮来创建新的参考刀具。注意创建的参考刀具直径不能小于实际的粗加工的刀具直径。

Stage5．设置非切削移动参数

Step1. 在刀轨设置区域中单击“非切削移动”按钮，系统弹出“非切削移动”对话框。

Step2. 单击进刀选项卡，在进刀类型下拉列表中选择螺旋选项，在开放区域区域的进刀类型下拉列表中选择圆弧选项。

Step3. 单击转移/快速选项卡，在区域内区域的转移类型下拉列表中选择前一平面选项。其他参数采用系统默认的设置值，单击确定按钮，完成非切削移动参数的设置。

Stage6．设置进给率和速度

Step1. 在“清理拐角”对话框中单击“进给率和速度”按钮，系统弹出“进给率和速度”对话框。

Step2. 选中☑ 主轴速度（rpm）复选框，然后在其右侧的文本框中输入值 1500.0，在切削文本框中输入值 400.0，按回车键，然后单击按钮，其他选项采用系统默认的参数设置值。

Step3. 单击确定按钮，完成进给率和速度的设置，系统返回“清理拐角”对话框。

Task4．生成刀路轨迹

生成的刀路轨迹如图 3.9.4 所示，2D 动态仿真加工后的零件模型如图 3.9.5 所示。

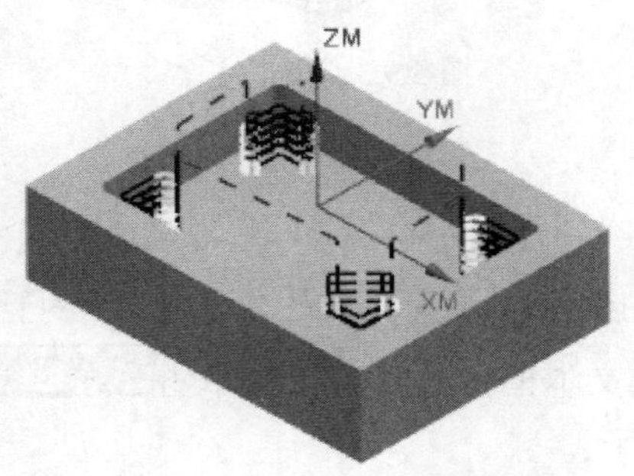

图 3.9.4　显示刀路轨迹

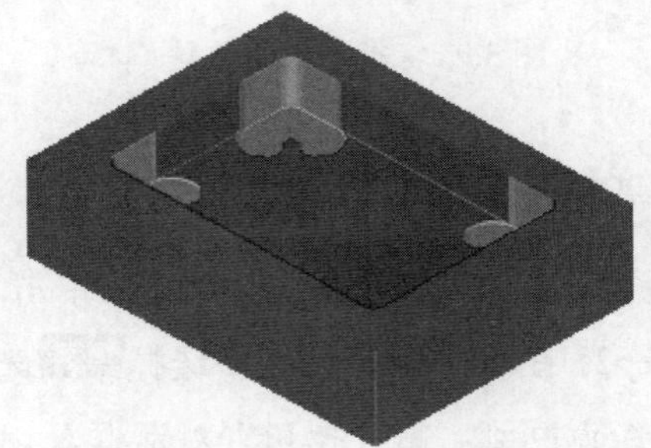
图 3.9.5　2D 仿真结果

Task5．保存文件

选择下拉菜单文件(F) ➡ 保存(S)命令，保存文件。

3.10 精铣侧壁

精铣侧壁是仅用于侧壁加工的一种平面切削方式，要求侧壁和底平面相互垂直，并且要求加工表面和底面相互平行，加工的侧壁是加工表面和底面之间的部分。下面介绍创建精铣侧壁加工的一般步骤。

Task1. 打开模型

打开文件 D:\ugnx90.9\work\ch03.10\finish_walls.prt，系统自动进入加工环境。

Task2. 创建精铣侧壁操作

Stage1. 创建几何体边界

Step1. 选择下拉菜单 插入(S) → 工序(E)... 命令，系统弹出“创建工序”对话框，如图 3.10.1 所示。

Step2. 确定加工方法。在 类型 下拉列表中选择 mill_planar 选项，在 工序子类型 区域中单击 FINISH_WALLS 按钮，在 程序 下拉列表中选择 PROGRAM 选项，在 刀具 下拉列表中选择 D8R0（铣刀-5 参数）选项，在 几何体 下拉列表中选择 WORKPIECE 选项，在 方法 下拉列表中选择 MILL_FINISH 选项，采用系统默认的名称 FINISH_WALLS。

Step3. 单击 确定 按钮，系统弹出图 3.10.2 所示的“精加工壁”对话框，在 几何体 区域中单击“选择或编辑部件边界”按钮，系统弹出“边界几何体”对话框。

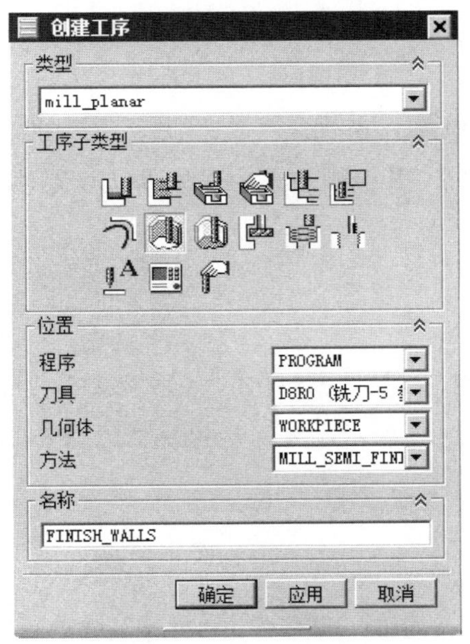

图 3.10.1 “创建工序”对话框

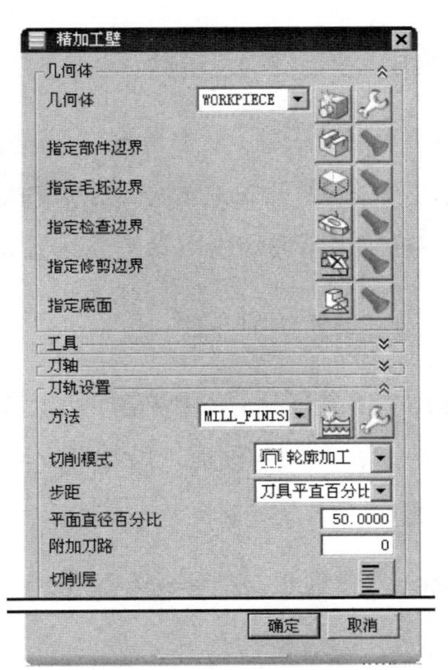

图 3.10.2 “精加工壁”对话框

Step4. 在模式下拉列表中选择面选项，在材料侧下拉列表中选择内部选项，其余参数采用系统默认设置值，在零件模型上选取图 3.10.3 所示的两个平面，单击确定按钮，系统返回到“精加工壁”对话框。

Step5. 在几何体区域中单击指定修剪边界右侧的按钮，系统弹出“边界几何体”对话框，在模式下拉列表中选择面选项，在修剪侧下拉列表中选择外部选项，其余参数采用默认设置值，在零件模型上选取图 3.10.4 所示的模型底面，单击确定按钮，系统返回到“精加工壁”对话框。

Step6. 单击指定底面右侧的按钮，系统弹出“平面”对话框，在类型下拉列表中选择自动判断选项。在模型上选取图 3.10.3 所示的底面参照，在偏置区域的距离文本框中输入值 0.0，单击确定按钮，完成底面的指定，系统返回到“精加工壁”对话框。

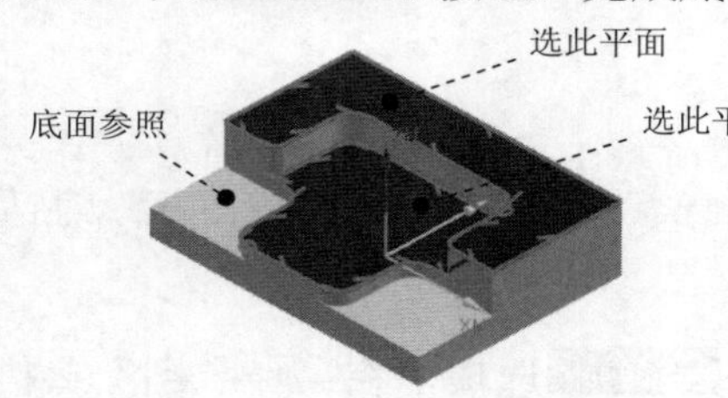

图 3.10.3 选取边界几何体

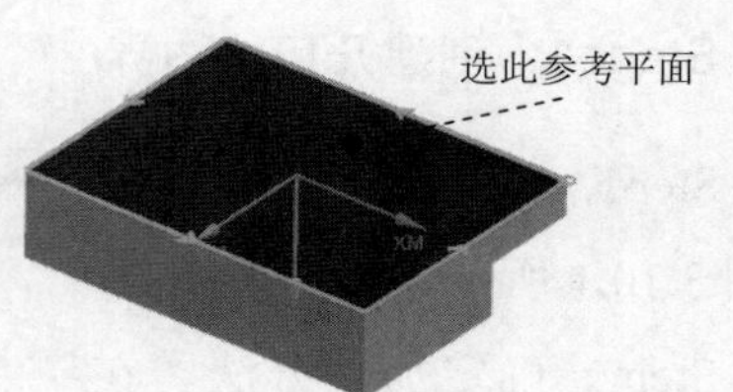

图 3.10.4 选取修剪几何体

Stage2. 设置刀具路径参数

在刀轨设置区域的切削模式下拉列表中采用系统默认的轮廓加工选项，在步距下拉列表中选择刀具平直百分比选项，在平面直径百分比文本框中输入值 50.0，其他参数采用系统默认设置值。

Stage3. 设置切削层参数

Step1. 在刀轨设置区域中单击“切削层”按钮，系统弹出“切削层”对话框。

Step2. 在类型下拉列表中选择临界深度选项，其他参数采用系统默认设置值，单击确定按钮，完成切削层参数的设置。

Stage4. 设置切削参数

Step1. 在刀轨设置区域中单击“切削参数”按钮，系统弹出“切削参数”对话框。

Step2. 单击策略选项卡，参数设置值如图 3.10.5 所示，然后单击确定按钮，系统返回到“精加工壁”对话框。

Stage5. 设置非切削移动参数

Step1. 在刀轨设置区域中单击“非切削移动”按钮，系统弹出“非切削移动”对话框。

Step2. 单击进刀选项卡，参数设置值如图 3.10.6 所示，其他选项卡中的参数采用系统默认的设置值，单击确定按钮完成非切削移动参数的设置。

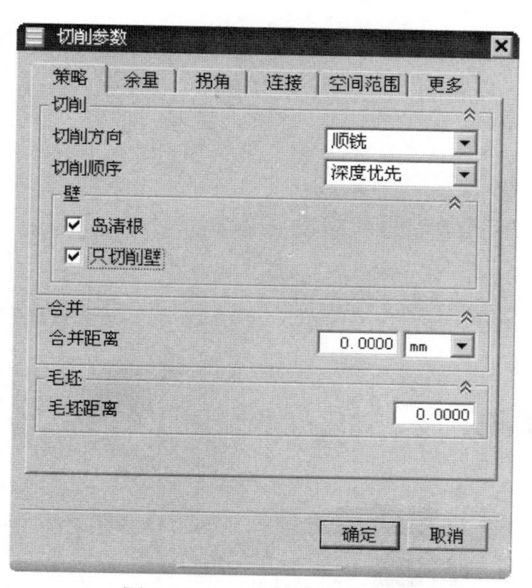

图 3.10.5　“策略”选项卡

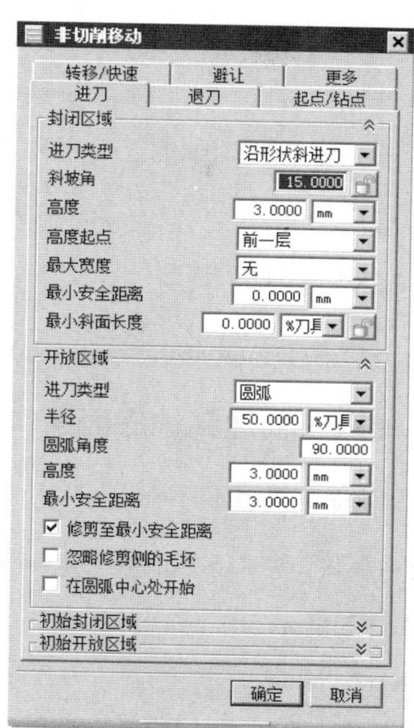

图 3.10.6　“进刀”选项卡

Stage6. 设置进给率和速度

Step1. 在“精加工壁”对话框的刀轨设置区域中单击“进给率和速度”按钮，系统弹出“进给率和速度”对话框。

Step2. 选中☑ 主轴速度 (rpm)复选框，然后在其后的文本框中输入值 3000.0，在切削文本框中输入值 250.0，按回车键，然后单击按钮，其他参数采用系统默认的设置值。

Step3. 单击确定按钮，完成进给率和速度的设置。

Task3. 生成刀路轨迹并仿真

生成的刀路轨迹如图 3.10.7 所示，2D 动态仿真加工后的零件模型如图 3.10.8 所示。

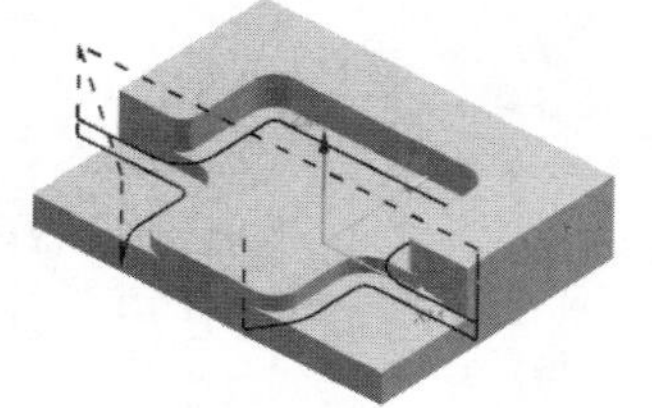

图 3.10.7　刀路轨迹

图 3.10.8　2D 仿真结果

Task4. 保存文件

选择下拉菜单文件(F) ➞ 保存(S)命令，保存文件。

3.11 精铣底面

精铣底面是一种只切削底平面的切削方式，在系统默认情况下是以刀具的切削刃和部件边界相切来进行切削的，对于有直角边的部件一般情况下是切削不完整的，必须设置刀具偏置，多用于底面的精加工。下面介绍创建精铣底面加工的一般步骤。

Task1. 打开模型

打开文件 D:\ugnx90.9\work\ch03.11\finish_floor.prt，系统自动进入加工环境。

Task2. 创建精铣底面操作

Stage1. 创建工序

Step1. 选择下拉菜单 插入(S) → 工序(E)... 命令，系统弹出“创建工序”对话框，如图 3.11.1 所示。

Step2. 确定加工方法。在 类型 下拉列表中选择 mill_planar 选项，在 工序子类型 区域单击 FINISH_FLOOR 按钮，在 程序 下拉列表中选择 PROGRAM 选项，在 刀具 下拉列表中选择 D8R0（铣刀-5 参数）选项，在 几何体 下拉列表中选择 WORKPIECE 选项，在 方法 下拉列表中选择 MILL_FINISH 选项，采用系统默认的名称 FINISH_FLOOR。

Step3. 单击 确定 按钮，系统弹出图 3.11.2 所示的“精加工底面”对话框。

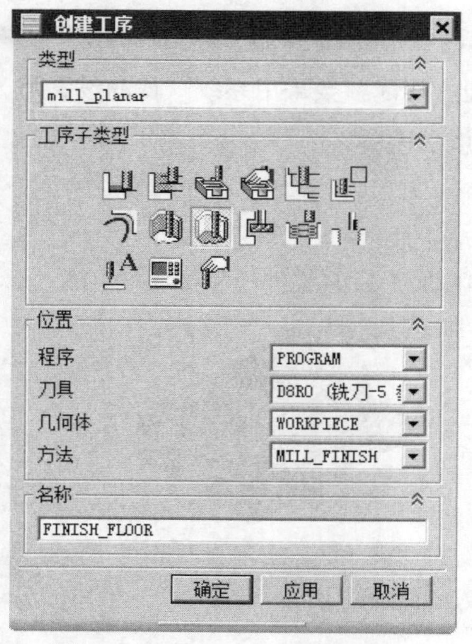

图 3.11.1 “创建工序”对话框

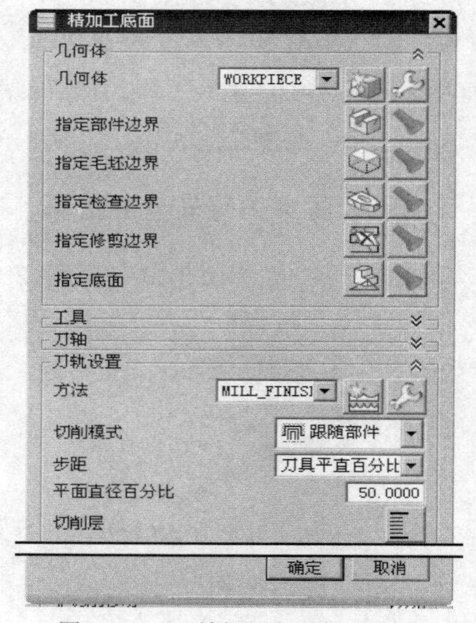

图 3.11.2 “精加工底面”对话框

Stage2．创建几何体

Step1．创建边界几何体。

（1）在“精加工底面”对话框的几何体区域中单击“选择或编辑部件边界”按钮，系统弹出“边界几何体”对话框。

（2）在模式下拉列表中选择面选项，在材料侧下拉列表中选择内部选项，在零件模型上选取图 3.11.3 所示的 4 个模型平面，单击确定按钮，系统返回到“精加工底面”对话框。

Step2．指定毛坯边界。

（1）单击“精加工底面”对话框中指定毛坯边界右侧的按钮，系统弹出“边界几何体”对话框，在模式下拉列表中选择曲线/边...选项，系统弹出“创建边界”对话框。

（2）在材料侧下拉列表中选择内部选项，其他参数采用系统默认设置值，依次选取图 3.11.4 所示的 4 条边线为边界，单击两次确定按钮，返回到“精加工底面”对话框。

注意：在选取图 3.11.4 所示的边线时，应先选取 3 条相连的边线，最后选取独立的 1 条边线。

Step3．指定底面。

（1）在“精加工底面”对话框的几何体区域中单击“选择或编辑底平面几何体”按钮，系统弹出“平面”对话框。

（2）采用系统默认的设置值，选取图 3.11.5 所示的底面参照面，在偏置区域的距离文本框中输入值 0.0，单击确定按钮，完成底平面的指定。

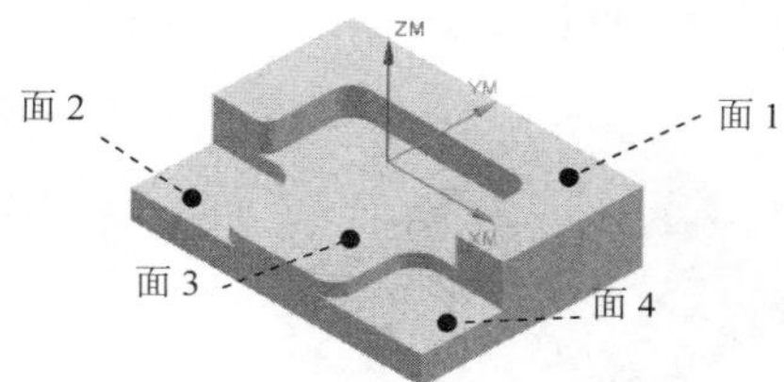

图 3.11.3 选取边界几何体

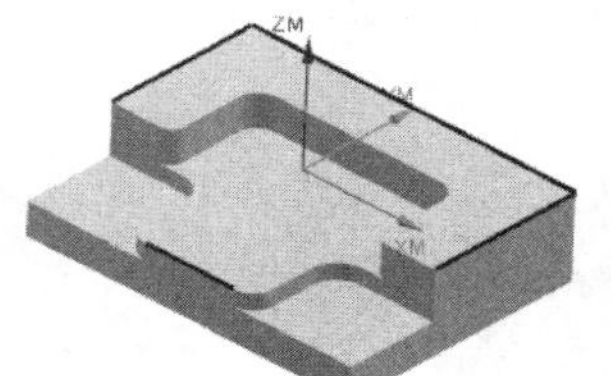

图 3.11.4 指定毛坯边界

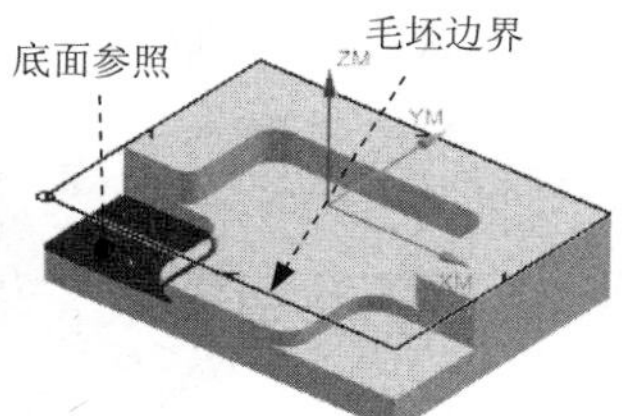

图 3.11.5 指定底面

Stage3．设置刀具路径参数

在刀轨设置区域的切削模式下拉列表中选择跟随周边选项，在步距下拉列表中选择刀具平直百分比选项，在平面直径百分比文本框中输入值 50.0，其他参数采用系统默认设置值。

Stage4．设置切削层

在“精加工底面”对话框中单击“切削层”按钮，系统弹出“切削层”对话框。在类型下拉列表中选择底面及临界深度选项，单击确定按钮，系统返回到“精加工底面”对话框。

Stage5．设置切削参数

Step1．在刀轨设置区域中单击“切削参数”按钮，系统弹出“切削参数”对话框。

Step2．单击策略选项卡，在刀路方向下拉列表中选择向内选项，其余参数采用系统默认设置值。

Step3．单击余量选项卡，在部件余量文本框中输入值 0.10，单击确定按钮，系统返回到“精加工底面”对话框。

Stage6．设置非切削移动参数

Step1．在刀轨设置区域中单击“非切削移动”按钮，系统弹出“非切削移动”对话框。

Step2．单击进刀选项卡，在开放区域区域的进刀类型下拉列表中选择线性选项，其他参数采用系统默认的设置值，单击确定按钮，完成非切削移动参数的设置。

Stage7．设置进给率和速度

Step1．在“精加工底面”对话框中单击“进给率和速度”按钮，系统弹出“进给率和速度”对话框。

Step2．选中☑ 主轴速度 (rpm)复选框，然后在其右侧的文本框中输入值 3000.0，在切削文本框中输入值 250.0，按回车键，然后单击按钮，其他参数采用系统默认的设置值。

Step3．单击确定按钮，系统返回到“精加工底面”对话框。

Task3．生成刀路轨迹并仿真

生成的刀路轨迹如图 3.11.6 所示，2D 动态仿真加工后的零件模型如图 3.11.7 所示。

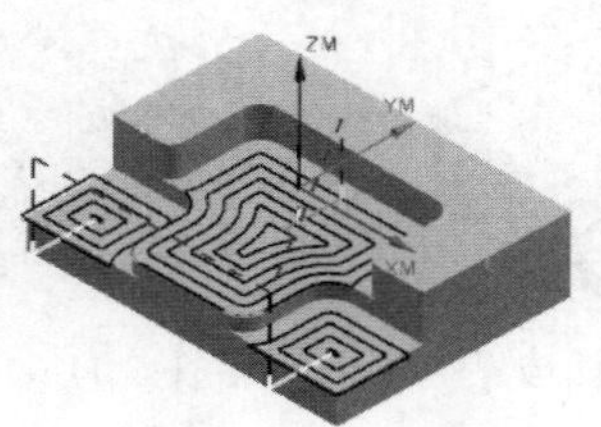

图 3.11.6　刀路轨迹

图 3.11.7　2D 仿真结果

Task4．保存文件

选择下拉菜单文件(F) ⟶ 保存(S)命令，保存文件。

3.12　孔　铣　削

孔铣削就是利用小直径的端铣刀以螺旋的方式加工大直径的内孔或凸台的高效率铣削

方式。下面以图 3.12.1 所示的零件来介绍创建孔铣削的一般步骤。

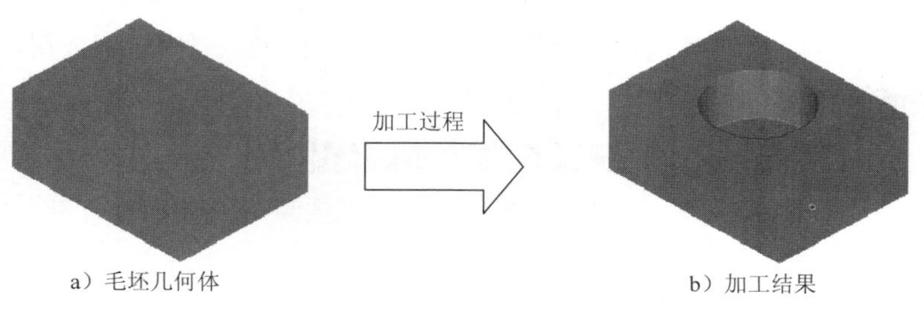

图 3.12.1 孔铣削

Task1．打开模型文件

打开文件 D:\ugnx90.9\work\ch03.12\hole_milling.prt，系统自动进入加工环境。

Task2．创建孔铣削工序

Stage1．创建工序

Step1．选择下拉菜单 插入(S) → 工序(E)... 命令，系统弹出“创建工序”对话框。

Step2．设置工序参数。在 类型 下拉列表中选择 mill_planar 选项，在 工序子类型 区域中单击 HOLE_MILLING 按钮，在 程序 下拉列表中选择 PROGRAM 选项，在 刀具 下拉列表中选择 D20（铣刀-5 参数）选项，在 几何体 下拉列表中选择 WORKPIECE 选项，在 方法 下拉列表中选择 MILL_FINISH 选项，采用系统默认的名称。

Step3．单击 确定 按钮，系统弹出如图 3.12.2 所示的“铣削孔”对话框。

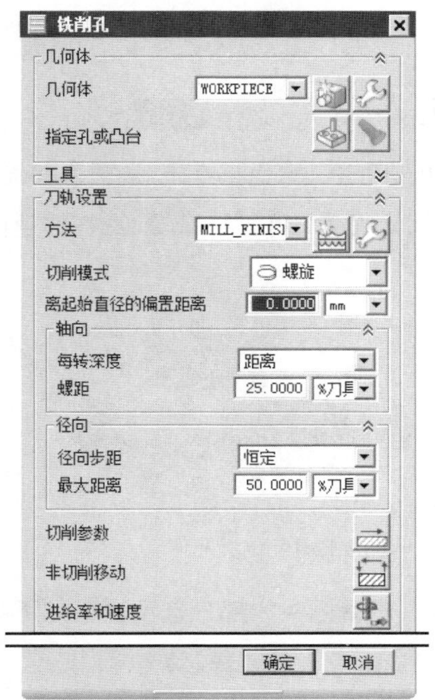

图 3.12.2 “铣削孔”对话框

Stage2．定义几何体

Step1．单击“铣削孔”对话框 几何体 区域中的 指定孔或凸台 右侧的按钮，系统弹出如图 3.12.3 所示的“孔或凸台几何体”对话框。

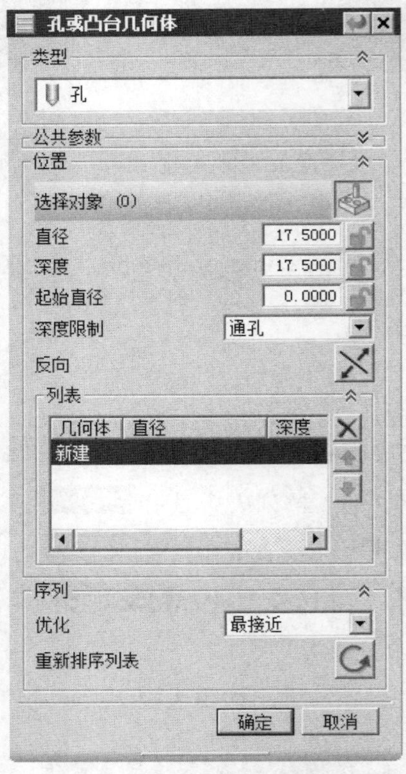

图 3.12.3 “孔或凸台几何体”对话框

Step2．选择几何体。在 类型 下拉列表中选择 孔 选项，然后单击 位置 区域的按钮，在图形区中选取图 3.12.4 所示的孔的内圆柱面，此时系统自动提取该孔的直径和深度信息。

Step3．其余参数采用系统默认设置，单击 确定 按钮返回到“铣削孔”对话框。

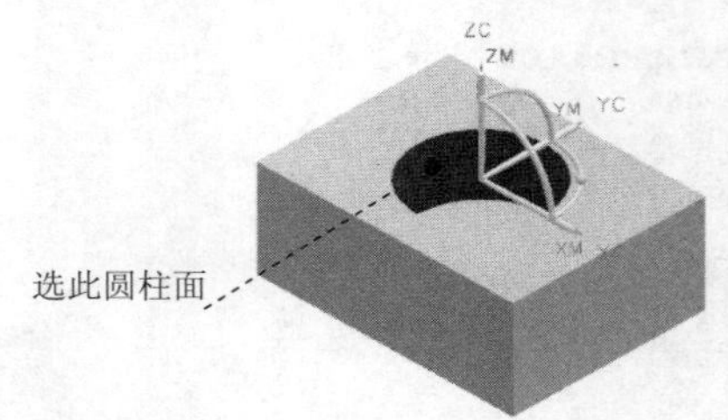

图 3.12.4 定义孔位置

图 3.12.2 所示的“铣削孔”对话框中的部分选项说明如下：

- 切削模式 下拉列表：用于定义孔铣削的切削模式，包括 螺旋式 、 螺旋 和 螺旋/螺旋式 3 个选项，选择某个选项后会激活相应的文本框。

☑ 螺旋式：选择此选项，激活离起始直径的偏置距离文本框，通过定义该偏置距离来控制平面螺旋线的起点，刀具在每个深度都按照螺旋渐开线的轨迹来切削直至圆柱面，此时的刀路从刀轴方向看是螺旋渐开线，此模式的刀路轨迹如图 3.12.5 所示。

☑ 螺旋：选择此选项，激活离起始直径的偏置距离文本框，通过定义该偏置距离来控制空间螺旋线的起点，刀具由此起点以空间螺旋线的轨迹进行切削，直至底面，然后抬刀，在径向增加一个步距值继续按空间螺旋线的轨迹进行切削，重复此过程直至切削结束，此时的刀路从刀轴方向看是一系列的同心圆，此模式的刀路轨迹如图 3.12.6 所示。

☑ 螺旋/螺旋式：选择此选项，激活螺旋线直径文本框，通过定义螺旋线的直径来控制空间螺旋线的起点，刀具先以空间螺旋线的轨迹切削到一个深度，然后再按照螺旋渐开线的轨迹来切削其余的壁厚材料，因此该刀路从刀轴方向看既有一系列同心圆，又有螺旋渐开线，此模式的刀路轨迹如图 3.12.7 所示。

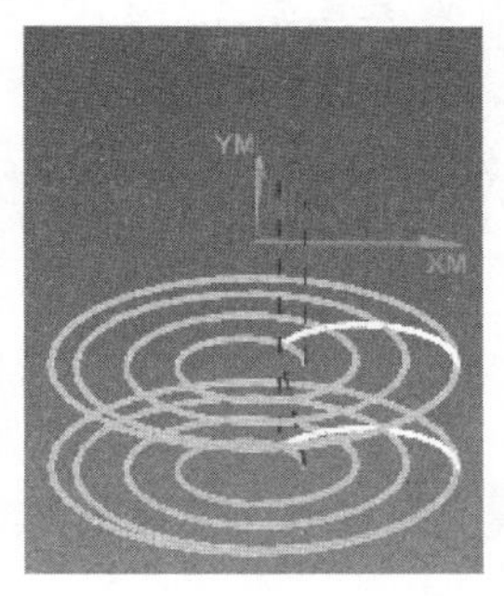

图 3.12.5 “螺旋式”刀路

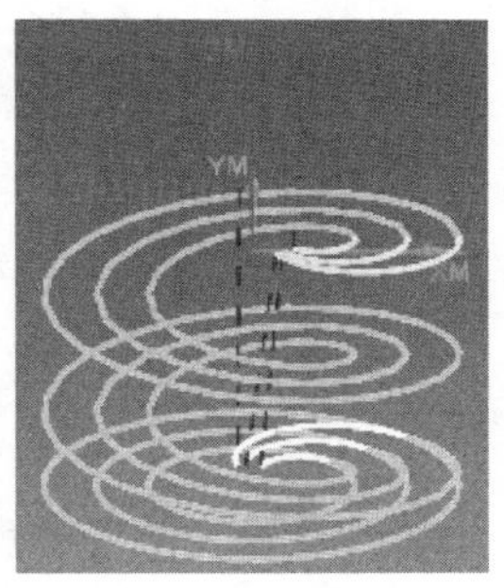

图 3.12.6 “螺旋”刀路

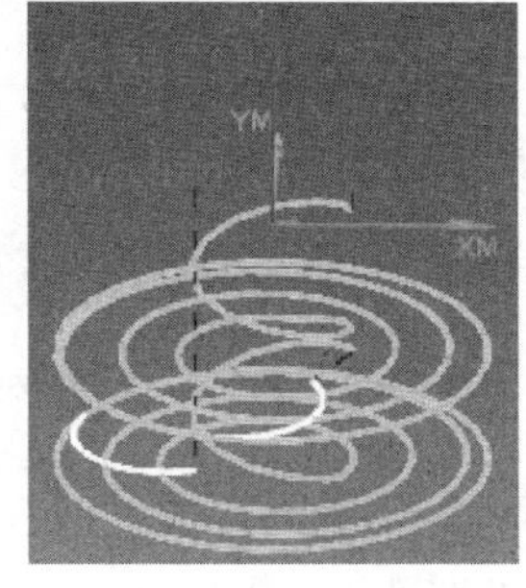

图 3.12.7 “螺旋/螺旋式”刀路

- 轴向区域：用于定义刀具沿轴向进刀的参数，在不同切削模式下包含不同的设置选项。

☑ 每转深度：只在螺旋式、螺旋切削模式下被激活，包括距离和斜坡角2 个选项，选择某个选项后会激活相应的文本框。

◆ 距离：用于定义刀具沿轴向进刀的螺距数值。

◆ 斜坡角：用于定义刀具沿轴向进刀的螺旋线角度数值。

☑ 轴向步距：只在螺旋/螺旋式切削模式下被激活，用于定义刀具沿轴向进刀的步距值，包括恒定、多个、刀路和刀刃长度百分比4 种选项，选择某个选项后会激活相应的文本框。

◆ 恒定：选择此选项，激活最大距离文本框，输入固定的轴向切削深度值。

◆ 多个：选择此选项，激活相应列表，可以指定多个不同的轴向步距。

◆ 刀路：选择此选项，激活刀路数文本框，输入固定的轴向刀路数值。

◆ 刀刃长度百分比：选择此选项，激活百分比文本框，输入轴向步距占刀刃长度的百分比数值。

- 径向区域：其中的径向步距下拉列表介绍如下。

☑ 径向步距：用于定义刀具沿径向进刀的步距值，包括恒定和多个2个选项，选择某个选项后会激活相应的文本框。

◆ 恒定：选择此选项，激活最大距离文本框，输入固定的径向切削深度值。

◆ 多个：选择此选项，激活相应列表，可以指定多个不同的径向步距。

- ☑ 从反方向进入复选框：用于定义刀具沿径向进刀的方向，默认为从顶部进刀，选中该复选框则从底部进刀。

Stage3. 定义刀轨参数

Step1. 在“铣削孔”对话框刀轨设置区域的切削模式下拉列表中选择螺旋选项，在离起始直径的偏置距离文本框中输入值 0.0。

Step2. 定义轴向参数。在轴向区域的每转深度下拉列表中选择斜坡角选项，在斜坡角文本框中输入值 5.0。

Step3. 定义径向参数。在径向区域的径向步距下拉列表中选择恒定选项，在最大距离文本框中输入值 40.0，在其后的下拉列表中选择%刀具选项。

Stage4. 定义切削参数

Step1. 单击“铣削孔”对话框中的“切削参数”按钮，系统弹出“切削参数”对话框，设置参数如图 3.12.8 所示。

Step2. 其余参数采用系统默认设置值，单击确定按钮，系统返回到“铣削孔”对话框。

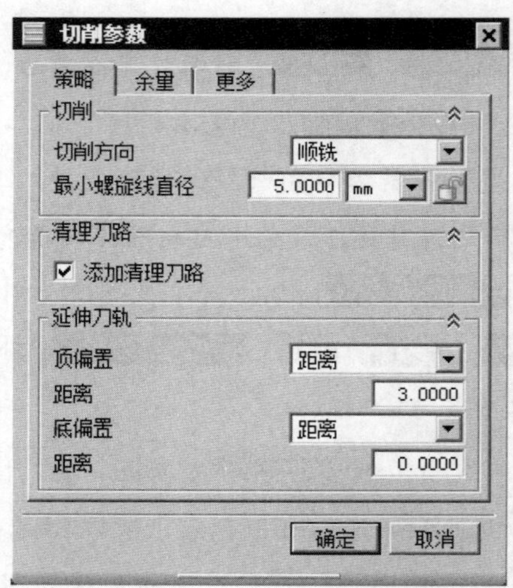

图 3.12.8 “切削参数”对话框

Stage5．设置非切削移动参数

Step1. 单击“铣削孔”对话框 刀轨设置 区域中的“非切削移动”按钮，系统弹出“非切削移动”对话框。

Step2. 单击 进刀 选项卡，其参数的设置如图 3.12.9 所示。

Step3. 单击 退刀 选项卡，其参数的设置如图 3.12.10 所示。

图 3.12.9 “进刀”选项卡

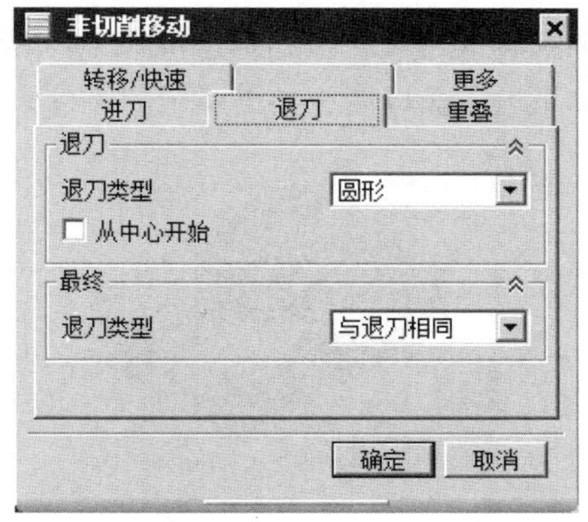

图 3.12.10 “退刀”选项卡

Step4. 其他选项卡中的参数采用系统默认的设置值，单击 确定 按钮完成非切削移动参数的设置。

Stage6．设置进给率和速度

Step1. 单击“铣削孔”对话框中的“进给率和速度”按钮，系统弹出“进给率和速度”对话框。

Step2. 选中 主轴速度 区域中的 主轴速度 (rpm) 复选框，在其后的文本框中输入值 1500.0，在 进给率 区域的 切削 文本框中输入值 300.0，按回车键，然后单击按钮，其他参数的设置采用系统默认的设置值。

Step3. 单击 确定 按钮，系统返回“铣削孔”对话框。

Task3．生成刀路轨迹并仿真

生成的刀路轨迹如图 3.12.11 所示，2D 动态仿真加工后的零件模型如图 3.12.12 所示。

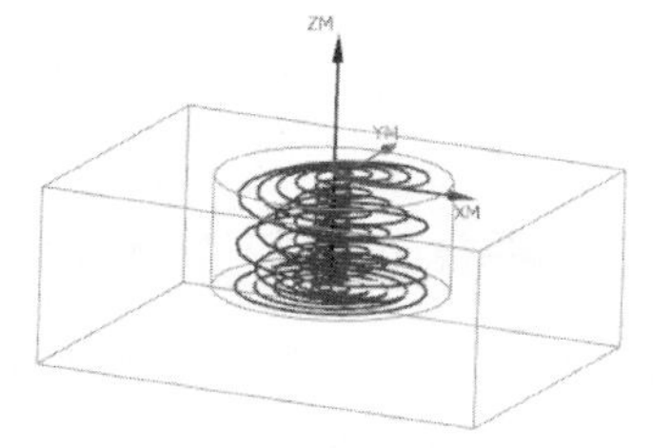

图 3.12.11 刀路轨迹

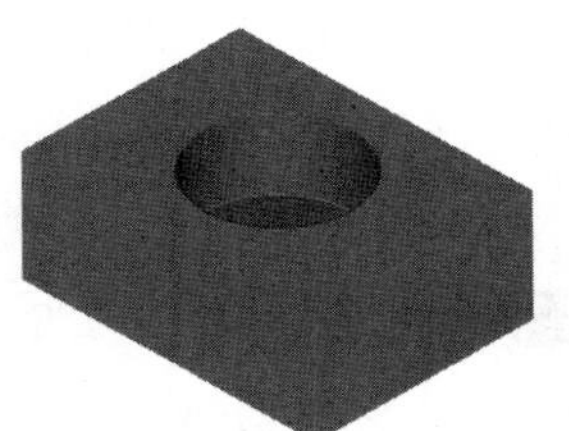

图 3.12.12 2D 仿真结果

Task4．保存文件

选择下拉菜单 文件(F) → 保存(S) 命令，保存文件。

3.13 铣 螺 纹

螺纹铣就是利用螺纹铣刀加工大直径内、外螺纹的铣削方式，通常用于较大直径的螺纹加工。下面以图 3.13.1 所示的零件来介绍创建铣螺纹的一般步骤。

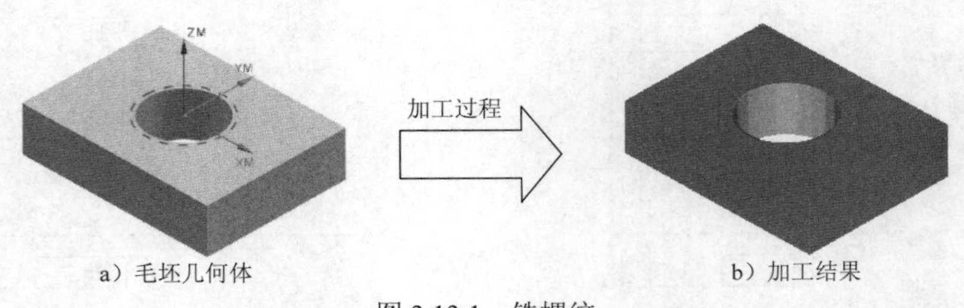

图 3.13.1 铣螺纹

Task1．打开模型文件

打开文件 D:\ugnx90.9\work\ch03.13\thread_milling.prt，系统自动进入加工环境。

Task2．创建螺纹铣工序

Stage1．创建工序

Step1．选择下拉菜单 插入(S) → 工序(E)... 命令，系统弹出“创建工序”对话框。

Step2．确定加工方法。在 类型 下拉列表中选择 mill_planar 选项，在 工序子类型 区域中单击 THREAD_MILLING 按钮，在 程序 下拉列表中选择 PROGRAM 选项，在 刀具 下拉列表中选择 NONE 选项，在 几何体 下拉列表中选择 WORKPIECE 选项，在 方法 下拉列表中选择 METHOD 选项，采用系统默认的名称。

Step3．单击 确定 按钮，系统弹出如图 3.13.2 所示的“螺纹铣”对话框（一）。

Stage2．定义螺纹几何体

Step1．单击“螺纹铣”对话框中的 指定孔或凸台 右侧的按钮，系统弹出图 3.13.3 所示的“孔或凸台几何体”对话框。

Step2．选择螺纹几何体。在 类型 下拉列表中选择 螺纹孔 选项，在 牙型和螺距 下拉列表中选择 从模型 选项，然后单击 位置 区域的按钮，在图形区中选取螺纹特征所在的孔内圆柱面，此时系统自动提取螺纹尺寸参数并显示螺纹轴的方向，分别如图 3.13.4、图 3.13.5

所示。

Step3. 单击 确定 按钮返回到“螺纹铣”对话框。

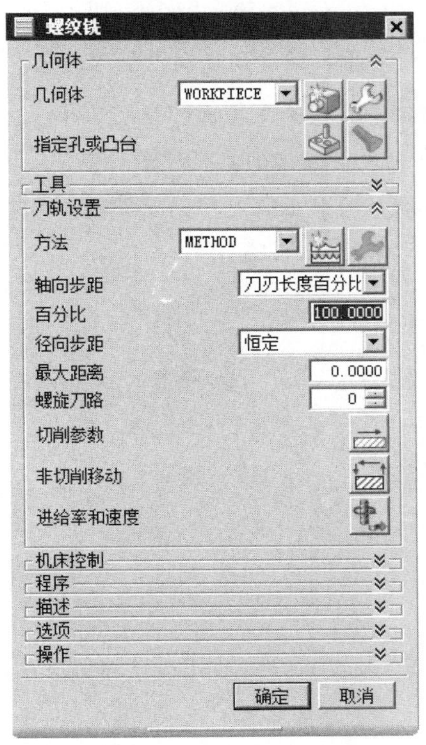

图 3.13.2 “螺纹铣”对话框（一）

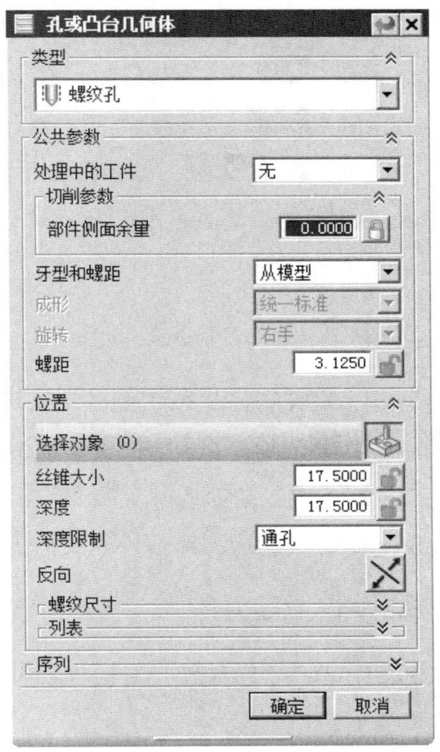

图 3.13.3 “孔或凸台几何体”对话框

图 3.13.4 螺纹尺寸参数

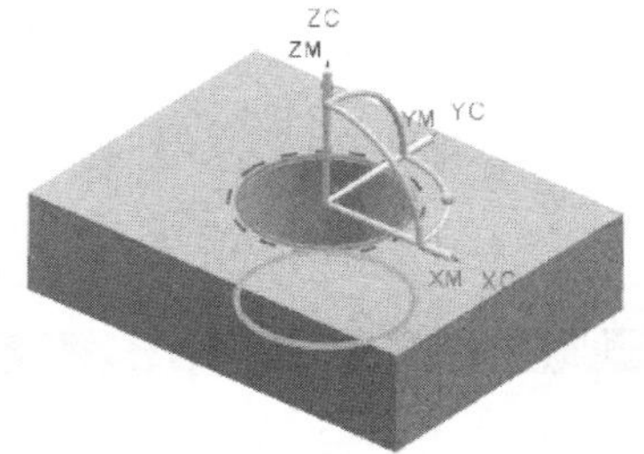

图 3.13.5 螺纹轴方向

图 3.13.2 所示的“螺纹铣”对话框中的部分选项说明如下：

- 轴向步距：用于定义刀具沿轴线进刀的步距值，包括牙数、刀刃长度百分比、刀路和螺纹长度百分比4个选项，选择某个选项后会激活相应的文本框。
  - ☑ 牙数：选择此选项，激活牙数文本框，牙数×螺距=轴向步距。
  - ☑ 刀刃长度百分比：选择此选项，激活百分比文本框，输入数值定义轴向步距相对于螺纹刀刃口长度的百分比数值。
  - ☑ 刀路：选择此选项，激活刀路数文本框，输入数值定义刀路数。
  - ☑ 螺纹长度百分比：选择此选项，激活百分比文本框，输入数值定义轴向步距相对于螺纹长度的百分比数值。

- 径向步距：用于定义刀具沿径向进刀的步距值，包括恒定、多个和剩余百分比 3 个选项，选择某个选项后会激活相应的文本框。
  - ☑ 恒定：选择此选项，激活最大距离文本框，输入固定的径向切削深度值。
  - ☑ 多个：选择此选项，激活相应列表，可以指定多个不同的径向步距。
  - ☑ 剩余百分比：可以指定每个径向刀路占剩余径向切削总深度的比例。
- 螺旋刀路：定义在铣螺纹最终时添加的刀路数，用来减小刀具偏差等因素对螺纹尺寸的影响。

Stage3．定义刀轨参数

Step1．定义轴向步距。在“螺纹铣”对话框刀轨设置区域中的轴向步距下拉列表中选择螺纹长度百分比选项，在百分比文本框中输入值 5.0。

Step2．定义径向步距。在径向步距下拉列表中选择恒定选项，在最大距离文本框中输入值 0.5。

Step3．定义螺旋刀路数。在螺旋刀路文本框中输入值 1。

Stage4．创建刀具

Step1．单击“螺纹铣”对话框刀具区域中的按钮，系统弹出如图 3.13.6 所示的“新建刀具”对话框。

Step2．采用系统默认设置值和名称，单击确定按钮，系统弹出“螺纹铣”对话框（二）。

Step3．设置如图 3.13.7 所示的参数，单击确定按钮，系统返回到“螺纹铣”对话框（一）。

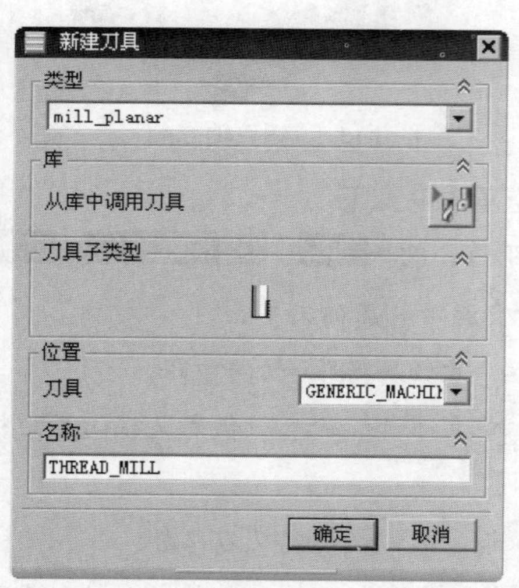

图 3.13.6 “新建刀具”对话框

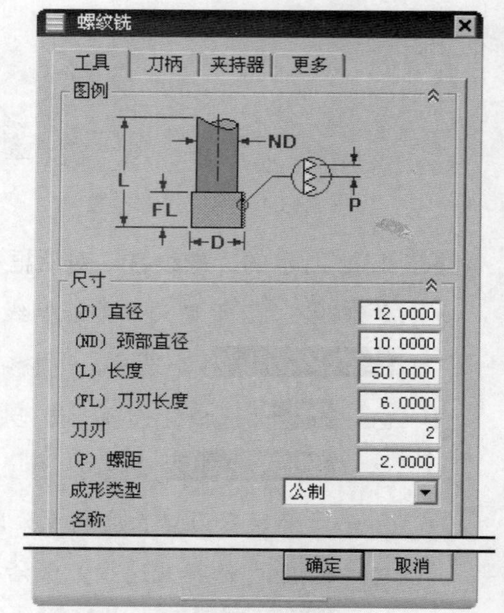

图 3.13.7 “螺纹铣”对话框（二）

Stage5. 定义切削参数

Step1. 单击“螺纹铣”对话框中的“切削参数”按钮，系统弹出“切削参数”对话框，设置参数如图 3.13.8 所示。

Step2. 其余参数采用系统默认设置值，单击 确定 按钮，系统返回到“螺纹铣”对话框。

Stage6. 设置非切削移动参数

Step1. 单击“螺纹铣”对话框 刀轨设置 区域中的“非切削移动”按钮，系统弹出“非切削移动”对话框。

Step2. 单击 进刀 选项卡，其参数设置如图 3.13.9 所示。

Step3. 其他选项卡中的参数采用系统默认设置值，单击 确定 按钮，完成非切削移动参数的设置。

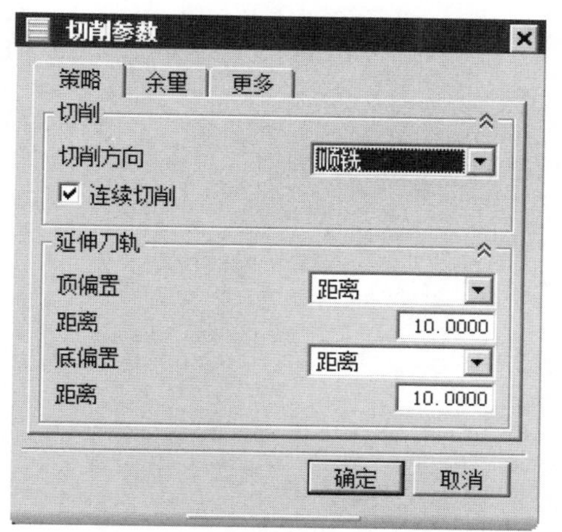

图 3.13.8 “切削参数”对话框

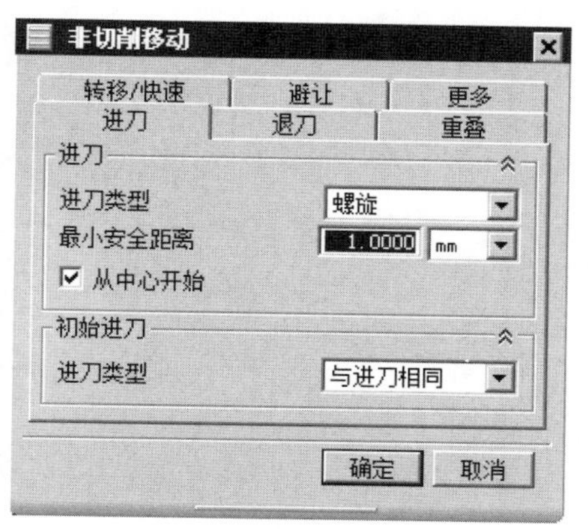

图 3.13.9 “非切削移动”对话框

Stage7. 设置进给率和速度

Step1. 单击“螺纹铣”对话框中的“进给率和速度”按钮，系统弹出如图 3.13.10 所示的“进给率和速度”对话框。

Step2. 参数的设置如图 3.13.10 所示，单击 确定 按钮，系统返回“螺纹铣”对话框。

Task3. 生成刀路轨迹并仿真

生成的刀路轨迹如图 3.13.11 所示，2D 动态仿真加工后的零件模型如图 3.13.12 所示。

Task4. 保存文件

选择下拉菜单 文件(F) → 保存(S) 命令，保存文件。

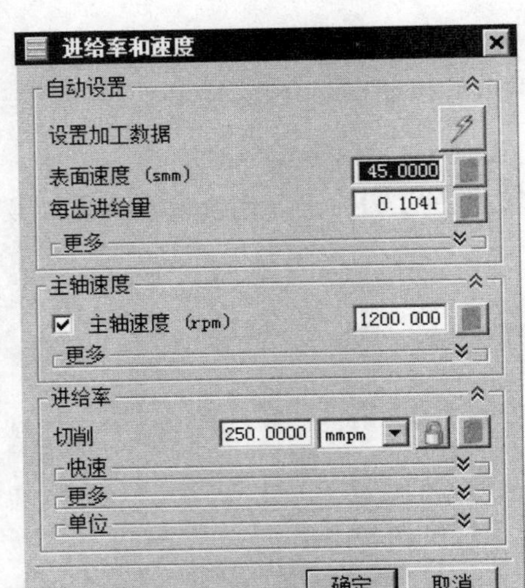

图 3.13.10 “进给率和速度”对话框

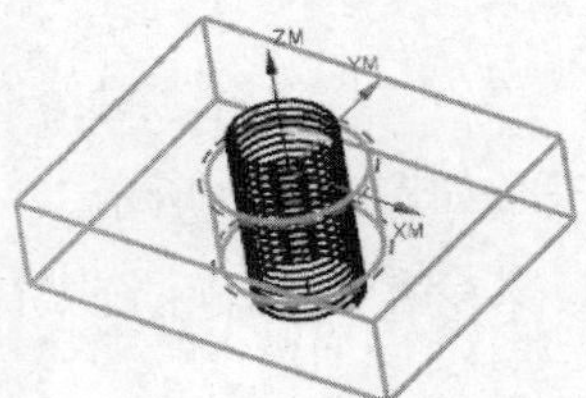

图 3.13.11 刀路轨迹

图 3.13.12 2D 仿真结果

第 4 章 轮廓铣削加工

本章提要 UG NX 9.0 轮廓铣削加工包括型腔铣、插铣、等高轮廓铣、陡峭区域等高轮廓铣、固定轴曲面轮廓铣、固定轴曲面区域铣、单线清根以及刻字等铣削方式。本章将通过典型范例来介绍轮廓铣削加工的各种加工类型，详细描述各种加工类型的操作步骤，并且对于其中的细节和关键的地方也进行详细的说明。

4.1 概 述

4.1.1 轮廓铣简介

轮廓铣在数控加工应用中最为广泛，用于大部分的粗加工，以及直壁或者斜度不大的侧壁的精加工。轮廓铣加工的特点是刀具路径在同一高度内完成一层切削，遇到曲面时将其绕过，下降一个高度进行下一层的切削。系统按照零件在不同深度的截面形状，计算各层的刀路轨迹。轮廓铣在每一个切削层上，根据切削层平面与毛坯和零件几何体的交线来定义切削范围。通过限定高度值，只做一层切削，轮廓铣可用于平面的精加工，以及清角加工等。

4.1.2 轮廓铣削的子类型

进入加工模块后，选择下拉菜单 插入(S) → 工序(E)... 命令，系统弹出如图 4.1.1 所示的“创建工序”对话框。在 类型 下拉列表中选择 mill_contour 选项，此时，对话框中出现轮廓铣削加工的 20 种子类型。

图 4.1.1 所示的“创建工序”对话框 工序子类型 区域中的各按钮说明如下：

- A1 (CAVITY_MILL)：型腔铣。
- A2 (PLUNGE_MILLING)：插铣。
- A3 (CORNER_ROUGH)：拐角粗加工。
- A4 (REST_MILLING)：剩余铣。
- A5 (ZLEVEL_PROFILE)：深度加工轮廓。
- A6 (ZLEVEL_CORNER)：深度加工拐角。

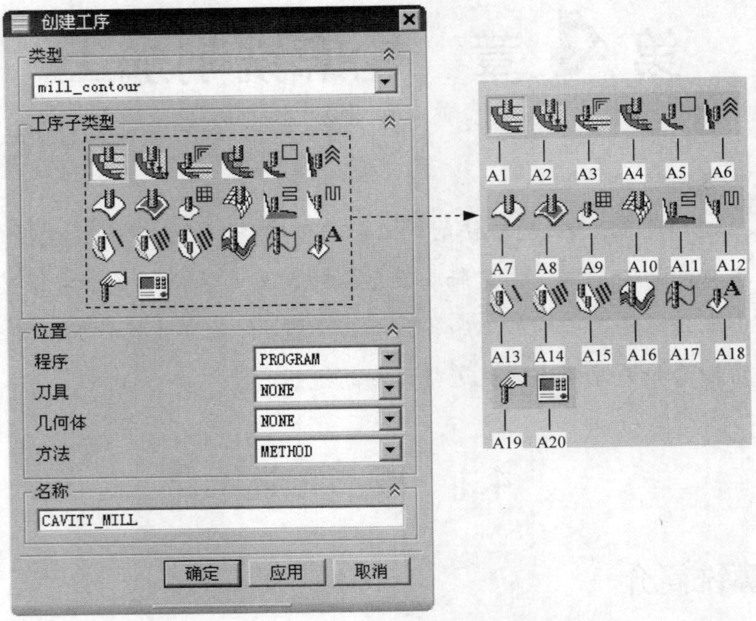

图 4.1.1 “创建工序”对话框

- A7（FIXED_CONTOUR）：固定轮廓铣。
- A8（COUNTOUR_AREA）：区域轮廓铣。
- A9（CONTOUR_SURFACE_AREA）：曲面区域轮廓铣。
- A10（STREAMLINE）：流线铣。
- A11（CONTOUR_AREA_NON_STEEP）：非陡峭区域轮廓铣。
- A12（CONTOUR_AREA_DIR_STEEP）：方向陡峭区域轮廓铣。
- A13（FLOWCUT_SINGLE）：单刀路清根铣。
- A14（FLOWCUT_MULTIPLE）：多刀路清根铣。
- A15（FLOWCUT_REF_TOOL）：参考刀具清根铣。
- A16（SOLID_PROFILE_3D）：实体轮廓 3D 铣。
- A17（PROFILE_3D）：轮廓 3D 铣。
- A18（CONTOUR_TEXT）：曲面文本铣削。
- A19（MILL_USER）：用户定义的铣削。
- A20（MILL_CONTROL）：铣削控制。

4.2 型 腔 铣

型腔铣（标准型腔铣）主要用于粗加工，可以切除大部分毛坯材料，几乎适用于加

工任意形状的几何体，可以应用于大部分的粗加工和直壁或者是斜度不大的侧壁的精加工，也可以用于清根操作。型腔铣以固定刀轴快速而高效地粗加工平面和曲面类的几何体。型腔铣和平面铣一样，刀具是侧面的刀刃对垂直面进行切削，底面的刀刃切削工件底面的材料，不同之处在于定义切削加工材料的方法不同。下面以图 4.2.1 所示的模型为例，讲解创建型腔铣的一般操作步骤。

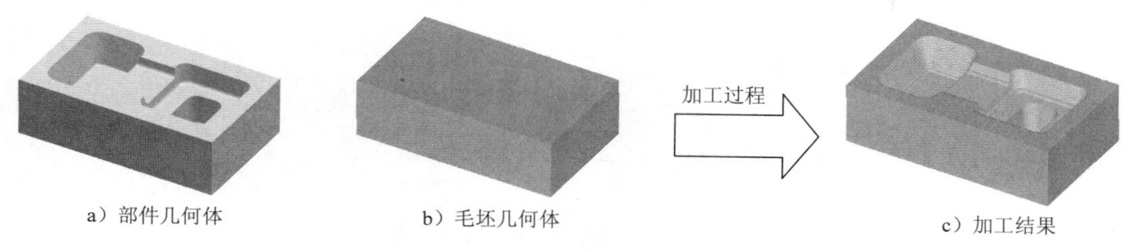

a）部件几何体　　b）毛坯几何体　　c）加工结果

图 4.2.1　型腔铣

Task1．打开模型文件并进入加工环境

Step1．打开模型文件 D:\ugnx90.9\work\ch04.02\CAVITY_MILL.prt。

Step2．进入加工环境。选择下拉菜单 启动 → 加工(R)... 命令，系统弹出如图 4.2.2 所示的“加工环境”对话框，在 要创建的 CAM 设置 列表框中选择 mill_contour 选项。单击 确定 按钮，进入加工环境。

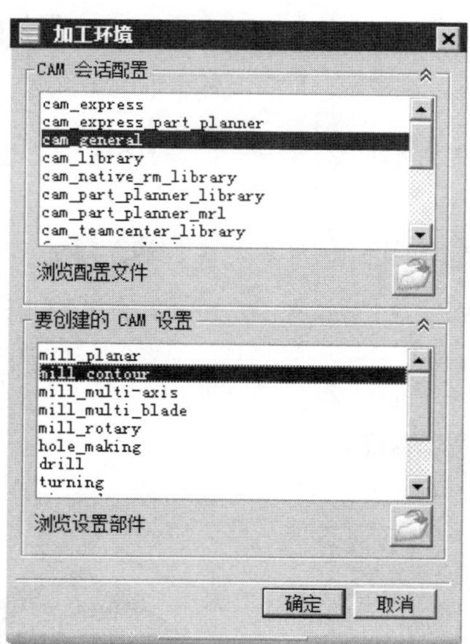

图 4.2.2　“加工环境”对话框

Task2．创建几何体

Stage1．创建机床坐标系和安全平面

Step1．创建机床坐标系。

（1）选择下拉菜单插入(S) → 几何体(G)...命令，系统弹出如图 4.2.3 所示的“创建几何体”对话框。

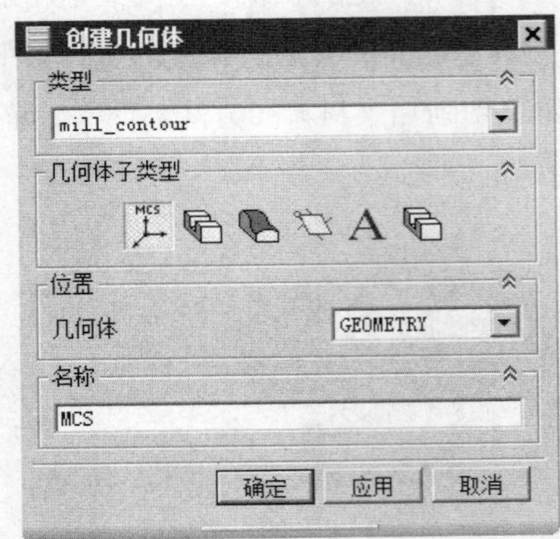

图 4.2.3 “创建几何体”对话框

（2）在类型下拉列表中选择mill_contour选项，在几何体子类型区域中选择MCS，在几何体下拉列表中选择GEOMETRY选项，在名称文本框中采用系统默认的名称 MCS。

（3）单击确定按钮，系统弹出如图 4.2.4 所示的 MCS 对话框。

Step2. 在机床坐标系区域中单击“CSYS 对话框”按钮，在系统弹出的 CSYS 对话框的类型下拉列表中选择动态选项。

Step3. 单击操控器区域中的按钮，在“点”对话框的参考下拉列表中选择WCS选项，然后在XC文本框中输入值-100.0，在YC文本框中输入值-60.0，在ZC文本框中输入值 0.0，单击确定按钮，返回到 CSYS 对话框，单击确定按钮，完成机床坐标系的创建。

Step4. 创建安全平面。

（1）在安全设置区域的安全设置选项下拉列表中选择平面选项。单击“平面对话框”按钮，系统弹出“平面”对话框，选取如图 4.2.5 所示的模型表面为参考平面，在偏置区域的距离文本框中输入值 10.0。

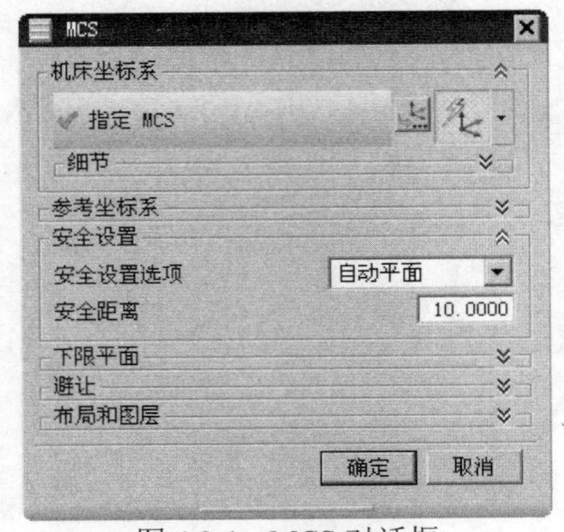

图 4.2.4 MCS 对话框

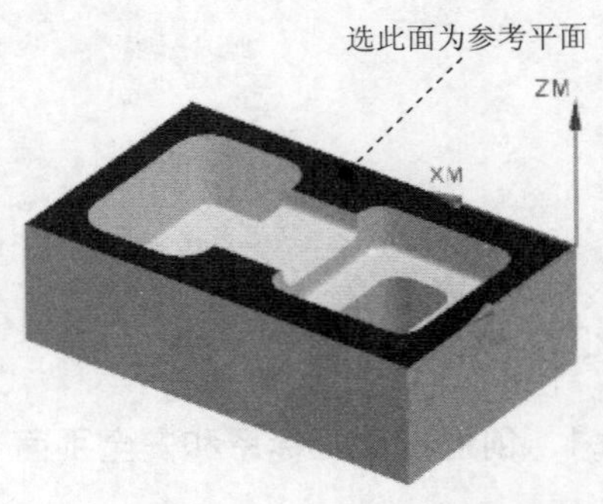

图 4.2.5 选择参考平面

（2）单击 确定 按钮，完成安全平面的创建，然后再单击 MCS 对话框中的 确定 按钮。

Stage2. 创建部件几何体

Step1. 选择下拉菜单 插入(S) → 几何体(G)... 命令，系统弹出“创建几何体”对话框。

Step2. 在 类型 下拉列表中选择 mill_contour 选项，在 几何体子类型 区域中选择 WORKPIECE 按钮，在 几何体 下拉列表中选择 MCS 选项，采用系统默认的名称 WORKPIECE_1。单击 确定 按钮，系统弹出“工件”对话框。

Step3. 单击“选择或编辑部件几何体”按钮，系统弹出“部件几何体”对话框，在图形区选取整个零件实体为部件几何体，结果如图 4.2.6 所示。单击 确定 按钮，系统返回到“工件”对话框。

Stage3. 创建毛坯几何体

Step1. 在“工件”对话框中单击“选择或编辑毛坯几何体”按钮，系统弹出“毛坯几何体”对话框。

Step2. 确定毛坯几何体。在 类型 下拉列表中选择 包容块 选项，在图形区中显示如图 4.2.7 所示的毛坯几何体，单击 确定 按钮完成毛坯几何体的创建，系统返回到“工件”对话框。

Step3. 单击 确定 按钮。

图 4.2.6 部件几何体

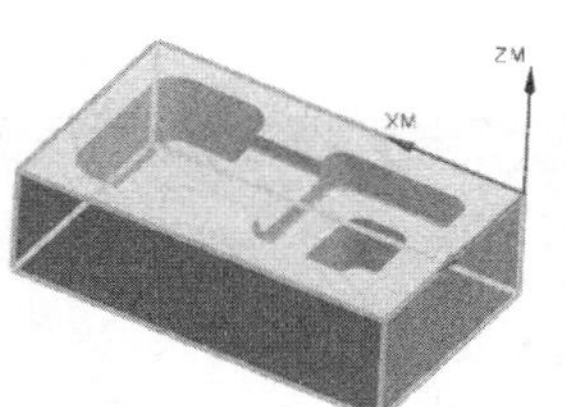

图 4.2.7 毛坯几何体

Task3. 创建刀具

Step1. 选择下拉菜单 插入(S) → 刀具(T)... 命令，系统弹出“创建刀具”对话框。

Step2. 确定刀具类型。在 类型 下拉列表中选择 mill_contour 选项，在 刀具子类型 区域中选择 MILL 按钮，在 刀具 下拉列表中选择 GENERIC_MACHINE 选项，在 名称 文本框中输入 D12R1，单击 确定 按钮，系统弹出“铣刀-5 参数”对话框。

Step3. 设置刀具参数。在“铣刀-5 参数”对话框 尺寸 区域的 (D) 直径 文本框中输入值 12.0，在 (R1) 下半径 文本框中输入值 1.0，其他参数采用系统默认的设置值，单击 确定 按钮，完成刀具的创建。

Task4. 创建型腔铣操作

Stage1. 创建工序

Step1. 选择下拉菜单 插入(S) → 工序(E)... 命令，系统弹出“创建工序”对话框，如图 4.2.8 所示。

Step2. 确定加工方法。在 类型 下拉列表中选择 mill_contour 选项，在 工序子类型 区域中选择 CAVITY_MILL 按钮，在 程序 下拉列表中选择 PROGRAM 选项，在 刀具 下拉列表中选择 D12R1（铣刀-5 参数）选项，在 几何体 下拉列表中选择 WORKPIECE_1 选项，在 方法 下拉列表中选择 METHOD 选项，单击 确定 按钮，系统弹出图 4.2.9 所示的“型腔铣”对话框。

Stage2. 显示刀具和几何体

Step1. 显示刀具。在 工具 区域中单击“编辑/显示”按钮，系统弹出“铣刀-5 参数”对话框，同时在图形区显示当前刀具的形状及大小，单击 确定 按钮。

Step2. 显示几何体。在 几何体 区域中单击 指定部件 右侧的“显示”按钮，在图形区会显示与之对应的几何体，如图 4.2.10 所示。

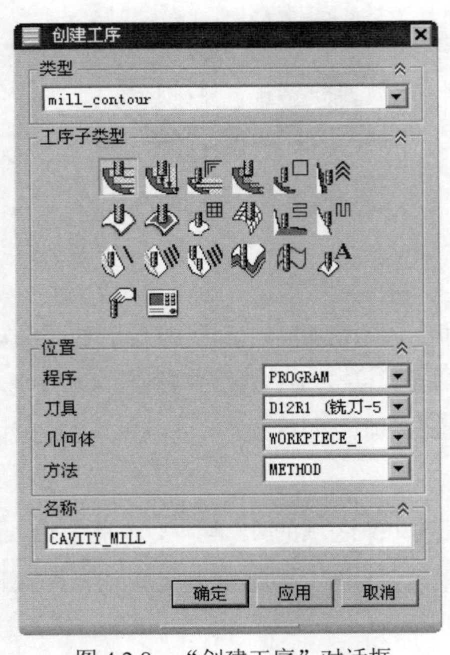

图 4.2.8 “创建工序”对话框

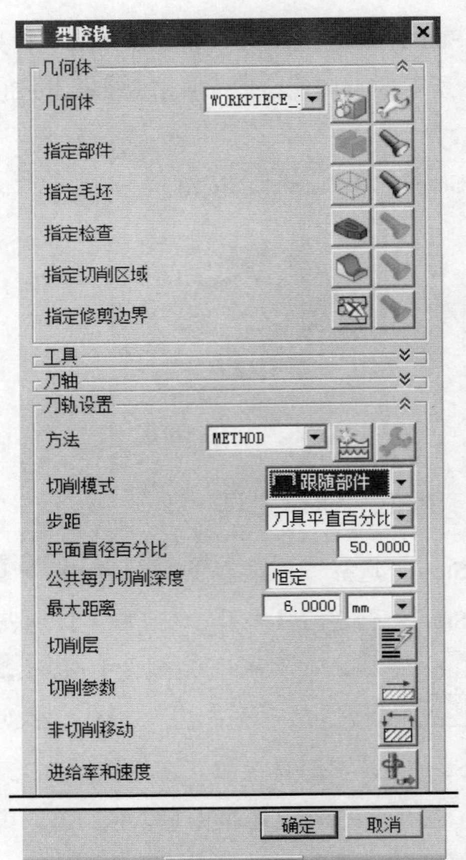

图 4.2.9 “型腔铣”对话框

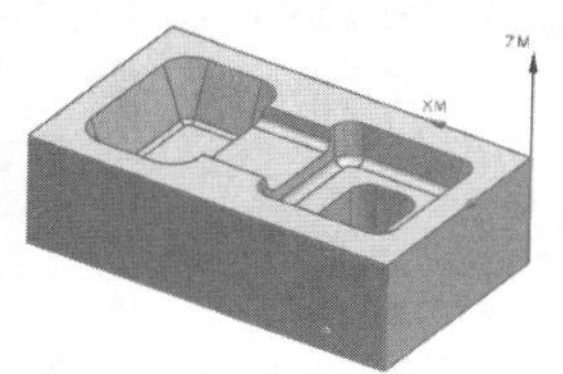

图 4.2.10 显示几何体

Stage3. 设置刀具路径参数

在“型腔铣”对话框的切削模式下拉列表中选择跟随周边选项，在步距下拉列表中选择刀具平直百分比选项，在平面直径百分比文本框中输入值 50.0，在公共每刀切削深度下拉列表中选择恒定选项，然后在最大距离文本框中输入值 3.0。

Stage4. 设置切削参数

Step1. 单击“型腔铣”对话框中的“切削参数”按钮，系统弹出“切削参数”对话框。

Step2. 单击策略选项卡，设置如图 4.2.11 所示的参数。

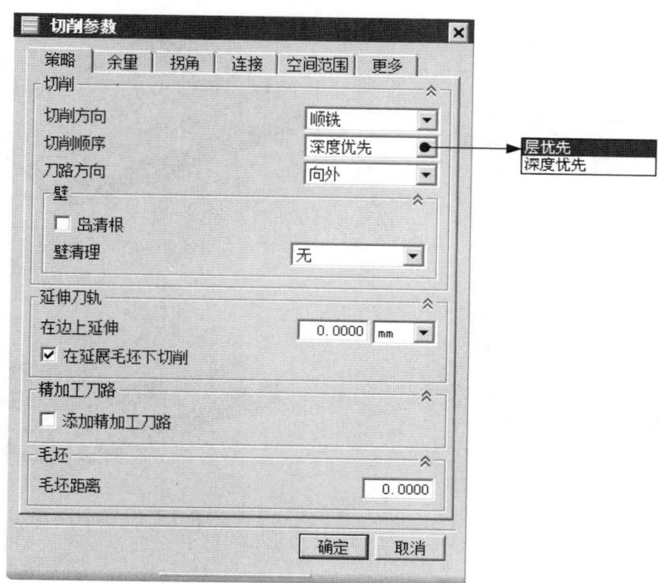

图 4.2.11 “策略”选项卡

图 4.2.11 所示的策略选项卡切削区域切削顺序下拉列表中的层优先和深度优先选项的说明如下：

- 层优先：每次切削完工件上所有的同一高度的切削层再进入下一层的切削。
- 深度优先：每次将一个切削区中的所有层切削完再进行下一个切削区的切削。

Step3. 单击连接选项卡，其参数设置值如图 4.2.12 所示，单击确定按钮，系统返回到“型腔铣”对话框。

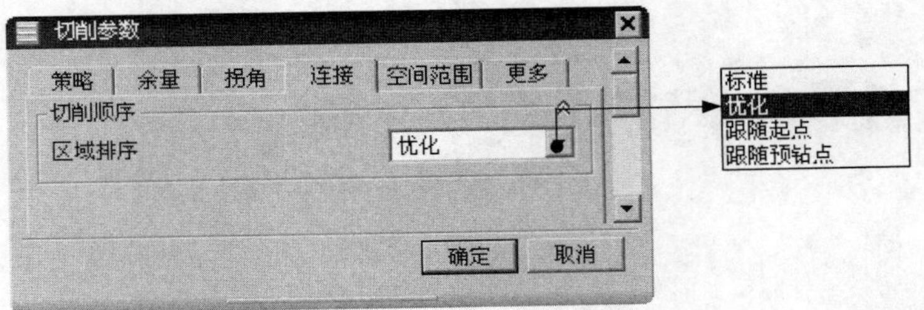

图 4.2.12 “连接”选项卡

图 4.2.12 所示的 连接 选项卡 切削顺序 区域 区域排序 下拉列表中的部分选项说明如下：

- 标准：根据切削区域的创建顺序来确定各切削区域的加工顺序，如图 4.2.13 所示。读者可打开 D:\ugnx90.9\work\ch04.02\CAVITY_MILL01.prt，来观察相应的模型，如图 4.2.14 所示。
- 优化：根据抬刀后横越运动最短的原则决定切削区域的加工顺序，效率比“标准”顺序高，系统默认此选项，如图 4.2.15 所示。读者可打开 D:\ugnx90.9\work\ch04.02\CAVITY_MILL02.prt，来观察相应的模型，如图 4.2.16 所示。

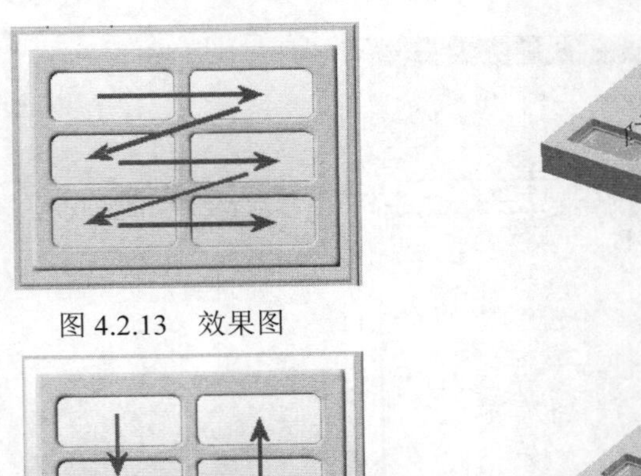

图 4.2.13 效果图

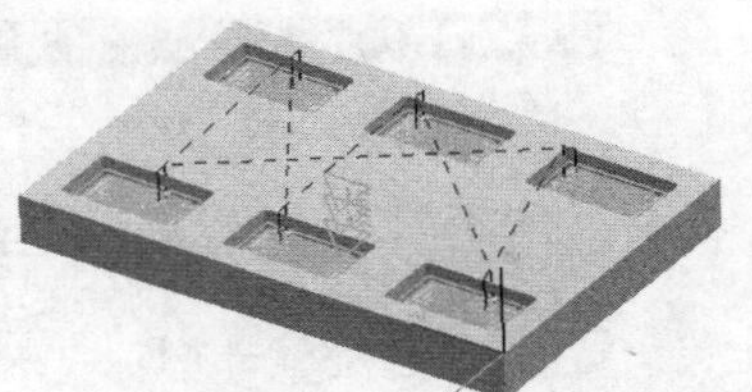

图 4.2.14 示例图

图 4.2.15 效果图

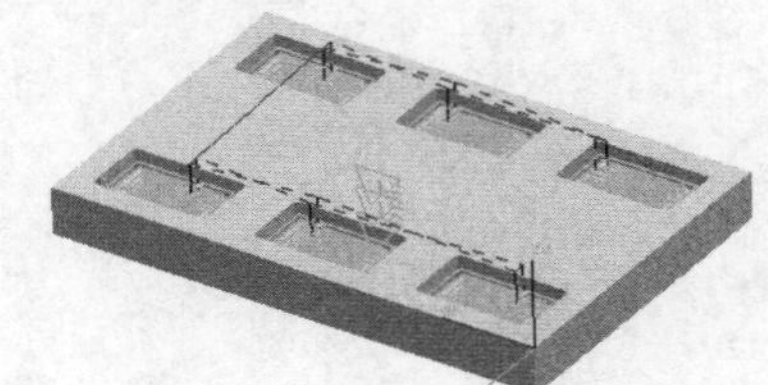

图 4.2.16 示例图

Stage5. 设置非切削移动参数

Step1. 在“型腔铣”对话框中单击“非切削移动”按钮，系统弹出“非切削移动”对话框。

Step2. 单击 进刀 选项卡，在 封闭区域 区域的 进刀类型 下拉列表中选择 螺旋 选项，其他参数的设置如图 4.2.17 所示，单击 确定 按钮完成非切削移动参数的设置。

Stage6. 设置进给率和速度

Step1. 单击“型腔铣”对话框中的“进给率和速度”按钮，系统弹出“进给率和速度”对话框。

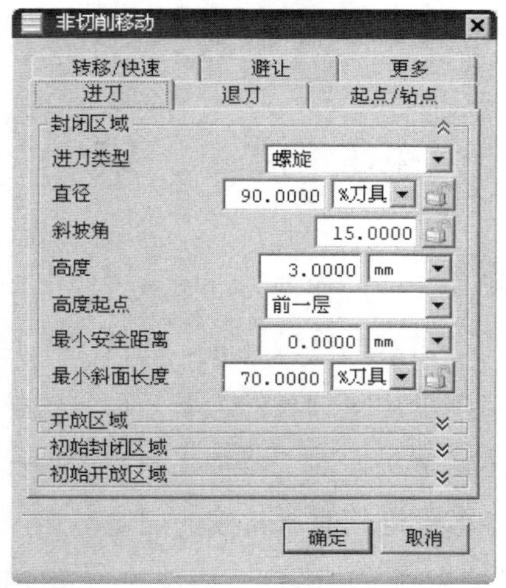

图 4.2.17　“非切削移动”对话框

Step2. 选中 主轴速度（rpm） 复选框，然后在其后的文本框中输入值 1200.0，在 切削 文本框中输入值 250.0，按回车键，单击按钮，其他参数采用系统默认设置值。

注意：这里不设置表面速度和每齿进给并不表示其值为 0，系统会根据主轴转速计算表面速度，会根据剪切值计算每齿进给量。

Step3. 单击“进给率和速度”对话框中的 确定 按钮，完成进给率和速度的设置，系统返回到“型腔铣”对话框。

Task5. 生成刀路轨迹并仿真

Step1. 在“型腔铣”对话框中单击“生成”按钮，在图形区中生成如图 4.2.18 所示的刀路轨迹。

Step2. 在“型腔铣”对话框中单击“确认”按钮，系统弹出“刀轨可视化”对话框。单击 2D 动态 选项卡，调整动画速度后单击“播放”按钮，即可演示刀具按刀轨运行，完成演示后的模型如图 4.2.19 所示，仿真完成后单击 确定 按钮，完成仿真操作。

Step3. 单击 确定 按钮，完成操作。

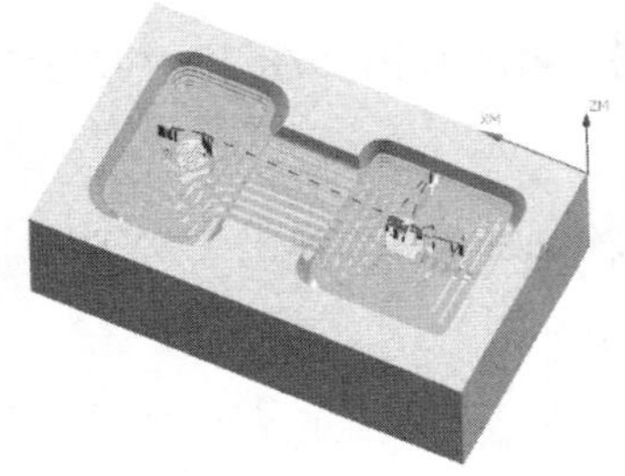

图 4.2.18　刀路轨迹

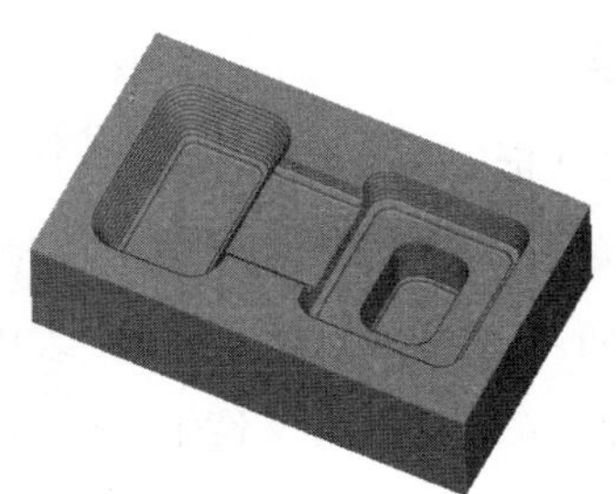

图 4.2.19　2D 仿真结果

Task6．保存文件

选择下拉菜单文件(F) → 保存(S)命令，保存文件。

4.3 插 铣

插铣是一种独特的铣削操作，该操作使刀具竖直连续运动，高效地对毛坯进行粗加工。在切除大量材料（尤其在非常深的区域）时，插铣比型腔铣削的效率更高。插铣加工的径向力较小，这样就有可能使用更细长的刀具，而且保持较高的材料切削速度。插铣是金属切削最有效的加工方法之一，对于难加工材料的曲面加工、切槽加工以及刀具悬伸长度较大的加工，其加工效率远远高于常规的层铣削加工。

下面以图 4.3.1 所示的模型为例，讲解创建插铣的一般步骤。

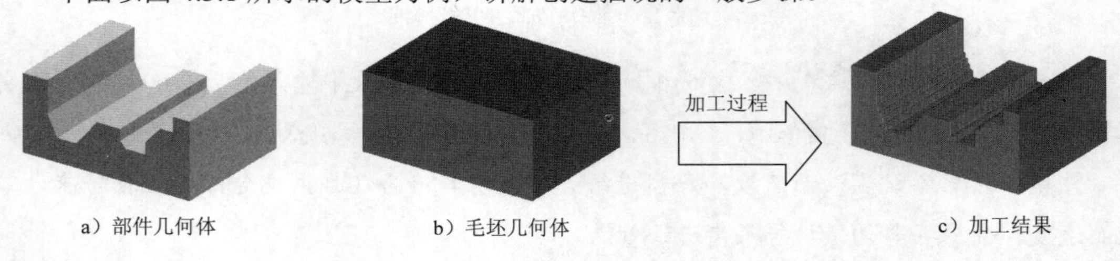

a）部件几何体　　b）毛坯几何体　　c）加工结果

图 4.3.1　插铣

Task1．打开模型文件并进入加工模块

Step1．打开模型文件 D:\ugnx90.9\work\ch04.03\plunge.prt。

Step2．进入加工环境。选择下拉菜单启动 → 加工(R)...命令，系统弹出“加工环境”对话框，在要创建的 CAM 设置列表框中选择mill_contour选项，然后单击确定按钮，进入加工环境。

Task2．创建几何体

Stage1．创建机床坐标系

Step1．进入几何视图。在工序导航器的空白处右击，在系统弹出的快捷菜单中选择几何视图命令，在工序导航器中双击节点MCS_MILL，系统弹出如图 4.3.2 所示的“MCS 铣削”对话框。

Step2．在机床坐标系区域中单击“CSYS 对话框”按钮，系统弹出 CSYS 对话框，如图 4.3.3 所示，确认在类型下拉列表中选择动态选项。

Step3．单击操控器区域中的按钮，系统弹出“点”对话框，在参考下拉列表中选择WCS选项，在XC文本框中输入值-80.0，在YC文本框中输入值-60.0，在ZC文本框中输入值 73.0，

单击 确定 按钮，此时系统返回至 CSYS 对话框，单击 确定 按钮，完成图 4.3.4 所示机床坐标系的创建，系统返回到“MCS 铣削”对话框。

图 4.3.2 “MCS 铣削”对话框

Stage2．创建安全平面

Step1．在 安全设置 区域的 安全设置选项 下拉列表中选择 平面 选项，单击“平面对话框”按钮，系统弹出“平面”对话框。

Step2．选取图 4.3.4 所示的模型表面为参考平面，在 偏置 区域的 距离 文本框中输入值 10.0，单击 确定 按钮，再单击“MCS 铣削”对话框中的 确定 按钮，完成安全平面的创建。

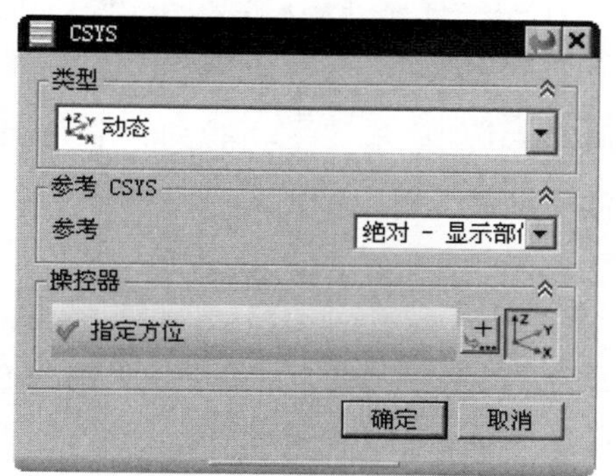

图 4.3.3 CSYS 对话框

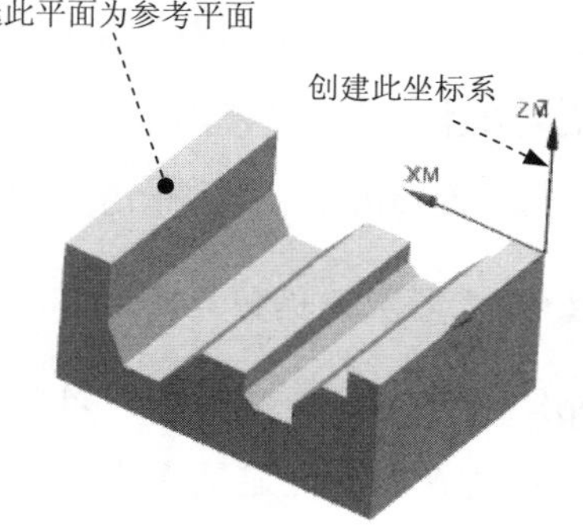

图 4.3.4 机床坐标系

说明：4.2 节“型腔铣”中在创建工序前先创建了新的机床坐标系，是通过修改模板自带的机床坐标系来满足创建工序的需要，下面同样采用修改的方法创建铣削几何体来满足创建工序的需要。

Stage3．创建部件几何体

Step1．在工序导航器中双击 MCS_MILL 节点下的 WORKPIECE，系统弹出“工件”对话框。

Step2. 单击按钮，系统弹出“部件几何体”对话框，在图形区选取整个零件实体为部件几何体。单击确定按钮，完成部件几何体的创建。

Stage4. 创建毛坯几何体

Step1. 在“工件”对话框中单击按钮，系统弹出“毛坯几何体”对话框。

Step2. 在类型下拉列表中选择包容块选项，单击确定按钮，返回到“工件”对话框，单击确定按钮，完成工件的创建。

Task3. 创建刀具

Step1. 选择下拉菜单插入(S) → 刀具(T)...命令，系统弹出“创建刀具”对话框。

Step2. 确定刀具类型。在类型下拉列表中选择mill_contour选项，在刀具子类型区域中单击MILL 按钮，在刀具下拉列表中选择NONE选项，在名称文本框中输入 D10，单击确定按钮，系统弹出“铣刀-5 参数”对话框。

Step3. 在尺寸区域的(D) 直径文本框中输入值 10.0，在(R1) 下半径文本框中输入值 0.0，其他参数采用系统默认的设置值，单击确定按钮，完成刀具的创建。

Task4. 创建插铣操作

Stage1. 创建工序类型

Step1. 选择下拉菜单插入(S) → 工序(E)...命令，系统弹出“创建工序”对话框。

Step2. 确定加工方法。在类型下拉列表中选择mill_contour选项，在工序子类型区域中选择PLUNGE_MILLING 按钮，在程序下拉列表中选择PROGRAM选项，在刀具下拉列表中选择D10 (铣刀-5 参数)选项，在几何体下拉列表中选择WORKPIECE选项，在方法下拉列表中选择METHOD选项，单击确定按钮，系统弹出图 4.3.5 所示的“插铣”对话框。

Stage2. 显示刀具和几何体

Step1. 显示刀具。在工具区域中单击“编辑/显示”按钮，系统弹出“铣刀-5 参数”对话框，同时在图形区显示当前刀具的形状及大小，然后单击确定按钮。

Step2. 显示几何体。在几何体区域中单击指定部件右侧的“显示”按钮，在图形区会显示与之对应的几何体，如图 4.3.6 所示。

图 4.3.5 所示的“插铣”对话框中部分选项的说明如下：

- 向前步长：用于指定刀具从一次插铣到下一次插铣时向前移动的步长。可以是刀具直径的百分比值，也可以是指定的步进值。在一些切削工况中，横向步长距离或向前步长距离必须小于指定的最大切削宽度值。必要时，系统会减小应用的向前步长，以使其在最大切削宽度值内。

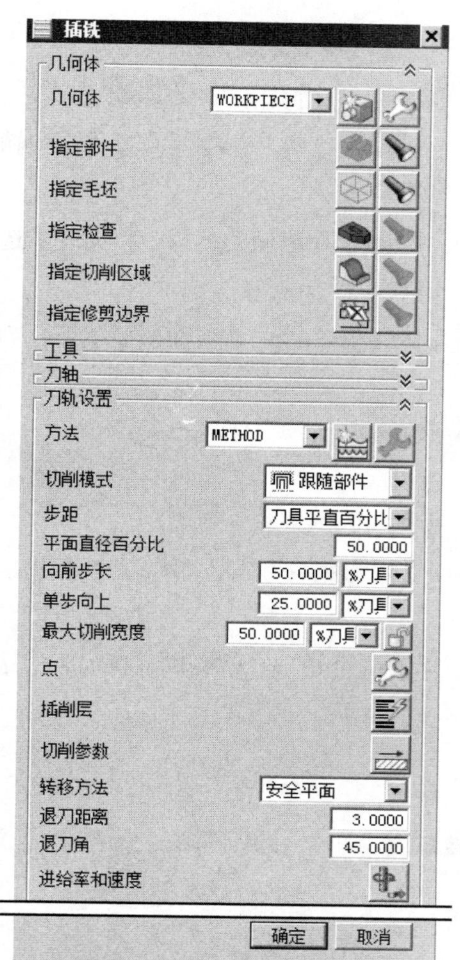

图 4.3.5 “插铣”对话框

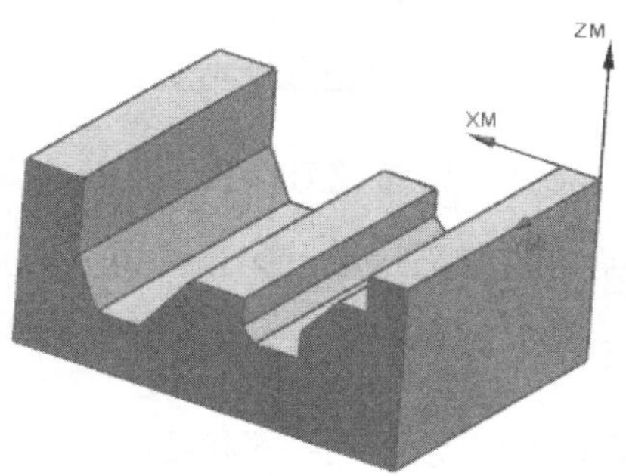

图 4.3.6 显示几何体

- 单步向上：用于定义切削层之间的最小距离，用来控制插削层的数目。
- 最大切削宽度：用于定义刀具可切削的最大宽度（俯视刀轴时），通常由刀具制造商决定。
- 点选项后的“点”按钮：用于设置插铣削的进刀点以及切削区域的起点。
- 插削层后面的按钮：用来设置插削深度，默认是到工件底部。
- 转移方法：每次进刀完毕后刀具退刀至设置的平面上，然后进行下一次的进刀，此下拉列表有如下两种选项可供选择。
  - ☑ 安全平面：每次都退刀至设置的安全平面高度。
  - ☑ 自动：自动退刀至最低安全高度，即在刀具不过切且不碰撞时 ZC 轴轴向高度和设置的安全距离之和。
- 退刀距离：设置退刀时刀具的退刀距离。
- 退刀角：设置退刀时刀具的倾角（切出材料时的刀具倾角）。

Stage3．设置刀具路径参数

Step1．设置切削方式。在“插铣”对话框的切削模式下拉列表中选择往复选项。

Step2．设置切削步进方式。在步距下拉列表中选择恒定选项，在最大距离文本框中输入值 30.0，在后面的单位下拉列表中选择%刀具选项。

Step3．设置向前步长。在向前步长文本框中输入值 20.0，在后面的单位下拉列表中选择%刀具选项。

Step4．设置最大切削宽度。在最大切削宽度文本框中输入值 50.0，在后面的单位下拉列表中选择%刀具选项。

注意：设置的向前步长和步距的值均不能大于最大切削宽度的值。

Stage4．设置切削参数

Step1．在“插铣”对话框的刀轨设置区域中单击“切削参数”按钮，系统弹出“切削参数”对话框。

Step2．单击策略选项卡，在在边上延伸文本框中输入值 1.0，在切削方向下拉列表中选择顺铣选项，单击确定按钮。

Stage5．设置退刀参数

在刀轨设置区域的转移方法下拉列表中选择安全平面选项，在退刀距离文本框中输入值 3.0，在退刀角文本框中输入值 45.0。

Stage6．设置进给率和速度

Step1．在“插铣”对话框中单击“进给率和速度”按钮，系统弹出“进给率和速度”对话框。

Step2．选中☑ 主轴速度（rpm）复选框，在其后的文本框中输入值 1200.0，在切削文本框中输入值 1250.0，按回车键，然后单击按钮。

Step3．在更多区域的进刀文本框中输入值 600.0，在第一刀切削文本框中输入值 300.0，在其后面的单位下拉列表中选择mmpm选项；其他选项均采用系统默认参数设置值。

Step4．单击确定按钮，完成进给率和速度的设置，系统返回到“插铣”对话框。

Task5．生成刀路轨迹并仿真

Step1．在“插铣”对话框中单击“生成”按钮，在图形区中生成图 4.3.7 所示的刀路轨迹（一），将模型调整为后视图查看刀路轨迹，如图 4.3.8 所示。

Step2．在“插铣”对话框中单击“确认”按钮，系统弹出“刀轨可视化”对话框。

Step3．使用 2D 动态仿真。单击2D 动态选项卡，采用系统默认设置值，调整动画速度后单击“播放”按钮▶，即可演示刀具按刀轨运行，完成演示后的模型如图 4.3.9 所示，仿真完成后单击 确定 按钮，完成操作。

Step4. 单击 确定 按钮，完成操作。

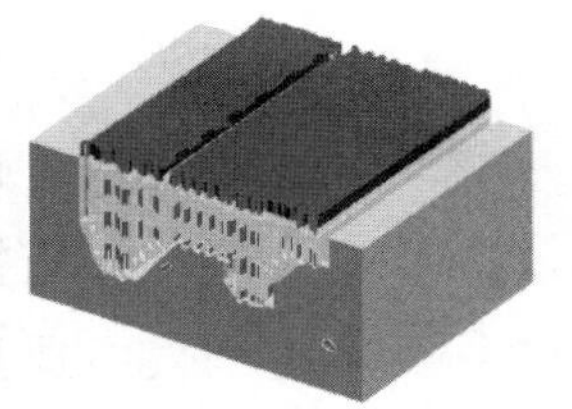

图 4.3.7　刀路轨迹（一）

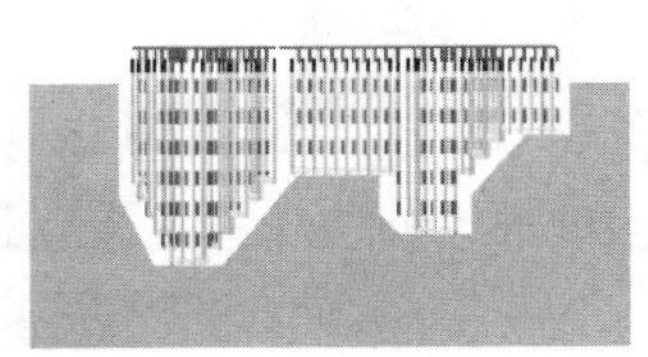

图 4.3.8　刀路轨迹（二）

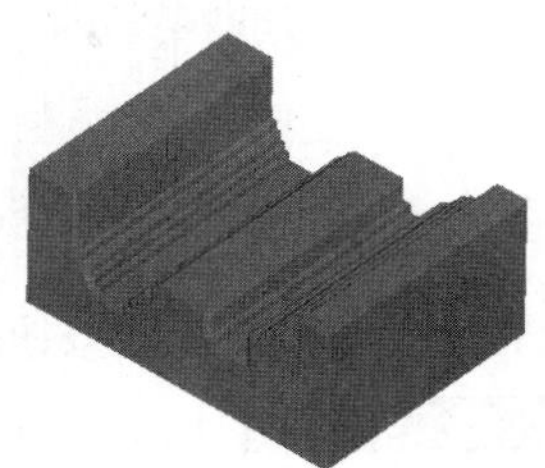

图 4.3.9　2D 仿真结果

Task6. 保存文件

选择下拉菜单 文件(F) ➡ 保存(S) 命令，保存文件。

4.4　等高轮廓铣

等高轮廓铣是一种固定的轴铣削操作，通过多个切削层来加工零件表面轮廓。在等高轮廓铣操作中，除了可以指定部件几何体外，还可以指定切削区域作为部件几何体的子集，方便限制切削区域。如果没有指定切削区域，则对整个零件进行切削。在创建等高轮廓铣削路径时，系统自动追踪零件几何，检查几何的陡峭区域，定制追踪形状，识别可加工的切削区域，并在所有的切削层上生成不过切的刀具路径。等高轮廓铣的一个重要功能就是能够指定“陡角”，以区分陡峭与非陡峭区域，因此可以分为一般等高轮廓铣和陡峭区域等高轮廓铣。

4.4.1　一般等高轮廓铣

对于没有陡峭区域的零件，则进行一般等高轮廓铣加工。下面以图 4.4.1 所示的模型为例，讲解创建一般等高轮廓铣的操作步骤。

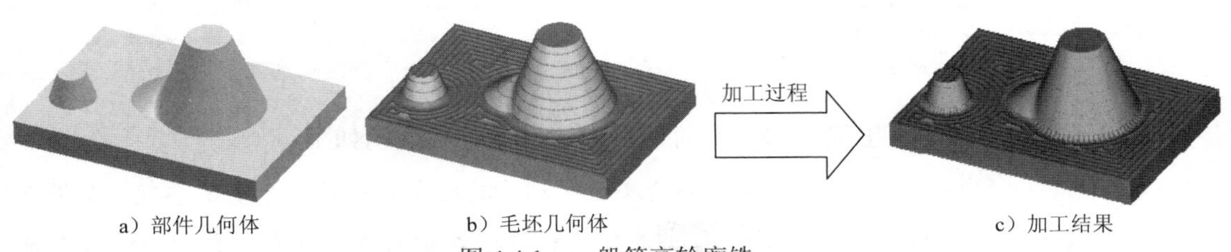

a）部件几何体　b）毛坯几何体　c）加工结果

图 4.4.1　一般等高轮廓铣

Task1. 打开模型文件

打开文件 D:\ugnx90.9\work\ch04.04\zlevel_profile.prt。

Task2．创建等高线轮廓铣操作

Stage1．创建工序

Step1．选择下拉菜单 插入(S) → 工序(E)... 命令，系统弹出如图 4.4.2 所示的“创建工序”对话框。

Step2．在 类型 下拉列表中选择 mill_contour 选项，在 工序子类型 区域中选择 ZLEVEL_PROFILE 按钮，在 程序 下拉列表中选择 NC_PROGRAM 选项，在 刀具 下拉列表中选择 D12（铣刀-球头铣）选项，在 几何体 下拉列表中选择 WORKPIECE 选项，在 方法 下拉列表中选择 MILL_FINISH 选项，单击 确定 按钮，此时，系统弹出如图 4.4.3 所示的“深度轮廓加工”对话框。

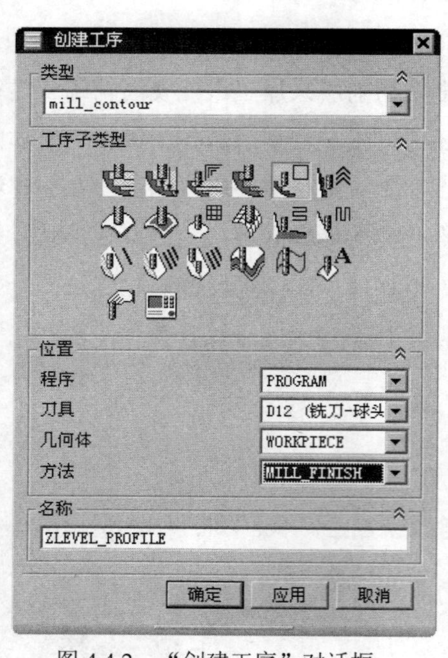

图 4.4.2 “创建工序”对话框

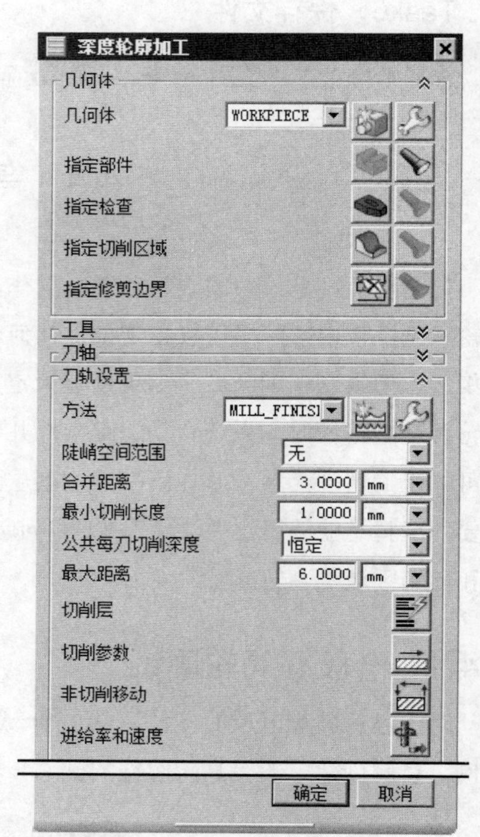

图 4.4.3 “深度轮廓加工”对话框

图 4.4.3 所示的“深度轮廓加工”对话框中的部分选项说明如下：

- 陡峭空间范围 下拉列表：这是等高轮廓铣区别于其他型腔铣的一个重要参数。如果在其右边的下拉列表中选择 仅陡峭的 选项，就可以在被激活的 角度 文本框中输入角度值，这个角度称为陡峭角。零件上任意一点的陡峭角是刀轴与该点处法向矢量所形成的夹角。选择 仅陡峭的 选项后，只有陡峭角度大于或等于给定角度的区域才能被加工。

- 合并距离文本框：用于定义在不连贯的切削运动切除时，在刀具路径中出现的缝隙的距离。
- 最小切削长度文本框：用于定义生成刀具路径时的最小长度值。当切削运动的距离比指定的最小切削长度值小时，系统不会在该处创建刀具路径。
- 公共每刀切削深度文本框：用于设置加工区域内每次切削的深度。系统将计算等于且不超出指定的公共每刀切削深度值的实际切削层。

Stage2. 指定切削区域

Step1. 单击“深度轮廓加工”对话框指定切削区域右侧的按钮，系统弹出“切削区域”对话框。

Step2. 在图形区中选取图 4.4.4 所示的切削区域，单击确定按钮，系统返回到“深度轮廓加工”对话框。

图 4.4.4 指定切削区域

Stage3. 设置刀具路径参数和切削层

Step1. 设置刀具路径参数。在“深度轮廓加工”对话框的合并距离文本框中输入值 2.0，在最小切削长度文本框中输入值 1.0，在公共每刀切削深度下拉列表中选择恒定选项，然后在最大距离文本框中输入值 0.2。

Step2. 设置切削层。单击“切削层”按钮，系统弹出图 4.4.5 所示的“切削层”对话框，这里采用系统默认参数，单击确定按钮，系统返回到“深度轮廓加工”对话框。

图 4.4.5 所示的“切削层”对话框中部分选项的说明如下：

- 范围类型下拉列表中提供了如下 3 种选项。
  - ☑ 自动：使用此类型，系统将通过与零件有关联的平面自动生成多个切削深度区间。
  - ☑ 用户定义：使用此类型，用户可以通过定义每一个区间的底面生成切削层。
  - ☑ 单个：使用此类型，用户可以通过零件几何和毛坯几何定义切削深度。

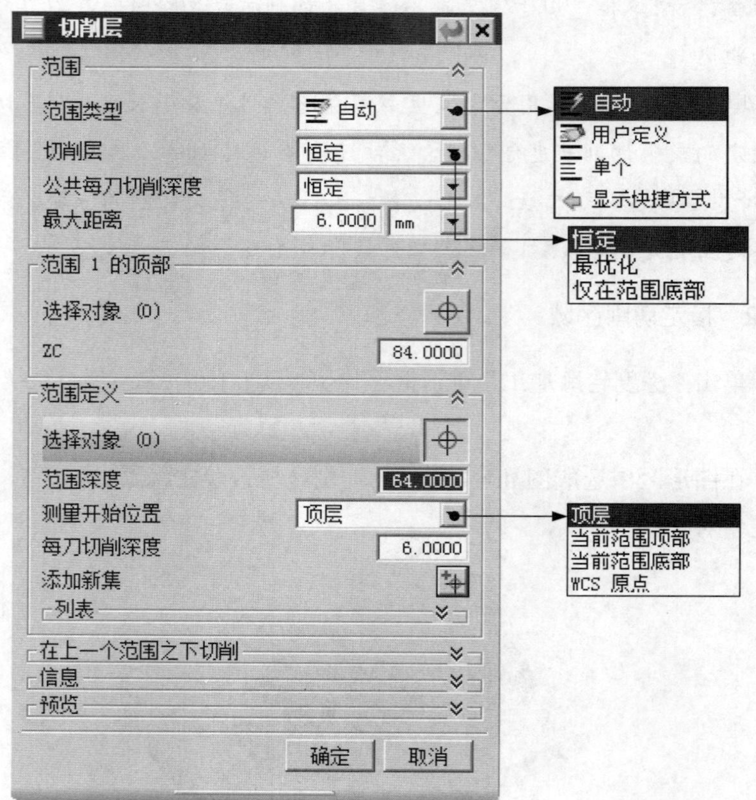

图 4.4.5 “切削层”对话框

- 切削层下拉列表中提供了如下 3 种选项。
  - ☑ 恒定：将切削深度恒定保持在公共每刀切削深度的设置值。
  - ☑ 最优化：优化切削深度，以便在部件间距和残余高度方面更加一致。最优化在斜度从陡峭或几乎竖直变为表面或平面时创建其他切削，最大切削深度不超过全局每刀深度值，仅用于深度加工操作。
  - ☑ 仅在范围底部：仅在范围底部切削不细分切削范围，选择此选项将使全局每刀深度选项处于非活动状态。
- 公共每刀切削深度：用于设置每个切削层的最大深度。通过对公共每刀切削深度进行设置，系统将自动计算分几层进行切削。
- 测量开始位置下拉列表中提供了如下 4 种选项。
  - ☑ 顶层：选择该选项后，测量切削范围深度从第一个切削顶部开始。
  - ☑ 当前范围顶部：选择该选项后，测量切削范围深度从当前切削顶部开始。
  - ☑ 当前范围底部：选择该选项后，测量切削范围深度从当前切削底部开始。
  - ☑ WCS 原点：选择该选项后，测量切削范围深度从当前工作坐标系原点开始。

- 范围深度文本框：在该文本框中，通过输入一个正值或负值距离，定义的范围在指定的测量位置的上部或下部，也可以利用范围深度滑块来改变范围深度，当移动滑块时，范围深度值跟着变化。
- 每刀切削深度文本框：用来定义当前范围的切削层深度。

Stage4. 设置切削参数

Step1. 单击“深度轮廓加工”对话框中的“切削参数”按钮，系统弹出“切削参数”对话框。

Step2. 单击策略选项卡，在切削顺序下拉列表中选择深度优先选项。

Step3. 单击连接选项卡，参数设置值如图 4.4.6 所示，单击确定按钮，系统返回到“深度轮廓加工”对话框。

图 4.4.6 所示的“切削参数”对话框中连接选项卡的部分选项说明如下：

层之间区域：专门用于定义深度铣的切削参数。

- 使用转移方法：使用进刀/退刀的设定信息，默认刀路会抬刀到安全平面。
- 直接对部件进刀：将以跟随部件的方式来定位移动刀具。
- 沿部件斜进刀：将以跟随部件的方式，从一个切削层到下一个切削层，需要指定斜坡角，此时刀路较完整。
- 沿部件交叉斜进刀：与沿部件斜进刀相似，不同的是在斜削进下一层之前完成每个刀路。
- ☑ 在层之间切削：可在深度铣中的切削层间存在间隙时创建额外的切削，消除在标准层到层加工操作中留在浅区域中的非常大的残余高度。

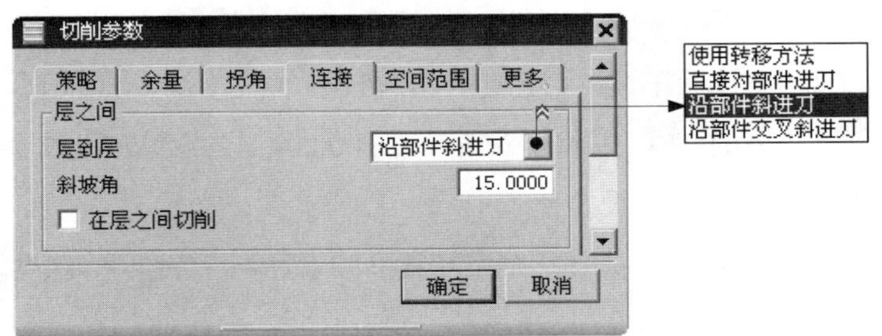

图 4.4.6 “连接”选项卡

Stage5. 设置非切削移动参数

Step1. 在“深度轮廓加工”对话框中单击“非切削移动”按钮，系统弹出“非切削移动”对话框。

Step2. 单击进刀选项卡，其参数设置值如图 4.4.7 所示，单击确定按钮，完成非切削移动参数的设置。

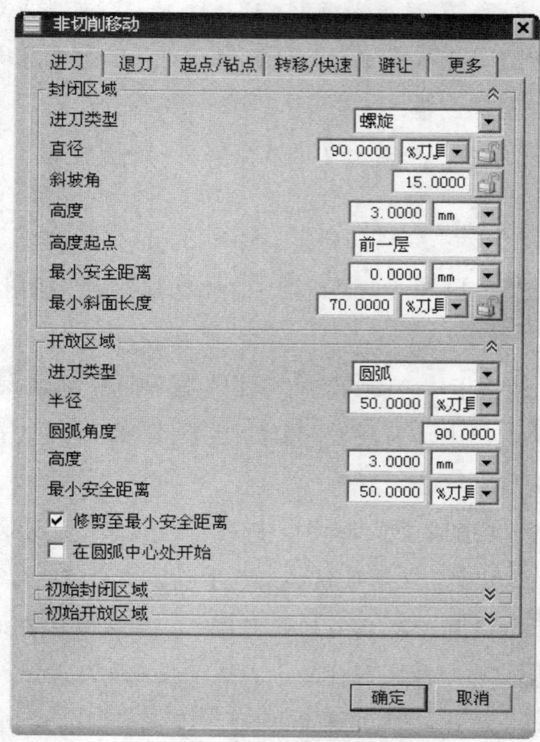

图 4.4.7　“进刀”选项卡

Stage6．设置进给率和速度

Step1．在“深度轮廓加工”对话框中单击“进给率和速度”按钮，系统弹出“进给率和速度”对话框。

Step2．选中 主轴速度（rpm） 复选框，然后在其后的文本框中输入值 1200.0，在 切削 文本框中输入值 1250.0，按回车键，然后单击按钮。

Step3．在 更多 区域的 进刀 文本框中输入值 1000.0，在 第一刀切削 文本框中输入值 300.0，其他选项均采用系统默认参数设置值。

Step4．单击 确定 按钮，完成进给率和速度的设置，系统返回“深度轮廓加工”对话框。

Task3．生成刀路轨迹并仿真

Step1．在“深度轮廓加工”对话框中单击“生成”按钮，在图形区中生成如图 4.4.8 所示的刀路轨迹。

Step2．单击“确认”按钮，系统弹出“刀轨可视化”对话框。单击 2D 动态 选项卡，采用系统默认设置值，调整动画速度后单击“播放”按钮，即可演示刀具按刀轨运行，完成演示后的模型如图 4.4.9 所示，仿真完成后单击 确定 按钮，完成仿真操作。

Step3．单击 确定 按钮，完成操作。

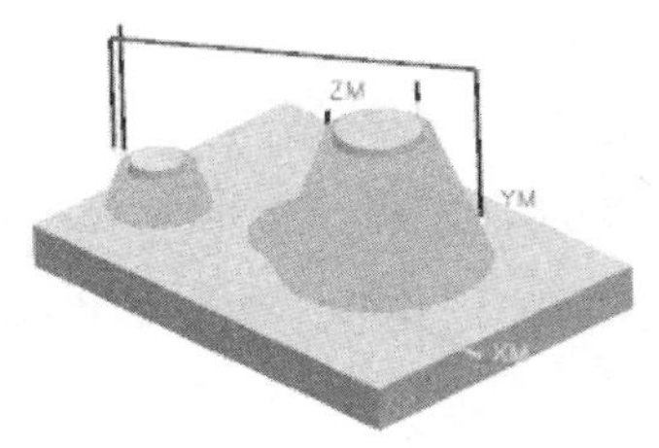

图 4.4.8 刀路轨迹

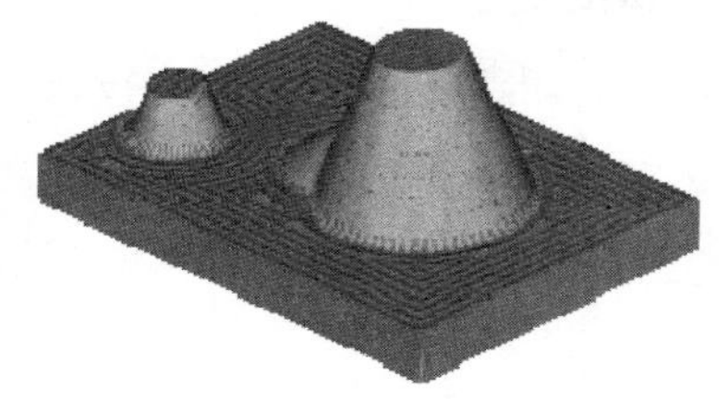

图 4.4.9 2D 仿真结果

Task4．保存文件

选择下拉菜单 文件(F) → 保存(S) 命令，保存文件。

4.4.2 陡峭区域等高轮廓铣

陡峭区域等高轮廓铣是一种能够指定陡峭角度的等高轮廓铣，通过多个切削层来加工零件表面轮廓，是一种固定轴铣操作。需要加工的零件表面既有平缓的曲面又有陡峭的曲面或者是非常陡峭的斜面特别适合这种加工方式。下面以图 4.4.10 所示的模型为例，讲解创建陡峭区域等高轮廓铣的一般步骤。

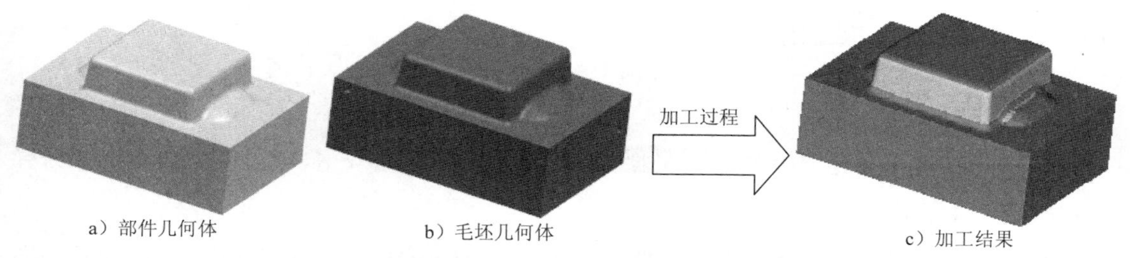

a）部件几何体　b）毛坯几何体　c）加工结果

图 4.4.10 陡峭区域等高轮廓铣

Task1．打开模型文件并进入加工模块

Step1．打开文件 D:\ugnx90.9\work\ch04\ch04.04\zlevel_profile_steep.prt。

Step2．进入加工环境。选择下拉菜单 启动 → 加工(R)... 命令，在系统弹出的"加工环境"对话框的 要创建的 CAM 设置 下拉列表中选择 mill_contour 选项，然后单击 确定 按钮，进入加工环境。

Task2．创建几何体

Stage1．创建机床坐标系和安全平面

Step1．进入几何体视图。在工序导航器的空白处右击，在快捷菜单中选择 几何视图 命令，在工序导航器中双击节点 MCS_MILL，系统弹出"MCS 铣削"对话框。

Step2．定义机床坐标系。在 机床坐标系 区域中单击"CSYS 对话框"按钮，在 类型 下拉

列表中选择 动态 选项。

Step3. 单击 操控器 区域中的 按钮，系统弹出“点”对话框，在 参考 下拉列表中选择 WCS 选项，然后在 XC 文本框中输入值 0.0，在 YC 文本框中输入值 0.0，在 ZC 文本框中输入值 60.0，单击两次 确定 按钮，返回到“MCS 铣削”对话框，完成如图 4.4.11 所示的机床坐标系的创建。

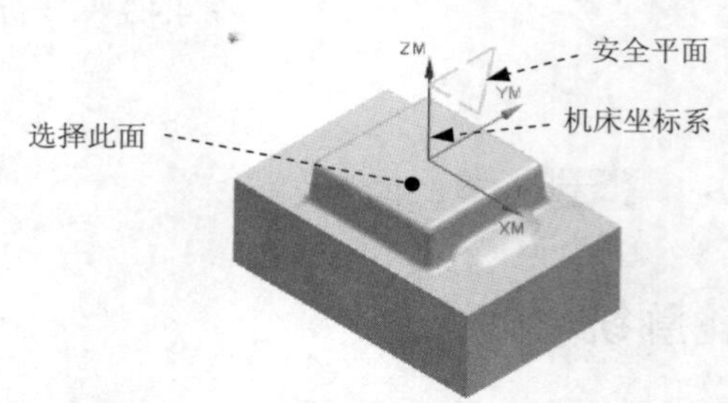

图 4.4.11　创建机床坐标系及安全平面

Step4. 创建安全平面。在 安全设置 区域的 安全设置选项 下拉列表中选择 平面 选项，单击“平面对话框”按钮，系统弹出“平面”对话框；选取图 4.4.11 所示的模型平面为参照，在 偏置 区域的 距离 文本框中输入值 20.0，单击 确定 按钮，完成图 4.4.11 所示的安全平面的创建，然后单击 确定 按钮。

Stage2．创建部件几何体

Step1. 在工序导航器中单击 MCS_MILL 节点前的“+”，双击节点 WORKPIECE，系统弹出“工件”对话框。

Step2. 选取部件几何体。在“工件”对话框中单击 按钮，系统弹出“部件几何体”对话框，在图形区选取整个零件实体为部件几何体。

Step3. 单击 确定 按钮，完成部件几何体的创建，同时系统返回到“工件”对话框。

Stage3．创建毛坯几何体

Step1. 在“工件”对话框中单击 按钮，系统弹出“毛坯几何体”对话框。

Step2. 确定毛坯几何体。在 类型 下拉列表中选择 部件的偏置 选项，在 偏置 文本框中输入值 0.5。单击 确定 按钮，完成毛坯几何体的创建。

Step3. 单击 确定 按钮。

Stage4．创建切削区域几何体

Step1. 右击工序导航器中的节点 WORKPIECE，在快捷菜单中选择 插入 → 几何体 命令，系统弹出“创建几何体”对话框。

Step2. 在 类型 下拉列表中选择 mill_contour 选项，在 几何体子类型 区域中单击 MILL_AREA 按钮，在 几何体 下拉列表中选择 WORKPIECE 选项，采用系统默认名称 MILL_AREA，单击 确定 按钮，系统弹出“铣削区域”对话框。

Step3. 单击按钮，系统弹出“切削区域”对话框，采用系统默认的选项，选取如图 4.4.12 所示的切削区域，单击 确定 按钮，系统返回到“铣削区域”对话框。

Step4. 单击 确定 按钮。

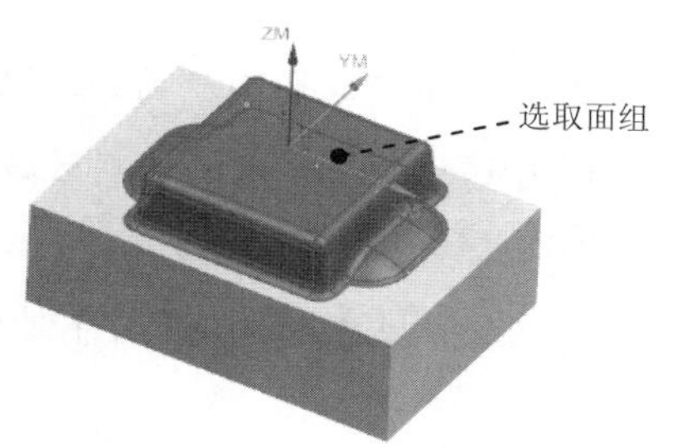

图 4.4.12 指定切削区域

Task3. 创建刀具

Step1. 选择下拉菜单 插入(S) → 刀具(T)... 命令，系统弹出“创建刀具”对话框。

Step2. 在 类型 下拉列表中选择 mill_contour 选项，在 刀具子类型 区域中单击 MILL 按钮，在 位置 区域的 刀具 下拉列表中选择 GENERIC_MACHINE 选项，在 名称 文本框中输入刀具名称 D10R2，然后单击 确定 按钮，系统弹出“铣刀-5 参数”对话框。

Step3. 设置刀具参数。在 尺寸 区域的 (D) 直径 文本框中输入值 10.0，在 (R1) 下半径 文本框中输入值 2.0，其他参数采用系统默认设置值，设置完成后单击 确定 按钮，完成刀具的创建。

Task4. 创建工序

Stage1. 创建工序

Step1. 选择下拉菜单 插入(S) → 工序(E)... 命令，系统弹出“创建工序”对话框。

Step2. 确定加工方法。在 类型 下拉列表中选择 mill_contour 选项，在 工序子类型 区域中单击 ZLEVEL_PROFILE 按钮，在 刀具 下拉列表中选择 D10R2（铣刀-5 参数） 选项，在 几何体 下拉列表中选择 MILL_AREA 选项，在 方法 下拉列表中选择 MILL_FINISH 选项，采用系统默认的名称。

Step3. 单击 确定 按钮，系统弹出“深度轮廓加工”对话框。

Stage2. 显示刀具和几何体

Step1. 显示刀具。在 工具 区域中单击“编辑/显示”按钮，系统弹出“铣刀-5 参数”对话框，同时在图形区会显示当前刀具的形状及大小，单击 确定 按钮，系统返回到“深

度轮廓加工”对话框。

Step2. 显示几何体。在几何体区域中单击相应的“显示”按钮，在图形区会显示当前的部件几何体以及切削区域。

Stage3. 设置刀具路径参数

Step1. 设置陡峭角。在“深度轮廓加工”对话框的陡峭空间范围下拉列表中选择仅陡峭的选项，并在角度文本框中输入值 45.0。

说明： 这里是通过设置陡峭角来进一步确定切削范围的，只有陡峭角大于设定值的切削区域才能被加工到，因此后面可以看到两侧较平坦的切削区域部分没有被切削。

Step2. 设置刀具路径参数。在合并距离文本框中输入值 3.0，在最小切削长度文本框中输入值 1.0，在公共每刀切削深度下拉列表中选择恒定选项，然后在最大距离文本框中输入值 1.0。

Stage4. 设置切削参数

Step1. 单击“深度轮廓加工”对话框中的“切削参数”按钮，系统弹出“切削参数”对话框。

Step2. 单击策略选项卡，在切削顺序下拉列表中选择层优先选项，

Step3. 单击余量选项卡，取消选中☐ 使底面余量与侧面余量一致复选框，在部件底面余量文本框中输入值 0.5，其余参数采用系统默认设置。

Step4. 单击确定按钮，返回“深度轮廓加工”对话框。

Stage5. 设置非切削移动参数

Step1. 在“深度轮廓加工”对话框中单击“非切削移动”按钮，系统弹出“非切削移动”对话框。

Step2. 单击进刀选项卡，其参数设置值如图 4.4.13 所示，单击确定按钮，完成非切削移动参数的设置。

Stage6. 设置进给率和速度

Step1. 在“深度轮廓加工”对话框中单击“进给率和速度”按钮，系统弹出“进给率和速度”对话框。

Step2. 选中☑ 主轴速度 (rpm)复选框，在其后方的文本框中输入值 1800.0，在切削文本框中输入值 1250.0，按回车键，然后单击按钮。

Step3. 在更多区域的进刀文本框中输入值 500.0，在第一刀切削文本框中输入值 2000.0，在其后面的单位下拉列表中选择mmpm选项；其他选项均采用系统默认参数设置值。

Step4. 单击确定按钮，完成进给率和速度的设置，系统返回“深度轮廓加工”对话框。

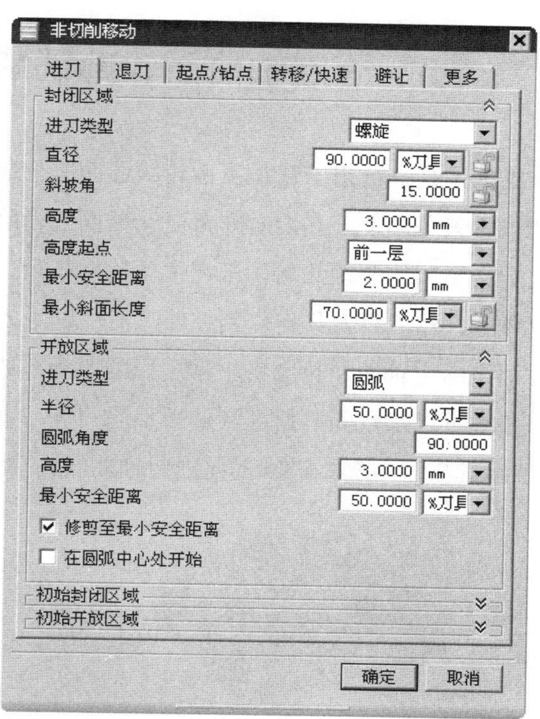

图 4.4.13 “进刀”选项卡

Task5. 生成刀路轨迹并仿真

Step1. 在“深度轮廓加工”对话框中单击“生成”按钮，在图形区中生成图 4.4.14 所示的刀路轨迹。

Step2. 单击“确认”按钮，系统弹出“刀轨可视化”对话框。单击 2D 动态 选项卡，调整动画速度后单击“播放”按钮，即可演示 2D 动态仿真加工，完成演示后的模型如图 4.4.15 所示，单击 确定 按钮，完成仿真操作。

Step3. 单击 确定 按钮，完成操作。

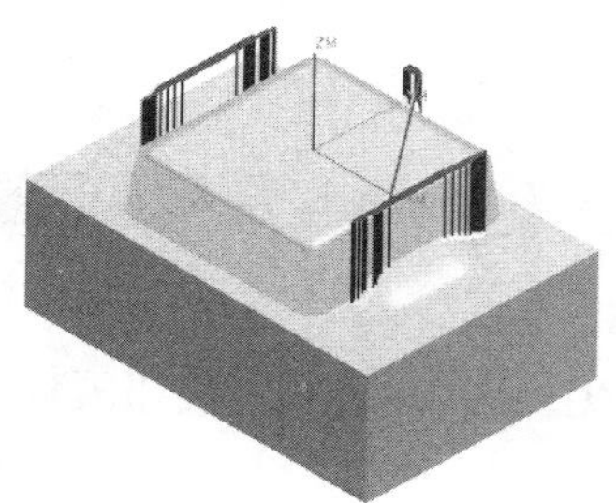

图 4.4.14 刀路轨迹

图 4.4.15 2D 仿真结果

Task6. 保存文件

选择下拉菜单 文件(F) → 保存(S) 命令，保存文件。

4.5 固定轴曲面轮廓铣削

固定轴曲面轮廓铣削，是一种用于精加工由轮廓曲面所形成区域的加工方式，它通过精确控制刀具轴和投影矢量，使刀具沿着非常复杂曲面的轮廓进行切削运动。固定轴曲面轮廓铣削是通过定义不同的驱动几何体来产生驱动点阵列，并沿着指定的投影矢量方向投影到部件几何体上，然后将刀具定位到部件几何体以生成刀轨。

区域铣削驱动方法是固定轴曲面轮廓铣中常用到的驱动方式，其特点是驱动几何体由切削区域来产生，并且可以指定陡峭角度等多种不同的驱动设置，应用十分广泛。

下面以图 4.5.1 所示的模型为例，讲解创建固定轴曲面轮廓铣削的一般步骤。

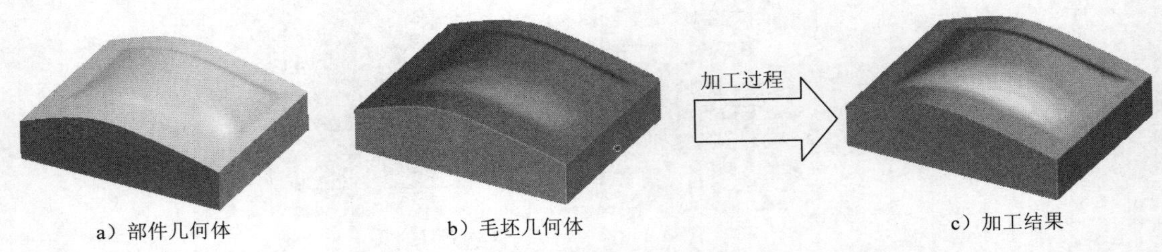

a）部件几何体　b）毛坯几何体　c）加工结果

图 4.5.1　固定轴曲面轮廓铣削

Task1．打开模型文件并进入加工模块

Step1．打开模型文件 D:\ugnx90.9\work\ch04.05\fixed_contour.prt。

Step2．进入加工环境。选择下拉菜单 启动 → 加工(R)... 命令，系统弹出“加工环境”对话框，在 要创建的 CAM 设置 列表框中选择 mill_contour 选项。单击 确定 按钮，进入加工环境。

Task2．创建几何体

Stage1．创建机床坐标系和安全平面

Step1．进入几何体视图。在工序导航器中右击，在快捷菜单中选择 几何视图 命令，双击节点 MCS_MILL，系统弹出“MCS 铣削”对话框。

Step2．创建机床坐标系。在 机床坐标系 区域中单击“CSYS 对话框”按钮，在系统弹出的 CSYS 对话框的 类型 下拉列表中选择 动态 选项。

Step3．单击 操控器 区域中的按钮，系统弹出“点”对话框。在 参考 下拉列表中选择 WCS 选项，在 ZC 文本框中输入值 80.0，单击两次 确定 按钮，完成如图 4.5.2 所示的机床坐标系的创建。

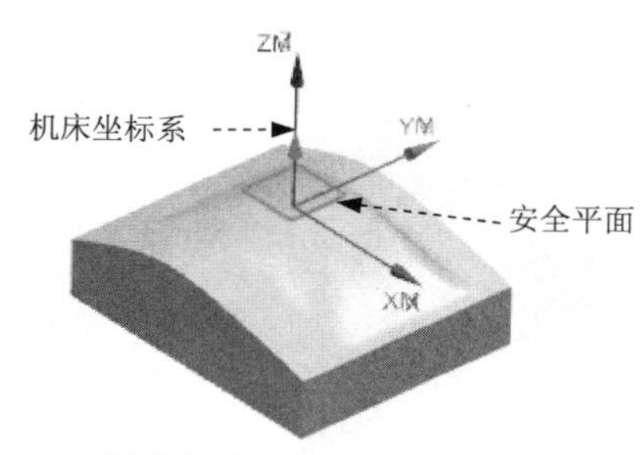

图 4.5.2 创建机床坐标系及安全平面

Step4. 创建安全平面。在安全设置区域的安全设置选项下拉列表中选择平面选项，单击“平面对话框”按钮，系统弹出“平面”对话框；在类型下拉列表中选择XC-YC 平面选项，在距离文本框中输入值 90.0，单击确定按钮，完成如图 4.5.2 所示安全平面的创建，然后单击确定按钮。

Stage2．创建部件几何体

Step1. 在工序导航器中单击 MCS_MILL节点前的“+”，双击节点 WORKPIECE，系统弹出“工件”对话框。

Step2. 选取部件几何体，在“工件”对话框中单击按钮，系统弹出“部件几何体”对话框，在图形区选取整个零件实体为部件几何体。单击确定按钮，完成部件几何体的创建，同时系统返回到“工件”对话框。

Stage3．创建毛坯几何体

Step1. 在“工件”对话框中单击按钮，系统弹出“毛坯几何体”对话框。

Step2. 确定毛坯几何体。在类型下拉列表中选择部件的偏置选项，在偏置文本框中输入值 0.5。单击确定按钮，完成毛坯几何体的定义。

Step3. 单击确定按钮，完成铣削几何体的定义。

Stage4．创建切削区域几何体

Step1. 在工序导航器的节点 WORKPIECE上右击，在快捷菜单中选择插入 ▸ → 几何体命令，系统弹出“创建几何体”对话框。

Step2. 在类型下拉列表中选择mill_contour选项，在几何体子类型区域中单击 MILL_AREA 按钮，在几何体下拉列表中选择WORKPIECE选项，采用系统默认名称 MILL_AREA，单击确定按钮，系统弹出“铣削区域”对话框。

Step3. 单击按钮，系统弹出“切削区域”对话框，采用系统默认的选项，选取如图 4.5.3 所示的切削区域，单击确定按钮，系统返回到“铣削区域”对话框，单击确定

按钮。

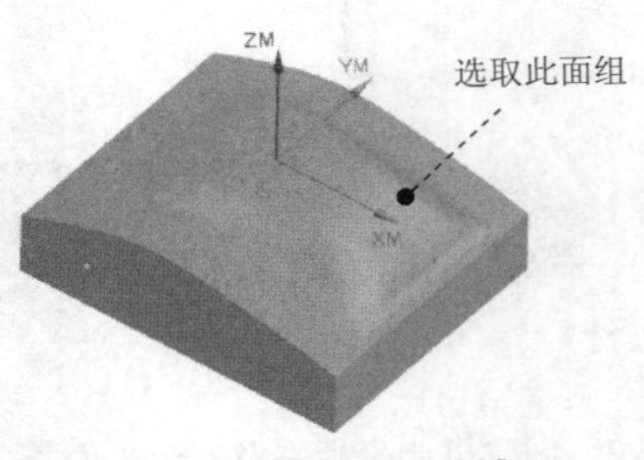

图 4.5.3 选取切削区域

Task3. 创建刀具

Step1. 选择下拉菜单 插入(S) → 刀具(T)... 命令，系统弹出“创建刀具”对话框。

Step2. 设置刀具类型和参数。在 类型 下拉列表中选择 mill_contour 选项，在 刀具子类型 区域中单击 BALL_MILL 按钮，在 位置 区域的 刀具 下拉列表中选择 NONE 选项，在 名称 文本框中输入刀具名称 B6，单击 确定 按钮，系统弹出“铣刀-球头铣”对话框。

Step3. 在 尺寸 区域的 (D) 球直径 文本框中输入值 6.0，其他参数采用系统默认设置值，设置完成后单击 确定 按钮，完成刀具的创建。

Task4. 创建固定轴曲面轮廓铣操作

Stage1. 创建工序

Step1. 选择下拉菜单 插入(S) → 工序(E)... 命令，系统弹出“创建工序”对话框。

Step2. 确定加工方法。在 类型 下拉列表中选择 mill_contour 选项，在 工序子类型 区域中单击 FIXED_CONTOUR 按钮，在 刀具 下拉列表中选择 B6 (铣刀-球头铣) 选项，在 几何体 下拉列表中选择 MILL AREA 选项，在 方法 下拉列表中选择 MILL_FINISH 选项，单击 确定 按钮，系统弹出如图 4.5.4 所示的“固定轮廓铣”对话框。

Stage2. 设置驱动几何体

设置驱动方式。在“固定轮廓铣”对话框 驱动方法 区域的 方法 下拉列表中选择 区域铣削 选项，系统弹出“区域铣削驱动方法”对话框，设置如图 4.5.5 所示的参数。完成后单击 确定 按钮，系统返回到“固定轮廓铣”对话框。

图 4.5.5 所示“区域铣削驱动方法”对话框中的部分选项说明如下：

陡峭空间范围：用来指定陡峭的范围。

- 无：不区分陡峭，加工整个切削区域。
- 非陡峭：只加工部件表面角度小于陡峭角的切削区域。
- 定向陡峭：只加工部件表面角度大于陡峭角的切削区域。

- 为平的区域创建单独的区域：勾选该复选框，则将平面区域与其他区域分开来进行加工，否则平面区域和其他区域混在一起进行计算。

驱动设置 区域：该区域部分选项介绍如下：

- 非陡峭切削：用于定义非陡峭区域的切削参数。
  - ☑ 步距已应用：用于定义步距的测量沿平面还是沿部件。
    - ◆ 在平面上：沿垂直于刀轴的平面测量步距，适合非陡峭区域。
    - ◆ 在部件上：沿部件表面测量步距，适合陡峭区域。
- 陡峭切削：用于定义陡峭区域的切削参数。各参数含义可参考其他工序。

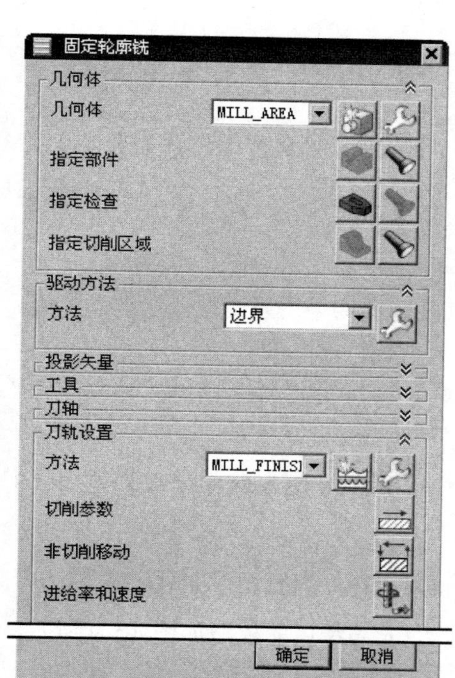

图 4.5.4 “固定轮廓铣”对话框

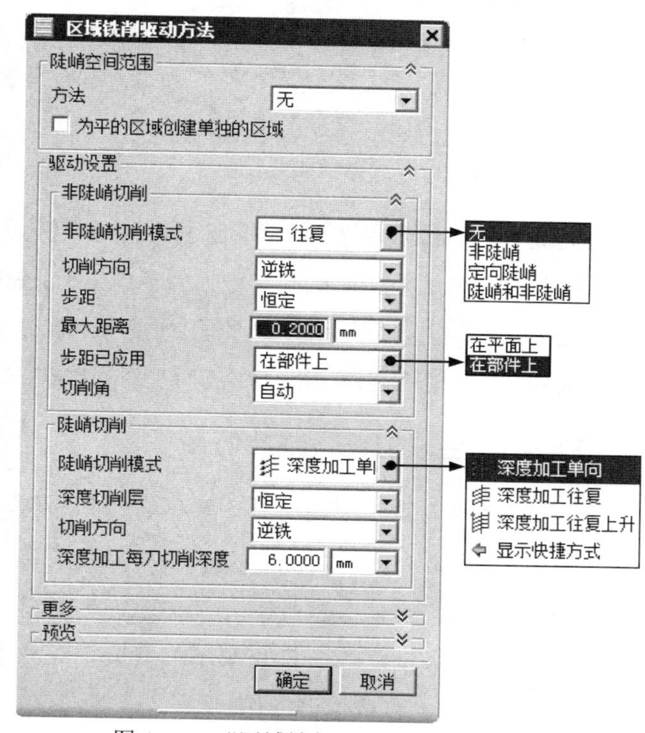

图 4.5.5 “区域铣削驱动方法”对话框

Stage3. 设置切削参数

Step1. 单击“固定轮廓铣”对话框中的“切削参数”按钮，系统弹出“切削参数”对话框。

Step2. 单击 策略 选项卡，其参数设置值如图 4.5.6 所示。

Step3. 单击 余量 选项卡，其参数设置值如图 4.5.7 所示，单击 确定 按钮。

Stage4. 设置进给率和速度

Step1. 在“固定轮廓铣”对话框中单击“进给率和速度”按钮，系统弹出“进给率和速度”对话框。

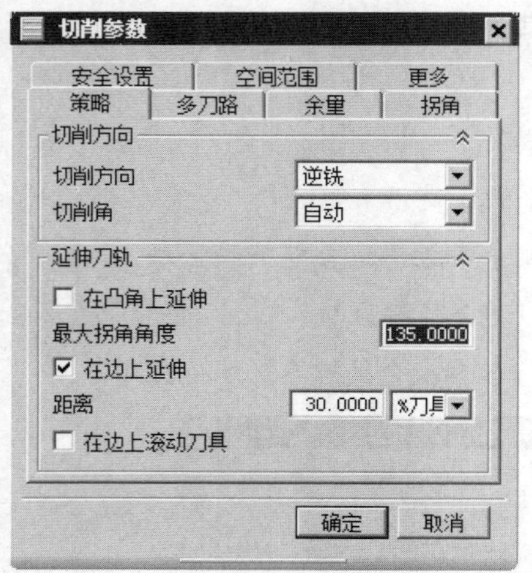

图 4.5.6 “策略”选项卡

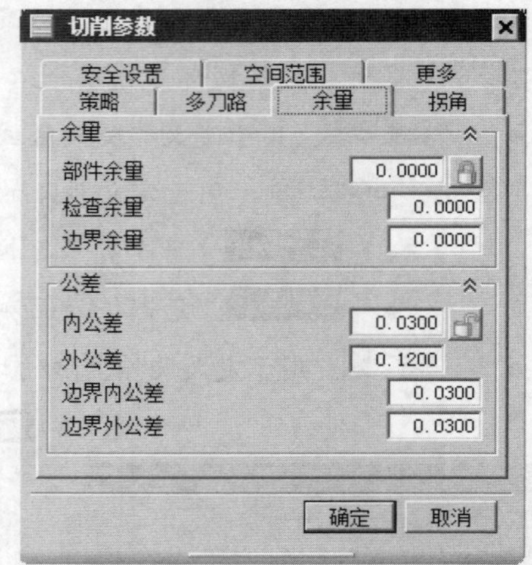

图 4.5.7 “余量”选项卡

Step2. 选中 主轴速度（rpm） 复选框，然后在其后方的文本框中输入值 1600.0，在 切削 文本框中输入值 1250.0，按回车键，然后单击按钮。

Step3. 在 更多 区域的 进刀 文本框中输入值 600.0，其他选项均采用系统默认参数设置值。

Step4. 单击 确定 按钮，系统返回“固定轮廓铣”对话框。

Task5. 生成刀路轨迹并仿真

Step1. 在“固定轮廓铣”对话框中单击“生成”按钮，在图形区中生成如图 4.5.8 所示的刀路轨迹。

Step2. 单击“确认”按钮，在系统弹出的“刀轨可视化”对话框中单击 2D 动态 选项卡，单击“播放”按钮，即可演示刀具按刀轨运行。完成演示后的模型如图 4.5.9 所示，单击 确定 按钮，完成仿真操作。

Step3. 单击 确定 按钮，完成操作。

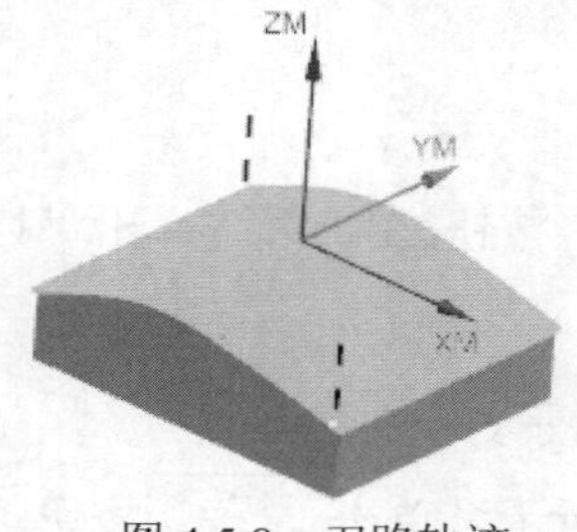

图 4.5.8 刀路轨迹

图 4.5.9 2D 仿真结果

Task6. 保存文件

选择下拉菜单 文件(F) → 保存(S) 命令，保存文件。

4.6 流线驱动铣削

流线驱动铣削也是一种曲面轮廓铣。创建工序时，需要指定流曲线和交叉曲线来形成网格驱动。加工时刀具沿着曲面的U-V方向或是曲面的网格方向进行加工，其中流曲线确定刀具的单个行走路径，交叉曲线确定刀具的行走范围。下面以图4.6.1所示的模型为例，讲解创建流线驱动铣削的一般步骤。

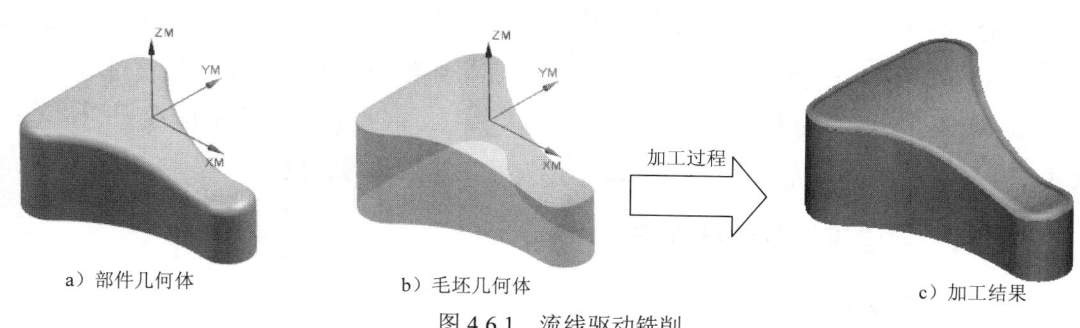

a）部件几何体　b）毛坯几何体　c）加工结果

图4.6.1　流线驱动铣削

Task1．打开模型文件并进入加工模块

打开模型文件D:\ugnx90.9\work\ch04.06\streamline.prt，系统进入加工环境。

Task2．创建几何体

Stage1．创建部件几何体

Step1．在工序导航器中单击 MCS_MILL 选项，使其显示机床坐标系，然后单击 MCS_MILL 节点前的“+”；双击节点 WORKPIECE，系统弹出“铣削几何体”对话框。

Step2．单击按钮，系统弹出“部件几何体”对话框；在图形区选取图4.6.2所示的部件几何体。

Step3．单击 确定 按钮，完成部件几何体的创建，系统返回到“铣削几何体”对话框。

说明：模型文件中的机床坐标系已经创建好了，所以直接定义部件几何体。

Stage2．创建毛坯几何体

Step1．在“铣削几何体”对话框中单击按钮，系统弹出“毛坯几何体”对话框；选取图4.6.3所示的毛坯几何体，单击 确定 按钮，系统返回到“铣削几何体”对话框。

Step2．单击 确定 按钮，完成毛坯几何体的定义。

Step3．完成后在如图4.6.3所示的毛坯几何体上右击，在弹出的快捷菜单中选择 隐藏(H) 命令，将该几何体隐藏起来。

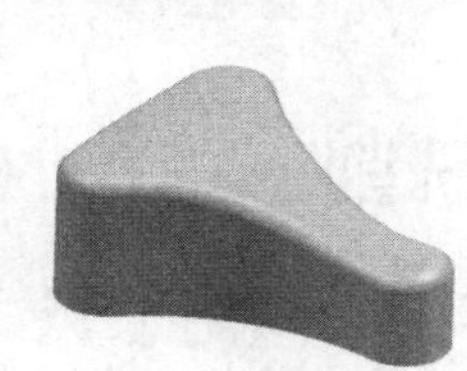

图 4.6.2 部件几何体

图 4.6.3 毛坯几何体

Task3．创建刀具

Step1．选择下拉菜单 插入(S) → 刀具(T) 命令，系统弹出“创建刀具”对话框。

Step2．在 类型 下拉列表中选择 mill_contour 选项，在 刀具子类型 区域中单击 BALL_MILL 按钮，在 名称 文本框中输入 D8，单击 确定 按钮，系统弹出“铣刀-球头铣”对话框。

Step3．在 (D) 球直径 文本框中输入值 8.0，在 (L) 长度 文本框中输入值 30.0，在 (FL) 刀刃长度 文本框中输入值 10.0，完成后单击 确定 按钮，完成刀具的创建。

Task4．创建流线驱动铣操作

Stage1．创建工序

Step1．选择下拉菜单 插入(S) → 工序(E)... 命令，系统弹出“创建工序”对话框。

Step2．在 类型 下拉列表中选择 mill_contour 选项，在 工序子类型 区域中单击 STREAMLINE 按钮，在 程序 下拉列表中选择 NC_PROGRAM 选项，在 刀具 下拉列表中选择 D8（铣刀-球头铣）选项，在 几何体 下拉列表中选择 WORKPIECE 选项，在 方法 下拉列表中选择 MILL_FINISH 选项，使用系统默认的名称。

Step3．单击 确定 按钮，系统弹出如图 4.6.4 所示的“流线”对话框。

Stage2．指定切削区域

在“流线”对话框中单击按钮，系统弹出“切削区域”对话框，采用系统默认的选项，选取如图 4.6.5 所示的切削区域，单击 确定 按钮，系统返回到“流线”对话框。

Stage3．设置驱动几何体

Step1．单击“流线”对话框中 驱动方法 区域 流线 右侧的“编辑”按钮，系统弹出如图 4.6.6 所示的“流线驱动方法”对话框。

Step2．单击 流曲线 区域的 * 选择曲线 (0) 按钮，在图形区中选取如图 4.6.7 所示的曲线 1，单击鼠标中键确定；然后再选取曲线 2，单击鼠标中键确定，此时在图形区中生成如图 4.6.8 所示的流曲线。

说明： 选取曲线 1 和曲线 2 时，需要靠近曲线相同的一端选取，此时曲线上的箭头方向才会一致。

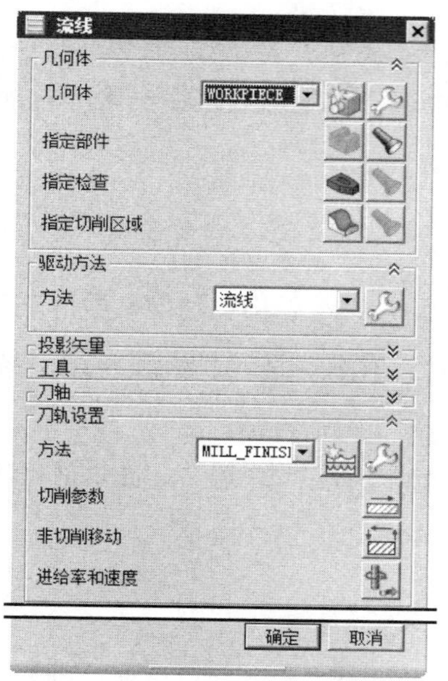

图 4.6.4 “流线”对话框

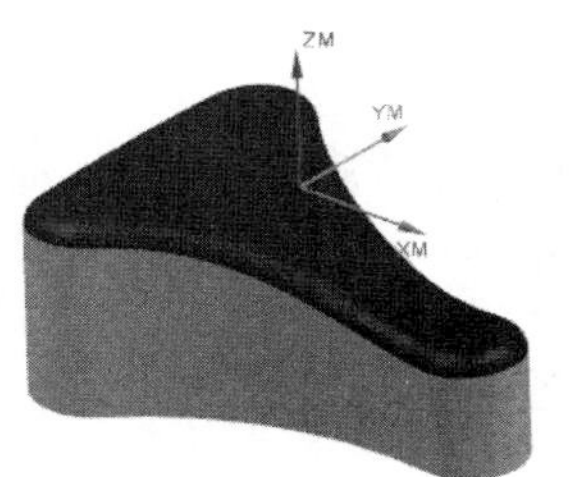

图 4.6.5 切削区域

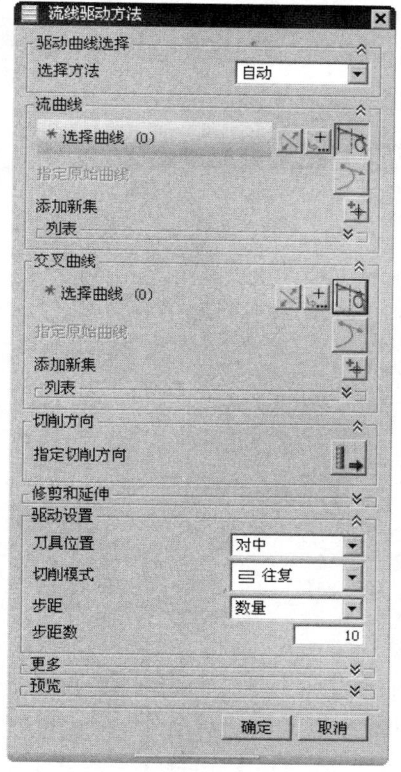

图 4.6.6 “流线驱动方法”对话框

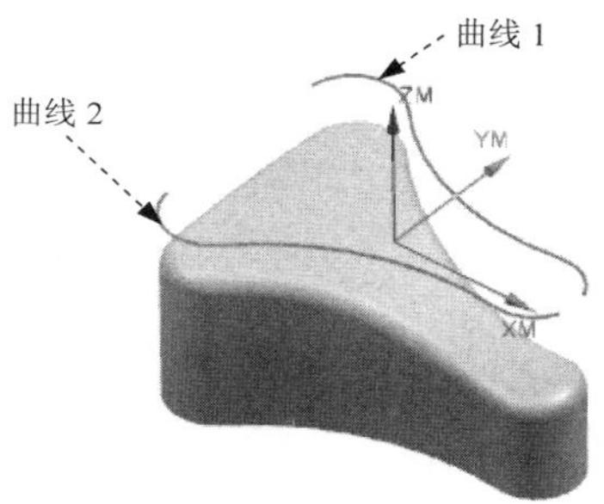

图 4.6.7 选择流曲线

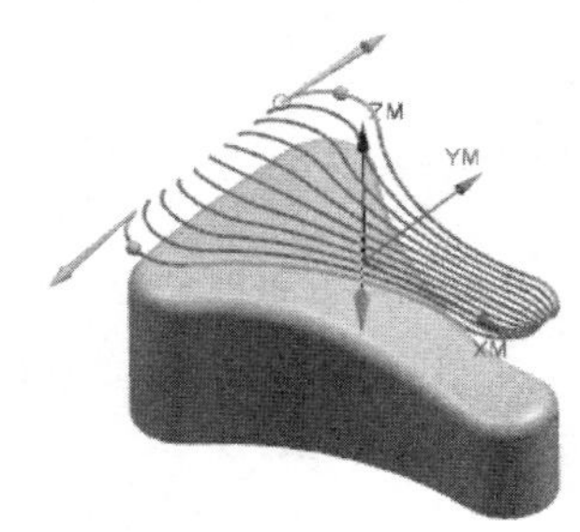

图 4.6.8 生成的流曲线

Step3. 在刀具位置下拉列表中选择对中选项，在切削模式下拉列表中选择往复选项，在步距下拉列表中选择数量选项，在步距数文本框中输入值 50.0，单击确定按钮，系统返回到“流线”对话框。

Stage4．设置投影矢量和刀轴

在“流线”对话框 投影矢量 区域的 矢量 下拉列表中选择 刀轴 选项，在 刀轴 区域的 轴 下拉列表中选择 +ZM 轴 选项。

Stage5．设置切削参数

Step1．单击“流线”对话框的“切削参数”按钮，系统弹出“切削参数”对话框。

Step2．单击 多刀路 选项卡，其参数设置值如图 4.6.9 所示。单击 确定 按钮，系统返回“流线”对话框。

说明：设置多条刀路选项是为了控制刀具的每次切削深度，避免一次性切削过深，同时减小刀具压力。

Stage6．设置非切削移动参数

Step1．在“流线”对话框中单击“非切削移动”按钮，系统弹出“非切削移动”对话框。

Step2．单击 进刀 选项卡，其参数设置值如图 4.6.10 所示。单击 确定 按钮，完成非切削移动参数的设置。

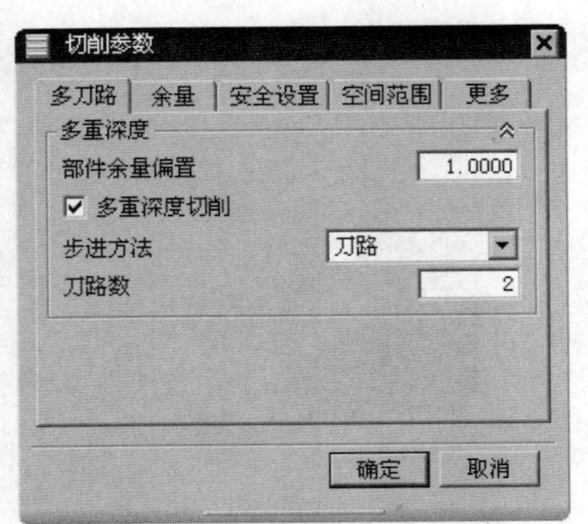

图 4.6.9 “多刀路”选项卡

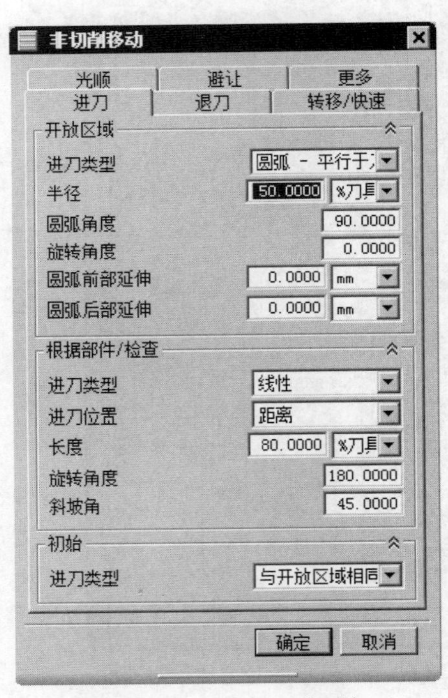

图 4.6.10 “进刀”选项卡

Stage7．设置进给率和速度

Step1．单击“流线”对话框中的“进给率和速度”按钮，系统弹出“进给率和速度”

对话框。

Step2. 选中 主轴速度（rpm）复选框，然后在其后方的文本框中输入值 1600.0，在切削文本框中输入值 1250.0，按下回车键，然后单击按钮，在更多区域的进刀文本框中输入值 600.0，其他选项采用系统默认参数设置值。

Step3. 单击确定按钮，系统返回“流线”对话框。

Task5. 生成刀路轨迹并仿真

Step1. 单击“流线”对话框中的“生成”按钮，在系统弹出的“刀轨生成”对话框中单击确定按钮后，图形区中生成如图 4.6.11 所示的刀路轨迹。

Step2. 单击“确认”按钮，在系统弹出的“刀轨可视化”对话框中单击2D 动态选项卡，单击“播放”按钮，即可演示 2D 仿真加工；完成演示后的模型如图 4.6.12 所示；单击确定按钮，完成仿真操作。

Step3. 单击确定按钮，完成操作。

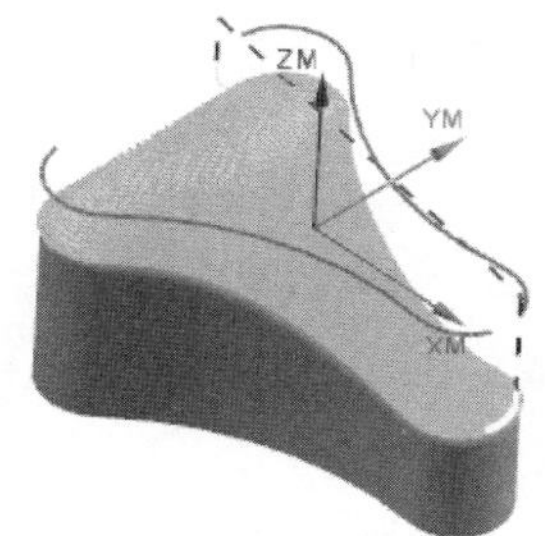

图 4.6.11　刀路轨迹

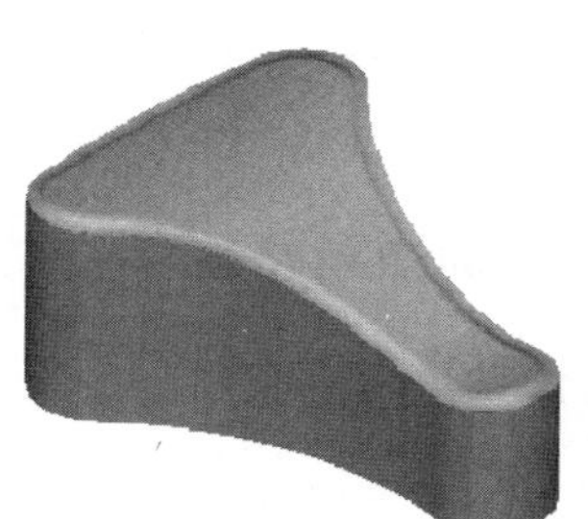

图 4.6.12　2D 仿真结果

Task6. 保存文件

选择下拉菜单文件(F) ➡ 保存(S)命令，保存文件。

4.7　清 根 切 削

清根一般用于加工零件加工区的边缘和凹部处，以清除这些区域中前面操作未切削的材料。这些材料通常是由于前面操作中刀具直径较大而残留下来的，必须用直径较小的刀具来清除它们。需要注意的是，只有当刀具与零件表面同时有两个接触点时，才能产生清根切削刀轨。在清根切削中，系统会自动根据部件表面的凹角来生成刀轨，单路清根只能生成一条切削刀路。下面以图 4.7.1 所示的模型为例，讲解创建单路清根切削的一般步骤。

a）部件几何体

b）毛坯几何体

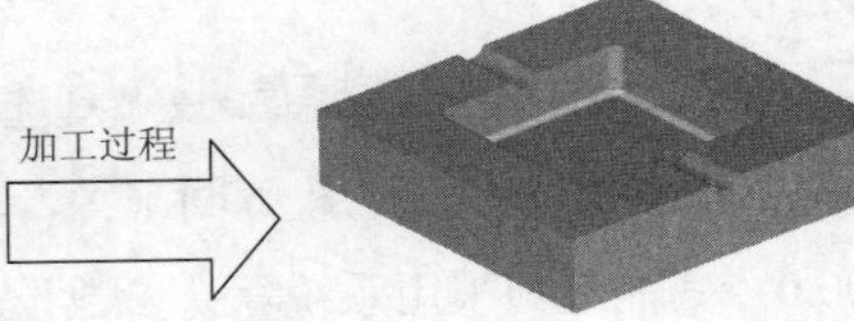

c）加工结果

图 4.7.1　清根切削

Task1．打开模型文件并进入加工模块

打开模型文件 D:\ugnx90.9\work\ch04.07\ashtray01.prt，系统进入加工环境。

Task2．创建刀具

Step1．选择下拉菜单 插入(S) → 刀具(T)... 命令，系统弹出“创建刀具”对话框。

Step2．确定刀具类型。在 类型 下拉列表中选择 mill_contour 选项，在 刀具子类型 区域中单击 BALL_MILL 按钮，在 刀具 下拉列表中选择 GENERIC_MACHINE 选项，在 名称 文本框中输入 D4，单击 确定 按钮，系统弹出“铣刀-球头铣”对话框。

Step3．设置刀具参数。在 (D) 球直径 文本框中输入值 8.0，其他参数采用系统默认设置值，单击 确定 按钮，完成刀具的创建。

Task3．创建单路清根操作

Stage1．创建工序

Step1．选择下拉菜单 插入(S) → 工序(E)... 命令，系统弹出“创建工序”对话框，如图 4.7.2 所示。

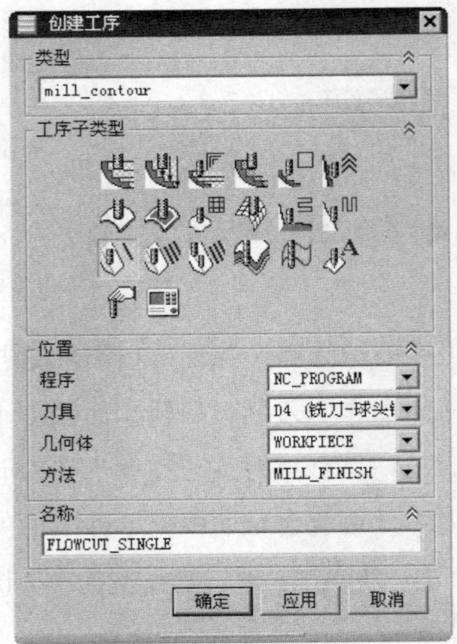

图 4.7.2　“创建工序”对话框

Step2. 确定加工方法。在类型下拉列表中选择mill_contour选项，在工序子类型区域中选择FLOWCUT_SINGLE 按钮，在刀具下拉列表中选择D4（铣刀-球头铣）选项，在几何体下拉列表中选择WORKPIECE选项，在方法下拉列表中选择MILL_FINISH选项，单击确定按钮，系统弹出如图 4.7.3 所示的“单刀路清根”对话框。

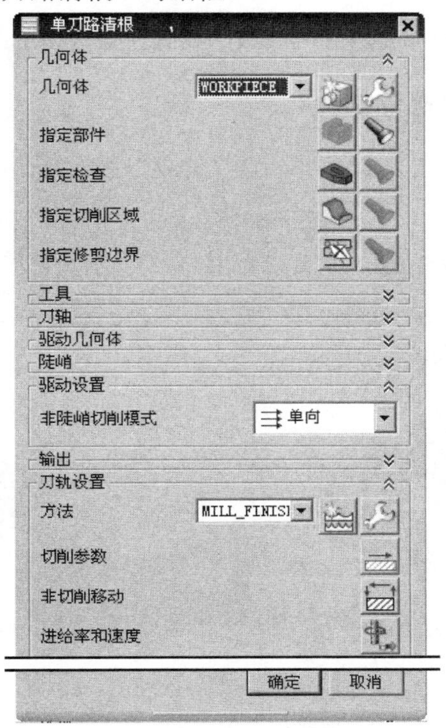

图 4.7.3 “单刀路清根”对话框

Stage2．指定切削区域

Step1. 单击“单刀路清根”对话框中的“切削区域”按钮，系统弹出“切削区域”对话框。

Step2. 在图形区选取图 4.7.4 所示的切削区域，单击确定按钮，系统返回到“单刀路清根”对话框。

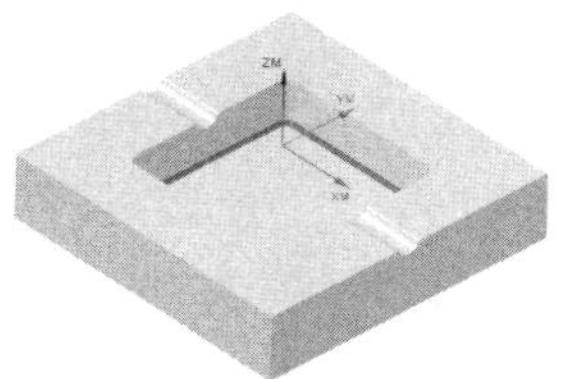

图 4.7.4 选取切削区域

Stage3．设置进给率和速度

Step1. 单击“单刀路清根”对话框中的“进给率和速度”按钮，系统弹出“进给率和速度”对话框。

Step2. 选中 ☑ 主轴速度（rpm） 复选框，然后在其后方的文本框中输入值 1600.0，在 切削 文本框中输入值 1250.0，按回车键，然后单击按钮，在 更多 区域的 进刀 文本框中输入值 500.0，其他选项均采用系统默认参数设置值。

Step3. 单击 确定 按钮，完成切削参数的设置，系统返回到“单刀路清根”对话框。

Task4．生成刀路轨迹并仿真

Step1. 在“单刀路清根”对话框中单击“生成”按钮，在图形区中生成如图 4.7.5 所示的刀路轨迹。

Step2. 单击“确认”按钮，在系统弹出的“刀轨可视化”对话框中单击 2D 动态 选项卡，单击“播放”按钮，即可演示 2D 仿真加工，完成演示后的模型如图 4.7.6 所示；仿真完成后单击两次 确定 按钮，完成操作。

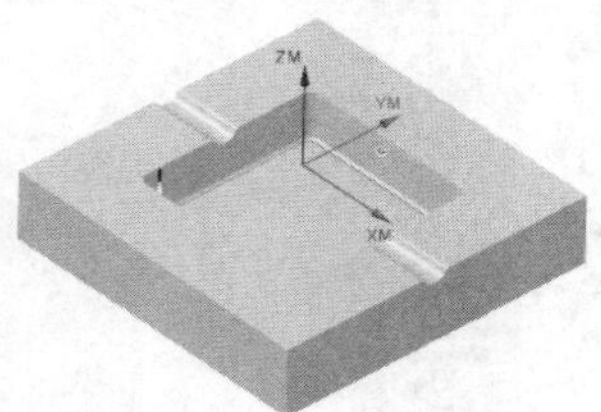

图 4.7.5　刀路轨迹

图 4.7.6　2D 仿真结果

Task5．保存文件

选择下拉菜单 文件(F) ⟶ 保存(S) 命令，保存文件。

说明： 多路清根通过单击 FLOWCUT_MULTIPLE 按钮来创建，在工序中通过设置清根偏置数，从而在中心清根的两侧生成多条切削路径，读者可通过打开 D:\ugnx90.9\work\ch04.07\ashtray02_ok.prt 来观察，其刀路轨迹和 2D 仿真结果分别如图 4.7.7 和图 4.7.8 所示。

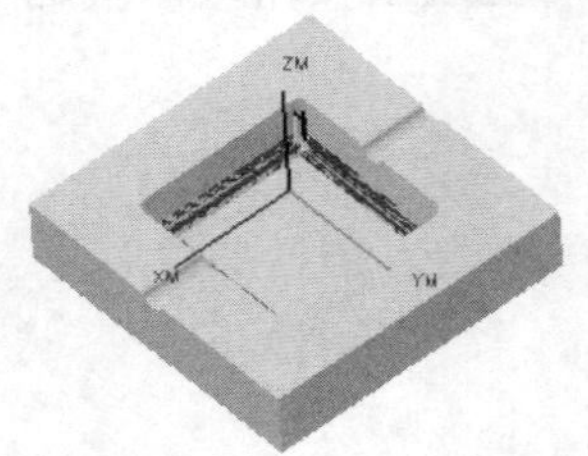

图 4.7.7　刀路轨迹

图 4.7.8　2D 仿真结果

4.8　3D 轮廓加工

3D 轮廓加工是一种特殊的三维轮廓铣削，常用于修边，它的切削路径取决于模型中的边或曲线。刀具到达指定的边或曲线时，通过设置刀具在 ZC 方向的偏置来确定加工深度。下面以图 4.8.1 所示的模型为例，介绍创建 3D 轮廓加工操作的一般步骤。

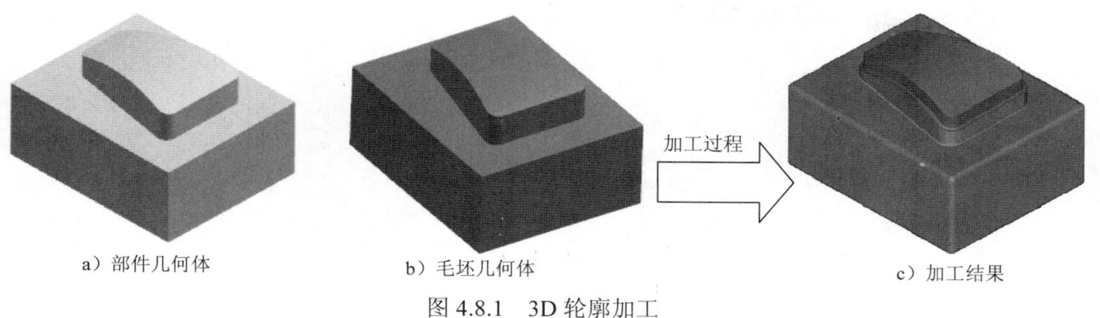

a）部件几何体 b）毛坯几何体 c）加工结果

图 4.8.1 3D 轮廓加工

Task1. 打开模型文件

打开文件 D:\ugnx90.9\work\ch04.08\profile_3d.prt，系统进入加工环境。

Task2. 创建刀具

Step1. 选择下拉菜单 插入(S) → 刀具(T)... 命令，系统弹出“创建刀具”对话框。

Step2. 在 类型 下拉列表中选择 mill_contour 选项，在 刀具子类型 区域中选择 MILL 按钮，在 名称 文本框中输入 D5R1，单击 确定 按钮，系统弹出“铣刀-5 参数”对话框。

Step3. 设置刀具参数。在 (D) 直径 文本框中输入值 5.0，在 (R1) 下半径 文本框中输入值 1.0，在 (L) 长度 文本框中输入值 30.0，在 (FL) 刀刃长度 文本框中输入值 20.0，其他参数按系统默认参数设置值，单击 确定 按钮，完成刀具的创建。

Task3. 创建 3D 轮廓加工操作

Stage1. 创建工序

Step1. 选择下拉菜单 插入(S) → 工序(E)... 命令，系统弹出“创建工序”对话框。

Step2. 确定加工方法。在 类型 下拉列表中选择 mill_contour 选项，在 工序子类型 区域中单击 PROFILE_3D 按钮，在 刀具 下拉列表中选择 D5R1 (铣刀-5 参数) 选项，在 几何体 下拉列表中选择 WORKPIECE 选项，在 方法 下拉列表中选择 METHOD 选项，单击 确定 按钮，系统弹出如图 4.8.2 所示的“轮廓 3D”对话框。

Stage2. 指定部件边界

Step1. 单击“轮廓 3D”对话框中的“指定部件边界”右侧的按钮，系统弹出“边界几何体”对话框。

Step2. 在 材料侧 下拉列表中选择 内部 选项，在 模式 下拉列表中选择 曲线/边... 选项，系统弹出“创建边界”对话框；在模型中选取如图 4.8.3 所示的边线串为边界，单击 确定 按钮，

返回到“边界几何体”对话框。

Step3. 单击 确定 按钮，返回到“轮廓 3D”对话框。

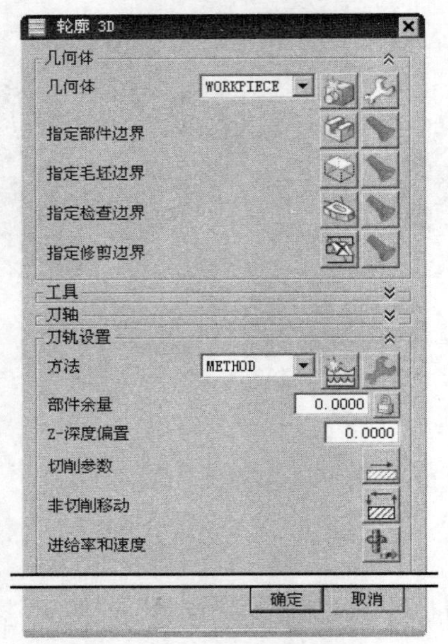

图 4.8.2 “轮廓 3D”对话框

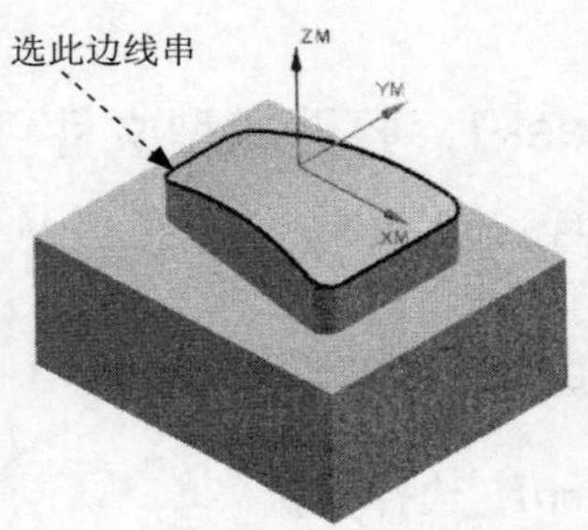

图 4.8.3 指定边界曲线

Stage3. 设置深度偏置

在“轮廓 3D”对话框的 部件余量 文本框中输入值 0.0，在 Z-深度偏置 文本框中输入值 5.0。

Stage4. 设置切削参数

Step1. 单击“轮廓 3D”对话框中的“切削参数”按钮，系统弹出“切削参数”对话框。

Step2. 单击 多刀路 选项卡，其参数设置值如图 4.8.4 所示。单击 确定 按钮，系统返回到“轮廓 3D”对话框。

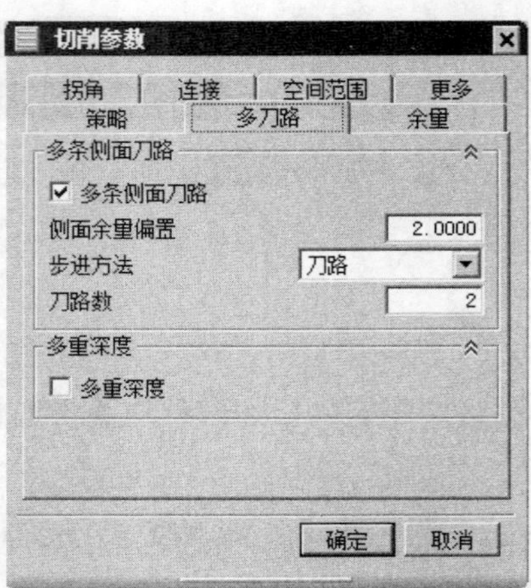

图 4.8.4 “多刀路”选项卡

Stage5．设置非切削移动参数

Step1．单击“轮廓 3D”对话框中的“非切削移动”按钮，系统弹出“非切削移动”对话框。

Step2．单击 进刀 选项卡，在 封闭区域 区域的 进刀类型 下拉列表中选择 沿形状斜进刀 选项；在 开放区域 区域的 进刀类型 下拉列表中选择 圆弧 选项。

Step3．单击 确定 按钮，完成非切削移动参数的设置。

Stage6．设置进给率和速度

Step1．单击“轮廓 3D”对话框中的“进给率和速度”按钮，系统弹出“进给率和速度”对话框。

Step2．选中 ☑ 主轴速度 (rpm) 复选框，然后在其后方的文本框中输入值 1200.0，在 切削 文本框中输入值 1000.0，按回车键，然后单击按钮，在 更多 区域的 进刀 文本框中输入值 300.0，其他参数采用系统默认设置值。

Step3．单击 确定 按钮，完成进给率和速度的设置，系统返回到“轮廓 3D”对话框。

Task4．生成刀路轨迹并仿真

生成的刀路轨迹如图 4.8.5 所示，2D 动态仿真加工后的零件模型如图 4.8.6 所示。

Task5．保存文件

选择下拉菜单 文件(F) ⟶ 保存(S) 命令，保存文件。

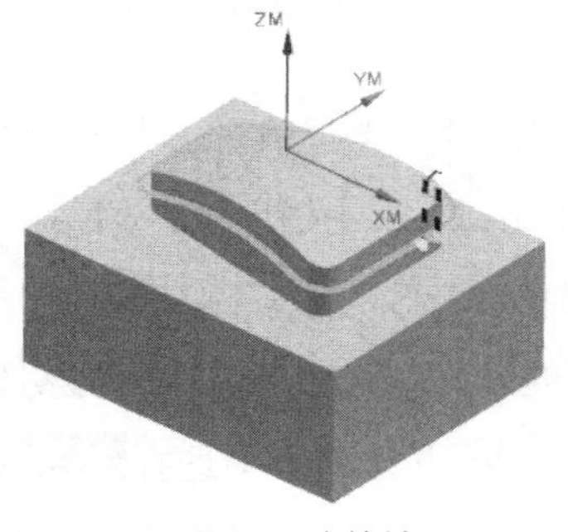

图 4.8.5　刀路轨迹

图 4.8.6　2D 仿真结果

4.9 刻　　字

在很多情况下，需要在产品的表面上雕刻零件信息和标识，即刻字。UG NX 9.0 中的刻字操作提供了这个功能，它使用制图模块中注释编辑器定义的文字来生成刀路轨迹。创建刻字操作应注意，如果加入的字是实心的，那么一个笔画可能是由好几条线组成的一个封闭的区域，这时如果刀尖半径很小，那么这些封闭的区域很可能不被完全切掉。下面以图 4.9.1 所示的模型为例，介绍创建刻字铣削的一般步骤。

a）部件几何体　b）毛坯几何体　c）加工结果

图 4.9.1　刻字

Task1．打开模型文件并进入加工模块

Step1．打开模型文件 D:\ugnx90.9\work\ch04.09\text.prt。

Step2．进入加工环境。选择下拉菜单 启动 → 加工(R)... 命令，在系统弹出的“加工环境”对话框的 要创建的 CAM 设置 列表框中选择 mill_contour 选项。单击 确定 按钮，进入加工环境。

Task2．创建几何体

Stage1．创建机床坐标系和安全平面

Step1．在工序导航器的几何体视图中双击节点 MCS_MILL，系统弹出“MCS 铣削”对话框。

Step2．创建机床坐标系。在 机床坐标系 区域中单击“CSYS 对话框”按钮，在系统弹出的 CSYS 对话框的 类型 下拉列表中选择 动态 选项。

Step3．单击 操控器 区域中的按钮，系统弹出“点”对话框，在“点”对话框的 参考 下拉列表中选择 WCS 选项，在 ZC 文本框中输入值 2.0，单击 确定 按钮，完成如图 4.9.2 所示的机床坐标系的创建；单击 确定 按钮，系统返回到“MCS 铣削”对话框。

Step4．创建安全平面。在 安全设置 区域的 安全设置选项 下拉列表中选择 平面 选项，单击“平面对话框”按钮，系统弹出“平面”对话框；在 类型 下拉列表中选择 XC-YC 平面，然后在 距离 文本框中输入值 5.0，单击 确定 按钮，完成图 4.9.3 所示的安全平面的创建，系统返回到“MCS 铣削”对话框，单击 确定 按钮。

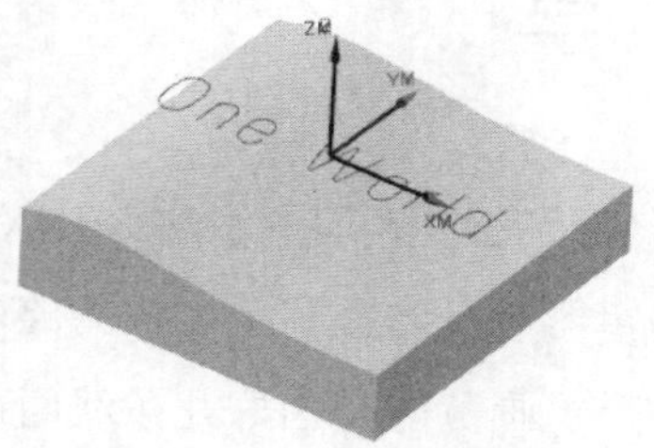

图 4.9.2　创建坐标系

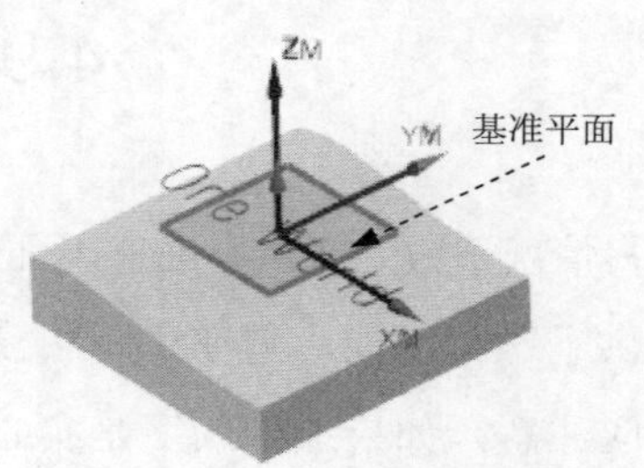

图 4.9.3　创建安全平面

Stage2．创建部件几何体

Step1．在工序导航器中单击 MCS_MILL 节点前的“+”，然后双击节点 WORKPIECE，系统弹出“工件”对话框。

Step2．选取部件几何体。单击按钮，系统弹出“部件几何体”对话框，在图形区选取整个零件作为部件几何体。

Step3．单击 确定 按钮，完成部件几何体的创建，同时系统返回到“工件”对话框。

Stage3．创建毛坯几何体

Step1．在“工件”对话框中单击“选择或编辑毛坯几何体”按钮，系统弹出“毛坯几何体”对话框，在图形区选取整个零件为毛坯几何体。单击 确定 按钮，系统返回到“工件”对话框。

Step2．单击 确定 按钮。

Task3．创建刀具

Step1．选择下拉菜单 插入(S) → 刀具(T)... 命令，系统弹出“创建刀具”对话框。

Step2．设置刀具类型和参数。在 类型 下拉列表中选择 mill_contour 选项，在 刀具子类型 区域中单击 BALL_MILL 按钮，在 位置 区域的 刀具 下拉列表中选择 NONE 选项，在 名称 文本框中输入刀具名称 BALL_MILL，单击 确定 按钮，系统弹出“铣刀-球头铣”对话框。

Step3．在对话框中 尺寸 区域的 (D) 球直径 文本框中输入值 5.0，在 (B) 锥角 文本框中输入值 15.0，其他参数采用系统默认设置值，设置完成后单击 确定 按钮，完成刀具的创建。

Task4．创建刻字操作

Stage1．创建工序

Step1．选择下拉菜单 插入(S) → 工序(E)... 命令，系统弹出“创建工序”对话框。

Step2．确定加工方法。在 类型 下拉列表中选择 mill_contour 选项，在 工序子类型 区域中单击 CONTOUR_TEXT 按钮，在 程序 下拉列表中选择 PROGRAM 选项，在 刀具 下拉列表中选择 BALL_MILL (铣刀-球头铣) 选项，在 几何体 下拉列表中选择 WORKPIECE 选项，在 方法 下拉列表中选择 MILL_FINISH 选项，单击 确定 按钮，系统弹出如图 4.9.4 所示的“轮廓文本”对话框。

Stage2．显示刀具和几何体

Step1．显示刀具。在“轮廓文本”对话框的 工具 区域中单击“编辑/显示”按钮，系统弹出“铣刀-球头铣”对话框，同时在图形区中显示刀具的形状及大小，如图 4.9.5 所示，然后单击 确定 按钮。

Step2. 显示部件几何体。在“轮廓文本”对话框的几何体区域中单击指定部件右侧的“显示”按钮，在图形区中显示部件几何体，如图 4.9.6 所示。

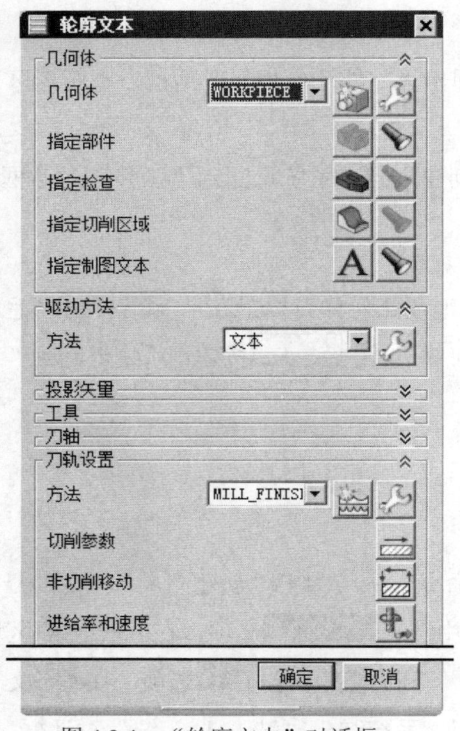

图 4.9.4 “轮廓文本”对话框

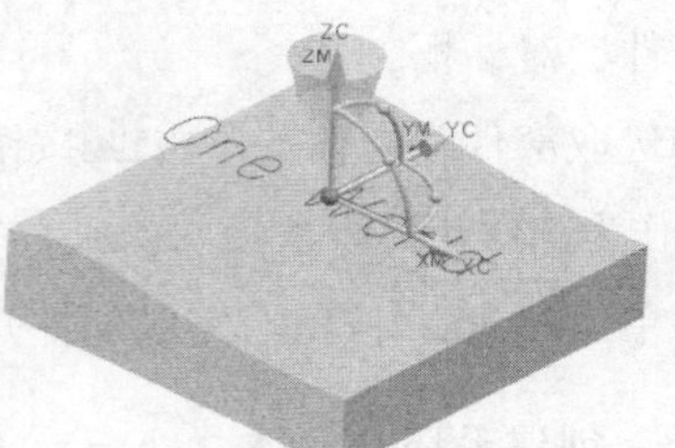

图 4.9.5 显示刀具

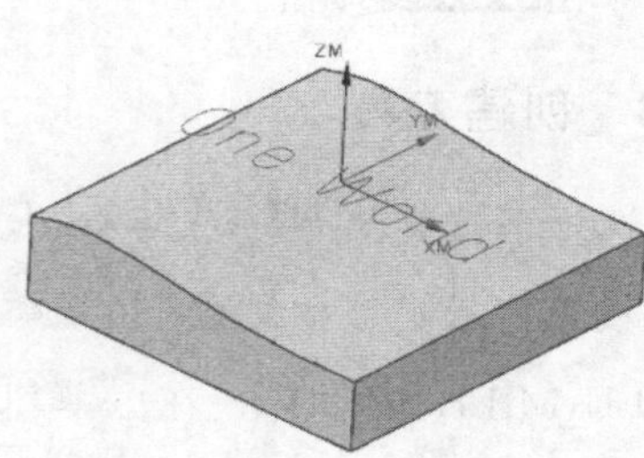

图 4.9.6 显示部件几何体

Stage3. 指定制图文本

Step1. 在“轮廓文本”对话框中单击指定制图文本右侧的 A 按钮，系统弹出如图 4.9.7 所示的“文本几何体”对话框。

Step2. 在图形区中选取如图 4.9.8 所示的文本，单击确定按钮返回到“轮廓文本”对话框。

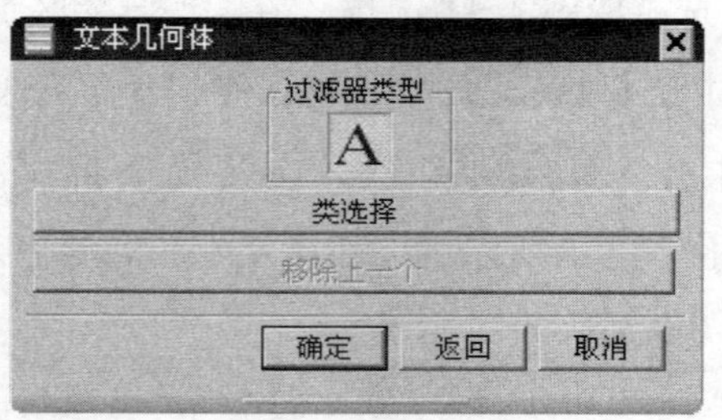

图 4.9.7 “文本几何体”对话框

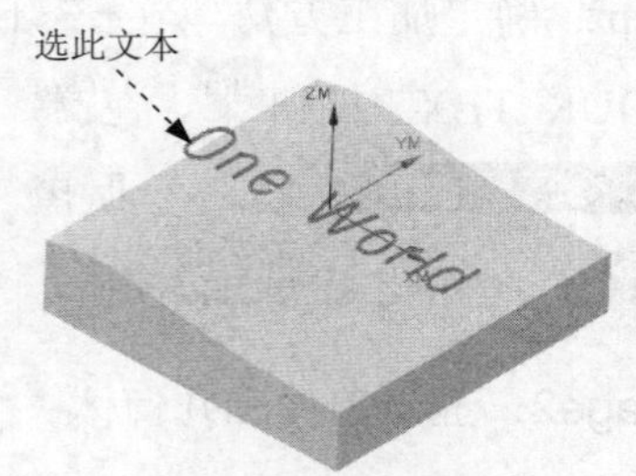

图 4.9.8 选取制图文本

Stage4. 设置切削参数

Step1. 单击“轮廓文本”对话框中的“切削参数”按钮，系统弹出“切削参数”对

话框。单击 策略 选项卡，在 文本深度 文本框中输入值 0.25。

Step2. 单击 余量 选项卡，其参数设置值如图 4.9.9 所示，单击 确定 按钮。

Stage5. 设置非切削移动参数

Step1. 在“轮廓文本”对话框中单击“非切削移动”按钮，系统弹出“非切削移动”对话框。

Step2. 单击 进刀 选项卡，其参数设置值如图 4.9.10 所示，完成后单击 确定 按钮。

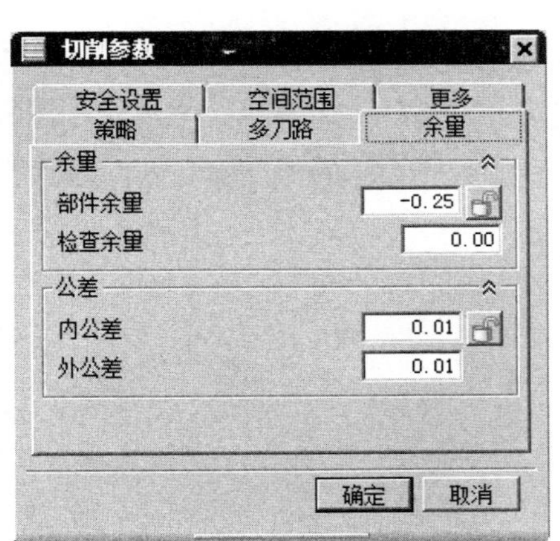

图 4.9.9 “余量”选项卡

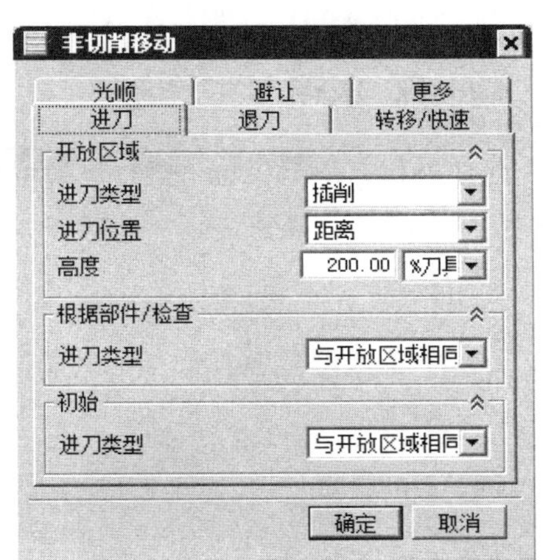

图 4.9.10 “进刀”选项卡

Stage6. 设置进给率和速度

Step1. 在“轮廓文本”对话框中单击“进给率和速度”按钮，系统弹出“进给率和速度”对话框。

Step2. 选中 ☑ 主轴速度 (rpm) 复选框，然后在其后方的文本框中输入值 1200。

Step3. 在 切削 文本框中输入值 3000.0，按回车键，然后单击按钮，在 更多 区域的 进刀 文本框中输入值 500.0，在 第一刀切削 文本框中输入值 300.0，其他选项均采用系统默认设置值。

Step4. 单击 确定 按钮，完成进给率和速度的设置，系统返回“轮廓文本”对话框。

Task5. 生成刀路轨迹并仿真

Step1. 在“轮廓文本”对话框中单击“生成”按钮，在图形区中生成如图 4.9.11 所示的刀路轨迹。

Step2. 单击“确认”按钮，在系统弹出的“刀轨可视化”对话框中单击 2D 动态 选项卡，单击“播放”按钮，即可演示刀具按刀轨运行，完成演示后的模型如图 4.9.12 所示，仿真完成后单击两次 确定 按钮，完成操作。

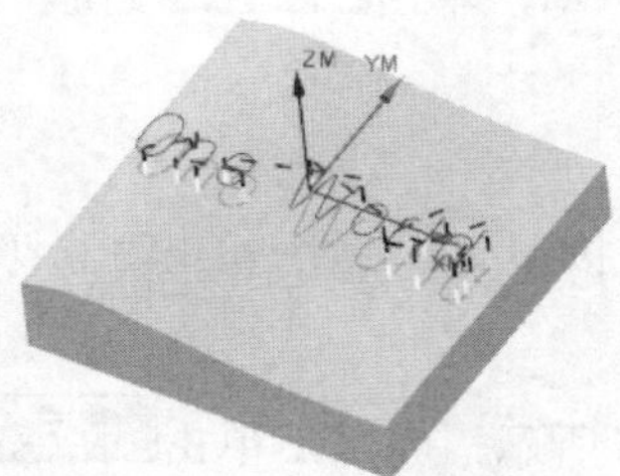

图 4.9.11　刀路轨迹

图 4.9.12　2D 仿真结果

Task6．保存文件

选择下拉菜单 文件(F) → 保存(S) 命令，保存文件。

第5章 多轴加工

本章提要 多轴加工也称为可变轴加工，是指在切削加工中，加工轴矢量不断变化的一种加工方式。本章通过典型范例讲解了 UG NX 9.0 中多轴加工的一般流程及操作方法，读者从中不仅可以领会 UG NX 9.0 中多轴加工的方法，还可学到多轴加工的基本概念。

5.1 概述

多轴加工是指使用运动轴数为四轴或五轴以上的机床进行的数控加工，具有加工结构、程序复杂和控制精度高等特点。多轴加工适用于加工复杂的曲面、斜轮廓以及不同平面上的孔系等。由于在加工过程中刀具与工件的位置是可以随时调整的，刀具与工件能达到最佳切削状态，从而提高机床加工效率。多轴加工能够提高复杂机械零件的加工精度，因此，它在制造业中发挥着重要的作用。在多轴加工中，五轴加工应用范围最为广泛，所谓五轴加工是指在一台机床上至少有 5 个运动轴（3 个直线轴和 2 个旋转轴），而且可在计算机数控系统（CNC）的控制下协调运动进行加工。五轴联动数控技术对工业制造，特别是对航空、航天、军事工业有重要影响，由于其特殊的地位，国际上把五轴联动数控技术作为衡量一个国家生产设备自动化水平的标志。

5.2 多轴加工的子类型

进入加工环境后，选择下拉菜单 插入(S) → 工序(E)... 命令，系统弹出“创建工序”对话框。在“创建工序”对话框的 类型 下拉列表中选择 mill_multi-axis 选项，系统显示多轴加工操作的 6 种操作子类型，如图 5.2.1 所示。

图 5.2.1 所示的“创建工序”对话框中的各按钮说明如下：

- A1 (VARIABLE_CONTOUR)：可变轮廓铣。
- A2 (VARIABLE_STREAMLINE)：可变流线铣。
- A3 (CONTOUR_PROFILE)：外形轮廓铣。
- A4 (FIXED_CONTOUR)：固定轴轮廓铣。
- A5 (ZLEVEL_5AXIS)：深度加工 5 轴铣。
- A6 (SEQUENTIAL_MILL)：顺序铣。

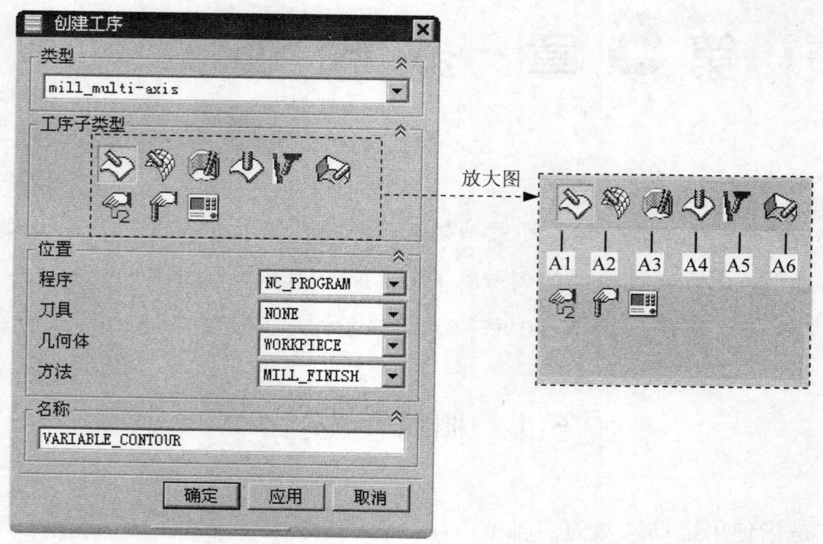

图 5.2.1 “创建工序”对话框

5.3 可变轴轮廓铣

可变轴轮廓铣可以精确地控制刀轴和投影矢量使刀具沿着非常复杂的曲面运动。其中刀轴的方向是指刀具的中心指向夹持器的矢量方向，它可以通过输入坐标值、指定几何体、设置刀轴与零件表面的法向矢量的关系，或设置刀轴与驱动面法向矢量的关系来确定。

下面以图 5.3.1 所示的模型来说明创建可变轴轮廓铣操作的一般步骤。

a）部件几何体 b）毛坯几何体 c）加工结果

图 5.3.1 可变轴轮廓铣

Task1. 打开模型文件并进入加工模块

Step1. 打开模型文件 D:\ugnx90.9\work\ch05.03\cylinder_cam.prt。

Step2. 进入加工环境。选择下拉菜单 启动 → 加工(R)... 命令，在系统弹出的“加工环境”对话框的 要创建的 CAM 设置 列表框中选择 mill_multi-axis 选项，然后单击 确定 按钮，进入多轴加工环境。

Task2．创建几何体

Stage1．创建机床坐标系和安全平面

Step1．进入几何视图。在工序导航器的空白处右击，在系统弹出的快捷菜单中选择几何视图命令，在工序导航器中双击节点MCS，系统弹出 MCS 对话框。

Step2．创建机床坐标系。

（1）在 MCS 对话框的机床坐标系区域中单击“CSYS 对话框”按钮，系统弹出 CSYS 对话框，在类型下拉列表中选择动态选项。

（2）拖动机床坐标系的原点至如图 5.3.2 所示边线圆心的位置，单击确定按钮，此时系统返回至 MCS 对话框。

Step3．创建安全平面。

（1）在 MCS 对话框中安全设置区域的安全设置选项下拉列表中选择平面选项，单击“平面对话框”按钮，系统弹出“平面”对话框。

（2）选取如图 5.3.3 所示的模型表面，在偏置区域的距离文本框中输入值 10.0，单击确定按钮，系统返回到 MCS 对话框，完成安全平面的创建。

Step4．单击确定按钮，完成机床坐标系的设置。

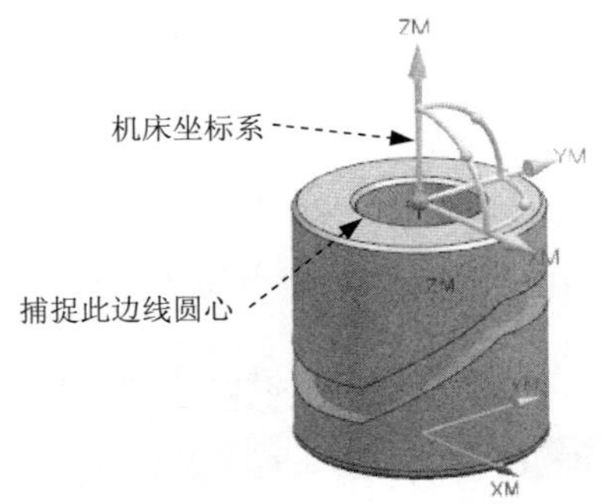

图 5.3.2　创建机床坐标系

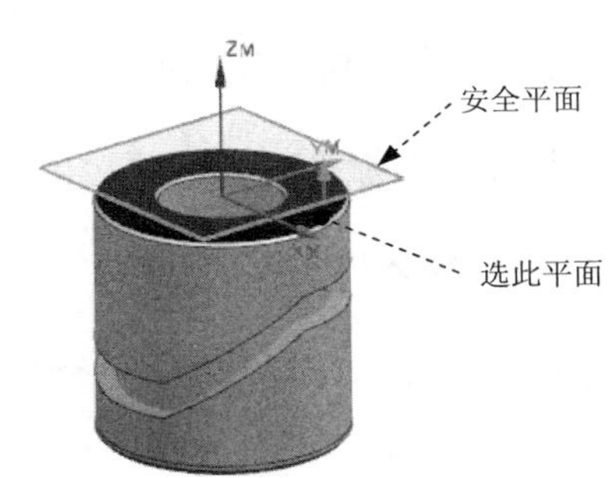

图 5.3.3　创建安全平面

Stage2．创建毛坯几何体

Step1．在工序导航器中双击MCS节点下的WORKPIECE，系统弹出“工件”对话框。

Step2．单击按钮，系统弹出“毛坯几何体”对话框。

Step3．在类型下拉列表中选择几何体选项，在图形区选取如图 5.3.4 所示的几何体为毛坯几何体。

说明：选取几何体时注意选择的类型过滤器应设置为“实体”。选择毛坯几何体后，为了方便后面的操作，需要将该几何体隐藏起来。

Step4．依次单击“毛坯几何体”对话框和“工件”对话框中的确定按钮。

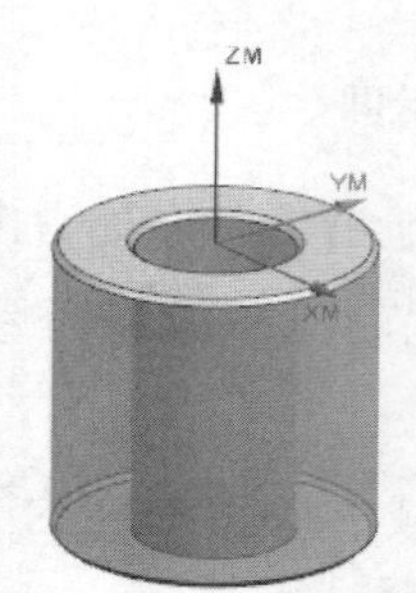

图 5.3.4　毛坯几何体

Task3．创建刀具

Step1．选择下拉菜单 插入(S) → 刀具(T)... 命令，系统弹出“创建刀具”对话框。

Step2．确定刀具类型。在 类型 下拉列表中选择 mill_multi-axis 选项，在 刀具子类型 区域中单击 MILL 按钮，在 名称 文本框中输入刀具名称 D10，单击 确定 按钮，系统弹出“铣刀-5 参数”对话框。

Step3．设置刀具参数。在 尺寸 区域的 (D) 直径 文本框中输入值 10.0，在 (B) 锥角 文本框中输入值 0.0，在 (L) 长度 文本框中输入值 75.0，在 (FL) 刃口长度 文本框中输入值 50.0，其他参数采用系统默认设置值。

Step4．单击 确定 按钮，完成刀具的创建。

Task4．创建工序

Stage1．插入操作

Step1．选择下拉菜单 插入(S) → 工序(E)... 命令，系统弹出“创建工序”对话框。

Step2．确定加工方法。在 类型 下拉列表中选择 mill_multi-axis 选项，在 工序子类型 区域中单击 VARIABLE_CONTOUR 按钮，在 刀具 下拉列表中选择 D10（铣刀-5 参数）选项，在 几何体 下拉列表中选择 WORKPIECE 选项，在 方法 下拉列表中选择 MILL_FINISH 选项，单击 确定 按钮，系统弹出“可变轮廓铣”对话框，如图 5.3.5 所示。

Stage2．设置驱动方法

Step1．在“可变轮廓铣”对话框 驱动方法 区域中的 方法 下拉列表中选择 曲面 选项，系统弹出如图 5.3.6 所示的“曲面区域驱动方法”对话框。

Step2．单击 按钮，系统弹出“驱动几何体”对话框，采用系统默认设置值，在图形区选取图 5.3.7 所示的曲面，单击 确定 按钮，系统返回到“曲面区域驱动方法”对话框。

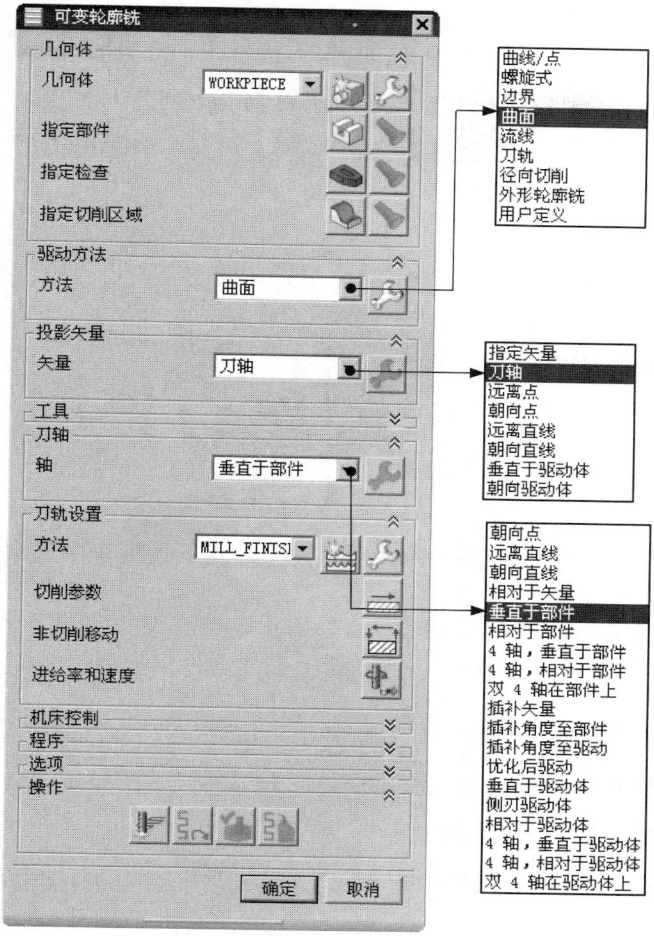

图 5.3.5 “可变轮廓铣”对话框

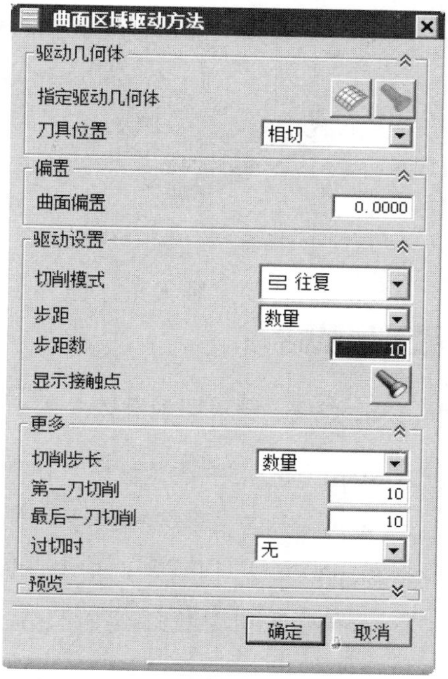

图 5.3.6 “曲面区域驱动方法”对话框

Step3. 单击“切削方向”按钮，在图形区选取图 5.3.8 所示的箭头方向。

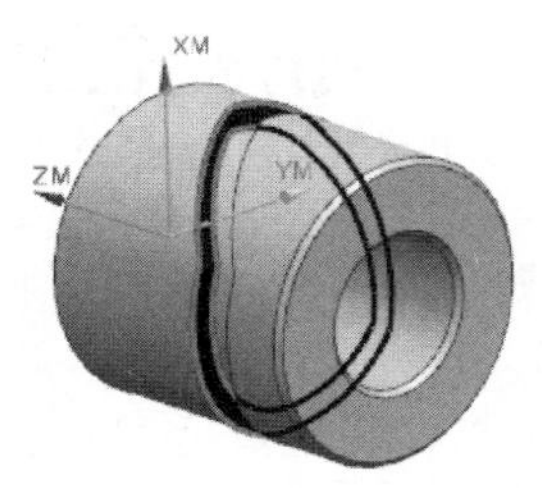

图 5.3.7 选取驱动曲面

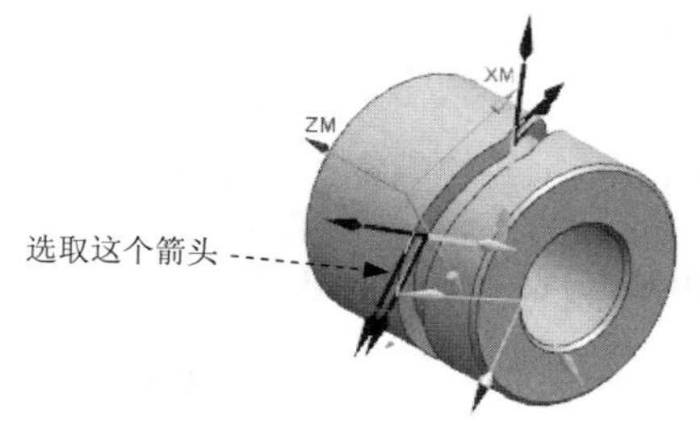

图 5.3.8 选取切削方向

Step4. 单击“材料反向”按钮，确保材料方向箭头如图 5.3.9 所示。

Step5. 设置驱动参数。在切削模式下拉列表中选择螺旋选项，在步距下拉列表中选择数量选项，在步距数文本框中输入值 200.0，单击确定按钮，系统返回到“可变轮廓铣”对话框。

Stage3．设置刀轴与投影矢量

Step1. 设置刀轴。在“可变轮廓铣”对话框 刀轴 区域的 轴 下拉列表中选择 侧刃驱动体 选项，然后单击“指定侧刃方向”按钮，系统弹出“选择侧刃驱动方向”对话框，在图形区选取图 5.3.10 所示的箭头方向，单击 确定 按钮，系统返回到“可变轮廓铣”对话框。

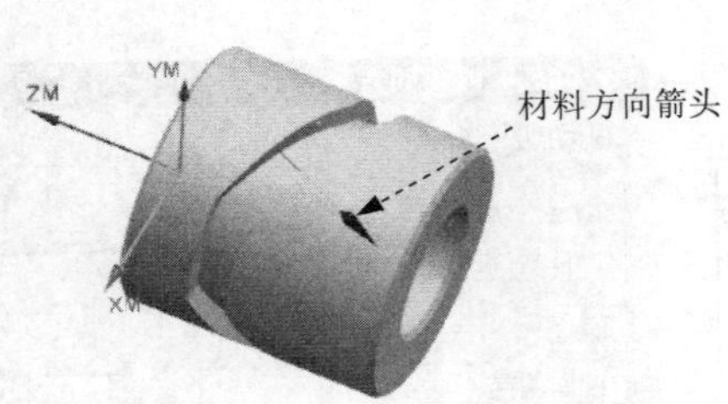

图 5.3.9 选取材料方向

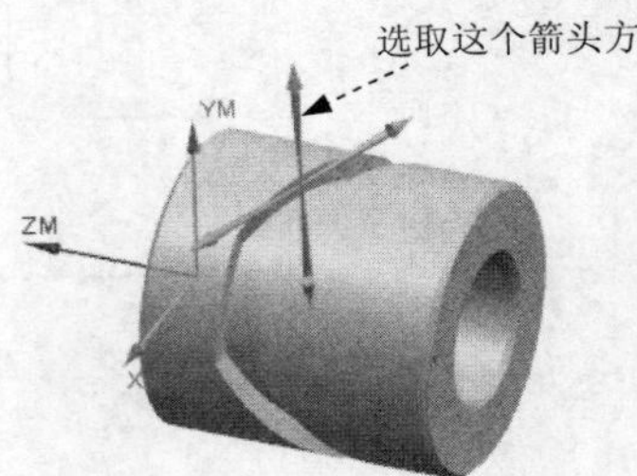

图 5.3.10 设置刀轴

Step2. 设置投影矢量。在“可变轮廓铣”对话框 投影矢量 区域的 矢量 下拉列表中选取 垂直于驱动体 选项。

Stage4．设置切削参数

Step1. 在 刀轨设置 区域中单击“切削参数”按钮，系统弹出“切削参数”对话框。

Step2. 单击 余量 选项卡，在 部件余量 文本框中输入值 0.5。

Step3. 单击 刀轴控制 选项卡，设置参数如图 5.3.11 所示。

Step4. 单击 确定 按钮，完成切削参数的设置，系统返回到“可变轮廓铣”对话框。

Stage5．设置非切削移动参数

Step1. 单击“可变轮廓铣”对话框中的“非切削移动”按钮，系统弹出“非切削移动”对话框。

Step2. 单击 转移/快速 选项卡，设置如图 5.3.12 所示的参数，完成后单击 确定 按钮，系统返回到“可变轮廓铣”对话框。

Stage6．设置进给率和速度

Step1. 单击“可变轮廓铣”对话框中的“进给率和速度”按钮，系统弹出“进给率和速度”对话框。

Step2. 选中 主轴速度 区域中的 ☑ 主轴速度 (rpm) 复选框，在其后的文本框中输入值 3000.0，在 进给率 区域的 切削 文本框中输入值 500.0，单击按钮，在 进刀 文本框中输入值 300.0。

Step3. 单击 确定 按钮。

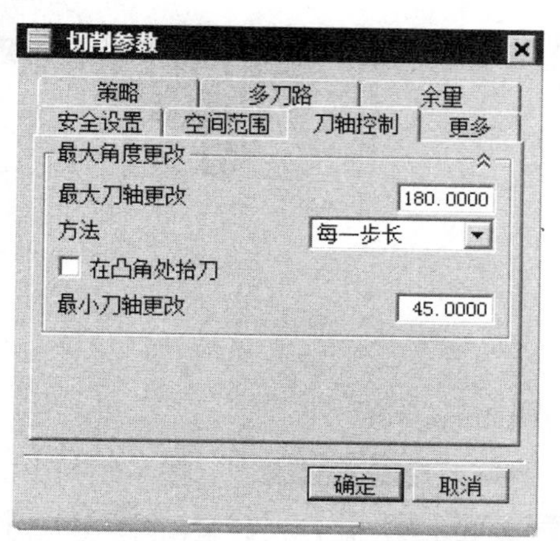

图 5.3.11 “刀轴控制”选项卡

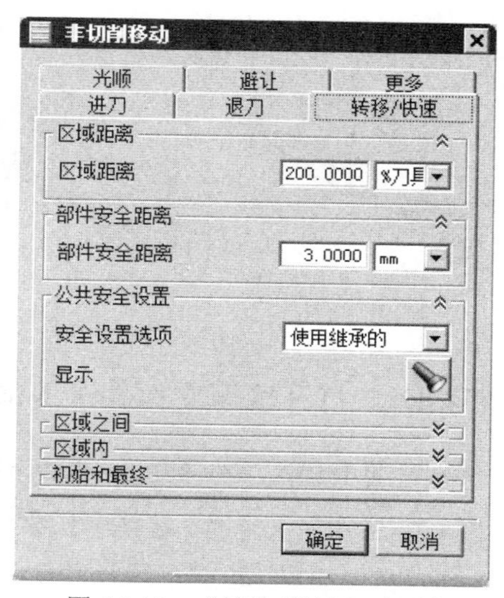

图 5.3.12 “转移/快速”选项卡

Task5. 生成刀路轨迹并仿真

Step1. 单击“生成”按钮，在图形区中生成如图 5.3.13 所示的刀路轨迹。

Step2. 在“可变轮廓铣”对话框中单击“确认”按钮，在系统弹出的“刀轨可视化”对话框中单击 2D 动态 选项卡，单击“播放”按钮，即可演示刀具按刀轨运行，完成演示后的结果如图 5.3.14 所示，单击 确定 按钮，完成操作。

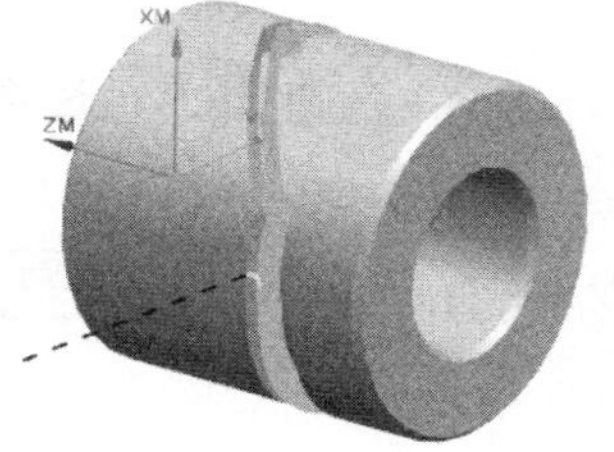

图 5.3.13 刀路轨迹

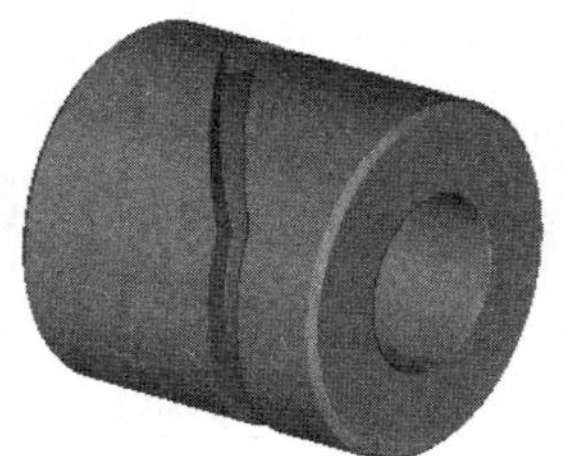

图 5.3.14 2D 仿真结果

说明：将此刀路进行适当的变换就可以得到粗加工刀路和另一个侧面的加工刀路。

Task6. 保存文件

选择下拉菜单 文件(F) → 保存(S) 命令，保存文件。

5.4 可变轴流线铣

在可变轴加工中，流线铣是比较常见的铣削方式。下面以如图 5.4.1 所示的模型来说明创建可变轴流线铣操作的一般步骤。

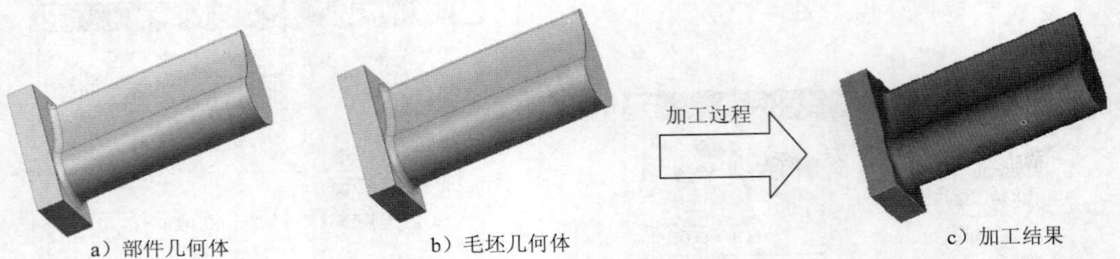

图 5.4.1　可变轴流线铣

Task1．打开模型文件并进入加工模块

Step1．打开模型文件 D:\ugnx90.9\work\ch05.04\stream.prt。

Step2．进入加工环境。选择下拉菜单 启动 → 加工(N)... 命令，在系统弹出的“加工环境”对话框的 要创建的 CAM 设置 列表框中选择 mill multi-axis 选项，然后单击 确定 按钮，进入多轴加工环境。

Task2．创建几何体

Stage1．创建机床坐标系和安全平面

Step1．进入几何视图。在工序导航器的空白处右击，在系统弹出的快捷菜单中选择 几何视图 命令，在工序导航器中双击节点 MCS，系统弹出 MCS 对话框。

Step2．创建机床坐标系。

（1）在 MCS 对话框的 机床坐标系 区域中单击“CSYS 对话框”按钮，系统弹出 CSYS 对话框，在 类型 下拉列表中选择 动态 选项。

（2）拖动机床坐标系的原点至如图 5.4.2 所示边线的中点位置，单击 确定 按钮，完成如图 5.4.2 所示的机床坐标系的创建，此时系统返回至 MCS 对话框。

Step3．创建安全平面。

（1）在 MCS 对话框 安全设置 区域的 安全设置选项 下拉列表中选择 平面 选项，单击按钮，系统弹出“平面”对话框。

（2）选取如图 5.4.3 所示的平面，在 偏置 区域的 距离 文本框中输入值 20.0，单击 确定 按钮，系统返回到 MCS 对话框，单击 确定 按钮，完成安全平面的创建。

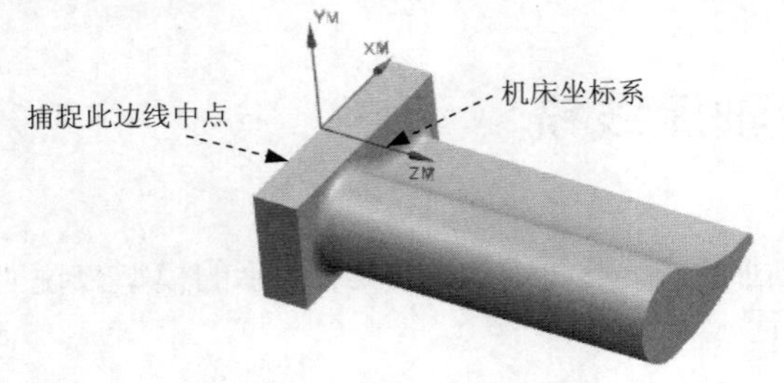

图 5.4.2　创建机床坐标系

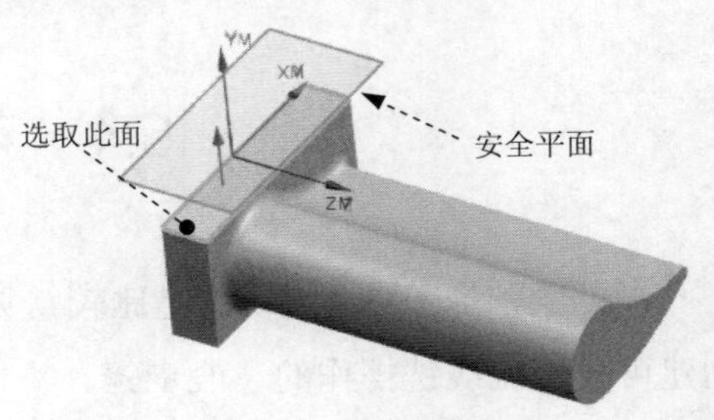

图 5.4.3　创建安全平面

Stage2．创建部件几何体

Step1．在工序导航器中双击 MCS 节点下的 WORKPIECE 节点，系统弹出“工件”对话框。

Step2．选取部件几何体。在“工件”对话框中单击按钮，系统弹出“部件几何体”对话框。

Step3．在图形区选取整个零件实体为部件几何体，单击 确定 按钮，完成部件几何体的创建，同时系统返回到“工件”对话框。

Stage3．创建毛坯几何体

Step1．在“工件”对话框中单击按钮，系统弹出“毛坯几何体”对话框。

Step2．在 类型 下拉列表中选择 部件的偏置 选项，在 偏置 文本框中输入值 0.3。

Step3．单击 确定 按钮，然后单击“工件”对话框中的 确定 按钮。

Task3．创建刀具

Step1．选择下拉菜单 插入(S) → 刀具(T)... 命令，系统弹出“创建刀具”对话框。

Step2．确定刀具类型。在“创建刀具”对话框的 类型 下拉列表中选择 mill_multi-axis 选项，在 刀具子类型 区域中单击 BALL_MILL 按钮，在 名称 文本框中输入刀具名称 D6，单击 确定 按钮，系统弹出“铣刀-球头铣”对话框。

Step3．设置刀具参数。在 尺寸 区域的 (D) 直径 文本框中输入值 6.0，其他参数采用系统默认设置值。

Step4．单击 确定 按钮，完成刀具的创建。

Task4．创建工序

Stage1．插入工序

Step1．选择下拉菜单 插入(S) → 工序(E)... 命令，系统弹出“创建工序”对话框。

Step2．确定加工方法。在 类型 下拉列表中选择 mill_multi-axis 选项，在 工序子类型 区域中单击 VARIABLE_STREAMLINE 按钮，在 刀具 下拉列表中选择 D6（铣刀-球头铣）选项，在 几何体 下拉列表中选择 WORKPIECE 选项，在 方法 下拉列表中选择 MILL_FINISH 选项，单击 确定 按钮，系统弹出“可变流线铣”对话框，如图 5.4.4 所示。

Stage2．指定切削区域

在“可变流线铣”对话框中单击按钮，系统弹出“切削区域”对话框，采用系统默认的选项，选取如图 5.4.5 所示的切削区域，单击 确定 按钮，系统返回到“可变流线铣”对话框。

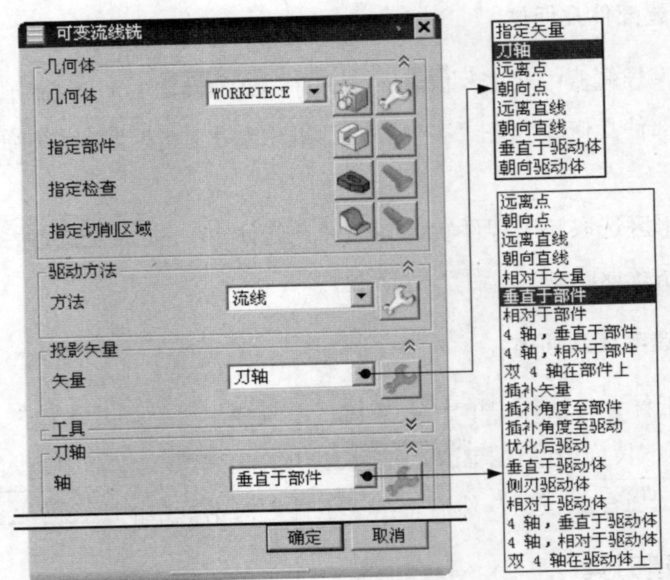

图 5.4.4 “可变流线铣”对话框

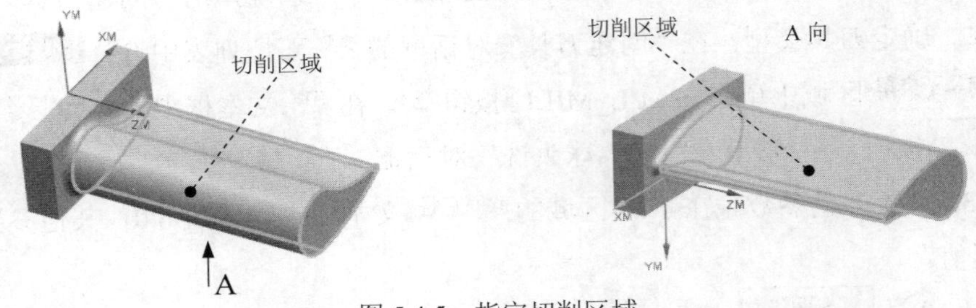

图 5.4.5 指定切削区域

图 5.4.4 所示的“可变流线铣”对话框中 刀轴 区域的 轴 下拉列表的各选项说明如下：

注意：刀轴 下拉列表的选项会根据所选择的驱动方法的不同而有所不同，同时 矢量 下拉列表的选项也会有所变化。

- 远离点：选择此选项后，系统弹出“点”对话框，可以通过“点”对话框创建一个聚焦点，所有刀轴矢量均以该点为起点并指向刀具夹持器，如图 5.4.6 和图 5.4.7 所示。参考文件路径为：D:\ugnx90.9\work\ch05.04\point_from.prt。

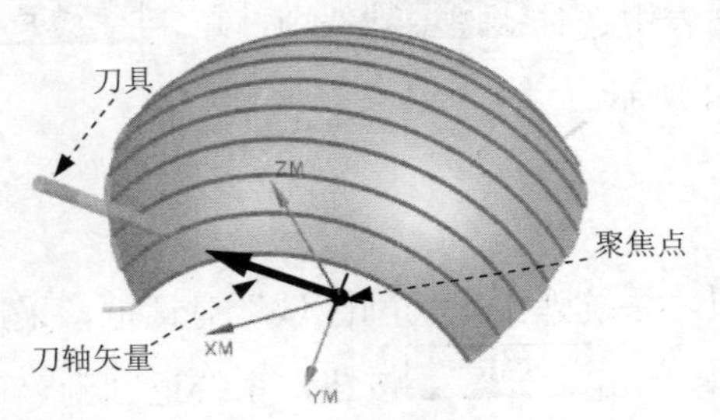

图 5.4.6 “远离点”刀轴矢量（一）

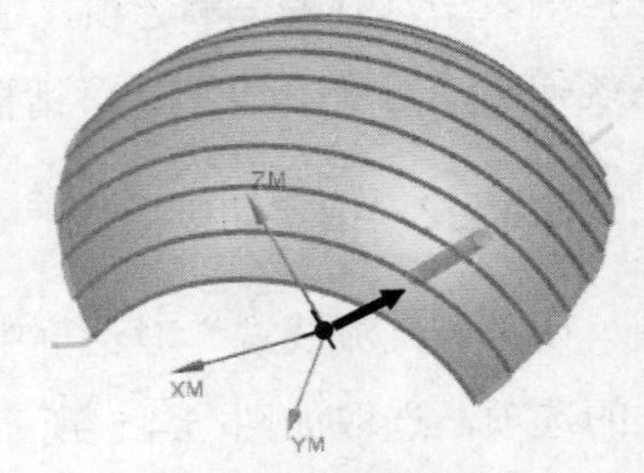

图 5.4.7 “远离点”刀轴矢量（二）

● **朝向点**：选择此选项后，系统弹出“点”对话框，可以通过“点”对话框创建一个聚焦点，所有刀轴的矢量均指向该点，如图 5.4.8 和图 5.4.9 所示。参考文件路径为：D:\ugnx90.9\work\ch05.04\point_to.prt。

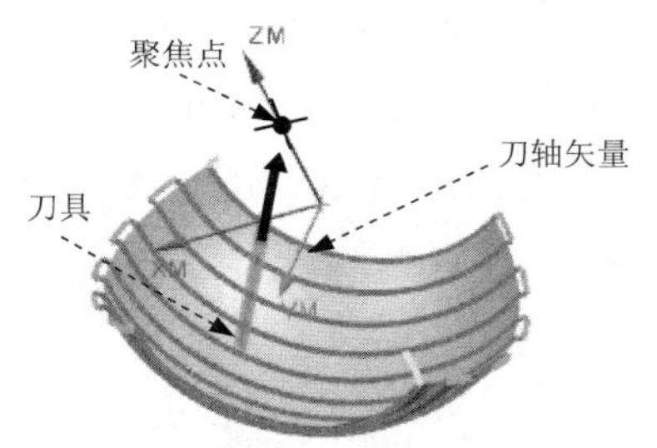

图 5.4.8 “朝向点”刀轴矢量（一）

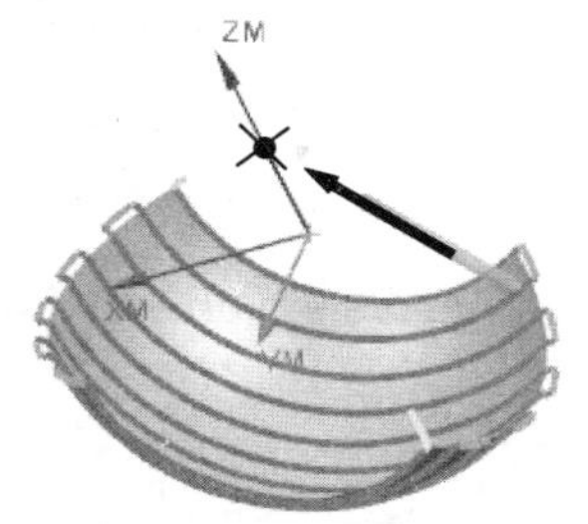

图 5.4.9 “朝向点”刀轴矢量（二）

● **远离直线**：选择此选项后，系统弹出“直线定义”对话框，可以通过此对话框创建一条直线，刀轴矢量沿着聚焦线运动并与该聚焦线保持垂直，矢量方向从聚焦线离开并指向刀具夹持器，如图 5.4.10 和图 5.4.11 所示。参考文件路径为：D:\ugnx90.9\work\ch05.04\line_to.prt。

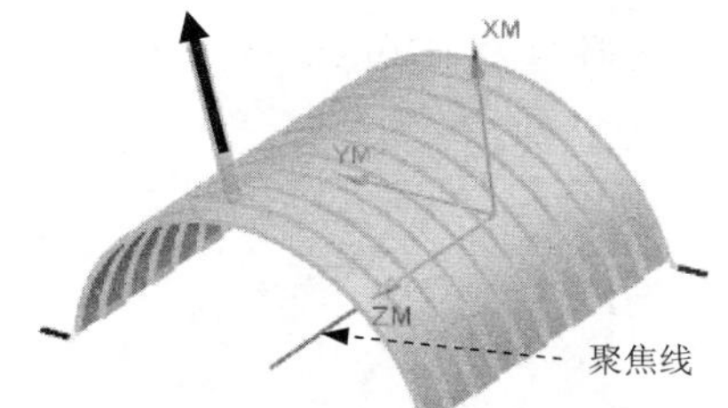

图 5.4.10 “远离直线”刀轴矢量（一）

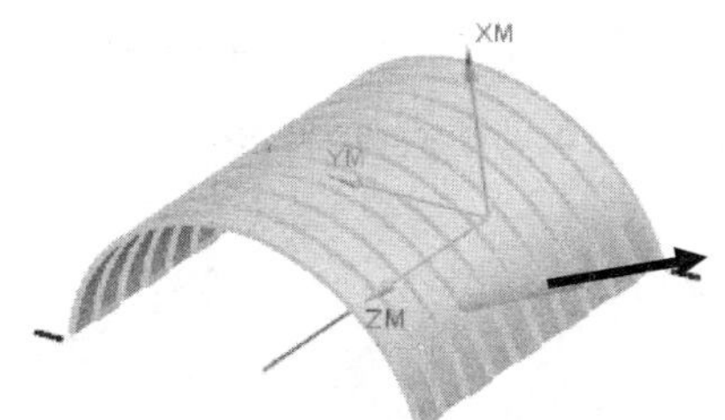

图 5.4.11 “远离直线”刀轴矢量（二）

● **朝向直线**：选择此选项后，系统弹出“直线定义”对话框，可以通过此对话框创建一条直线，刀轴矢量沿着聚焦线运动并与该聚焦线保持垂直，矢量方向指向聚焦线并指向刀具夹持器，如图 5.4.12 和图 5.4.13 所示。参考文件路径为：D:\ugnx90.9\work\ch05.04\line_from.prt。

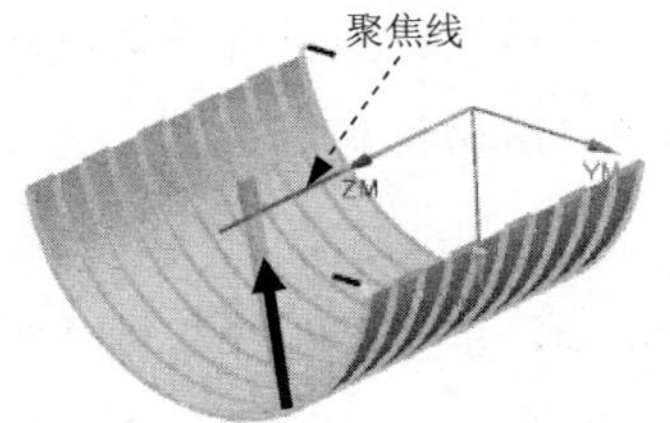

图 5.4.12 “朝向直线”刀轴矢量（一）

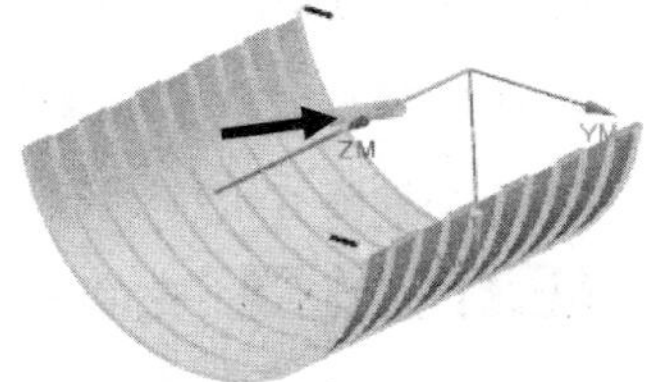

图 5.4.13 “朝向直线”刀轴矢量（二）

● **相对于矢量**：选择此选项后，系统弹出“相对于矢量”对话框，可以创建或指定一个矢量，并设置刀轴矢量的前倾角和侧倾角与该矢量相关联。其中“前倾角”定

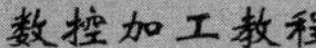

义了刀具沿刀轨前倾或后倾的角度，正前倾角表示刀具相对于刀轨方向向前倾斜，负前倾角表示刀具相对于刀轨方向向后倾斜，由于前倾角基于刀具的运动方向，因此往复切削模式将使刀具在单向刀路中向一侧倾斜，而在回转刀路中向相反的另一侧倾斜。侧倾角定义了刀具从一侧到另一侧的角度，正侧倾角将使刀具向右倾斜，负侧倾角将使刀具向左倾斜。与前倾角不同的是，“侧倾角”是固定的，它与刀具的运动方向无关，如图 5.4.14 和图 5.4.15 所示。参考文件路径为：D:\ugnx90.9\work\ch05.04\relatively_vector.prt。

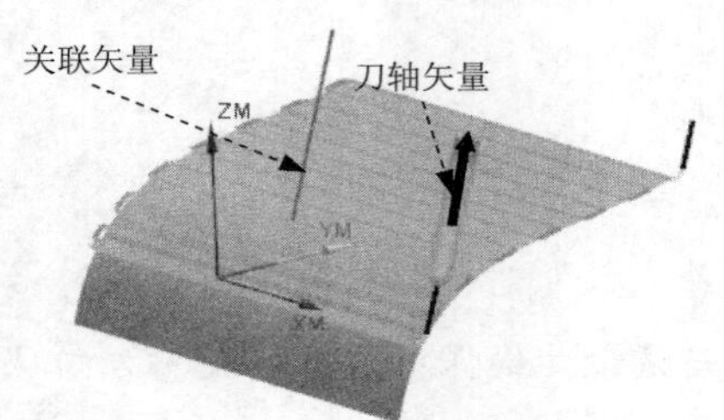

图 5.4.14 “相对于矢量”刀轴矢量（一）

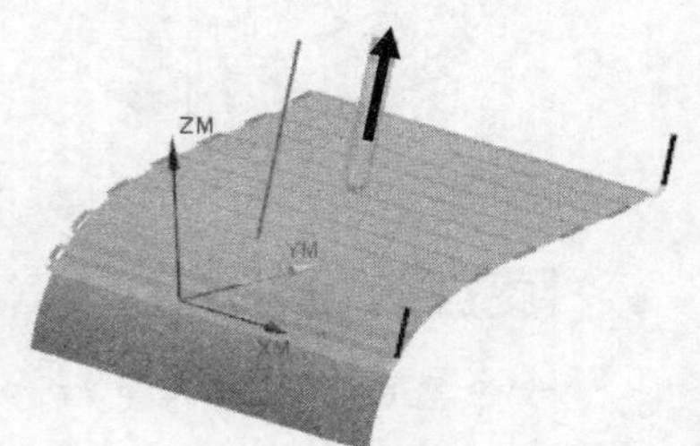

图 5.4.15 “相对于矢量”刀轴矢量（二）

- **垂直于部件**：选择此选项后，刀轴矢量将在每一个刀具与部件的接触点处垂直于部件表面，如图 5.4.16 和图 5.4.17 所示。参考文件路径为：D:\ugnx90.9\work\ch05.04\per_workpiece.prt。

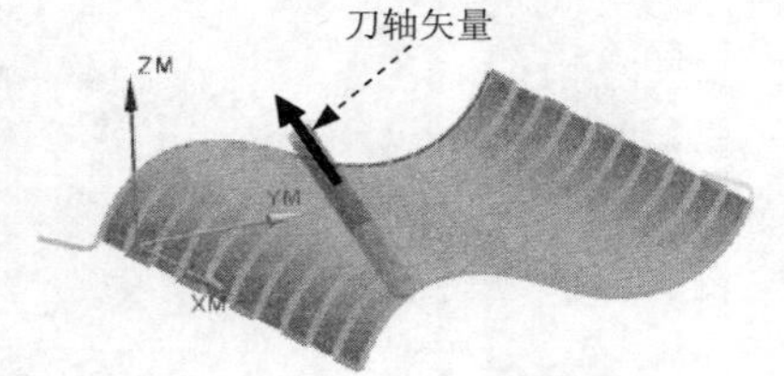

图 5.4.16 “垂直于部件”刀轴矢量（一）

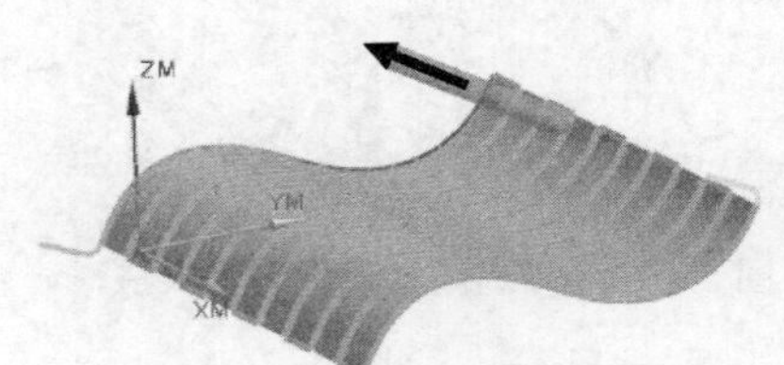

图 5.4.17 “垂直于部件”刀轴矢量（二）

- **相对于部件**：选择此选项后，系统弹出如图 5.4.18 所示的“相对于部件”对话框，可以在此对话框中设置刀轴的前倾角和侧倾角与部件表面的法向矢量相关联，并可以设置前倾角和侧倾角的变化范围。参考文件路径为：D:\ugnx90.9\work\ch05.04\relatively_workpiece.prt。刀轴矢量如图 5.4.19 所示。将模型视图切换到右视图，查看前倾角的设置，如图 5.4.20 所示；将模型视图切换到前视图，查看侧倾角的设置，如图 5.4.21 所示。
- **4 轴，垂直于部件**：选择此选项后，系统弹出“4 轴，垂直于部件”对话框，可以用来设置旋转轴及其旋转角度，刀具绕着指定的轴旋转，并始终和旋转轴垂直。
- **4 轴，相对于部件**：选择此选项后，系统弹出“4 轴，相对于部件”对话框，可以设置旋转轴及其旋转角度，同时可以设置刀轴的前倾角和侧倾角与该轴相关联，在 4 轴加工中，前倾角通常设置为 0。

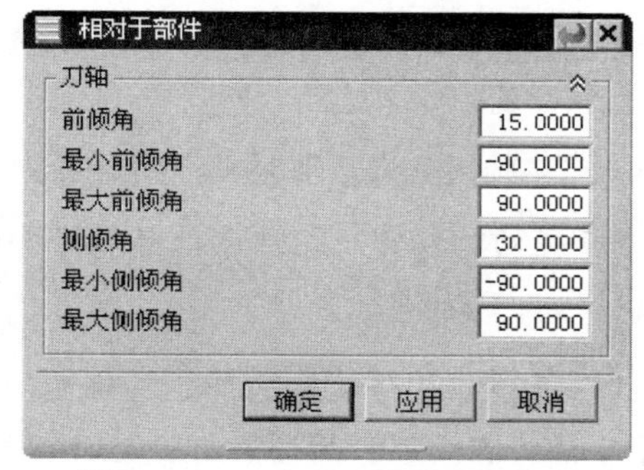

图 5.4.18　“相对于部件”对话框

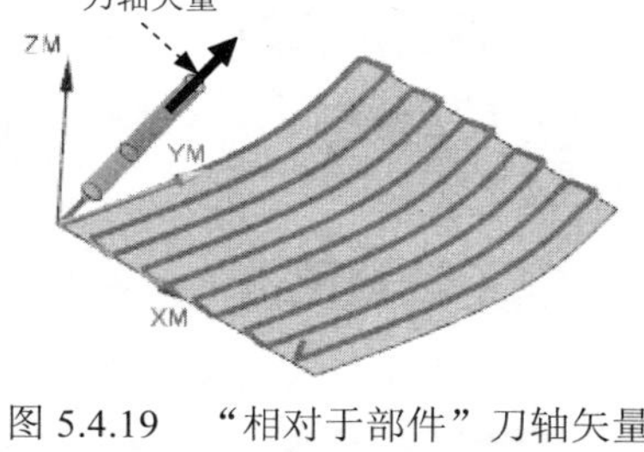

图 5.4.19　“相对于部件”刀轴矢量

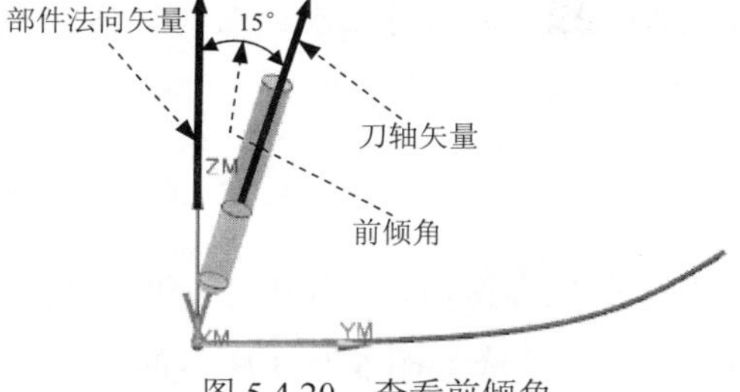

图 5.4.20　查看前倾角

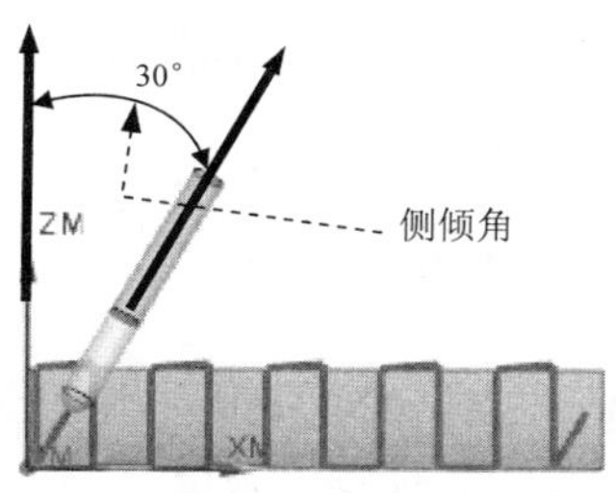

图 5.4.21　查看侧倾角

- **双 4 轴在部件上**：选择此选项后，系统弹出“双 4 轴，相对于在部件”对话框，此时需要在单向切削和回转切削两个方向分别设置旋转轴及其旋转角度，同时可以设置刀轴的前倾角和侧倾角，因此它是一种 5 轴加工，多用于往复式切削方法。
- **插补矢量**：选择此选项后，系统弹出“插补矢量”对话框，可以选择某点并指定该点处的矢量，其余刀轴矢量是由系统按照插值的方法得到的。
- **插补角度至部件**：选择此选项后，系统弹出“插补角度至部件”对话框，可以选择某点并指定该点处刀轴的前倾角和侧倾角，此时角度的计算是基于刀具和部件表面接触点的法向矢量，其余刀轴矢量是由系统按照插值的方法得到的。
- **插补角度至驱动**：选择此选项后，系统弹出“插补角度至驱动”对话框，可以选择某点并指定该点处刀轴的前倾角和侧倾角，此时角度的计算是基于刀具和驱动表面接触点的法向矢量，其余刀轴矢量是由系统按照插值的方法得到的。
- **优化后驱动**：选择此选项后，系统弹出“优化后驱动”对话框，可以是刀具的前倾角与驱动几何体的曲率相匹配，在凸起部分保持小的前倾角，以便移除更多材料。在下凹区域中增加前倾角以防止刀根过切，并使前倾角足够小以防止刀前端过切。
- **垂直于驱动体**：选择此选项后，刀轴矢量将在每一个接触点处垂直于驱动面。
- **侧刃驱动体**：选择此选项后，系统将按刀具侧刃来计算刀轴矢量，此时可指定侧刃方向、画线类型和侧倾角等参数。此刀轴允许刀具的侧面切削驱动面，刀尖切削部件表面。

- 相对于驱动体：选择此选项后，同样需要设置前倾角和侧倾角，此时角度的计算是基于驱动体表面的法向矢量。
- 4 轴，垂直于驱动体：选择此选项后，系统弹出“4 轴，垂直于驱动体”对话框，可以用来设置第 4 轴及其旋转角度，刀具绕着指定的轴旋转一定角度，并始终和驱动面垂直。
- 4 轴，相对于驱动体：选择此选项后，系统弹出“4 轴，相对于驱动体”对话框，可以设置第 4 轴及其旋转角度，同时可以设置刀轴的前倾角和侧倾角与驱动面相关联。
- 双 4 轴在驱动体上：选择此选项后，系统弹出“双 4 轴，相对于驱动体”对话框，此选项与双 4 轴在部件上唯一的区别是双 4 轴在驱动体上参考的是驱动曲面几何体，而不是部件表面几何体。

Stage3．设置驱动方法

Step1．在“可变流线铣”对话框的驱动方法区域中单击按钮，系统弹出如图 5.4.22 所示的“流线驱动方法”对话框，同时在图形区系统会自动生成如图 5.4.23 所示的流曲线。

Step2．查看两条流曲线的方向。如有必要，可以在方向箭头上右击，选择反向命令，调整两条流曲线的方向相同。

Step3．指定切削方向。在切削方向区域中单击“指定切削方向”按钮，在图形区中选取如图 5.4.24 所示的箭头方向。

Step4．设置驱动参数。在如图 5.4.22 所示的“流线驱动方法”对话框的刀具位置下拉列表中选择相切选项，在切削模式下拉列表中选择螺旋或螺旋式选项，在步距下拉列表中选择数量选项，在步距数文本框中输入值 50，单击确定按钮，系统返回到“可变流线铣”对话框。

Stage4．设置投影矢量与刀轴

Step1．设置投影矢量。在“可变流线铣”对话框投影矢量区域的矢量下拉列表中，选取垂直于驱动体选项。

Step2．设置刀轴。在刀轴区域的轴下拉列表中选择相对于驱动体选项，在前倾角文本框中输入值 15.0，在侧倾角文本框中输入值 15.0。

Stage5．设置切削参数和非切削移动参数

采用系统默认的切削参数和非切削移动参数。

Stage6．设置进给率和速度

Step1．单击“可变流线铣”对话框中的“进给率和速度”按钮，系统弹出“进给率

和速度”对话框。

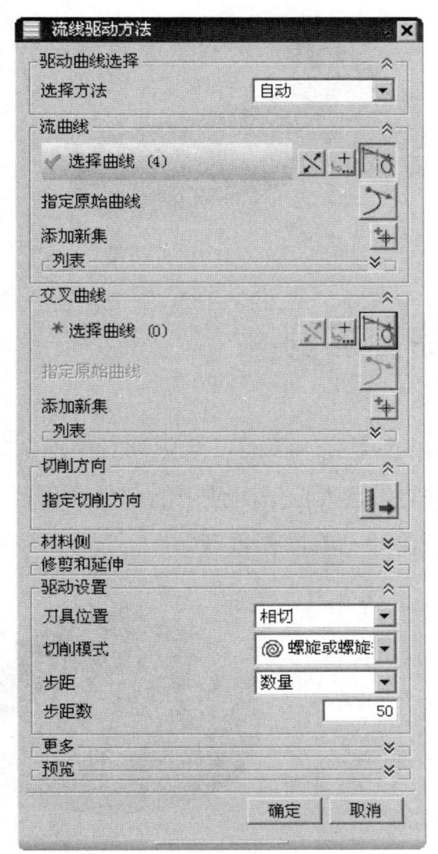

图 5.4.22　“流线驱动方法”对话框

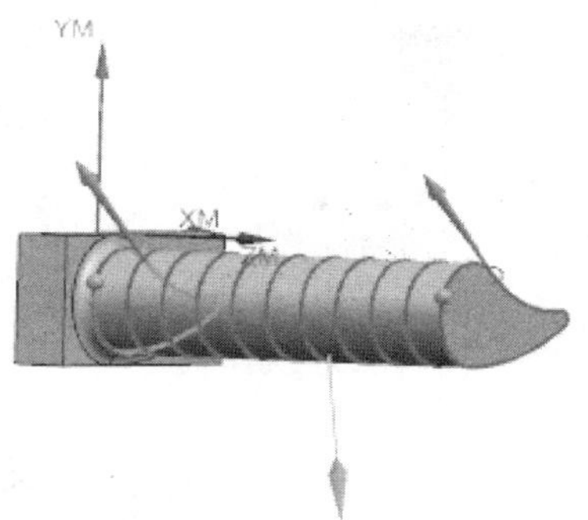

图 5.4.23　流曲线

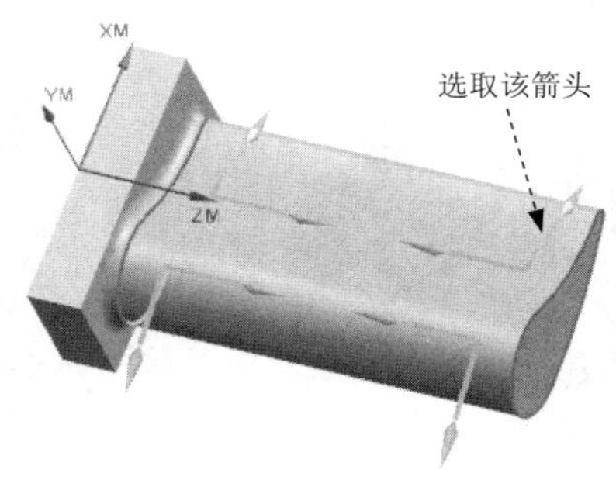

图 5.4.24　指定切削方向

Step2. 选中主轴速度区域中的☑ 主轴速度 (rpm)复选框，在其后的文本框中输入值 2500，在进给率区域的切削文本框中输入值 600。

Step3. 单击确定按钮。

Task5. 生成刀路轨迹并仿真

Step1. 在“可变流线铣”对话框中单击“生成”按钮，在图形区中生成图 5.4.25 所示的刀路轨迹。

Step2. 单击“确认”按钮，系统弹出“刀轨可视化”对话框。

Step3. 使用 2D 动态仿真。单击2D 动态选项卡，采用系统默认设置值，调整动画速度后单击“播放”按钮，即可演示刀具按刀轨运行，完成演示后的模型如图 5.4.26 所示，仿真完成后单击两次确定按钮，完成操作。

Task6. 保存文件

选择下拉菜单文件(F) → 保存(S)命令，保存文件。

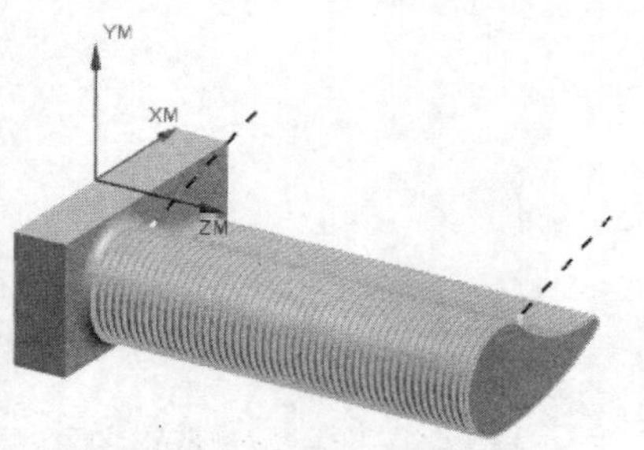

图 5.4.25　刀路轨迹

图 5.4.26　2D 仿真结果

5.5　多轴加工综合范例

本范例介绍的是一个叶轮零件的多轴加工操作，在学完本节后，希望读者能增加对多轴加工的认识，进而掌握 UG NX 中多轴加工的各种方法。本范例所使用的部件几何体、毛坯几何体及加工结果如图 5.5.1 所示，下面介绍其创建的一般操作步骤。

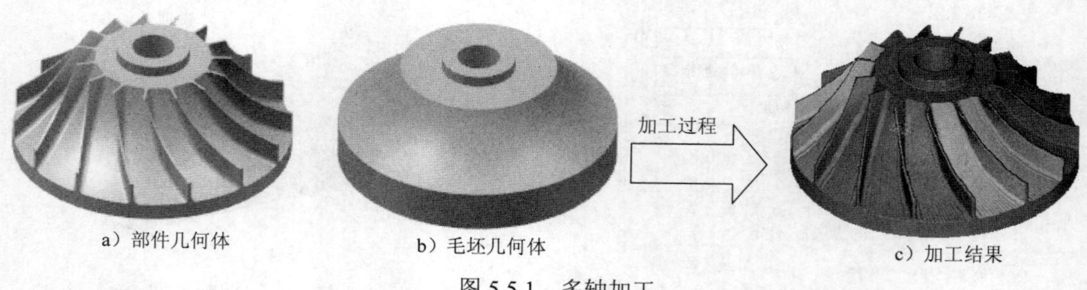

a）部件几何体　b）毛坯几何体　c）加工结果

图 5.5.1　多轴加工

Task1. 打开模型文件并进入加工模块

Step1. 打开模型文件 D:\ugnx90.9\work\ch05.05\impeller.prt。

Step2. 进入加工环境。选择下拉菜单 启动 → 加工(R)... 命令，在系统弹出的“加工环境”对话框的 要创建的 CAM 设置 列表框中选择 mill multi-axis 选项，然后单击 确定 按钮，进入多轴加工环境。

Task2. 创建程序

Step1. 选择下拉菜单 插入(S) → 程序(P)... 命令（或单击“插入”工具栏中的按钮），系统弹出“创建程序”对话框。

Step2. 在 类型 下拉列表中选择 mill multi-axis 选项，在 位置 区域的 程序 下拉列表中选择 NC_PROGRAM 选项，在 名称 文本框中输入程序名称 001，单击两次 确定 按钮，完成程序 001 的创建。

Step3. 重复 Step1 和 Step2 的步骤，创建名称分别为 002 和 003 的程序。

说明：程序 001 用来存放开槽加工操作，程序 002 和 003 分别存放叶片侧面加工操作。

Task3. 创建几何体

Stage1. 创建机床坐标系和安全平面

Step1. 进入几何视图。在工序导航器的空白处右击，在系统弹出的快捷菜单中选择几何视图命令，在工序导航器中双击节点MCS，系统弹出 MCS 对话框。

Step2. 创建机床坐标系。

（1）在机床坐标系区域中单击“CSYS 对话框”按钮，系统弹出 CSYS 对话框，在类型下拉列表中选择动态选项。

（2）拖动机床坐标系的原点至如图 5.5.2 所示边线圆心的位置，单击确定按钮，完成机床坐标系的创建。

说明：在选取边线时，可在部件导航器中将毛坯暂时隐藏，以便操作。

Step3. 创建安全平面。

（1）在安全设置区域的安全设置选项下拉列表中选择平面选项，单击“平面对话框”按钮，系统弹出“平面”对话框。

（2）选取如图 5.5.3 所示的模型的顶平面，在偏置区域的距离文本框中输入值 20.0，单击两次确定按钮，完成安全平面的创建。

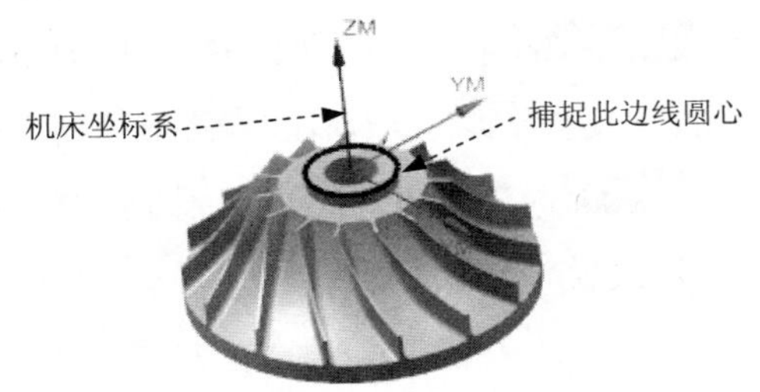

图 5.5.2　创建机床坐标系

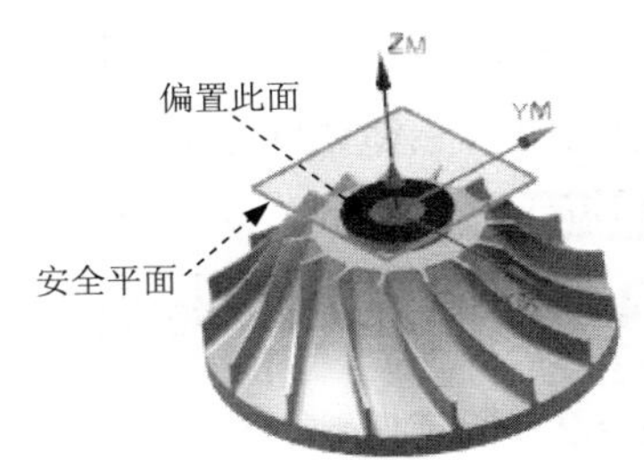

图 5.5.3　创建安全平面

Stage2. 创建部件几何体

Step1. 在工序导航器中双击WORKPIECE节点，系统弹出“工件”对话框。

Step2. 选取部件几何体。单击按钮，系统弹出“部件几何体”对话框，在图形区选取图 5.5.1 a 所示的叶轮模型。

Step3. 单击确定按钮，完成部件几何体的创建，同时系统返回到“工件”对话框。

Stage3. 创建毛坯几何体

Step1. 在“工件”对话框中单击按钮，系统弹出“毛坯几何体”对话框，在图形区选取图 5.5.1b 所示的毛坯模型。

Step2. 依次单击“毛坯几何体”对话框和“工件”对话框中的确定按钮。

Task4. 创建刀具 1

Step1. 选择下拉菜单插入(S) ➡ 刀具(T)...命令，系统弹出“创建刀具”对话框。

Step2. 确定刀具类型。在类型下拉列表中选择mill_multi-axis选项，在刀具子类型区域中单击 BALL_MILL 按钮，在名称文本框中输入刀具名称 D6，单击确定按钮，系统弹出“铣刀-球头铣”对话框。

Step3. 设置刀具参数。在尺寸区域的(D) 球直径文本框中输入值 6.0，其他参数采用系统默认设置值。

Step4. 单击确定按钮，完成刀具的创建。

Task5. 创建刀具 2

参照 Task4 的操作步骤，创建名称为 D6B3 的球头铣刀，并在(D) 球直径文本框中输入值 6.0，在(B) 锥角文本框中输入值 3.0，其他参数采用系统默认设置值。

Task6. 创建工序 1

Stage1. 插入操作

Step1. 选择下拉菜单插入(S) ➡ 工序(E)...命令，系统弹出“创建工序”对话框。

Step2. 确定加工方法。在类型下拉列表中选择mill_multi-axis选项，在工序子类型区域中单击 VARIABLE_STREAMLINE 按钮，在程序下拉列表中选择001选项，在刀具下拉列表中选择D6 (铣刀-球头铣)选项，在几何体下拉列表中选择WORKPIECE选项，在方法下拉列表中选择MILL_FINISH选项，单击确定按钮，系统弹出“可变流线铣”对话框。

Stage2. 指定切削区域

在“可变流线铣”对话框中单击按钮，系统弹出“切削区域”对话框，采用系统默认的选项，选取如图 5.5.4 所示的切削区域，单击确定按钮，系统返回到“可变流线铣”对话框。

Stage3. 设置驱动方法

Step1. 在“可变流线铣”对话框的驱动方法区域中单击按钮，系统弹出如图 5.5.5 所示的“流线驱动方法”对话框，同时在图形区系统会自动生成如图 5.5.6 所示的流曲线和交叉曲线。

Step2. 查看两条流曲线和交叉曲线的方向。如有必要，可以在方向箭头上右击，选择反向命令，调整两条流曲线和交叉曲线的方向分别相同。

Step3. 设置驱动参数。在刀具位置下拉列表中选择相切选项，在切削模式下拉列表中选择往复选项，在步距下拉列表中选择恒定选项，在最大距离文本框中输入值 3.0，选择单位为mm，单击确定按钮，系统返回到“可变流线铣”对话框。

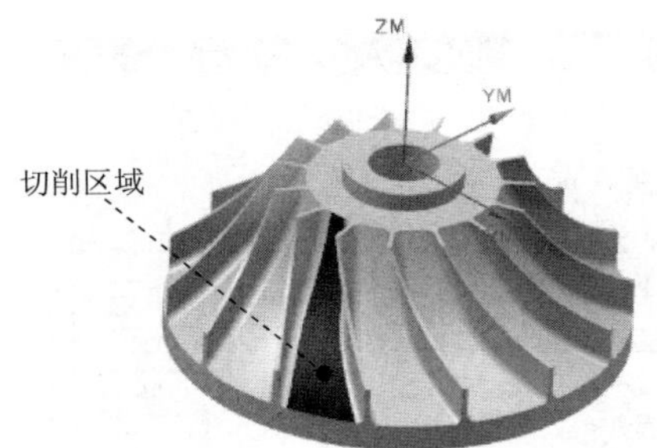

图 5.5.4 指定切削区域

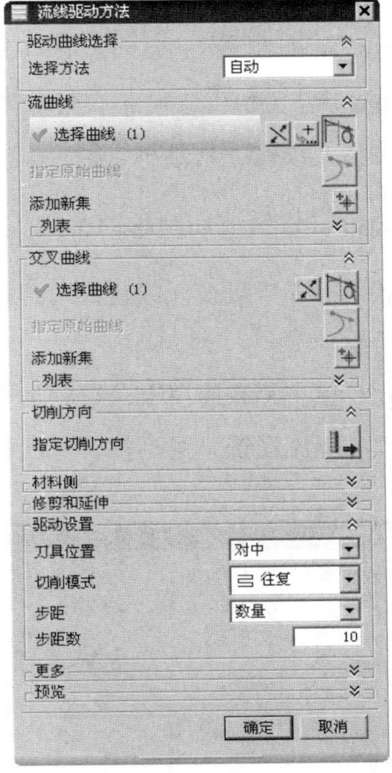

图 5.5.5 “流线驱动方法”对话框

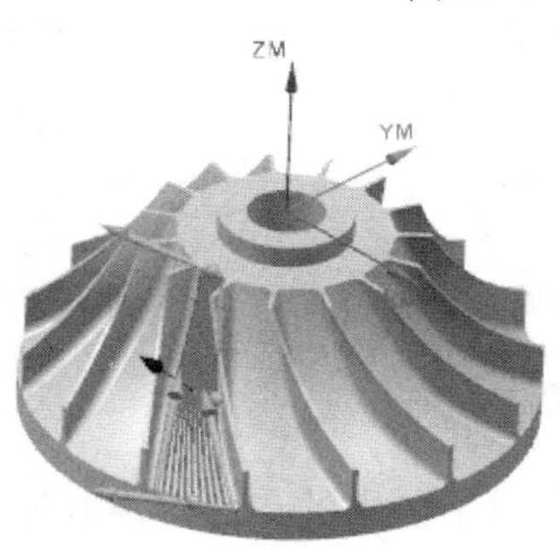

图 5.5.6 流曲线和交叉曲线

Stage4. 设置投影矢量与刀轴

Step1. 设置投影矢量。在“可变流线铣”对话框投影矢量区域的矢量下拉列表中，选取垂直于驱动体选项。

Step2. 设置刀轴。在“可变流线铣”对话框刀轴区域的轴下拉列表中选择朝向点选项，单击“点对话框”按钮，系统弹出“点”对话框，在参考下拉列表中选择WCS选项，然后在XC、YC、ZC文本框中分别输入值 25.0、-110.0、80.0，单击确定按钮，系统返回到“可变流线铣”对话框。

Stage5. 设置切削参数

Step1. 在刀轨设置区域中单击“切削参数”按钮，系统弹出“切削参数”对话框。

Step2. 单击多刀路选项卡，参数设置值如图 5.5.7 所示。

Step3. 单击余量选项卡，在部件余量文本框中输入值 0.5，单击确定按钮，系统返回到“可变流线铣”对话框。

Stage6. 设置非切削移动参数

Step1. 单击“可变流线铣”对话框中的“非切削移动”按钮，系统弹出“非切削移动”对话框。

Step2. 单击进刀选项卡，设置如图 5.5.8 所示的参数，完成后单击确定按钮，系统返回到“可变流线铣”对话框。

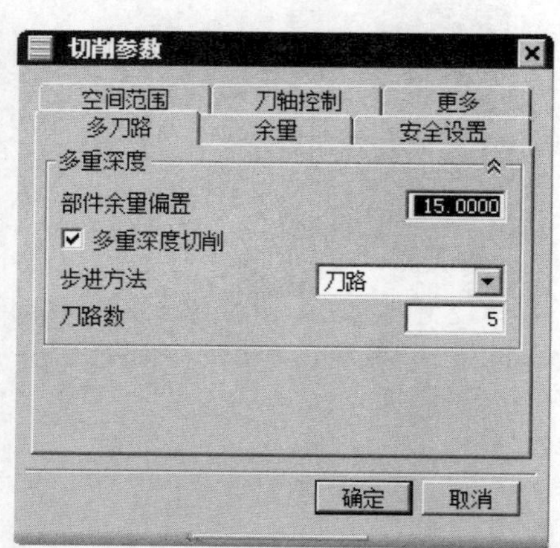

图 5.5.7 “多刀路”选项卡

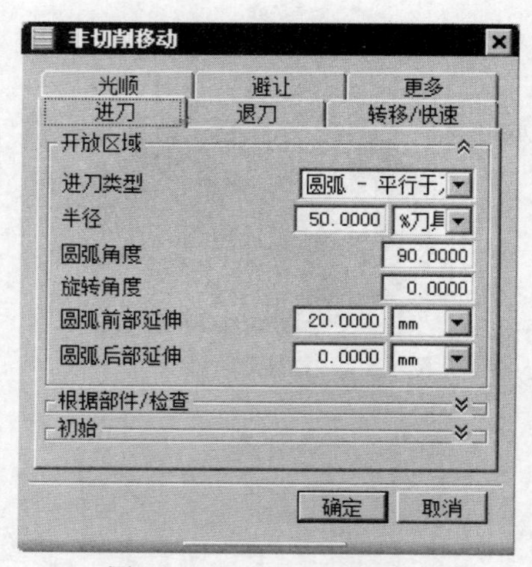

图 5.5.8 “进刀”选项卡

Stage7. 设置进给率和速度

Step1. 单击“可变流线铣”对话框中的“进给率和速度”按钮，系统弹出“进给率和速度”对话框。

Step2. 选中主轴速度区域中的 主轴速度 (rpm) 复选框，在其后的文本框中输入值 1500.0，在进给率区域的切削文本框中输入值 600.0，按回车键，然后单击按钮，在更多区域的进刀文本框中输入值 300.0。

Step3. 单击确定按钮。

Task7. 生成刀路轨迹并仿真

Step1. 在“可变流线铣”对话框中单击“生成”按钮，在图形区中生成如图 5.5.9

所示的刀路轨迹；单击“确认”按钮，系统弹出“刀轨可视化”对话框。

Step2. 使用 2D 动态仿真。单击2D 动态选项卡，采用系统默认设置值，调整动画速度后单击“播放”按钮，即可演示刀具按刀轨运行，完成演示后的模型如图 5.5.10 所示，单击两次确定按钮，完成操作。

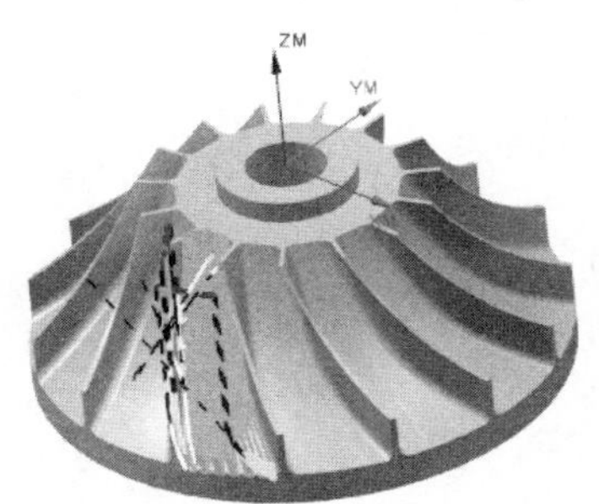

图 5.5.9　刀路轨迹

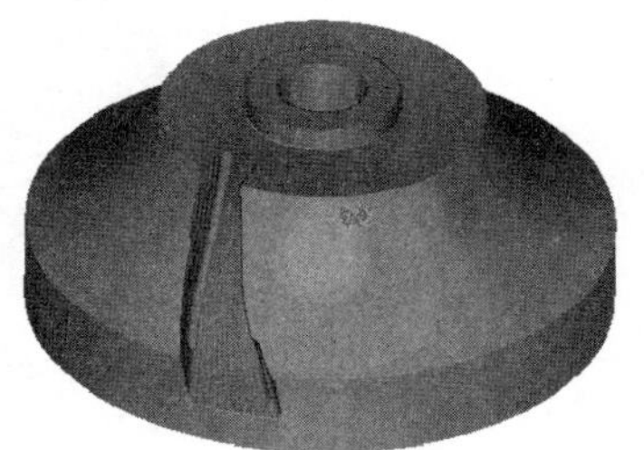
图 5.5.10　2D 仿真结果

Task8．创建工序 2

Stage1．插入操作

Step1．选择下拉菜单插入(S) → 工序(E)...命令，系统弹出“创建工序”对话框。

Step2．确定加工方法。在类型下拉列表中选择mill_multi-axis选项，在工序子类型区域中单击VARIABLE_CONTOUR 按钮，在程序下拉列表中选择002选项，在刀具下拉列表中选择D6B3 (铣刀-球头铣)选项，在几何体下拉列表中选择WORKPIECE选项，在方法下拉列表中选择MILL_FINISH选项，单击确定按钮，系统弹出“可变轮廓铣”对话框。

Stage2．指定切削区域

在“可变轮廓铣”对话框中单击按钮，系统弹出“切削区域”对话框，采用系统默认的选项，选取如图 5.5.11 所示的切削区域，单击确定按钮，系统返回到“可变轮廓铣”对话框。

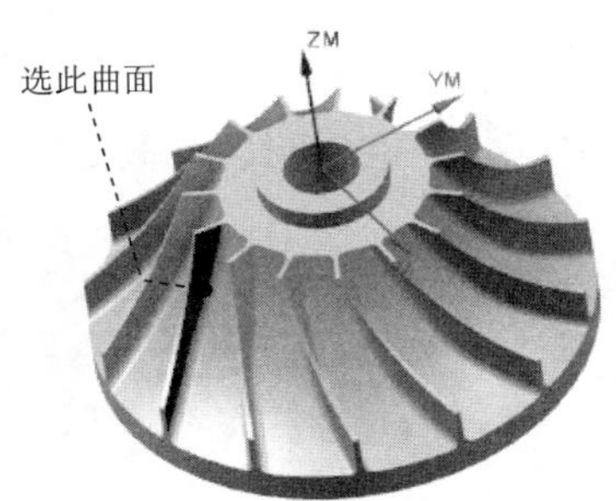

图 5.5.11　指定切削区域

Stage3．设置驱动方法

Step1．在“可变轮廓铣”对话框驱动方法区域中的方法下拉列表中选择曲面选项，在弹

出的“驱动方法”对话框中单击 确定(O) 按钮，系统弹出如图 5.5.12 所示的“曲面区域驱动方法”对话框。

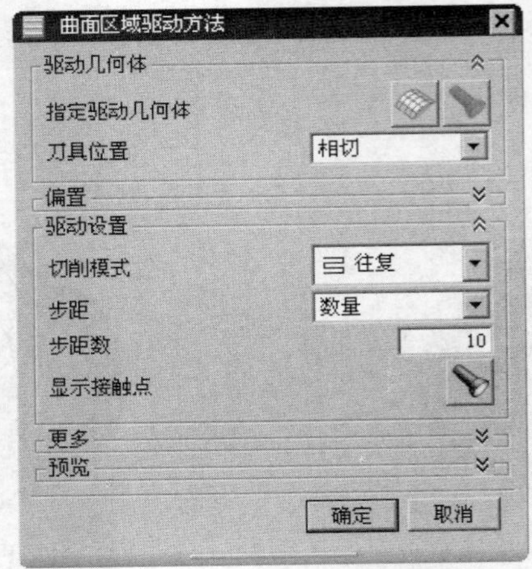

图 5.5.12 “曲面区域驱动方法”对话框

Step2. 单击按钮，系统弹出“驱动几何体”对话框，采用系统默认参数设置值，在图形区选取如图 5.5.13 所示的曲面，单击 确定 按钮，系统返回到“曲面区域驱动方法”对话框。

Step3. 在 切削区域 下拉列表中选择 曲面 % 选项，系统弹出“曲面百分比方法”对话框，参数设置值如图 5.5.14 所示，完成后单击 确定 按钮，系统返回到“曲面区域驱动方法”对话框。

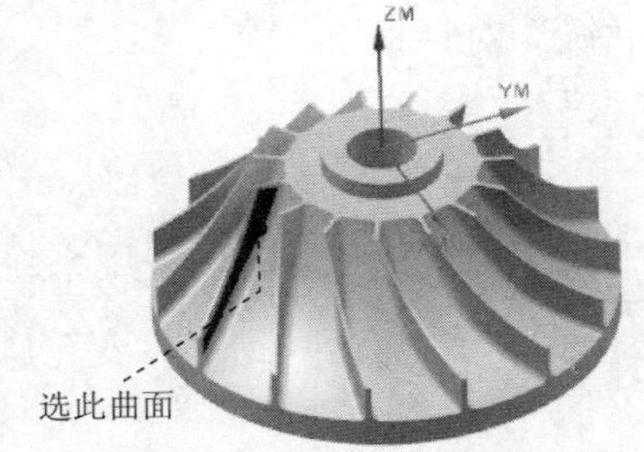

图 5.5.13 指定驱动曲面

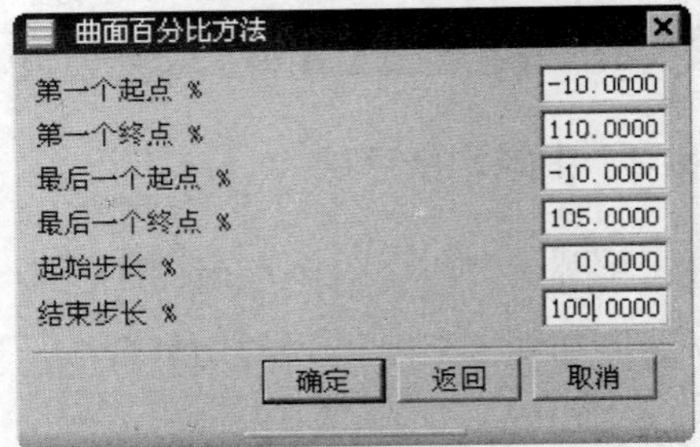

图 5.5.14 “曲面百分比方法”对话框

Step4. 单击“切削方向”按钮，在图形区选取如图 5.5.15 所示的箭头方向。

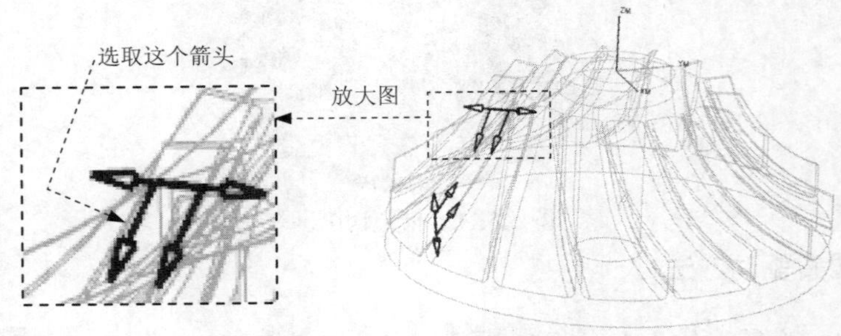

图 5.5.15 选取切削方向

Step5. 设置驱动参数。在切削模式下拉列表中选择单向选项，在步距下拉列表中选择数量选项，在步距数文本框中输入值 20.0，单击确定按钮，系统返回到“可变轮廓铣”对话框。

Stage4. 设置投影矢量与刀轴

Step1. 设置投影矢量。在“可变轮廓铣”对话框投影矢量区域的矢量下拉列表中，选择垂直于驱动体选项。

Step2. 设置刀轴。在刀轴区域的轴下拉列表中选择朝向点选项，单击“点对话框”按钮，系统弹出“点”对话框，在参考下拉列表中选择WCS选项，然后在XC、YC、ZC文本框中分别输入值 50.0、-110.0、100.0，其他参数采用系统默认设置值，单击确定按钮，系统返回到“可变轮廓铣”对话框。

Stage5. 设置切削参数

采用系统默认的切削参数。

Stage6. 设置非切削移动参数

采用系统默认的非切削移动参数。

Stage7. 设置进给率和速度

Step1. 单击“可变轮廓铣”对话框中的“进给率和速度”按钮，系统弹出“进给率和速度”对话框。

Step2. 选中主轴速度区域中的☑ 主轴速度（rpm）复选框，在其后的文本框中输入值 3000.0，在进给率区域的切削文本框中输入值 500.0，按回车键，然后单击按钮。

Step3. 单击确定按钮。

Task9. 生成刀路轨迹并仿真

Step1. 在“可变轮廓铣”对话框中单击“生成”按钮，在图形区中生成如图 5.5.16 所示的刀路轨迹。

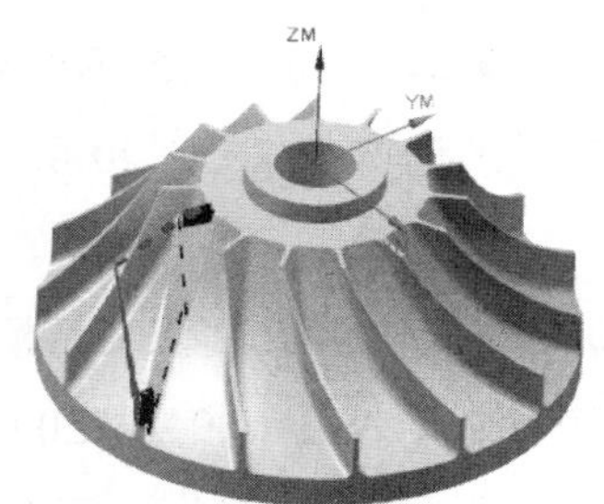

图 5.5.16 刀路轨迹

Step2. 单击“确认”按钮，系统弹出“刀轨可视化”对话框。单击2D 动态选项卡，采用系统默认参数设置值，调整动画速度后单击“播放”按钮，完成演示后的模型如图 5.5.17 所示，仿真完成后单击两次确定按钮，完成操作。

图 5.5.17　2D 仿真结果

Task10. 创建工序 3

Step1. 复制操作。在工序导航器的空白处右击，在弹出的快捷菜单中选择程序顺序视图选项，单击002 节点的展开子项，然后右击VARIABLE_CONTOUR节点，在弹出的快捷菜单中选择复制命令。

Step2. 粘贴操作。在工序导航器中右击003 节点，在弹出的快捷菜单中选择内部粘贴命令。

Step3. 修改操作名称。在工序导航器中右击VARIABLE_CONTOUR_COPY节点，在弹出的快捷菜单中选择重命名命令，将其名称改为 VARIABLE_CONTOUR_2。

Step4. 重新定义操作。

（1）双击上一步改名的VARIABLE_CONTOUR_2节点，系统弹出“可变轮廓铣”对话框。

（2）单击指定切削区域右侧的按钮，系统弹出“切削区域”对话框，在该对话框的列表区域中单击“移除”按钮，然后选取如图 5.5.18 所示的切削区域，单击确定按钮，系统返回到“可变轮廓铣”对话框。

说明：这里选择的切削区域和 Task8 创建工序 2 的相对，两者分别位于叶轮槽的两侧。

（3）在驱动方法区域中单击按钮，系统弹出“曲面区域驱动方法”对话框；单击按钮，系统弹出“驱动几何体”对话框，在列表区域中单击“移除”按钮，然后在图形区选取图 5.5.19 所示的曲面，单击确定按钮，系统返回到“曲面区域驱动方法”对话框；单击“切削方向”按钮，在图形区选取如图 5.5.20 所示的箭头方向，单击确定按钮。

（4）在“可变轮廓铣”对话框的刀轴区域单击“点对话框”按钮，系统弹出“点”对话框，然后在XC、YC、ZC文本框中分别输入值 10.0、-120.0、80.0，其他参数采用系统默认参数设置值，单击确定按钮，系统返回到“可变轮廓铣”对话框。

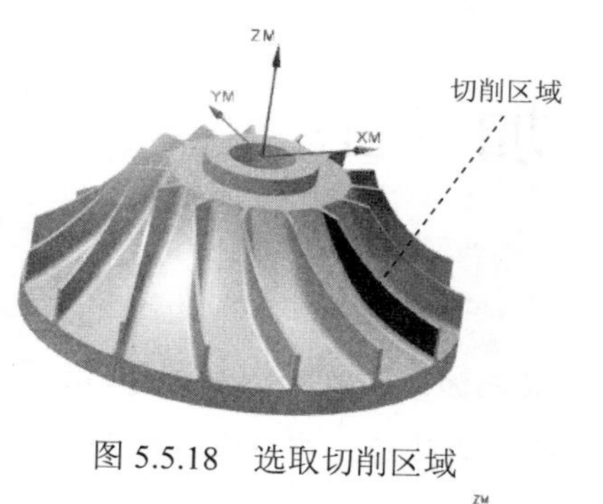

图 5.5.18 选取切削区域

选此曲面

图 5.5.19 选取驱动曲面

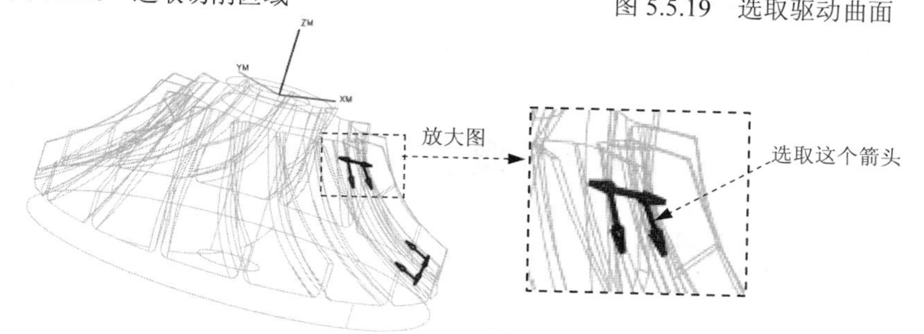

图 5.5.20 选取切削方向

Task11. 生成刀路轨迹并仿真

Step1. 在“可变轮廓铣”对话框中单击“生成”按钮，在图形区中生成如图 5.5.21 所示的刀路轨迹。

Step2. 单击“确认”按钮，系统弹出“刀轨可视化”对话框。单击 2D 动态 选项卡，采用系统默认参数设置值，调整动画速度后单击“播放”按钮，即可演示刀具按刀轨运行，完成演示后的模型如图 5.5.22 所示，仿真完成后单击两次 确定 按钮，完成操作。

图 5.5.21 刀路轨迹

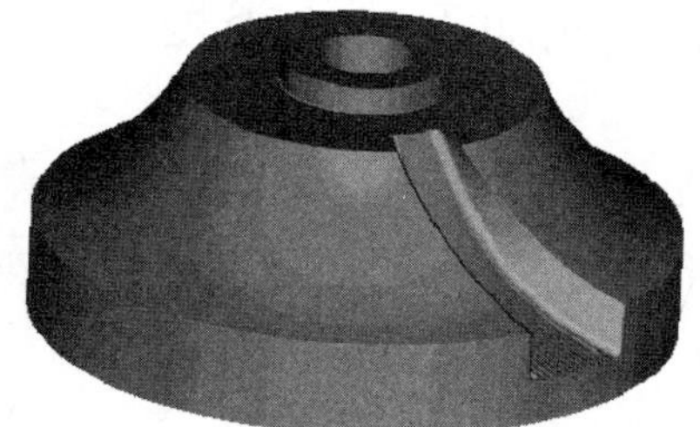

图 5.5.22 2D 仿真结果

说明：本例后面的详细操作过程请参见随书光盘中 video\ch05.05\reference 文件下的语音视频讲解文件 impeller-r01.avi。

Task12. 保存文件

选择下拉菜单 文件(F) → 保存(S) 命令，保存文件。

第6章 孔 加 工

本章提要 UG NX 9.0 孔加工包含钻孔加工、沉孔加工和攻螺纹加工等，本章将通过一些范例介绍 UG NX 9.0 孔加工的各种类型，希望读者阅读后，可以掌握孔加工的操作步骤及技术参数的设置等。

6.1 概 述

6.1.1 孔加工简介

孔加工也称为点位加工，可以创建钻孔、攻螺纹、镗孔、平底扩孔和扩孔等加工操作。在孔加工中刀具首先快速移动至加工位置上方，然后切削零件，完成切削后迅速退回到安全平面。

钻孔加工的数控程序比较简单，通常可以直接在机床上输入程序。如果使用 UG 进行孔加工的编程，就可以直接生成完整的数控程序，然后传送到机床中进行加工。特别在零件的孔数比较多时，可以节省大量人工输入所占用的时间，同时能大大降低人工输入产生的错误率，提高机床的工作效率。

6.1.2 孔加工的子类型

进入加工模块后，选择下拉菜单 插入(S) → 工序(E)... 命令，系统弹出“创建工序”对话框。在 类型 下拉列表中选择 drill 选项，此时，对话框中出现孔加工的 14 种子类型，如图 6.1.1 所示。

图 6.1.1 所示的“创建工序”对话框 工序子类型 区域中的各按钮说明如下：

- A1（SPOP_FACING）：孔加工（锪平方式）。
- A2（SPOP_DRILLING）：定心钻。
- A3（DRILLING）：钻孔。
- A4（PEAK_DRILLING）：啄孔。
- A5（BREAKCHIP_DRILLING）：断屑钻。
- A6（BORING）：镗孔。

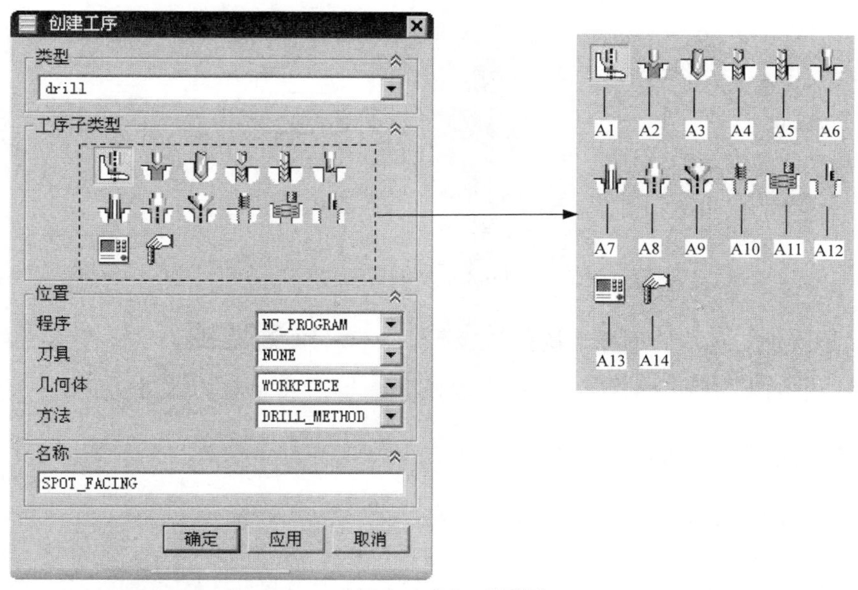

图 6.1.1 “创建工序”对话框

- A7（REAMING）：铰孔。
- A8（COUNTERBORING）：沉头孔加工。
- A9（COUNTERSINKING）：埋头孔加工。
- A10（TAPPING）：攻螺纹。
- A11（HOLE_MILLING）：铣孔。
- A12（THREAD_MILLING）：铣螺纹。
- A13（MILL_CONTROL）：铣削控制。
- A14（MILL_USER）：用户自定义铣削。

6.2 钻孔加工

创建钻孔加工操作的一般步骤如下：

（1）创建几何体以及刀具。

（2）设置参数，如循环类型、进给率、进刀和退刀运动、部件表面等。

（3）指定几何体，如选择点或孔、优化加工顺序、避让障碍等。

（4）生成刀路轨迹及仿真加工。

下面以图 6.2.1 所示的模型为例，说明创建钻孔加工操作的一般步骤。

Task1．打开模型文件并进入加工模块

Step1．打开模型文件 D:\ugnx90.9\work\ch06.02\drilling.prt。

a）目标加工零件

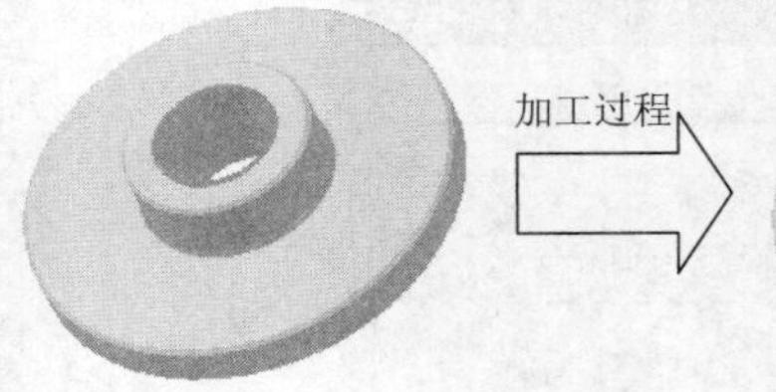

b）毛坯零件

c）加工结果

图 6.2.1　钻孔加工

Step2. 进入加工环境。选择下拉菜单 启动 → 加工(R)... 命令，在系统弹出的“加工环境”对话框的 要创建的 CAM 设置 列表框中选择 drill 选项，单击 确定 按钮，进入加工环境。

Task2. 创建几何体

Stage1. 创建机床坐标系

Step1. 在工序导航器中进入几何体视图，然后双击节点 MCS_MILL，系统弹出“MCS 铣削”对话框。

Step2. 创建机床坐标系。在 机床坐标系 区域中单击“CSYS 对话框”按钮，在系统弹出的 CSYS 对话框的 类型 下拉列表中选择 动态。

Step3. 单击 操控器 区域中的“操控器”按钮，在“点”对话框的 Z 文本框中输入值 13.0，单击 确定 按钮，此时系统返回至 CSYS 对话框，单击 确定 按钮，完成机床坐标系的创建，如图 6.2.2 所示；系统返回至“MCS 铣削”对话框，然后单击 确定 按钮。

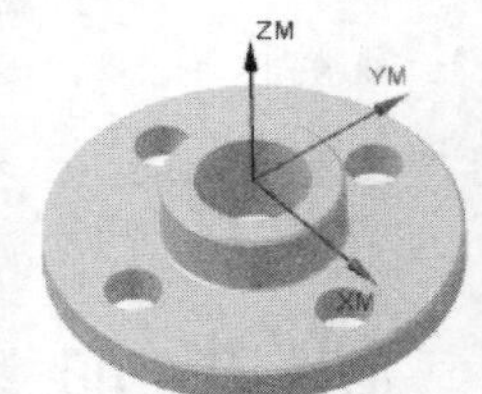

图 6.2.2　创建机床坐标系

Stage2. 创建部件几何体

Step1. 在工序导航器中单击 MCS_MILL 节点前的“+”，双击节点 WORKPIECE，系统弹出“工件”对话框。

Step2. 选取部件几何体。单击按钮，系统弹出“部件几何体”对话框。

Step3. 选取全部零件为部件几何体，单击 确定 按钮，完成部件几何体的创建，同时系统返回到“工件”对话框。

Stage3. 创建毛坯几何体

Step1. 进入模型的部件导航器，单击父节点 模型历史记录 展开模型历史记录，在

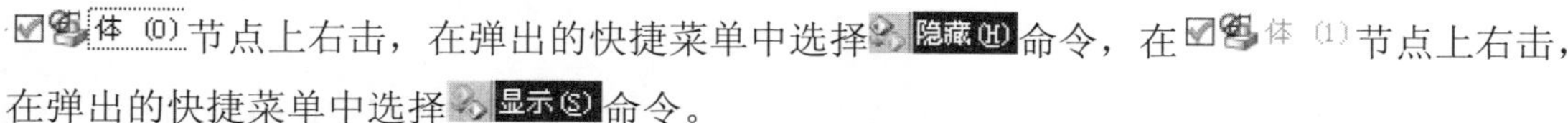

体 (0)节点上右击，在弹出的快捷菜单中选择隐藏(H)命令，在体 (1)节点上右击，在弹出的快捷菜单中选择显示(S)命令。

Step2. 单击按钮，系统弹出“毛坯几何体”对话框。

Step3. 选取体 (1)为毛坯几何体，完成后单击确定按钮。

Step4. 单击“工件”对话框中的确定按钮，完成毛坯几何体的创建。

Step5. 进入模型的部件导航器，在体 (0)节点上右击，在弹出的快捷菜单中选择显示(S)命令，在体 (1)节点上右击，在弹出的快捷菜单中选择隐藏(H)命令。

Step6. 切换到工序导航器。

Task3. 创建刀具

Step1. 选择下拉菜单插入(S) → 刀具(T)...命令，系统弹出“创建刀具”对话框，如图 6.2.3 所示。

Step2. 在类型下拉列表中选择drill选项，在刀具子类型区域中选择 DRILLING_TOOL 按钮，在名称文本框中输入 Z7，单击确定按钮，系统弹出如图 6.2.4 所示的“钻刀”对话框。

Step3. 设置刀具参数。在(D) 直径文本框中输入值 7.0，在刀具号文本框中输入值 1，其他参数采用系统默认设置值，单击确定按钮，完成刀具的创建。

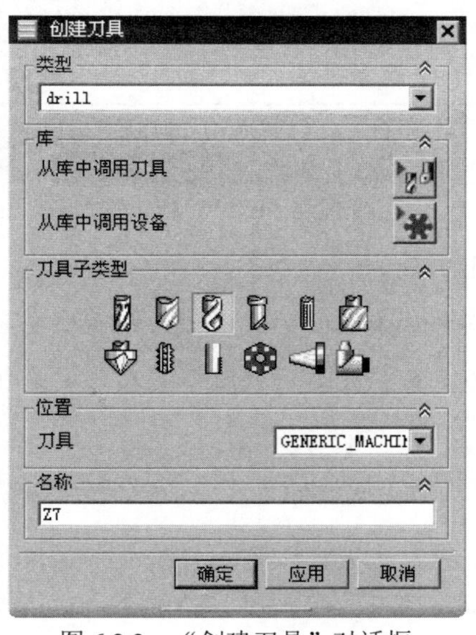

图 6.2.3 “创建刀具”对话框

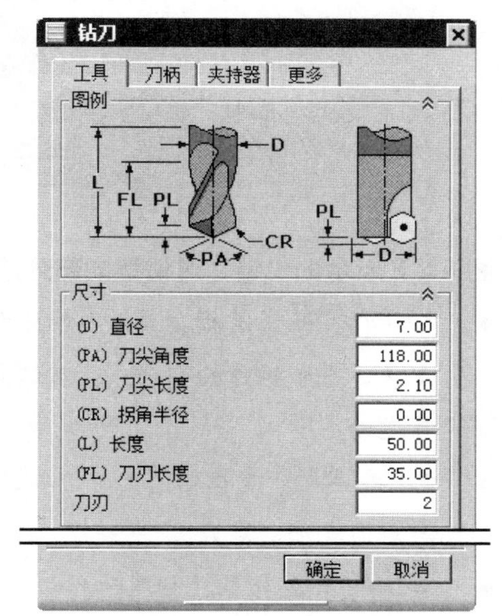

图 6.2.4 “钻刀”对话框

Task4. 创建工序

Stage1. 插入工序

Step1. 选择下拉菜单插入(S) → 工序(E)...命令，系统弹出“创建工序”对话框，如图 6.2.5 所示。

Step2. 在 类型 下拉列表中选择 drill 选项，在 工序子类型 区域中选择 DRILLING 按钮 ，在 刀具 下拉列表中选择前面设置的刀具 Z7（钻刀）选项，在 几何体 下拉列表中选择 WORKPIECE 选项，其他参数可参考图 6.2.5。

Step3. 单击 确定 按钮，系统弹出图 6.2.6 所示的“钻”对话框。

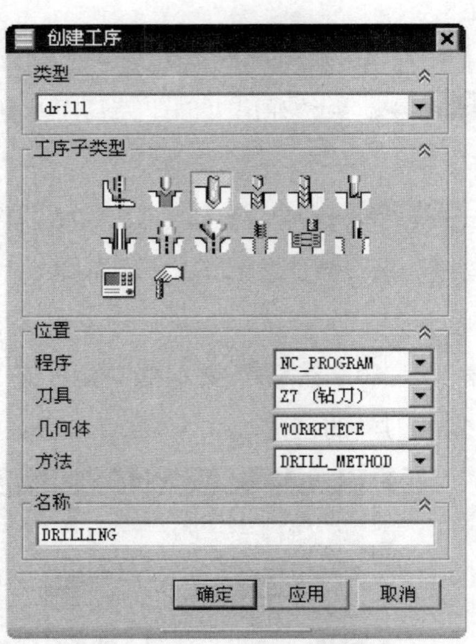

图 6.2.5 “创建工序”对话框

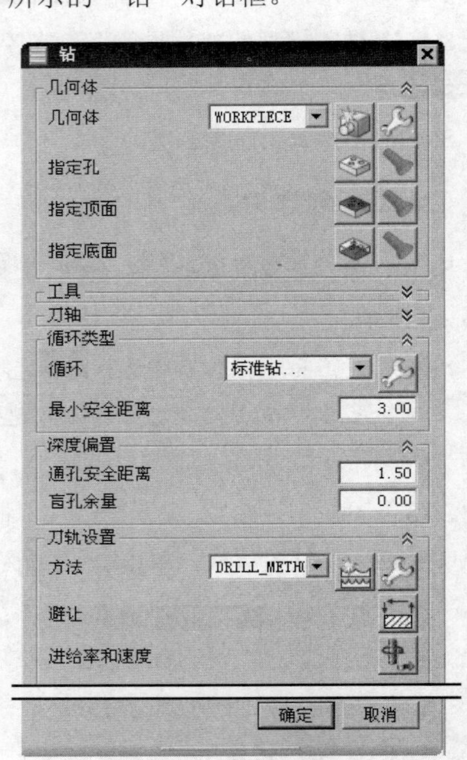

图 6.2.6 “钻”对话框

图 6.2.6 所示的“钻”对话框的部分选项说明如下：

- 最小安全距离：是指刀具沿刀轴方向离开零件加工表面的最小距离。最小安全距离定义了每个操作的安全点。在这点上，刀具由快速运动或进刀运动改变为切削速度运动。
- 通孔安全距离：是指钻通孔时刀具的刀肩穿过加工底面的穿透量，以确保孔被钻穿，只对通孔加工有效。
- 盲孔余量：是指钻孔时孔的底部保留材料量，便于以后对孔进行精加工，只对孔加工有效。

Stage2. 指定钻孔点

Step1. 指定钻孔点。

（1）单击“钻”对话框 指定孔 右侧的 按钮，系统弹出如图 6.2.7 所示的“点到点几何体”对话框，单击 选择 按钮，系统弹出如图 6.2.8 所示的“点位选择”对话框。

点到点几何体
选择
附加
省略
优化
显示点
避让
反向
圆弧轴控制
Rapto 偏置
规划完成
显示/校核循环参数组
确定 返回 取消

图 6.2.7 “点到点几何体”对话框

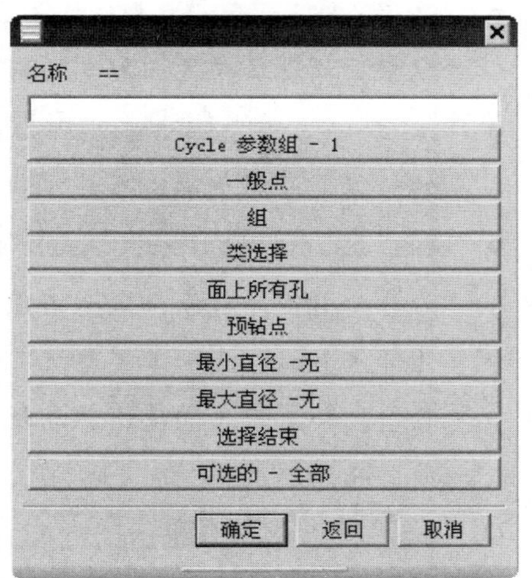

图 6.2.8 “点位选择”对话框

图 6.2.7 所示的“点到点几何体”对话框中的各按钮说明如下：

- 选择：用于选择实体或曲面中的孔、点、圆弧和椭圆，所选择的几何对象将成为加工对象，系统默认这些几何对象的中心为加工位置点。选择的方法有两种，一种是直接在模型中指定，当模型较复杂或难以直接选中时，可以通过在“点位选择”对话框的 名称 == 文本框中输入特征的名称来选择。
- 附加：用于在已经选择部分孔位后添加新的孔位。如果先前没有选择任何特征作为加工对象，直接选择此项系统会弹出“没有选择添加的点——选新点”消息对话框。
- 省略：用于省略先前选定的加工位置，被省略的几何将不再作为加工对象。如果先前没有选择任何几何作为加工对象，直接选择此项系统会弹出“没有要省略的点”消息对话框。
- 优化：利用此选项，系统将根据用户的设定计算各孔的加工顺序，自动生成最短的刀轨，缩短加工的时间。优化后，为了关联夹具方位、工作台范围和机床行程等约束，选定的所有加工位置点可能会处于同一水平平面或竖直平面内，因此先前设置的避让参数已经不起作用，所以需要优化刀具路径时，一般是先优化，然后再设定避让参数。
- 显示点：用于显示已选择加工对象的加工点位置，并且显示加工点的顺序号。
- 避让：用于设定孔加工时刀具避让的动作，即避开夹具、工作台或其他障碍的距离。需要设定避让的开始点、结束点及安全距离 3 个选项。如果在优化刀具路径前设置了避让参数，则需要再次设定。

- 反向：在完成刀具避让的设置后，可单击该按钮反向编排加工点顺序，但刀具的避让参数仍会保留。
- 圆弧轴控制：该按钮可以显示并翻转先前选定的弧线和片体的轴线，可用于确定刀具方向。
- Rapto 偏置：用于设置刀具的快速移动位置偏置距离，可以为每个选定的对象设置一个偏置值。加工实体中的孔一般选择实体最上层的平面为部件表面，在加工某些沉孔或阶梯孔时，表面孔径较大，可以设置一个负的偏置值，即将刀具的快速移动轨迹延长至部件的表面内，使刀具能够快速地进入孔内，开始加工。
- 规划完成：单击该按钮则表示“点到点几何体”对话框中的设置全部完成。
- 显示/校核 循环 参数组：单击该按钮可以显示点参数或校核参数的设置。

图 6.2.8 所示的“点位选择”对话框中的各按钮说明如下：

- Cycle 参数组 - 1：该按钮用于选择已经设置好的循环参数组。这些参数包括孔的加工深度、刀具进给量、刀具停留时间和退刀距离等。对于不同类型的孔或者是直径相同而深度不同的孔，都需要设置关联一组循环参数。如果不进行设置，所选的加工位置则默认关联第一循环参数组。循环参数可以在工序对话框的 循环 区域中进行设置。
- 一般点：单击此按钮，系统弹出“点”对话框，可以通过自动判断点和构造点等方法来指定加工位置。
- 组：系统将通过用户指定组（点或圆弧组）中的所有的点或圆弧确定加工位置。读者可以通过选择下拉菜单 格式(R) → 分组(G) 命令创建和编辑组。
- 类选择：单击此按钮，系统弹出“类选择”对话框，通过类选择方法指定加工位置。
- 面上所有孔：单击此按钮，系统弹出“选择面”对话框，在图形区中选择一个模型表面，系统将默认此表面中的所有孔作为加工对象，同时可以设置孔的最大直径和最小直径来进一步限制选择范围。
- 预钻点：将平面铣或型腔铣设置的预钻点指定为加工位置。

- 最小直径 -无：通过设置一个最小直径值，来使通过选择面选取到的孔大于该最小直径值。
- 最大直径 -无：通过设置一个最大直径值，来使通过选择面选取到的孔小于该最大直径值。
- 选择结束：完成选择后，返回上一级对话框。
- 可选的 - 全部：单击此按钮，系统弹出“类选择器”对话框，可以单击其中的仅点（只能选中点）按钮、仅圆弧（只能选中圆弧）按钮、仅孔（只能选中孔）按钮、点和圆弧（只能选中点和圆弧）按钮和全部（可以选中全部几何）按钮来设定选择范围为某一类几何或某一组几何，然后在这一类或一组几何中指定加工位置。

（2）在图形区依次选取如图 6.2.9 所示的孔边线，分别单击“点位选择”对话框和“点到点几何体”对话框中的确定按钮，返回“钻”对话框。

Step2. 定义顶面。

（1）单击“钻”对话框中指定顶面右侧的按钮，系统弹出“顶部曲面”对话框，如图 6.2.10 所示。

（2）在顶面选项下拉列表中选择面选项，然后选取如图 6.2.11 所示的面。

（3）单击确定按钮，返回“钻”对话框。

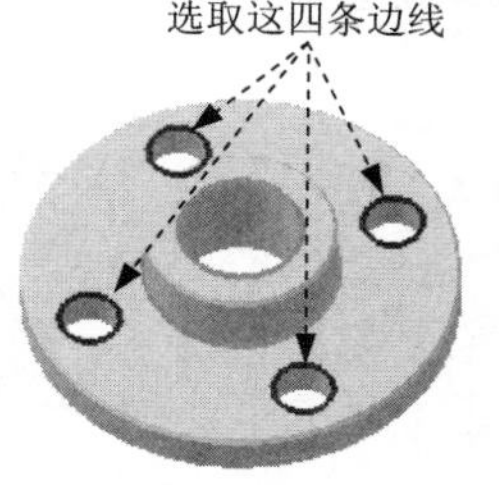

图 6.2.9　选择孔

图 6.2.10　“顶部曲面”对话框

图 6.2.10 所示的“顶部曲面”对话框顶面选项下拉列表中的各选项说明如下：

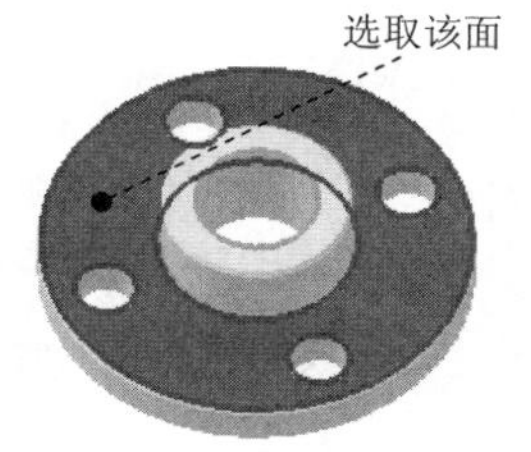

图 6.2.11　指定部件表面

- 面：选择零件的表面作为顶部曲面。
- 平面：创建一个基准平面作为部件的顶部曲面。
- ZC 常数：通过指定 Z 坐标值来定义部件表面或底面，定义的面和 XY 平面平行。
- 无：取消先前指定的顶部曲面。

Step3．定义底面。

（1）单击“钻”对话框中指定底面右侧的按钮，系统弹出如图 6.2.12 所示的“底面”对话框。

（2）在底面选项下拉列表中选择面选项，选取如图 6.2.13 所示的面。

（3）单击确定按钮，返回“钻”对话框。

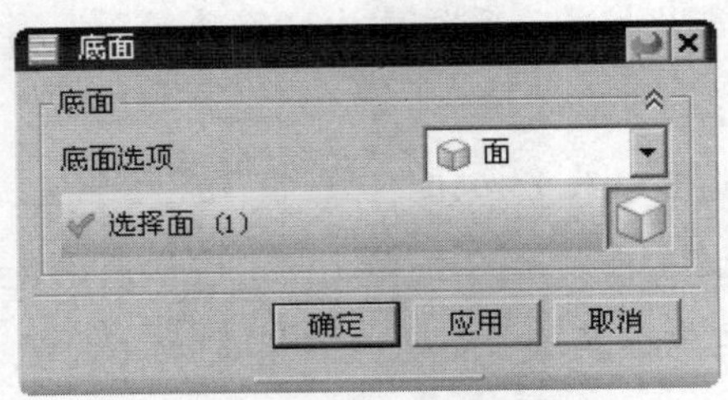

图 6.2.12 “底面”对话框

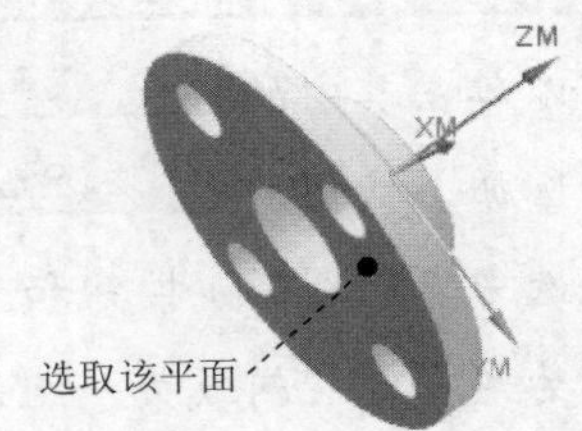

图 6.2.13 指定底面

Stage3．设置刀轴

在“钻”对话框的刀轴区域选择系统默认的+ZM 轴作为要加工孔的轴线方向。

说明： 如果当前加工坐标系的 ZM 轴与要加工孔的轴线方向不同，可选择刀轴区域轴下拉列表中的指定矢量选项重新指定刀具轴线的方向。

Stage4．设置循环控制参数

Step1．在“钻”对话框循环类型区域的循环下拉列表中选择标准钻...选项，单击“编辑参数”按钮，系统弹出如图 6.2.14 所示的“指定参数组”对话框。

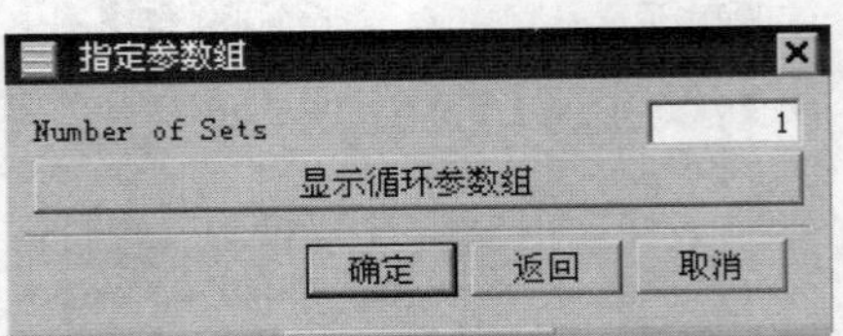

图 6.2.14 “指定参数组”对话框

说明：

- 在孔加工中，不同类型的孔的加工需要采用不同的加工方式。这些加工方式有的属于连续加工，有的属于断续加工，它们的刀具运动参数也各不相同，为了满足这些要求，用户可以选择不同的循环类型（如啄钻循环、标准钻循环、标准镗循环等）来控制刀具切削运动过程。对于同类型但深度不同，或者是同类型同深度但加工精度要求不同的孔，它们的循环类型虽然相同，但加工深度或进给速度不同，此时也需要设置不同的参数组来实现不同的切削运动。
- UG NX 9.0 提供了 14 种循环类型。根据不同类型的孔，首先在下拉列表中选择合

适的循环类型，系统弹出如图 6.2.14 所示的“指定参数组”对话框，可在其中的 Number of Sets 文本框中输入循环参数组的总数量，单击 确定 按钮进行该组循环参数的设置，每种循环类型都可以设置 5 组循环参数，设置好的循环参数可以通过如图 6.2.8 所示的“点位选择”对话框关联到每个加工对象。

Step2. 在“指定参数组”对话框中采用系统默认的参数组序号 1，单击 确定 按钮，系统弹出如图 6.2.15 所示的“Cycle 参数”对话框，单击 Depth -模型深度 按钮，系统弹出如图 6.2.16 所示的“Cycle 深度”对话框。

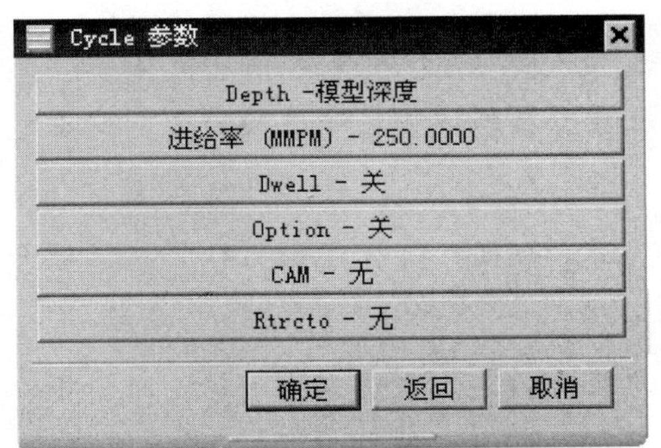

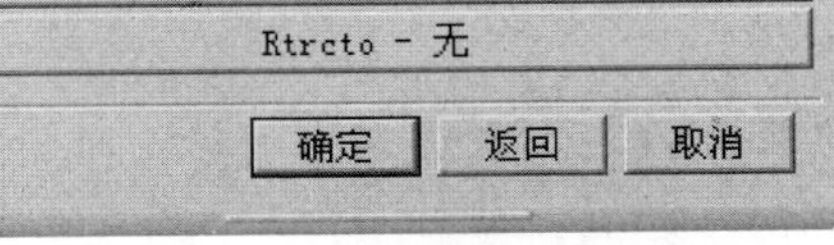

图 6.2.15 “Cycle 参数”对话框

Cycle 深度
模型深度
刀尖深度
刀肩深度
至底面
穿过底面
至选定点
确定
返回
取消

图 6.2.16 “Cycle 深度”对话框

图 6.2.15 所示的“Cycle 参数”对话框中的各按钮说明如下：

- Depth -模型深度：用于设置钻孔加工的深度，即刀具退刀前零件表面与刀尖的距离。单击此按钮，系统弹出如图 6.2.16 所示的“Cycle 深度”对话框，在此对话框中提供了 6 种设置加工深度的方法。
  - ☑ 模型深度：单击此按钮，系统设置模型中孔的深度为钻孔的加工深度。如果刀具的直径小于或等于加工孔的直径，并且加工孔的轴线方向和刀轴方向一致，系统会自动计算模型中孔的深度，并将这个深度默认为加工深度。
  - ☑ 刀尖深度：单击此按钮，系统弹出“深度”对话框，可以在此对话框中设置退刀前刀具刀尖沿刀轴方向与零件表面的距离，系统将默认此距离为加工深度。
  - ☑ 刀肩深度：单击此按钮，系统弹出“深度”对话框，可以在此对话框中设置退刀前刀具刀肩沿刀轴方向与零件表面的距离，系统将默认此距离为加工深度。
  - ☑ 至底面：单击此按钮，将根据刀尖刚好到达模型底面的距离来确定钻孔的加工深度。
  - ☑ 穿过底面：单击此按钮，将根据刀肩刚好到达模型底面的距离来确定钻孔的加工深度。如果需要刀肩完全穿透底面，可以在操作对话框的 通孔安全距离 文本框中设置刀肩穿过底面的穿透量。

☑ 至选定点 ：单击此按钮，刀尖将到达指定孔位置时所选定的点。

● 进给率 (MMPM) - 250.0000 ：用于设置刀具的进给量，可以通过毫米/分（mmpm）或毫米/转（mmpr）两种单位进行设置。

● Dwell - 关 ：单击此按钮，系统弹出 Cycle Dwell 对话框，可以设置刀具到达指定深度后的暂停参数。

☑ 关 ：设置刀具到达指定深度后不停留。

☑ 开 ：设置刀具到达指定深度后停留，仅用于各种标准循环。

☑ 秒 ：单击此按钮，系统弹出“秒”对话框，可以设置刀具到达指定深度后的停留秒数。

☑ 转 ：单击此按钮，系统弹出“转”对话框，可以设置刀具到达指定深度后的停留期间主轴的转数。

● Option - 关 ：激活使用机床的特有加工特征。

● CAM - 无 ：单击此按钮，系统弹出 CAM 对话框，可以在此对话框中指定一个预设的 CAM 停止位置是使用的数字。

● Rtrcto - 无 ：单击此按钮，系统弹出“安全高度设置类型”对话框，用于设置退刀距离。

☑ 距离 ：单击此按钮，系统弹出“退刀”对话框，可以用于设置退刀距离。

☑ 自动 ：设置刀具沿刀轴方向退回到当前循环之前的退刀位置。

☑ 设置为空 ：不使用 Rtrcto 选项设置退刀距离。

Step3. 在“Cycle 深度”对话框中单击 模型深度 按钮，系统自动计算实体中孔的深度，并返回“Cycle 参数”对话框。

Step4. 单击 Rtrcto - 无 按钮，系统弹出如图 6.2.17 所示的“安全高度设置类型”对话框。单击 距离 按钮，系统弹出如图 6.2.18 所示的“退刀”对话框，在文本框中输入值 20.0，单击 确定 按钮，系统返回“Cycle 参数”对话框。

Step5. 单击 确定 按钮，系统返回“钻”对话框。

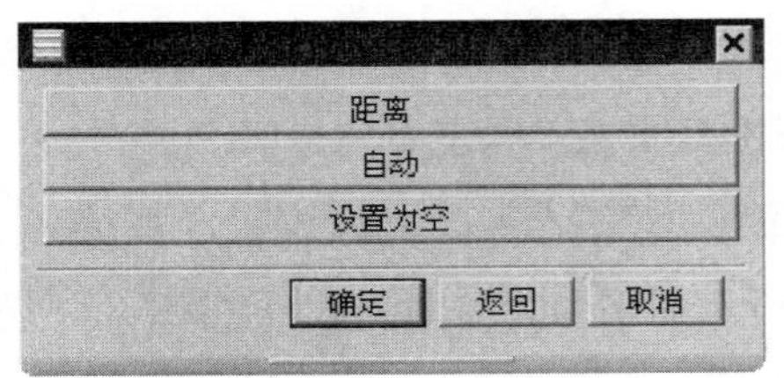

图 6.2.17 “安全高度设置类型”对话框

图 6.2.18 “退刀”对话框

Stage5．设置一般参数

Step1．设置最小安全距离。在 最小安全距离 文本框中输入值 3.0。

Step2．设置通孔安全距离。在 通孔安全距离 文本框中输入值 1.5。

Stage6．避让设置

Step1．单击“钻”对话框中的“避让”按钮，系统弹出如图 6.2.19 所示的“避让几何体”对话框。

Step2．单击 Clearance Plane -无 按钮，系统弹出如图 6.2.20 所示的“安全平面”对话框。

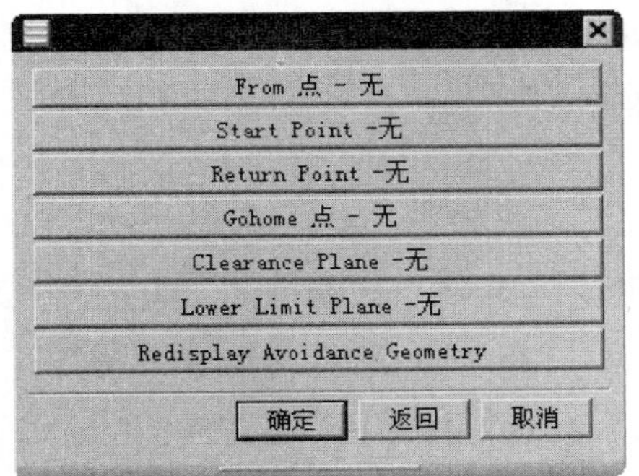

图 6.2.19 “避让几何体”对话框

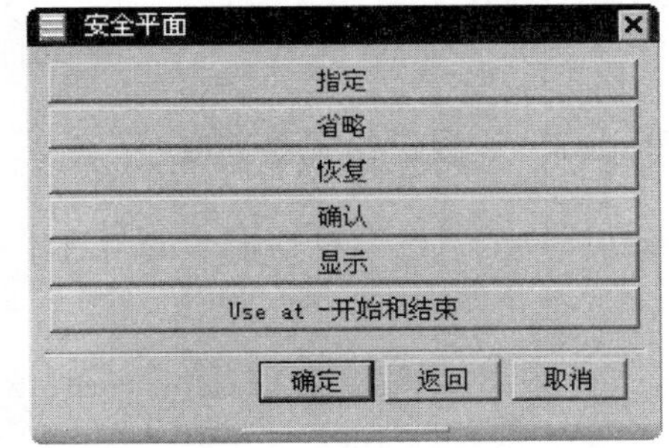

图 6.2.20 “安全平面”对话框

图 6.2.19 所示的“避让几何体”对话框中的各按钮说明如下：

- From 点 - 无：用于指定加工轨迹起始段的刀具位置。
- Start Point -无：用于指定刀具移动到加工位置上方的位置。这个刀具的起始加工位置的指定可以避让夹具或避免产生碰撞。
- Return Point -无：用于指定切削完成后，刀具移动到的位置。
- Gohome 点 - 无：用于指定刀具的最终位置，即刀路轨迹中的回零点。
- Clearance Plane -无：用于指定在切削的开始、切削的过程中或完成切削后，刀具为了避让所需要的安全距离。
- Lower Limit Plane -无：用于指定一个最低的安全平面，若刀具在运动过程中超过该平面，则报警，并在刀位文件（CLSF 文件）中显示报警信息。

- Redisplay Avoidance Geometry：在图形区中显示设置的避让几何体。

Step3. 单击“安全平面”对话框中的 指定 按钮，系统弹出如图 6.2.21 所示的“平面”对话框，选取如图 6.2.22 所示的平面为参照，然后在 偏置 区域的 距离 文本框中输入值 10.0，单击 确定 按钮，系统返回“安全平面”对话框并创建一个安全平面，单击 显示 按钮可以查看创建的安全平面，如图 6.2.23 所示。

Step4. 单击两次 确定 按钮，完成安全平面的设置，返回“钻”对话框。

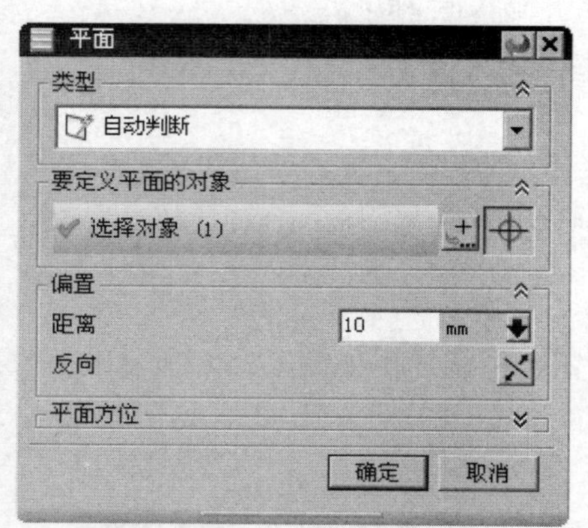

图 6.2.21 “平面”对话框

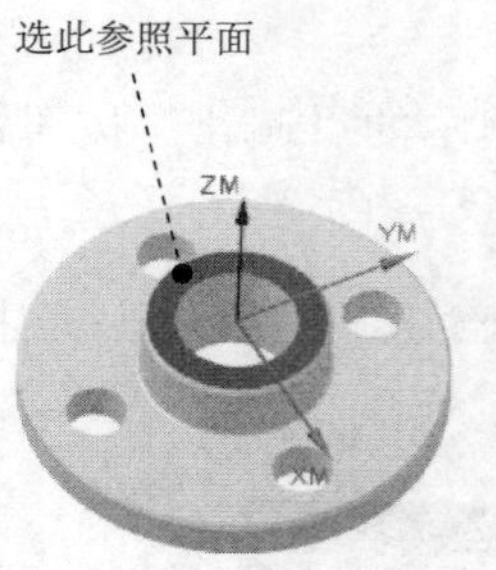

图 6.2.22 选取参照平面

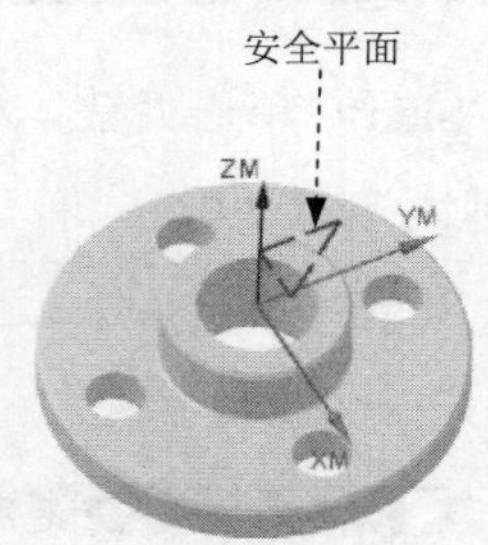

图 6.2.23 创建安全平面

Stage7. 设置进给率和速度

Step1. 单击“钻”对话框中的“进给率和速度”按钮，系统弹出“进给率和速度”对话框。

Step2. 选中 ☑ 主轴速度 (rpm) 复选框，然后在其后方的文本框中输入值 500.0，按回车键，然后单击按钮，在 切削 文本框中输入值 50.0，按回车键，然后单击按钮，其他选项采用系统默认设置值，单击 确定 按钮。

Task5. 生成刀路轨迹并仿真

生成的刀路轨迹如图 6.2.24 所示，2D 动态仿真加工后的结果如图 6.2.25 所示。

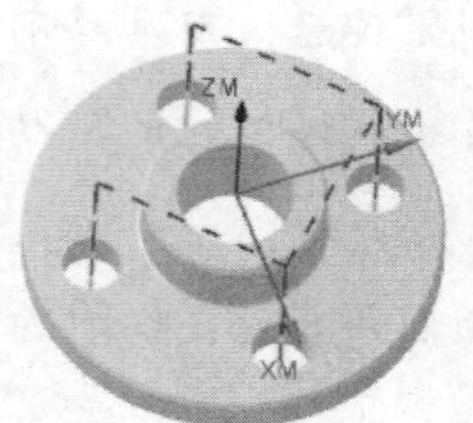

图 6.2.24 刀路轨迹

图 6.2.25 2D 仿真结果

Task6．保存文件

选择下拉菜单文件(F) → 保存(S)命令，保存文件。

6.3 镗孔加工

创建镗孔加工和创建钻孔加工的步骤大致一样，需要特别注意的是要根据加工的孔径和深度设置好镗刀的参数。下面以图 6.3.1 所示的模型为例，说明创建镗孔加工操作的一般步骤。

a）目标加工零件

b）毛坯零件

c）加工结果

图 6.3.1 镗孔加工

Task1．打开模型文件并进入加工模块

Step1．打开模型文件 D:\ugnx90.9\work\ch06.03\boring.prt。

Step2．进入加工环境。选择下拉菜单启动 → 加工(R)...命令，在系统弹出的“加工环境”对话框的要创建的 CAM 设置列表框中选择drill选项，单击确定按钮，进入加工环境。

Task2．创建几何体

Stage1．创建机床坐标系和安全平面

Step1．在工序导航器中进入几何体视图，在工序导航器中双击节点MCS_MILL，系统弹出“MCS 铣削”对话框。

Step2．在机床坐标系区域中单击“CSYS 对话框”按钮，在系统弹出的 CSYS 对话框的类型下拉列表中选择动态。

Step3．单击操控器区域中的“操控器”按钮，在“点”对话框的X文本框中输入值 210.0，在Y文本框中输入值 255.0，在Z文本框中输入值 189.0，单击确定按钮，然后绕 XM 轴旋转-90°，如图 6.3.2 所示，单击确定按钮，返回到“MCS 铣削”对话框。

Step4．在安全设置区域的安全设置选项下拉列表中选择平面选项，单击“平面对话框”按钮，系统弹出“平面”对话框。

Step5．在类型区域的下拉列表中选择按某一距离选项。在平面参考区域中单击按钮，先在“选择条”工具条中选择整个装配选项，然后选取如图 6.3.3 所示的平面为对象平面；在偏置区域的距离文本框中输入值为 30.0，并按回车键确认，单击确定按钮，系统返回到

“MCS 铣削”对话框，完成如图 6.3.3 所示安全平面的创建。

图 6.3.2 机床坐标系

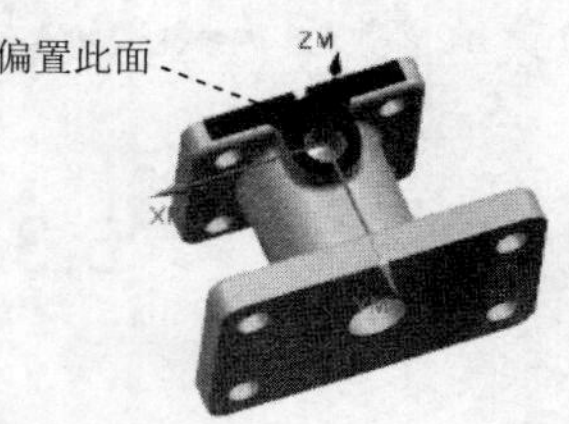

图 6.3.3 选取偏置面

Step6. 单击 确定 按钮，完成机床坐标系和安全平面的创建。

Stage2. 创建部件几何体

Step1. 在工序导航器中单击 MCS_MILL 节点前的“+”，双击节点 WORKPIECE，系统弹出“工件”对话框。

Step2. 选取部件几何体。单击按钮，系统弹出“部件几何体”对话框。

Step3. 选取全部零件为部件几何体。单击 确定 按钮，完成部件几何体的创建，同时系统返回到“工件”对话框。

Stage3. 创建毛坯几何体

Step1. 在“工件”对话框中单击按钮，系统弹出“毛坯几何体”对话框。

Step2. 首先在装配导航器中将 down_base1 调整为隐藏状态，将 down_base2 调整为显示状态，然后在图形区中选取 down_base2 为毛坯几何体，单击“毛坯几何体”对话框中的 确定 按钮，返回到“工件”对话框。

Step3. 单击 确定 按钮，然后在装配导航器中将 down_base1 调整为显示状态，将 down_base2 调整为隐藏状态。

Task3. 创建刀具

Step1. 选择下拉菜单 插入(S) → 刀具(T)... 命令，系统弹出“创建刀具”对话框。

Step2. 在 类型 下拉列表中选择 drill 选项，在 刀具子类型 区域中选择 BORING_BAR 按钮，在 名称 文本框中输入 D45，单击 确定 按钮，系统弹出“钻刀”对话框。

Step3. 设置刀具参数。在 (D) 直径 文本框中输入值 45.0，在 (L) 长度 文本框中输入值 150.0，在 刀具号 文本框中输入值 1，其他参数采用系统默认，单击 确定 按钮，完成刀具的创建。

Task4. 创建镗孔工序

Stage1. 创建工序

Step1. 选择下拉菜单 插入(S) → 工序(E)... 命令，系统弹出如图 6.3.4 所示的“创建

工序”对话框。

Step2. 在类型下拉列表中选择drill选项，在工序子类型区域中选择 BORING 按钮，在刀具下拉列表中选择前面设置的刀具D45（钻刀）选项，在几何体下拉列表中选择WORKPIECE选项，其他参数采用系统默认设置值。

Step3. 单击确定按钮，系统弹出如图 6.3.5 所示的“镗孔”对话框。

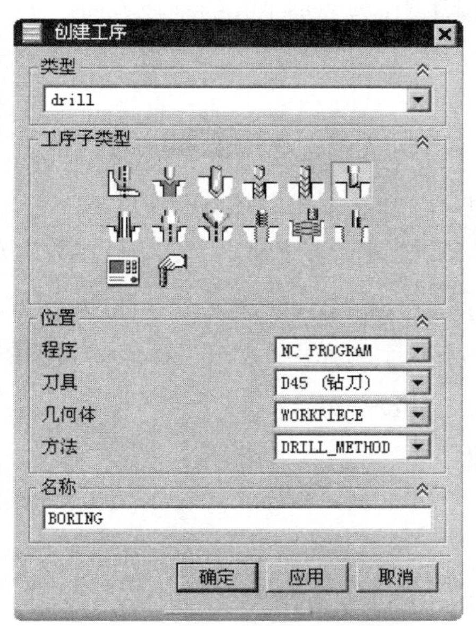

图 6.3.4 “创建工序”对话框

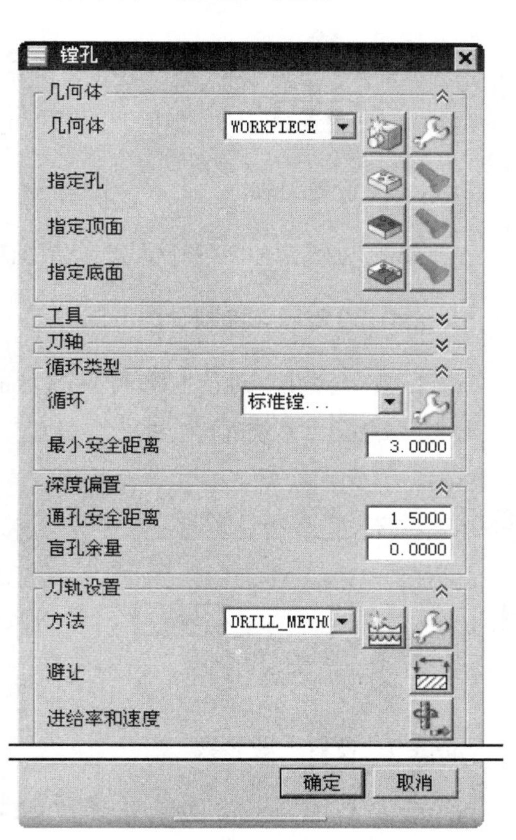

图 6.3.5 “镗孔”对话框

Stage2. 指定镗孔点

Step1. 指定镗孔点。

（1）单击“镗孔”对话框中指定孔右侧的按钮，系统弹出“点到点几何体”对话框，单击选择按钮，系统弹出“点位选择”对话框。

（2）在图形区选取如图 6.3.6 所示的孔边线，分别在“点位选择”对话框和“点到点几何体”对话框中单击确定按钮，系统返回“镗孔”对话框。

Step2. 定义顶面。

（1）单击“镗孔”对话框中指定顶面右侧的按钮，系统弹出“顶部曲面”对话框。

（2）在顶面选项下拉列表中选择面选项，然后选取图 6.3.7 所示的面。

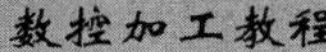

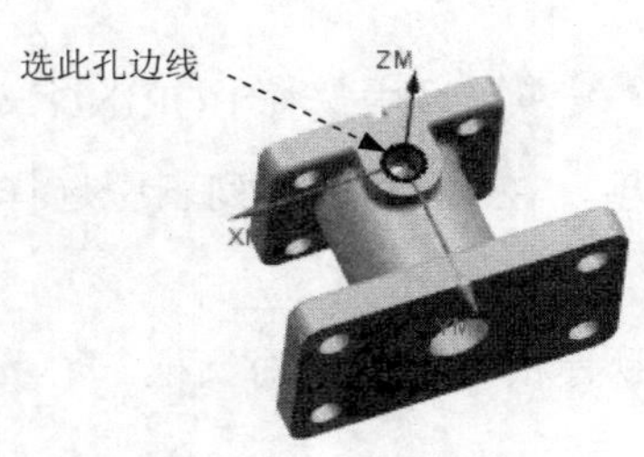

图 6.3.6　指定镗孔点

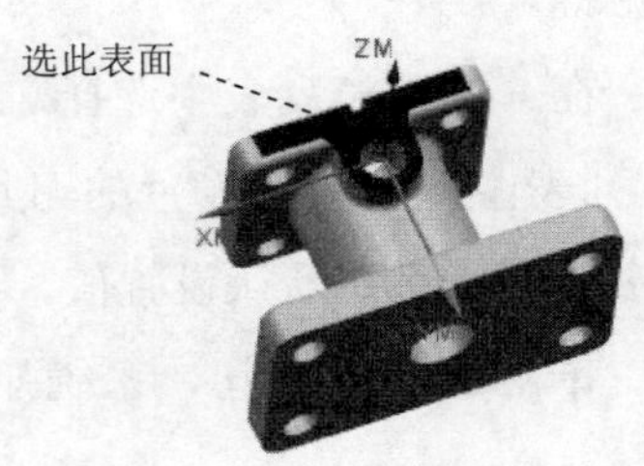

图 6.3.7　指定顶面

（3）单击 确定 按钮，返回“镗孔”对话框。

Stage3．设置刀轴

在“镗孔”对话框的 刀轴 区域选择系统默认的 +ZM 轴 作为要加工孔的轴线方向。

Stage4．设置循环控制参数

Step1．在“镗孔”对话框 循环类型 区域的 循环 下拉列表中选择 标准镗... 选项，单击“编辑参数”按钮，系统弹出“指定参数组”对话框。

Step2．采用系统默认的参数设置值，单击 确定 按钮，系统弹出“Cycle 参数”对话框，单击 Depth -模型深度 按钮，系统弹出“Cycle 深度”对话框。

Step3．单击 刀尖深度 按钮，系统弹出“深度”对话框，在 深度 文本框中输入值 80.0，单击 确定 按钮，返回“Cycle 参数”对话框。

Step4．单击 确定 按钮，返回“镗孔”对话框。

Stage5．设置一般参数

Step1．设置最小安全距离。在 最小安全距离 文本框中输入值 3.0。

Step2．设置通孔安全距离。在 通孔安全距离 文本框中输入值 1.5。

Stage6．设置进给率和速度

Step1．单击“镗孔”对话框中的“进给率和速度”按钮，系统弹出“进给率和速度”对话框。

Step2．选中 ☑ 主轴速度 (rpm) 复选框，然后在其后方的文本框中输入值 600.0，按回车键，然后单击按钮，在“进给率”区域的 切削 文本框中输入值 100.0，按回车键，然后单击按钮，其他参数采用系统默认设置值，单击 确定 按钮。

Task5．生成刀路轨迹并仿真

生成的刀路轨迹如图 6.3.8 所示，2D 动态仿真加工结果如图 6.3.9 所示。

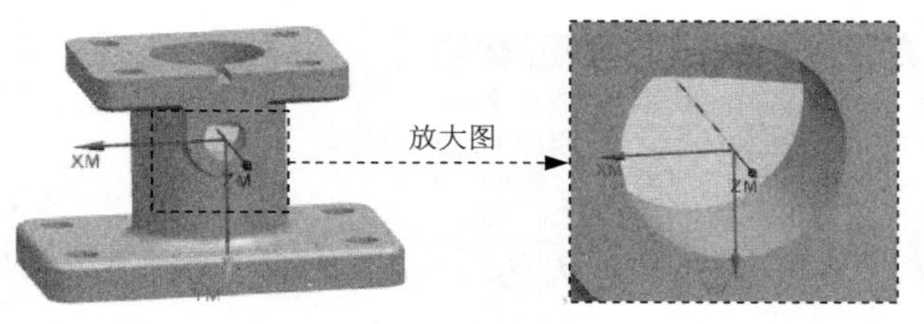

图 6.3.8 刀路轨迹

图 6.3.9 2D 仿真结果

Task6．保存文件

选择下拉菜单 文件(F) ➡ 保存(S) 命令，保存文件。

6.4 铰 孔 加 工

下面接着使用上一节镗孔加工后的模型，讲解创建铰孔操作的一般步骤。

Task1．打开模型文件

打开模型文件 D:\ugnx90.9\work\ch06.04\reaming.prt，系统进入加工环境。

Task2．创建刀具

Step1. 选择下拉菜单 插入(S) ➡ 刀具(T)... 命令，系统弹出“创建刀具”对话框。

Step2. 在 类型 下拉列表中选择 drill 选项，在 刀具子类型 区域中选择 REAMER 按钮，在 名称 文本框中输入 D50，单击 确定 按钮，系统弹出“钻刀”对话框。

Step3. 设置刀具参数。在 (D) 直径 文本框中输入值 50.0，在 (L) 长度 文本框中输入值 120.0，在 (FL) 刀刃长度 文本框中输入值 60.0，在 刀具号 文本框中输入值 2，其他参数采用系统默认设置值，单击 确定 按钮，完成刀具的创建。

Task3．创建铰孔工序

Stage1．创建工序

Step1. 选择下拉菜单 插入(S) ➡ 工序(E)... 命令，系统弹出“创建工序”对话框。

Step2. 确定加工方法。在 类型 下拉列表中选择 drill 选项，在 工序子类型 区域中选择 REAMING 按钮，在 刀具 下拉列表中选择前面设置的刀具 D50 (钻刀) 选项，在 几何体 下拉列表中选择 WORKPIECE 选项，在 方法 下拉列表中选择 DRILL_METHOD 选项，其他参数采用系统默认设置值。

Step3. 单击“创建工序”对话框中的 确定 按钮，系统弹出图 6.4.1 所示的“铰”对话框。

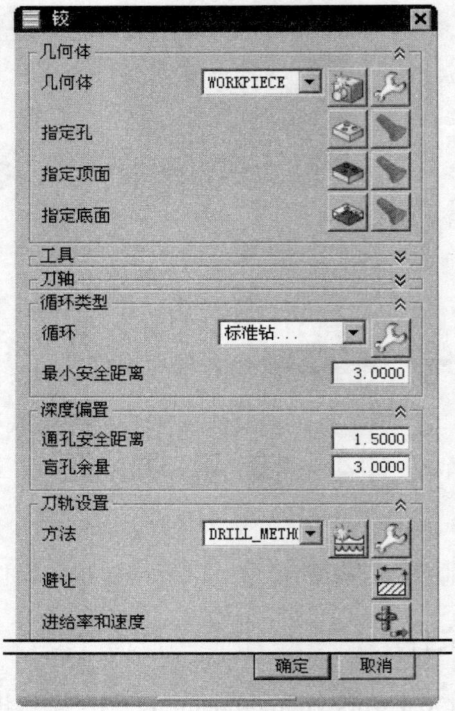

图 6.4.1 “铰”对话框

Stage2. 指定铰孔点

Step1. 指定铰孔点。单击“铰”对话框 指定孔 右侧的按钮，系统弹出“点到点几何体”对话框，单击 选择 按钮，选取图 6.4.2 所示的孔边线，分别单击“点位选择”和“点到点几何体”对话框中的 确定 按钮，返回“铰”对话框。

Step2. 定义顶面。单击 指定顶面 右侧的按钮，系统弹出“顶部曲面”对话框，在 顶面选项 下拉列表中选择 面 选项，选取如图 6.4.3 所示的面为顶部曲面，单击 确定 按钮，返回“铰”对话框。

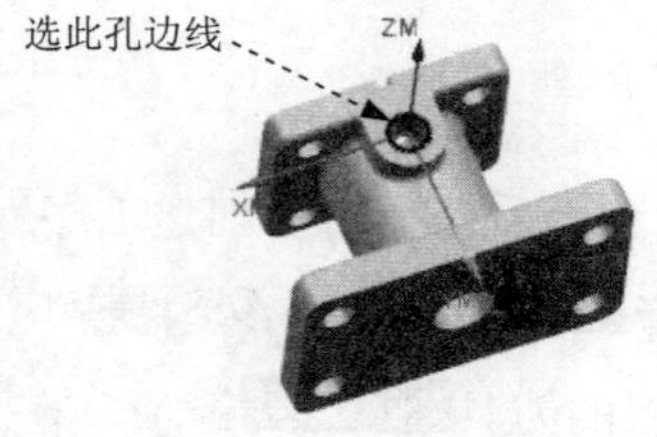

图 6.4.2 指定镗孔点

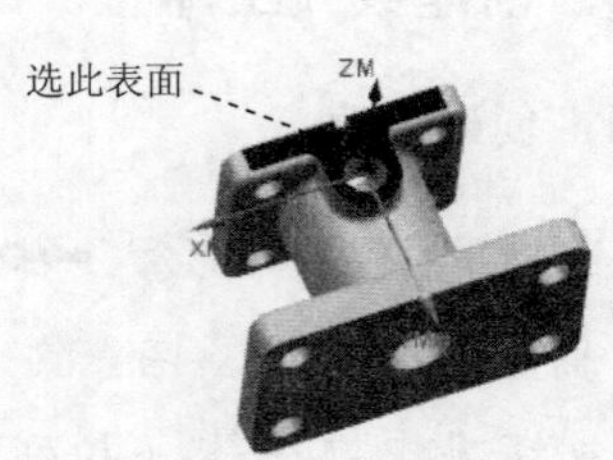

图 6.4.3 指定顶面

Stage3. 设置刀轴

选择系统默认的 +ZM 轴 作为要加工孔的轴线方向。

Stage4．设置循环控制参数

Step1．在“铰”对话框 循环类型 区域的 循环 下拉列表中选择 标准钻... 选项，单击“编辑参数”按钮，系统弹出“指定参数组”对话框。

Step2．采用系统默认的参数设置，单击 确定 按钮，系统弹出“Cycle 参数”对话框，单击 Depth -模型深度 按钮，系统弹出“Cycle 深度”对话框。

Step3．单击 刀尖深度 按钮，系统弹出“深度”对话框，在 深度 文本框中输入值 80.0，单击 确定 按钮，返回“Cycle 参数”对话框。

Step4．单击 确定 按钮，系统返回“铰”对话框。

Stage5．设置一般参数

Step1．设置最小安全距离。在 最小安全距离 文本框中输入值 3.0。

Step2．设置通孔安全距离。在 通孔安全距离 文本框中输入值 1.5。

Stage6．设置进给率和速度

Step1．单击“铰”对话框中的“进给率和速度”按钮，系统弹出“进给率和速度”对话框。

Step2．选中 ☑ 主轴速度 (rpm) 复选框，然后在其后方的文本框中输入值 600.0，按回车键，然后单击按钮，在“进给率”区域的 切削 文本框中输入值 100.0，按回车键，然后单击按钮，其他参数采用系统默认设置值，单击 确定 按钮。

Task4．生成刀路轨迹

生成的刀路轨迹如图 6.4.4 所示。

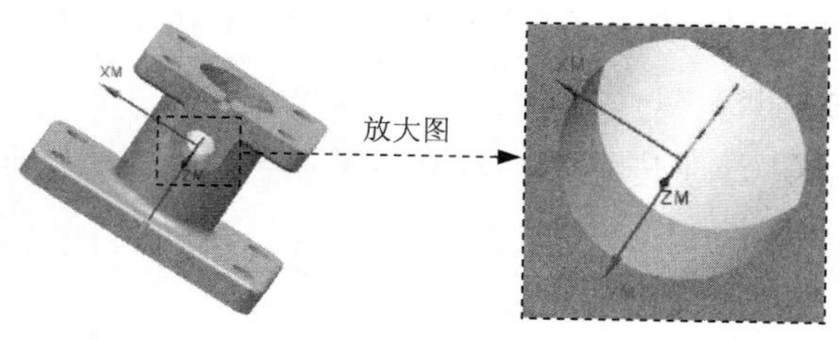

图 6.4.4 刀路轨迹

Task5．保存文件

选择下拉菜单 文件(F) ⟶ 保存(S) 命令，保存文件。

6.5 沉孔加工

下面以如图 6.5.1 所示的模型为例，说明创建沉孔加工操作的一般步骤。

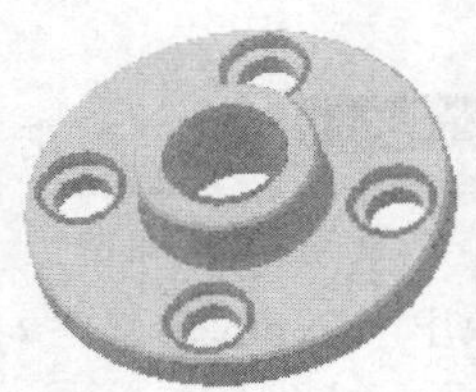

a）目标加工零件

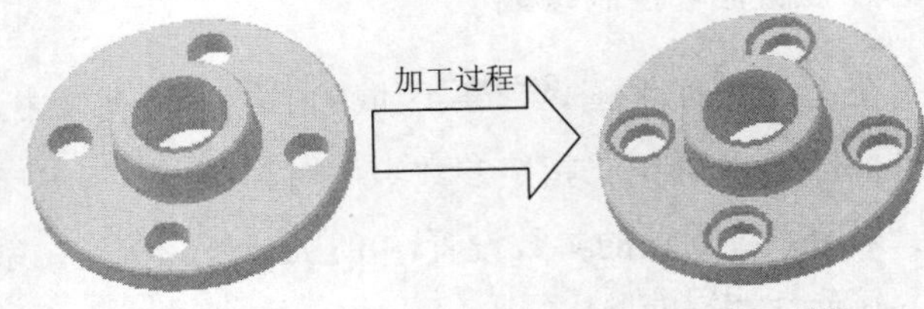

b）毛坯零件　　c）加工结果

图 6.5.1　沉孔加工

Task1．打开模型文件并进入加工模块

Step1．打开模型文件 D:\ugnx90.9\work\ch06.05\counterboring00.prt。

Step2．进入加工环境。选择下拉菜单 启动 → 加工(R)... 命令，在系统弹出的“加工环境”对话框的 要创建的 CAM 设置 列表框中选择 drill 选项，单击 确定 按钮，进入加工环境。

Task2．创建几何体

Step1．创建机床坐标系。将默认的机床坐标系向 ZC 方向上偏置，偏置值为 13.0。

Step2．在工序导航器中单击 MCS_MILL 节点前的“+”，双击节点 WORKPIECE，系统弹出“工件”对话框。

Step3．单击按钮，系统弹出“部件几何体”对话框，选取全部零件为部件几何体，如图 6.5.2 所示。

Step4．单击 确定 按钮，完成部件几何体的创建，同时系统返回到“工件”对话框。

Step5．单击按钮，系统弹出“毛坯几何体”对话框，在装配导航器中将 counterboring01 调整为隐藏状态，将 counterboring02 调整为显示状态，在图形区中选取 counterboring02 为毛坯几何体，如图 6.5.3 所示，单击“毛坯几何体”对话框中的 确定 按钮，返回到“工件”对话框。

Step6．单击 确定 按钮，在装配导航器中将 counterboring01 调整为显示状态，将 counterboring02 调整为隐藏状态。

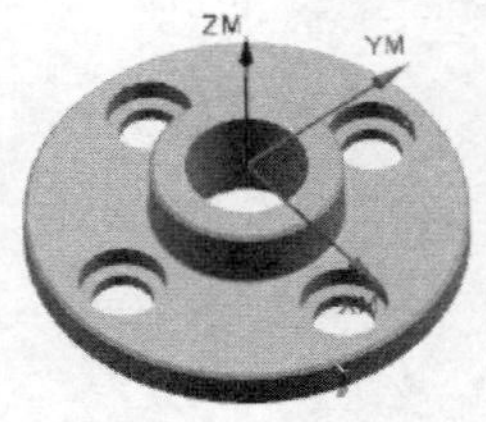

图 6.5.2　部件几何体

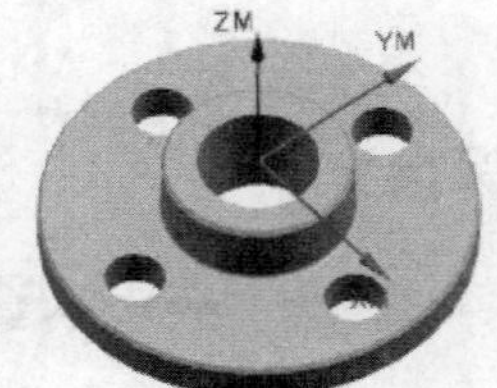

图 6.5.3　毛坯几何体

Task3．创建刀具

Step1．选择下拉菜单 插入(S) → 刀具(T)... 命令，系统弹出如图 6.5.4 所示的“创建刀

具”对话框。

Step2. 在类型下拉列表中选择drill选项，在刀具子类型区域中选择COUNTERBORING_TOOL按钮，在名称文本框中输入D10，单击确定按钮，系统弹出如图6.5.5所示的“铣刀-5 参数”对话框。

Step3. 在(D) 直径文本框中输入值10.0，在(R1) 下半径文本框中输入值0.0，在刀具号文本框中输入值1，其他参数采用系统默认设置值，单击确定按钮。

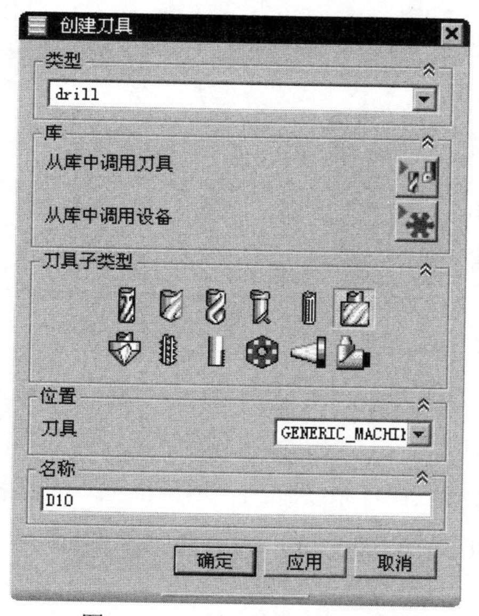

图6.5.4 “创建刀具”对话框

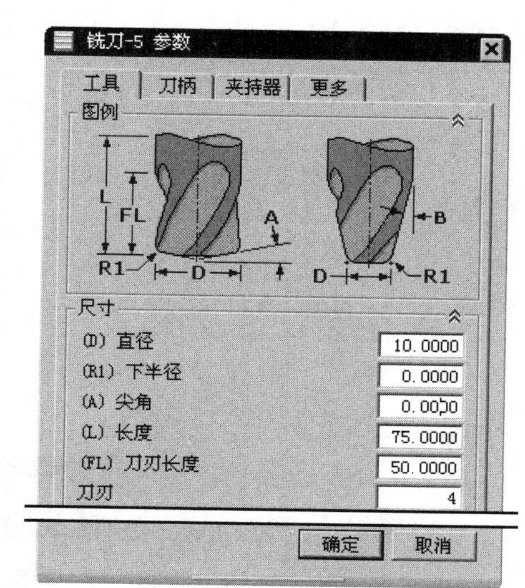

图6.5.5 “铣刀-5 参数”对话框

Task4. 创建沉孔加工工序

Stage1. 创建工序

Step1. 选择下拉菜单插入(S) → 工序(E)...命令，系统弹出如图6.5.6所示的“创建工序”对话框。

Step2. 在工序子类型区域中选择COUNTERBORING按钮，在刀具下拉列表中选用前面设置的刀具D10 (铣刀-5 参数)选项，在几何体下拉列表中选择WORKPIECE选项，其他参数采用系统默认设置值，单击确定按钮，系统弹出如图6.5.7所示的“沉头孔加工”对话框。

Stage2. 指定加工点

Step1. 指定加工点。

（1）单击“沉头孔加工”对话框指定孔右侧的按钮，系统弹出“点到点几何体”对话框，单击选择按钮，系统弹出“点位选择”对话框。

（2）在图形中选取如图6.5.8所示的孔，单击确定按钮，被选择的4个孔被自动编号，完成后单击确定按钮，返回“沉头孔加工”对话框。

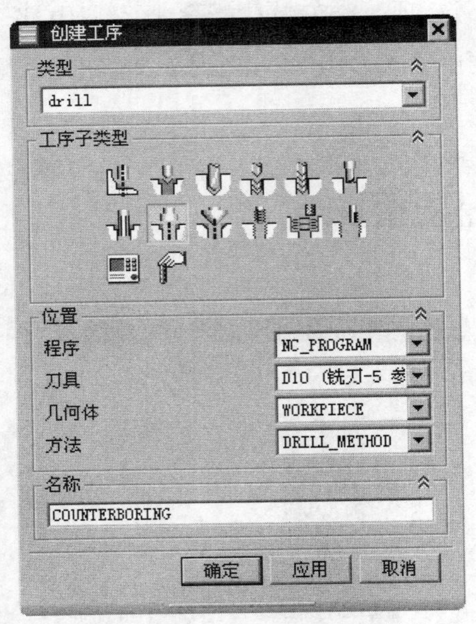

图 6.5.6 “创建工序”对话框

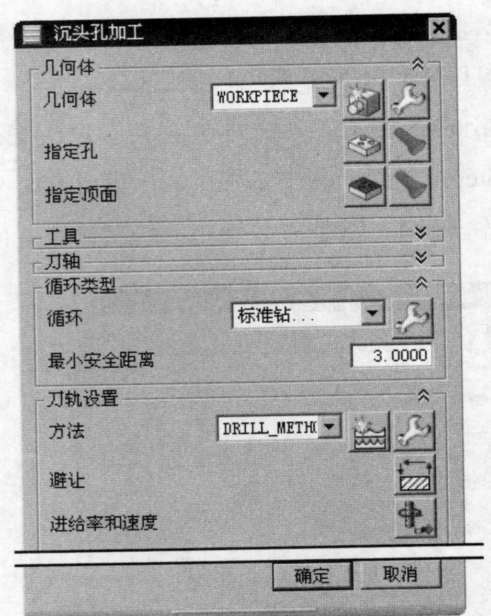

图 6.5.7 “沉头孔加工”对话框

Step2. 定义顶面。

（1）单击“沉头孔加工”对话框指定顶面右侧的按钮，系统弹出“顶部曲面”对话框。

（2）在顶面选项下拉列表中选择面选项，选取如图 6.5.9 所示的面为顶部曲面。

（3）单击确定按钮，返回“沉头孔加工”对话框。

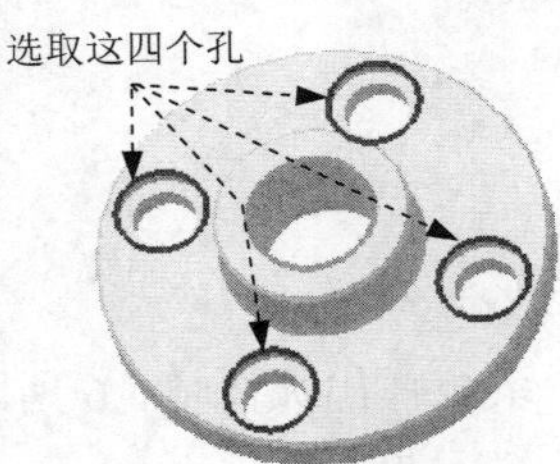

图 6.5.8 指定加工孔位

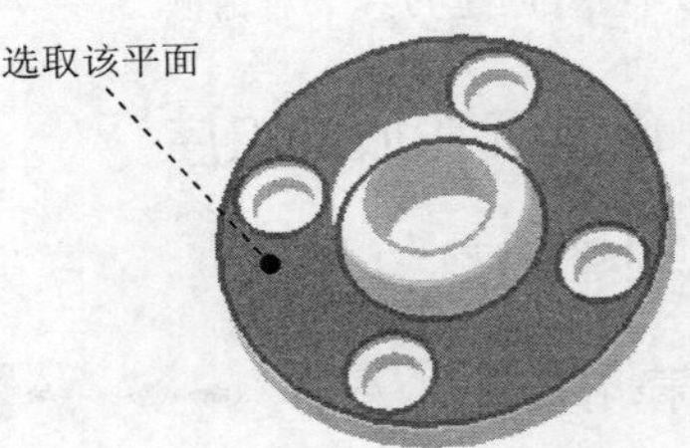

图 6.5.9 指定顶面

Stage3. 设置刀轴

选择系统默认的+ZM 轴作为要加工孔的轴线方向。

Stage4. 设置循环控制参数

Step1. 在“沉头孔加工”对话框循环类型区域的循环下拉列表中选择标准钻...选项，单击“编辑参数”按钮，系统弹出“指定参数组”对话框。

Step2. 采用系统默认的参数设置值，单击确定按钮，系统弹出“Cycle 参数”对话框，单击Depth -模型深度按钮，系统弹出图 6.5.10 所示的“Cycle 深度”

对话框。

Step3. 单击 刀尖深度 按钮，系统弹出图 6.5.11 所示的“深度”对话框，在 深度 文本框中输入值 3.0，单击 确定 按钮，系统返回“Cycle 参数”对话框。

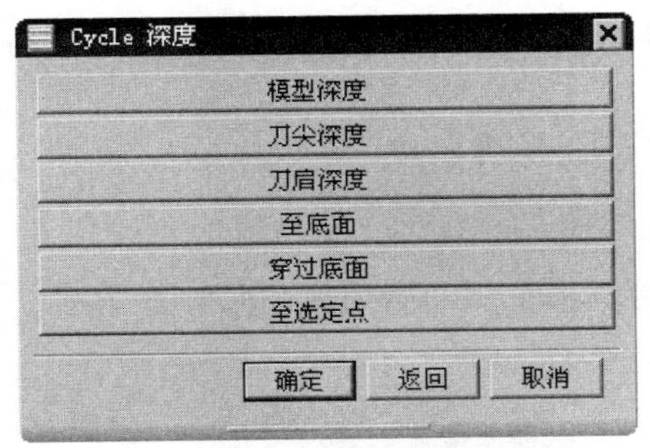

图 6.5.10 “Cycle 深度”对话框

图 6.5.11 “深度”对话框

Step4. 单击 Rtrcto - 无 按钮，系统弹出“安全高度设置类型”对话框。单击 距离 按钮，系统弹出“退刀”对话框，在 退刀 文本框中输入值 20.0，单击 确定 按钮，系统返回“Cycle 参数”对话框。

Step5. 单击 确定 按钮，系统返回“沉头孔加工”对话框。

Stage5. 设置最小安全距离

在 最小安全距离 文本框中输入值 3.0。

Stage6. 设置避让

Step1. 单击“沉头孔加工”对话框中的按钮，系统弹出“避让几何体”对话框。

Step2. 单击 Clearance Plane -无 按钮，系统弹出“安全平面”对话框。

Step3. 单击 指定 按钮，系统弹出“平面”对话框，选取图 6.5.12 所示的平面为参照平面，在 偏置 区域的 距离 文本框中输入值 10.0，单击 确定 按钮，系统返回“安全平面”对话框并创建一个安全平面，单击 显示 按钮可以查看创建的安全平面（图 6.5.13）。

Step4. 单击两次 确定 按钮，返回“沉头孔加工”对话框。

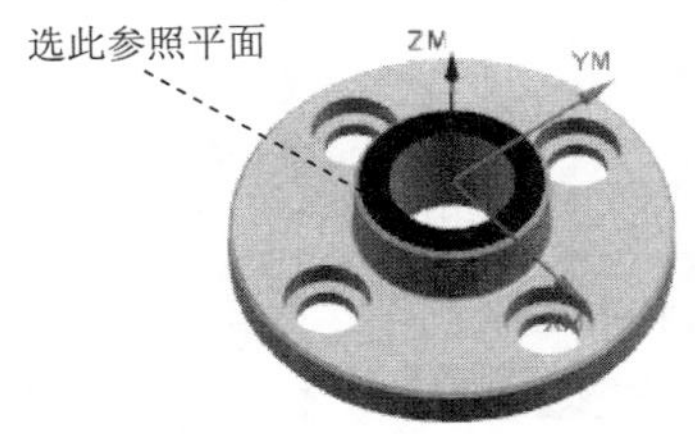

图 6.5.12 选取参照平面

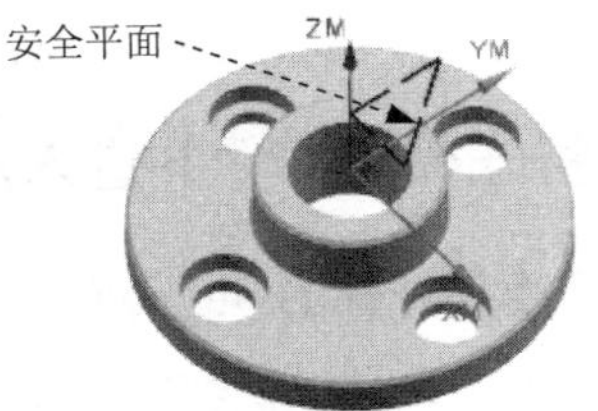

图 6.5.13 定义安全平面

Stage7．设置进给率和速度

Step1．单击“沉头孔加工”对话框中的“进给率和速度”按钮，系统弹出“进给率和速度”对话框。

Step2．选中 ☑ 主轴速度（rpm）复选框，然后在其后方的文本框中输入值600.0，按回车键，然后单击按钮，在 切削 文本框中输入值100.0，按回车键，然后单击按钮，其他参数采用系统默认设置值。

Stage8．生成刀路轨迹并仿真

生成的刀路轨迹如图6.5.14所示，2D动态仿真加工后的结果如图6.5.15所示。

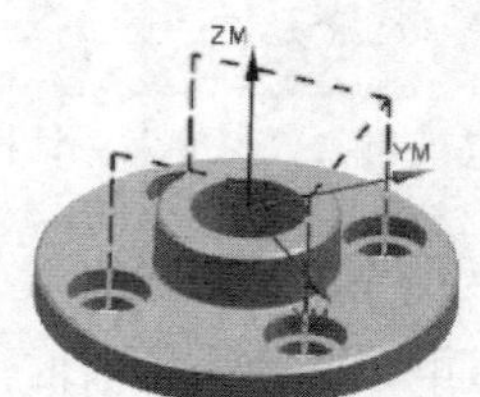

图6.5.14 刀路轨迹

图6.5.15 2D仿真结果

Task5．保存文件

选择下拉菜单 文件(F) → 保存(S) 命令，保存文件。

6.6 攻 螺 纹

攻螺纹即用丝锥加工孔的内螺纹。下面以图6.6.1所示的模型为例来说明创建攻螺纹加工操作的一般步骤。

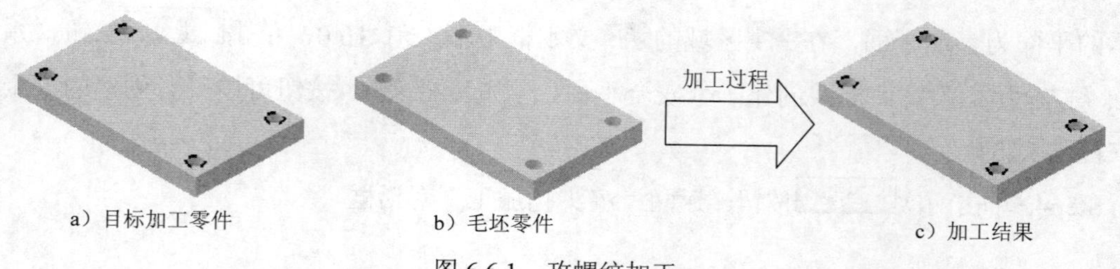

a）目标加工零件　b）毛坯零件　c）加工结果

图6.6.1 攻螺纹加工

Task1．打开模型文件并进入加工模块

Step1．打开模型文件D:\ugnx90.9\work\ch06.06\tapping.prt。

Step2．进入加工环境。选择下拉菜单 启动 → 加工(R)... 命令，在系统弹出的“加工环境”对话框的 要创建的 CAM 设置 列表框中选择 drill 选项，单击 确定 按钮，进入加工环境。

Task2. 创建几何体

Step1. 创建机床坐标系。将默认的机床坐标系沿 ZC 方向偏置，偏置值为 10.0。

Step2. 在工序导航器中单击 MCS_MILL 节点前的“+”，双击节点 WORKPIECE，系统弹出“工件”对话框。

Step3. 单击按钮，系统弹出“部件几何体”对话框，选取全部零件为部件几何体。

Step4. 单击 确定 按钮，完成部件几何体的创建，同时系统返回到“工件”对话框。

Step5. 单击按钮，系统弹出“毛坯几何体”对话框，选取全部零件为毛坯几何体，完成后单击 确定 按钮。

Step6. 单击 确定 按钮，完成几何体的创建。

Task3. 创建刀具

Step1. 选择下拉菜单 插入(S) → 刀具(T) 命令，系统弹出图 6.6.2 所示的“创建刀具”对话框。

Step2. 在 类型 下拉列表中选择 drill 选项，在 刀具子类型 区域中选择 TAP 按钮，在 名称 文本框中输入 D6，单击 确定 按钮，系统弹出如图 6.6.3 所示的“钻刀”对话框。

Step3. 在 (D) 直径 文本框中输入值 6.0，在 刀具号 文本框中输入值 1，其他参数采用系统默认设置值，单击 确定 按钮，完成刀具的设置。

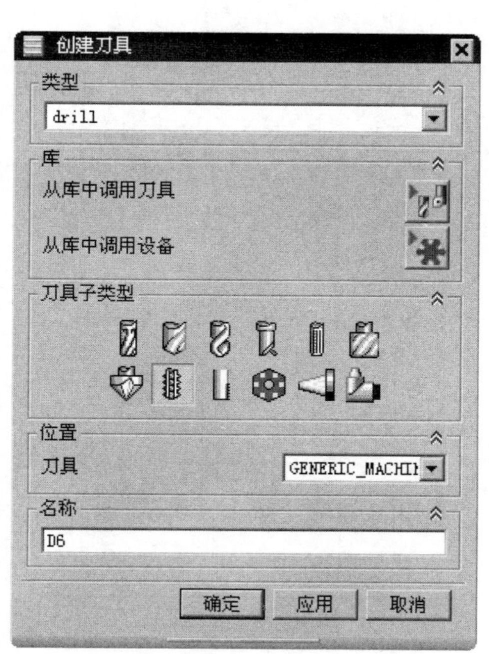

图 6.6.2 “创建刀具”对话框

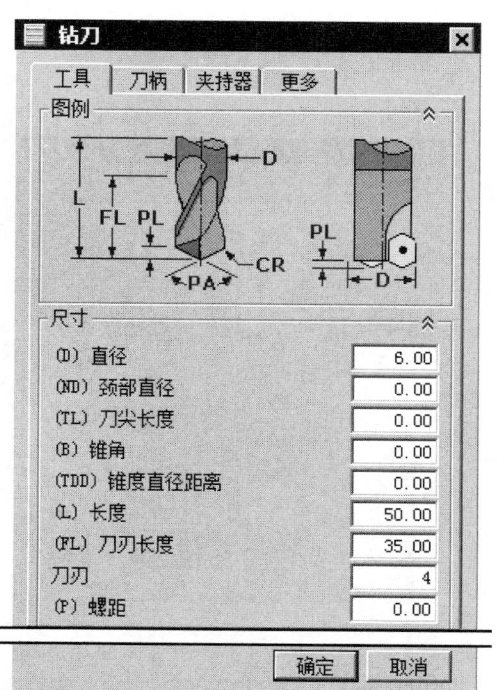

图 6.6.3 “钻刀”对话框

Task4. 创建工序

Stage1. 创建工序

Step1. 选择下拉菜单 插入(S) → 工序(E)... 命令，系统弹出如图 6.6.4 所示的“创建工序”对话框。

Step2. 在 工序子类型 区域中选择 TAPPING 按钮，在 刀具 下拉列表中选用前面设置的刀具 D6（钻刀）选项，其他参数可参考图 6.6.4。

Step3. 单击 确定 按钮，系统弹出如图 6.6.5 所示的“攻丝”对话框。

Stage2. 指定加工点

Step1. 指定加工点。

（1）单击“攻丝”对话框 指定孔 右侧的按钮，系统弹出“点到点几何体”对话框，单击 选择 按钮，系统弹出“点位选择”对话框。

（2）在图形中选取图 6.6.6 所示的孔，单击 确定 按钮，被选择的 4 个孔被编号，完成后单击 确定 按钮，返回“攻丝”对话框。

Step2. 定义顶面。

（1）单击“攻丝”对话框 指定顶面 右侧的按钮，系统弹出“顶部曲面”对话框。

（2）在 顶面选项 下拉列表中选择 面 选项，选取如图 6.6.7 所示的平面为部件表面。

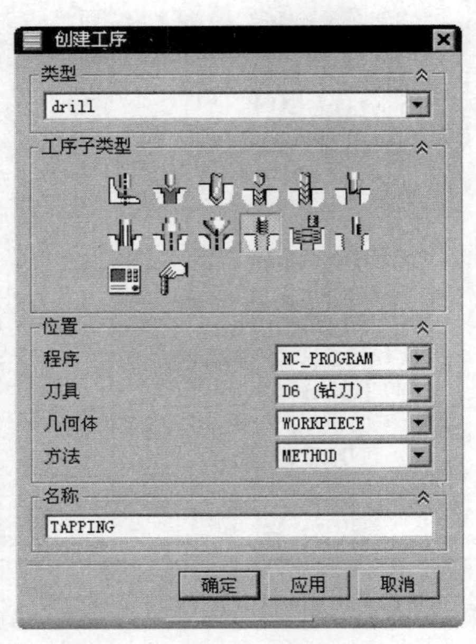

图 6.6.4 “创建工序”对话框

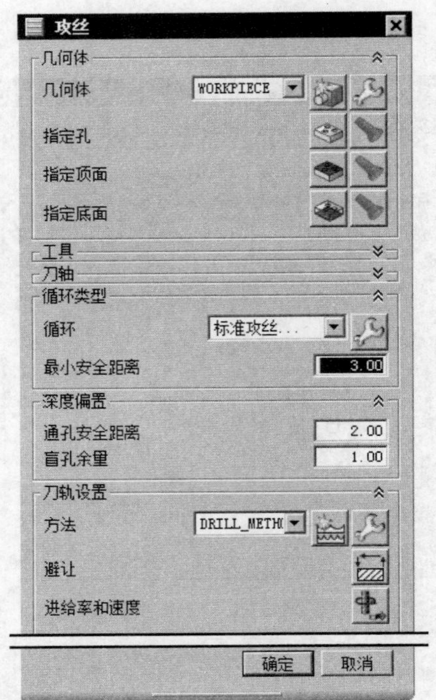

图 6.6.5 “攻丝”对话框

（3）单击确定按钮，返回“攻丝”对话框。

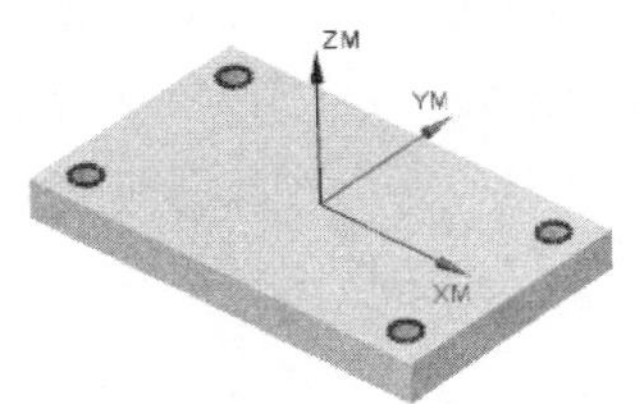

图 6.6.6 指定加工点

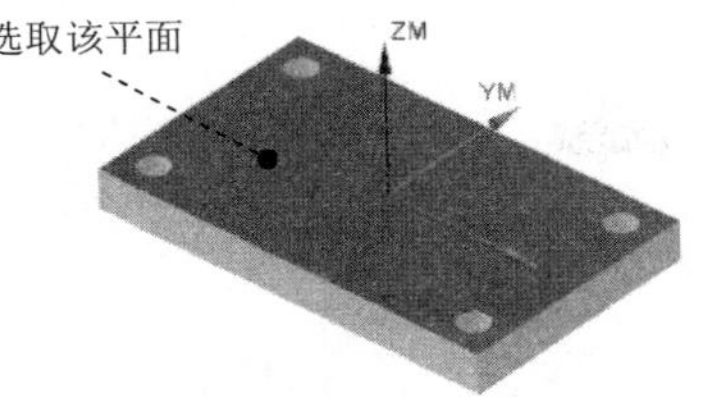

图 6.6.7 指定部件表面

Step3．定义底面。

（1）单击“攻丝”对话框指定底面右侧的按钮，系统弹出“底面”对话框。

（2）在底面选项下拉列表中选择平面选项，单击按钮，在下拉列表中选择，指定XC-YC 平面为底面。

（3）单击确定按钮，返回“攻丝”对话框。

Stage3．设置刀轴

选择系统默认的+ZM 轴作为要加工孔的轴线方向。

Stage4．设置循环控制参数

Step1．在“攻丝”对话框循环类型区域的循环下拉列表中选择标准攻丝...选项，单击“编辑参数”按钮，系统弹出“指定参数组”对话框。

Step2．采用系统默认的参数设置值，单击确定按钮，系统弹出“Cycle 参数”对话框，单击Depth (Tip) - 0.0000按钮，系统弹出“Cycle 深度”对话框。

Step3．单击穿过底面按钮，系统返回“Cycle 参数”对话框。

Step4．单击Rtrcto - 无按钮，系统弹出“安全高度设置类型”对话框。单击距离按钮，系统弹出“退刀”对话框，在退刀文本框中输入值 10.0，单击确定按钮，系统返回“Cycle 参数”对话框。

Step5．单击确定按钮，系统返回“攻丝”对话框。

Stage5．设置一般参数

Step1．定义最小安全距离。在最小安全距离文本框中输入值 3.0。

Step2．设置通孔安全距离。在通孔安全距离文本框中输入值 2.0。

Stage6．设置避让

Step1．单击“攻丝”对话框中的“避让”按钮，系统弹出“避让几何体”对话框。

Step2．单击Clearance Plane -无按钮，系统弹出“安全平面”对话框。

Step3. 单击 指定 按钮，系统弹出“平面”对话框，选取如图 6.6.8 所示的平面为参照平面，在 偏置 区域的 距离 文本框中输入值 10.0，单击 确定 按钮，系统返回“安全平面”对话框，并创建一个安全平面（图 6.6.9）。

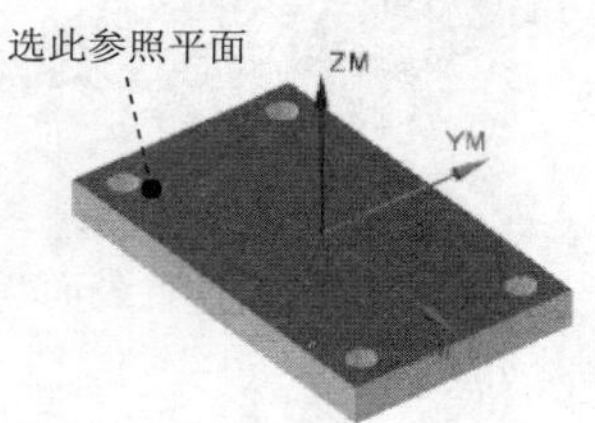

图 6.6.8 选取参照平面

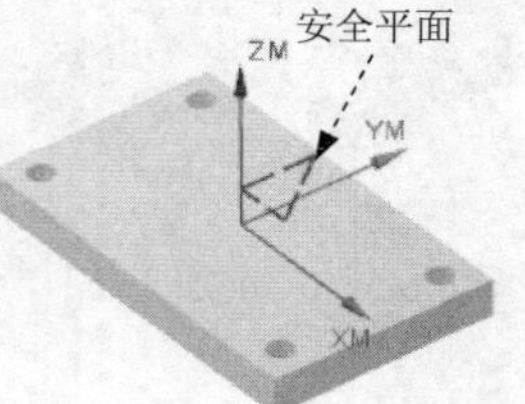

图 6.6.9 创建安全平面

Step4. 单击两次 确定 按钮，完成安全平面的设置，并返回“攻丝”对话框。

Stage7. 设置进给率和速度

Step1. 单击“攻丝”对话框中的“进给率和速度”按钮，系统弹出“进给率和速度”对话框。

Step2. 在 自动设置 区域的 表面速度 (smm) 文本框中输入值 8.0，按回车键，然后单击按钮，系统会根据此设置同时完成主轴速度的设置，在“进给率”区域的 切削 文本框中输入值 50.0，按回车键，然后单击按钮，其他参数采用系统默认设置值。

Task5. 生成刀路轨迹

生成的刀路轨迹如图 6.6.10 所示。

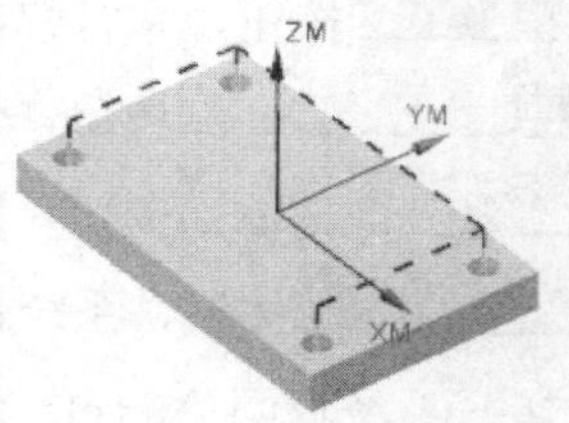

图 6.6.10 刀路轨迹

Task6. 保存文件

选择下拉菜单 文件(F) → 保存(S) 命令，保存文件。

6.7 钻孔加工综合范例

Task1. 打开模型文件并进入加工模块

Step1. 打开模型文件 D:\ugnx90.9\work\ch06.07\drilling.prt。

Step2. 进入加工环境。选择下拉菜单 启动 → 加工(R)... 命令，在系统弹出的“加工环境”对话框的要创建的 CAM 设置列表框中选择drill选项，单击确定按钮，进入加工环境。

Task2. 创建几何体

Stage1. 创建机床坐标系和安全平面

Step1. 在工序导航器中进入几何体视图，双击节点 MCS_MILL，系统弹出“MCS 铣削”对话框。

Step2. 在机床坐标系区域中单击“CSYS 对话框”按钮，在系统弹出的“CSYS”对话框的类型下拉列表中选择动态选项。

Step3. 单击操控器区域中的“操控器”按钮，在“点”对话框的X文本框中输入值200.0，在Y文本框中输入值200.0，在Z文本框中输入值0.0，单击确定按钮，然后以YM轴为轴线旋转180°，结果如图6.7.1所示，单击CSYS对话框中的确定按钮，返回到“MCS 铣削”对话框。

Step4. 在安全设置区域的安全设置选项下拉列表中选择平面选项，单击“平面对话框”按钮，系统弹出“平面”对话框。

Step5. 在类型区域的下拉列表中选择按某一距离选项。在平面参考区域中单击按钮，选取如图6.7.1所示的平面为对象平面；在偏置区域的距离文本框中输入值为10，并按回车键确认，单击确定按钮，完成安全平面的创建。

Step6. 单击确定按钮，完成机床坐标系和安全平面的创建。

Stage2. 创建部件几何体

Step1. 将工序导航器调整到几何视图状态，单击 MCS_MILL节点前的“+”，双击节点 WORKPIECE，系统弹出“工件”对话框。

Step2. 单击按钮，系统弹出“部件几何体”对话框，选取全部零件为部件几何体，单击确定按钮，返回到“工件”对话框。

Step3. 单击按钮，系统弹出“毛坯几何体”对话框，在类型下拉列表中选择包容块选项，系统自动创建毛坯几何体，如图6.7.2所示。

Step4. 单击两次确定按钮，完成几何体的创建。

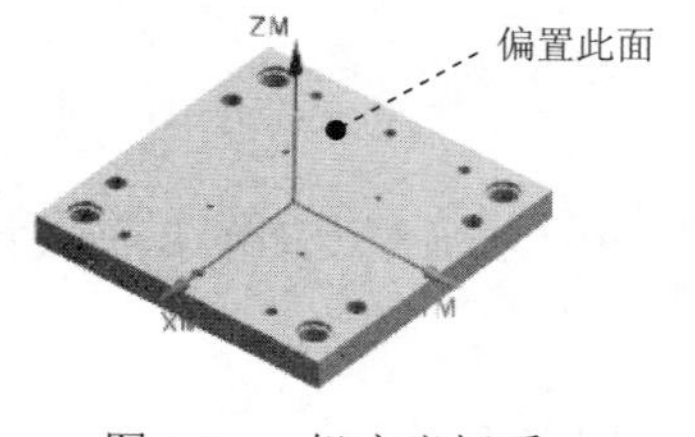

图6.7.1　机床坐标系

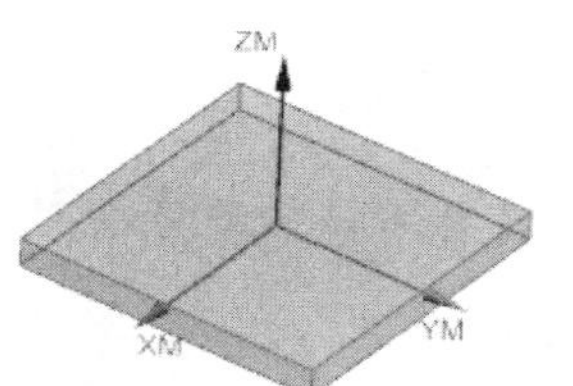

图6.7.2　毛坯几何体

Task3．创建刀具

Stage1．创建刀具（一）

Step1．选择下拉菜单 插入(S) → 刀具(T)... 命令，系统弹出如图 6.7.3 所示的“创建刀具”对话框。

Step2．确定刀具类型。在 类型 下拉列表中选择 drill 选项，在 刀具子类型 区域中选择 DRILLING_TOOL 按钮。在 名称 文本框中输入 D6，单击 确定 按钮，系统弹出如图 6.7.4 所示的“钻刀”对话框。

Step3．设置刀具参数。在 (D) 直径 文本框中输入值 6.0，在 刀具号 文本框中输入值 1，其他参数采用系统默认设置值，单击 确定 按钮，完成刀具的设置。

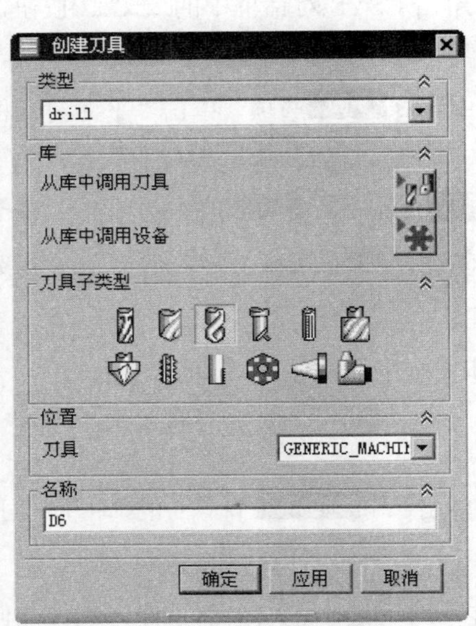

图 6.7.3 “创建刀具”对话框

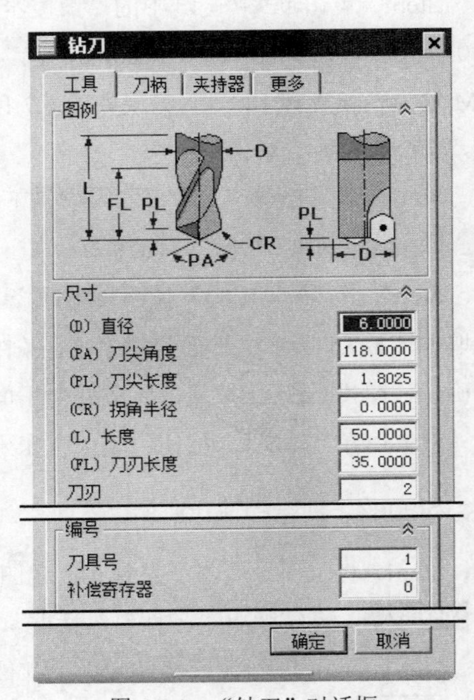

图 6.7.4 “钻刀”对话框

说明：本 Task 后面的详细操作过程请参见随书光盘中 video\ch06\reference 文件下的语音视频讲解文件 drilling-r01.avi。

Task4．创建钻孔工序 1

Stage1．插入工序

Step1．选择下拉菜单 插入(S) → 工序(E)... 命令，系统弹出如图 6.7.5 所示的“创建工序”对话框。

Step2．确定加工方法。在 工序子类型 区域中选择 DRILLING 按钮，在 刀具 下拉列表

中选择D6（钻刀）选项，在几何体下拉列表中选择WORKPIECE选项，其他参数可参考图 6.7.5，单击确定按钮，系统弹出如图 6.7.6 所示的“钻”对话框。

Stage2. 指定钻孔点

Step1. 单击“钻”对话框指定孔右侧的按钮，系统弹出“点到点几何体”对话框，单击选择按钮，系统弹出“点位选择”对话框。

Step2. 在图形区选取如图 6.7.7 所示的圆，单击两次确定按钮，系统返回“钻”对话框。

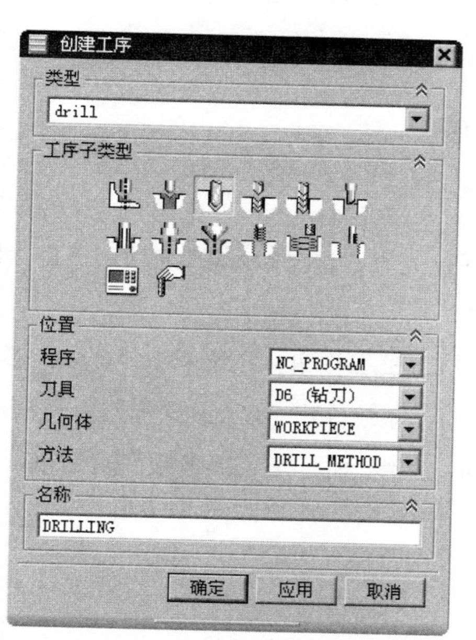

图 6.7.5 “创建工序”对话框

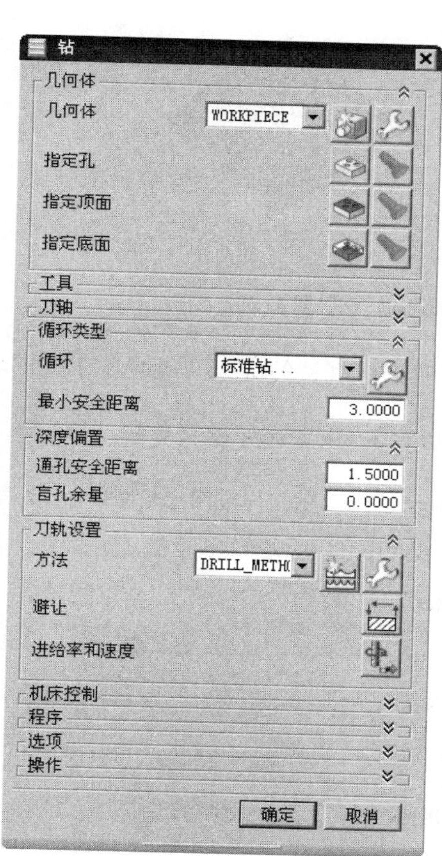

图 6.7.6 “钻”对话框

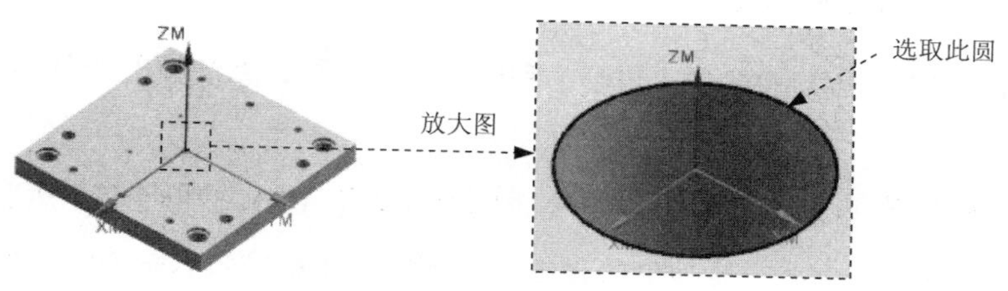

图 6.7.7 指定钻孔点

Stage3．指定部件表面和底面

Step1．单击“钻”对话框 指定顶面 右侧的 按钮，系统弹出“顶部曲面”对话框。

Step2．在 顶面选项 下拉列表中选择 面 选项，选取如图 6.7.8 所示的面为顶部曲面，完成后单击 确定 按钮，返回“钻”对话框。

Step3．单击 指定底面 右侧的 按钮，系统弹出“底面”对话框。

Step4．在 底面选项 下拉列表中选择 面 选项，选取如图 6.7.9 所示的面为底面，完成后单击 确定 按钮，返回“钻”对话框。

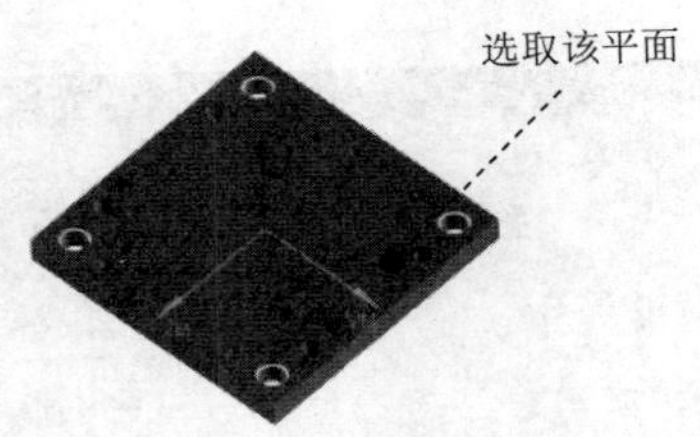

图 6.7.8　指定部件表面

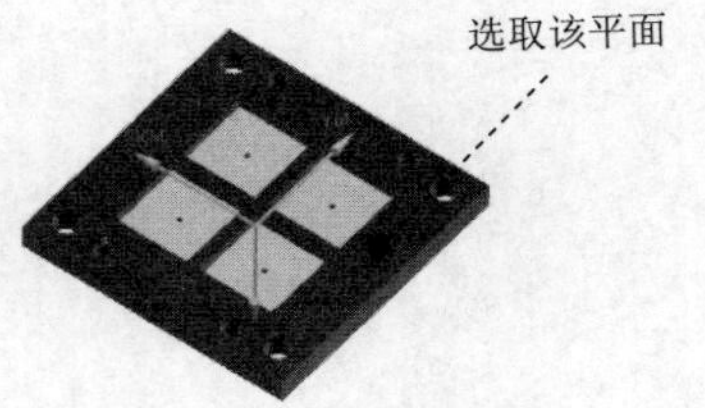

图 6.7.9　指定底面

Stage4．设置刀轴

选择系统默认的 +ZM 轴 作为要加工孔的轴线方向。

Stage5．设置循环控制参数

Step1．在“钻”对话框 循环类型 区域的 循环 下拉列表中选择 标准钻... 选项，单击“编辑参数”按钮 ，系统弹出“指定参数组”对话框。

Step2．设定 Number of Sets 文本框的值为 1，单击 确定 按钮，系统弹出“Cycle 参数”对话框，单击 Depth -模型深度 按钮，系统弹出“Cycle 深度”对话框。

Step3．单击 穿过底面 按钮，系统返回“Cycle 参数”对话框，单击 确定 按钮，直到系统返回“钻”对话框。

Stage6．设置一般参数

在“钻”对话框中的 最小安全距离 文本框中输入值 10.0，在 通孔安全距离 文本框中输入值 2.0。

Stage7．设置进给率和速度

Step1．单击“钻”对话框中的“进给率和速度”按钮 ，系统弹出“进给率和速度”对话框。

Step2．在 自动设置 区域的 表面速度 (smm) 文本框中输入值 10.0，按回车键，然后单击 按钮，系统会根据此设置同时完成主轴速度的设置，在 切削 文本框中输入值 50.0，按回车键，然后单击 按钮，其他参数采用系统默认设置值，单击 确定 按钮。

Stage8. 生成刀路轨迹并仿真

生成的刀路轨迹如图 6.7.10 所示，2D 动态仿真加工后的结果如图 6.7.11 所示。

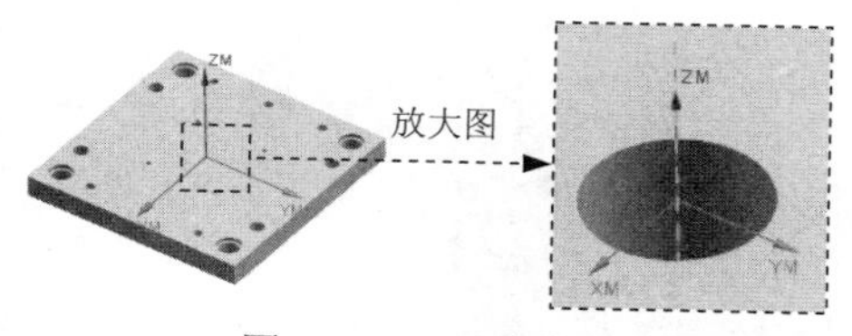

图 6.7.10 刀路轨迹

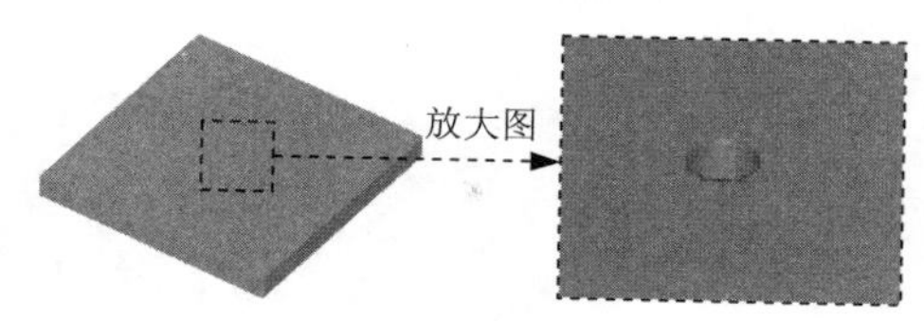

图 6.7.11 2D 仿真结果

Task5. 创建钻孔工序 2

注：本 Task 的详细操作过程请参见随书光盘中 video\ch06\reference 文件下的语音视频讲解文件 drilling-r02.avi。

Task6. 创建钻孔工序 3

注：本 Task 的详细操作过程请参见随书光盘中 video\ch06\reference 文件下的语音视频讲解文件 drilling-r03.avi。

Task7. 创建钻孔工序 4

注：本 Task 的详细操作过程请参见随书光盘中 video\ch06\reference 文件下的语音视频讲解文件 drilling-r04.avi。

Task8. 创建钻孔工序 5

注：本 Task 的详细操作过程请参见随书光盘中 video\ch06\reference 文件下的语音视频讲解文件 drilling-r05.avi。

Task9. 创建沉孔工序 1

Stage1. 创建工序

Step1. 选择下拉菜单 插入(S) ➡ 工序(E)... 命令，系统弹出“创建工序”对话框。

Step2. 在“创建工序”对话框的 工序子类型 区域中选择 COUNTERBORING 按钮，在 刀具 下拉列表中选择 D7 (铣刀-5 参数) 选项，在 几何体 下拉列表中选择 WORKPIECE 选项，其他参数采用系统默认设置值。单击 确定 按钮，系统弹出“沉头孔加工”对话框。

Stage2. 指定加工点

Step1. 选择加工点。

（1）单击“沉头孔加工”对话框 指定孔 右侧的按钮，系统弹出“点到点几何体”对话框，单击 选择 按钮，系统弹出“点位选择”对话框。

（2）在图形中选取如图 6.7.12 所示的孔，单击两次 确定 按钮，返回“沉头孔加工”对话框。

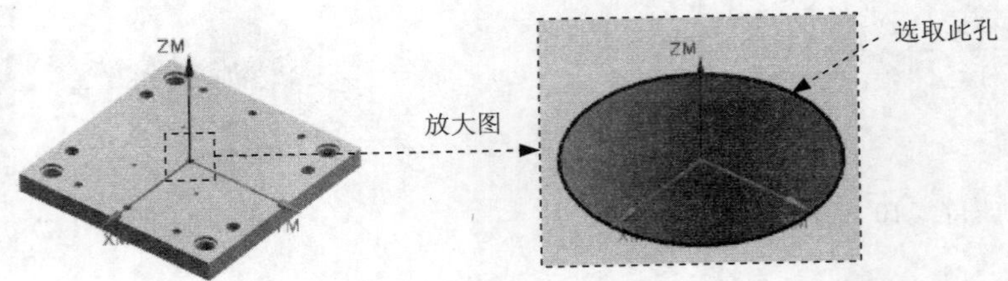

图 6.7.12 指定加工点

Step2. 定义顶面。

（1）单击“沉头孔加工”对话框中的“定义顶面”按钮，系统弹出“顶部曲面”对话框。

（2）在 顶面选项 下拉列表中选择 面 选项，选取如图 6.7.13 所示的平面为顶部曲面。

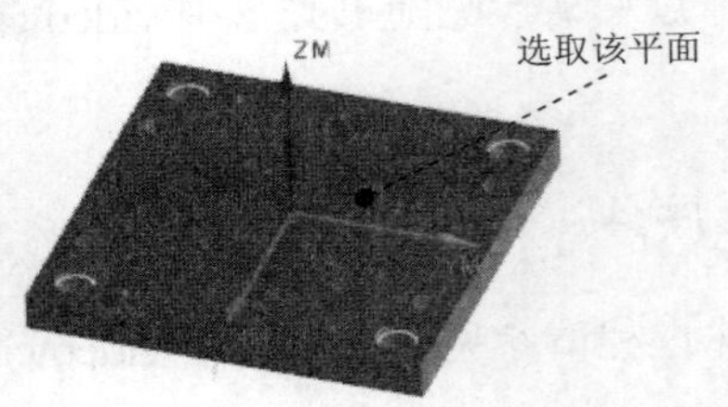

图 6.7.13 指定部件表面

（3）单击 确定 按钮，返回“沉头孔加工”对话框。

Stage3. 指定刀轴

选择系统默认的 +ZM 轴 作为要加工孔的轴线方向。

Stage4. 设置循环控制参数

Step1. 在“沉头孔加工”对话框 循环类型 区域的 循环 下拉列表中选择 标准钻... 选项，单击“编辑参数”按钮，系统弹出“指定参数组”对话框。

Step2. 采用系统默认的参数设置值，单击 确定 按钮，系统弹出“Cycle 参数”对话框，单击 Depth -模型深度 按钮，系统弹出“Cycle 深度”对话框。

Step3. 单击 刀尖深度 按钮，系统弹出“深度”对话框，在其中的文本框中输入值 32.0，单击 确定 按钮，系统返回“Cycle 参数”对话框。

Step4. 单击 Rtrcto - 无 按钮，在系统弹出的对话框中单击 距离 按钮，系统弹出“退刀”对话框，在文本框中输入值 10.0。

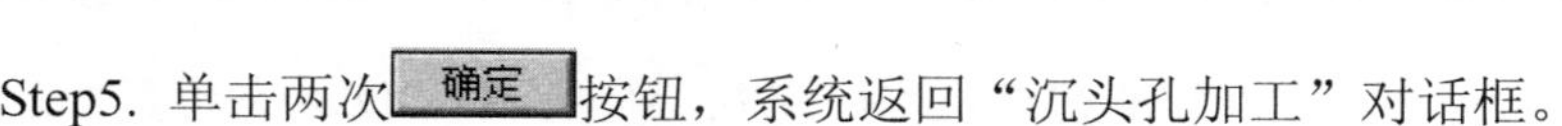

Step5. 单击两次确定按钮，系统返回“沉头孔加工”对话框。

Stage5. 设置最小安全距离

在“沉头孔加工”对话框中的最小安全距离文本框中输入值 5.0。

Stage6. 设置进给率和速度

Step1. 单击“沉头孔加工”对话框中的“进给率和速度”按钮，系统弹出“进给率和速度”对话框。

Step2. 在自动设置区域的表面速度（smm）文本框中输入值 7.0，按回车键，然后单击按钮，系统会根据此设置同时完成主轴速度的设置，在切削文本框中输入值 100.0，按回车键，然后单击按钮，其他参数采用系统默认设置值，单击确定按钮。

Stage7. 生成刀路轨迹并仿真

生成的刀路轨迹如图 6.7.14 所示，2D 动态仿真加工后的结果如图 6.7.15 所示。

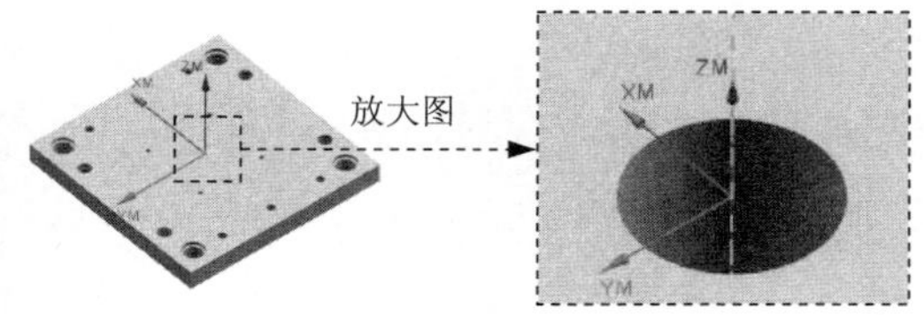

图 6.7.14 刀路轨迹

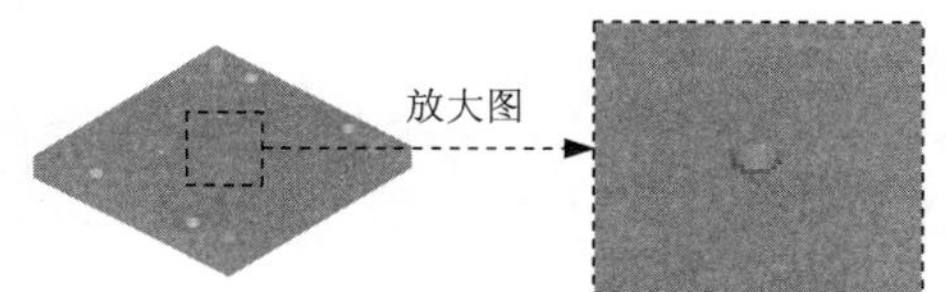

图 6.7.15 2D 仿真结果

Task10. 创建沉孔工序 2

此步骤为用 7 号刀具D16（铣刀-5 参数）创建沉孔工序，具体步骤及相应参数可参照 Task9，不同点是将刀尖深度值改为 27.0，生成的刀路轨迹如图 6.7.16 所示，2D 动态仿真加工后的结果如图 6.7.17 所示。

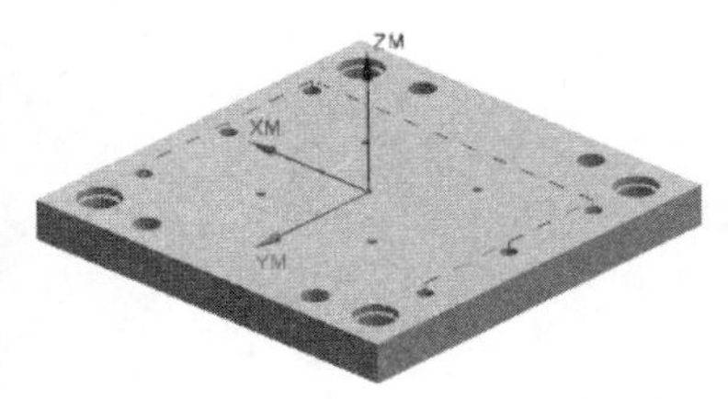

图 6.7.16 刀路轨迹

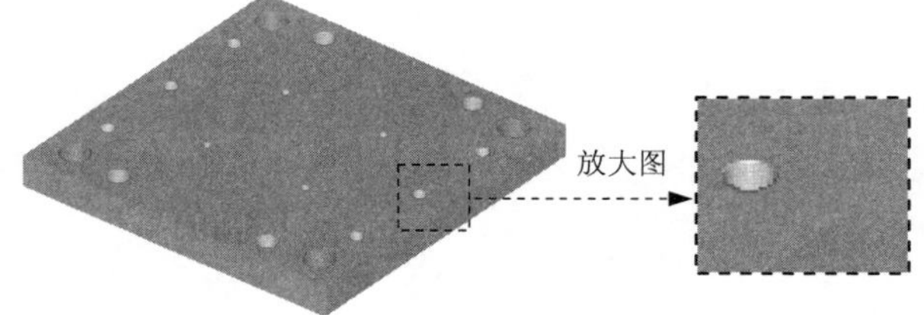

图 6.7.17 2D 仿真结果

Task11. 创建沉孔工序 3

此步骤为用 8 号刀具D41（铣刀-5 参数）创建沉孔工序，具体步骤及相应参数可参照 Task9，

不同点是将刀尖深度值改为 8.0，生成的刀路轨迹如图 6.7.18 所示，2D 动态仿真加工后的结果如图 6.7.19 所示。

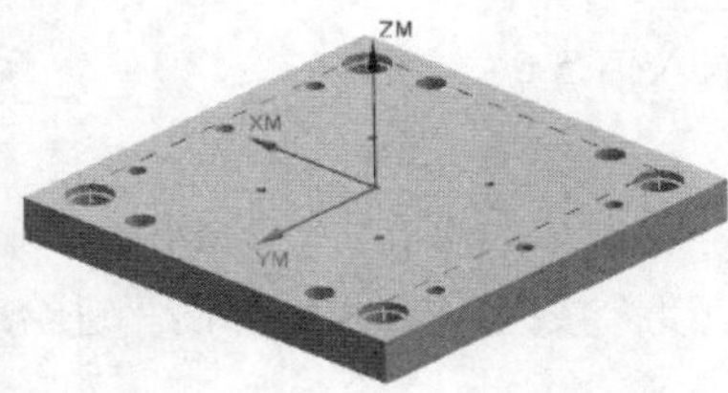

图 6.7.18　刀路轨迹

图 6.7.19　2D 仿真结果

Task12．保存文件

选择下拉菜单 文件(F) → 保存(S) 命令，保存文件。

第7章 车削加工

本章提要 UG NX 9.0 车削加工包括粗车加工、精车加工、沟槽车削和螺纹加工等。本章将通过一些范例来介绍 UG NX 9.0 车削加工的各种加工类型，希望读者阅读完本章后，可以了解车削加工的基本原理，掌握车削加工的主要操作步骤，并能熟练的对车削加工参数进行设置。

7.1 车削概述

7.1.1 车削加工简介

车削加工是机加工中最为常用的加工方法之一，用于加工回转体的表面。由于科学技术的进步和提高生产率的必要性，用于车削作业的机械得到了飞速发展。新的车削设备在自动化、高效性的需求下以及与铣削和钻孔原理结合的普遍应用中得到了迅速发展。

在 UG NX 9.0 中，用户通过“车削”模块的工序导航器可以方便地管理加工操作方法及参数。例如，在工序导航器中可以创建粗加工、精加工、示教模式、中心线钻孔和螺纹等操作方法；加工参数（如主轴定义、工件几何体、加工方式和刀具）则按组指定，这些参数在操作方法中共享，其他参数在单独的操作中定义。当完成整个加工程序时，处理中的工件将跟踪计算并以图形方式显示所有移除材料后所剩余的材料。

7.1.2 车削加工的子类型

进入加工模块后，选择下拉菜单 插入(S) ➡ 工序(E)... 命令，系统弹出图 7.1.1 所示的“创建工序”对话框。在“创建工序”对话框的 类型 下拉列表中选择 turning 选项，此时，对话框中出现车削加工的 21 种子类型。

图 7.1.1 所示的“创建工序”对话框 工序子类型 区域中的各按钮说明如下：

- A1 (CENTERLINE_SPOTDRILL)：中心线点钻。
- A2 (CENTERLINE_DRILLING)：中心线钻孔。
- A3 (CENTERLINE_PECKDRILL)：中心线啄钻。
- A4 (CENTERLINE_BREAKCHIP)：中心线断屑钻。
- A5 (CENTERLINE_REAMING)：中心线铰孔。

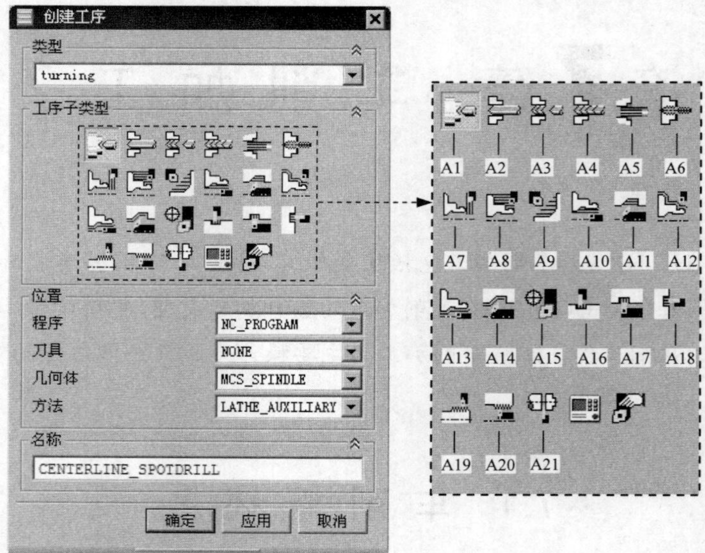

图 7.1.1 “创建工序”对话框

- A6 (CENTERLINE_TAPPING): 中心线攻丝。
- A7 (FACING): 端面加工。
- A8 (ROUGH_TURN_OD): 粗车外形轮廓。
- A9 (ROUGH_BACK_TURN): 反向粗车外形轮廓。
- A10 (ROUGH_BORE_ID): 粗车内孔轮廓。
- A11 (ROUGH_BACK_BORE): 反向粗车内孔轮廓。
- A12 (FINISH_TURN_OD): 精车外形轮廓。
- A13 (FINISH_BORE_ID): 精车内孔轮廓。
- A14 (FINISH_BACK_BORE): 反向精车内孔轮廓。
- A15 (TEACH_MODE): 示教模式。
- A16 (GROOVE_OD): 车外沟槽。
- A17 (GROOVE_ID): 车内沟槽。
- A18 (GROOVE_FACE): 车端面槽。
- A19 (THREAD_OD): 车外螺纹。
- A20 (THREAD_ID): 车内螺纹。
- A21 (PARTOFF): 切断工件。

7.2 粗车外形加工

粗加工功能包含了用于去除大量材料的许多切削技术。这些加工方法包括用于高速粗加工的策略，以及通过正确的内置进刀/退刀运动达到半精加工或精加工的质量。车削粗加工依赖于系统的剩余材料自动去除功能。下面以如图 7.2.1 所示的零件介绍粗车外形加工的一般步骤。

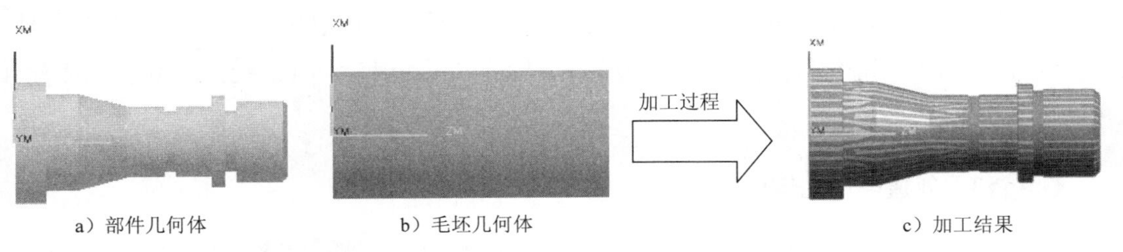

a）部件几何体　　b）毛坯几何体　　c）加工结果

图 7.2.1　粗车外形加工

Task1．打开模型文件并进入加工模块

Step1．打开文件 D:\ugnx90.9\work\ch07.02\turning1.prt。

Step2．选择下拉菜单 启动 → 加工(R)... 命令，系统弹出“加工环境”对话框，在“加工环境”对话框的 要创建的 CAM 设置 列表框中选择 turning 选项，单击 确定 按钮，进入加工环境。

Task2．创建几何体

Stage1．创建机床坐标系

Step1．在工序导航器中调整到几何视图状态，双击节点 MCS_SPINDLE，系统弹出“MCS 主轴”对话框，如图 7.2.2 所示。

Step2．在图形区观察机床坐标系方位，若无需调整，在“MCS 主轴”对话框中单击 确定 按钮，完成坐标系的创建，如图 7.2.3 所示。

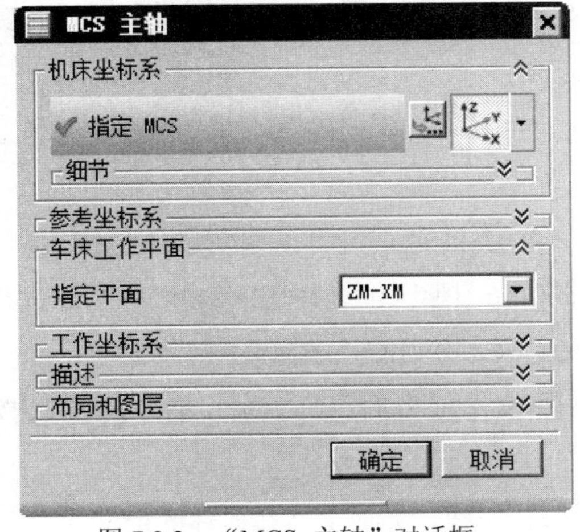

图 7.2.2　“MCS 主轴”对话框

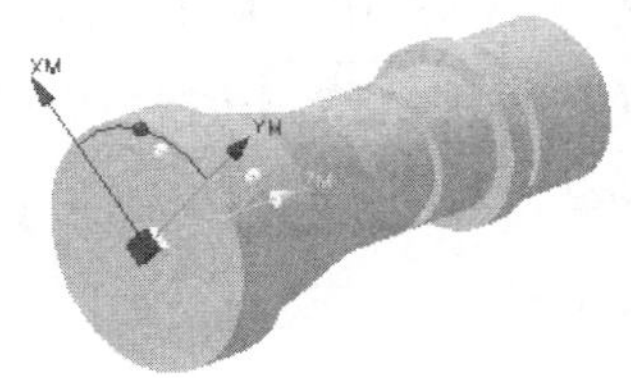

图 7.2.3　创建坐标系

Stage2．创建部件几何体

Step1．在工序导航器中双击 MCS_SPINDLE 节点下的 WORKPIECE，系统弹出如图 7.2.4 所示的“工件”对话框。

Step2．单击按钮，系统弹出“部件几何体”对话框，选取整个零件为部件几何体。

Step3．依次单击“部件几何体”对话框和“工件”对话框中的 确定 按钮，完成部件几何体的创建。

Stage3．创建毛坯几何体

Step1．在工序导航器中的几何视图状态下双击 WORKPIECE 节点下的子节点 TURNING_WORKPIECE，系统弹出如图 7.2.5 所示的“车削工件”对话框。

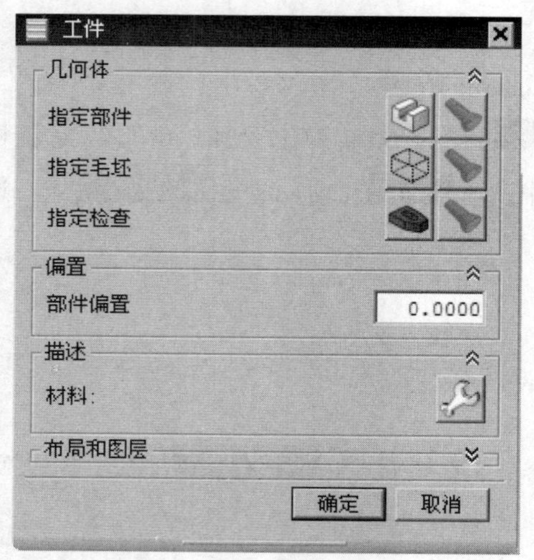

图 7.2.4 “工件”对话框

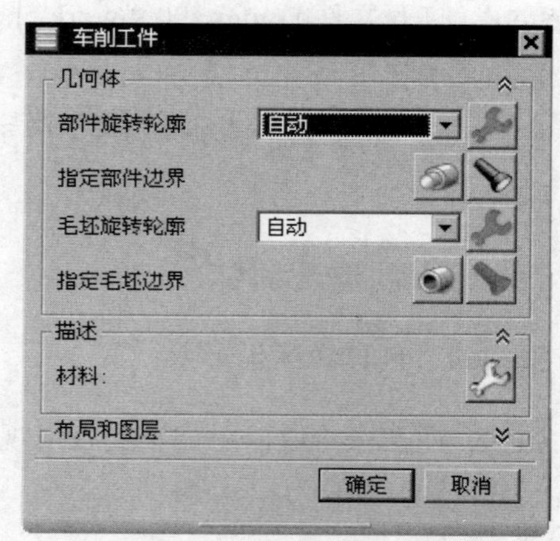

图 7.2.5 “车削工件”对话框

Step2．单击 指定部件边界 右侧的按钮，系统弹出如图 7.2.6 所示的“部件边界”对话框，此时系统会自动指定部件边界，并在图形区显示如图 7.2.7 所示，单击 确定 按钮完成部件边界的定义。

Step3．单击“车削工件”对话框中的“指定毛坯边界”按钮，系统弹出“选择毛坯”对话框，如图 7.2.8 所示。

Step4．确认“棒料”按钮被选择，在 点位置 区域选择 在主轴箱处 单选按钮，单击 选择 按钮，系统弹出“点”对话框，在图形区中选择机床坐标系的原点为毛坯放置位置，单击 确定 按钮，完成安装位置的定义，并返回“选择毛坯”对话框。

Step5．在 长度 文本框中输入值 530.0，在 直径 文本框中输入值 250.0，单击 确定 按钮，在图形区中显示毛坯边界，如图 7.2.9 所示。

Step6．单击“车削工件”对话框中的 确定 按钮，完成毛坯几何体的定义。

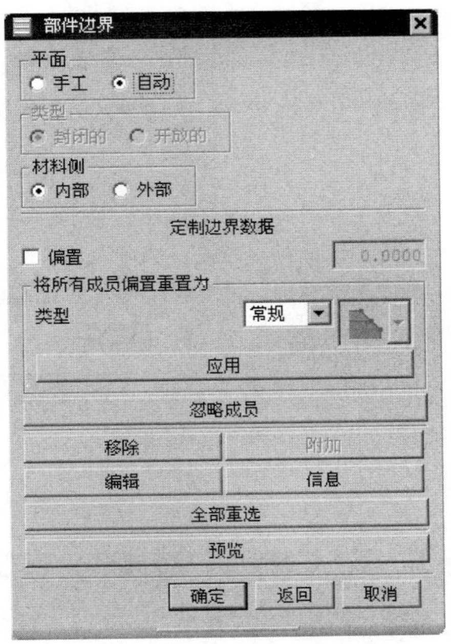

图 7.2.6 “部件边界”对话框

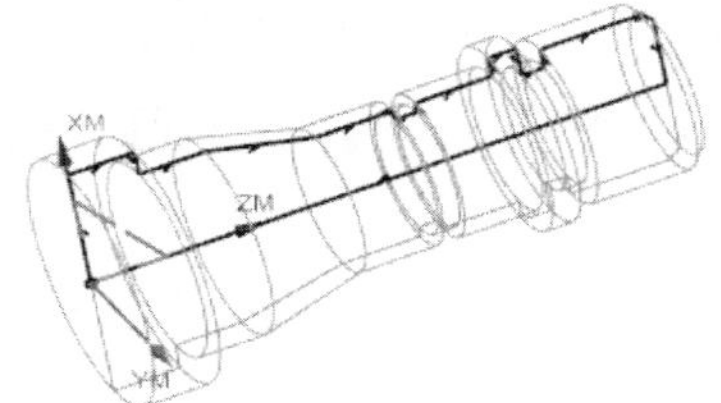

图 7.2.7 部件边界

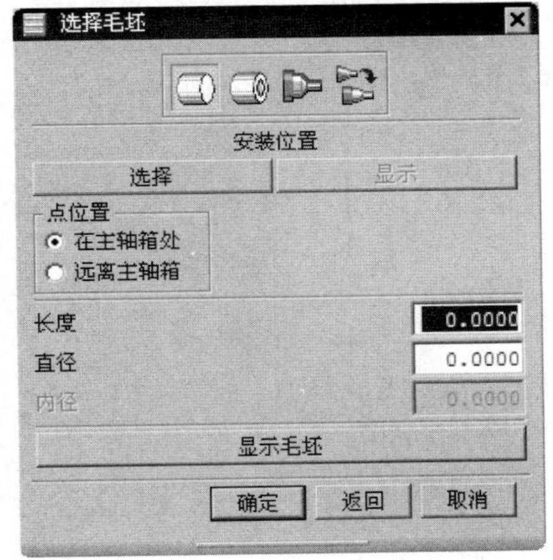

图 7.2.8 “选择毛坯”对话框

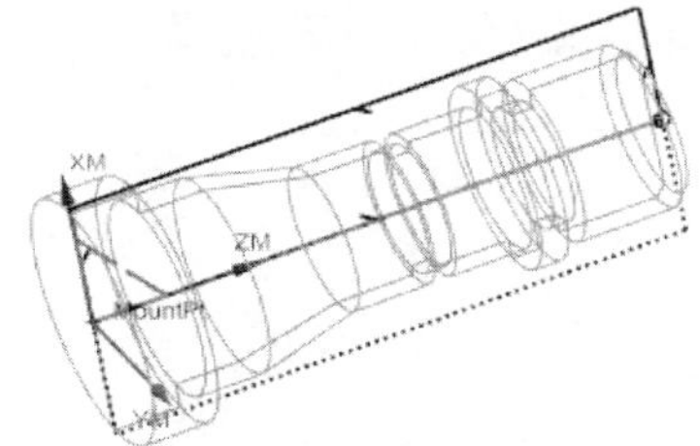

图 7.2.9 毛坯边界

图 7.2.8 所示的“选择毛坯”对话框中的各选项说明如下：

- (棒料)：如果加工部件的几何体是实心的，则选择此按钮。
- (管材)：如果加工部件带有中心线钻孔，则选择此按钮。
- (从曲线)：通过从图形区定义一组曲线边界来定义旋转体形状的毛坯。
- (从工作区)：从工作区中选择一个毛坯，这种方式可以选择上步加工后的工件作为毛坯。
- 安装位置 区域：用于设置毛坯相对于工件的位置参考点。如果选取的参考点不在工件轴线上，系统会自动找到该点在轴线上的投射点，然后将杆料毛坯一端的圆

心与该投射点对齐。

- 点位置区域：用于确定毛坯相对于工件的放置方向。若选择 ⊙ 在主轴箱处 单选按钮，则毛坯将沿坐标轴在正方向放置；若选择 ⊙ 远离主轴箱 单选按钮，则毛坯沿坐标轴的负方向放置。

Task3．创建 1 号刀具

Step1．选择下拉菜单 插入(S) → 刀具(T)... 命令，系统弹出“创建刀具”对话框。

Step2．在如图 7.2.10 所示的“创建刀具”对话框的类型下拉列表中选择turning选项，在刀具子类型区域中单击 OD_80_L 按钮，在 位置 区域的 刀具 下拉列表中选择GENERIC_MACHINE选项，采用系统默认的名称，单击 确定 按钮，系统弹出“车刀-标准”对话框。

Step3．单击 工具 选项卡，设置如图 7.2.11 所示的参数。

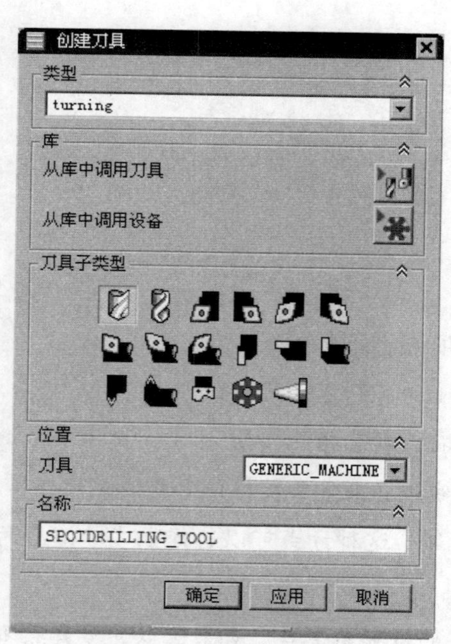

图 7.2.10 “创建刀具”对话框

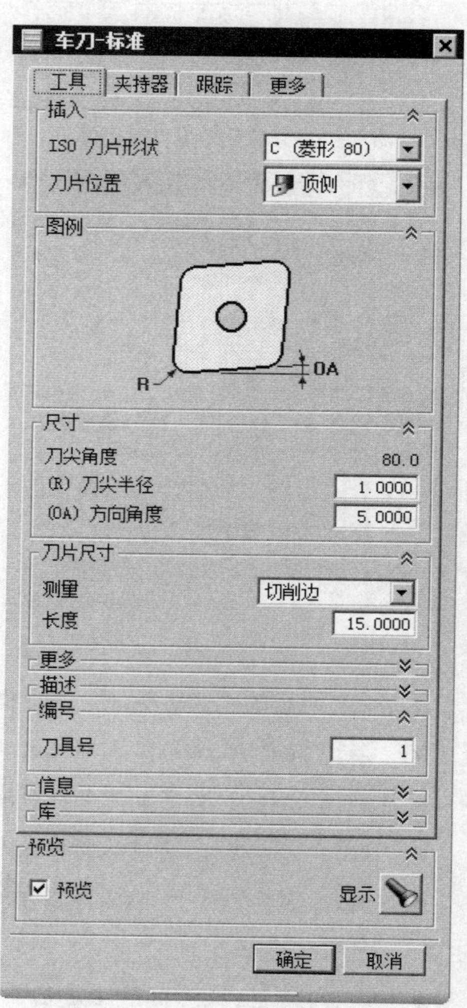

图 7.2.11 “车刀-标准”对话框

图 7.2.11 所示的"车刀-标准"对话框中的各选项卡说明如下：

- 工具 选项卡：用于设置车刀的刀片。常见的车刀刀片按 ISO/ANSI/DIN 或刀具厂商标准划分。
- 夹持器 选项卡：用于设置车刀夹持器的参数。
- 跟踪 选项卡：用于设置跟踪点。系统使用刀具上的参考点来计算刀轨，这个参考点被称为跟踪点。跟踪点与刀具的拐角半径相关联，这样，当用户选择跟踪点时，车削处理器将使用关联拐角半径来确定切削区域、碰撞检测、刀轨、处理中的工件（IPW），并定位到避让几何体。
- 更多 选项卡：用于设置车刀其他参数。

Step4. 单击夹持器选项卡，选中☑ 使用车刀夹持器复选框，采用系统默认的参数设置值，如图 7.2.12 所示；调整到静态线框视图状态，显示出刀具的形状，如图 7.2.13 所示。

Step5. 单击 确定 按钮，完成刀具的创建。

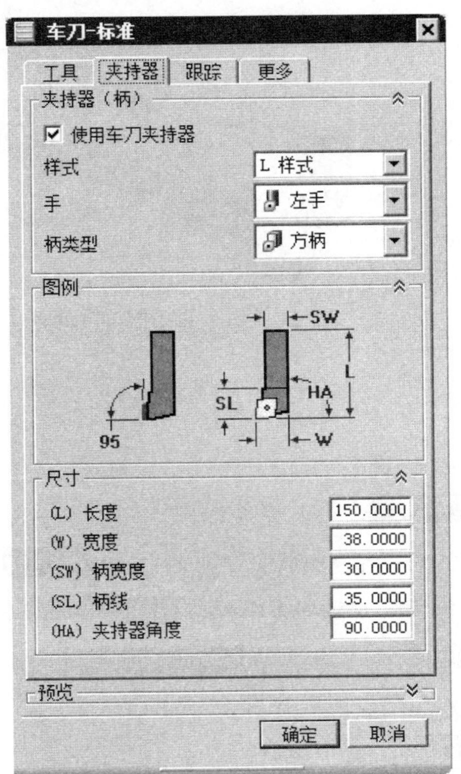

图 7.2.12 "夹持器"选项卡

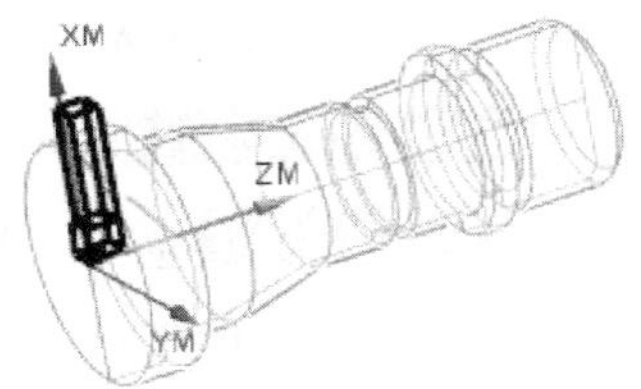

图 7.2.13 显示刀具

Task4. 指定车加工横截面

Step1. 选择下拉菜单 工具(T) → 车加工横截面(N)... 命令，系统弹出如图 7.2.14 所示的"车加工横截面"对话框。

Step2. 单击选择步骤区域中的“体”按钮，在图形区中选取零件模型。

Step3. 单击选择步骤区域中的“剖切平面”按钮，单击“简单截面”按钮后单击鼠标中键确定。

Step4. 单击确定按钮，完成车加工横截面的定义，结果如图 7.2.15 所示，然后单击取消按钮。

说明：车加工横截面是通过定义截面，从实体模型创建 2D 横截面曲线。这些曲线可以在所有车削中用来创建边界。横截面曲线是关联曲线，这意味着如果实体模型的大小或形状发生变化，则该曲线也将发生变化。

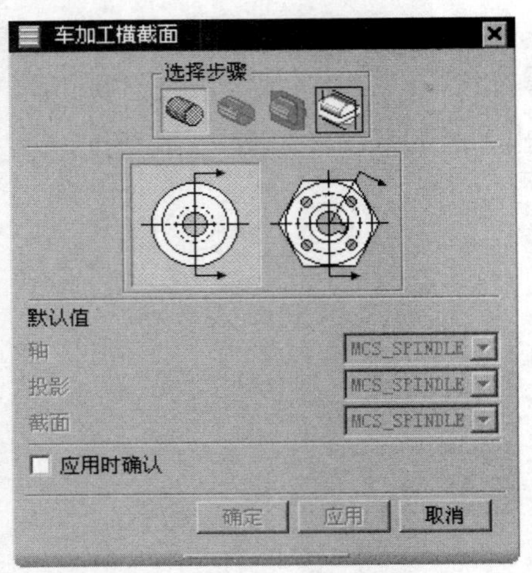

图 7.2.14 “车加工横截面”对话框

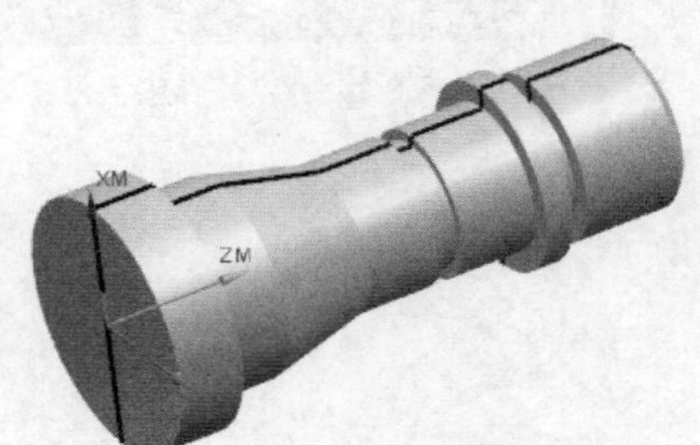

图 7.2.15 加工横截面

Task5. 创建车削操作 1

Stage1. 创建工序

Step1. 选择下拉菜单插入(S) → 工序(E)...命令，系统弹出“创建工序”对话框。

Step2. 在如图 7.2.16 所示的“创建工序”对话框的类型下拉列表中选择turning选项，在工序子类型区域中单击“外径粗车”按钮，在程序下拉列表中选择PROGRAM选项，在刀具下拉列表中选择OD_80_L (车刀-标准)选项，在几何体下拉列表中选择TURNING_WORKPIECE选项，在方法下拉列表中选择LATHE_ROUGH选项，采用系统默认的名称。

Step3. 单击“创建工序”对话框中的确定按钮，系统弹出如图 7.2.17 所示的“外径粗车”对话框。

Stage2. 显示切削区域

单击“外径粗车”对话框切削区域右侧的“显示”按钮，在图形区中显示出切削区域，如图 7.2.18 所示。

Stage3. 设置切削参数

Step1. 在“外径粗车”对话框步距区域的切削深度下拉列表中选择恒定选项，在深度文本框中输入值 3.0。

Step2. 单击“外径粗车”对话框中的更多区域，选中☑附加轮廓加工复选框，如图 7.2.19 所示。

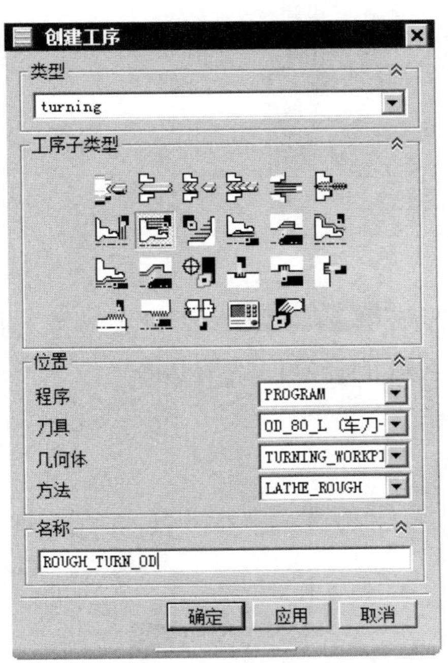

图 7.2.16 “创建工序”对话框

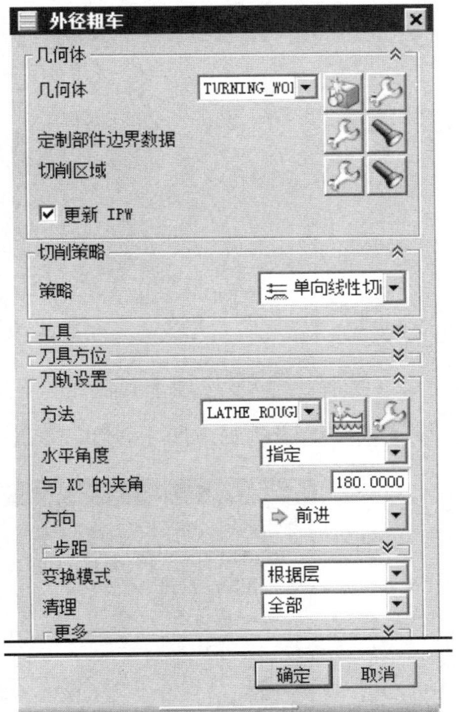

图 7.2.17 “外径粗车”对话框

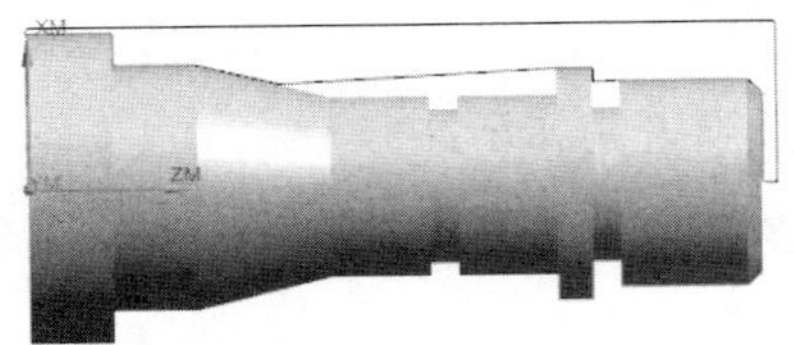

图 7.2.18 切削区域

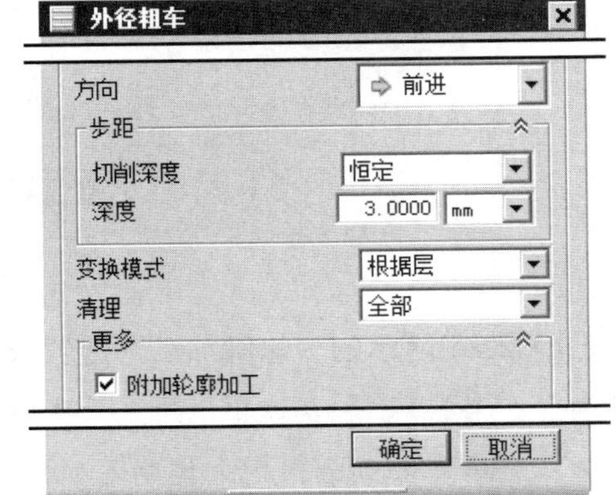

图 7.2.19 设置参数

Step3. 设置切削参数。

（1）单击“外径粗车”对话框中的“切削参数”按钮，系统弹出“切削参数”对话框，选择余量选项卡，然后在公差区域的内公差和外公差文本框中均输入值 0.01，其他参数采用系统默认设置值，如图 7.2.20 所示。

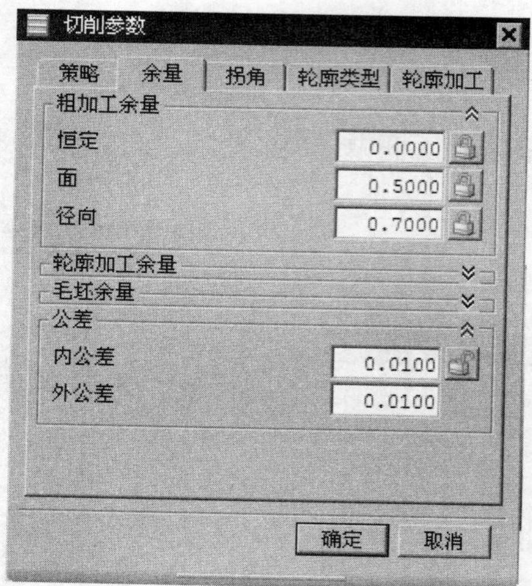

图 7.2.20 “余量”选项卡

（2）选择轮廓加工选项卡，在策略下拉列表中选择全部精加工选项，其他参数采用系统默认设置值，如图 7.2.21 所示，单击确定按钮回到“外径粗车”对话框。

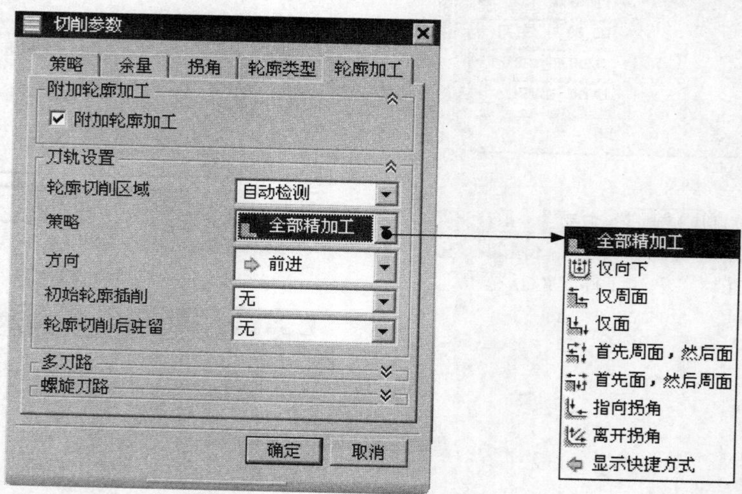

图 7.2.21 “轮廓加工”选项卡

图 7.2.21 所示的“轮廓加工”选项卡中的部分选项说明如下：

- 附加轮廓加工复选框：用来产生附加轮廓刀路，以便清理部件表面。
- 策略下拉列表：用来控制附加轮廓加工的部位。
  - ☑ 全部精加工：所有的表面都进行精加工。
  - ☑ 仅向下：只加工垂直于轴线方向的区域。
  - ☑ 仅周面：只对圆柱面区域进行加工。
  - ☑ 仅面：只对端面区域进行加工。

☑ 首先周面，然后面：先加工圆柱面区域，然后对端面进行加工。

☑ 首先面，然后周面：先加工端面区域，然后对圆柱面进行加工。

☑ 指向拐角：从端面和圆柱面向夹角进行加工。

☑ 离开拐角：从夹角向端面及圆柱面进行加工。

Stage4．设置非切削参数

单击“外径粗车”对话框中的“非切削移动”按钮，系统弹出图 7.2.22 所示的“非切削移动”对话框。在 进刀 选项卡 轮廓加工 区域的 进刀类型 下拉列表中选择 圆弧 - 自动 选项，其他参数采用系统默认的设置值，然后单击 确定 按钮返回到“外径粗车”对话框。

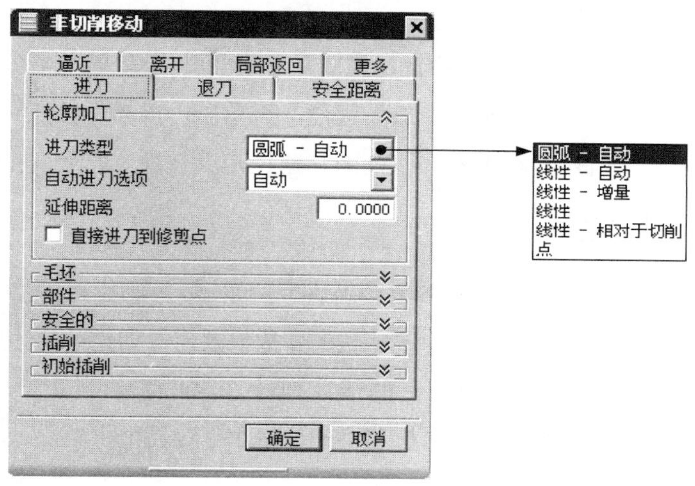

图 7.2.22 “非切削移动”对话框

图 7.2.22 所示的“进刀”选项卡中的部分选项说明如下：

- 轮廓加工：走刀方式为沿工件表面轮廓走刀，一般情况下用在粗车加工后，可以提高粗车加工的质量。进刀类型包括圆弧-自动、线性-自动、线性-增量、线性、线性-相对于切削和点 6 种方式。

  ☑ 圆弧 - 自动：使刀具沿光滑的圆弧曲线切入工件，从而不产生刀痕，这种进刀方式十分适合精加工或表面质量要求较高的曲面加工。

  ☑ 线性 - 自动：这种进刀方式使刀具沿工件或毛坯的起始点到终止点的方向，以直线方式进刀。

  ☑ 线性 - 增量：这种进刀方式通过用户指定 X 值和 Y 值，来确定进刀位置及进刀方向。

  ☑ 线性：这种进刀方式通过用户指定角度值和距离值，来确定进刀位置及进刀方向。

  ☑ 线性 - 相对于切削：这种进刀方式通过用户指定距离值和角度值，来确定进刀方

向及刀具的起始点。

☑ 点：这种进刀方式需要指定进刀的起始点来控制进刀运动。

- 毛坯：走刀方式为“直线方式”，走刀的方向平行于轴线，进刀的终止点在毛坯表面。进刀类型包括线性-自动、线性-增量、线性、点和两个圆周 5 种方式。
- 部件：走刀方式为平行于轴线的直线走刀，进刀的终止点在工件的表面。进刀类型包括线性-自动、线性-增量、线性、点和两点相切 5 种方式。
- 安全的：走刀方式为平行于轴线的直线走刀，一般情况下用于精加工，防止进刀时刀具划伤工件的加工区域。进刀类型包括线性-自动、线性-增量、线性和点 4 种方式。

Task6．生成刀路轨迹

Step1．单击“外径粗车”对话框中的“生成”按钮，生成刀路轨迹如图 7.2.23 所示。

Step2．在图形区通过旋转、平移、放大视图，再单击“重播”按钮重新显示路径，可以从不同角度对刀路轨迹进行查看，以判断其路径是否合理。

Task7．3D 动态仿真

Step1．在“外径粗车”对话框中单击“确认”按钮，弹出“刀轨可视化”对话框。

Step2．单击 3D 动态 选项卡，采用系统默认的参数设置值，调整动画速度后单击“播放”按钮，观察 3D 动态仿真加工，加工后的结果如图 7.2.24 所示。

Step3．分别在“刀轨可视化”对话框和“外径粗车”对话框中单击 确定 按钮，完成粗车加工。

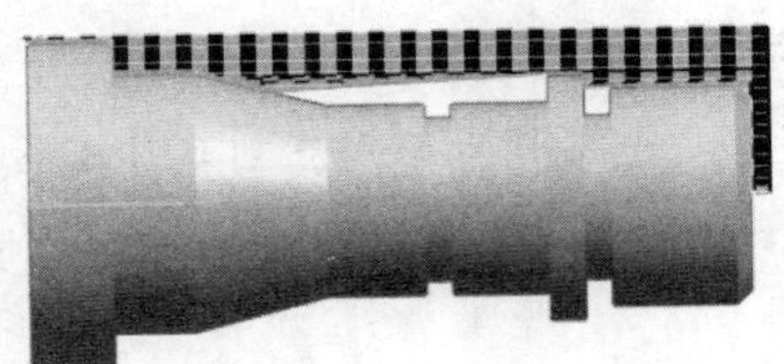

图 7.2.23 刀路轨迹

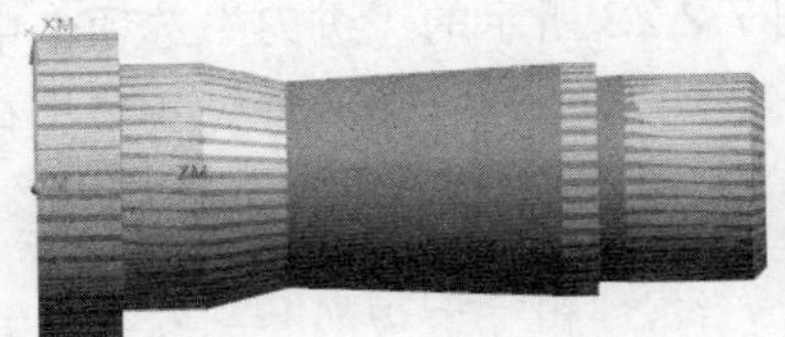

图 7.2.24 3D 仿真结果

Task8．创建 2 号刀具

Step1．选择下拉菜单 插入(S) → 刀具(T)... 命令，系统弹出“创建刀具”对话框。

Step2．在图 7.2.25 所示的“创建刀具”对话框的 类型 下拉列表中选择 turning 选项，在 刀具子类型 区域中单击 OD_55_R 按钮，在 位置 区域的 刀具 下拉列表中选择 GENERIC_MACHINE 选项，采用系统默认的名称，单击 确定 按钮，系统弹出“车刀-标准”对话框。

Step3．设置如图 7.2.26 所示的参数，并单击 夹持器 选项卡，选中 ☑ 使用车刀夹持器 复选框，其他采用系统默认的参数设置值，单击 确定 按钮，完成 2 号刀具的创建。

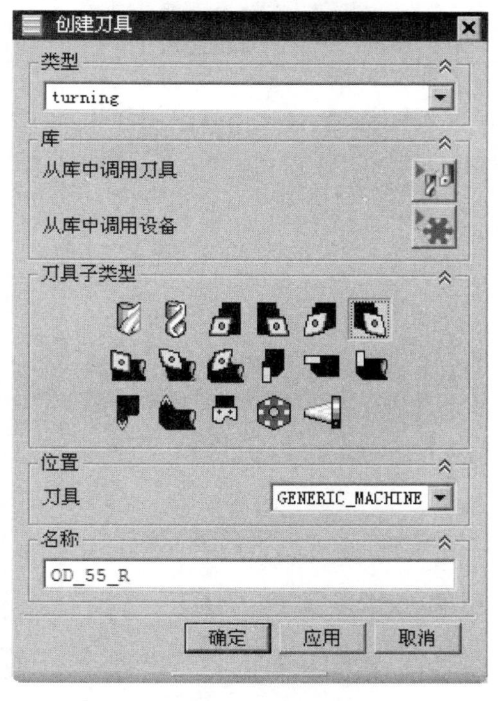

图 7.2.25 “创建刀具”对话框

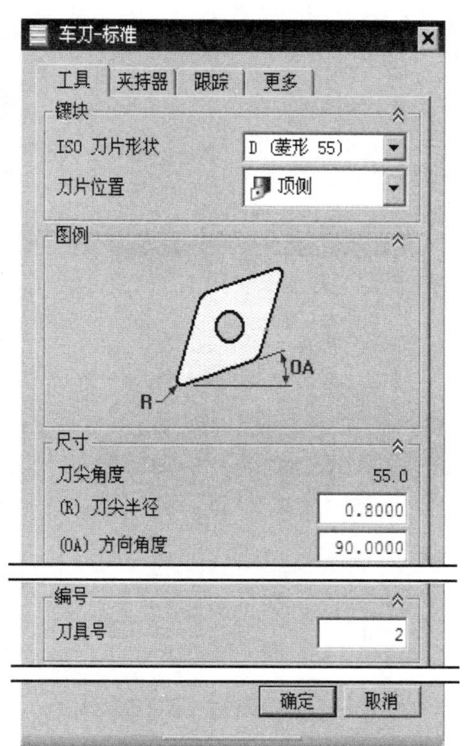

图 7.2.26 “车刀-标准”对话框

Task9．创建车削操作 2

Stage1．创建工序

Step1．选择下拉菜单 插入(S) → 工序(E)... 命令，系统弹出“创建工序”对话框，如图 7.2.27 所示。

Step2．在类型下拉列表中选择turning选项，在工序子类型区域中单击“退刀粗车”按钮，在程序下拉列表中选择PROGRAM选项，在刀具下拉列表中选择OD_55_R (车刀-标准)选项，在几何体下拉列表中选择TURNING_WORKPIECE选项，在方法下拉列表中选择LATHE_ROUGH选项，采用系统默认的名称。

Step3．单击“创建工序”对话框中的确定按钮，系统弹出如图 7.2.28 所示的“退刀粗车”对话框。

Stage2．指定切削区域

Step1．单击“退刀粗车”对话框切削区域右侧的“编辑”按钮，系统弹出如图 7.2.29 所示的“切削区域”对话框。

Step2．在径向修剪平面 1区域的限制选项下拉列表中选择点选项，在图形区中选取如图

7.2.30 所示的边线的端点，单击“显示”按钮，显示出切削区域，如图 7.2.30 所示。

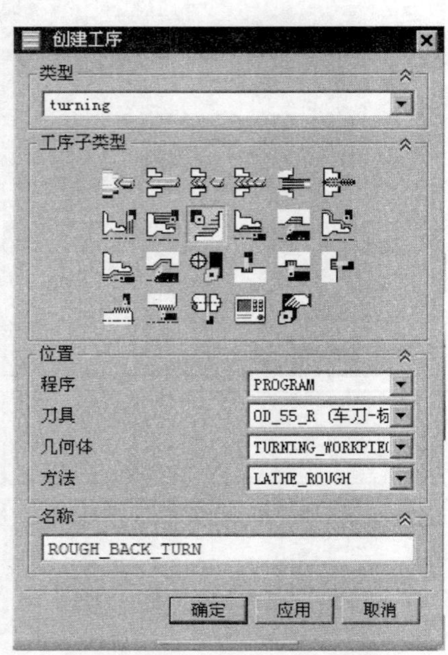

图 7.2.27 “创建工序”对话框

图 7.2.28 “退刀粗车”对话框

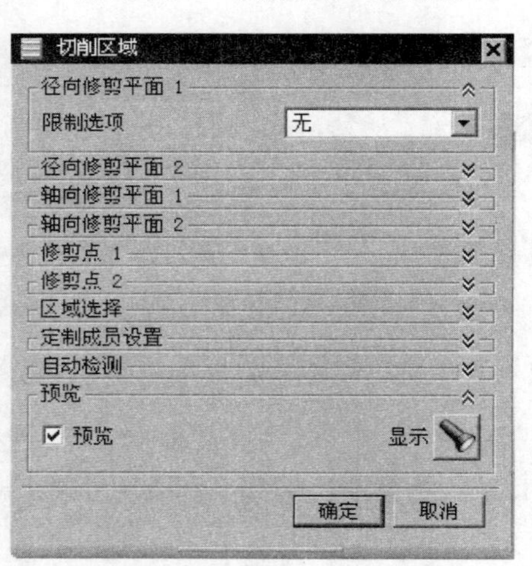

图 7.2.29 “切削区域”对话框

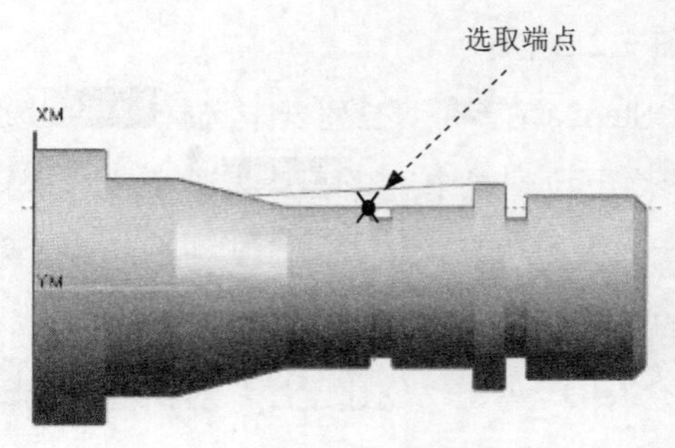

图 7.2.30 显示切削区域

Step3. 单击 确定 按钮，系统返回到“退刀粗车”对话框。

Stage3. 设置切削参数

在“退刀粗车”对话框 步距 区域的 切削深度 下拉列表中选择 恒定 选项，在 深度 文本框中

输入值 3.0；单击更多区域，选中☑ 附加轮廓加工复选框。

Task10．生成刀路轨迹

Step1．单击“退刀粗车”对话框中的“生成”按钮，生成的刀路轨迹如图 7.2.31 所示。

Step2．在图形区通过旋转、平移、放大视图，再单击“重播”按钮重新显示路径，即可以从不同角度对刀路轨迹进行查看，以判断其路径是否合理。

Task11．3D 动态仿真

Step1．在“退刀粗车”对话框中单击“确认”按钮，系统弹出“刀轨可视化”对话框。

Step2．单击 3D 动态 选项卡，采用系统默认的设置值，调整动画速度后单击“播放”按钮，即可观察到 3D 动态仿真加工，加工后的结果如图 7.2.32 所示。

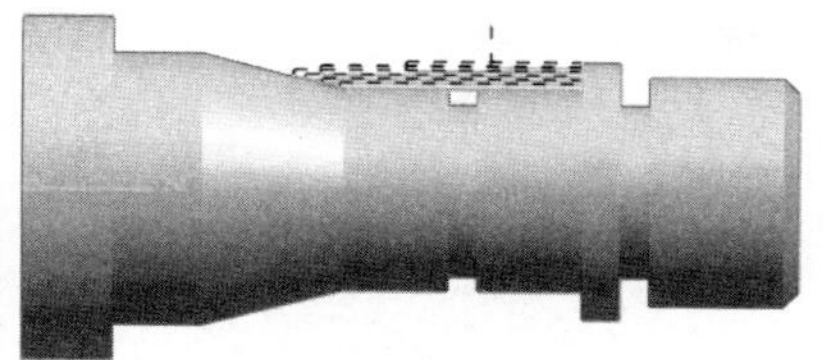

图 7.2.31 刀路轨迹

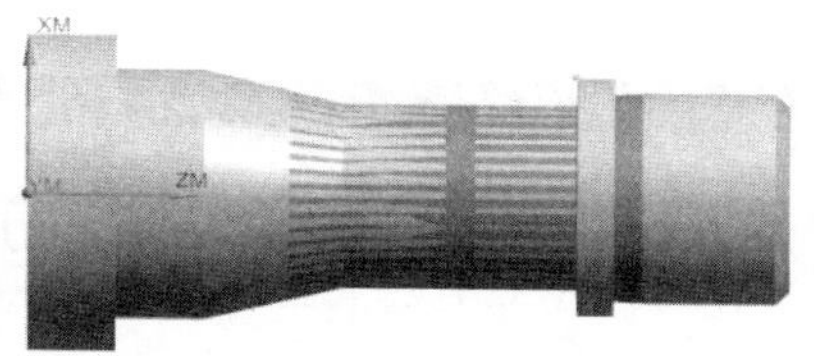

图 7.2.32 3D 仿真结果

Step3．分别在“刀轨可视化”对话框和“退刀粗车”对话框中单击 确定 按钮，完成粗车加工。

Task12．保存文件

选择下拉菜单 文件(F) → 保存(S) 命令，保存文件。

7.3 沟槽车削加工

沟槽车削加工可以用于切削内径、外径沟槽，在实际中多用于退刀槽的加工。在车沟槽时一般要求刀具轴线和回转体零件轴线要相互垂直，这是由车沟槽的刀具决定的。下面以如图 7.3.1 所示的零件介绍沟槽车削加工的一般步骤。

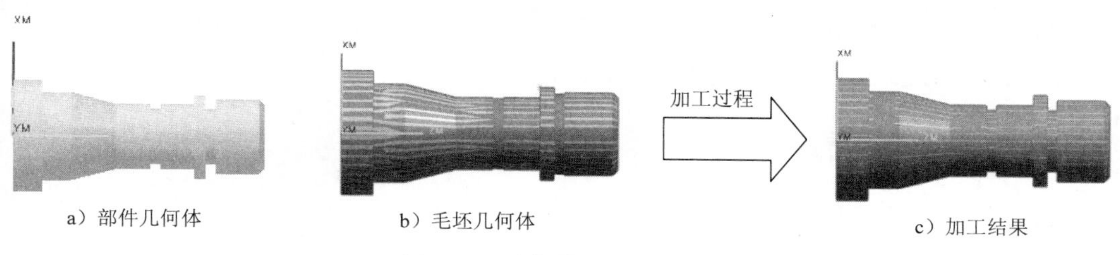

图 7.3.1 沟槽车削加工

Task1．打开模型文件并进入加工模块

打开文件 D:\ugnx90.9\work\ch07.03\rough_turning.prt，系统进入加工环境。

Task2．创建刀具

Step1．选择下拉菜单 插入(S) → 刀具(T)... 命令，系统弹出“创建刀具”对话框。

Step2．在如图 7.3.2 所示的“创建刀具”对话框的 类型 下拉列表中选择 turning 选项，在 刀具子类型 区域中单击 OD_GROOVE_L 按钮，在 名称 文本框中输入 OD_GROOVE_L，单击 确定 按钮，系统弹出如图 7.3.3 所示的“槽刀-标准”对话框。

图 7.3.2 “创建刀具”对话框

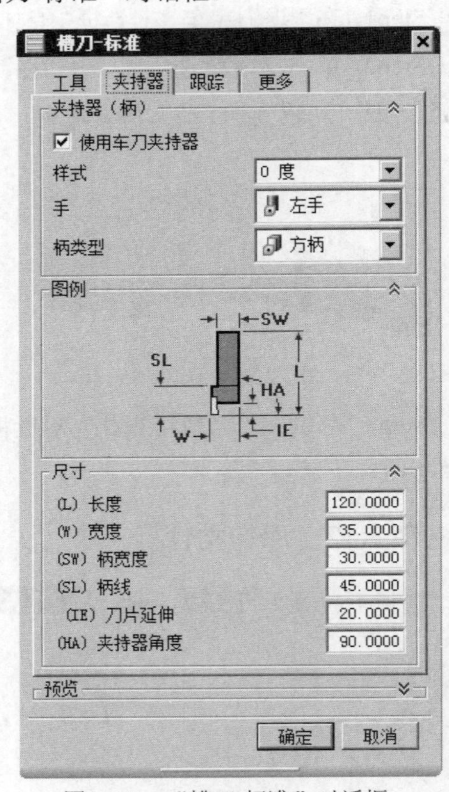

图 7.3.3 “槽刀-标准”对话框

Step3．单击 工具 选项卡，然后在 刀片形状 下拉列表中选择 标准 选项，其他参数采用系统默认设置值。

Step4．单击 夹持器 选项卡，选中 ☑ 使用车刀夹持器 复选框，设置图 7.3.3 所示的参数。

Step5．单击 确定 按钮，完成刀具的创建。

Task3．创建工序

Stage1．创建工序

Step1．选择下拉菜单 插入(S) → 工序(E)... 命令，系统弹出“创建工序”对话框。

Step2. 在如图 7.3.4 所示的“创建工序”对话框的类型下拉列表中选择turning选项，在工序子类型区域中单击“外径开槽”按钮，在程序下拉列表中选择PROGRAM选项，在刀具下拉列表中选择OD_GROOVE_L（槽刀-标准）选项，在几何体下拉列表中选择TURNING_WORKPIECE选项，在方法下拉列表中选择LATHE_GROOVE选项，在名称文本框中输入 GROOVE_OD。

Step3. 单击确定按钮，系统弹出“外径开槽”对话框，在切削策略区域的策略下拉列表中选择切削类型为单向插削，如图 7.3.5 所示。

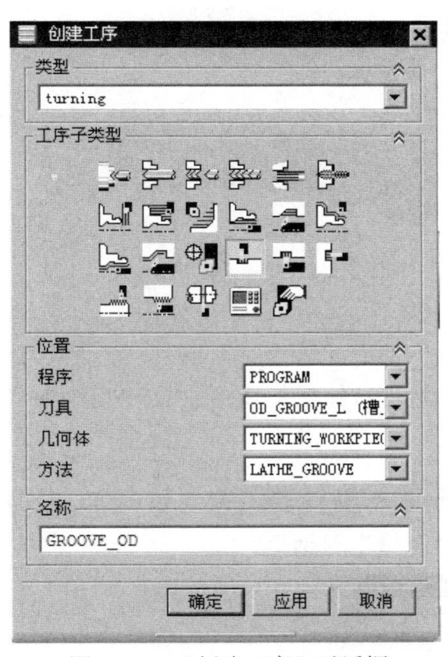

图 7.3.4 “创建工序”对话框

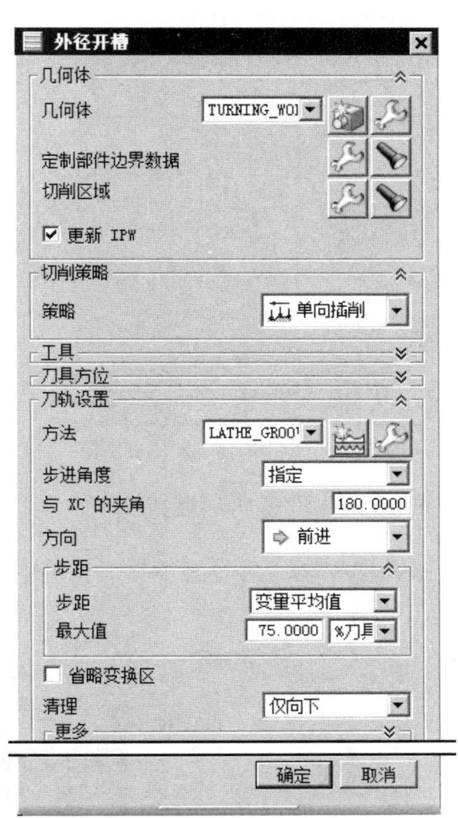

图 7.3.5 “外径开槽”对话框

Stage2. 指定切削区域

Step1. 单击“外径开槽”对话框切削区域右侧的“编辑”按钮，系统弹出“切削区域”对话框，如图 7.3.6 所示。

Step2. 在区域选择区域的区域选择下拉列表中选择指定选项，在区域加工下拉列表中选择多个选项，在区域序列下拉列表中选择单向选项，单击* 指定点区域，然后在图形区选取如图 7.3.7 所示的 RSP 点（鼠标单击位置大致相近即可）。

Step3. 在“切削区域”对话框自动检测区域中的最小面积文本框中输入值 1.0。

Step4. 单击“预览”区域的按钮，可以观察到如图 7.3.7 所示的切削区域，完成切削区域的定义，单击确定按钮，系统返回到“外径开槽”对话框。

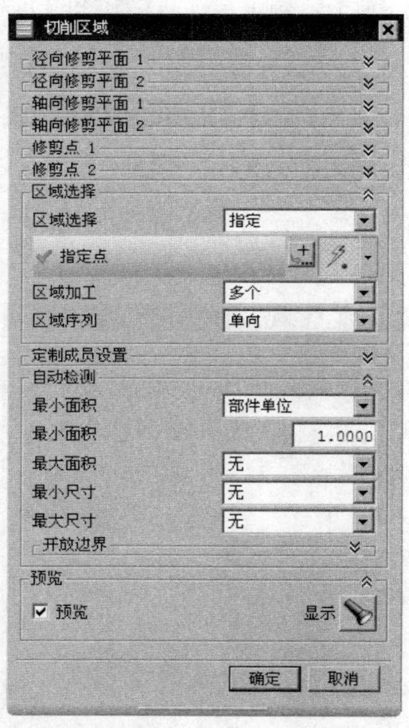

图 7.3.6 “切削区域”对话框

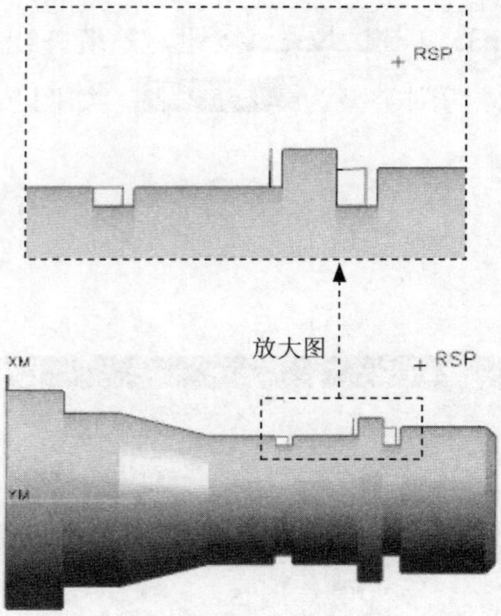

图 7.3.7 RSP 点和切削区域

Stage3. 设置切削参数

Step1. 单击“外径开槽”对话框中的“切削参数”按钮，系统弹出“切削参数”对话框。

Step2. 选择 轮廓加工 选项卡，选中 ☑ 附加轮廓加工 复选框，其他参数采用系统默认的设置值，如图 7.3.8 所示，单击 确定 按钮回到“外径开槽”对话框。

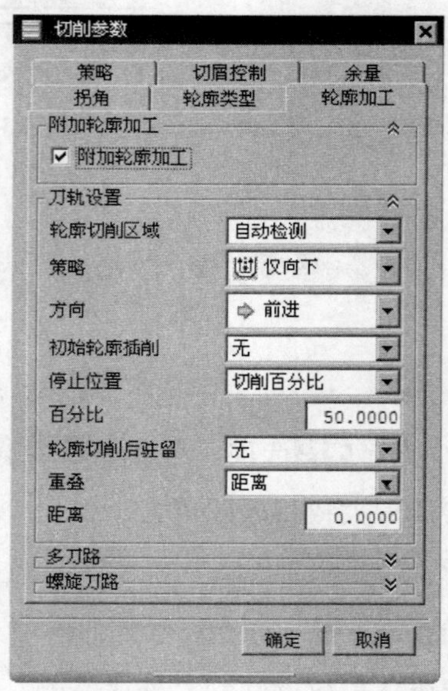

图 7.3.8 “切削参数”对话框

Stage4．设置非切削参数

单击“外径开槽”对话框中的“非切削移动”按钮，系统弹出“非切削移动”对话框。然后在 进刀 选项卡 轮廓加工 区域的 进刀类型 下拉列表中选择 线性 - 自动 选项，其他参数采用系统默认的设置值，单击 确定 按钮，返回到“外径开槽”对话框。

Task4．生成刀路轨迹

Step1．单击“外径开槽”对话框中的“生成”按钮，刀路轨迹如图 7.3.9 所示。

Step2．在图形区通过旋转、平移、放大视图，再单击“重播”按钮重新显示路径，就可以从不同角度对刀路轨迹进行查看，以判断其路径是否合理。

Task5．3D 动态仿真

Step1．在“外径开槽”对话框中单击“确认”按钮，系统弹出“刀轨可视化”对话框。

Step2．单击 3D 动态 选项卡，其参数采用系统默认设置值，调整动画速度后单击“播放”按钮，即可观察到 3D 动态仿真加工，加工后的结果如图 7.3.10 所示。

Step3．分别在“刀轨可视化”对话框和“外径开槽”对话框中单击 确定 按钮，完成车槽操作。

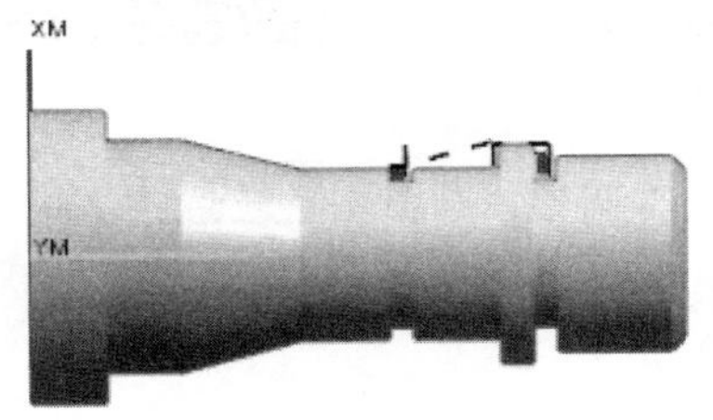

图 7.3.9 刀路轨迹

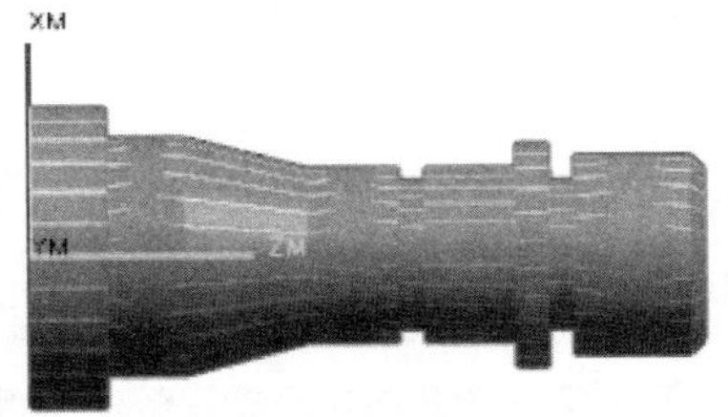

图 7.3.10 3D 仿真结果

Task6．保存文件

选择下拉菜单 文件(F) → 保存(S) 命令，保存文件。

7.4 内孔车削加工

内孔车削加工一般用于车削回转体内径，加工时采用刀具中心线和回转体零件的中心线相互平行的方式来切削工件的内侧，可以有效地避免在内部的曲面中生成残余波峰。如果车削的是内部端面，一般采用的方式是让刀具轴线和回转体零件的中心平行，采用垂直于零件中心线的运动方式。

下面以如图 7.4.1 所示的零件介绍内孔车削加工的一般步骤。

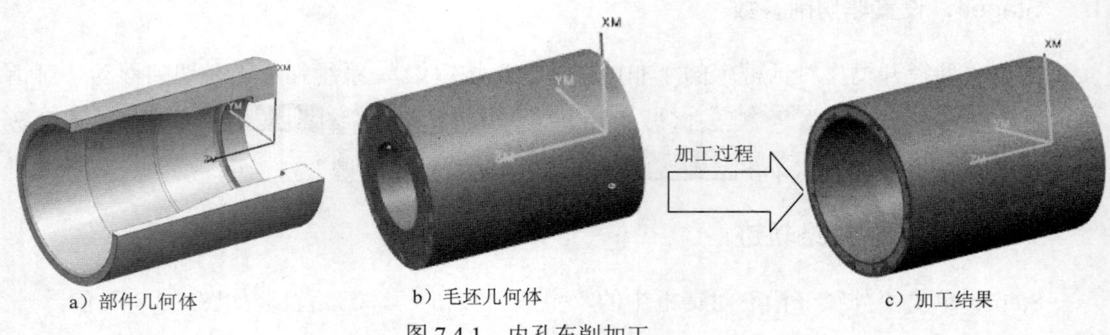

a）部件几何体　　b）毛坯几何体　　c）加工结果

图 7.4.1　内孔车削加工

Task1．打开模型文件并进入加工模块

Step1．打开文件 D:\ugnx90.9\work\ch07.04\borehole.prt。

Step2．选择下拉菜单 启动 → 加工(R)... 命令，系统弹出“加工环境”对话框；在 要创建的 CAM 设置 列表框中选择 turning 选项，单击 确定 按钮，进入加工环境。

Task2．创建几何体

Stage1．创建机床坐标系

Step1．在工序导航器中调整到几何视图状态，双击节点 MCS_SPINDLE，系统弹出“MCS 主轴”对话框，如图 7.4.2 所示。

Step2．在图形区观察机床坐标系方位，如无需调整，则单击 确定 按钮，完成坐标系的创建，如图 7.4.3 所示。

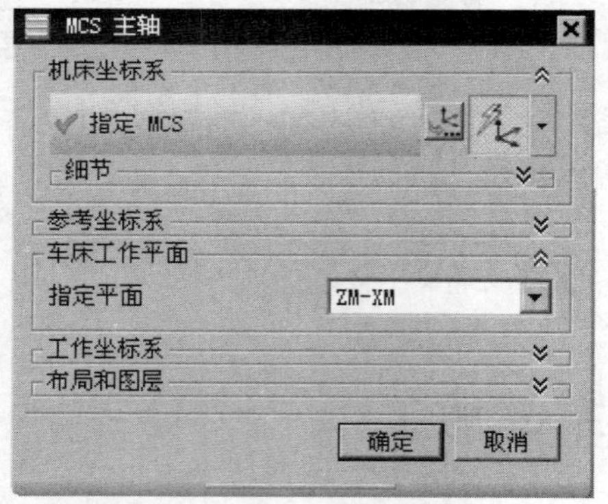

图 7.4.2　“MCS 主轴”对话框

图 7.4.3　定义机床坐标系

Stage2．创建部件几何体

Step1．在工序导航器中双击 MCS_SPINDLE 节点下的 WORKPIECE，系统弹出如图 7.4.4 所示的“工件”对话框。

Step2．单击 按钮，系统弹出“部件几何体”对话框，选取整个零件为部件几何体。

Step3. 分别单击“部件几何体”对话框和“工件”对话框中的 确定 按钮，完成部件几何体的创建。

Stage3. 创建毛坯几何体

Step1. 在工序导航器的几何视图中双击 WORKPIECE 节点下的子节点 TURNING_WORKPIECE，系统弹出如图 7.4.5 所示的“车削工件”对话框。

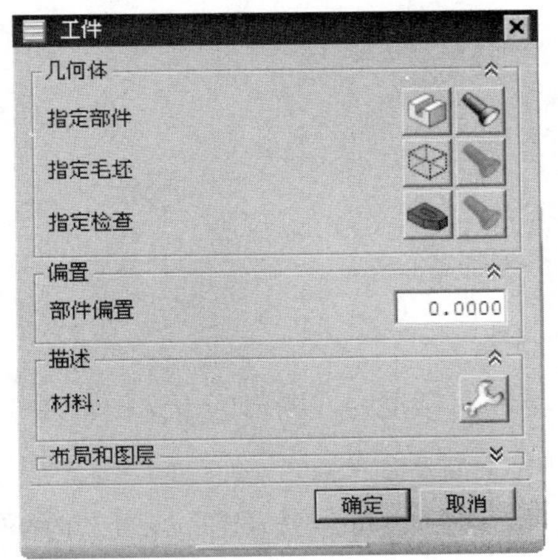

图 7.4.4　“工件”对话框

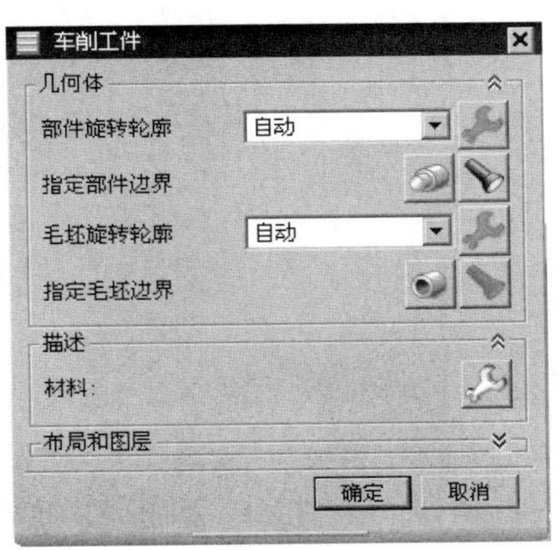

图 7.4.5　“车削工件”对话框

Step2. 单击“指定部件边界”按钮，系统弹出图 7.4.6 所示的“部件边界”对话框，系统会自动指定部件边界，如图 7.4.7 所示，单击 确定 按钮完成部件边界的定义。

图 7.4.6　“部件边界”对话框

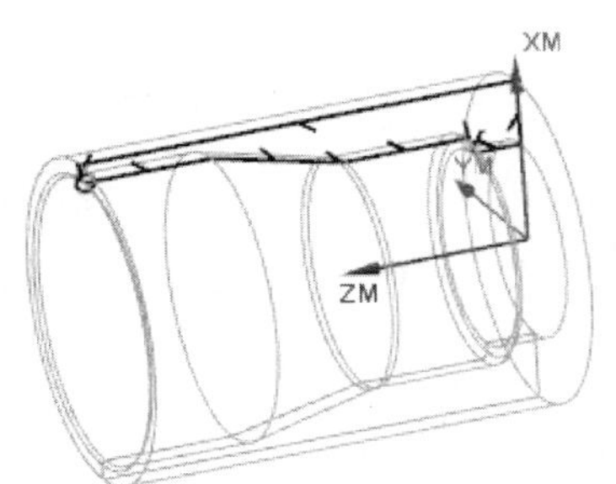

图 7.4.7　部件边界

Step3. 单击"车削工件"对话框中的"指定毛坯边界"按钮，系统弹出"选择毛坯"对话框，如图 7.4.8 所示。

图 7.4.8 "选择毛坯"对话框

Step4. 单击 选择 按钮，系统弹出"点"对话框，在图形区中选取如图 7.4.9 所示的圆心点，单击 确定 按钮，返回"选择毛坯"对话框。

Step5. 选择"管材"按钮，在 点位置 区域选择 远离主轴箱 单选按钮，然后在 长度 文本框中输入值 135.0，在 外径 文本框中输入值 105.0，在 内径 文本框中输入值 55.0，单击 确定 按钮，返回"车削工件"对话框，同时在图形区中显示毛坯边界，如图 7.4.10 所示。

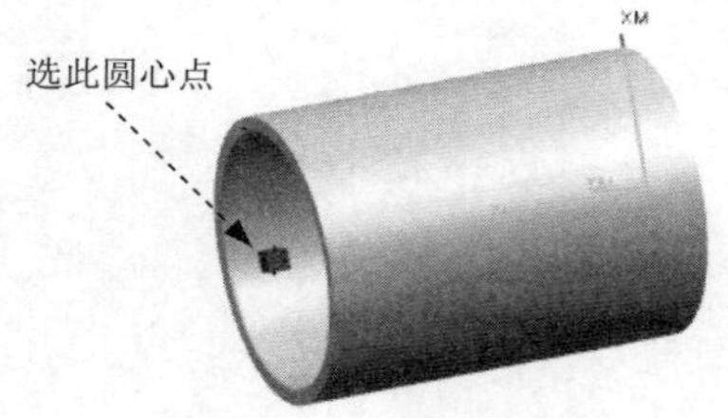

图 7.4.9 选取圆心点

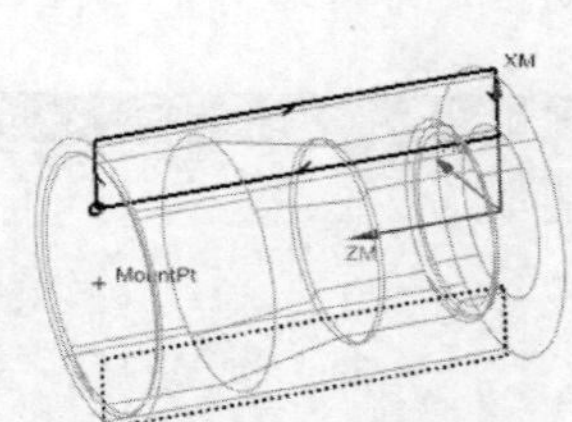

图 7.4.10 毛坯边界

Step6. 单击 确定 按钮，完成毛坯几何体的定义。

Task3. 创建刀具

Step1. 选择下拉菜单 插入(S) → 刀具(T)... 命令，系统弹出"创建刀具"对话框。

Step2. 在 类型 下拉列表中选择 turning 选项，在 刀具子类型 区域中单击 ID_55_L 按钮，在 位置 区域的 刀具 下拉列表中选择 GENERIC_MACHINE 选项，接受系统默认的名称，单击 确定 按钮，系统弹出"车刀-标准"对话框。

Step3. 设置图 7.4.11 所示的参数。

Step4. 单击 夹持器 选项卡，选中 ☑ 使用车刀夹持器 复选框，设置图 7.4.12 所示的参数。

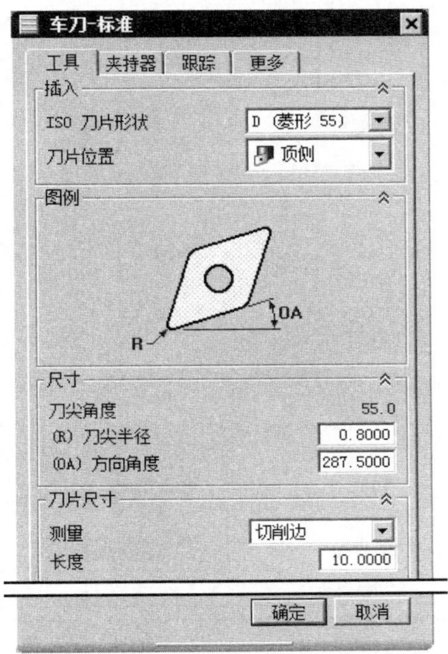

图 7.4.11 “车刀-标准”对话框

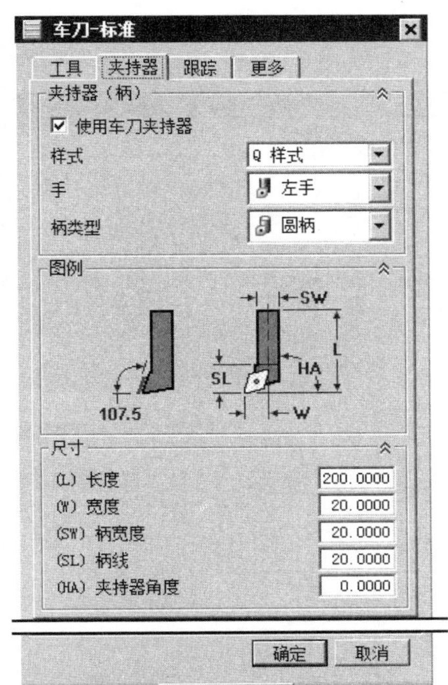

图 7.4.12 “夹持器”选项卡

Step5. 单击确定按钮，完成刀具的创建。

Task4. 创建内孔车削操作

Stage1. 创建工序

Step1. 选择下拉菜单插入(S) → 工序(E)...命令，系统弹出“创建工序”对话框。

Step2. 在类型下拉列表中选择turning选项，在工序子类型区域中单击 ROUGH_BORE_ID 按钮，在程序下拉列表中选择PROGRAM选项，在刀具下拉列表中选择ID_55_L (车刀-标准)选项，在几何体下拉列表中选择TURNING_WORKPIECE选项，在方法下拉列表中选择LATHE_ROUGH选项，如图 7.4.13 所示。

Step3. 单击确定按钮，系统弹出“内径粗镗”对话框，然后在切削策略区域的策略下拉列表中选择单向线性切削选项，如图 7.4.14 所示。

Stage2. 显示切削区域

单击“内径粗镗”对话框切削区域右侧的“显示”按钮，在图形区中显示出切削区域，如图 7.4.15 所示。

Stage3. 设置切削参数

Step1. 在步距区域的切削深度下拉列表中选择恒定选项，在深度文本框中输入值 1.5。

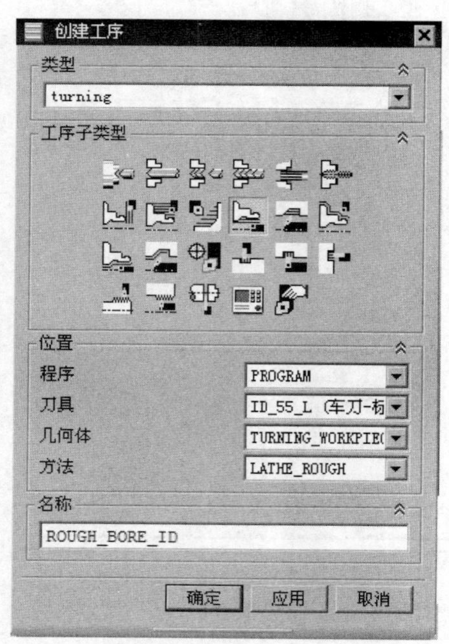

图 7.4.13 “创建工序”对话框

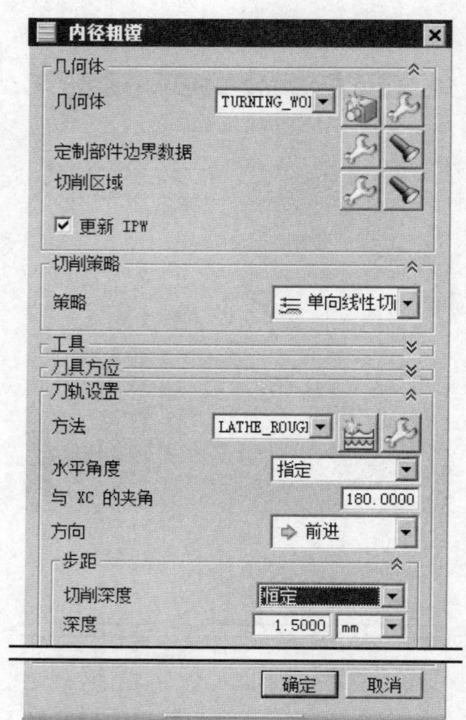

图 7.4.14 “内径粗镗”对话框

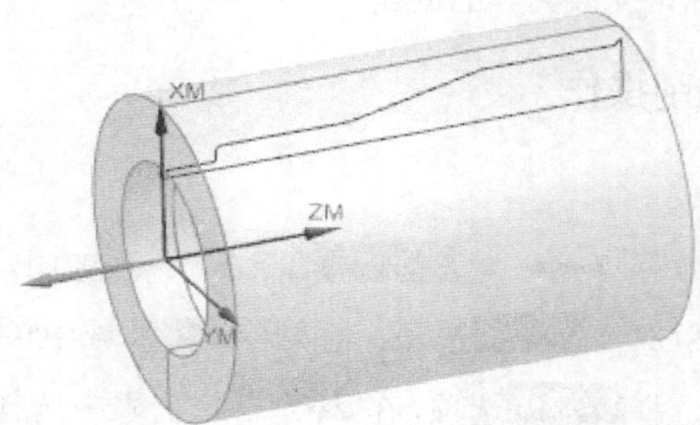

图 7.4.15 显示切削区域

Step2. 单击更多区域，打开隐藏选项，选中☑附加轮廓加工复选框。

Stage4. 设置非切削移动参数

Step1. 单击“非切削移动”按钮，系统弹出“非切削移动”对话框。

Step2. 选择逼近选项卡，然后在出发点区域的点选项下拉列表中选择指定选项，在模型上选取图 7.4.16 所示的出发点。

Step3. 选择离开选项卡，在离开刀轨区域的刀轨选项下拉列表中选择点选项，采用系统默认的参数设置值，在图形区选取如图 7.4.16 所示的离开点。

Step4. 单击确定按钮，完成非切削移动参数的设置。

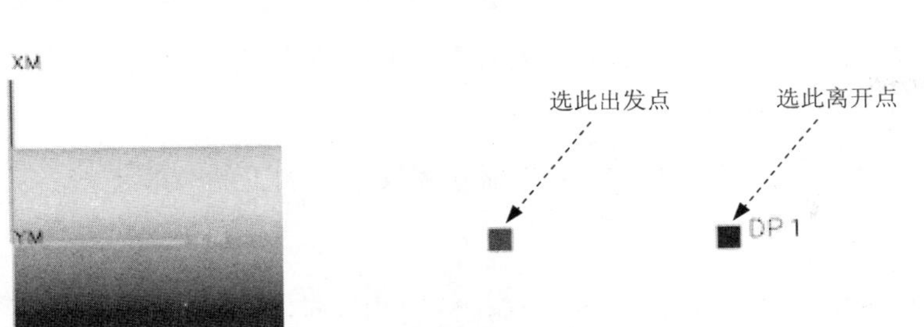

图 7.4.16 选取出发点和离开点

Task5. 生成刀路轨迹

Step1. 单击“内径粗镗”对话框中的“生成”按钮，生成的刀路轨迹如图 7.4.17 所示。

Step2. 在图形区通过旋转、平移、放大视图，再单击“重播”按钮重新显示路径，就可以从不同角度对刀路轨迹进行查看，以判断其路径是否合理。

Task6. 3D 动态仿真

Step1. 单击“内径粗镗”对话框中的“确认”按钮，系统弹出“刀轨可视化”对话框。

Step2. 单击 3D 动态 选项卡，采用系统默认参数设置值，调整动画速度后单击“播放”按钮，即可观察到 3D 动态仿真加工，加工后的结果如图 7.4.18 所示。

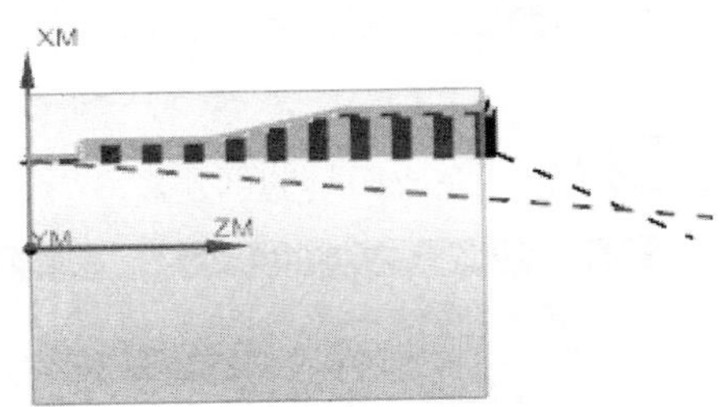

图 7.4.17 刀路轨迹

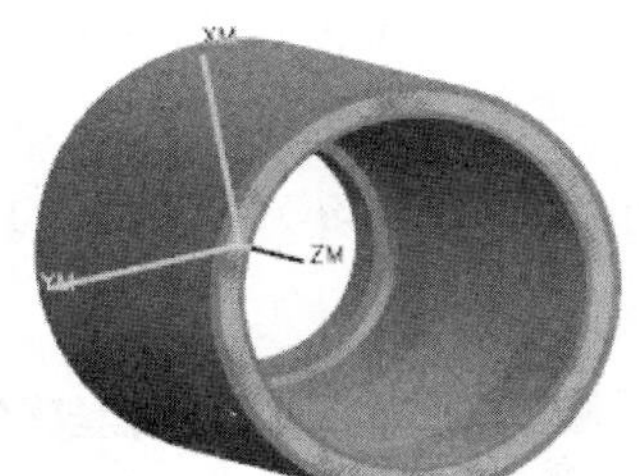

图 7.4.18 3D 仿真结果

Step3. 在“刀轨可视化”对话框和“内径粗镗”对话框中单击 确定 按钮，完成内孔车削加工。

Task7. 保存文件

选择下拉菜单 文件(F) → 保存(S) 命令，保存文件。

7.5 螺纹车削加工

在 UG 车螺纹加工中允许进行直螺纹或锥螺纹切削，它们可能是单个或多个内部、外部或面螺纹。在车削螺纹时必须指定“螺距”、“前倾角”或“每英寸螺纹”，并选择顶线和根线（或深度）以生成螺纹刀轨。

下面以图 7.5.1 所示的零件为例来介绍外螺纹车削加工的一般步骤。

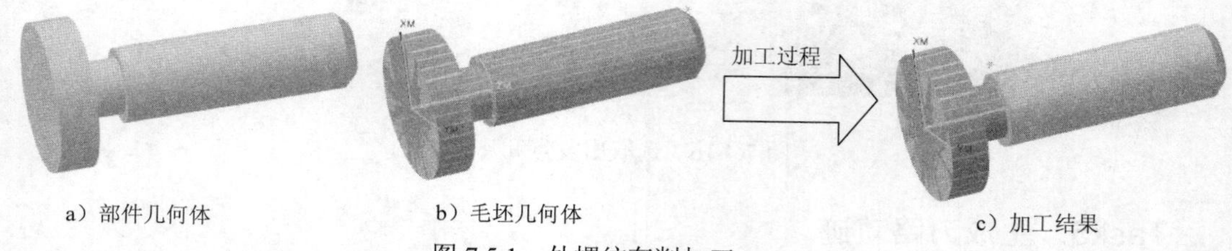

a）部件几何体　　b）毛坯几何体　　c）加工结果

图 7.5.1　外螺纹车削加工

Task1．打开模型文件

打开模型文件 D:\ugnx90.9\work\ch07.05\thread.prt，系统自动进入加工模块。

说明：本节模型中已经创建了粗车外形和车槽操作，因此沿用前面设置的工件坐标系等几何体。

Task2．创建刀具

Step1．选择下拉菜单 插入(S) → 刀具(T)... 命令，系统弹出“创建刀具”对话框。

Step2．在如图 7.5.2 所示的“创建刀具”对话框的 类型 下拉列表中选择 turning 选项，在 刀具子类型 区域中单击 OD_THREAD_L 按钮，单击 确定 按钮，系统弹出“螺纹刀-标准”对话框。

Step3．设置如图 7.5.3 所示的参数，单击 确定 按钮，完成刀具的创建。

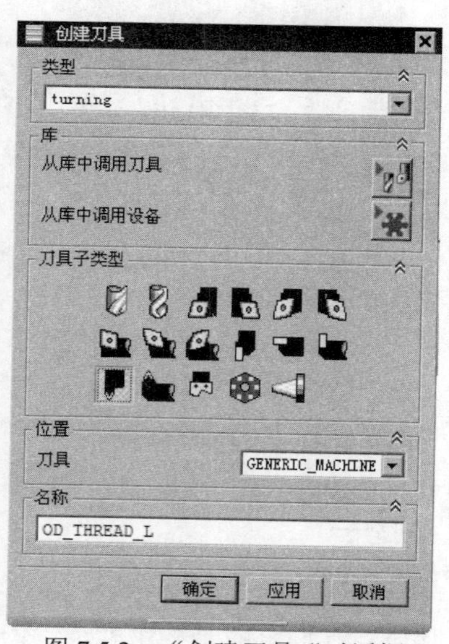

图 7.5.2　“创建刀具“对话框

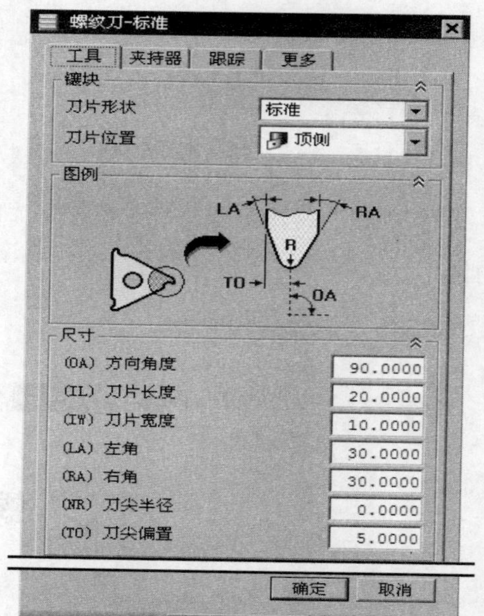

图 7.5.3　“螺纹刀-标准”对话框

Task3. 创建车削螺纹操作

Stage1. 创建工序

Step1. 选择下拉菜单 插入(S) → 工序(E)... 命令，系统弹出“创建工序”对话框，如图 7.5.4 所示。

Step2. 在类型下拉列表中选择turning选项，在工序子类型区域中单击“外径螺纹加工”按钮，在程序下拉列表中选择PROGRAM选项，在刀具下拉列表中选择OD_THREAD_L (螺纹刀-标准)选项，在几何体下拉列表中选择TURNING_WORKPIECE选项，在方法下拉列表中选择LATHE_THREAD选项。

Step3. 单击 确定 按钮，系统弹出“外径螺纹加工”对话框，如图 7.5.5 所示。

图 7.5.4 “创建工序”对话框

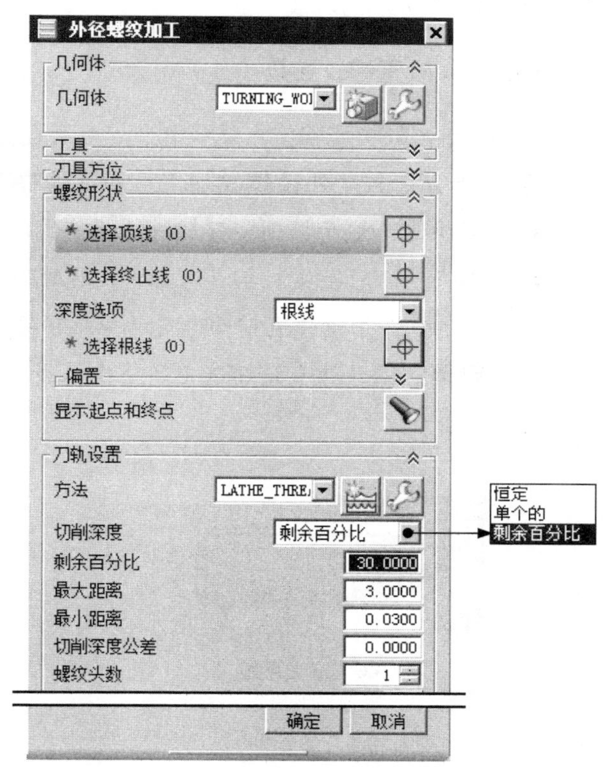

图 7.5.5 “外径螺纹加工”对话框

图 7.5.5 所示的“外径螺纹加工”对话框中的部分选项说明如下：

- * 选择顶线 (0)：用于在图形区选取螺纹顶线。注意将靠近选择的一端作为切削起点，另一端则为切削终点。
- * 选择终止线 (0)：当所选顶线部分不是全螺纹时，此选项用来选择螺纹的终止线。
- 深度选项：用于控制螺纹深度的方式，它包含根线、深度和角度两种方式。当选择根线方式时，需要通过下面的 * 选择根线 (0) 选项来选择螺纹的根线；当选择深度和角度方

式时，其下面出现深度、与 XC 的夹角文本框，输入相应数值即可指定螺纹深度。

- 切削深度：用于指定达到粗加工螺纹深度的方法，包括下面 3 个选项。
  - ☑ 恒定：指定数值进行每个深度的切削。
  - ☑ 单个的：指定增量组和每组的重复次数。
  - ☑ 剩余百分比：指定每个刀路占剩余切削总深度的比例。

Stage2．定义螺纹几何体

Step1．选取螺纹起始线。单击“外径螺纹加工”对话框的* 选择顶线 (0)区域，在模型上选取如图 7.5.6 所示的边线。

Step2．选取根线。在深度选项下拉列表中选择根线选项，单击* 选择根线 (0)区域，然后选取如图 7.5.7 所示的边线。

Stage3．设置螺纹参数

Step1．单击偏置区域使其显示出来，然后设置图 7.5.8 所示的参数。

图 7.5.8 所示的“外径螺纹加工”对话框中偏置区域的部分选项说明如下：

- 起始偏置：用于控制车刀切入螺纹前的距离，一般为 1 倍以上的螺距。
- 终止偏置：用于控制车刀切出螺纹后的距离，应根据实际退刀槽等确定。
- 顶线偏置：用于偏置前面选定的螺纹顶线。
- 根偏置：用于偏置前面选定的螺纹根线。

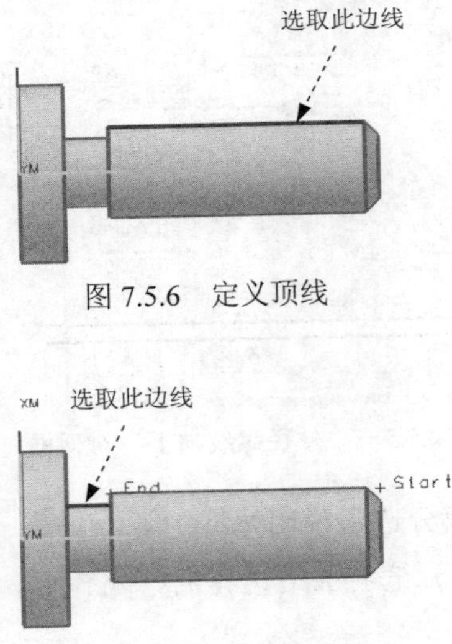

图 7.5.6　定义顶线

图 7.5.7　定义根线

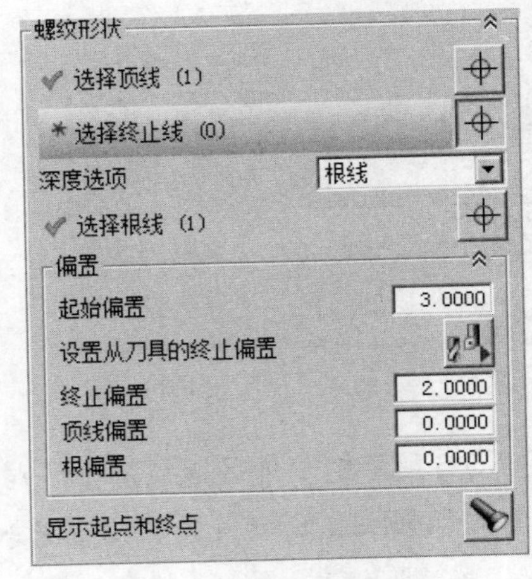

图 7.5.8　螺纹形状参数

Step2．设置刀轨参数。在切削深度下拉列表中选择恒定选项，在深度文本框中输入值 1.0，在螺纹头数文本框中输入值 1。

Step3. 设置切削参数。单击“外径螺纹加工”对话框中的“切削参数”按钮，系统弹出“切削参数”对话框，选择螺距选项卡，然后在距离文本框中输入值 2.5，单击确定按钮。

Task4. 生成刀路轨迹

Step1. 单击“外径螺纹加工”对话框中的“生成”按钮，系统生成的刀路轨迹如图 7.5.9 所示。

Step2. 在图形区通过旋转、平移、放大视图，再单击“重播”按钮重新显示路径，就可以从不同角度对刀路轨迹进行查看，以判断其路径是否合理。

Task5. 3D 动态仿真

Step1. 单击“外径螺纹加工”对话框中的“确认”按钮，系统弹出“刀轨可视化”对话框。

Step2. 单击3D 动态选项卡，采用系统默认参数设置值，调整动画速度后单击“播放”按钮，即可观察到 3D 动态仿真加工，加工后的结果如图 7.5.10 所示。

Step3. 在“刀轨可视化”对话框和“外径螺纹加工”对话框中单击确定按钮，完成外螺纹加工。

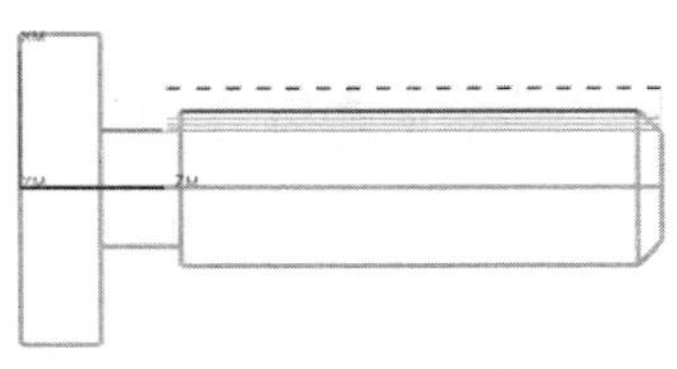

图 7.5.9 刀路轨迹

图 7.5.10 3D 仿真结果

说明：在车削螺纹加工的工程中，通过选择螺纹几何体来设置螺纹加工，一般通过选择顶线定义加工螺纹长度，加工仿真后也看不到真实螺纹的形状。

Task6. 保存文件

选择下拉菜单文件(F) → 保存(S)命令，保存文件。

7.6 示 教 模 式

车削示教模式是在“车削”工作中控制执行精细加工的一种方法。创建此操作时，用户可以通过定义快速定位移动、进给定位移动、进刀/退刀设置以及连续刀路切削移动来建立刀轨，也可以在任意位置添加一些子工序。在定义连续刀路切削移动时，可以

控制边界截面上的刀具，指定起始和结束位置，以及定义每个连续切削的方向。下面以图 7.6.1 所示的零件介绍车削示教模式加工的一般步骤。

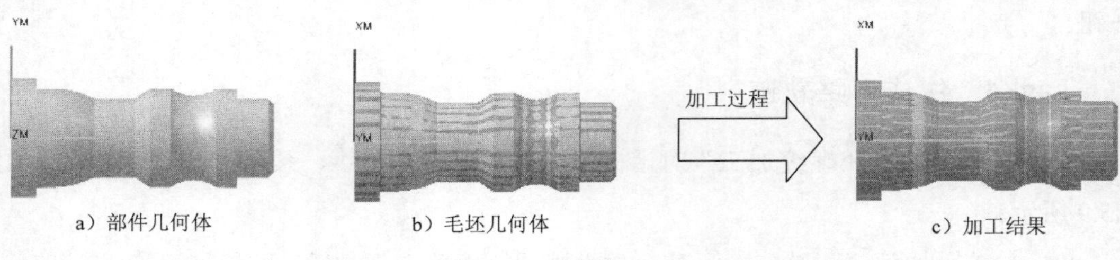

a）部件几何体　　b）毛坯几何体　　c）加工结果

图 7.6.1　示教模式

Task1．打开模型文件并进入加工模块

打开文件 D:\ugnx90.9\work\ch07.06\teach_mold.prt，系统自动进入加工环境。

Task2．创建刀具

Step1．选择下拉菜单 插入(S) → 刀具(T)... 命令，系统弹出“创建刀具”对话框，如图 7.6.2 所示。

Step2．在类型下拉列表中选择turning选项，在刀具子类型区域中单击“OD_55_L”按钮，在名称文本框中输入 OD_35_L_02，单击确定按钮，系统弹出“车刀-标准”对话框。

Step3．设置如图 7.6.3 所示的参数。

Step4．单击夹持器选项卡，选中☑ 使用车刀夹持器复选框，其他采用系统默认的参数设置值。

Step5．单击确定按钮，完成刀具的创建。

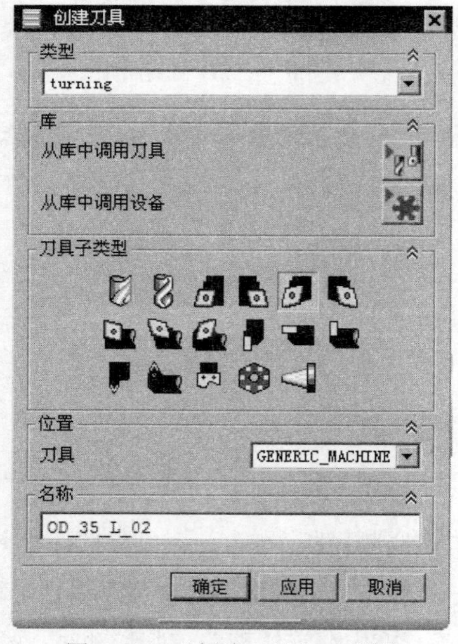

图 7.6.2　“创建刀具”对话框

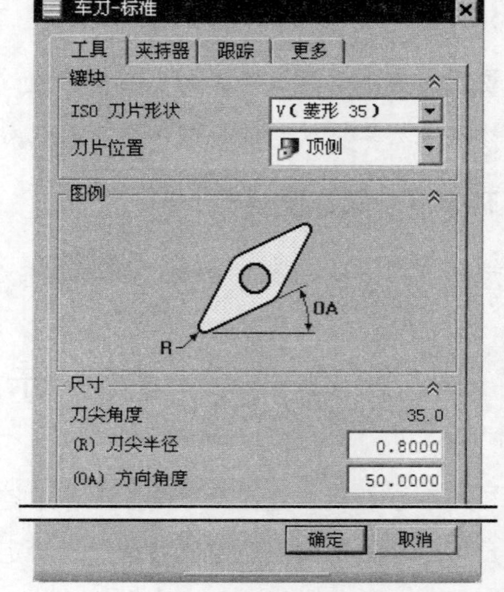

图 7.6.3　“车刀-标准”对话框

Task3. 创建示教模式操作

Stage1. 创建工序

Step1. 选择下拉菜单 插入(S) → 工序(E)... 命令，系统弹出"创建工序"对话框，如图 7.6.4 所示。

Step2. 在类型下拉列表中选择turning选项，在工序子类型区域中单击"示教模式"按钮，在程序下拉列表中选择PROGRAM选项，在刀具下拉列表中选择OD_35_L_02（车刀-标准）选项，在几何体下拉列表中选择TURNING_WORKPIECE选项，在方法下拉列表中选择LATHE_FINISH选项，在名称文本框中输入 TEACH_MODE。

Step3. 单击 确定 按钮，系统弹出如图 7.6.5 所示的"示教模式"对话框。

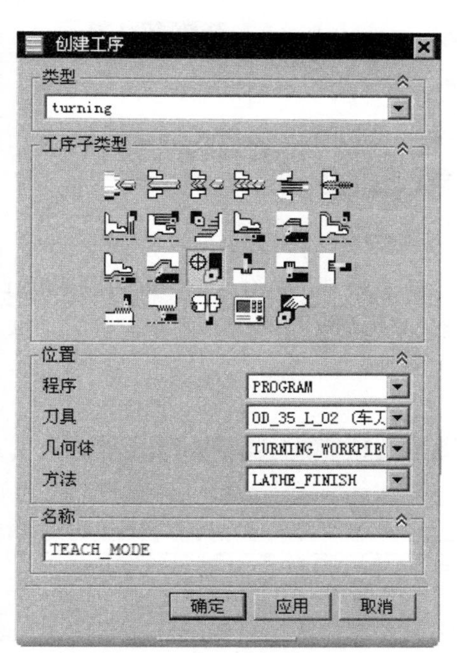

图 7.6.4 "创建工序"对话框

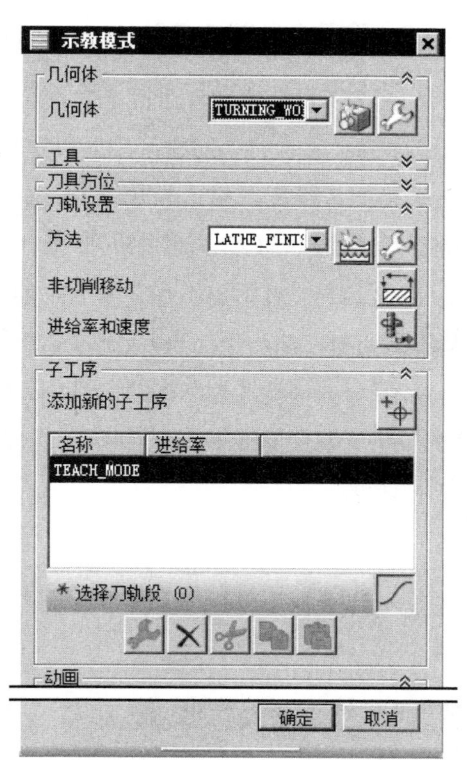

图 7.6.5 "示教模式"对话框

Step4. 单击子工序区域中添加新的子工序右侧的"添加"按钮，系统弹出图 7.6.6 所示的"创建 Teachmode 子工序"对话框，接受系统默认的如图 7.6.6 所示的参数，然后单击按钮，系统弹出"点"对话框。

Step5. 在XC文本框中输入值 150.0，在YC文本框中输入值 40.0，在ZC文本框中输入值 0.0；分别单击"点"对话框和"创建 Teachmode 子工序"对话框中的 确定 按钮，返回到"示教模式"对话框，同时在图形区中显示如图 7.6.7 所示的刀具的位置。

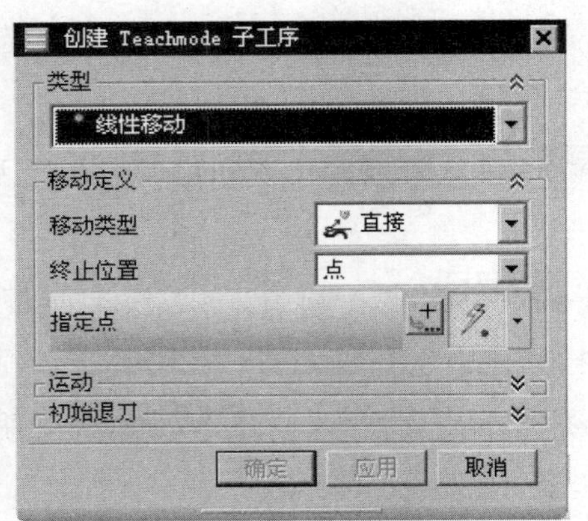

图 7.6.6 “创建 Teachmode 子工序”对话框

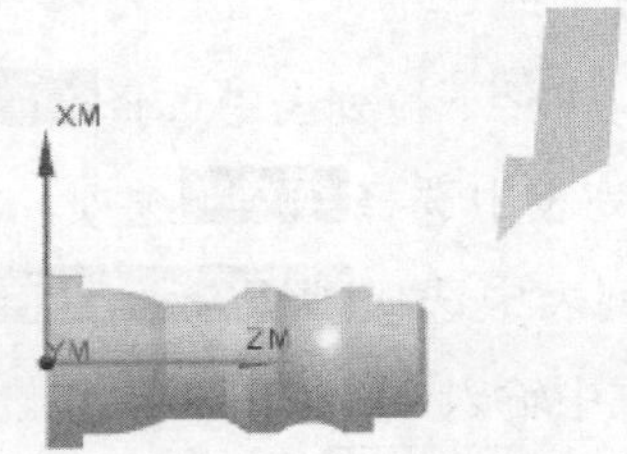

图 7.6.7 刀具位置

Stage2．设置进刀/退刀参数

Step1．单击“示教模式”对话框子工序区域中添加新的子工序右侧的“添加”按钮，系统弹出如图 7.6.8 所示的“创建子工序”对话框，在类型下拉列表中选择进刀设置选项，其余参数采用默认设置，单击确定按钮，返回到“示教模式”对话框（图 7.6.9 所示）。

Step2．单击子操作区域中添加新的子工序右侧的“添加”按钮，系统弹出如图 7.6.8 所示的“创建子工序”对话框，在类型下拉列表中选择退刀设置选项，在退刀类型下拉列表中选择点选项，然后单击按钮，系统弹出“点”对话框。

Step3．在XC文本框中输入值 150.0，在YC文本框中输入值 40.0，在ZC文本框中输入值 0.0。分别单击“点”对话框和“创建子工序”对话框中的确定按钮，系统返回到“示教模式”对话框。

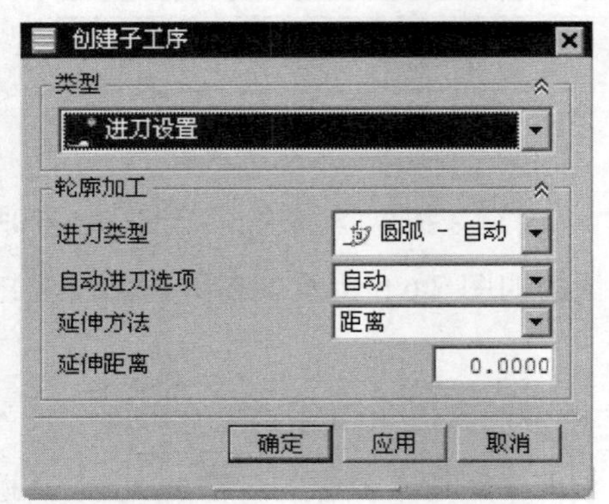

图 7.6.8 “创建子工序”对话框

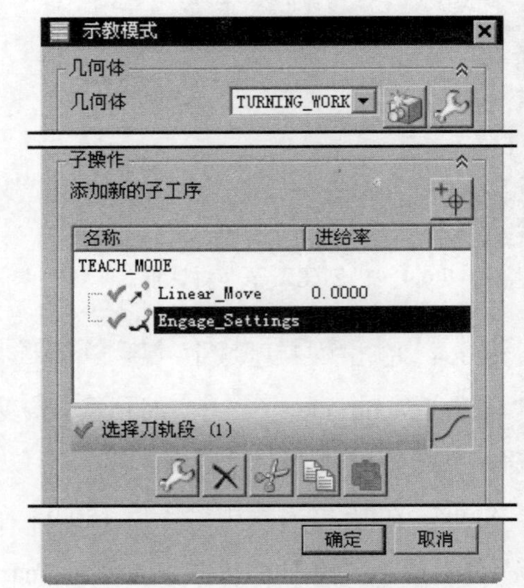

图 7.6.9 “示教模式”对话框

Stage3. 指定切削区域

Step1. 单击“示教模式”对话框子操作区域中添加新的子工序右侧的“添加”按钮，系统弹出“创建子工序”对话框，在类型下拉列表中选择轮廓移动选项，此时“创建子工序”对话框如图 7.6.10 所示。

Step2. 在驱动几何体下拉列表中选择新驱动曲线选项，然后单击“指定驱动边界”按钮，系统弹出如图 7.6.11 所示的“选择驱动几何体”对话框，选取如图 7.6.12 所示的轮廓曲线，单击确定按钮返回到“创建子工序”对话框。

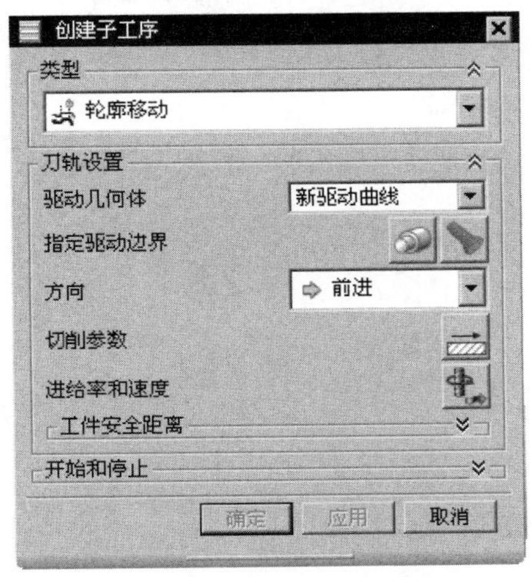

图 7.6.10 “创建子工序”对话框

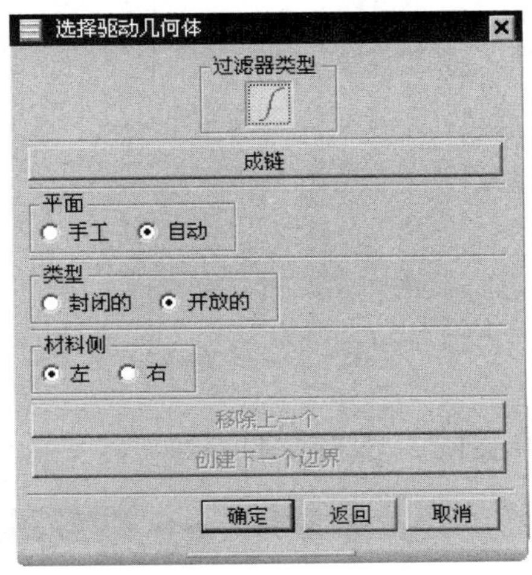

图 7.6.11 “选择驱动几何体”对话框

Step3. 定义切削参数。在“创建子工序”对话框中单击“切削参数”按钮，系统弹出“切削参数”对话框，设置参数如图 7.6.13 所示；然后单击余量选项卡，在内公差文本框中输入值 0.01，在外公差文本框中输入值 0.01，其他采用默认参数设置值，单击确定按钮返回到“创建子工序”对话框，再单击确定按钮返回到“示教模式”对话框。

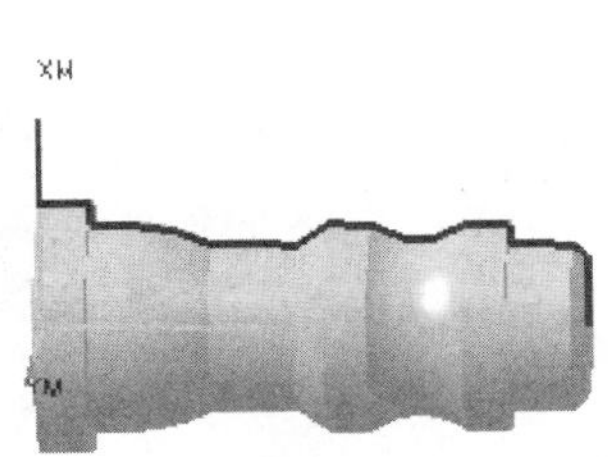

图 7.6.12 轮廓曲线

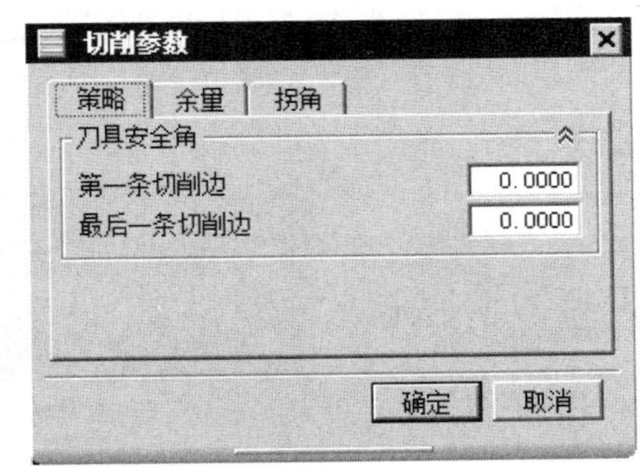

图 7.6.13 “切削参数”对话框

Task4. 生成刀路轨迹

Step1. 在“示教模式”对话框中单击“生成”按钮，生成的刀路轨迹如图 7.6.14 所示。

Step2. 在图形区通过旋转、平移、放大视图，再单击“重播”按钮重新显示路径，可以从不同角度对刀路轨迹进行查看，以判断其路径是否合理。

Task5. 加工仿真

Step1. 在“示教模式”对话框中单击“确认”按钮，系统弹出“刀轨可视化”对话框。

Step2. 单击 3D 动态 选项卡，采用系统默认参数设置值，调整动画速度后单击“播放”按钮，即可观察到3D动态仿真加工，加工结果如图7.6.15所示。

Step3. 分别在“刀轨可视化”对话框和“示教模式”对话框中单击 确定 按钮，完成操作。

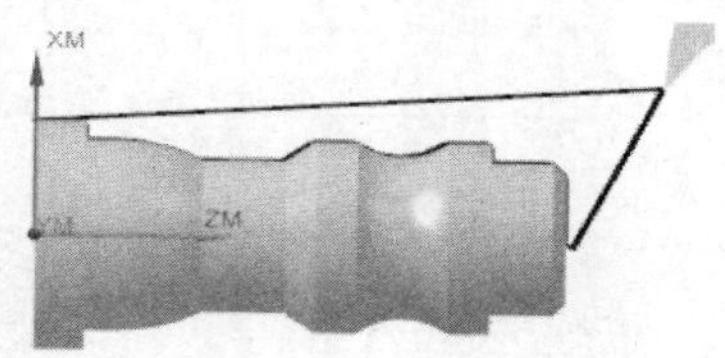

图 7.6.14　刀路轨迹

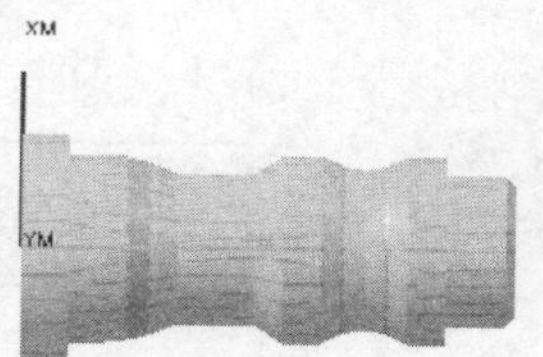

图 7.6.15　3D 仿真结果

Task6. 保存文件

选择下拉菜单 文件(F) → 保存(S) 命令，保存文件。

7.7　车削加工综合范例

本范例讲述的是一个轴类零件的综合车削加工过程，如图7.7.1所示，其中包括车端面、粗车外形、精车外形等加工内容，在学完本节后，希望读者能够举一反三，灵活运用前面介绍的车削操作，熟练掌握UG NX中车削加工的各种方法。下面介绍该零件车削加工的操作步骤。

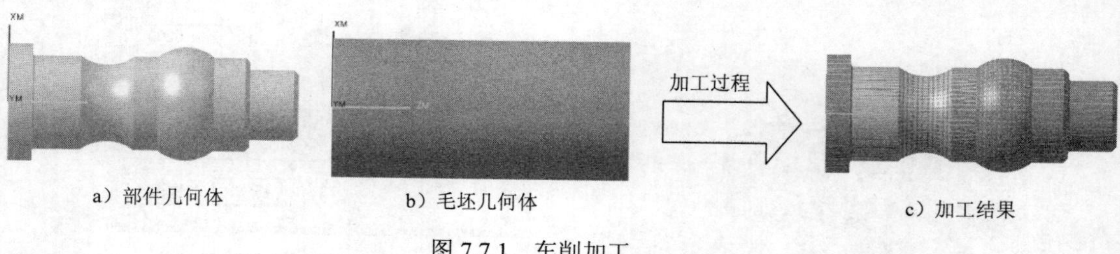

a）部件几何体　b）毛坯几何体　c）加工结果

图 7.7.1　车削加工

Task1. 打开模型文件并进入加工模块

打开文件 D:\ugnx90.9\work\ch07.07\turning_finish.prt，系统自动进入加工环境。

说明：模型文件中已经创建了相关的几何体，创建几何体的具体操作步骤可参看前面的示例。

Task2. 创建刀具 1

Step1. 选择下拉菜单 插入(S) → 刀具(T)... 命令，系统弹出“创建刀具”对话框。

Step2. 在 类型 下拉列表中选择 turning 选项，在 刀具子类型 区域中单击 OD_80_L 按钮，在 名称 文本框中输入 OD_80_L，单击 确定 按钮，系统弹出“车刀-标准”对话框。

Step3. 设置如图 7.7.2 所示的参数。

Step4. 单击 夹持器 选项卡，选中 使用车刀夹持器 复选框，设置如图 7.7.3 所示的参数。

Step5. 单击 确定 按钮，完成刀具的创建。

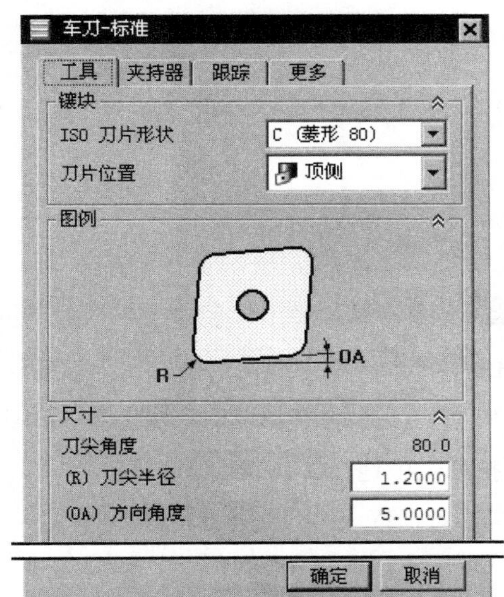

图 7.7.2 “车刀-标准”对话框（一）

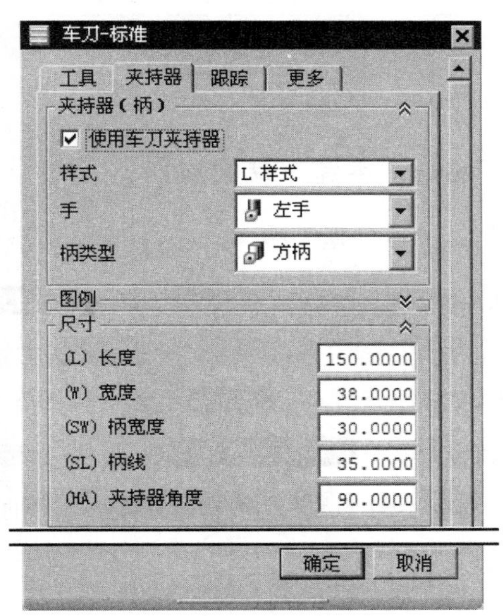

图 7.7.3 “车刀-标准”对话框（二）

Task3. 创建刀具 2

Step1. 选择下拉菜单 插入(S) → 刀具(T)... 命令，系统弹出“创建刀具”对话框。

Step2. 在 类型 下拉列表中选择 turning 选项，在 刀具子类型 区域中单击“OD_55_L”按钮，在 名称 文本框中输入 OD_35_L，单击 确定 按钮，系统弹出“车刀-标准”对话框。

Step3. 设置如图 7.7.4 所示的参数。

Step4. 单击 夹持器 选项卡，选中 使用车刀夹持器 复选框，设置如图 7.7.5 所示的参数。

Step5. 单击 确定 按钮，完成刀具的创建。

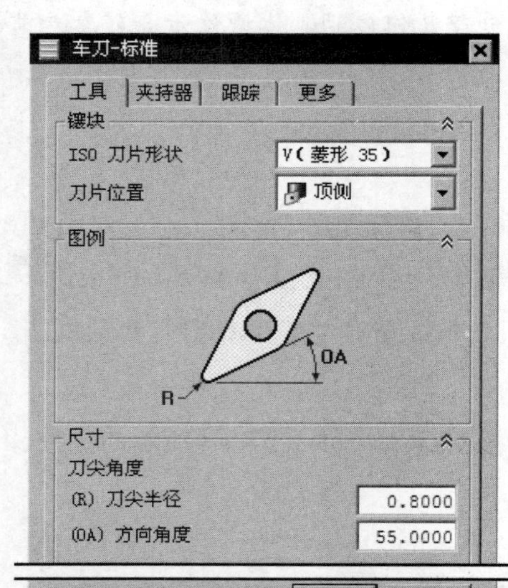

图 7.7.4 “车刀-标准”对话框（三）

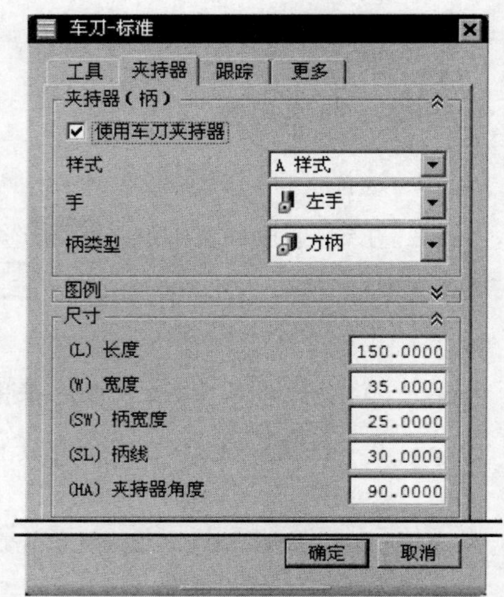

图 7.7.5 “车刀-标准”对话框（四）

Task4．创建车端面操作

Stage1．创建工序

Step1．选择下拉菜单 插入(S) → 工序(E)... 命令，系统弹出“创建工序”对话框。

Step2．在 类型 下拉列表中选择 turning 选项，在 工序子类型 区域中单击“面加工”按钮，在 程序 下拉列表中选择 PROGRAM 选项，在 刀具 下拉列表中选择 OD_80_L（车刀-标准）选项，在 几何体 下拉列表中选择 TURNING_WORKPIECE 选项，在 方法 下拉列表中选择 LATHE_FINISH 选项。

Step3．单击 确定 按钮，系统弹出“面加工”对话框。

Stage2．设置切削区域

Step1．单击“面加工”对话框 切削区域 右侧的“编辑”按钮，系统弹出“切削区域”对话框。

Step2．在 轴向修剪平面 1 区域的 限制选项 下拉列表中选择 点 选项，在图形区中选取如图 7.7.6 所示的端点，单击“显示”按钮，显示出切削区域如图 7.7.6 所示。

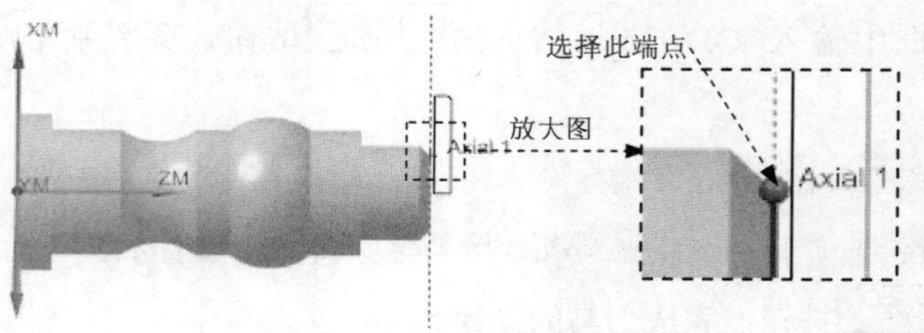

图 7.7.6 定义切削区域

Step3. 单击 确定 按钮，系统返回到“面加工”对话框。

Stage3. 设置非切削移动参数

Step1. 单击“面加工”对话框中的“非切削移动”按钮，系统弹出“非切削移动”对话框。

Step2. 选择 逼近 选项卡，然后在 出发点 区域的 点选项 下拉列表中选择 指定 选项，在模型上选取图 7.7.7 所示的出发点。

Step3. 选择 离开 选项卡，在 离开刀轨 区域的 刀轨选项 下拉列表中选择 点 选项，采用系统默认参数设置值，在图形区选取如图 7.7.7 所示的离开点。

Step4. 单击 确定 按钮，完成非切削移动参数的设置。

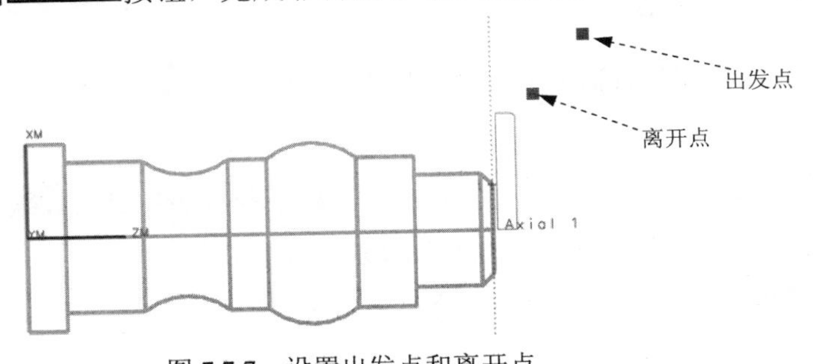

图 7.7.7 设置出发点和离开点

Stage4. 生成刀路轨迹并 3D 仿真

Step1. 单击“面加工”对话框中的“生成”按钮，生成刀路轨迹如图 7.7.8 所示。

Step2. 单击“面加工”对话框中的“确认”按钮，系统弹出“刀轨可视化”对话框。

Step3. 单击 3D 动态 选项卡，采用系统默认的参数设置值，调整动画速度后单击“播放”按钮，即可观察到 3D 动态仿真加工，加工后的结果如图 7.7.9 所示。

Step4. 分别在“刀轨可视化”对话框和“面加工”对话框中单击 确定 按钮，完成车端面加工。

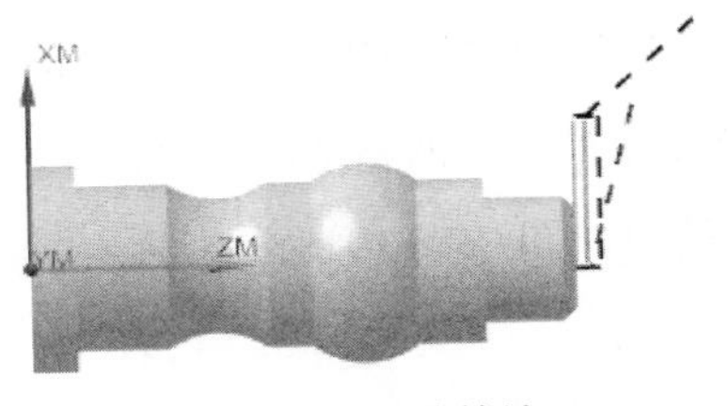

图 7.7.8 刀路轨迹

图 7.7.9 3D 仿真结果

Task5. 创建外径粗车操作 1

Stage1. 创建工序

Step1. 选择下拉菜单 插入(S) → 工序(E)... 命令，系统弹出“创建工序”对话框。

Step2. 在类型下拉列表中选择turning选项，在工序子类型区域中单击“外径粗车”按钮，在程序下拉列表中选择PROGRAM选项，在刀具下拉列表中选择OD_80_L（车刀-标准）选项，在几何体下拉列表中选择TURNING_WORKPIECE选项，在方法下拉列表中选择LATHE_ROUGH选项，采用系统默认的名称。

Step3. 单击确定按钮，系统弹出“外径粗车”对话框。

Stage2. 显示切削区域

单击“外径粗车”对话框切削区域右侧的“显示”按钮，在图形区中显示出切削区域如图 7.7.10 所示。

Stage3. 设置非切削参数

Step1. 单击“外径粗车”对话框中的“非切削移动”按钮，系统弹出“非切削移动”对话框。

Step2. 选择离开选项卡，在离开刀轨区域的刀轨选项下拉列表中选择点选项，采用系统默认参数设置值，在图形区选取图 7.7.11 所示的离开点。

Step3. 单击确定按钮，完成非切削参数的设置。

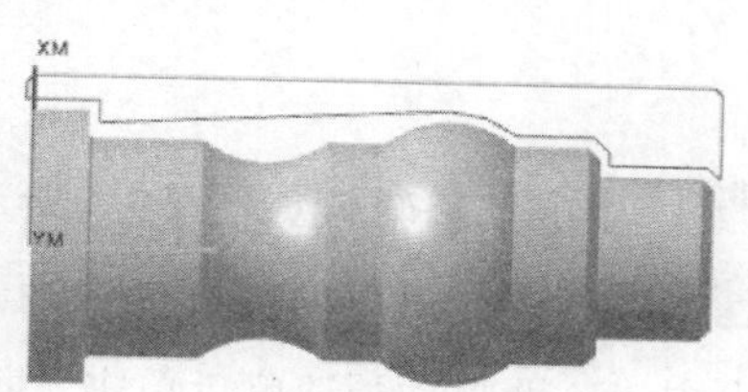

图 7.7.10 切削区域

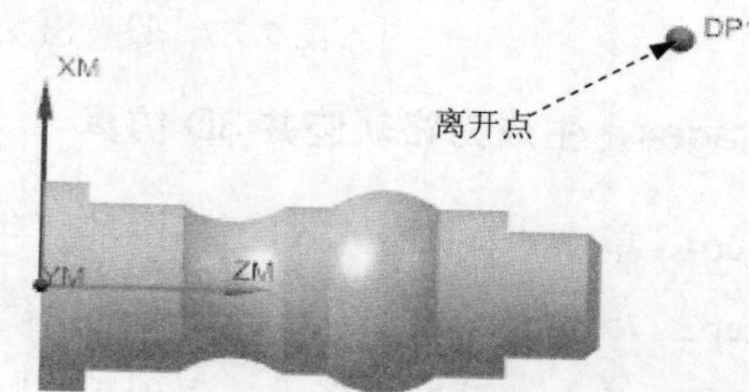

图 7.7.11 设置离开点

Stage4. 生成刀路轨迹并 3D 仿真

Step1. 单击“外径粗车”对话框中的“生成”按钮，生成刀路轨迹如图 7.7.12 所示。

Step2. 单击“外径粗车”对话框中的“确认”按钮，系统弹出“刀轨可视化”对话框。

Step3. 单击3D 动态选项卡，采用系统默认的参数设置值，调整动画速度后单击“播放”按钮，即可观察到 3D 动态仿真加工，加工后的结果如图 7.7.13 所示。

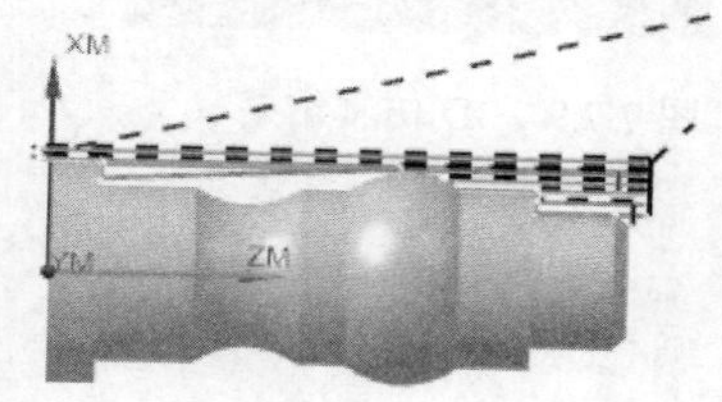

图 7.7.12 刀路轨迹

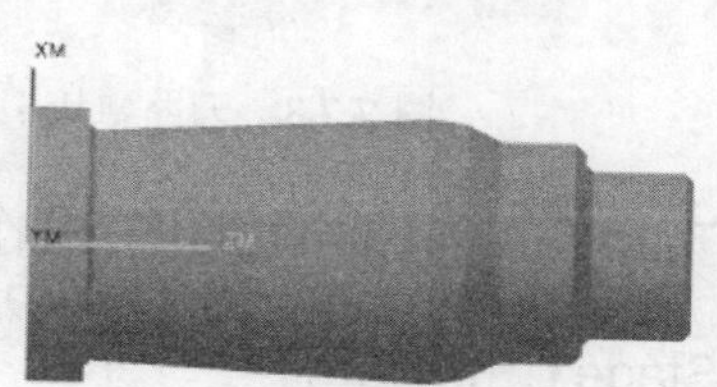

图 7.7.13 3D 仿真结果

Step4. 分别在“刀轨可视化”对话框和“外径粗车”对话框中单击 确定 按钮，完成粗车加工。

Task6. 创建外径粗车操作 2

Stage1. 创建工序

Step1. 选择下拉菜单 插入(S) → 工序(E)... 命令，系统弹出“创建工序”对话框。

Step2. 在 类型 下拉列表中选择 turning 选项，在 工序子类型 区域中单击“外径粗车”按钮，在 程序 下拉列表中选择 PROGRAM 选项，在 刀具 下拉列表中选择 OD_35_L (车刀-标准) 选项，在 几何体 下拉列表中选择 TURNING_WORKPIECE 选项，在 方法 下拉列表中选择 LATHE_ROUGH 选项，采用系统默认的名称。

Step3. 单击 确定 按钮，系统弹出“外径粗车”对话框。

Stage2. 显示切削区域

单击“外径粗车”对话框 切削区域 右侧的“显示”按钮，在图形区中显示出切削区域，如图 7.7.14 所示。

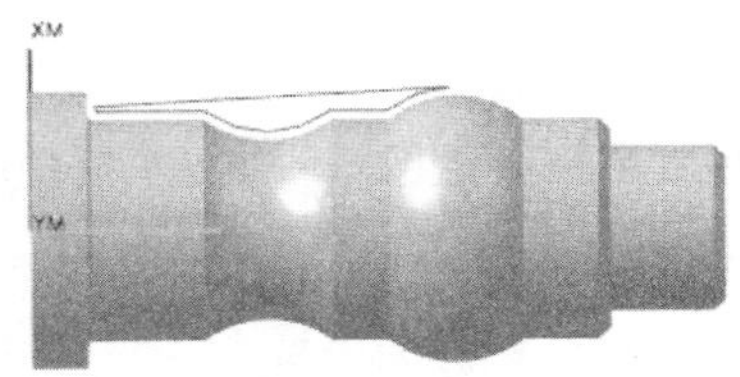

图 7.7.14 显示切削区域

Stage3. 生成刀路轨迹并 3D 仿真

Step1. 单击“外径粗车”对话框中的“生成”按钮，生成刀路轨迹如图 7.7.15 所示。

Step2. 单击“外径粗车”对话框中的“确认”按钮，系统弹出“刀轨可视化”对话框。

Step3. 单击 3D 动态 选项卡，采用系统默认的参数设置值，调整动画速度后单击“播放”按钮，即可观察到 3D 动态仿真加工，加工后的结果如图 7.7.16 所示。

Step4. 分别在“刀轨可视化”对话框和“外径粗车”对话框中单击 确定 按钮，完成粗车加工。

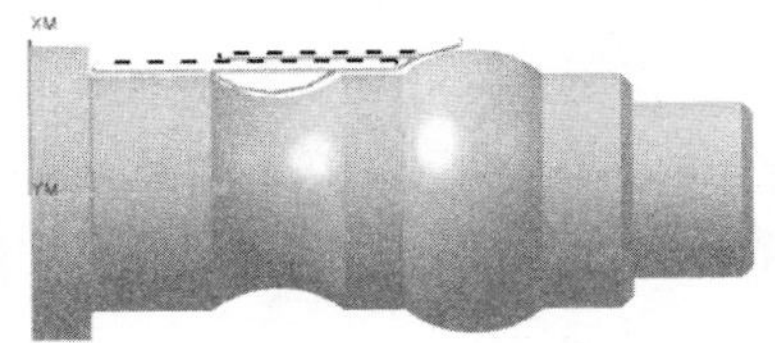

图 7.7.15 刀路轨迹

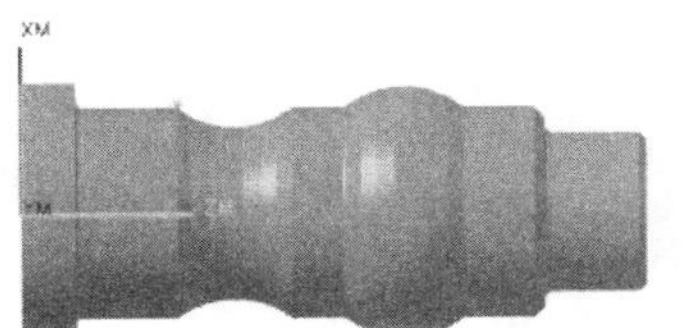

图 7.7.16 3D 仿真结果

Task7. 创建外径精车操作

Stage1. 创建工序

Step1. 选择下拉菜单 插入(S) → 工序(E)... 命令，系统弹出"创建工序"对话框。

Step2. 在类型下拉列表中选择turning选项，在工序子类型区域中单击"外径精车"按钮，在程序下拉列表中选择PROGRAM选项，在刀具下拉列表中选择OD_35_L (车刀-标准)选项，在几何体下拉列表中选择TURNING_WORKPIECE选项，在方法下拉列表中选择LATHE_FINISH选项。

Step3. 单击 确定 按钮，系统弹出"外径精车"对话框。

Stage2. 显示切削区域

单击"外径精车"对话框切削区域右侧的"显示"按钮，在图形区中显示出切削区域，如图 7.7.17 所示。

Stage3. 设置切削参数

Step1. 单击"外径精车"对话框中的"切削参数"按钮，系统弹出"切削参数"对话框，选择策略选项卡，然后在刀具安全角区域的首先切削边文本框中输入值 0.0，其他参数采用默认设置。

Step2. 选择余量选项卡，然后在公差区域的内公差文本框中输入值 0.01，在外公差文本框中输入值 0.01，其他参数采用默认设置值。

Step3. 单击 确定 按钮，完成切削参数的设置。

Stage4. 设置非切削参数

Step1. 单击"外径精车"对话框中的"非切削移动"按钮，系统弹出"非切削移动"对话框。

Step2. 选择离开选项卡，在离开刀轨区域的刀轨选项下拉列表中选择点选项，在图形区选取图 7.7.18 所示的离开点。

Step3. 单击 确定 按钮，完成非切削参数的设置。

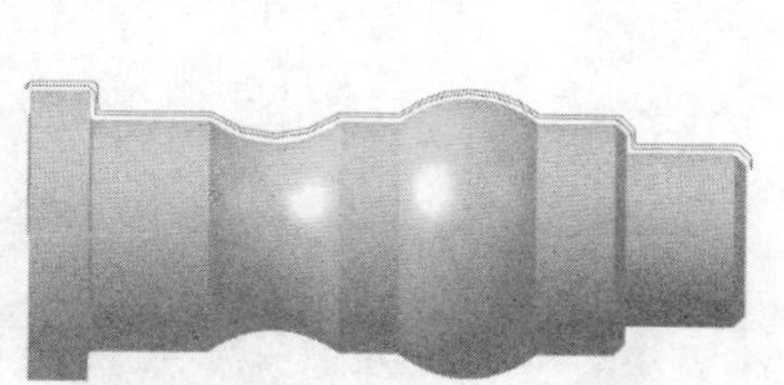

图 7.7.17 显示切削区域

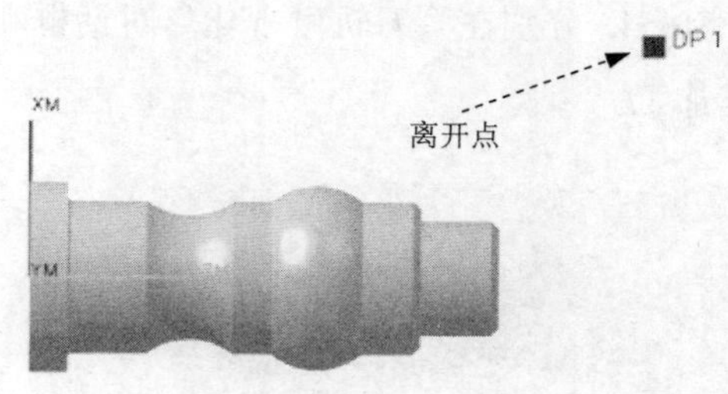

图 7.7.18 选择离开点

Stage5．生成刀路轨迹并 3D 仿真

Step1．单击“外径精车”对话框中的“生成”按钮，生成的刀路轨迹如图 7.7.19 所示。

Step2．单击“外径精车”对话框中的“确认”按钮，系统弹出“刀轨可视化”对话框。

Step3．单击 3D 动态 选项卡，采用系统默认的参数设置值，调整动画速度后单击“播放”按钮，即可观察到 3D 动态仿真加工，加工后的结果如图 7.7.20 所示。

Step4．分别在“刀轨可视化”对话框和“外径精车”对话框中单击 确定 按钮，完成精车加工。

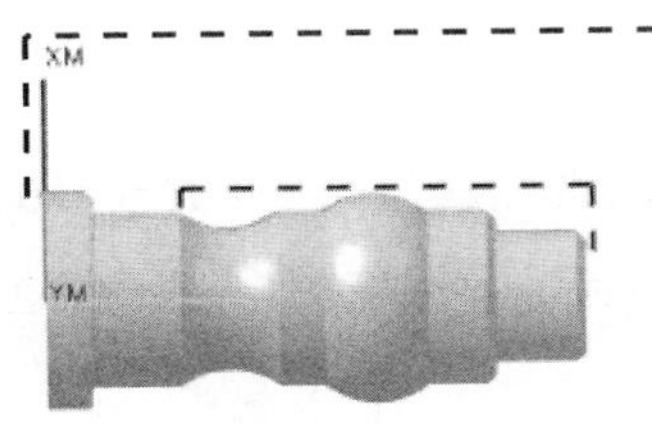

图 7.7.19　刀路轨迹

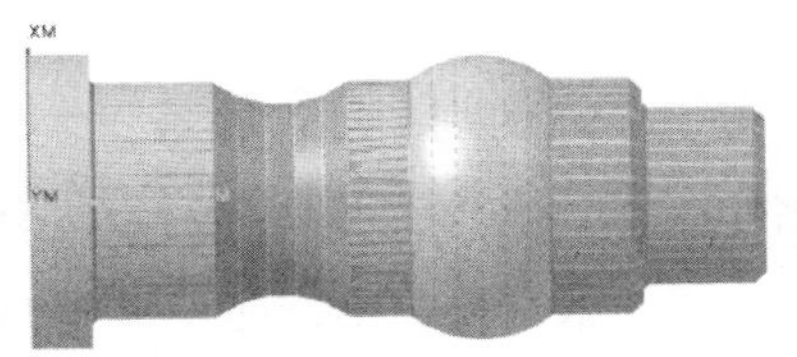

图 7.7.20　3D 仿真结果

Task8．保存文件

选择下拉菜单 文件(F) → 保存(S) 命令，保存文件。

第8章 线切割

本章提要 本章将介绍线切割的加工方法，其中包括线切割加工概述、两轴线切割加工和四轴线切割加工，学完本章后，希望读者能够熟练掌握这两种线切割加工方法。

8.1 概述

电火花线切割加工简称线切割加工。它利用一根运动的细金属丝（$\phi 0.02 \sim \phi 0.3$mm的钼丝或铜丝）作工具电极，在工件与金属丝间通以脉冲电流，靠火花放电对工件进行切削加工。在NC加工中，线切割主要有两轴加工和四轴加工。

电火花线切割的加工原理如图8.1.1所示。工件上预先打好穿丝孔，电极丝穿过该孔后，经导轮由储丝筒带动作正、反向交替移动。放置工件的工作台按预定的控制程序，在X、Y两个坐标方向上作伺服进给移动，把工件切割成型。加工时，需在电极和工件间不断浇注工作液。

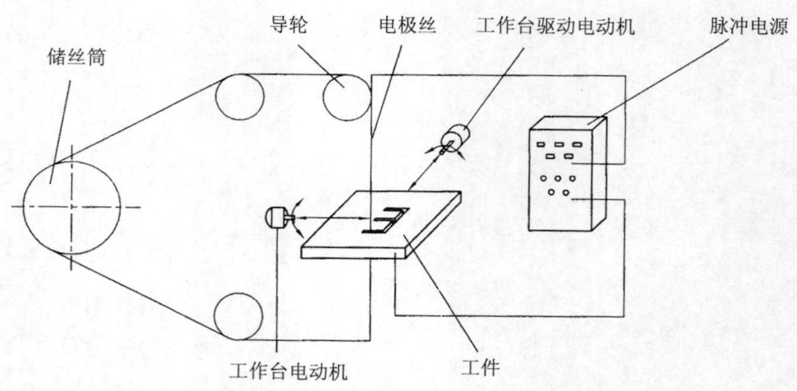

图8.1.1 电火花线切割加工原理

线切割加工的工作原理和使用的电压、电流波形与电火花穿孔加工相似，但线切割加工不需要特定形状的电极，缩短了生产准备时间，比电火花穿孔加工生产率高、加工成本低，加工中工具电极损耗很小，可获得高的加工精度。小孔、窄缝，凸、凹模加工可一次完成，多个工件可叠起来加工，但不能加工盲孔和立体成型表面。由于电火花线切割加工具有上述特点，其在国内外发展都较快，已经成为一种高精度和高自动化的特种加工方法，在成型刀具与难切削材料、模具制造和精密复杂零件加工等方面得到广泛应用。

电火花加工还有其他许多方式的应用。如用电火花磨削，可磨削加工精密小孔、深孔、薄壁孔及硬质合金小模数滚刀；用电火花共轭回转加工可加工精密内、外螺纹环规，精密内、外齿轮等；此外还有电火花表面强化和刻字加工等。

进入加工模块后，选择下拉菜单 插入(S) → 工序(E)... 命令，系统弹出如图 8.1.2 所示的“创建工序”对话框。在 类型 下拉列表中选择 wire_edm 选项，此时，对话框中出现线切割加工的 6 种子类型。

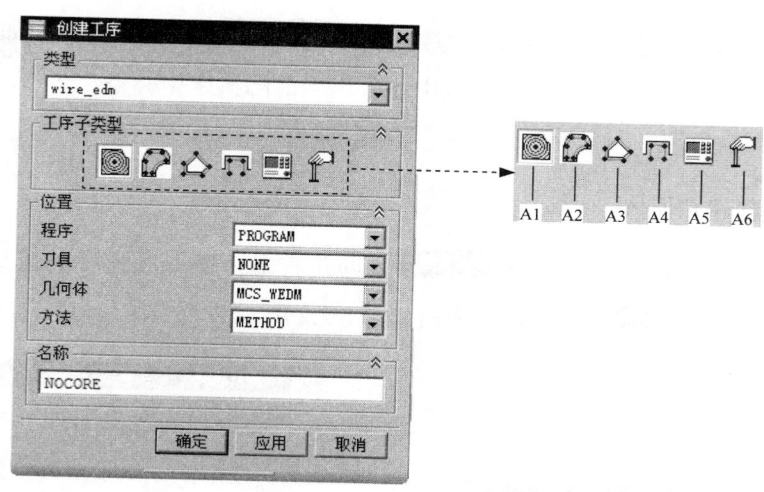

图 8.1.2 “创建工序”对话框

图 8.1.2 所示的“创建工序”对话框的各选项说明如下：

- A1 (NOCORE)：无屑加工。
- A2 (INTERNAL_TRIM)：内部线切割。
- A3 (EXTERNAL_TRIM)：外部线切割。
- A4 (OPEN_PROFILE)：开放轮廓线切割。
- A5 (WEDM_CONTROL)：机床控制。
- A6 (WEDM_USER)：自定义方式。

8.2 两轴线切割加工

两轴线切割加工可以用于任何类型的二维轮廓切割，加工时刀具（钼丝或铜丝）沿着指定的路径切割工件，在工件上留下细丝切割所留下的轨迹线，从而使工件和毛坯分离开来，得到需要的零件。

Task1. 打开模型文件并进入加工模块

Step1. 打开模型文件 D:\ugnx90.9\work\ch08.02\wired_02.prt。

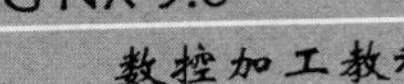

Step2. 进入加工环境。选择下拉菜单 启动 → 加工(R)... 命令；在系统弹出的“加工环境”对话框的 要创建的 CAM 设置 列表框中选择 wire_edm 选项，单击 确定 按钮，进入加工环境。

Task2. 创建工序（一）

Stage1. 创建机床坐标系

在工序导航器中调整到几何视图状态，双击 MCS_WEDM 节点，系统弹出如图 8.2.1 所示的“MCS 线切割”对话框，并在图形区中显示出当前的机床坐标系，单击 确定 按钮，完成机床坐标系的定义。

Stage2. 创建几何体

Step1. 在工序导航器中选中 MCS_WEDM 节点并右击，在系统弹出的快捷菜单中选择 插入 → 几何体 命令，系统弹出如图 8.2.2 所示的“创建几何体”对话框。

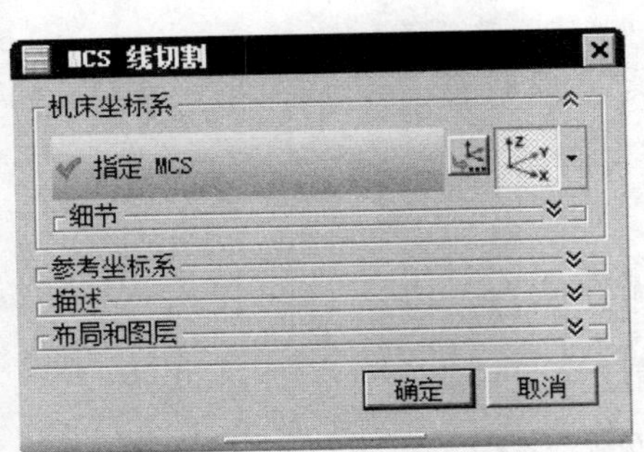

图 8.2.1 “MCS 线切割”对话框

图 8.2.2 “创建几何体”对话框

Step2. 单击 SEQUENCE_EXTERNAL_TRIM 按钮，单击 确定 按钮，系统弹出如图 8.2.3 所示的“顺序外部修剪”对话框。

Step3. 单击 几何体 区域中的按钮，系统弹出如图 8.2.4 所示的“线切割几何体”对话框。

图 8.2.3 所示的“顺序外部修剪”对话框的部分选项说明如下：

- 几何体：用于选择线切割的对象模型，也就是几何模型。
- 刀轨设置：可在该区域的 切除刀路 下拉列表中选择 单个、多个 - 区域优先 和 多个 - 切除优先 三种刀具路径。
  - ☑ 粗加工刀路：用于设置粗加工走刀的次数。
  - ☑ 精加工刀路：用于设置精加工走刀的次数。

☑ 割线直径：用于设置电极丝的直径。

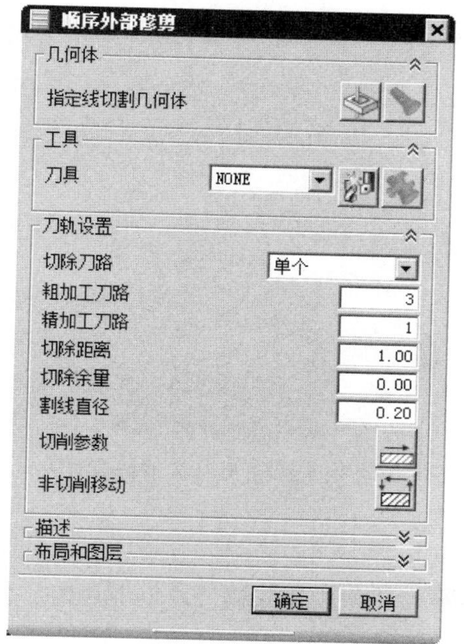

图 8.2.3 “顺序外部修剪”对话框

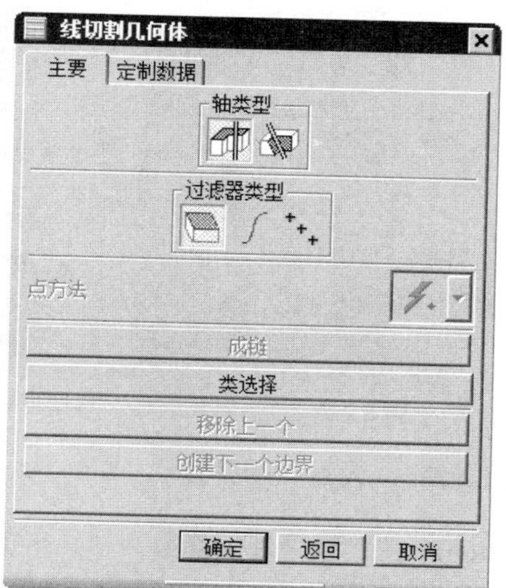

图 8.2.4 “线切割几何体”对话框

说明：“线切割几何体”对话框主要选项卡中的轴类型区域包括线切割的两种类型，即（2 轴线切割加工）和（4 轴线切割加工），2 轴线切割加工多用于规则的模型和与 Z 轴垂直的模型，而 4 轴线切割加工可以用于有倾斜角度模型的加工。

Step4. 在主要选项卡的轴类型区域单击“2 轴”按钮，在过滤器类型区域中选择“面边界”按钮，选取如图 8.2.5 所示的面，单击确定按钮，系统生成如图 8.2.6 所示的两条边界，并返回到“顺序外部修剪”对话框。

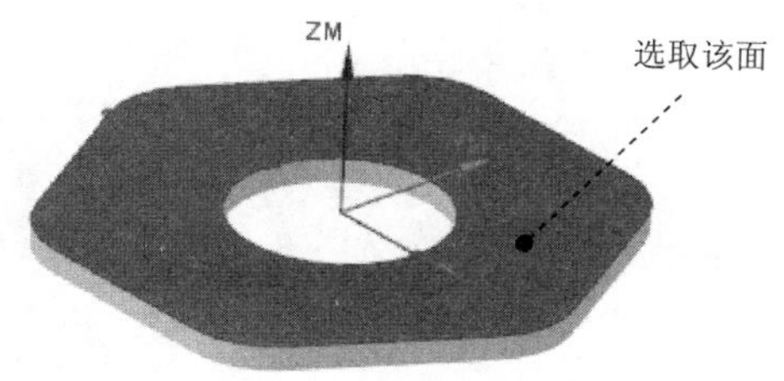

图 8.2.5 边界面

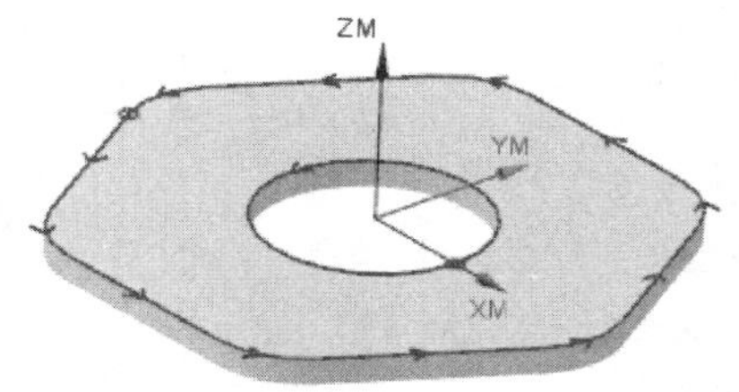

图 8.2.6 边界

Step5. 在几何体区域中单击按钮，系统弹出如图 8.2.7 所示的“编辑几何体”对话框。

Step6. 单击“下一个”按钮▼，系统显示几何体的内轮廓，然后单击移除按钮，保留图 8.2.8 所示的几何体外形轮廓。

Step7. 单击确定按钮，返回“顺序外部修剪”对话框。

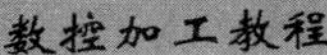

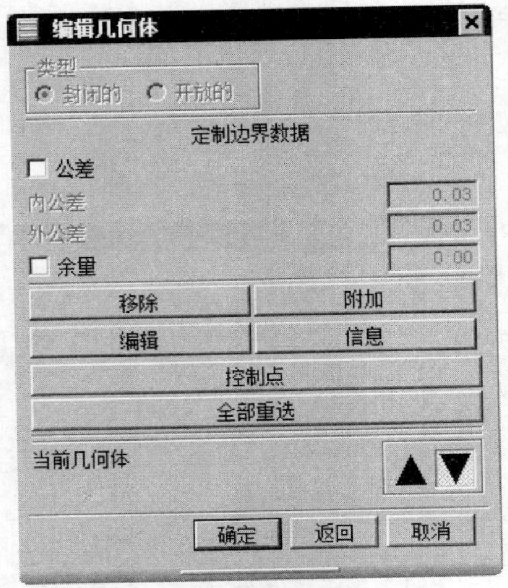

图 8.2.7 “编辑几何体”对话框

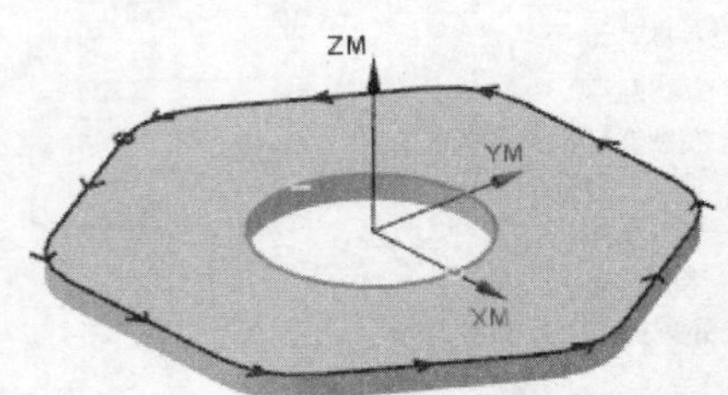

图 8.2.8 几何体外形轮廓

Stage3. 设置切削参数

Step1. 在“顺序外部修剪”对话框的 粗加工刀路 文本框中输入值 1，单击“切削参数”按钮，系统弹出图 8.2.9 所示的“切削参数”对话框（一）。

Step2. 在 下部平面 ZM 文本框中输入值-10，在 割线位置 下拉列表中选择 相切 选项，其余参数采用系统默认设置值。

Step3. 单击 拐角 选项卡，系统弹出如图 8.2.10 所示的“切削参数”对话框（二），采用系统默认的参数设置值，单击 确定 按钮，系统返回“顺序外部修剪”对话框。

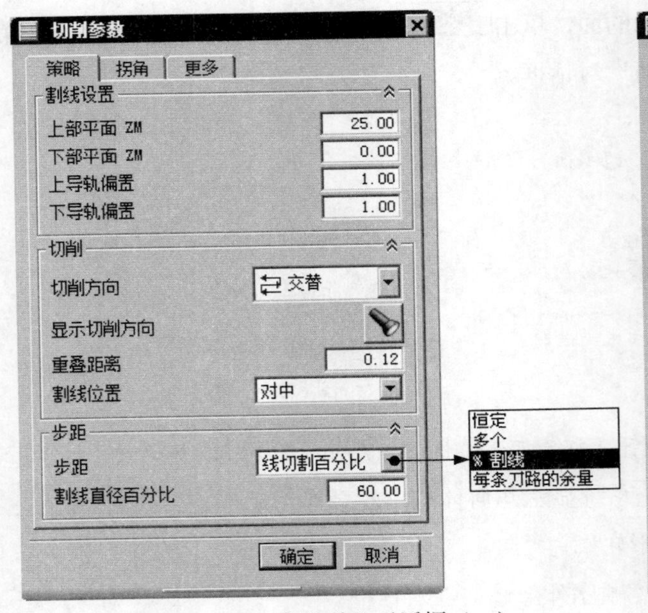

图 8.2.9 “切削参数”对话框（一）

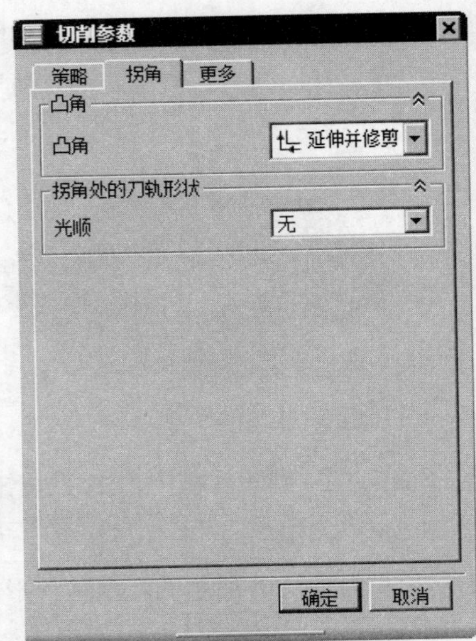

图 8.2.10 “切削参数”对话框（二）

图 8.2.9 所示的“切削参数”对话框（一）的部分选项说明如下：

- 上部平面 ZM：用于定义电极丝上端距参考平面的距离。
- 下部平面 ZM：用于定义电极丝下端距参考平面的距离，通过上下平面可以确定电极丝的长度。
- 上导轨偏置：用于定义上部导轨的偏置距离数值。
- 下导轨偏置：用于定义下部导轨的偏置距离数值。
- 切削方向：用于定义电极丝沿零件的加工方向。
  - ☑ 交替：加工方向为混合方式，在不同的地方采用顺时针，而在另外的地方采用逆时针。
  - ☑ 顺时针：加工方向为顺时针方向。
  - ☑ 逆时针：加工方向为逆时针方向。
- 步距：表示步进的类型，有以下几种选项可以选择。
  - ☑ 恒定：用步长大小来表示，即相邻步长之间的距离。
  - ☑ 多个：在存在多个刀具路径时，可以定义每次刀具路径步长的大小。
  - ☑ % 割线：用电极丝的直径百分比来定义步进的距离。
  - ☑ 每条刀路的余量：利用毛坯和零件之间的距离来定义步进的距离，根据不同需要，可以设定每条刀路不同的加工余量。

Stage4．设置移动参数

Step1．在“顺序外部修剪”对话框中单击“非切削移动”按钮，系统弹出如图 8.2.11 所示的“非切削移动”对话框。

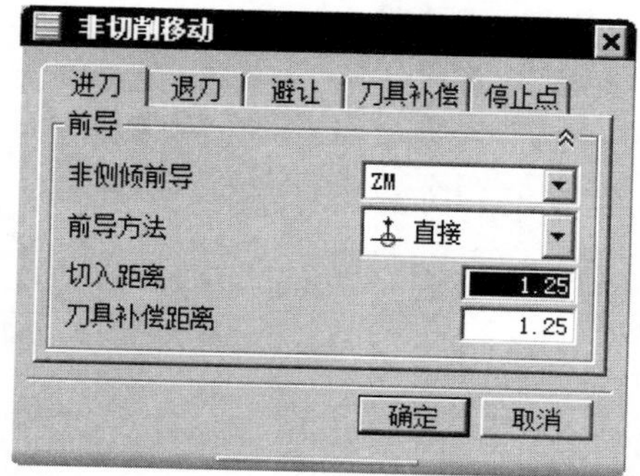

图 8.2.11 “非切削移动”对话框

Step2．指定出发点。在“非切削移动”对话框中选择避让选项卡，在出发点区域的点选项下拉列表中选择指定选项，单击按钮，系统弹出“点”对话框，在参考下拉列表中选择WCS选项，然后在XC文本框中输入值-40.0，在YC文本框中输入值 0.0，在ZC文本框中输入值 0.0，单击确定按钮，返回到“非切削移动”对话框，同时在图形区中显示出“出发点”，

如图 8.2.12 所示。

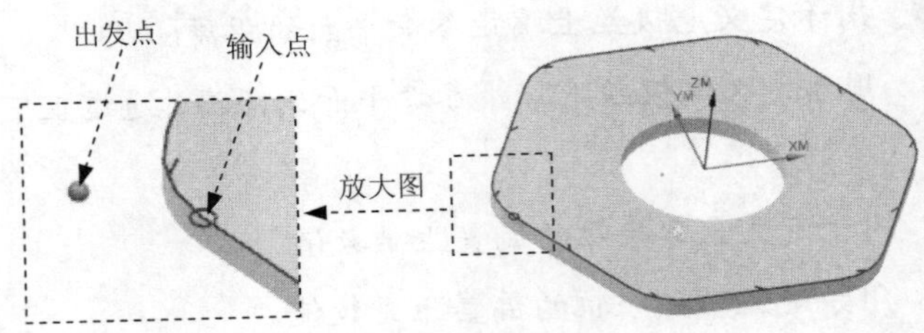

图 8.2.12　出发点

Step3. 指定回零点。在“非切削移动”对话框中选择 避让 选项卡，在 回零点 区域的 点选项 下拉列表中选择 指定 选项，单击 按钮，系统弹出“点”对话框，在 参考 下拉列表中选择 WCS 选项，然后在 XC 文本框中输入值-45.0，在 YC 文本框中输入值 5.0，在 ZC 文本框中输入值 0.0，单击 确定 按钮，返回到“非切削移动”对话框，然后在“非切削移动”对话框中单击 确定 按钮。

Step4. 在“顺序外部修剪”对话框中单击 确定 按钮。

Task3. 生成刀路轨迹

Stage1. 生成第一个刀路轨迹

Step1. 在工序导航器中展开 SEQUENCE_EXTERNAL_TRIM 节点，可以看到三个刀路轨迹，双击 EXTERNAL_TRIM_ROUGH 节点，系统弹出如图 8.2.13 所示的 External Trim Rough 对话框。

Step2. 单击“生成”按钮，生成的刀路轨迹如图 8.2.14 所示。

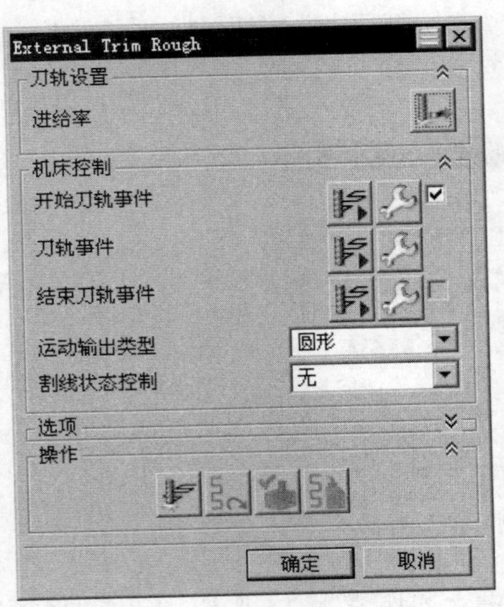

图 8.2.13　External Trim Rough 对话框

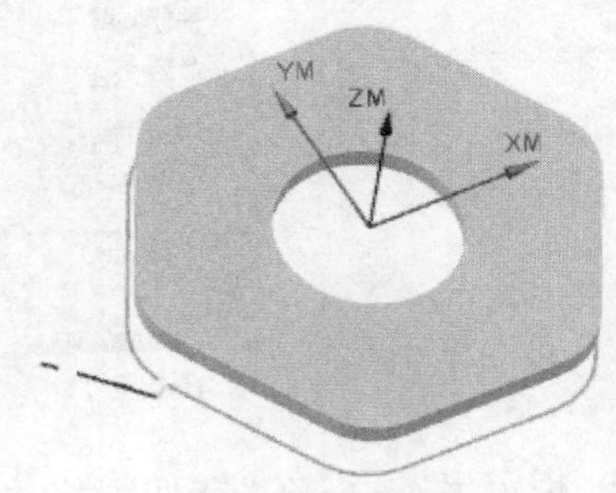

图 8.2.14　刀路轨迹

Step3. 单击“确认”按钮，系统弹出“刀轨可视化”对话框，调整动画速度后单击“播放”按钮，即可观察到动态仿真加工。

Step4. 分别在"刀轨可视化"对话框和 External Trim Rough 对话框中单击 确定 按钮，完成刀轨轨迹的演示。

Stage2. 生成第二个刀路轨迹

Step1. 在工序导航器中双击 EXTERNAL_TRIM_CUTOFF 节点，系统弹出如图 8.2.15 所示的 External Trim Cutoff 对话框。

Step2. 在单击"生成"按钮，生成的刀路轨迹如图 8.2.16 所示。

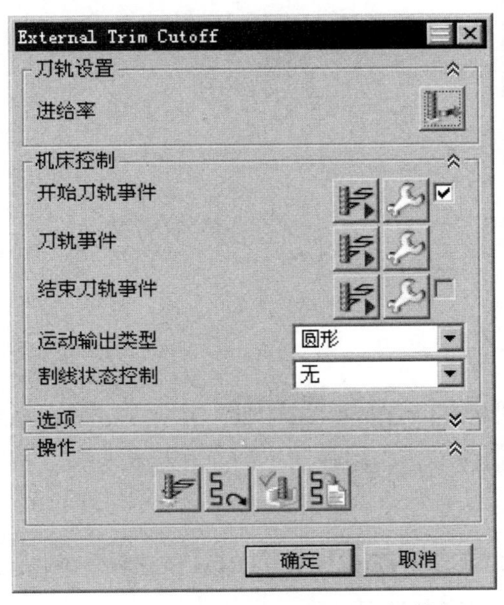

图 8.2.15 External Trim Cutoff 对话框

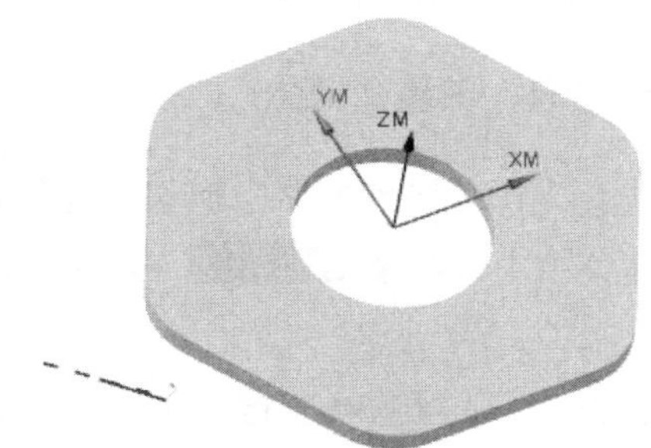

图 8.2.16 刀具轨迹

Step3. 单击"确认"按钮，系统弹出"刀轨可视化"对话框，调整动画速度后单击"播放"按钮，即可观察到动态仿真加工。

Step4. 分别在"刀轨可视化"对话框和 External Trim Cutoff 对话框中单击 确定 按钮，完成刀路轨迹的演示。

Stage3. 生成第三个刀路轨迹

Step1. 在工序导航器中双击 EXTERNAL_TRIM_FINISH 节点，系统弹出如图 8.2.17 所示的 External Trim Finish 对话框。

Step2. 单击"生成"按钮，在图形区生成的刀路轨迹如图 8.2.18 所示。

Step3. 单击"确认"按钮，系统弹出"刀轨可视化"对话框，调整动画速度后单击"播放"按钮，即可观察到动态仿真加工。

Step4. 分别在"刀轨可视化"对话框和 External Trim Finish 对话框中单击 确定 按钮，完成刀路轨迹的演示。

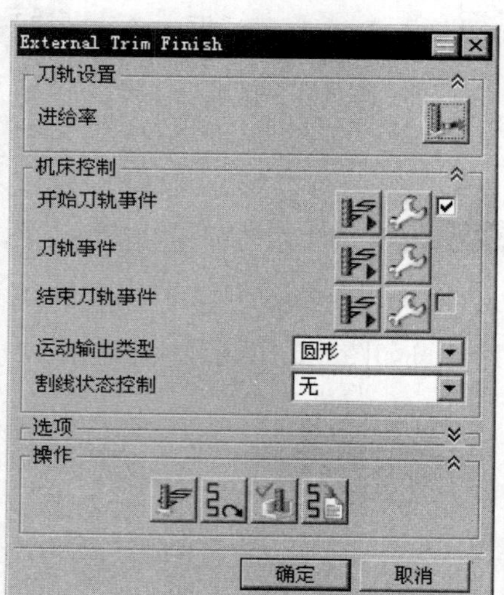

图 8.2.17　External Trim Finish 对话框

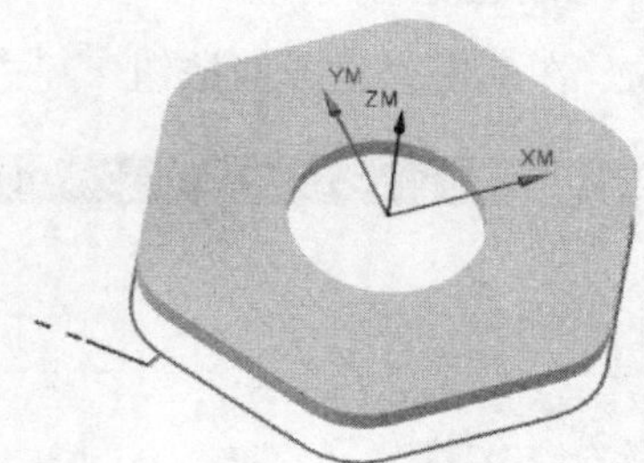

图 8.2.18　刀具轨迹

Task4. 创建工序（二）

Stage1. 创建几何体

Step1. 在工序导航器中调整到几何视图状态，选中 MCS_WEDM 节点并右击，在系统弹出的快捷菜单中选择 插入 → 几何体 命令，系统弹出“创建几何体”对话框，如图 8.2.19 所示。

Step2. 在 几何体子类型 区域中单击 SEQUENCE_INTERNAL_TRIM 按钮，单击 确定 按钮，系统弹出如图 8.2.20 所示的“顺序内部修剪”对话框。

图 8.2.19　“创建几何体”对话框

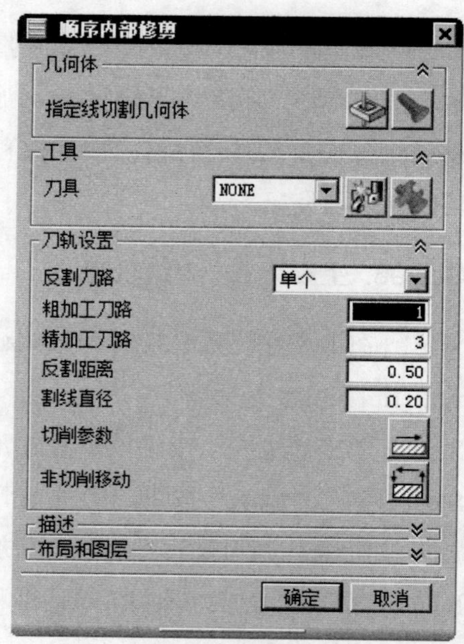

图 8.2.20　“顺序内部修剪”对话框

Step3. 单击几何体区域中的按钮，系统弹出“线切割几何体”对话框。

Step4. 在主要选项卡的轴类型区域单击“2 轴”按钮，在过滤器类型下选择“面边界”按钮，选取如图 8.2.21 所示的面，单击确定按钮，系统生成如图 8.2.22 所示的两条边界，并返回到“顺序内部修剪”对话框。

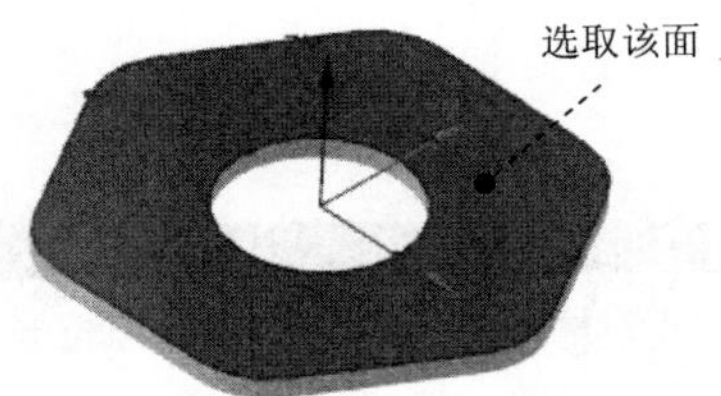

图 8.2.21　边界面

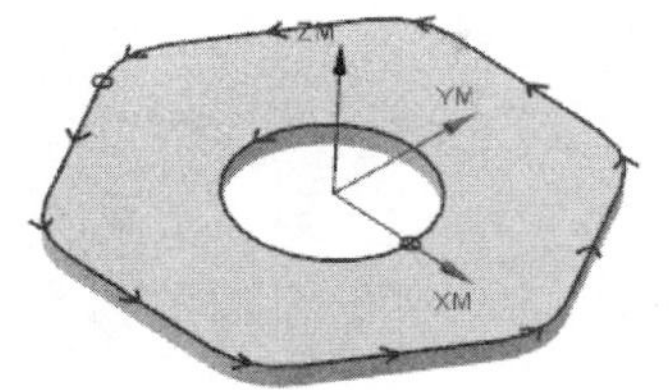

图 8.2.22　切割线轨迹

Step5. 在几何体区域中单击按钮，系统弹出“编辑几何体”对话框。

Step6. 单击移除按钮，保留图 8.2.23 所示的几何体内轮廓。

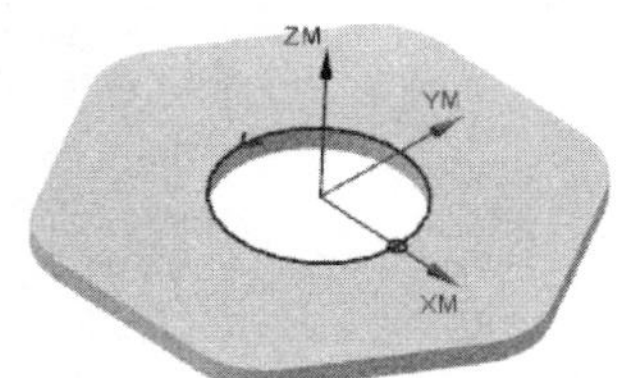

图 8.2.23　内轮廓

Step7. 单击确定按钮，完成几何体的编辑，并返回“顺序内部修剪”对话框。

Stage2. 设置切削参数

Step1. 在“顺序内部修剪”对话框的粗加工刀路文本框中输入值 1，单击“切削参数”按钮，系统弹出“切削参数”对话框。

Step2. 设置如图 8.2.24 所示的参数，单击确定按钮，完成切削参数的设置，并返回到“顺序内部修剪”对话框。

Stage3. 设置移动参数

Step1. 在“顺序内部修剪”对话框中单击“非切削移动”按钮，弹出如图 8.2.25 所示的“非切削移动”对话框。

Step2. 指定出发点。在“非切削移动”对话框中选择避让选项卡，在出发点区域的点选项下拉列表中选择指定选项，单击按钮，系统弹出“点”对话框，在参考下拉列表中选择WCS选项，然后在XC文本框中输入值 0.0，在YC文本框中输入值 0.0，在ZC文本框中输入值 0.0，单击确定按钮，返回到“非切削移动”对话框。

Step3. 单击确定按钮，系统返回到“顺序内部修剪”对话框，单击确定按钮，

完成移动参数设置值。

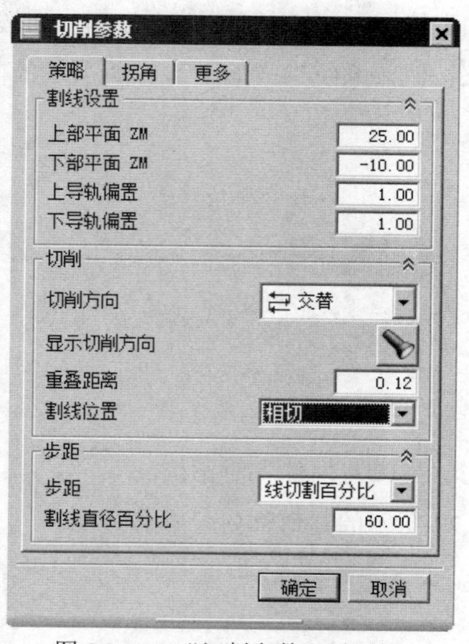

图 8.2.24 “切削参数”对话框

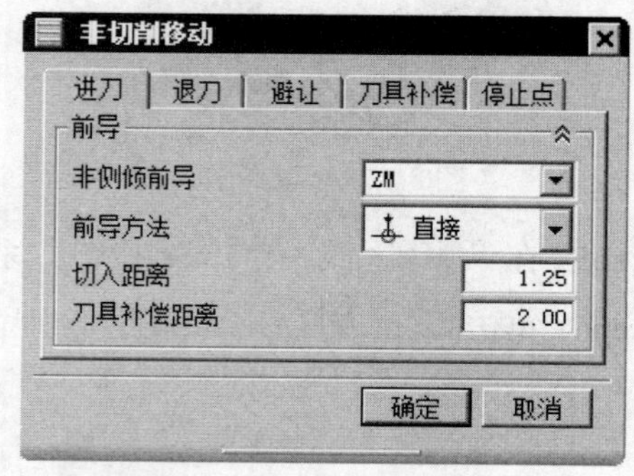

图 8.2.25 “非切削移动”对话框

Task5. 生成刀路轨迹

Stage1. 生成第一个刀路轨迹

Step1. 在工序导航器中展开 SEQUENCE_INTERNAL_TRIM 节点，可以看到三个刀路轨迹，双击 INTERNAL_TRIM_ROUGH 节点，系统弹出如图 8.2.26 所示的 Internal Trim Rough 对话框。

Step2. 单击“生成”按钮，生成的刀路轨迹如图 8.2.27 所示。

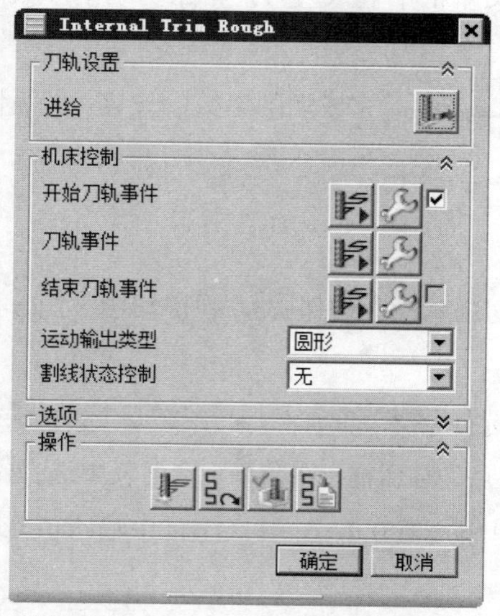

图 8.2.26 Internal Trim Rough 对话框

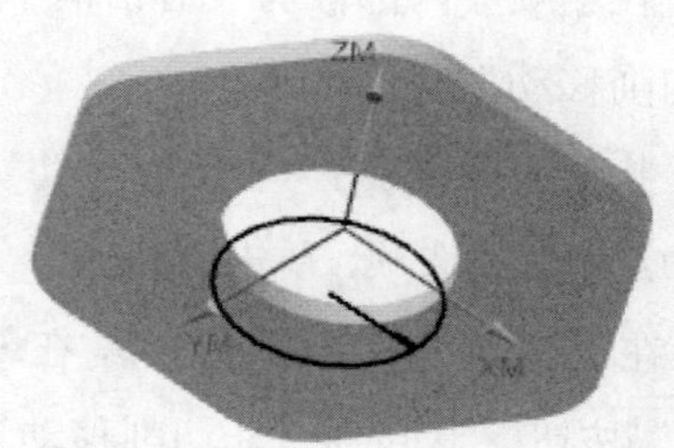

图 8.2.27 刀路轨迹

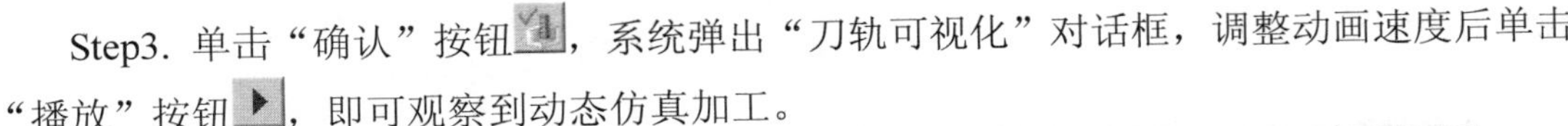

Step3. 单击“确认”按钮，系统弹出“刀轨可视化”对话框，调整动画速度后单击“播放”按钮，即可观察到动态仿真加工。

Step4. 分别在“刀轨可视化”对话框和 Internal Trim Rough 对话框中单击 确定 按钮，完成刀路轨迹的演示。

Stage2. 生成第二个刀路轨迹

Step1. 在工序导航器中双击 INTERNAL_TRIM_BACKBURN 节点，系统弹出如图 8.2.28 所示的 Internal Trim Backburn 对话框。

Step2. 单击“生成”按钮，在图形区生成的刀路轨迹如图 8.2.29 所示。

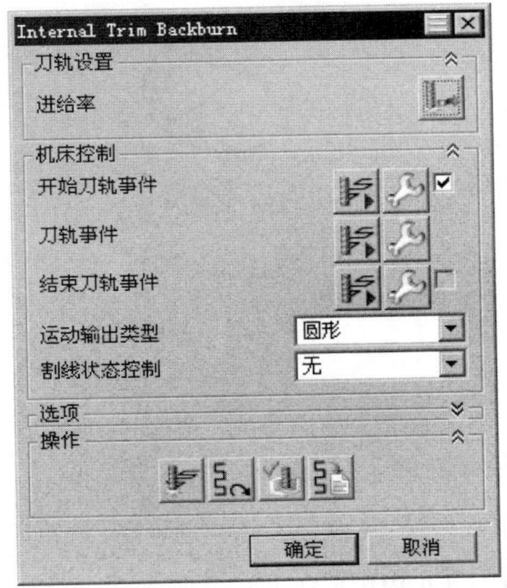

图 8.2.28 Internal Trim Backburn 对话框

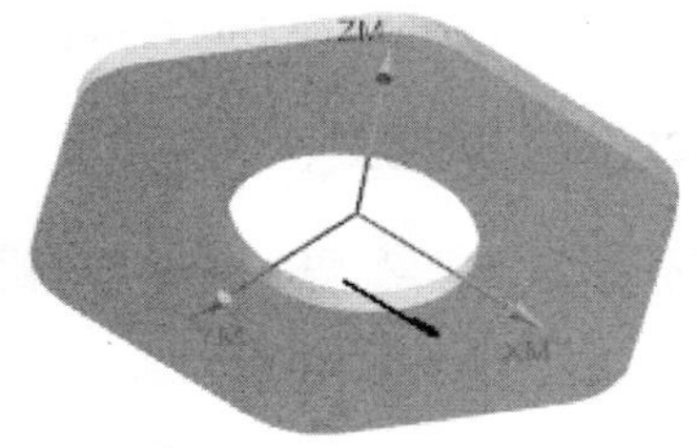

图 8.2.29 刀路轨迹

Step3. 单击“确认”按钮，系统弹出“刀轨可视化”对话框，调整动画速度后单击“播放”按钮，即可观察到动态仿真加工。

Step4. 分别在“刀轨可视化”对话框和 Internal Trim Backburn 对话框中单击 确定 按钮，完成刀轨轨迹的演示。

Stage3. 生成第三个刀路轨迹

Step1. 在工序导航器中双击 INTERNAL_TRIM_FINISH 节点，系统弹出如图 8.2.30 所示的 Internal Trim Finish 对话框。

Step2. 单击“生成”按钮，在图形区生成的刀路轨迹如图 8.2.31 所示。

Step3. 单击“确认”按钮，系统弹出“刀轨可视化”对话框，调整动画速度后单击“播放”按钮，即可观察到动态仿真加工。

Step4. 分别在“刀轨可视化”对话框和 Internal Trim Finish 对话框中单击 确定 按钮，

完成刀路轨迹的演示。

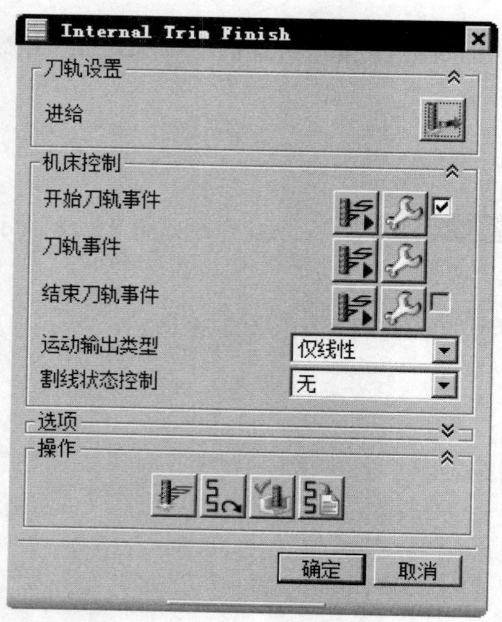

图 8.2.30　Internal Trim Finish 对话框

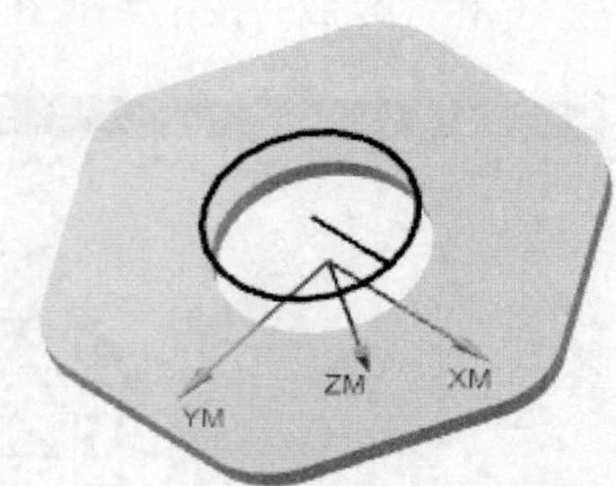

图 8.2.31　刀路轨迹

Task6. 保存文件

选择下拉菜单 文件(F) → 保存(S) 命令，保存文件。

8.3　四轴线切割加工

四轴线切割是线切割加工中比较常用的一种加工方法，通过选择不同的轴类型，可以指定为四轴线切割加工方式，通过选择过滤器中的顶面或者侧面来确定要进行线切割的上下两个面的边界形状，从而完成切割加工。

Task1. 打开模型文件并进入加工模块

Step1. 打开模型文件 D:\ugnx90.9\work\ch08.03\wired_04.prt。

Step2. 选择下拉菜单 启动 → 加工(R)... 命令，在系统弹出的“加工环境”对话框的 要创建的 CAM 设置 列表框中选择 wire_edm 选项，单击 确定 按钮，进入加工环境。

Task2. 创建工序

Stage1. 创建机床坐标系

在工序导航器中调整到几何视图状态，双击 MCS_WEDM 节点，系统弹出“MCS 线切割”

对话框。在机床坐标系区域中单击“CSYS 对话框”按钮，系统弹出 CSYS 对话框。在类型下拉列表中选择动态选项，然后单击操控器区域中的“操控器”按钮，在系统弹出的“点”对话框的Z文本框中输入值-20.0，单击确定按钮，然后在系统弹出的 CSYS 对话框和“MCS 线切割”对话框中分别单击确定按钮，完成机床坐标系的创建，如图 8.3.1 所示。

Stage2．创建几何体

Step1．在工序导航器中选中MCS_WEDM节点并右击，在系统弹出的快捷菜单中选择插入 → 工序...命令，系统弹出如图 8.3.2 所示的“创建工序”对话框。

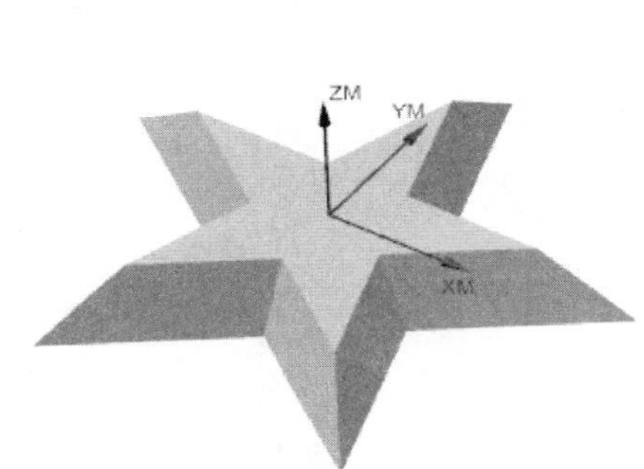

图 8.3.1 创建坐标系

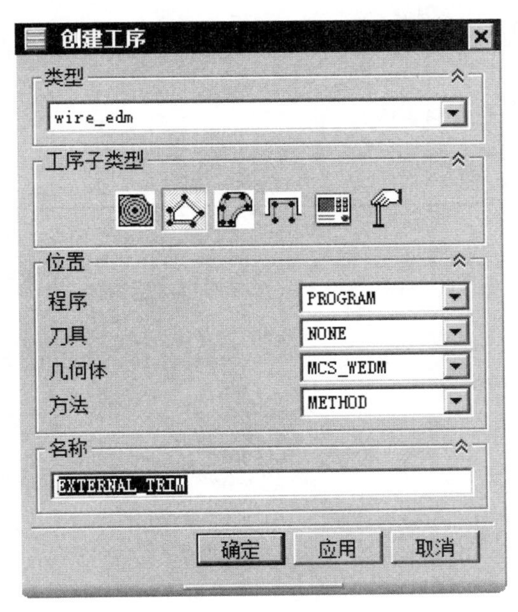

图 8.3.2 “创建工序”对话框

Step2．在类型下拉列表中选择wire_edm选项，在工序子类型区域中单击 EXTERNAL_TRIM 按钮，在程序下拉列表中选择PROGRAM选项，在刀具下拉列表中选择NONE选项，在几何体下拉列表中选择MCS_WEDM选项，在方法下拉列表中选择WEDM_METHOD选项，在名称文本框中输入 EXTERNAL_TRIM。

Step3．单击确定按钮，系统弹出如图 8.3.3 所示的“外部修剪”对话框。

Step4．单击几何体区域指定线切割几何体右侧的按钮，系统弹出如图 8.3.4 所示的“线切割几何体”对话框。

Step5．在轴类型区域中单击“4 轴”按钮，在过滤器类型区域中单击“顶面”按钮，选取如图 8.3.5 所示的面，系统生成如图 8.3.6 所示的线切割轨迹，单击确定按钮，并返回“外部修剪”对话框。

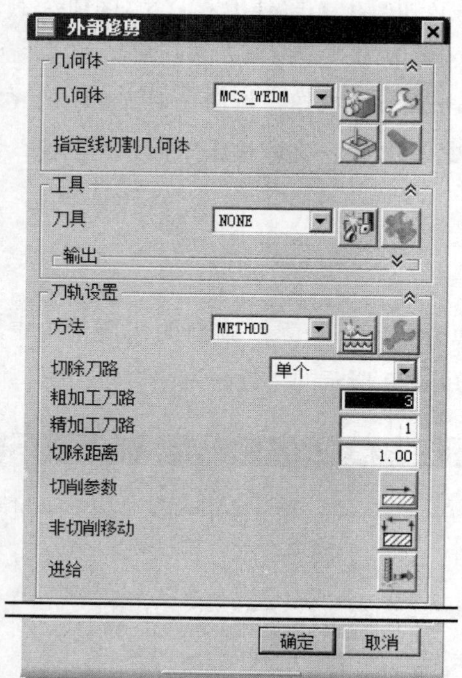

图 8.3.3 “外部修剪”对话框

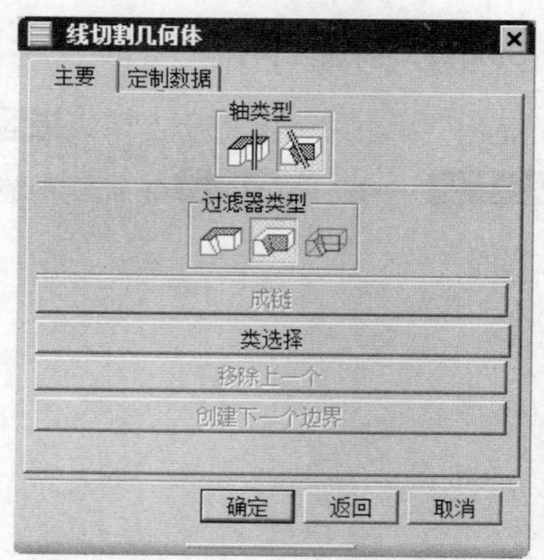

图 8.3.4 “线切割几何体”对话框

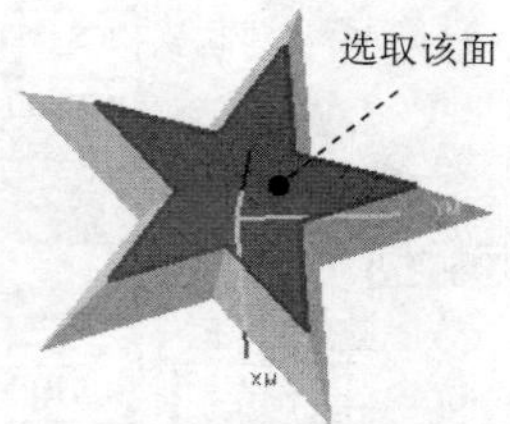

图 8.3.5 选取面

图 8.3.6 线切割轨迹

Stage3. 设置切削参数

Step1. 在“外部修剪”对话框的粗加工刀路文本框中输入值 2，单击“切削参数”按钮，系统弹出“切削参数”对话框。

Step2. 设置参数如图 8.3.7 所示，单击确定按钮，完成切削参数的定义，并返回到“外部修剪”对话框。

Stage4. 设置非切削移动参数

Step1. 在“外部修剪”对话框中单击“非切削移动”按钮，系统弹出如图 8.3.8 所示的“非切削移动”对话框。

Step2. 在前导方法下拉列表中选择角度选项，其余采用系统的默认参数，单击确定按钮，系统返回到“外部修剪”对话框。

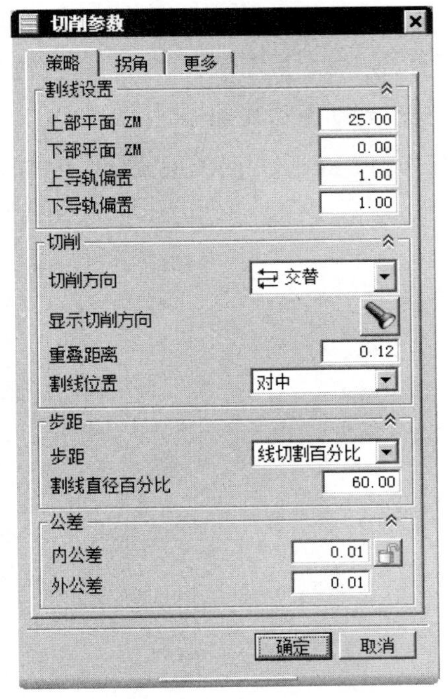

图 8.3.7　“切削参数”对话框

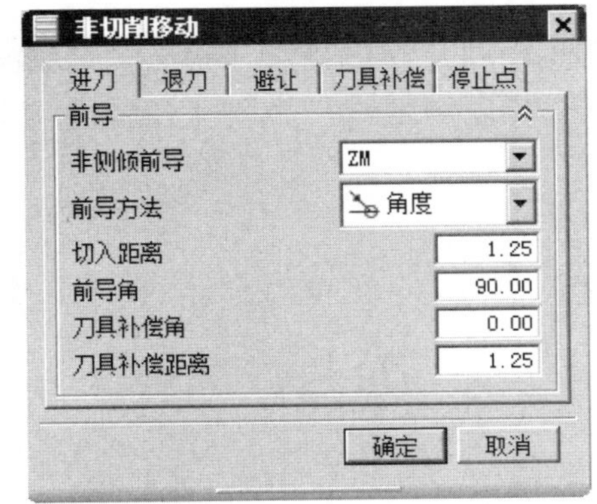

图 8.3.8　“非切削移动”对话框

图 8.3.8 所示的“非切削移动”对话框的各选项说明如下：

- 非侧倾前导：表示当电极进入边界时，电极没有任何侧倾。
- 前导方法：用于确定电极进入切割边界时的进刀方式。
- 切入距离：电极距离边界的距离。
- 前导角：当要进入切削边界时，电极丝的倾斜角度。
- 刀具补偿角：用电极丝的倾斜角度来做补偿。
- 刀具补偿距离：用电极丝的半径来做补偿。

Task3．生成刀路轨迹

Step1. 在“外部修剪”对话框中单击“生成”按钮，刀路轨迹如图 8.3.9 所示。

Step2. 在图形区通过旋转、平移、放大视图，再单击“重播”图标重新显示路径。可以从不同角度对刀路轨迹进行查看，以判断其路径是否合理。

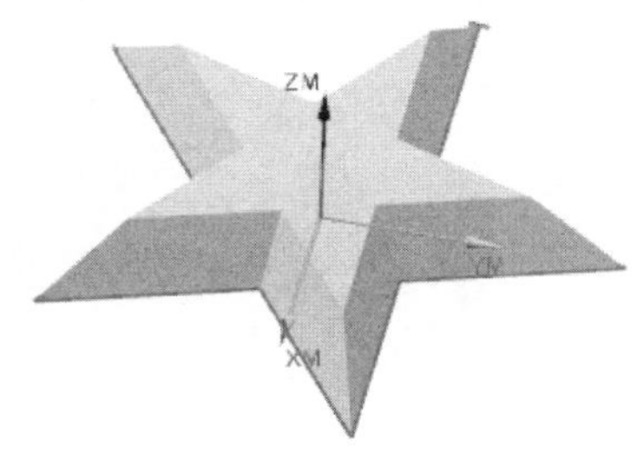

图 8.3.9　刀路轨迹

Task4．动态仿真

Step1．在“外部修剪”对话框中单击“确认”按钮，系统弹出“刀轨可视化”对话框；调整动画速度后单击“播放”按钮，即可观察到动态仿真加工。

Step2．分别在“刀轨可视化”对话框和“外部修剪”对话框中单击 确定 按钮，完成四轴线切割加工。

Task5．保存文件

选择下拉菜单 文件(F) → 保存(S) 命令，保存文件。

第 9 章 后置处理

本章提要 本章将介绍有关数控后置处理的知识。由于各个厂家机床的数控系统都是不同的，UG NX 9.0 生成的刀路轨迹文件并不能被所有的机床识别，因而需要对其进行必要的后置处理，转换成机床可识别的代码文件后才可以进行加工。通过对本章的学习，相信读者会了解数控加工的后置处理功能。

9.1 概　　述

在 UG NX 9.0 中，在生成了包括切削刀具位置及机床控制指令的加工刀轨文件后，由于刀轨文件不能直接驱动机床，所以必须来处理这些文件，将其转换成特定机床控制器所能接受的 NC 程序，这个处理的过程就是“后处理”。在 UG NX 9.0 软件中，一般是用 nxpost 后处理器进行后处理。

NX 后处理构造器（Post Builder）可以通过图形交互的方式创建二轴到五轴的后处理器，并能灵活定义 NC 程序的格式、输出内容、程序头尾、操作头尾以及换刀等每个事件的处理方式。利用后处理构造器建立后处理器文件的过程如图 9.1.1 所示。

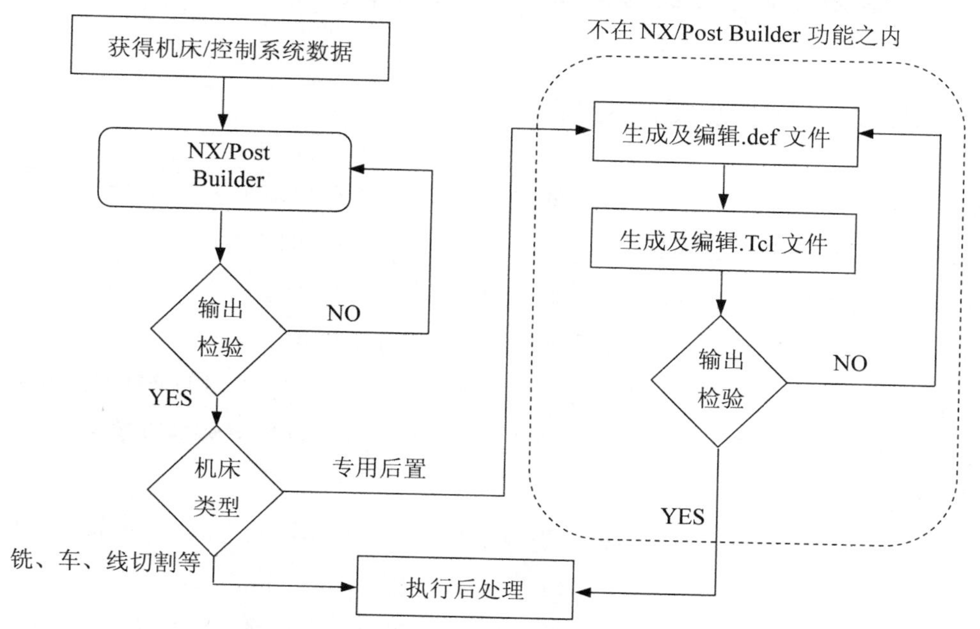

图 9.1.1　NX/Post Builder 建立后处理器过程

9.2 创建后处理器文件

9.2.1 进入 NX 后处理构造器工作环境

Step1. 进入 NX 后处理构造器工作环境。选择菜单 开始 → 所有程序 → Siemens NX 9.0 → 加工 → 后处理构造器 命令，启动 NX 后处理构造器，如图 9.2.1 所示。

图 9.2.1 NX 后处理构造器工作界面

Step2. 转换语言。在图 9.2.1 所示的 NX 后处理构造器工作界面中选择菜单 Options → Language → 中文(简体) 命令，结果如图 9.2.2 所示。

图 9.2.2 “NX/后处理构造器”工作界面

9.2.2 新建一个后处理器文件

Step1. 选择新建命令。进入 NX 后处理构造器后，选择下拉菜单 文件 → 新建... 命令（或单击工具条中的 按钮），系统弹出如图 9.2.3 所示的“新建后处理器”对话框，用户可以在该对话框中设置后处理器名称、输出单位、机床类型和控制器类型等内容。

Step2. 定义后处理名称。在 后处理名称 文本框中输入 Mill_3_Axis。

Step3. 定义后处理类型。在“新建后处理器”对话框中选择 ⊙ 主后处理 单选按钮。

Step4. 定义后处理输入单位。在“新建后处理器”对话框的 后处理输出单位 区域中选择 ⊙ 毫米 单选按钮。

Step5. 定义机床类型。在“新建后处理器”对话框的 机床 区域中选择 ⊙ 铣 单选按钮，在其下方的下拉列表中选择 3 轴 选项。

Step6. 定义机床的控制类型。在“新建后处理器”对话框的 控制器 区域中选择 ⊙ 一般 单

选按钮。

Step7. 单击 确定 按钮，完成后处理器的机床及控制系统的选择。

新建后处理器
后处理名称 new_post
描述 这是 3 轴铣床。
主后处理
仅单位副处理
后处理输出单位
英寸 毫米
启用 UDE 编辑器
机床
铣
车
线切割
3 轴
控制器
一般 库 用户
确定 取消

图 9.2.3 “新建后处理器”对话框

图 9.2.3 所示的“新建后处理器”对话框中的各选项说明如下：

- **后处理名称** 文本框：用于输入后处理器的名称。
- **描述** 文本框：用于输入描述所创建的后处理器的文字。
- **主后处理** 单选按钮：用于设定后处理器的类型为主后处理，一般应选择此类型。
- **仅单位副处理** 单选按钮：用于设定后处理器的类型为仅单位后处理，此类型仅用来改变输出单位和数据格式。
- **后处理输出单位** 区域：用于选择后处理输出的单位。
  - ☑ 英寸 单选按钮：选择该单选按钮表示后处理输出的单位为英制英寸。
  - ☑ 毫米 单选按钮：选择该单选按钮表示后处理输出的单位为公制毫米。

- 机床区域：用于选择机床类型。
    - ☑ 铣单选按钮：选择该单选按钮表示选用铣床类型。
    - ☑ 车单选按钮：选择该单选按钮表示选用车床类型。
    - ☑ 线切割单选按钮：选择该单选按钮表示选用线切割类型。
    - ☑ 3 轴下拉列表：用于选择机床的结构配置。
- 控制器区域：用于选择机床的控制系统类型。
    - ☑ 一般单选按钮：选择该单选按钮表示选用通用控制系统。
    - ☑ 库单选按钮：选择该单选按钮表示从后处理构造器提供的控制系统列表中选择。
    - ☑ 用户单选按钮：选择该单选按钮表示选择用户自定义的控制系统。

9.2.3 机床的参数设置值

当完成以上操作后，系统进入后处理器编辑窗口，如图 9.2.4 所示。此时系统默认显示为机床选项卡，该选项卡用于设置机床的行程限制、回零坐标及插补精度等参数。

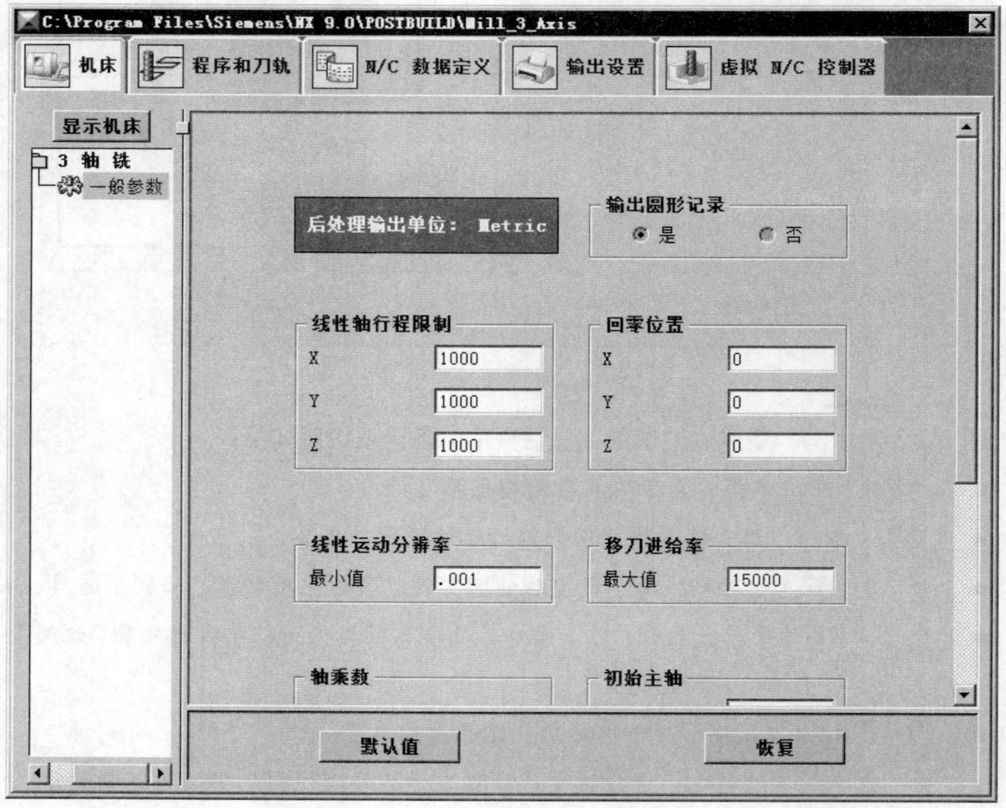

图 9.2.4 “机床”选项卡

图 9.2.4 所示的“机床”选项卡中的各选项说明如下：

- **输出圆形记录** 区域：用于确定是否输出圆弧指令，选择 ⊙ 是 单选按钮，表示输出圆弧指令，选择 ⊙ 否 单选按钮，表示将圆弧指令全部改为直线插补输出。
- **线性轴行程限制** 区域：用于设置机床主轴 X、Y、Z 的极限行程。
- **回零位置** 区域：用于设置机床回零坐标。
- **线性运动分辨率** 区域：用于设置直线插补的精度值，机床控制系统的最小控制长度。
- **移刀进给率** 区域：用于设置机床快速移动的最大速度。
- **初始主轴** 区域：用于设置机床初始的主轴矢量方向。
- **显示机床**：单击该按钮可以显示机床的运动结构简图。
- **默认值**：单击该按钮后，此页的所有参数将恢复默认值。
- **恢复**：单击该按钮后，此页的所有参数将变成本次编辑前的设置。

9.2.4 程序和刀轨参数的设置

1. “程序”选项卡

单击 **程序和刀轨** 选项卡后，系统默认显示 **程序** 子选项卡，如图 9.2.5 所示，该选项卡用于定义和修改程序起始序列、操作起始序列、刀轨事件（机床控制事件、机床运动事件和循环事件）、操作结束序列以及程序结束序列。

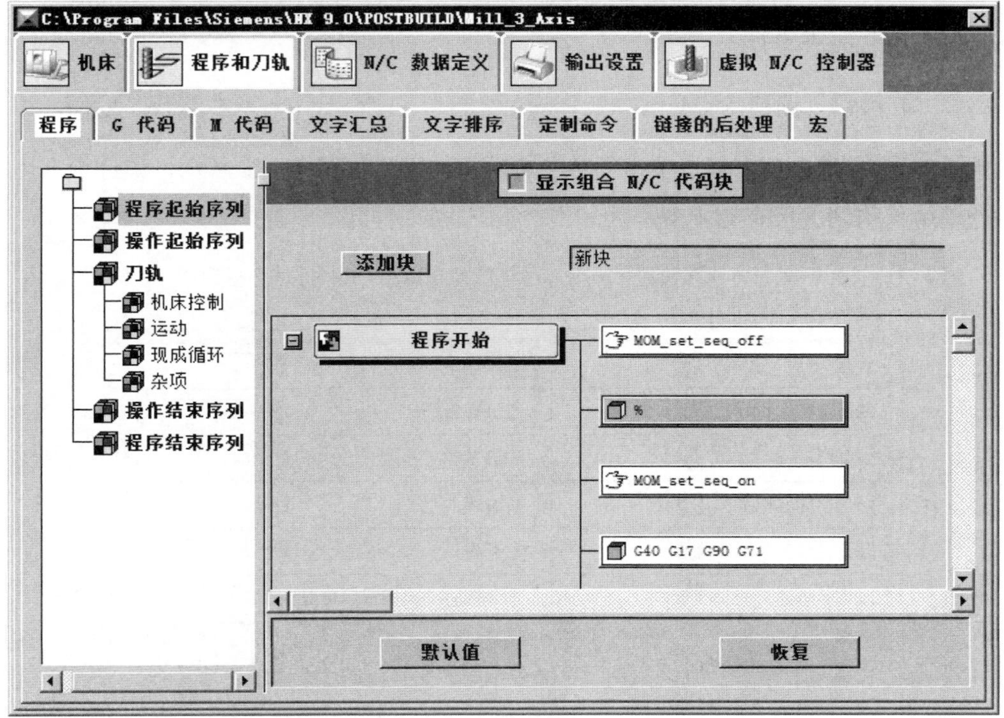

图 9.2.5 “程序”选项卡

在**程序**子选项卡中有两个不同的窗口，左侧是组成结构，右侧是相关参数。在左侧的结构树中选择某一个节点，右侧则会显示相应的参数。每一个 NC 程序都是由在左侧的窗口中显示的 5 种序列（Sequence）组成，而序列在右侧的窗口中又被细分为标记（Marker）和程序行（Block）。在 NX 后处理构造器中预定义的事件，如换刀、主轴转、进刀等，用黄色长条表示，就是标记的一种。在每个标记下又可以定义一系列的输出程序行。

图 9.2.5 所示的**程序**选项卡的部分选项说明如下：

左侧的组成结构中包括 NC 程序中的 5 个序列和刀轨运动中的 4 种事件。

- **程序起始序列**：用于定义程序头输出的语句，程序头事件是所有事件之前的。
- **操作起始序列**：用于定义操作开始到第一个切削运动之间的事件。
- **刀轨**：用于定义机床控制事件、加工运动、钻循环等事件。
  - ☑ 机床控制：主要用于定义进给、换刀、切削液、尾架、夹紧等事件，也可以用于模式的改变，如输出是绝对或相对等。
  - ☑ 运动：用于定义后处理如何处理刀位轨迹源文件中的 GOTO 语句。
  - ☑ 现成循环：用于定义当进行孔加工循环时，系统如何处理这类事件，并定义其输出格式。
  - ☑ 杂项：用于定义子操作刀轨的开始和结束事件。
- **操作结束序列**：用于定义退刀运动到操作结束之间的事件。
- **程序结束序列**：用于定义程序结束时需要输出的程序行，一个 NC 程序只有一个程序结束事件。

2. “G 代码”选项卡

单击 程序和刀轨 选项卡后，单击 **G 代码** 选项卡，结果如图 9.2.6 所示，该选项卡用于定义后处理中所用到的所有 G 代码。

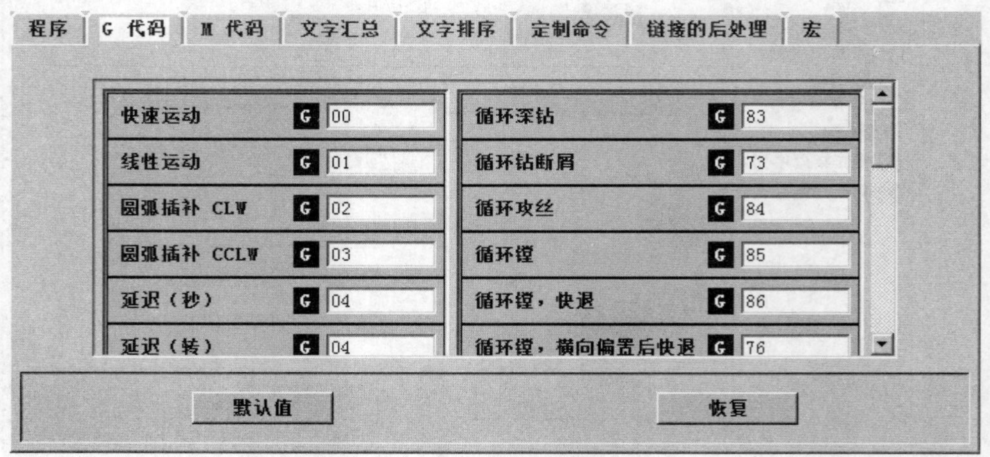

图 9.2.6 “G 代码”选项卡

3. “M 代码”选项卡

单击程序和刀轨选项卡后，单击M 代码选项卡，结果如图 9.2.7 所示，该选项卡用于定义后处理中所用到的所有 M 代码。

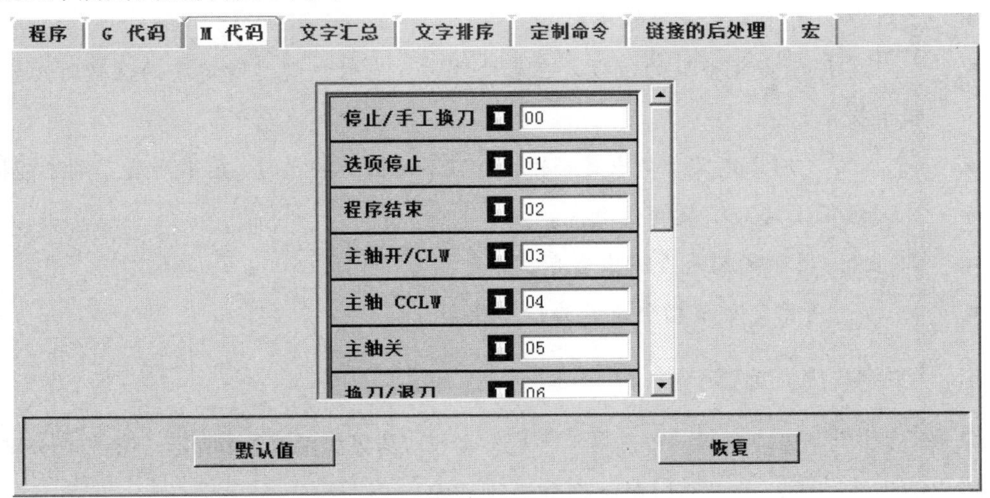

图 9.2.7 “M 代码”选项卡

4. “文字汇总”选项卡

单击程序和刀轨选项卡后，单击文字汇总选项卡，结果如图 9.2.8 所示，该选项卡用于定义后处理中所用到的字地址，但只可以修改格式相同的一组字地址或格式，若要修改一组里某个字地址的格式，要在N/C 数据定义选项卡中的格式子选项卡中进行修改。

程序 | G 代码 | M 代码 | 文字汇总 | 文字排序 | 定制命令 | 链接的后处理 | 宏

文字	指引线/代码		数据类型	加号（+）	前导零	整数	小数（.）
G_cutcom	G	40	◉ 数字 ○ 文本	☐	☑	2	☐
G_plane	G	17	◉ 数字 ○ 文本	☐	☑	2	☐
G_adjust	G	43	◉ 数字 ○ 文本	☐	☑	2	☐
G_feed	G	94	◉ 数字 ○ 文本	☐	☑	2	☐

其他数据单元

默认值　　恢复

图 9.2.8 “文字汇总”选项卡

图 9.2.8 所示的文字汇总选项卡中有如下参数可以定义：

- 文字：显示 NC 代码的分类名称，如 G_plane 表示圆弧平面指令。
- 指引线/代码：用于修改字地址的头码，头码是字地址中数字前面的字母部分。

- **数据类型**：可以是数字和文本。若所需代码不能用字母加数字实现时，则要用"文字"类型。
- **加号（+）**：用于定义正数的前面是否显示"+"号。
- **前导零**：用于定义是否输出前零。
- **整数**：用于定义整数的位数。在后处理时，当数据超过所定义的位数时则会出现错误提示。
- **小数（.）**：用于定义小数点是否输出。当不输出小数点时，前零和后零则不能输出。
- **分数**：用于定义小数的位数。
- **后置零**：用于定义是否输出后零。
- **模态?**：用于定义该指令是否为模态指令。

5. "文字排序"选项卡

单击 **程序和刀轨** 选项卡后，单击 **文字排序** 选项卡，结果如图 9.2.9 所示，该选项卡显示功能字输出的先后顺序，可以通过鼠标拖动进行调整。

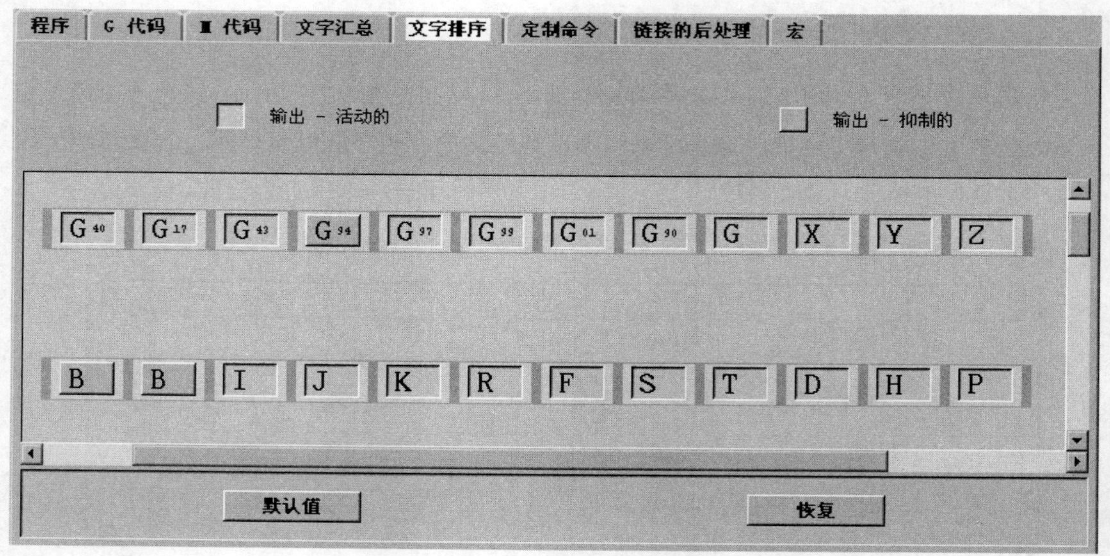

图 9.2.9 "文字排序"选项卡

6. "定制命令"选项卡

单击 **程序和刀轨** 选项卡后，单击 **定制命令** 选项卡，结果如图 9.2.10 所示，该选项卡可以让用户加入一个新的机床命令，这些指令是用 TCL 编写的程序，并由事件处理执行。

7. "链接的后处理"选项卡

单击 **程序和刀轨** 选项卡后，单击 **链接的后处理** 选项卡，结果如图 9.2.11 所示，该选项卡用

于链接其他后处理程序。

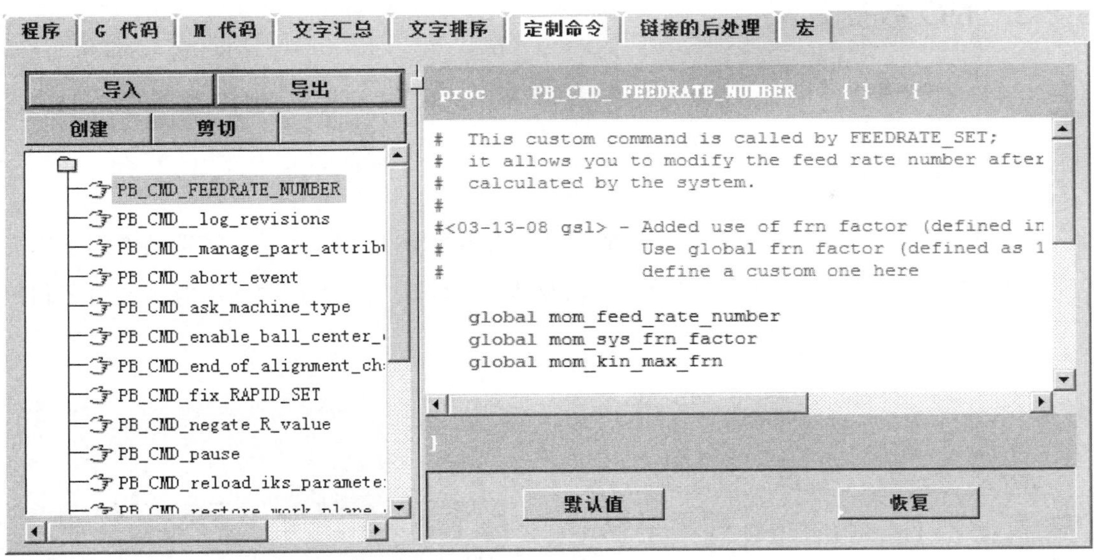

图 9.2.10　“定制命令”选项卡

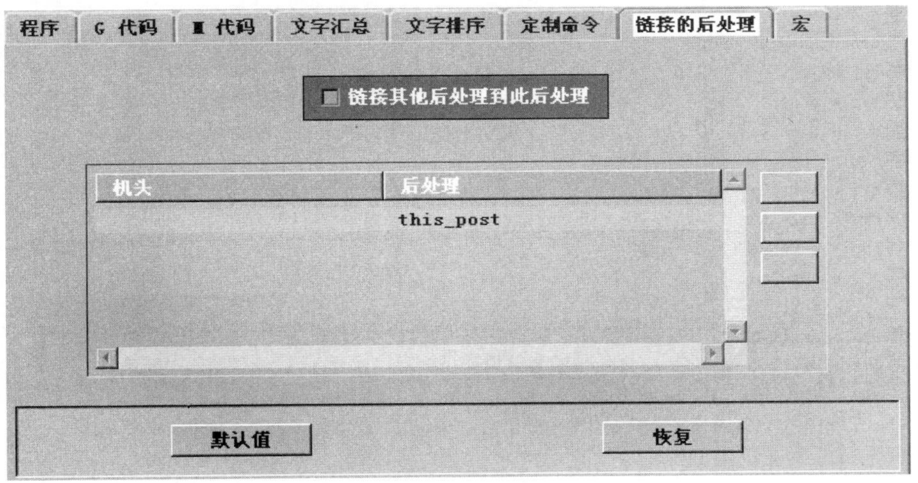

图 9.2.11　“链接的后处理”选项卡

8．“宏”选项卡

单击 程序和刀轨 选项卡后，单击 宏 选项卡，结果如图 9.2.12 所示，该选项卡用于定义宏或循环等功能。

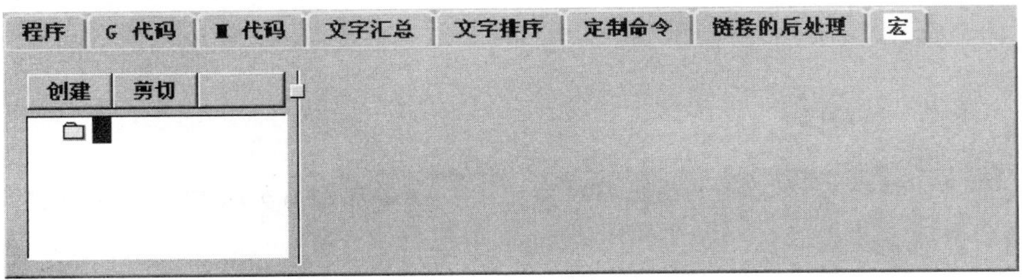

图 9.2.12　“宏”选项卡

9.2.5 NC 数据定义

单击 N/C 数据定义选项卡，该选项卡中包括 4 个子选项卡，可以定义 NC 数据的输出格式。

1. “块”选项卡

单击 N/C 数据定义选项卡后，单击**块**选项卡，结果如图 9.2.13 所示，该选项卡用于定义表示机床指令的程序中输出哪些字地址，以及地址的输出顺序。行由词组成，词由字和数组成。

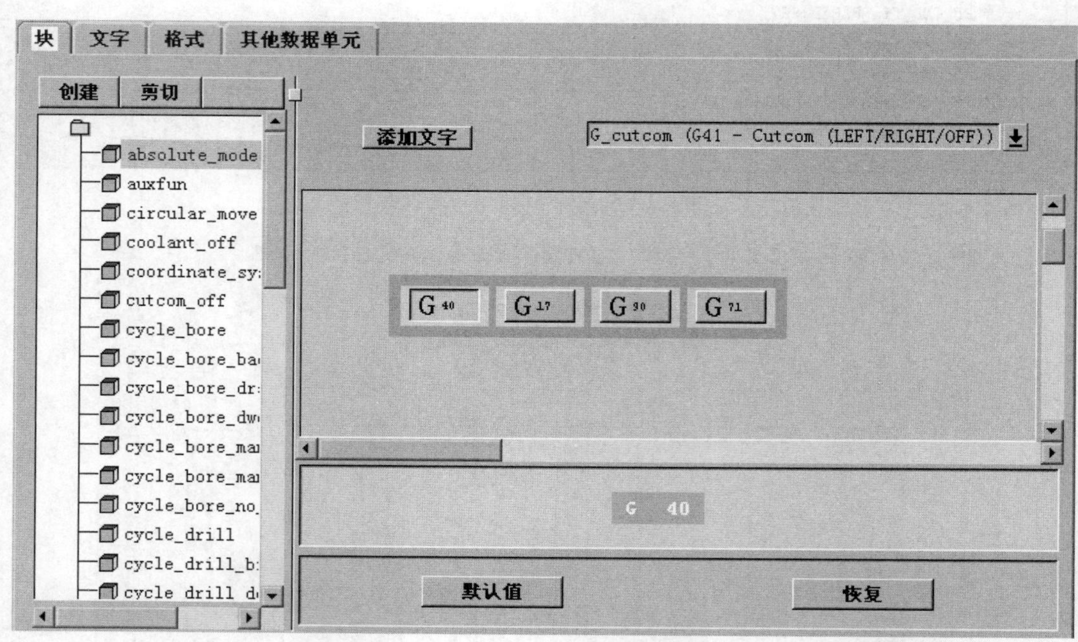

图 9.2.13 “块”选项卡

2. “文字”选项卡

单击 N/C 数据定义选项卡后，单击**文字**选项卡，结果如图 9.2.14 所示，该选项卡用于定义词的输出格式。包括字头和后面的参数的格式、最大值、最小值、模态、前缀及后缀字符等。

3. “格式”选项卡

单击 N/C 数据定义选项卡后，单击**格式**选项卡，结果如图 9.2.15 所示，该选项卡用于定义数据输出是整数或字符串。

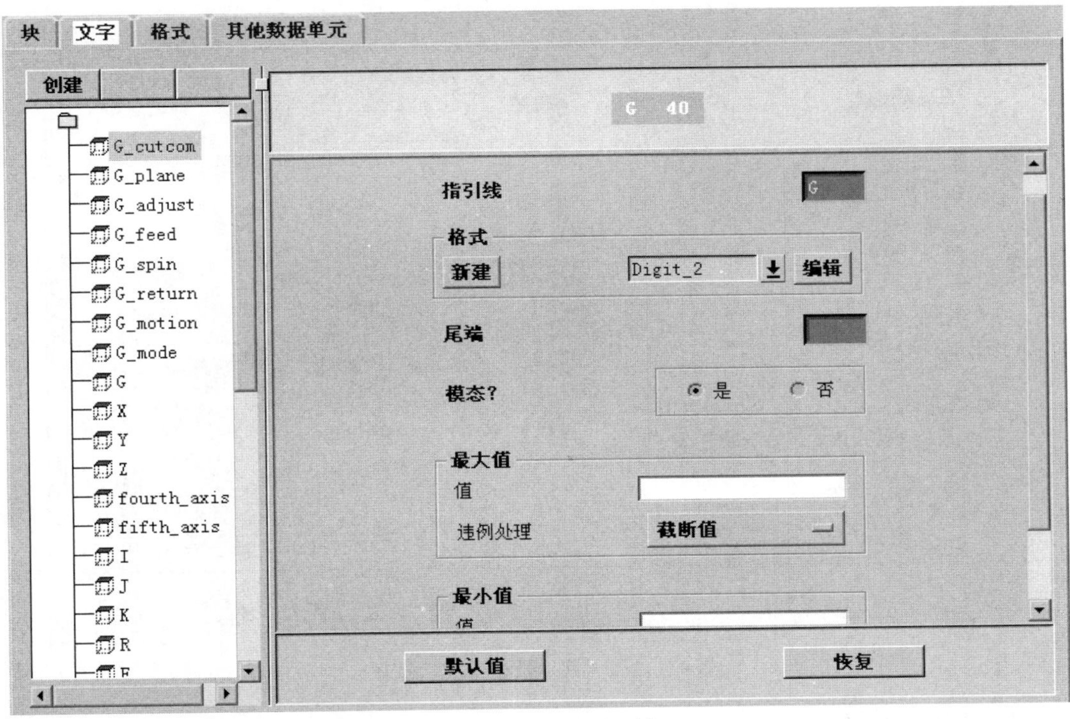

图 9.2.14　“文字”选项卡

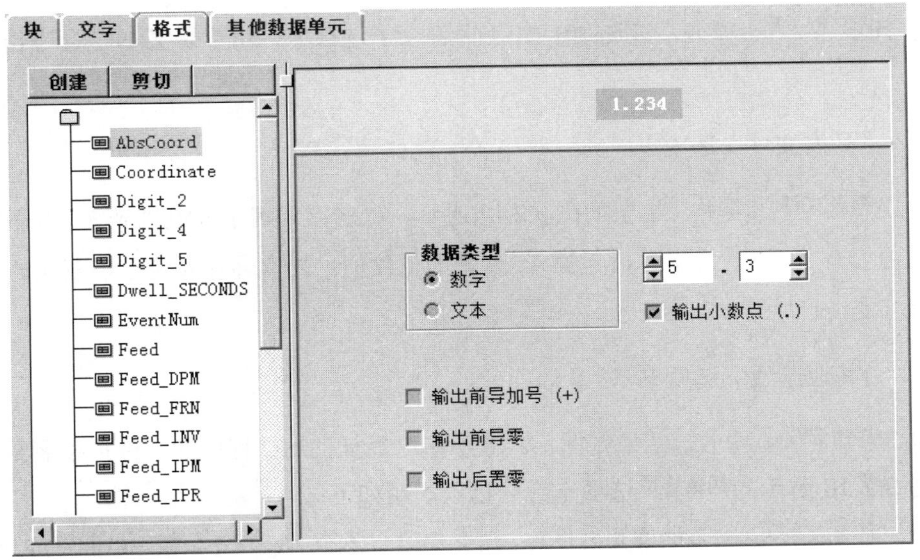

图 9.2.15　“格式”选项卡

4．“其他数据单元”选项卡

进入 N/C 数据定义选项卡后，单击**其他数据单元**选项卡，结果如图 9.2.16 所示，该选项卡用于定义程序行序列号和文字间隔符、行结束符、消息始末符等数据。

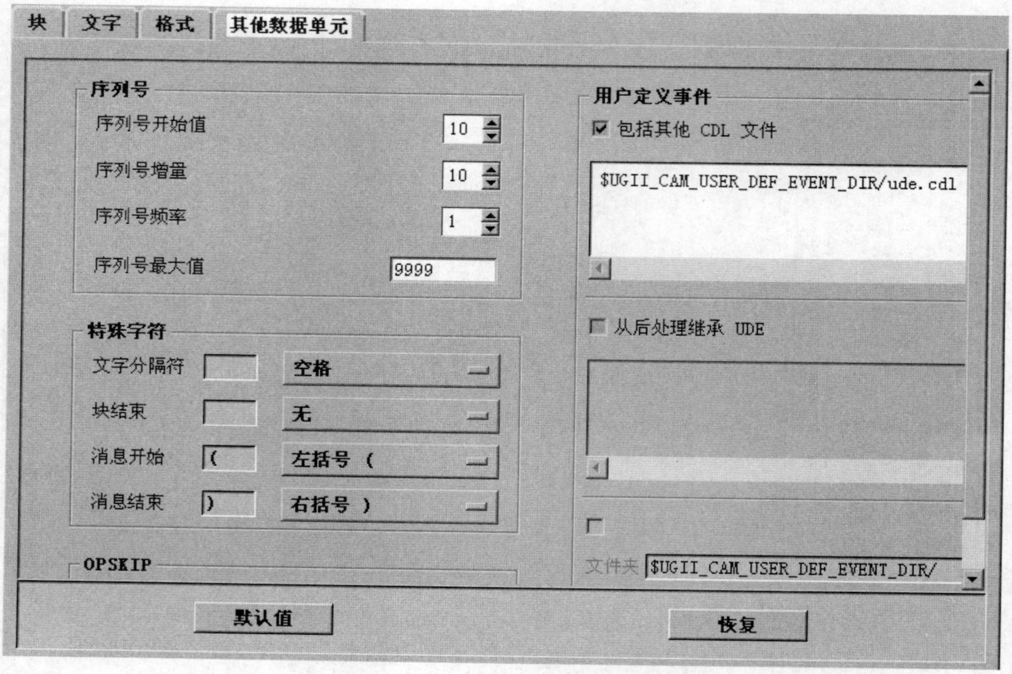

图 9.2.16 “其他数据单元”选项卡

9.2.6 输出设置

单击 **输出设置** 选项卡，该选项卡中包括 3 个子选项卡，用于定义 NC 程序输出的相关参数。

1. “列表文件”选项卡

单击**列表文件**选项卡，结果如图 9.2.17 所示，该选项卡用于控制列表文件输出的内容，输出的内容有 X、Y、Z 坐标值，第 4、5 轴的角度值，还有转速及进给。默认的列表文件的扩展名是 lpt。

2. “其他选项”选项卡

单击**其他选项**选项卡，结果如图 9.2.18 所示，默认的 NC 程序的文件扩展名是 ptp。

图 9.2.18 所示的**其他选项**选项卡部分选项说明如下：

- ☑ 生成组输出：选中该复选框后，则表示输出多个 NC 程序，它们以程序组进行分割。
- ☑ 输出警告消息：选中该复选框后，系统会在 NC 文件所在的目录中产出一个在后处理过程中形成的错误信息。
- ☑ 显示详细错误消息：选中该复选框后，则可以显示详细的错误信息。
- ☑ 激活审核工具：该功能用于调试后处理。
- ☑ 源用户 Tcl 文件：选中该复选框后，则可以在其下的文本框中选择一个 TCL 源程序。

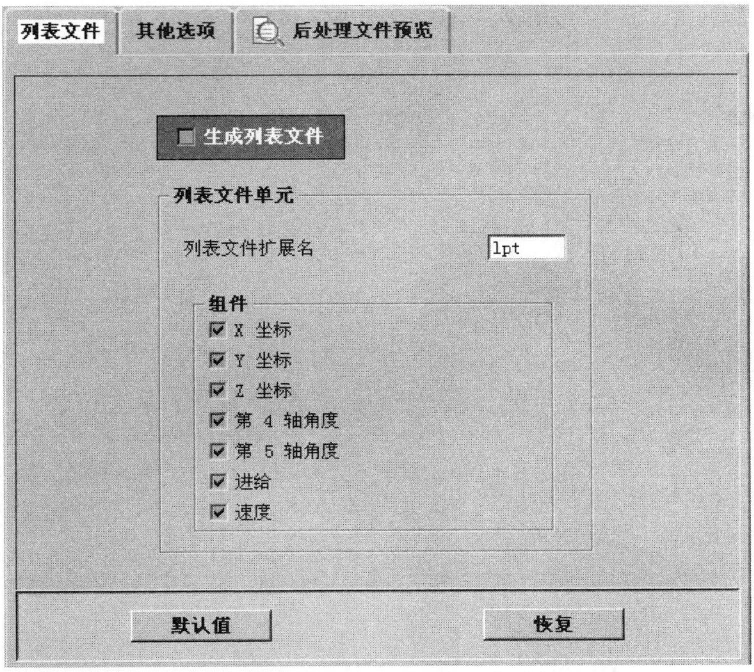

图 9.2.17 “列表文件”选项卡

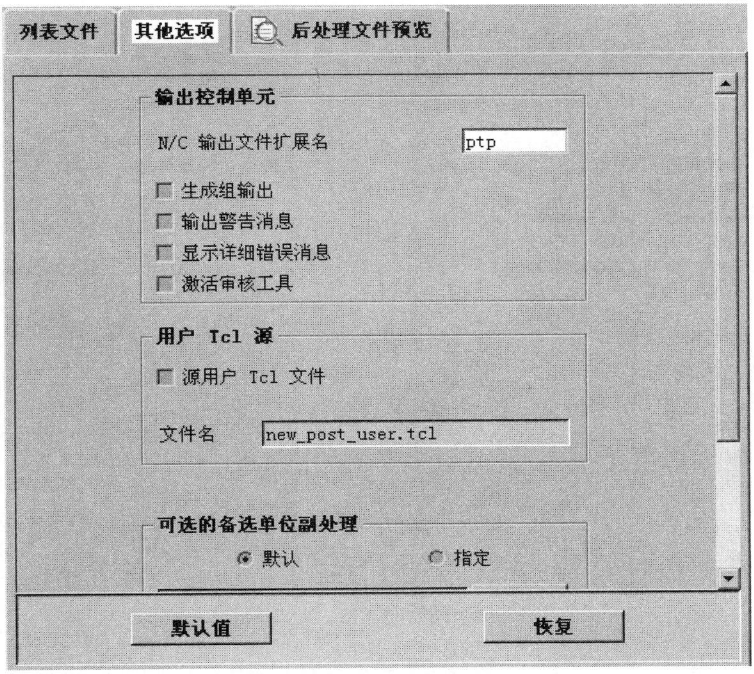

图 9.2.18 “其他选项”选项卡

3. “后处理文件预览”选项卡

单击 **后处理文件预览** 选项卡，界面如图 9.2.19 所示，该选项卡可以在后处理器文件保存之前对比修改的内容，最新改动的文件内容在上侧窗口中显示，旧的在下侧窗口中显示。

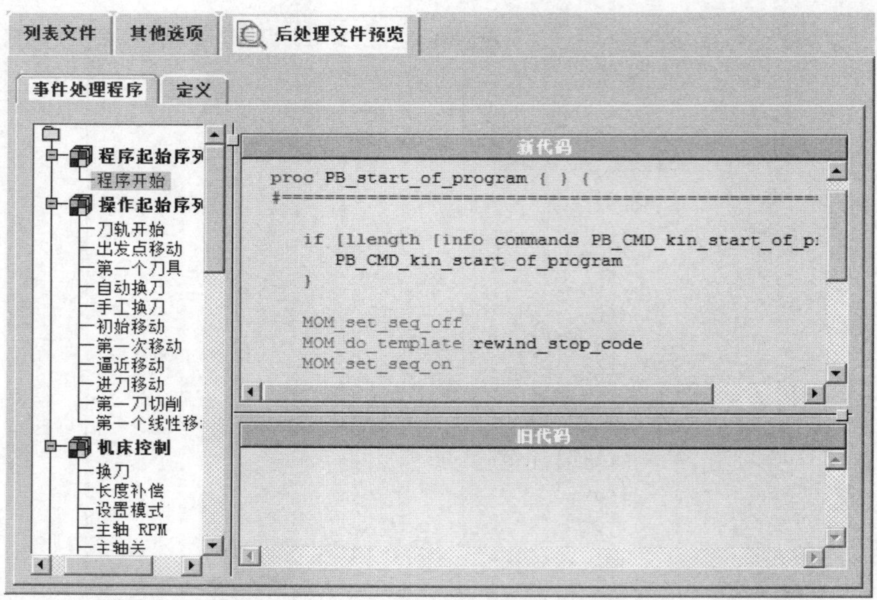

图 9.2.19 “后处理文件预览”选项卡

9.2.7 虚拟 N/C 控制器

单击“虚拟 N/C 控制器”选项卡，界面如图 9.2.20 所示。该选项卡可综合仿真与检查，系统会生成另外一个*_vnc.tcl 文件。

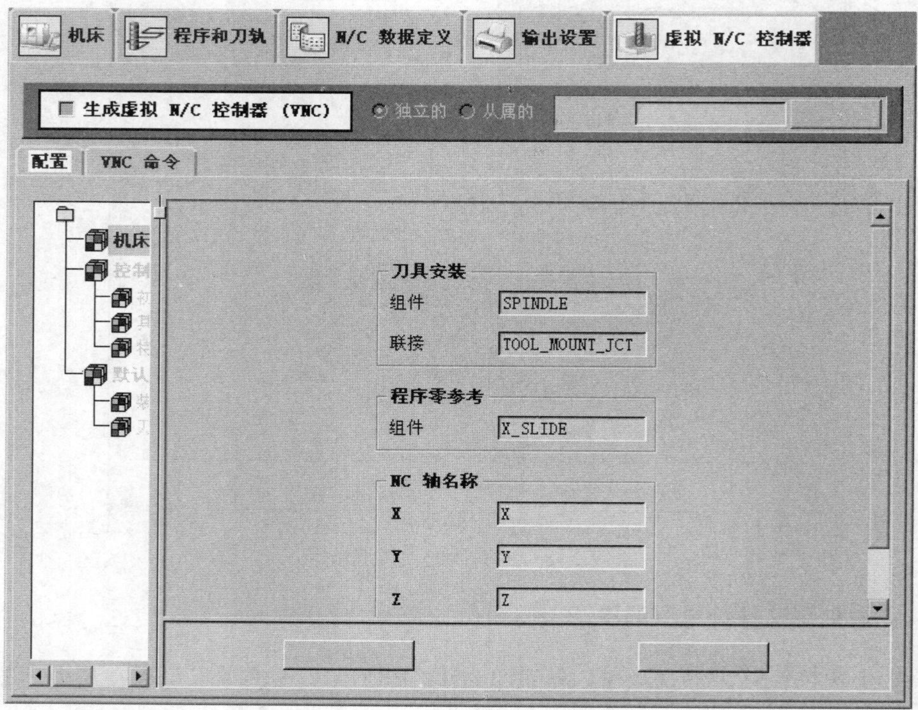

图 9.2.20 “虚拟 N/C 控制器”选项卡

9.3 定制后处理器综合范例

本节用一个范例介绍定制后处理器的一般步骤，最后用一个加工模型来验证后处理器的正确性。对于目标后处理器的要求为：

（1）铣床的控制系统为：FANUC。

（2）在每一单段程序前加上相关的工序名称和工序类型，便于机床操作人员识别。

（3）在每一工序结尾处将机床 Z 方向回零，主轴停转，冷却关闭，便于检测加工质量。

（4）在每一单段程序结束显示加工时间，便于分析加工效率。

（5）机床的极限行程为 X：1500.0，Y：1500.0，Z：1500.0，其他参数采用默认设置值。

Task1. 进入后处理构造器工作环境

进入 NX 后处理构造器工作环境。选择下拉菜单开始 → 所有程序 → Siemens NX 9.0 → 加工 → 后处理构造器命令，启动 NX 后处理构造器。

Task2. 新建一个后处理器文件

Step1. 选择"新建"命令。进入 NX/后处理构造器后，选择下拉菜单文件 → 新建...命令，系统弹出"新建后处理器"对话框。

Step2. 定义后处理名称。在后处理名称文本框中输入 My_post。

Step3. 定义后处理类型。选择 主后处理单选按钮。

Step4. 定义后处理输出单位。在后处理输出单位区域中选择 毫米单选按钮。

Step5. 定义机床类型。在机床区域中选择 铣单选按钮，在其下方的下拉列表中选择3 轴选项。

Step6. 定义机床的控制类型。在控制器区域中选择 库单选按钮，然后在其下拉列表中选择fanuc_6M选项。

Step7. 单击确定按钮，完成后处理的机床及控制系统的选择，此时系统进入后处理编辑窗口。

Task3. 设置机床的行程

在机床选项卡中设置如图 9.3.1 所示的参数，其他参数采用系统默认的设置。

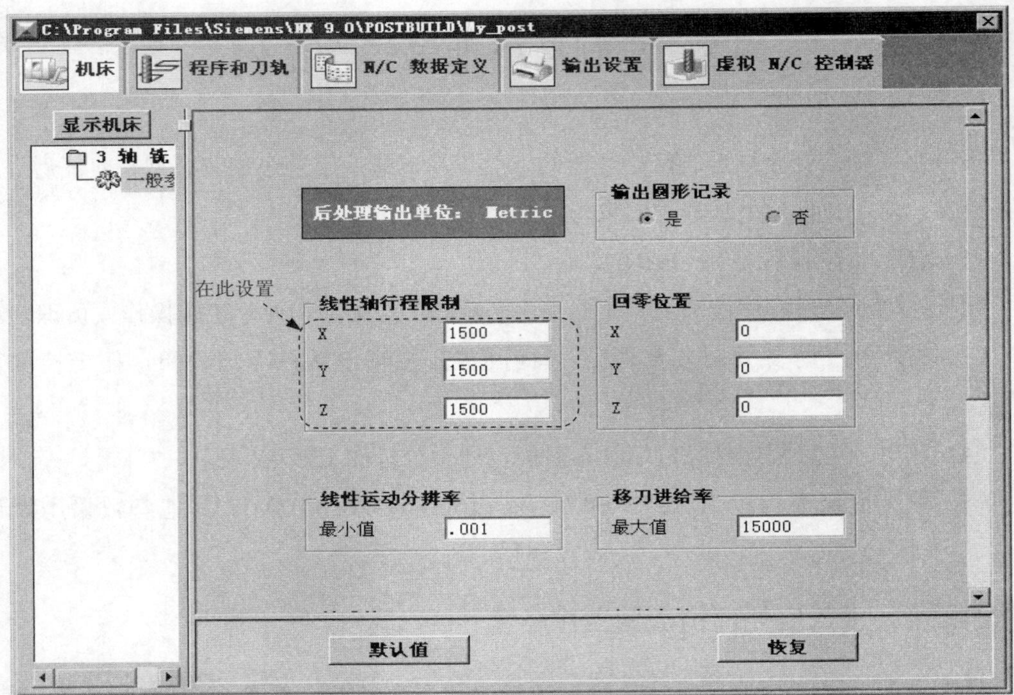

图 9.3.1 “机床”选项卡

Task4．设置程序和刀轨

Stage1．定义程序的起始序列

Step1．选择命令。在后处理器编辑窗口中单击 程序和刀轨 选项卡，结果如图 9.3.2 所示。

Step2．设置程序开头。在图 9.3.2 中的 程序开始 分支区域中右击 MOM_set_seq_on 选项，在弹出的快捷菜单中选择 删除 命令。

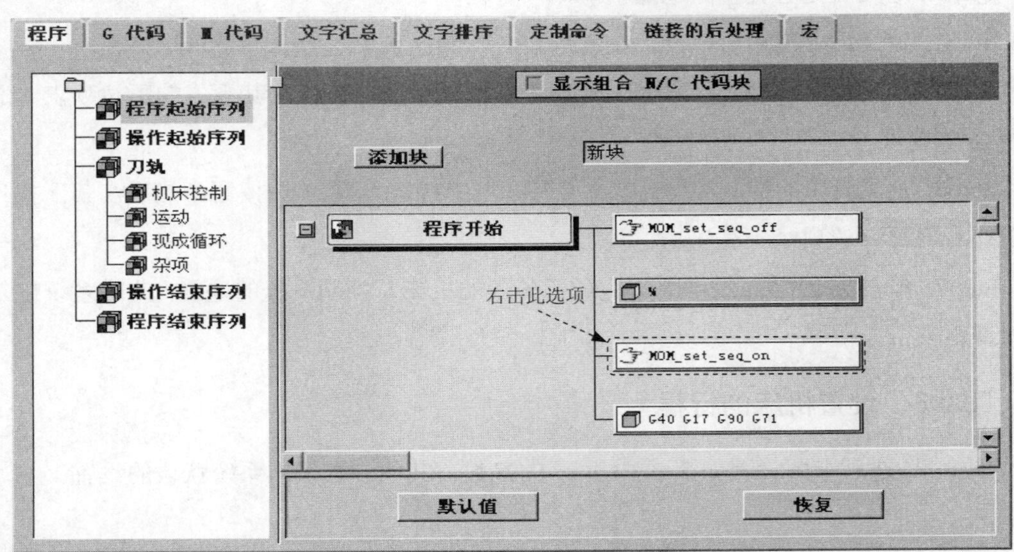

图 9.3.2 “程序和刀轨”选项卡

Step3. 修改程序开头命令。

（1）选择命令。在图 9.3.2 中的 程序开始 分支中单击 G40 G17 G90 G71 选项，此时系统弹出如图 9.3.3 所示的“Start of Program-块：absolute_mode”对话框（一）。

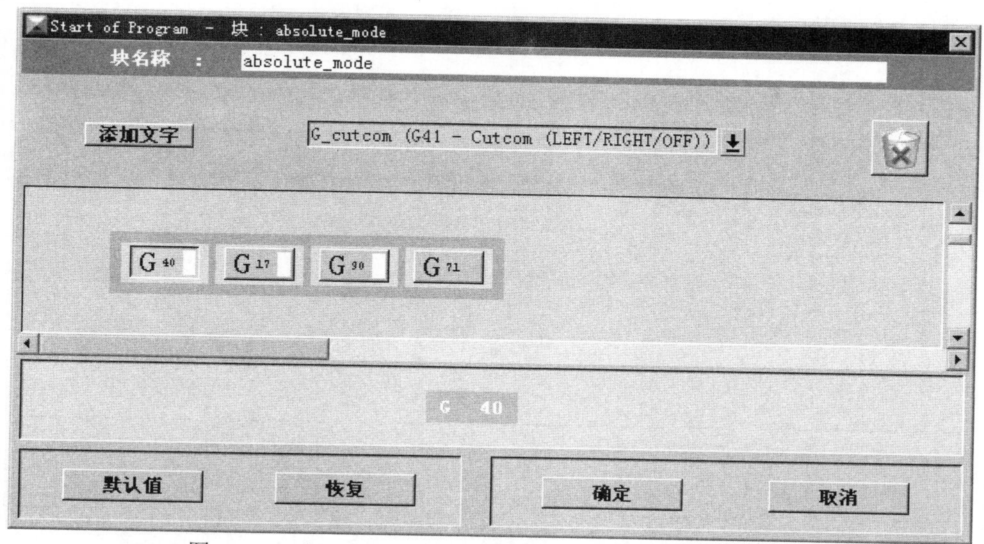

图 9.3.3 “Start of Program-块：absolute_mode”对话框（一）

（2）删除 G71。在如图 9.3.3 所示的“Start of Program-块：absolute_mode”对话框（一）中右击 G71 按钮，在弹出的快捷菜单中选择 删除 命令。

（3）添加 G49。在如图 9.3.3 所示的“Start of Program-块：absolute_mode”对话框（一）中单击 按钮，在下拉列表中选择 G_adjust → G49-Cancel Tool Len Adjust 命令，然后单击 添加文字 按钮不放，拖动到 G90 后面，此时会显示出新添加的 G49，系统会自动排序，结果如图 9.3.4 所示。

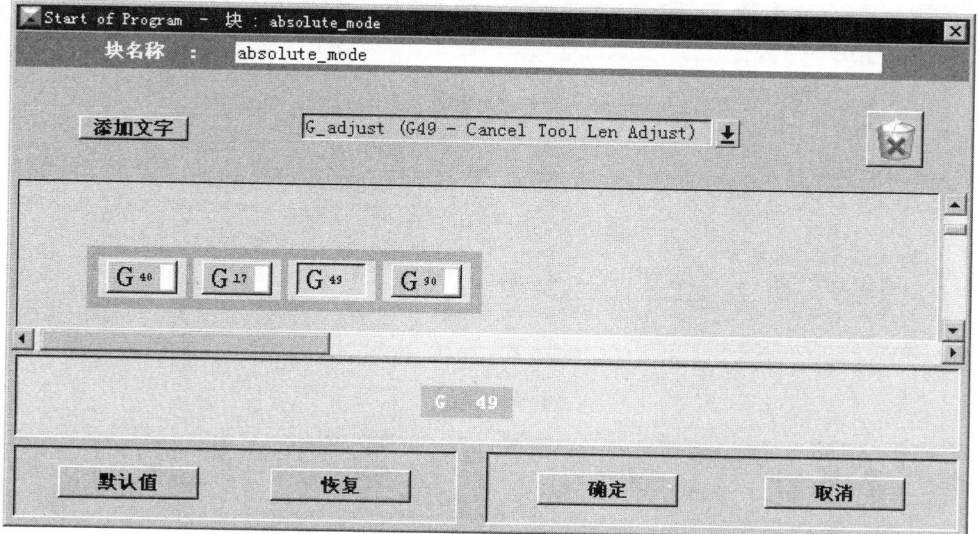

图 9.3.4 “Start of Program-块：absolute_mode”对话框（二）

（4）添加 G80。在图 9.3.4 所示的“Start of Program-块：absolute_mode”对话框（二）中单击 ⭳ 按钮，在下拉列表中选择 G_motion ▸ → G80-Cycle Off 命令，然后单击 添加文字 按钮不放，将其拖动到 G 90 后面，此时会显示出新添加的 G80，系统会自动排序，结果如图 9.3.5 所示。

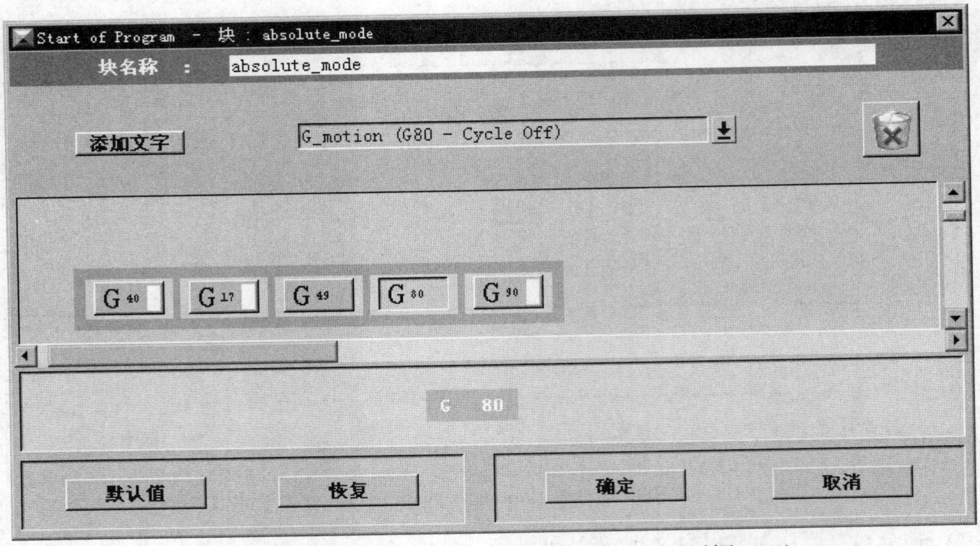

图 9.3.5 “Start of Program-块：absolute_mode”对话框（三）

（5）添加 G 代码 G_MCS。在图 9.3.5 所示的“Start of Program-块：absolute_mode”对话框（三）中单击 ⭳ 按钮，在下拉列表中选择 G ▸ → G-MCS Fixture Offset (54 ~ 59) 命令，然后单击 添加文字 按钮不放，此时会显示出新添加的 G 程序，然后将其拖动到 G 90 后面，结果如图 9.3.6 所示。

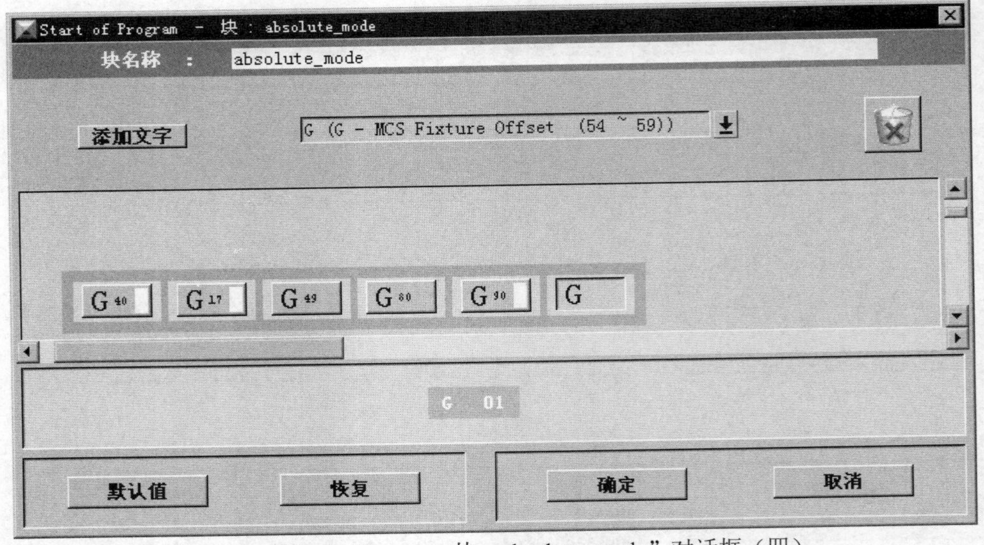

图 9.3.6 “Start of Program-块：absolute_mode”对话框（四）

Step4. 定义新添加的程序开头程序。

（1） 设置 G49 为强制输出。在图 9.3.6 中右击 G49，在弹出的快捷菜单中选择 强制输出 命令。

（2）设置G80为强制输出。在图9.3.6中右击 G80，在弹出的快捷菜单中选择 强制输出 命令。

（3） 设置 G 为选择输出。在图 9.3.6 中右击 G，在弹出的快捷菜单中选择 可选 命令。

Step5. 然后在“Start of Program-块：absolute_mode”对话框（四）中单击 确定 按钮，系统返回到“程序”选项卡，如图 9.3.7 所示。

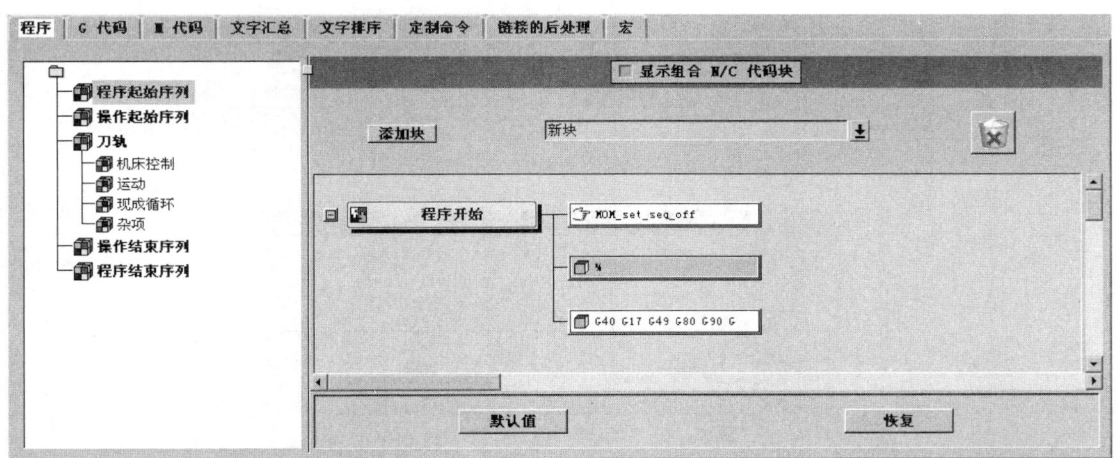

图 9.3.7 “程序”选项卡

Stage2. 定义操作的起始序列

Step1. 选择命令。在“程序”选项卡中单击 操作起始序列 节点，此时系统会显示如图 9.3.8 所示的界面。

Step2. 添加操作头信息块，显示操作信息。

（1）在图 9.3.8 所示的“操作起始序列”节点界面（一）中右击 PB_CMD_start_of_operat... 选项，在弹出的快捷菜单中选择 删除 命令。

（2）在图 9.3.8 所示的“操作起始序列”节点界面（一）中单击 按钮，然后在下拉列表中选择 运算程序消息 命令，单击 添加块 按钮不放，此时显示出新添加的 运算程序消息，将其拖动到 刀轨开始 后面，此时系统弹出“运算程序消息”对话框。

（3）在“运算程序消息”对话框中输入“$mom_operation_name, $mom_operation_type”字符，如图 9.3.9 所示，单击 确定 按钮，完成操作的起始序列的定义，结果如图 9.3.10 所示。

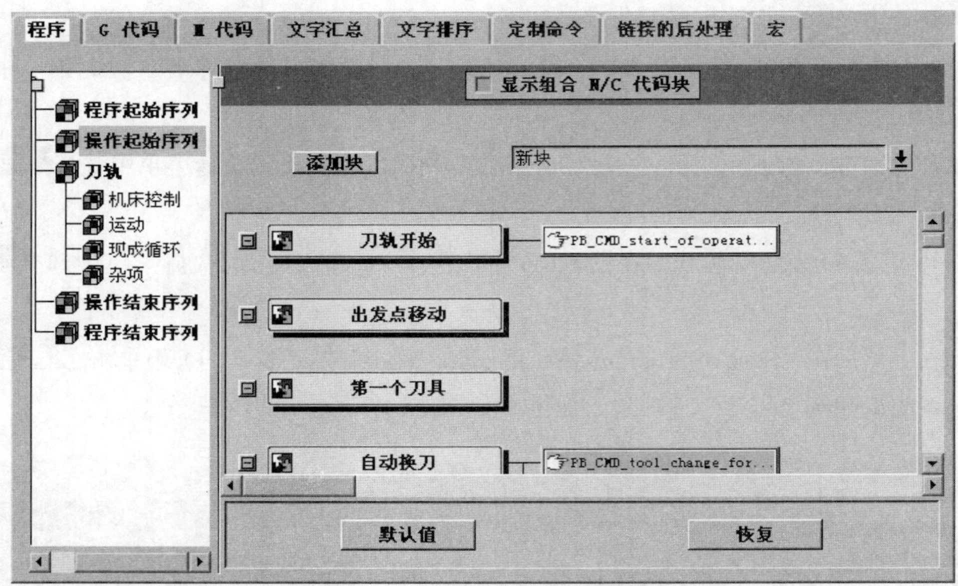

图 9.3.8 “操作起始序列”节点界面（一）

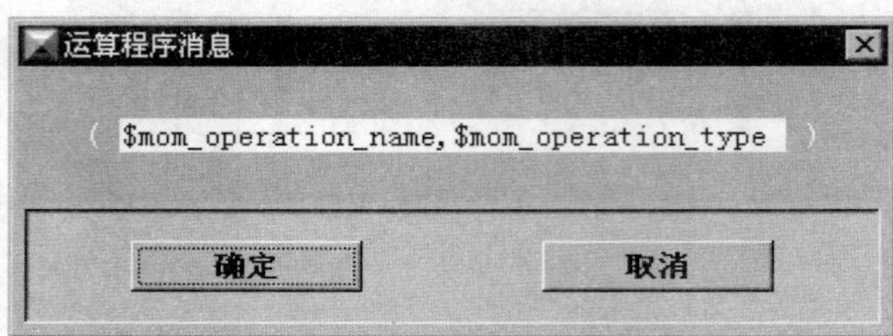

图 9.3.9 “运算程序消息”对话框

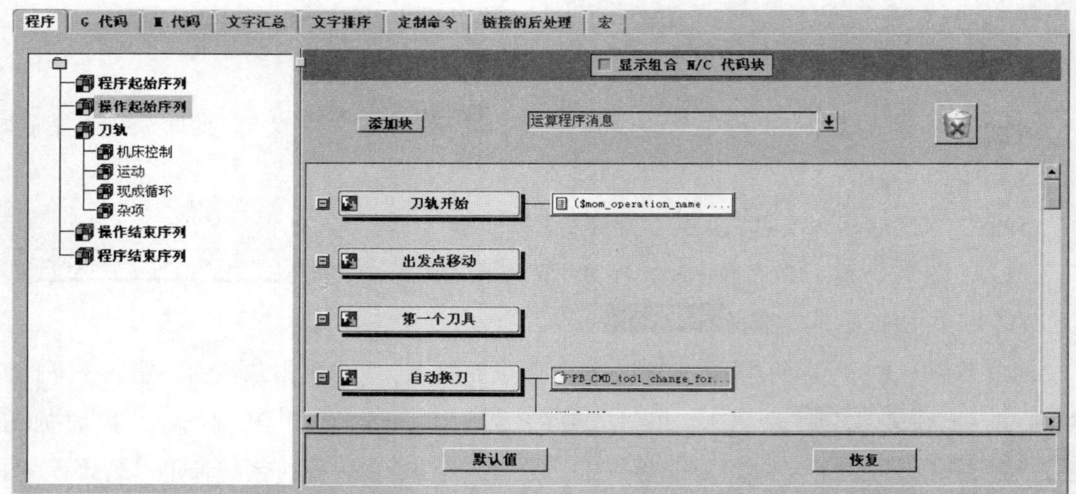

图 9.3.10 “操作起始序列”节点界面（二）

Stage3. 定义刀轨运动输出格式

Step1. 选择命令。在图 9.3.10 中左侧的组成结构中单击 刀轨 节点下的 运动 节点，

进入刀轨运动节点界面，如图 9.3.11 所示。

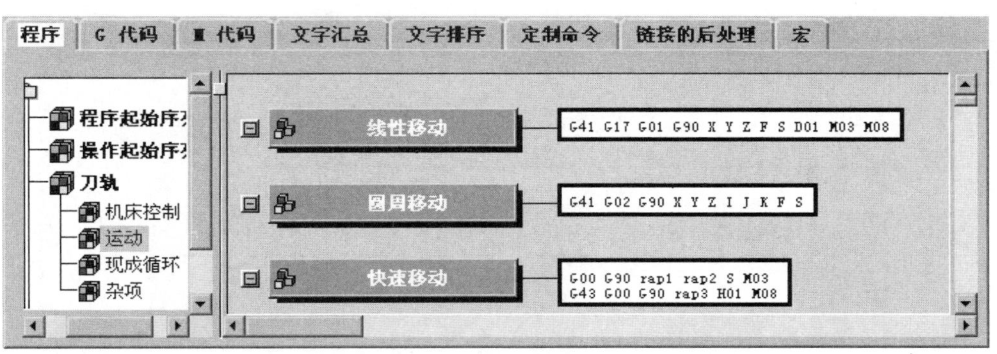

图 9.3.11 “运动”节点界面（一）

Step2. 修改线性移动。

（1）选择命令。在图 9.3.11 中单击“线性移动”按钮，此时系统弹出如图 9.3.12 所示的“事件：线性移动”对话框。

（2）删除 G17。在图 9.3.12 所示的“事件：线性移动”对话框中右击 G17 按钮，在弹出的快捷菜单中选择“删除”命令。

（3）删除 G90。在图 9.3.12 所示的“事件：线性移动”对话框中右击 G90 按钮，在弹出的快捷菜单中选择“删除”命令。

（4）在图 9.3.12 所示的“事件：线性移动”对话框中单击“确定”按钮，完成线性移动的修改，同时系统返回到“运动”节点界面。

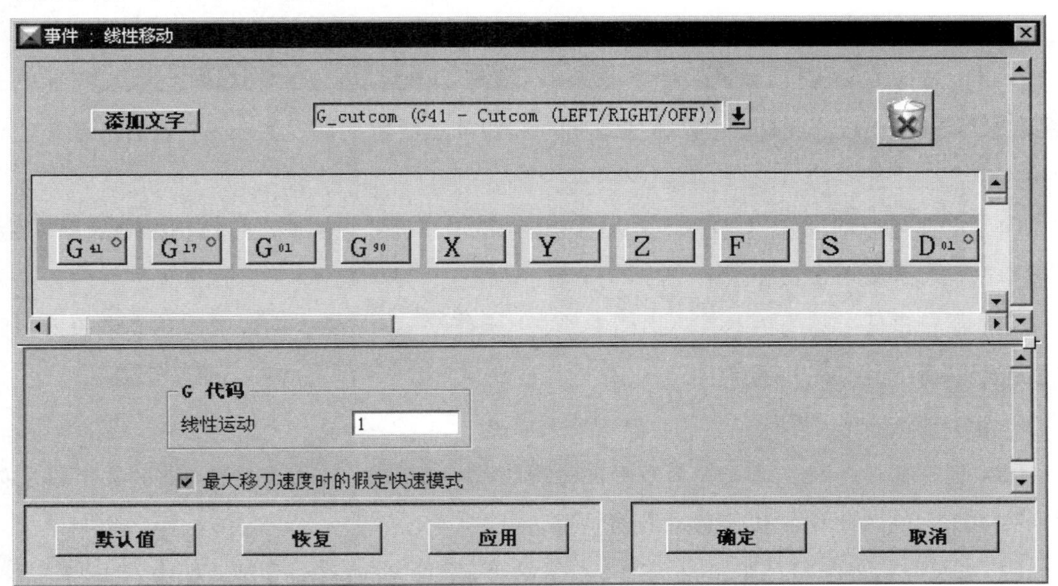

图 9.3.12 “事件：线性移动”对话框

Step3. 修改圆周移动。

（1）选择命令。在“运动”节点界面中单击“圆周移动”按钮，此时系统弹出如

图 9.3.13 所示的“事件：圆周移动”对话框。

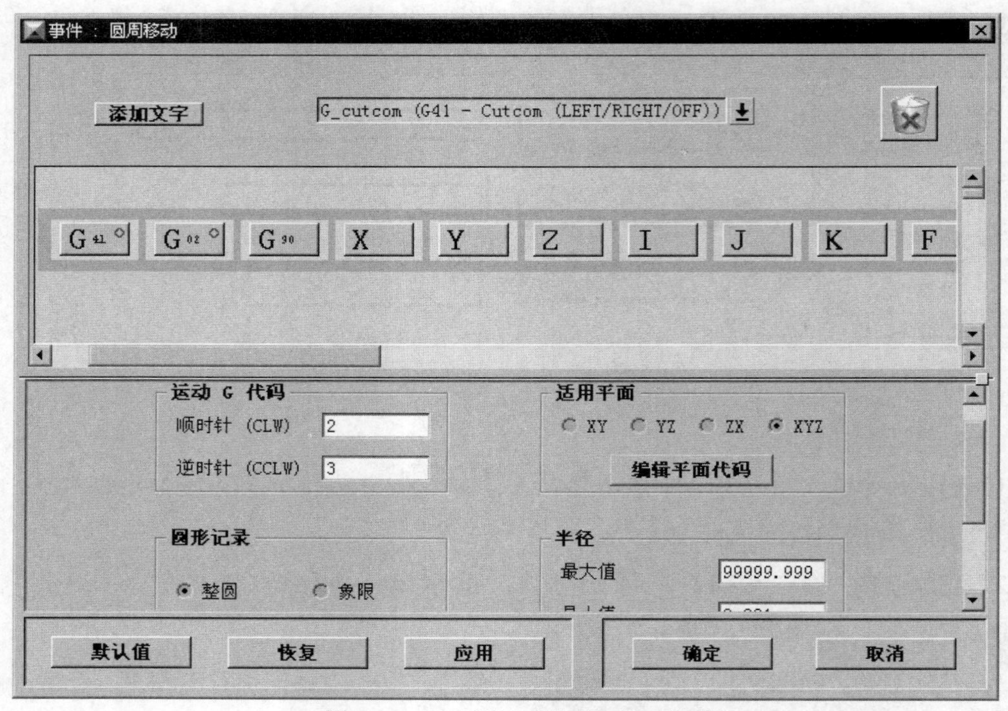

图 9.3.13 “事件：圆周移动”对话框

（2）删除 G90。在图 9.3.13 所示的“事件：圆周移动”对话框中右击 G90 按钮，在弹出的快捷菜单中选择 删除 命令。

（3）添加 G17。在如图 9.3.13 所示的“事件：圆周移动”对话框中单击 ⬇ 按钮，在下拉列表中选择 G_plane ▸ ➡ G17-Arc Plane Code (XY/ZX/YZ) 命令，然后单击 添加文字 按钮不放，此时会显示出新添加的 G17，然后将其拖动到 G02 前面，系统会自动排序。

（4）定义圆形记录方式。在如图 9.3.13 所示的“事件：圆周移动”对话框中的 圆形记录 区域中选择 象限 单选按钮。

（5）在“事件：圆周移动”对话框中单击 确定 按钮，完成圆周移动的修改，同时系统返回到“运动”节点界面。

Step4. 修改快速移动。

（1）选择命令。在“运动”节点界面中单击 快速移动 按钮，此时系统弹出如图 9.3.14 所示的“事件：快速移动”对话框。

（2）删除 G90（一）。在如图 9.3.14 所示的“事件：快速移动”对话框中右击 G90 按钮，在弹出的快捷菜单中选择 删除 命令。

（3）删除 G90（二）。在如图 9.3.14 所示的“事件：快速移动”对话框中右击 G90 按

钮，在弹出的快捷菜单中选择 删除 命令。

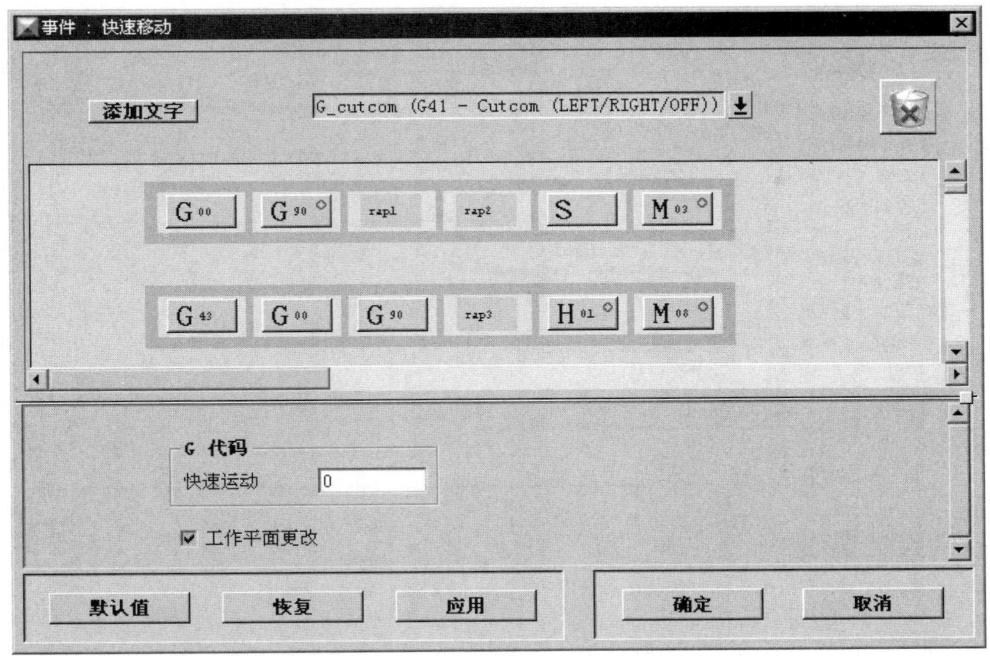

图 9.3.14 “事件：快速移动”对话框

（4）在图 9.3.14 所示的“事件：快速移动”对话框中单击 确定 按钮，完成快速移动的修改，结果如图 9.3.15 所示。

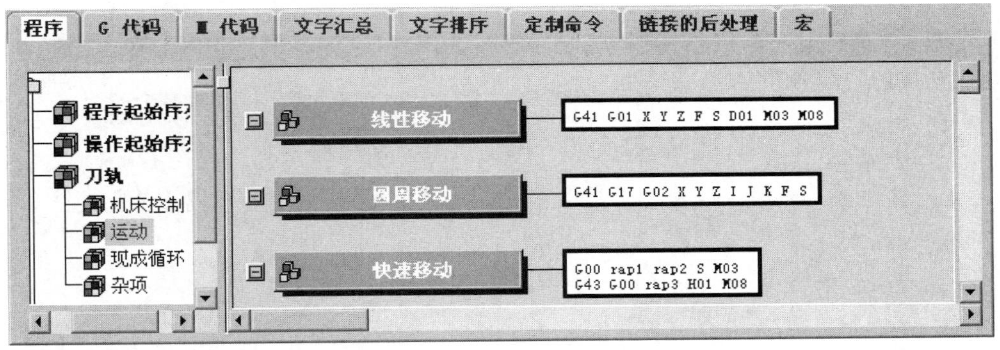

图 9.3.15 “运动”节点界面 （二）

Stage4．定义操作结束序列

Step1．选择命令。在如图 9.3.15 中左侧的组成结构中单击 **操作结束序列** 节点，进入“操作结束序列”节点界面，如图 9.3.16 所示。

Step2．添加切削液关闭命令。

（1）选择命令。在如图 9.3.16 所示的“操作结束序列”节点界面（一）中单击 添加块 按钮不放，此时显示出新添加的 新块，将其拖动到 刀轨结束 后面，

此时系统弹出如图 9.3.17 所示的“End of Path-块：end_of_path_1”对话框。

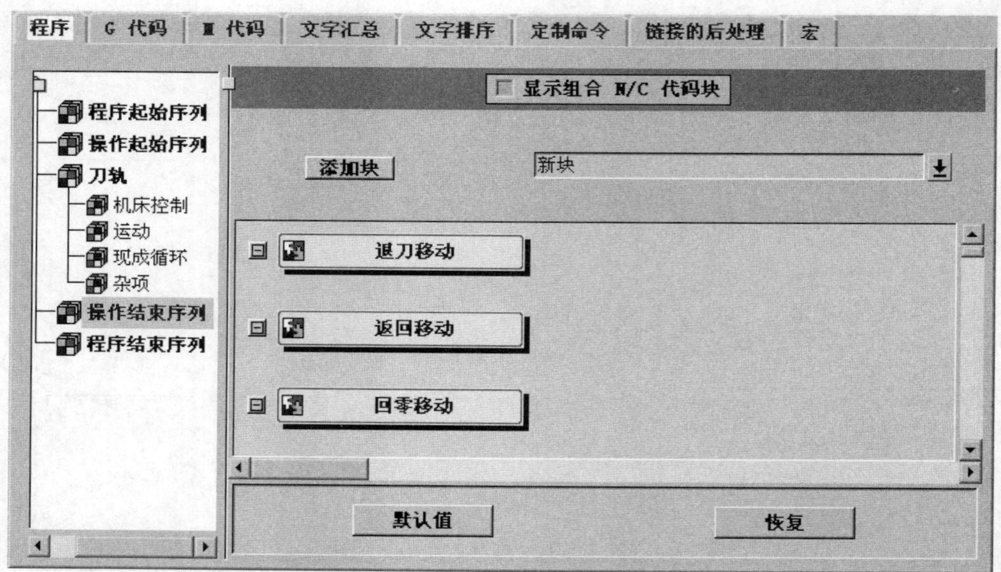

图 9.3.16 “操作结束序列”节点界面（一）

（2）添加 M09 辅助功能。在如图 9.3.17 所示的“End of Path-块：end_of_path_1”对话框中单击按钮，在下拉列表中选择 More → M_coolant → M09-Coolant Off 命令，然后单击添加文字按钮不放，此时会显示出新添加的 M09 辅助功能，将其拖动到图 9.3.17 所示的插入点的位置。

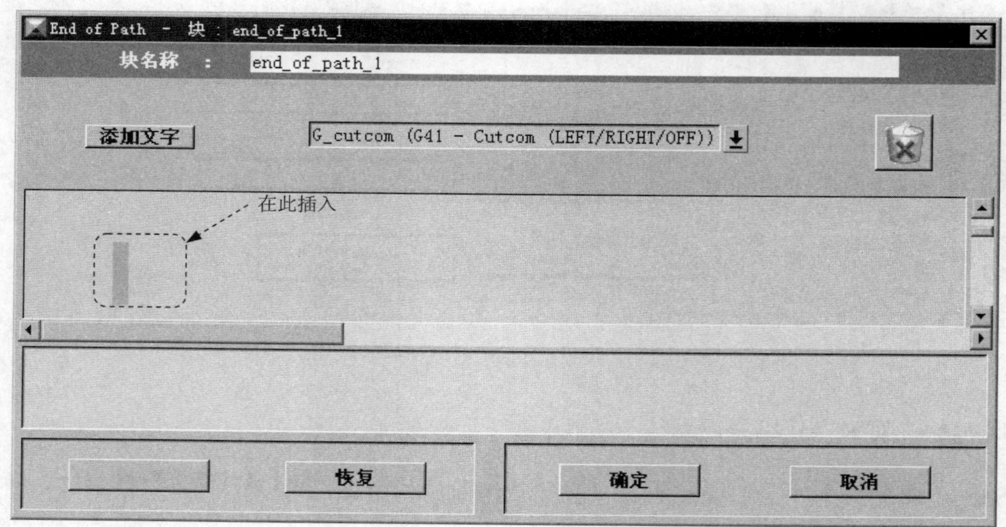

图 9.3.17 “End of Path-块：end_of_path_1”对话框

（3）在如图 9.3.17 所示的“End of Path-块：end_of_path_1”对话框中单击 确定 按钮，完成刀轨结束分支处添加块 1 的创建，结果如图 9.3.18 所示。

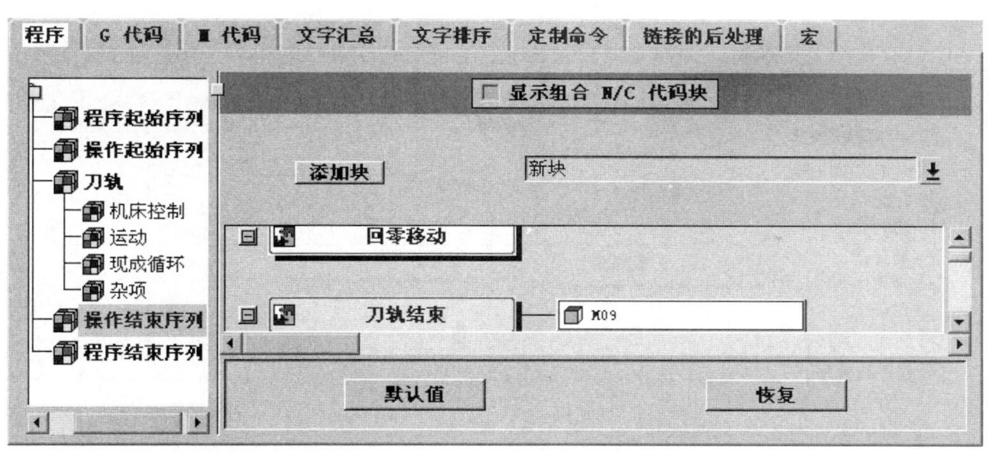

图 9.3.18 “操作结束序列”节点界面（二）

Step3. 添加主轴停止。

(1) 选择命令。在如图 9.3.18 所示的“操作结束序列”节点界面（二）中单击 添加块 按钮不放，此时显示出新添加的 新块 ，将其拖动到 刀轨结束 后松开鼠标，此时系统弹出“End of Path-块：end_of_path_2”对话框。

(2) 添加 M05 辅助功能。单击 ⬇ 按钮，在下拉列表中选择 More ➡ M_spindle ➡ M05-Spindle Off 命令，然后单击 添加文字 按钮不放，此时会显示出新添加的 M05 辅助功能，将其拖动到插入点的位置。

(3) 单击 确定 按钮，完成刀轨结束分支处添加块 2 的创建，结果如图 9.3.19 所示。

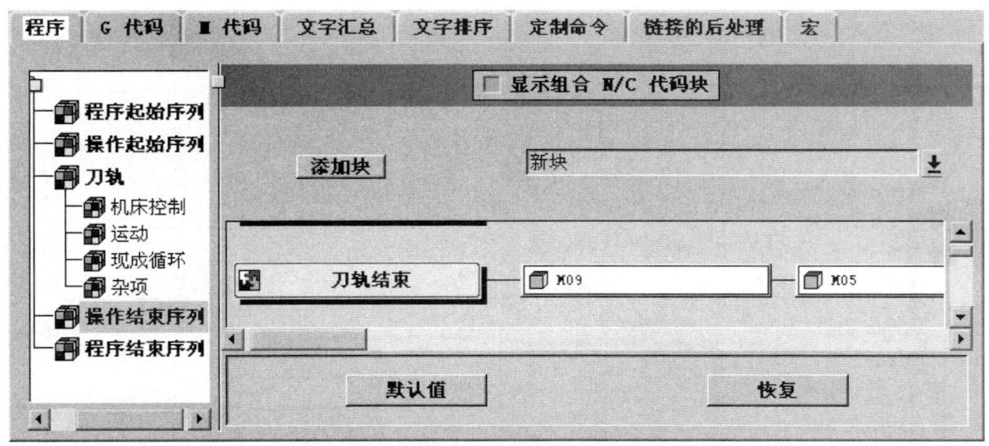

图 9.3.19 “操作结束序列”节点界面（三）

(4) 移动新添加的 M05 辅助功能。在如图 9.3.19 所示的“操作结束序列”节点界面（三）中将 M05 拖动至 M09 下部区域松开鼠标，结果如图 9.3.20 所示。

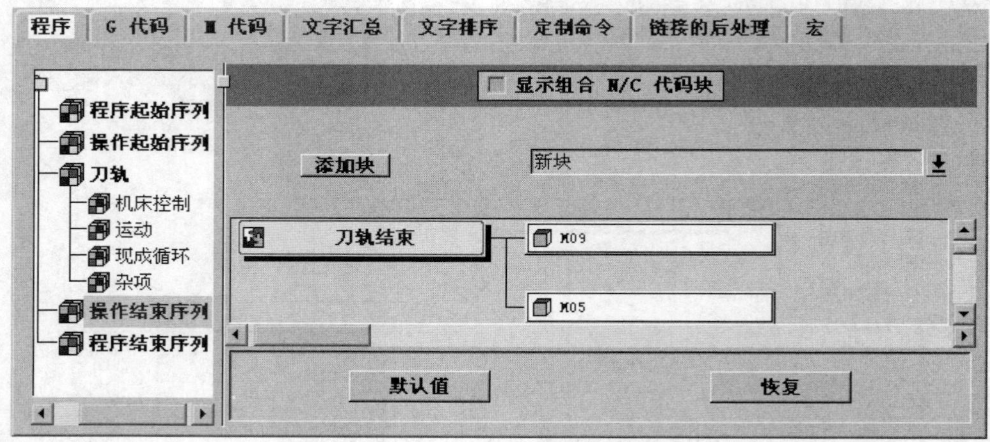

图 9.3.20 “操作结束序列”节点界面（四）

Step4. 添加可选停止命令。

（1）选择命令。在图 9.3.20 所示的“操作结束序列”节点界面（四）中单击 添加块 按钮不放，此时显示出新添加的 新块 ，将其拖动到 M05 下方松开鼠标，此时系统弹出“End of Path-块：end_of_path_3”对话框。

（2）添加 M01 辅助功能。在“End of Path-块：end_of_path_3”对话框中单击 按钮，在下拉列表中选择 More → M → M01-Optional Stop 命令，单击 添加文字 按钮不放，此时会显示出新添加的 M01 辅助功能，将其拖动到插入点的位置。

（3）单击 确定 按钮，完成刀轨结束分支处添加块 3 的创建，结果如图 9.3.21 所示。

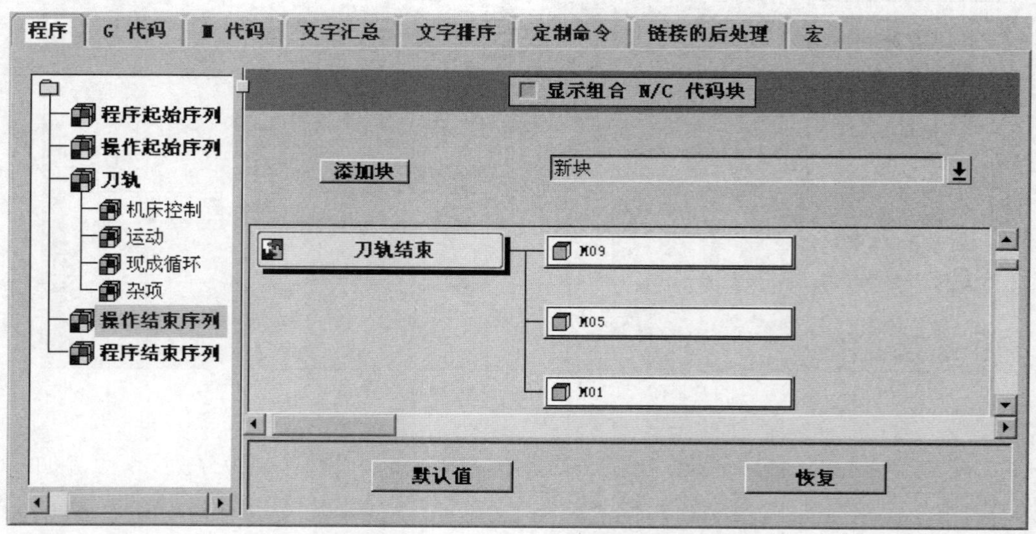

图 9.3.21 “操作结束序列”节点界面（五）

Step5. 添加回零命令。

（1）选择命令。在如图 9.3.21 所示的“操作结束序列”节点界面（五）中单击 添加块 按钮不放，此时显示出新添加的 新块，将其拖动到 M05 下方松开鼠标，此时系统弹出“End of Path-块：end_of_path_4”对话框。

（2）在块 4 中添加 G 程序。在“End of Path-块：end_of_path_4”对话框中单击按钮，在下拉列表中选择 G_mode ➡ G91-Incremental Mode 命令，然后单击 添加文字 按钮不放，此时会显示出新添加的 G91，将其拖动到插入点的位置。在“End of Path-块：end_of_path_4”对话框中单击按钮，在下拉列表中选择 G ➡ G28-Return Home 命令，然后单击 添加文字 按钮不放，此时会显示出新添加的 G28，将其拖动到 G91 后面。在“End of Path-块：end_of_path_4”对话框中单击按钮，在下拉列表中选择 Z ➡ Z0.-Return Home Z 命令，然后单击 添加文字 按钮不放，此时会显示出新添加的 Z0.，将其拖动到 G28 后面。

（3）单击 确定 按钮，完成刀轨结束分支处添加块 4 的创建，结果如图 9.3.22 所示。

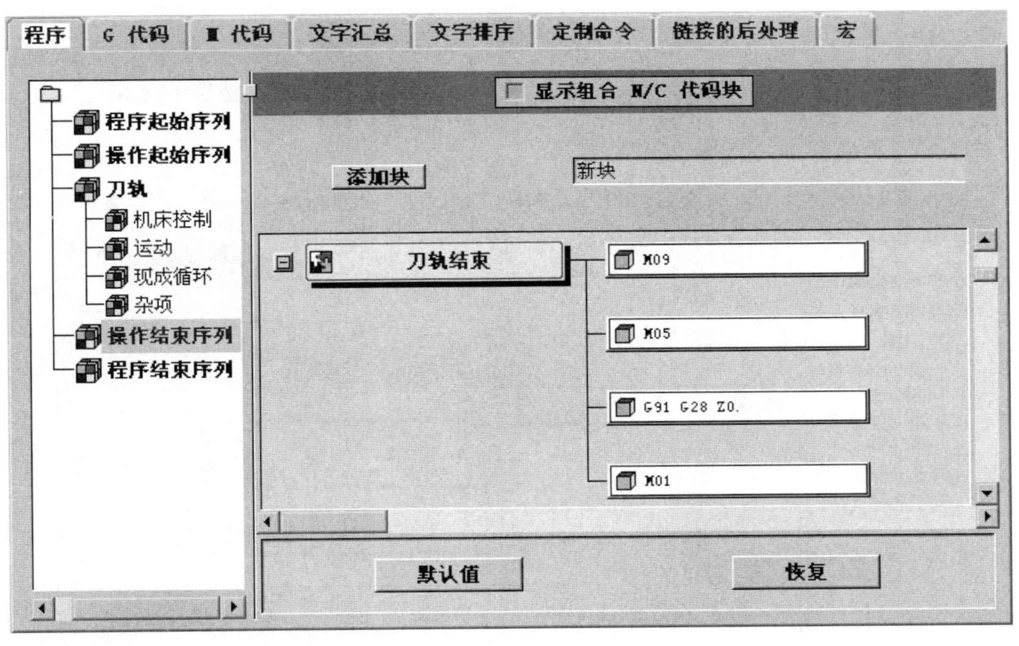

图 9.3.22 “操作结束序列”节点界面（六）

Step6. 定义新添加的块的属性。

（1）设置 M09 为强制输出。在图 9.3.22 中右击 M09 分支，在弹出的快捷菜单中选择 强制输出 命令，此时系统弹出如图 9.3.23 所示的“强制输出一次”对话框，选中 ☑ M09 复选框，单击 确定 按钮。

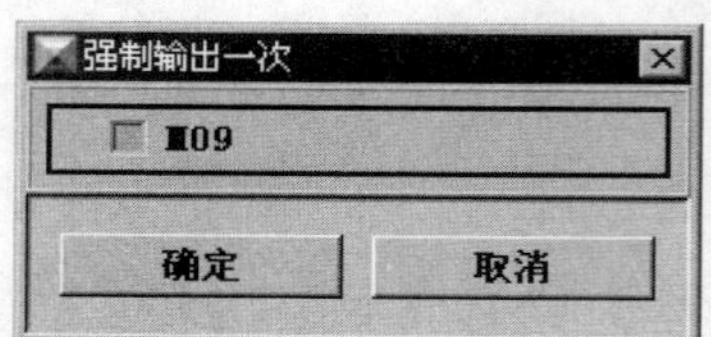

图 9.3.23 “强制输出一次”对话框

（2）设置 M05 为强制输出。在图 9.3.22 中右击 M05，在弹出的快捷菜单中选择 强制输出 命令，然后在弹出的“强制输出一次”对话框中选中 M05 复选框，单击 确定 按钮。

（3）设置 G91 G28 Z0.为强制输出。在图 9.3.22 中右击 G91 G28 Z0.，在弹出的快捷菜单中选择 强制输出 命令，然后在弹出的“强制输出一次”对话框中分别选中 G91、G28 和 Z0. 复选框，单击 确定 按钮。

（4）设置 M01 为强制输出。在图 9.3.22 中右击 M01，在弹出的快捷菜单中选择 强制输出 命令，然后在弹出的“强制输出一次”对话框中选中 M01 复选框，单击 确定 按钮。

Stage5．定义程序结束序列

Step1．选择命令。在图 9.3.22 中左侧的组成结构中单击 程序结束序列 节点，进入“程序结束序列”节点界面，如图 9.3.24 所示。

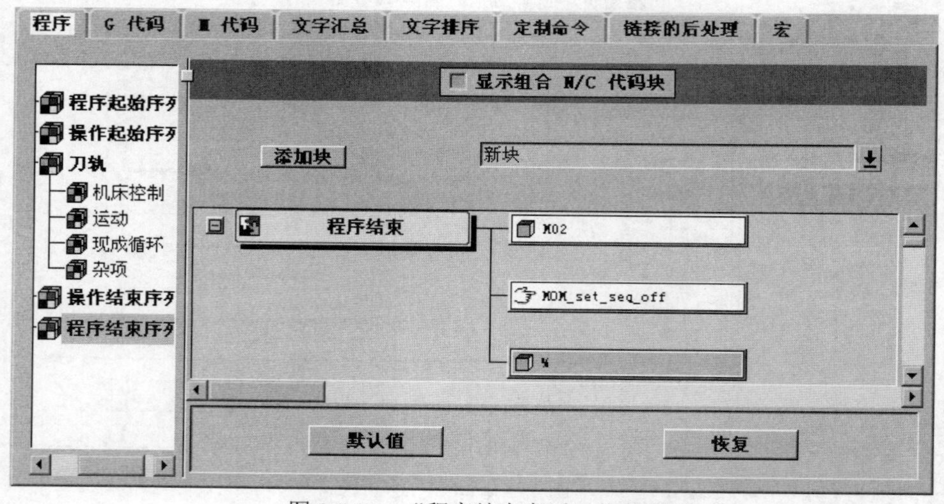

图 9.3.24 “程序结束序列”节点界面

Step2．设置程序结束序列。在图 9.3.24 中的 程序结束 分支区域中右击 MOM_set_seq_off，在弹出的快捷菜单中选择 删除 命令。

Step3．定制在程序结尾处显示加工时间。

（1）选择命令。在图 9.3.24 中单击 按钮，在下拉列表中选择 定制命令 命令，单击

添加块 按钮不放，此时会显示出新添加的 定制命令 ，将其拖动到 M02 下方，此时系统弹出"定制命令"对话框。

（2）输入代码。在"定制命令"对话框中输入"global mom_machine_timeMOM_output_literal ";(Total Operation Machine Time:[format "%.2f" $mom_machine_time] min)" "，结果如图 9.3.25 所示。

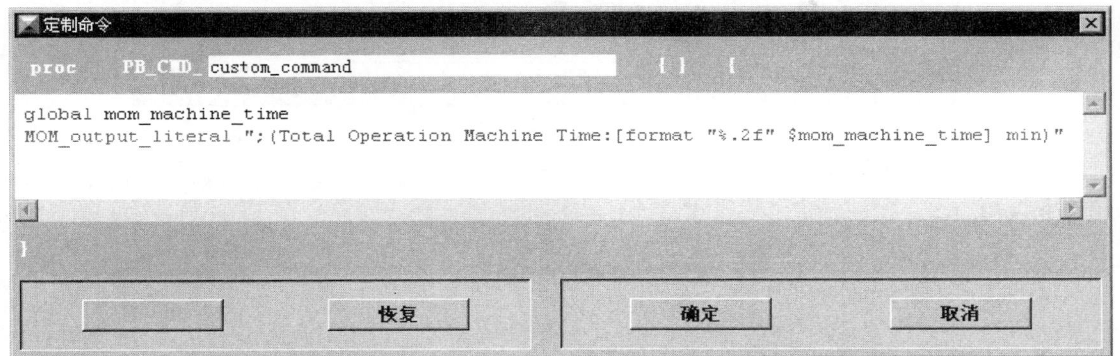

图 9.3.25 "定制命令"对话框

（3）单击 确定 按钮，系统返回至"程序结束序列"节点界面。

Stage6．定义输出扩展名

Step1．选择命令。单击 输出设置 选项卡，进入输出设置界面，然后单击 其他选项 选项卡，如图 9.3.26 所示。

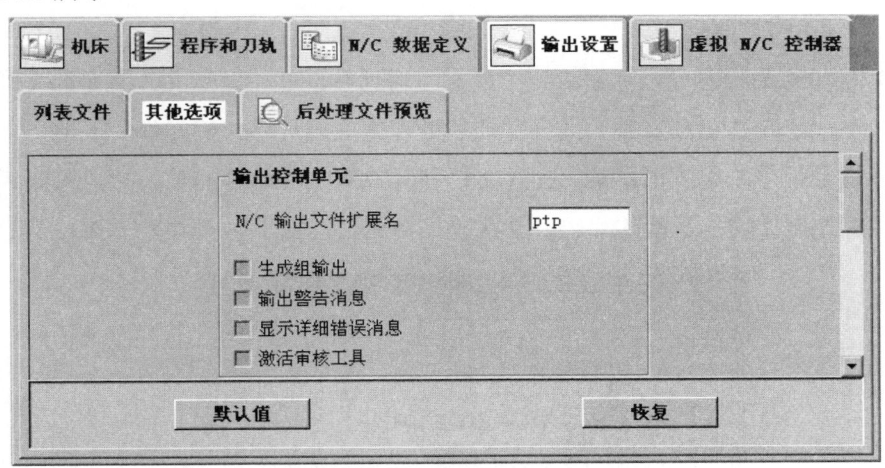

图 9.3.26 "输出设置"选项卡

Step2．设置文件扩展名。在图 9.3.26 中的 N/C 输出文件扩展名 文本框中输入 NC。

Stage7．保存后处理文件

Step1．选择命令。在 NX 后处理构造器界面中选择下拉菜单 文件 → 保存 命令，系统弹出如图 9.3.27 所示的"另存为"对话框。

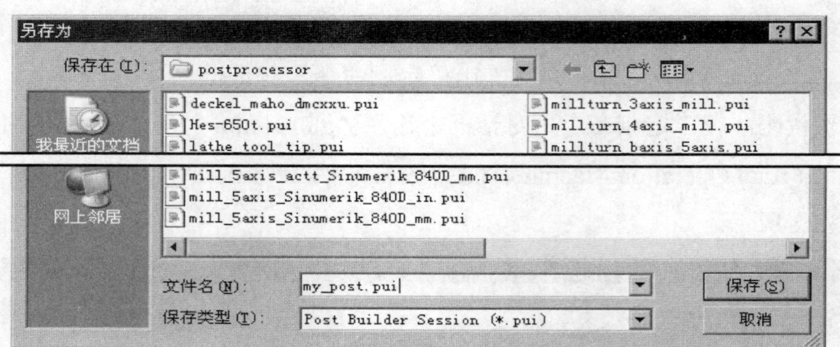

图 9.3.27 “另存为”对话框

Step2. 在 保存在(I): 下拉列表中选择保存路径为 D:\ugnx90.9\work\ch09.03，单击 保存(S) 按钮，完成后处理器的保存。

Stage8. 验证后处理文件

Step1. 启动 UG NX 9.0，并打开文件 D:\ugnx90.9\work\ch09.03\pocketing.prt。

Step2. 对程序进行后处理。

（1）将工序导航器调整到几何视图，然后选中 C-01 节点，单击“操作”工具条中的“后处理”按钮，系统弹出“后处理”对话框。

（2）单击“浏览查找后处理器”按钮，系统弹出“打开后处理器”对话框，选择 Stage7 中保存在 D:\ugnx90.9\work\ch09.03 下的后处理文件 My_post.pui，然后单击 OK 按钮，系统返回到“后处理”对话框。

（3）单击 确定 按钮，系统弹出“信息”对话框，并在模型文件所在的文件夹中生成一个名为 pocketing.NC 的文件，此文件即后处理完成的程序代码文件。

Step3. 检查程序。用“记事本”打开 NC 程序文件 pocketing.NC，可以看到后处理过的程序开头和结尾处增加了新的代码，并在程序结尾显示加工时间，如图 9.3.28 所示。

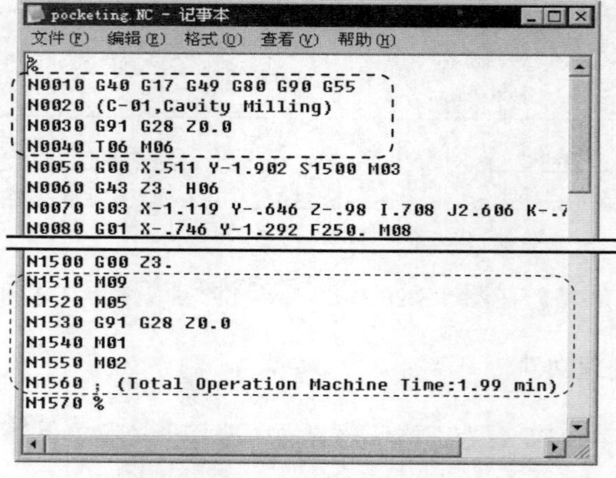

图 9.3.28 NC 程序

第10章 综合范例

本章提要 本章列举了3个综合范例:垫板凹模加工、底座下模加工和面板凸模加工。从这3个范例可以看出，对于一些复杂零件的数控加工，零件模型加工工序的安排是至关重要的。在学完本章后，希望读者能够了解一些对复杂零件采用多工序加工的方法及设置，并能熟练地运用UG NX 9.0加工中的各种方法。

10.1 垫板凹模加工

本实例讲述的是垫板凹模加工，对于模具的加工来说，除了要安排合理的工序外，同时应该特别注意模具的材料和加工精度。在创建工序时，要设置好每次切削的余量，另外要注意刀轨参数设置值是否正确，以免影响零件的精度。下面以垫板凹模为例介绍模具零件的一般加工方法，该零件的加工工艺路线如图10.1.1和图10.1.2所示。

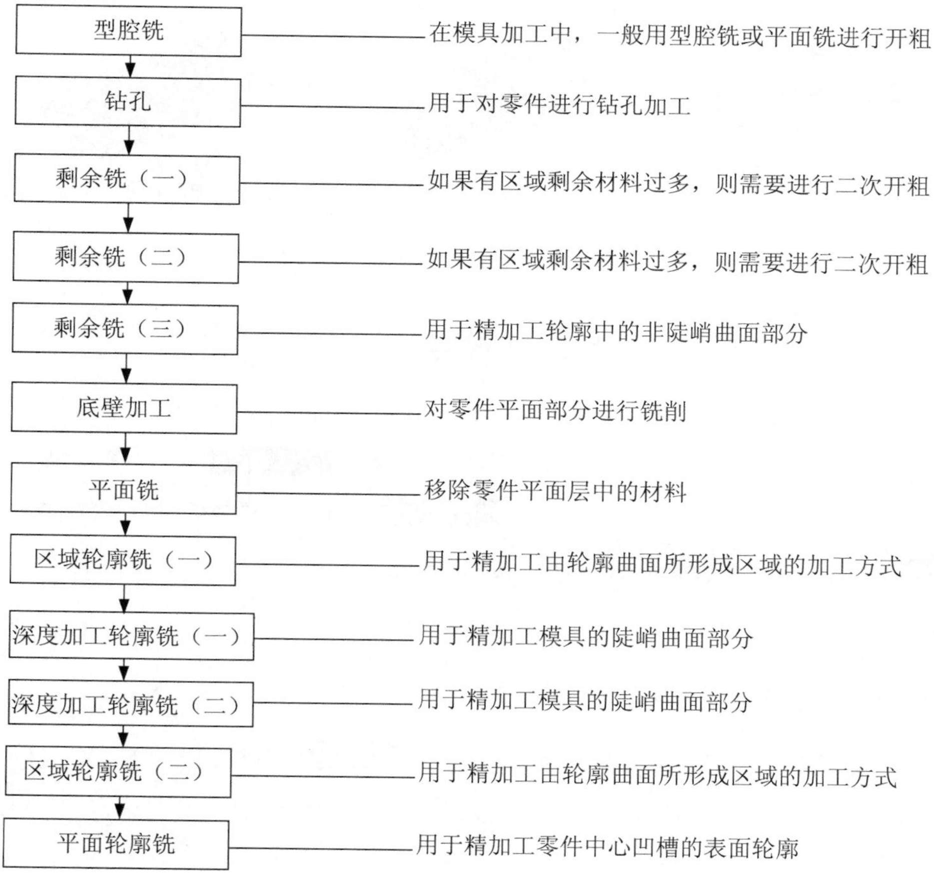

工序	说明
型腔铣	在模具加工中，一般用型腔铣或平面铣进行开粗
钻孔	用于对零件进行钻孔加工
剩余铣（一）	如果有区域剩余材料过多，则需要进行二次开粗
剩余铣（二）	如果有区域剩余材料过多，则需要进行二次开粗
剩余铣（三）	用于精加工轮廓中的非陡峭曲面部分
底壁加工	对零件平面部分进行铣削
平面铣	移除零件平面层中的材料
区域轮廓铣（一）	用于精加工由轮廓曲面所形成区域的加工方式
深度加工轮廓铣（一）	用于精加工模具的陡峭曲面部分
深度加工轮廓铣（二）	用于精加工模具的陡峭曲面部分
区域轮廓铣（二）	用于精加工由轮廓曲面所形成区域的加工方式
平面轮廓铣	用于精加工零件中心凹槽的表面轮廓

图10.1.1 加工工艺路线（一）

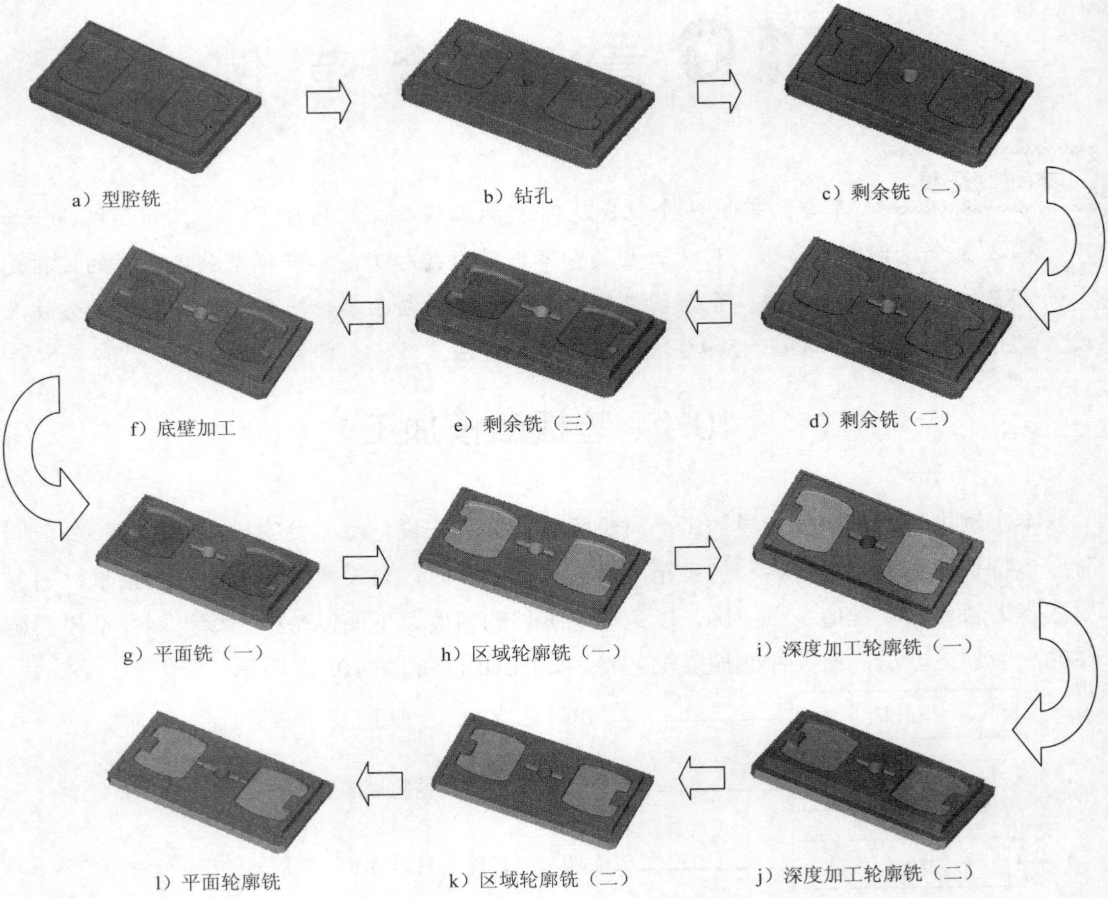

a）型腔铣　b）钻孔　c）剩余铣（一）

f）底壁加工　e）剩余铣（三）　d）剩余铣（二）

g）平面铣（一）　h）区域轮廓铣（一）　i）深度加工轮廓铣（一）

l）平面轮廓铣　k）区域轮廓铣（二）　j）深度加工轮廓铣（二）

图 10.1.2　加工工艺路线（二）

Task1．打开模型文件并进入加工模块

Step1．打开模型文件 D:\ugnx90.9\work\ch10.01\pad_mold.prt。

Step2．进入加工环境。选择下拉菜单 启动 → 加工(R)... 命令，系统弹出“加工环境”对话框；在 CAM 会话配置 列表框中选择 cam_general 选项，在 要创建的 CAM 设置 列表框中选择 mill contour 选项，单击 确定 按钮，进入加工环境。

Task2．创建几何体

Stage1．创建机床坐标系

将工序导航器调整到几何视图，双击节点 MCS_MILL，系统弹出“MCS 铣削”对话框，在 机床坐标系 区域中单击“CSYS 对话框”按钮，系统弹出“CSYS”对话框。单击 确定 按钮，完成机床坐标系的创建。

Stage2．创建安全平面

Step1．在“MCS 铣削”对话框安全设置区域安全设置选项下拉列表中选择自动平面选项，然后在安全距离文本框中输入 20。

Step2．单击确定按钮，完成安全平面的创建。

Stage3．创建部件几何体

Step1．在工序导航器中双击MCS_MILL节点下的WORKPIECE，系统弹出“工件”对话框。

Step2．选取部件几何体。单击按钮，系统弹出“部件几何体”对话框。

Step3．在图形区中框选整个零件为部件几何体，如图 10.1.3 所示。单击确定按钮，完成部件几何体的创建，同时系统返回到“工件”对话框。

Stage4．创建毛坯几何体

Step1．在“工件”对话框中单击按钮，系统弹出“毛坯几何体”对话框。

Step2．在类型下拉列表中选择包容块选项，在极限区域的XM-、YM-、XM+、YM+、ZM+文本框中均输入值 5.0。

Step3．单击确定按钮，系统返回到“工件”对话框，完成图 10.1.4 所示毛坯几何体的创建。

Step4．单击确定按钮。

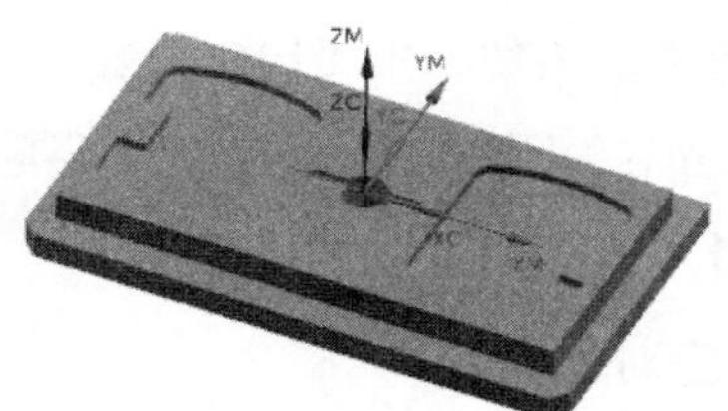

图 10.1.3　部件几何体

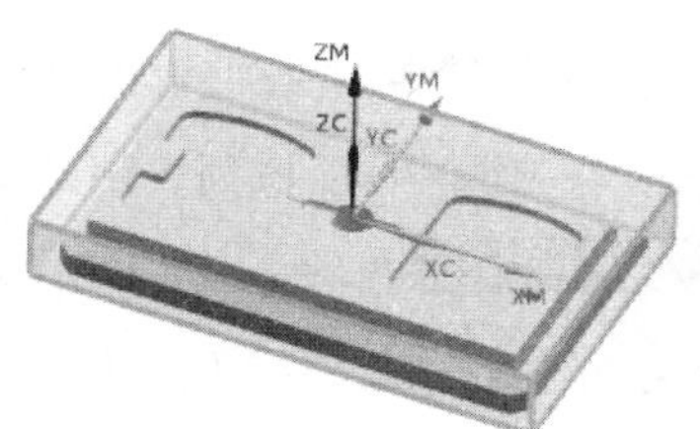

图 10.1.4　毛坯几何体

Task3．创建刀具

Stage1．创建刀具（一）

Step1．将工序导航器调整到机床视图。

Step2．选择下拉菜单插入(S) ➡ 刀具(T)...命令，系统弹出“创建刀具”对话框。

Step3．在类型下拉列表中选择mill contour选项，在刀具子类型区域中单击“MILL”按钮，在位置区域的刀具下拉列表中选择GENERIC_MACHINE选项，在名称文本框中输入 D10，然后单击确定按钮，系统弹出“铣刀-5 参数”对话框。

Step4．在(D) 直径文本框中输入值 10.0，在编号区域的刀具号、补偿寄存器、刀具补偿寄存器文本框中均输入值 1，其他参数采用系统默认设置值，单击 确定 按钮，完成刀具的创建。

说明：本 Task 后面的详细操作过程请参见随书光盘中 video\ch10.01-01\reference 文件下的语音视频讲解文件 pad_mold-r01.avi。

Task4．创建型腔铣工序

Stage1．创建工序

Step1．将工序导航器调整到程序顺序视图。

Step2．选择下拉菜单 插入(S) → 工序(E)... 命令，在“创建工序”对话框的 类型 下拉列表中选择 mill_contour 选项，在 工序子类型 区域中单击“型腔铣”按钮，在 程序 下拉列表中选择 PROGRAM 选项，在 刀具 下拉列表中选择前面设置的刀具 D10（铣刀-5 参数）选项，在 几何体 下拉列表中选择 WORKPIECE 选项，在 方法 下拉列表中选择 MILL_ROUGH 选项，使用系统默认的名称。

Step3．单击 确定 按钮，系统弹出“型腔铣”对话框。

Stage2．设置一般参数

在“型腔铣”对话框的 切削模式 下拉列表中选择 跟随部件 选项；在 步距 下拉列表中选择 刀具平直百分比 选项，在 平面直径百分比 文本框中输入值 50.0；在 每刀的公共深度 下拉列表中选择 恒定 选项，在 最大距离 文本框中输入值 1.0。

Stage3．设置切削参数

Step1．在 刀轨设置 区域中单击“切削参数”按钮，系统弹出“切削参数”对话框。

Step2．在 切削顺序 下拉列表中选择 深度优先 选项，单击 连接 选项卡，在 开放刀路 下拉列表中选择 变换切削方向 选项，其他参数采用系统默认设置值。

Step3．单击 确定 按钮，系统返回到“型腔铣”对话框。

Stage4．设置非切削移动参数

Step1．在 刀轨设置 区域中单击“非切削移动”按钮，系统弹出“非切削移动”对话框。

Step2．在 进刀类型 下拉列表中选择 沿形状斜进刀 选项，在 斜坡角 文本框中输入 3。

Step3．单击 确定 按钮，系统返回到“型腔铣”对话框。

Stage5．设置进给率和速度

Step1．在“型腔铣”对话框中单击“进给率和速度”按钮，系统弹出“进给率和速度”对话框。

Step2．在 主轴速度 文本框中输入值 800.0，按回车键，在 进给率 区域的 切削 文本框中输入值 200.0，按回车键，其他参数采用系统默认设置值。

Step3. 单击确定按钮，完成进给率和速度的设置，系统返回“型腔铣”操作对话框。

Stage6. 生成刀路轨迹并仿真

生成的刀路轨迹如图 10.1.5 所示，2D 动态仿真加工后的模型如图 10.1.6 所示。

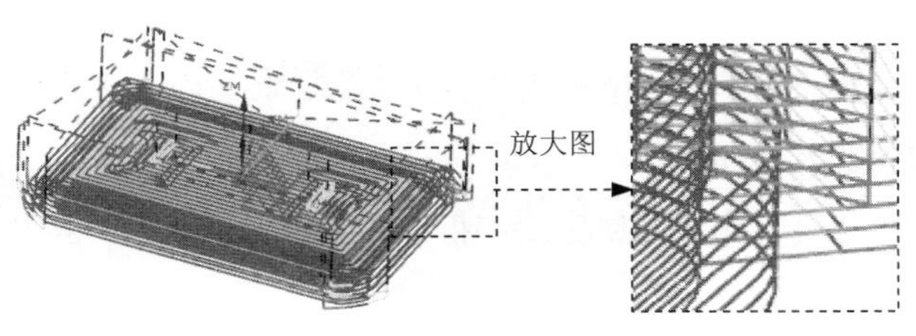

图 10.1.5 刀路轨迹

图 10.1.6 2D 仿真结果

Task5. 创建钻孔工序

Stage1. 创建工序

Step1. 选择下拉菜单插入(S) → 工序(E)...命令，系统弹出“创建工序”对话框。

Step2. 在类型下拉列表中选择drill选项，在工序子类型区域中选择“钻孔”按钮，在刀具下拉列表中选择前面设置的刀具DR6（钻刀）选项，在几何体下拉列表中选择WORKPIECE选项，其他参数采用系统默认设置。

Step3. 单击确定按钮，系统弹出“钻”对话框。

Stage2. 指定钻孔点

Step1. 指定钻孔点。单击“钻”对话框指定孔右侧的按钮，系统弹出 “点到点几何体”对话框，单击选择按钮，系统弹出“点位选择”对话框；在图形区选取如图 10.1.7 所示的孔边线，分别单击“点位选择”对话框和“点到点几何体”对话框中的确定按钮，返回“钻”对话框。

Step2. 指定顶面。单击“钻”对话框中指定顶面右侧的按钮，系统弹出“顶部曲面”对话框；在“顶部曲面”对话框的顶面选项下拉列表中选择面选项，然后选取如图 10.1.8 所示的面；单击“顶部曲面”对话框中的确定按钮，返回“钻”对话框。

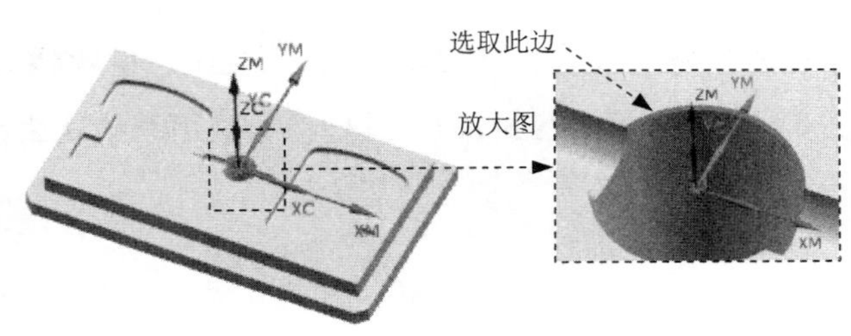

图 10.1.7 选择孔

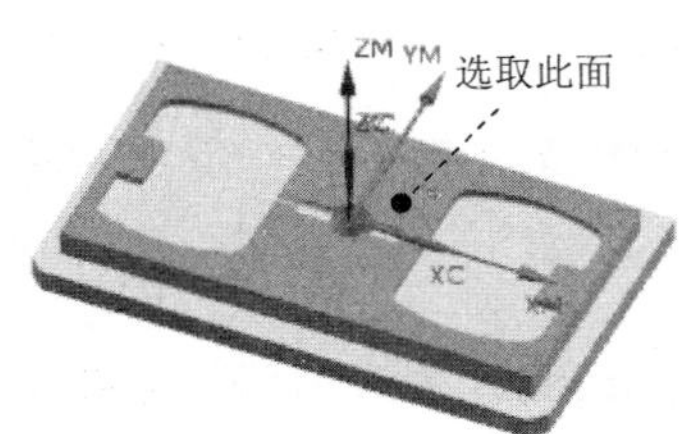

图 10.1.8 指定顶面

Step3. 指定底面。单击指定底面右侧的按钮，系统弹出“底面”对话框；在底面选项下拉列表中选择面选项，选取如图 10.1.9 所示的面；单击确定按钮，返回“钻”对话框。

Stage3. 设置循环控制参数

Step1. 在“钻”对话框循环类型区域的循环下拉列表中选择标准钻...选项，单击“编辑参数”按钮，系统弹出“指定参数组”对话框。

Step2. 采用系统默认的参数组序号 1，单击确定按钮，系统弹出“Cycle 参数”对话框，单击确定按钮。

Stage4. 避让设置

Step1. 单击“钻”对话框中的“避让”按钮，系统弹出“避让几何体”对话框。

Step2. 单击Clearance Plane -无按钮，系统弹出“安全平面”对话框。

Step3. 单击指定按钮，选取如图 10.1.10 所示的平面为参照，然后在偏置区域的距离文本框中输入值 20.0，单击确定按钮，系统返回“安全平面”对话框并创建一个安全平面，单击显示按钮可以查看创建的安全平面。

Step4. 单击确定按钮，返回“避让几何体”对话框，然后单击确定按钮，完成安全平面的设置，返回“钻”对话框。

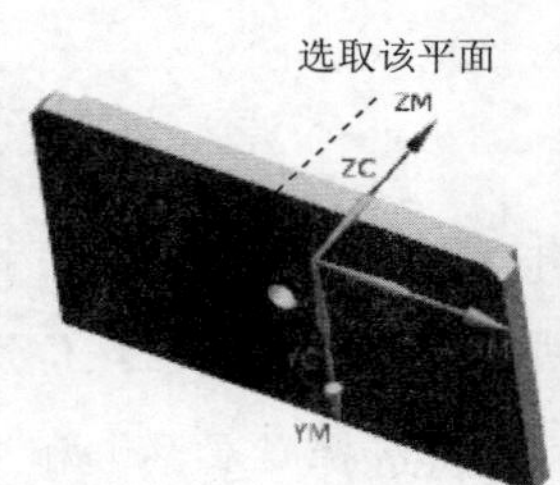

图 10.1.9　指定底面

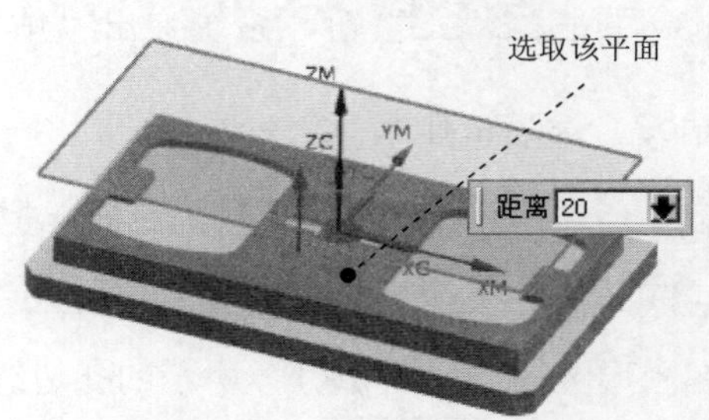

图 10.1.10　创建安全平面

Stage5. 设置进给率和速度

Step1. 单击“钻”对话框中的“进给率和速度”按钮，系统弹出“进给率和速度”对话框。

Step2. 在主轴速度 (rpm) 文本框中输入值 900.0，按回车键，单击按钮，在进给率区域的切削文本框中输入值 200.0，按回车键，然后单击按钮，其他参数采用系统默认设置值。

Stage6. 生成刀路轨迹并仿真

生成的刀路轨迹如图 10.1.11 所示，2D 动态仿真加工后的结果如图 10.1.12 所示。

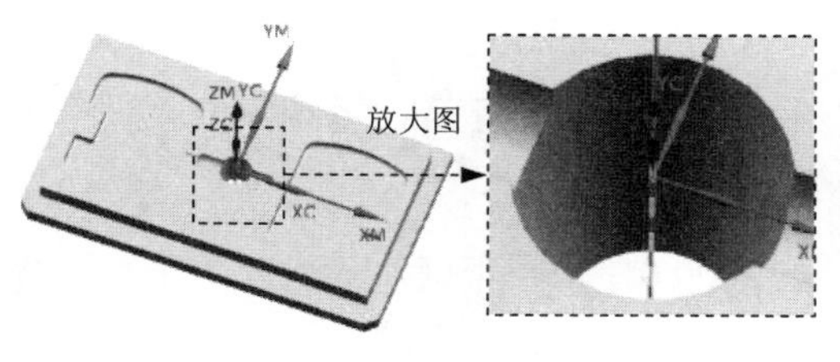

图 10.1.11 刀路轨迹

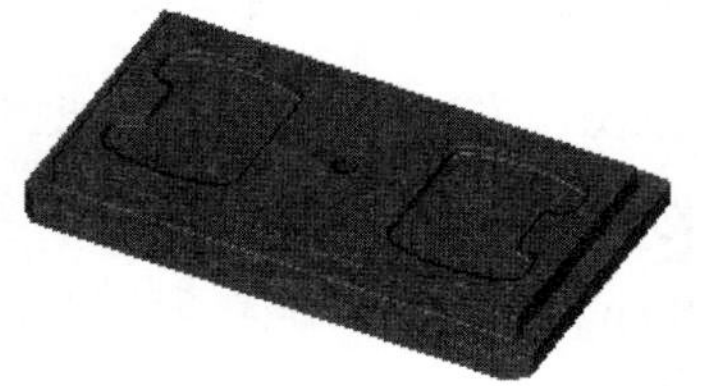

图 10.1.12 2D 仿真结果

Task6．创建剩余铣工序（一）

Stage1．创建工序

Step1．选择下拉菜单 插入(S) ➡ 工序(E)... 命令，在“创建工序”对话框的 类型 下拉列表中选择 mill_contour 选项，在 工序子类型 区域中单击“剩余铣”按钮，在 程序 下拉列表中选择 PROGRAM 选项，在 刀具 下拉列表中选择刀具 D6R1（铣刀-5 参数）选项，在 几何体 下拉列表中选择 WORKPIECE 选项，在 方法 下拉列表中选择 MILL_SEMI_FINISH 选项，使用系统默认的名称“REST_MILLING”。

Step2．单击 确定 按钮，系统弹出“剩余铣”对话框。

Stage2．指定切削区域

Step1．单击 指定切削区域 右侧的按钮，选取如图 10.1.13 所示的面。

Step2．单击“切削区域”对话框中的 确定 按钮，返回“剩余铣”对话框。

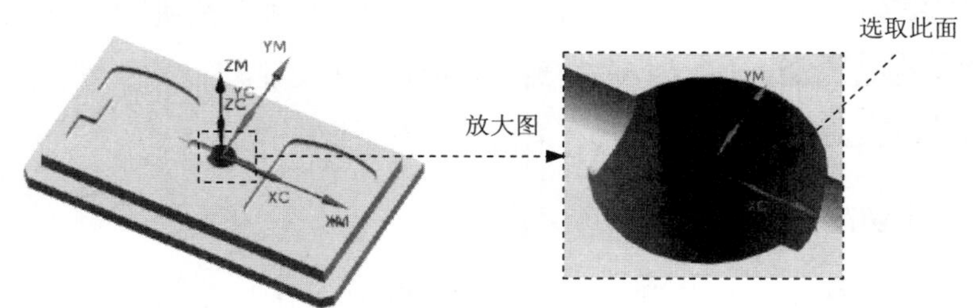

图 10.1.13 选取切削区域

Stage3．设置一般参数

在“剩余铣”对话框的 最大距离 文本框中输入值 1，其他选项采用系统默认设置值。

Stage4．设置非切削移动参数

Step1．在“剩余铣”对话框中单击“非切削移动”按钮，系统弹出“非切削移动”对话框。

Step2．单击 进刀 选项卡，然后在 进刀类型 下拉列表中选择 插削 选项。

Step3．单击 确定 按钮完成非切削移动参数的设置，系统返回到“剩余铣”对话框。

Stage5．设置进给率和速度

Step1．在“剩余铣”对话框中单击“进给率和速度”按钮，系统弹出“进给率和速度”对话框。

Step2．在 主轴速度（rpm） 文本框中输入值 1000.0，按回车键，其他参数采用系统默认设置值。

Step3．单击 确定 按钮，完成进给率和速度的设置，系统返回“剩余铣”操作对话框。

Stage6．生成刀路轨迹并仿真

生成的刀路轨迹如图 10.1.14 所示，2D 动态仿真加工后的模型如图 10.1.15 所示。

图 10.1.14　刀路轨迹　　图 10.1.15　2D 仿真结果

Task7．创建剩余铣工序（二）

Stage1．创建工序

Step1．选择下拉菜单 插入(S) → 工序(E)... 命令，在“创建工序”对话框的 类型 下拉列表中选择 mill_contour 选项，在 工序子类型 区域中单击“剩余铣”按钮，在 刀具 下拉列表中选择刀具 B4（铣刀-球头铣） 选项，其他选项接受系统默认设置。

Step2．单击 确定 按钮，系统弹出“剩余铣”对话框。

Stage2．指定切削区域

Step1．单击 指定切削区域 右侧的按钮，选取如图 10.1.16 所示的面。

Step2．单击“切削区域”对话框中的 确定 按钮，返回“剩余铣”对话框。

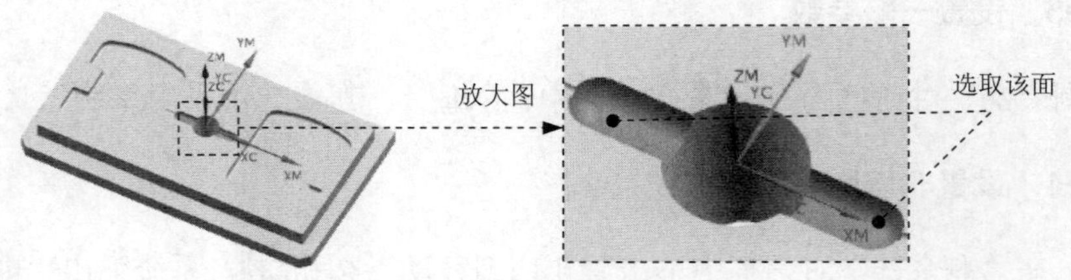

图 10.1.16　选取切削区域

Stage3．设置一般参数

在“剩余铣”对话框的 最大距离 文本框中输入值 1，其他选项采用系统默认设置值。

Stage4. 设置非切削移动参数

说明：本 Stage 的详细操作过程请参见随书光盘中 video\ch10.01-01\reference 文件下的语音视频讲解文件 pad_mold-r02.avi。

Stage5. 设置进给率和速度

Step1. 在“剩余铣”对话框中单击“进给率和速度”按钮，系统弹出“进给率和速度”对话框。

Step2. 在 主轴速度 (rpm) 文本框中输入值 1500.0，按回车键，然后单击按钮。在进给率区域的切削文本框中输入值 300.0，按回车键，然后单击按钮，其他参数采用系统默认设置值。

Step3. 单击 确定 按钮，完成进给率和速度的设置，系统返回“剩余铣”操作对话框。

Stage6. 生成刀路轨迹并仿真

生成的刀路轨迹如图 10.1.17 所示，2D 动态仿真加工后的模型如图 10.1.18 所示。

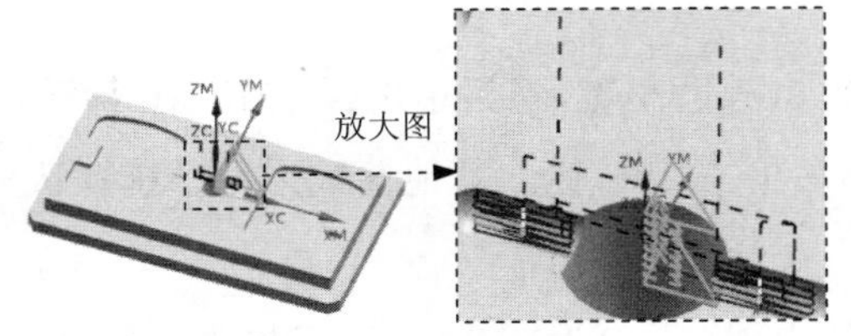

图 10.1.17 刀路轨迹

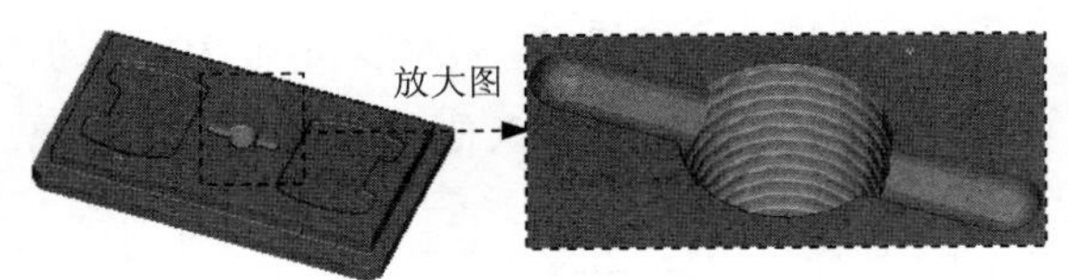

图 10.1.18 2D 仿真结果

Task8. 创建剩余铣工序（三）

Stage1. 创建工序

Step1. 选择下拉菜单 插入(S) → 工序(E)... 命令，在“创建工序”对话框的类型下拉列表中选择mill_contour选项，在工序子类型区域中单击“剩余铣”按钮，在刀具下拉列表中选择刀具 B6 (铣刀-球头铣) 选项，其他选项接受系统默认设置。

Step2. 单击 确定 按钮，系统弹出“剩余铣”对话框。

Stage2. 指定切削区域

Step1. 单击指定切削区域右侧的按钮，在命令条中选取相切面选项，选择如图 10.1.19 所示的面。

Step2. 单击 确定 按钮，返回“剩余铣”对话框。

Stage3. 设置一般参数

在“剩余铣”对话框的最大距离文本框中输入值 0.5，其他选项采用系统默认设置值。

Stage4．设置切削参数

注：本 Stage 的详细操作过程请参见随书光盘中 video\ch10.01-01\reference 文件下的语音视频讲解文件 pad_mold-r03.avi。

Stage5．设置非切削移动参数

Step1. 在刀轨设置区域中单击“非切削移动”按钮，系统弹出“非切削移动”对话框。

Step2. 在进刀类型下拉列表中选择沿形状斜进刀，在斜坡角文本框中输入 3，在高度文本框中输入 1。

Step3. 选择转移/快速选项卡，在区域之间区域的转移类型下拉列表中选择前一平面选项；在区域内区域中的转移类型下拉列表中选择前一平面选项。

Step4. 单击确定按钮，系统返回到“剩余铣”对话框。

Stage6．设置进给率和速度

Step1. 在“剩余铣”对话框中单击“进给率和速度”按钮，系统弹出“进给率和速度”对话框。

Step2. 在□ 主轴速度（rpm）文本框中输入值 1200.0，按回车键，然后单击按钮。在进给率区域的切削文本框中输入值 400.0，按回车键，然后单击按钮，其他参数采用系统默认设置值。

Step3. 单击确定按钮，完成进给率和速度的设置，系统返回“剩余铣”操作对话框。

Stage7．生成刀路轨迹并仿真

生成的刀路轨迹如图 10.1.20 所示，2D 动态仿真加工后的模型如图 10.1.21 所示。

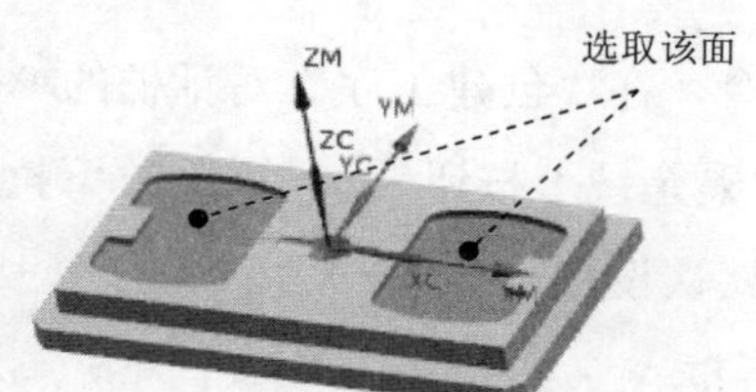

图 10.1.19　选取切削区域

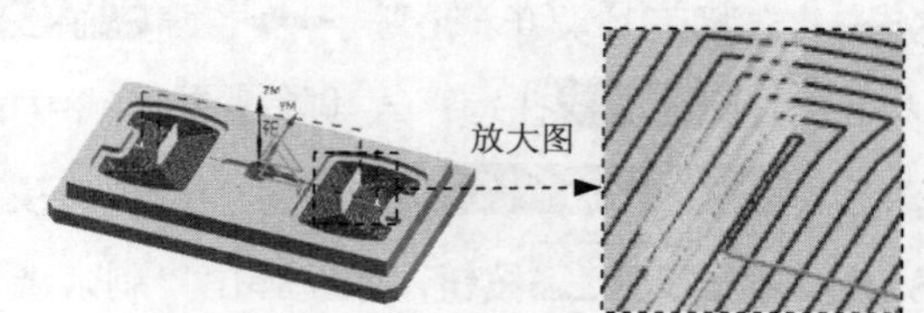

图 10.1.20　刀路轨迹

Task9．创建底壁加工工序

Stage1．创建工序

Step1. 选择下拉菜单插入(S) ⟶ 工序(E)...命令，系统弹出“创建工序”对话框。

Step2. 在类型下拉列表中选择mill_planar选项，在工序子类型区域中单击“底壁加工”按钮，在程序下拉列表中选择PROGRAM选项，在刀具下拉列表中选择D10（铣刀-5 参数）选项，

在几何体下拉列表中选择WORKPIECE选项，在方法下拉列表中选择MILL_FINISH选项，采用系统默认的名称。

Step3. 单击确定按钮，此时，系统弹出“底壁加工”对话框。

Stage2. 指定切削区域

Step1. 在几何体区域中单击“选择或编辑切削区域几何体”按钮，选取如图 10.1.22 所示的面为切削区域。

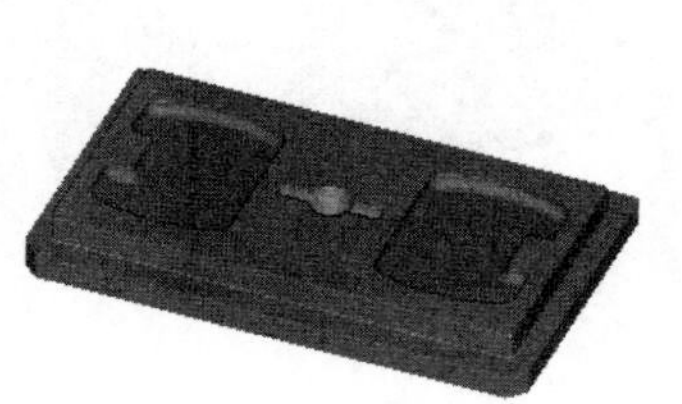

图 10.1.21 2D 仿真结果

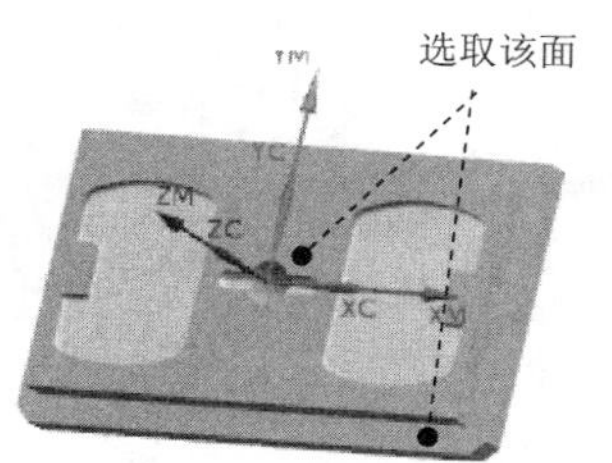

图 10.1.22 指定切削区域

Step2. 在“切削区域”对话框中单击确定按钮，完成切削区域的创建，同时系统返回到“底壁加工”对话框。

Stage3. 定义壁几何体

在几何体区域中选中☑自动壁复选框，单击指定壁几何体右侧的“显示”按钮，在图形区中会显示当前的壁几何体。

Stage4. 设置刀具路径参数

Step1. 设置切削模式。在刀轨设置区域的切削模式下拉列表中选择跟随部件选项。

Step2. 设置路径参数。在毛坯距离文本框中输入值 1.0，其他参数接受系统默认设置。

Stage5. 设置切削参数

Step1. 在切削区域的刀具延展量文本框中输入值 50，其他参数接受系统默认设置。

Step2. 单击“切削参数”对话框中的确定按钮，系统返回到“底壁加工”对话框。

Stage6. 设置非切削移动参数

采用系统默认的设置值。

Stage7. 设置进给率和速度

Step1. 单击“底壁加工”对话框中的“进给率和速度”按钮，系统弹出“进给率和速度”对话框。

Step2. 选中主轴速度区域中的☑ 主轴速度 (rpm)复选框，在其后的文本框中输入值 1200.0，在进给率区域的切削文本框中输入值 500.0。

Step3. 单击确定按钮，系统返回“底壁加工”对话框。

Stage8. 生成刀路轨迹并仿真

生成的刀路轨迹如图 10.1.23 所示，2D 动态仿真加工后的模型如图 10.1.24 所示。

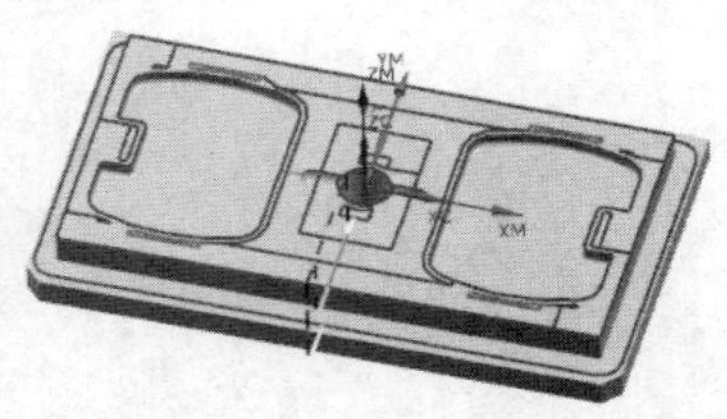

图 10.1.23 刀路轨迹

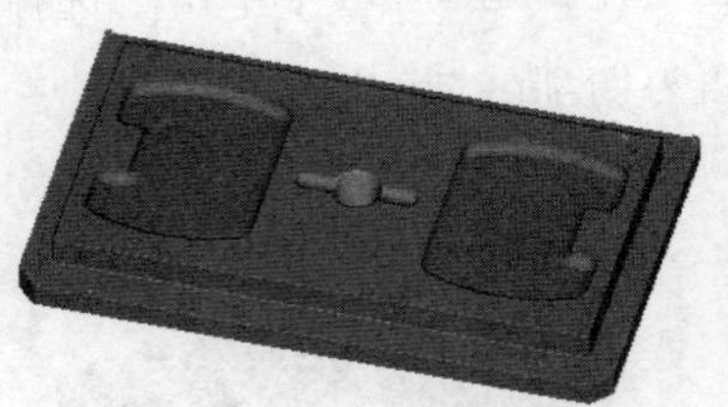
图 10.1.24 2D 动态仿真

Task10. 创建平面铣工序

Stage1. 创建工序

Step1. 选择下拉菜单插入(S) → 工序(E)...命令，系统弹出“创建工序”对话框。

Step2. 确定加工方法。在类型下拉列表中选择mill_planar选项，在工序子类型区域中单击“平面铣”按钮，在程序下拉列表中选择PROGRAM选项，在刀具下拉列表中选择D10 (铣刀-5 参数)选项，在几何体下拉列表中选择MILL_BND选项，在方法下拉列表中选择MILL_FINISH选项，采用系统默认的名称。

Step3. 单击确定按钮，系统弹出“平面铣”对话框。

Stage2. 创建边界几何体

Step1. 定义部件边界。单击“铣削边界”对话框指定部件边界右侧的按钮，系统弹出“部件边界”对话框。在图形区选取如图 10.1.25 所示的面，单击确定按钮，完成边界的创建，返回到“铣削边界”对话框。

Step2. 定义底面。单击指定底面右侧的按钮，系统弹出“平面”对话框，在图形区中选取如图 10.1.26 中所示的底面参照。在偏置区域的距离文本框中输入 1，单击确定按钮，完成底面的指定，返回到“平面铣”对话框。

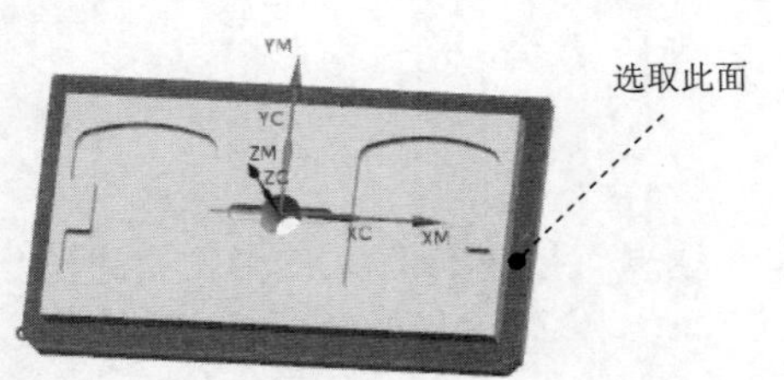

图 10.1.25 创建边界

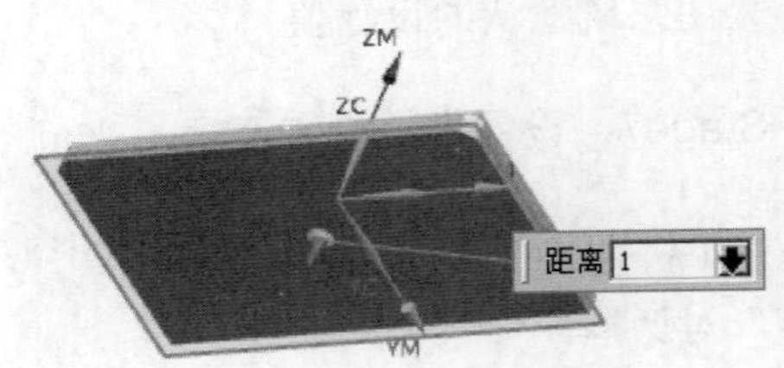

图 10.1.26 选取底面

Stage3．设置加工参数

Step1．设置一般参数。在切削模式下拉列表中选择轮廓加工选项，在步距下拉列表中选择恒定选项，在最大距离文本框中输入值0.4，在附加刀路文本框中输入值2，其他参数采用系统默认设置值。

Step2．设置切削层。在“平面铣”对话框中单击“切削层”按钮，参数采用系统默认设置值。

Step3．设置切削参数。在“平面铣”对话框中单击“切削参数”按钮，参数采用系统默认设置值。

Step4．设置进给率和速度。在“平面铣”对话框中单击“进给率和速度”按钮，系统弹出“进给率和速度”对话框。

Step5．在主轴速度（rpm）文本框中输入值1200.0，在进给率区域的切削文本框中输入值500.0，单击确定按钮，完成进给率和速度的设置，系统返回“平面铣”操作对话框。

Stage4．生成刀路轨迹并仿真

生成的刀路轨迹如图10.1.27所示，2D动态仿真加工后的模型如图10.1.28所示。

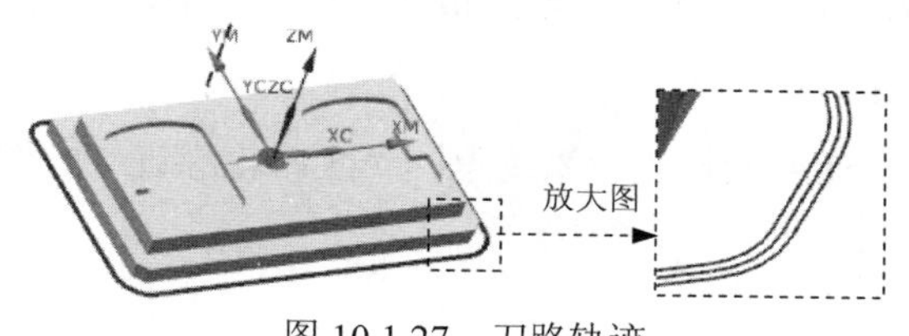

图10.1.27　刀路轨迹

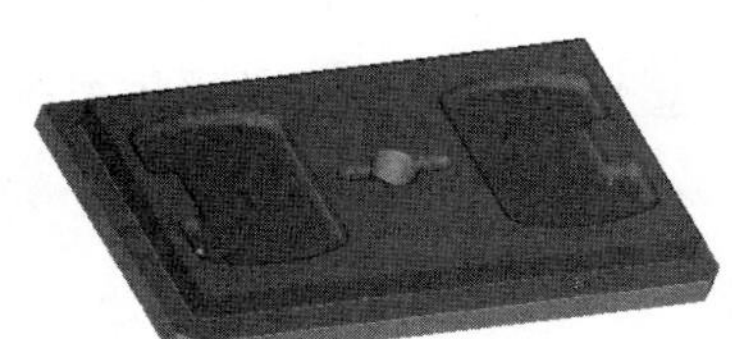

图10.1.28　2D动态仿真

Task11．创建区域轮廓铣工序（一）

Stage1．创建工序

Step1．选择下拉菜单插入(S) ➡ 工序(E)...命令，在“创建工序”对话框的类型下拉列表中选择mill_contour选项，在工序子类型区域中单击“区域轮廓铣”按钮，在程序下拉列表中选择PROGRAM选项，在刀具下拉列表中选择刀具D4R1（铣刀-5参数）选项，在几何体下拉列表中选择WORKPIECE选项，在方法下拉列表中选择MILL_FINISH选项，使用系统默认的名称。

Step2．单击确定按钮，系统弹出“区域轮廓铣”对话框。

Stage2．指定切削区域

Step1．在几何体区域中单击“选择或编辑切削区域几何体”按钮，系统弹出“切削区域”对话框。

Step2．选取如图10.1.29所示的面为切削区域（共2个面），单击确定按钮，完成切

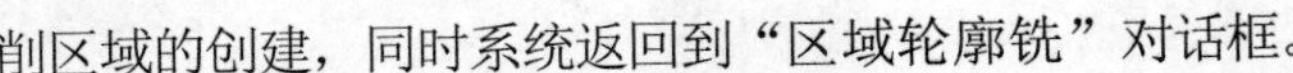

削区域的创建，同时系统返回到“区域轮廓铣”对话框。

Stage3．设置驱动方式

注：Stage 的详细操作过程请参见随书光盘中 video\ch10.01-01\reference 文件下的语音视频讲解文件 pad_mold-r04.avi。

Stage4．设置切削参数

采用系统默认的切削参数。

Stage5．设置非切削移动参数

采用系统默认的非切削移动参数。

Stage6．设置进给率和速度

Step1．在“区域轮廓铣”对话框中单击“进给率和速度”按钮，系统弹出“进给率和速度”对话框。

Step2．选中主轴速度区域中的☑ 主轴速度（rpm）复选框，在其后的文本框中输入值 3000.0，按回车键，然后单击按钮，在进给率区域的切削文本框中输入值 250.0，按回车键，然后单击按钮，其他参数采用系统默认设置值。

Step3．单击 确定 按钮，完成进给率和速度的设置，系统返回“区域轮廓铣”操作对话框。

Stage7．生成刀路轨迹并仿真

生成的刀路轨迹如图 10.1.30 所示，2D 动态仿真加工后的模型如图 10.1.31 所示。

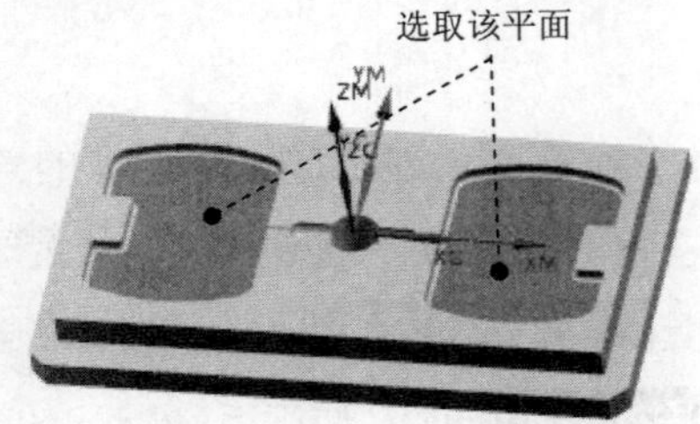

图 10.1.29　定义切削区域

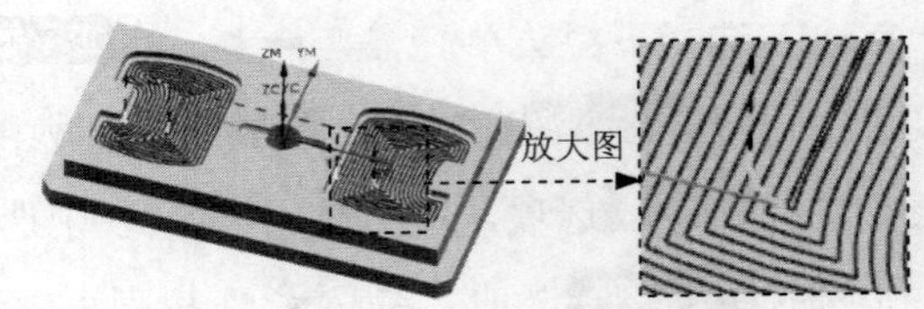

图 10.1.30　刀路轨迹

Task12．创建深度加工轮廓铣工序（一）

Stage1．创建工序

Step1．选择下拉菜单 插入(S) → 工序(E)... 命令，在“创建工序”对话框的 类型 下拉列表中选择 mill_contour 选项，在 工序子类型 区域中单击“深度轮廓加工”按钮，在 程序 下

拉列表中选择PROGRAM选项，在刀具下拉列表中选择刀具D4R1（铣刀-5 参数）选项，在几何体下拉列表中选择WORKPIECE选项，在方法下拉列表中选择MILL_FINISH选项，使用系统默认的名称。

Step2. 单击“创建工序”对话框中的确定按钮，系统弹出“深度轮廓加工”对话框。

Stage2. 指定切削区域

Step1. 在“深度轮廓加工”对话框的几何体区域中单击指定切削区域右侧的按钮，系统弹出“切削区域”对话框。

Step2. 在图形区中选取如图 10.1.32 所示的面为切削区域，然后单击“切削区域”对话框中的确定按钮，系统返回到“深度轮廓加工”对话框。

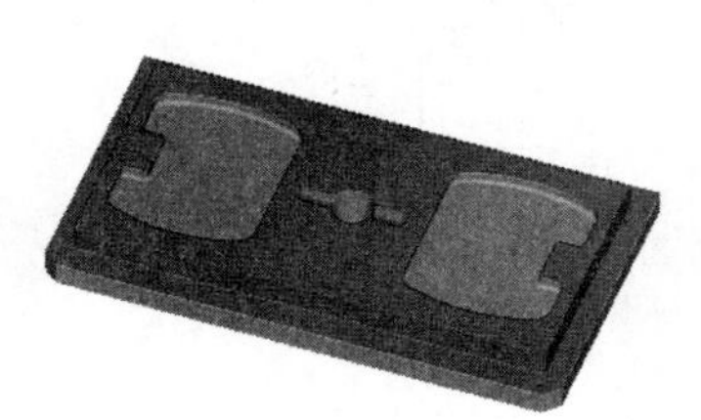

图 10.1.31 2D 动态仿真

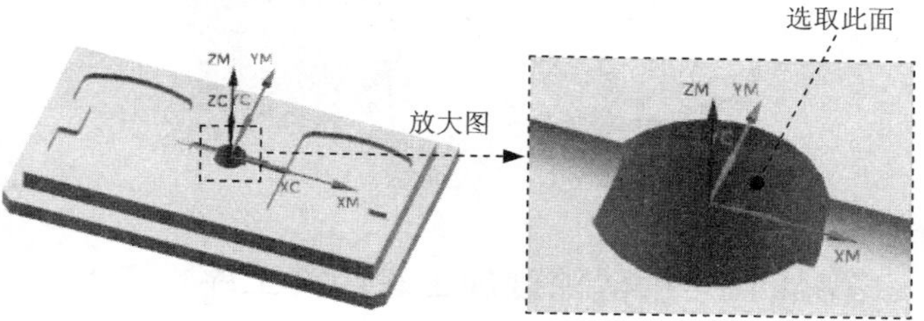

图 10.1.32 指定切削区域

Stage3. 设置一般参数

在“深度轮廓加工”对话框的合并距离文本框中输入值 3.0，在最小切削长度文本框中输入值 1.0，在公共每刀切削深度下拉列表中选择恒定选项，在最大距离文本框中输入值 0.2。

Stage4. 设置切削参数

Step1. 单击“深度轮廓加工”对话框中的“切削参数”按钮，系统弹出“切削参数”对话框。

Step2. 单击策略选项卡，在切削区域的切削方向下拉列表中选择顺铣选项，在切削顺序下拉列表中选择深度优先选项，选中☑ 在边上延伸复选框及☑ 在刀具接触点下继续切削复选框。

Step3. 单击连接选项卡，在层之间区域的层到层下拉列表中选择直接对部件进刀，其他采用系统默认参数设置值。

Step4. 单击确定按钮，完成切削参数的设置，系统返回到“深度轮廓加工”对话框。

Stage5. 设置非切削移动参数

采用系统默认的参数设置值。

Stage6. 设置进给率和速度

Step1. 在“深度轮廓加工”对话框中单击“进给率和速度”按钮，系统弹出“进给

率和速度”对话框。

Step2. 选中主轴速度区域中的☑ 主轴速度 (rpm)复选框，在其后的文本框中输入值 3000.0，按回车键，然后单击按钮，其他参数采用系统默认设置值。

Step3. 单击 确定 按钮，完成进给率和速度的设置，系统返回“深度轮廓加工”对话框。

Stage7. 生成刀路轨迹并仿真

生成的刀路轨迹如图 10.1.33 所示，2D 动态仿真加工后的模型如图 10.1.34 所示。

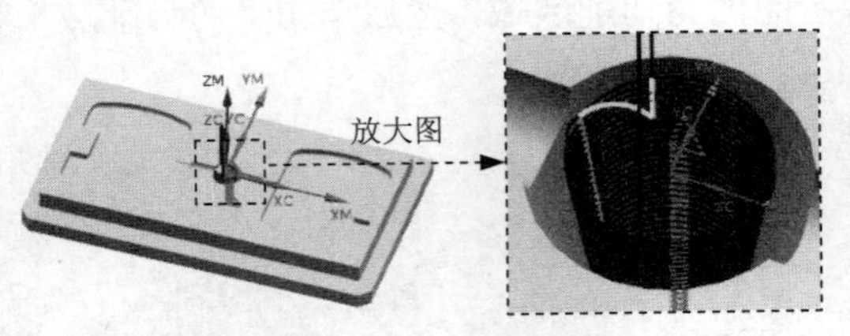

图 10.1.33 刀路轨迹

图 10.1.34 2D 动态仿真

Task13. 创建深度加工轮廓铣工序（二）

Stage1. 创建工序

Step1. 选择下拉菜单 插入(S) → 工序(E)... 命令，在“创建工序”对话框的 类型 下拉列表中选择 mill_contour 选项，在 工序子类型 区域中单击“深度轮廓加工”按钮，在 程序 下拉列表中选择 PROGRAM 选项，在 刀具 下拉列表中选择刀具 B2 (铣刀-球头铣) 选项，在 几何体 下拉列表中选择 WORKPIECE 选项，在 方法 下拉列表中选择 MILL_FINISH 选项，使用系统默认的名称。

Step2. 单击 确定 按钮，系统弹出“深度轮廓加工”对话框。

Stage2. 指定切削区域

Step1. 在“深度轮廓加工”对话框的 几何体 区域中单击 指定切削区域 右侧的按钮，系统弹出“切削区域”对话框。

Step2. 在图形区中选取如图 10.1.35 所示的面为切削区域，单击 确定 按钮，系统返回到“深度轮廓加工”对话框。

Stage3. 设置一般参数

在“深度轮廓加工”对话框的 合并距离 文本框中输入值 3.0，在 最小切削长度 文本框中输入值 1.0，在 公共每刀切削深度 下拉列表中选择 恒定 选项，在 最大距离 文本框中输入值 0.1。

Stage4. 设置切削参数

Step1. 单击“深度轮廓加工”对话框中的“切削参数”按钮，系统弹出“切削参数”

对话框。

Step2. 单击策略选项卡，在切削区域的切削方向下拉列表中选择顺铣选项，在切削顺序下拉列表中选择深度优先选项，选中☑在边上延伸复选框及☑在刀具接触点下继续切削复选框。

Step3. 单击连接选项卡，在层之间区域的层到层下拉列表中选择直接对部件进刀选项，其他采用系统默认参数设置值。

Step4. 单击确定按钮，完成切削参数的设置，系统返回到“深度轮廓加工”对话框。

Stage5. 设置非切削移动参数

采用系统默认的参数设置值。

Stage6. 设置进给率和速度

Step1. 在“深度轮廓加工”对话框中单击“进给率和速度”按钮，系统弹出“进给率和速度”对话框。

Step2. 选中主轴速度区域中的☑主轴速度（rpm）复选框，在其后的文本框中输入值5500.0，按回车键，然后单击按钮，其他参数采用系统默认设置值。

Step3. 单击确定按钮，完成进给率和速度的设置，系统返回“深度轮廓加工”对话框。

Stage7. 生成刀路轨迹并仿真

生成的刀路轨迹如图10.1.36所示，2D动态仿真加工后的模型如图10.1.37所示。

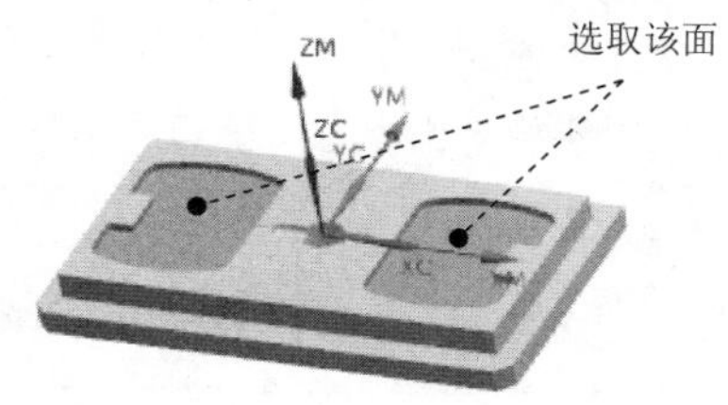

图10.1.35 选取切削区域

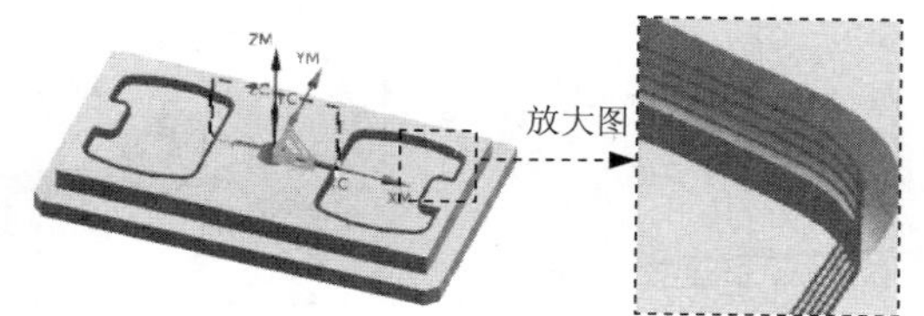

图10.1.36 刀路轨迹

Task14. 创建区域轮廓铣工序2

Stage1. 创建工序

Step1. 选择下拉菜单插入(S) → 工序(E)...命令，在“创建工序”对话框的类型下拉列表中选择mill_contour选项，在工序子类型区域中单击“区域轮廓铣”按钮，在程序下拉列表中选择PROGRAM选项，在刀具下拉列表中选择刀具B2（铣刀-球头铣）选项，在几何体下拉列表中选择WORKPIECE选项，在方法下拉列表中选择MILL_FINISH选项，使用系统默认的名称。

Step2. 单击确定按钮，系统弹出“区域轮廓铣”对话框。

Stage2．指定切削区域

Step1．在几何体区域中单击"选择或编辑切削区域几何体"按钮，系统弹出"切削区域"对话框。

Step2．选取图 10.1.38 所示的面为切削区域（共 2 个面），单击确定按钮，完成切削区域的创建，同时系统返回到"区域轮廓铣"对话框。

Stage3．设置驱动方式

Step1．在驱动方法区域中单击"编辑参数"按钮，系统弹出"区域铣削驱动方法"对话框。

Step2．设置如图 10.1.39 所示的参数，单击确定按钮，系统返回到"区域轮廓铣"对话框。

图 10.1.37　2D 动态仿真

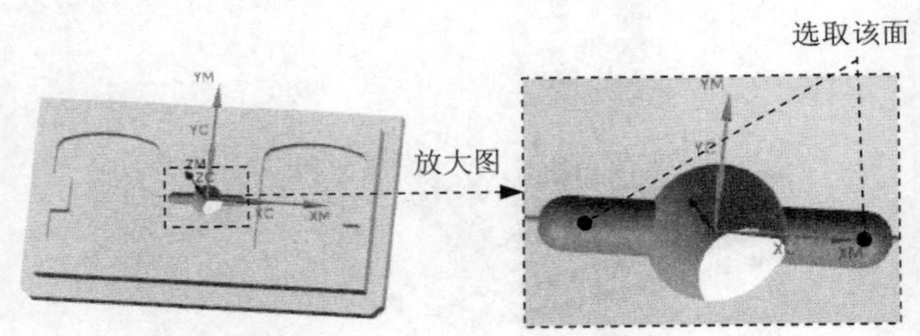

图 10.1.38　定义切削区域

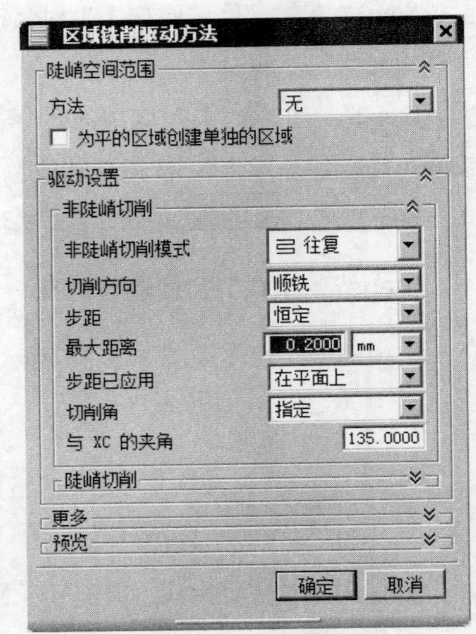

图 10.1.39　设置驱动方式

Stage4．设置切削参数

采用系统默认的切削参数。

Stage5．设置非切削移动参数

采用系统默认的非切削移动参数。

Stage6．设置进给率和速度

Step1．在"区域轮廓铣"对话框中单击"进给率和速度"按钮，系统弹出"进给率和速度"对话框。

Step2. 选中主轴速度区域中的☑ 主轴速度 (rpm)复选框，在其后的文本框中输入值 5500.0，按回车键，然后单击按钮，在进给率区域的切削文本框中输入值 200.0，按回车键，然后单击按钮，其他参数采用系统默认设置值。

Step3. 单击确定按钮，完成进给率和速度的设置，系统返回“区域轮廓铣”操作对话框。

Stage7. 生成刀路轨迹并仿真

生成的刀路轨迹如图 10.1.40 所示，2D 动态仿真加工后的模型如图 10.1.41 所示。

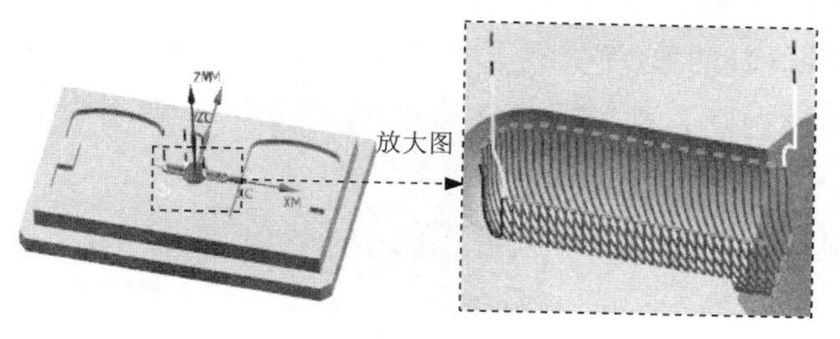

图 10.1.40 刀路轨迹

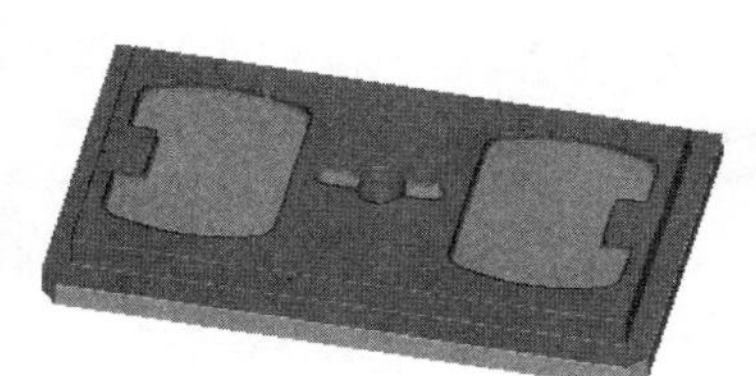

图 10.1.41 2D 动态仿真

Task15. 创建平面轮廓铣工序

Stage1. 创建工序

Step1. 选择下拉菜单插入(S) → 工序(E)...命令，系统弹出“创建工序”对话框。

Step2. 确定加工方法。在类型下拉列表中选择mill_planar选项，在工序子类型区域中单击“平面轮廓铣”按钮，在程序下拉列表中选择PROGRAM选项，在刀具下拉列表中选择B1 (铣刀-球头铣)选项，在几何体下拉列表中选择WORKPIECE选项，在方法下拉列表中选择MILL_FINISH选项，采用系统默认的名称。

Step3. 单击确定按钮，系统弹出“平面轮廓铣”对话框。

Stage2. 指定部件边界

注：本 Stage 的详细操作过程请参见随书光盘中 video\ch10.01-01\reference 文件下的语音视频讲解文件 pad_mold-r05.avi。

Stage3. 指定底面

Step1. 在“平面轮廓铣”对话框中单击按钮，系统弹出“平面”对话框，在类型下拉列表中选择自动判断选项。

Step2. 在模型上选取如图 10.1.42 所示的模型底部平面，在偏置区域的距离文本框中输入值-0.5，单击确定按钮，完成底面的指定。

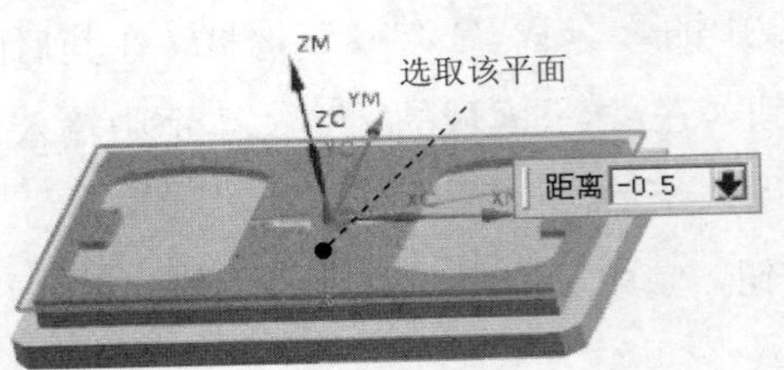

图 10.1.42　指定底面

Stage4．设置非切削移动参数

Step1．在刀轨设置区域中单击“非切削参数”按钮，系统弹出“非切削参数”对话框。

Step2．单击进刀选项卡，在封闭区域区域的斜坡角文本框中输入 1，在高度文本框中输入 1，在高度起点下拉列表中选择当前层选项，在开放区域区域的进刀类型下拉列表中选择与封闭区域相同选项。

Step3．单击退刀选项卡，在退刀类型下拉列表中选择线性选项。

Step4．单击起点/钻点选项卡，在区域起点区域的默认区域起点下拉列表中选择拐角选项。

Step5．单击确定按钮，系统返回“平面轮廓铣”对话框。

Stage5．设置进给率和速度

Step1．单击“平面轮廓铣”对话框中的“进给率和速度”按钮，系统弹出“进给率和速度”对话框。

Step2．选中主轴速度区域中的☑ 主轴速度 (rpm)复选框，在其后的文本框中输入值 6000.0，按回车键，然后单击按钮，在进给率区域的切削文本框中输入值 200.0，按回车键，然后单击按钮，其他参数采用系统默认设置值。

Step3．单击确定按钮，系统返回“平面轮廓铣”对话框。

Stage6．生成刀路轨迹并仿真

生成的刀路轨迹如图 10.1.43 所示，2D 动态仿真加工后的模型如图 10.1.44 所示。

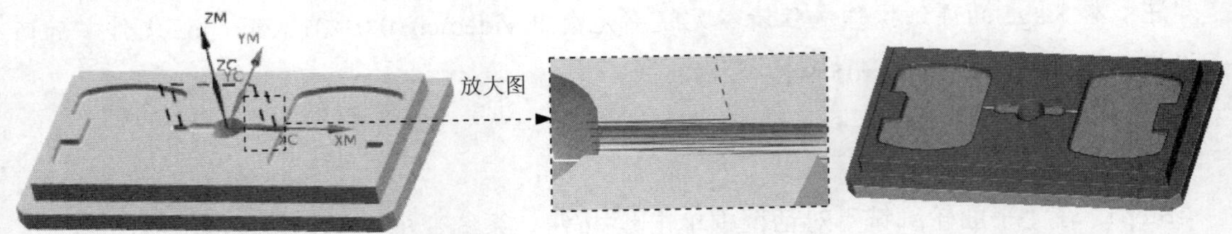

图 10.1.43　刀路轨迹　　　　图 10.1.44　2D 仿真结果

Task16．保存文件

选择下拉菜单文件(F) → 保存(S)命令，保存文件。

10.2 底座下模加工

下面以底座下模加工为例，介绍模具的一般加工操作。粗加工用于大量地去除毛坯材料；半精加工是留有一定余量的加工，同时为精加工做好准备；精加工是把毛坯件加工成目标件的最后步骤，也是关键的一步，其加工结果直接影响模具的加工质量和加工精度，所以本例对精加工的要求很高。该零件的加工工艺路线如图 10.2.1 和图 10.2.2 所示。

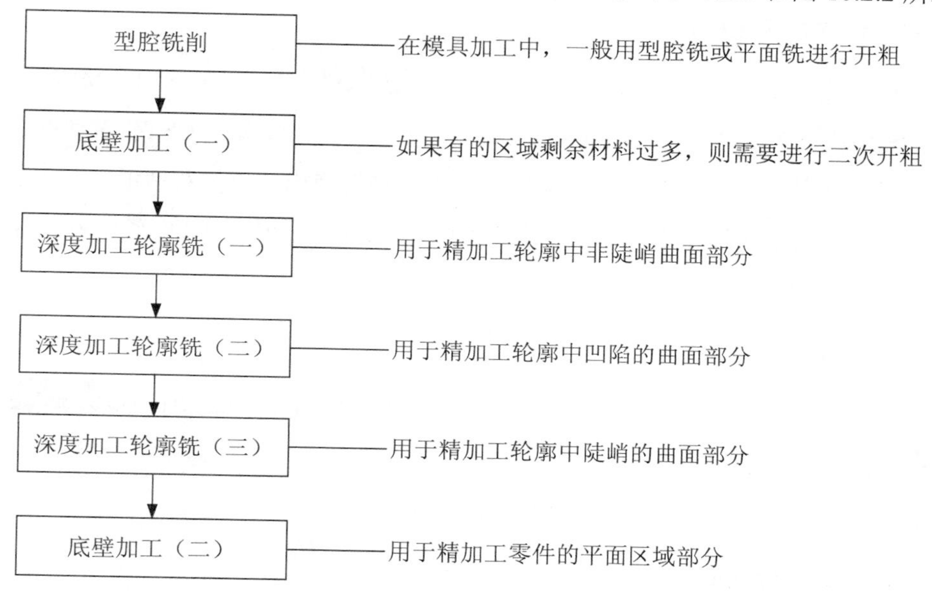

图 10.2.1 加工工艺路线（一）

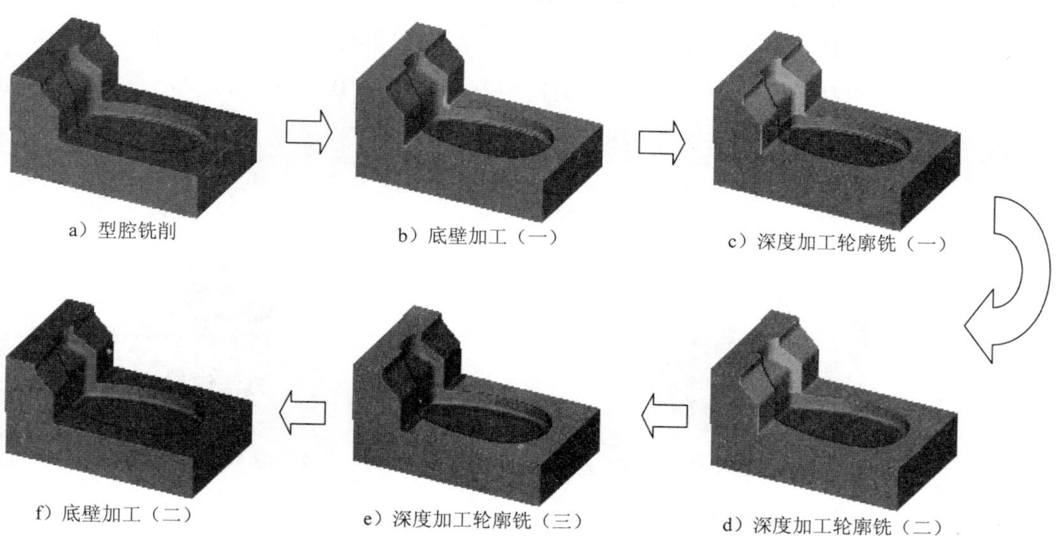

图 10.2.2 加工工艺路线（二）

Task1．打开模型文件并进入加工模块

Step1．打开模型文件 D:\ugnx90.9\work\ch10.02\base_down.prt。

Step2．进入加工环境。选择下拉菜单 启动 → 加工(R)... 命令，系统弹出“加工环境”对话框；在 CAM 会话配置 列表框中选择 cam_general 选项，在 要创建的 CAM 设置 列表框中选择 mill contour 选项，单击 确定 按钮，进入加工环境。

Task2．创建几何体

Stage1．创建机床坐标系

Step1．将工序导航器调整到几何视图，双击 MCS_MILL 节点，系统弹出“MCS 铣削”对话框，在 机床坐标系 区域中单击“CSYS 对话框”按钮，系统弹出 CSYS 对话框。

Step2．单击 操控器 区域中的“操控器”按钮，系统弹出“点”对话框；在 Z 文本框中输入值 65.0，单击 确定 按钮，此时系统返回至 CSYS 对话框；单击 确定 按钮，完成如图 10.2.3 所示的机床坐标系的创建。

Stage2．创建安全平面

Step1．在“MCS 铣削”对话框 安全设置 区域的 安全设置选项 下拉列表中选择 自动平面 选项，在 安全距离 文本框中输入值 10。

Step2．单击 确定 按钮，完成安全平面的创建。

Stage3．创建部件几何体

Step1．在工序导航器中双击 MCS_MILL 节点下的 WORKPIECE，系统弹出“工件”对话框。

Step2．选取部件几何体。单击 按钮，系统弹出“部件几何体”对话框。

Step3．在图形区中选择整个零件为部件几何体，如图 10.2.4 所示。单击 确定 按钮，完成部件几何体的创建，同时系统返回到“工件”对话框。

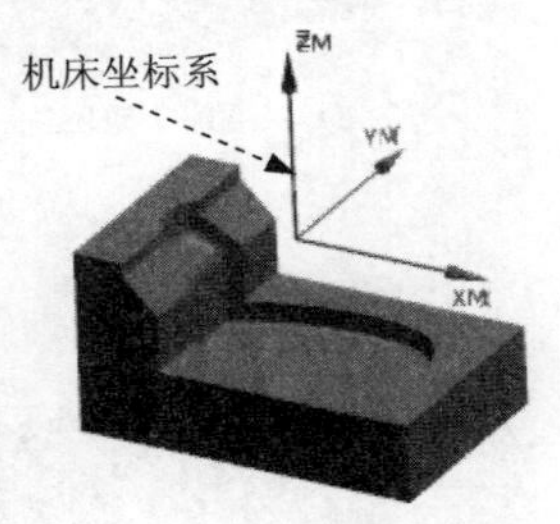

图 10.2.3　创建机床坐标系

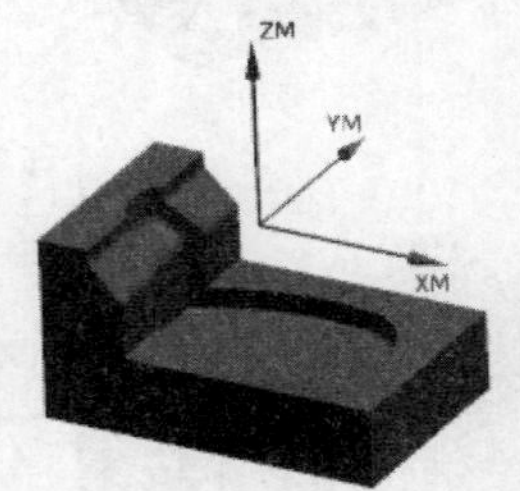

图 10.2.4　部件几何体

Stage4．创建毛坯几何体

Step1．在“工件”对话框中单击 按钮，系统弹出“毛坯几何体”对话框。

Step2. 在类型下拉列表中选择包容块选项，在极限区域的ZM+文本框中输入值 10.0。

Step3. 单击确定按钮，系统返回到“工件”对话框，完成如图 10.2.5 所示的毛坯几何体的创建。

Step4. 单击确定按钮。

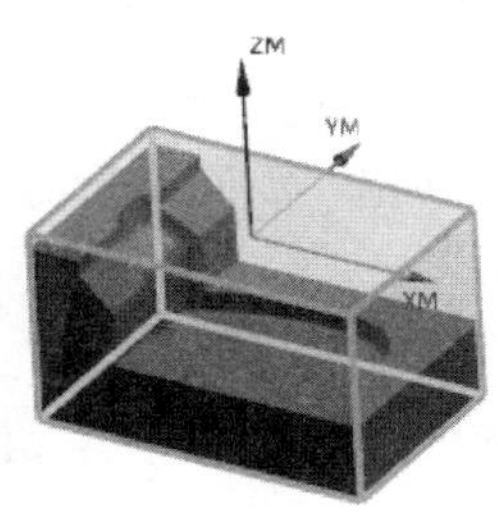

图 10.2.5 毛坯几何体

Task3. 创建刀具

Stage1. 创建刀具（一）

Step1. 将工序导航器调整到机床视图。

Step2. 选择下拉菜单插入(S) → 刀具(T)...命令，系统弹出“创建刀具”对话框。

Step3. 在类型下拉列表中选择mill contour选项，在刀具子类型区域中单击“MILL”按钮，在位置区域的刀具下拉列表中选择GENERIC_MACHINE选项，在名称文本框中输入 D24；单击确定按钮，系统弹出“铣刀-5 参数”对话框。

Step4. 在(D) 直径文本框中输入值 24.0，在编号区域的刀具号、补偿寄存器、刀具补偿寄存器文本框中均输入值 1，其他参数采用系统默认设置值，单击确定按钮，完成刀具的创建。

Stage2. 创建刀具（二）

设置刀具类型为mill contour，设置刀具子类型为 MILL，刀具名称为 D12R2，刀具(D) 直径为 12.0，(R1) 下半径为 2.0，在编号区域的刀具号、补偿寄存器、刀具补偿寄存器文本框中均输入值 2；具体操作方法参照 Stage1。

Stage3. 创建刀具（三）

设置刀具类型为mill contour，设置刀具子类型为 MILL，刀具名称为 D10R2，刀具(D) 直径为 10.0，(R1) 下半径为 2.0，在编号区域的刀具号、补偿寄存器、刀具补偿寄存器文本框中均输入值 3。

Task4. 创建型腔铣削操作

Stage1. 创建工序

Step1. 将工序导航器调整到程序顺序视图。

Step2. 选择下拉菜单 插入(S) → 工序(E)... 命令，在“创建工序”对话框的 类型 下拉列表中选择 mill_contour 选项，在 工序子类型 区域中单击“型腔铣”按钮，在 程序 下拉列表中选择 PROGRAM 选项，在 刀具 下拉列表中选择前面设置的刀具 D24 (铣刀-5 参数) 选项，在 几何体 下拉列表中选择 WORKPIECE 选项，在 方法 下拉列表中选择 MILL ROUGH 选项，使用系统默认的名称。

Step3. 单击 确定 按钮，系统弹出“型腔铣”对话框。

Stage2. 设置一般参数

在“型腔铣”对话框的 切削模式 下拉列表中选择 跟随部件 选项；在 步距 下拉列表中选择 刀具平直百分比 选项，在 平面直径百分比 文本框中输入值 50.0；在 公共每刀切削深度 下拉列表中选择 恒定 选项，在 最大距离 文本框中输入值 1.0。

Stage3. 设置切削参数

Step1. 在 刀轨设置 区域中单击“切削参数”按钮，系统弹出“切削参数”对话框。

Step2. 单击 连接 选项卡，在 开放刀路 下拉列表中选择 变换切削方向 选项；单击 空间范围 选项卡，在 毛坯 区域的 修剪方式 下拉列表中选择 轮廓线 选项，其他参数采用系统默认设置值。

Step3. 单击 确定 按钮，系统返回到“型腔铣”对话框。

Stage4. 设置非切削移动参数

Step1. 在“型腔铣”对话框中单击“非切削移动”按钮，系统弹出“非切削移动”对话框。

Step2. 单击 进刀 选项卡，在 进刀类型 下拉列表中选择 沿形状斜进刀 选项，在 封闭区域 区域中的 斜坡角 文本框中输入值 3.0，其他参数采用系统默认设置值，单击 确定 按钮，完成非切削移动参数的设置。

Stage5. 设置进给率和速度

Step1. 在“型腔铣”对话框中单击“进给率和速度”按钮，系统弹出“进给率和速度”对话框。

Step2. 选中 主轴速度 区域中的 ☑ 主轴速度 (rpm) 复选框，在其后的文本框中输入值 500.0，按回车键，然后单击按钮；在 进给率 区域的 切削 文本框中输入值 200.0，按回车键，然后单击按钮，其他参数采用系统默认设置值。

Step3. 单击 确定 按钮，完成进给率和速度的设置，系统返回到“型腔铣”操作对话框。

Stage6．生成刀路轨迹并仿真

生成的刀路轨迹如图 10.2.6 所示，2D 动态仿真加工后的模型如图 10.2.7 所示。

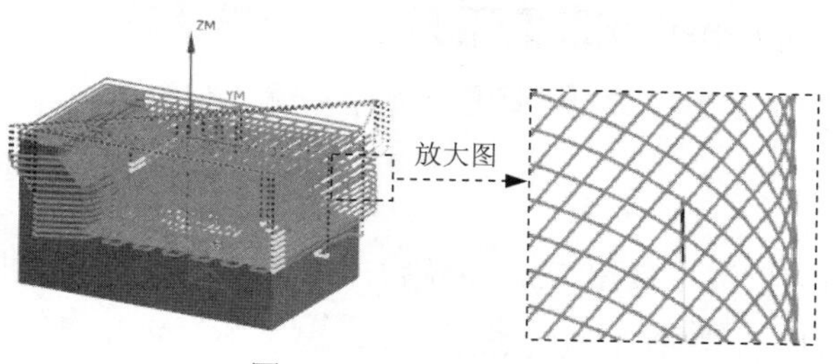

图 10.2.6 刀路轨迹

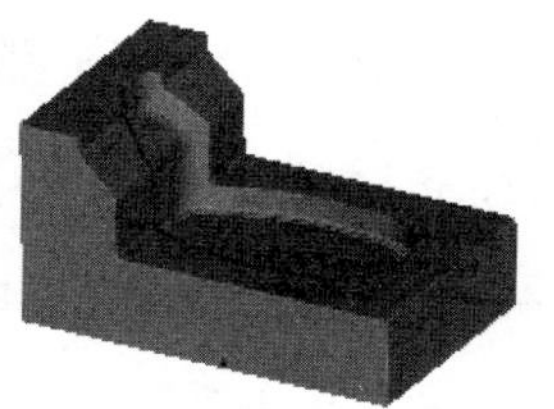

图 10.2.7 2D 仿真结果

Task5．创建底壁加工操作（一）

Stage1．创建工序

Step1．选择下拉菜单 插入(S) → 工序(E)... 命令，系统弹出“创建工序”对话框。

Step2．确定加工方法。在类型下拉列表中选择mill_planar选项，在工序子类型区域中单击“底壁加工”按钮，在 程序 下拉列表中选择 PROGRAM 选项，在 刀具 下拉列表中选择 D24（铣刀-5 参数）选项，在 几何体 下拉列表中选择 WORKPIECE 选项，在 方法 下拉列表中选择 MILL_SEMI_FINISH 选项，采用系统默认的名称。

Step3．单击 确定 按钮，系统弹出“底壁加工”对话框。

Stage2．指定切削区域

Step1．在“底壁加工”对话框的几何体区域中单击“选择或编辑切削区域几何体”按钮，系统弹出“切削区域”对话框。

Step2．选取如图 10.2.8 所示的面为切削区域（共 2 个面），单击 确定 按钮，完成切削区域的创建，同时系统返回到“底壁加工”对话框。

Stage3．指定壁几何体

在“底壁加工”对话框的几何体区域中选中 ☑ 自动壁 复选框，单击指定壁几何体右侧的“显示”按钮，结果如图 10.2.9 所示。

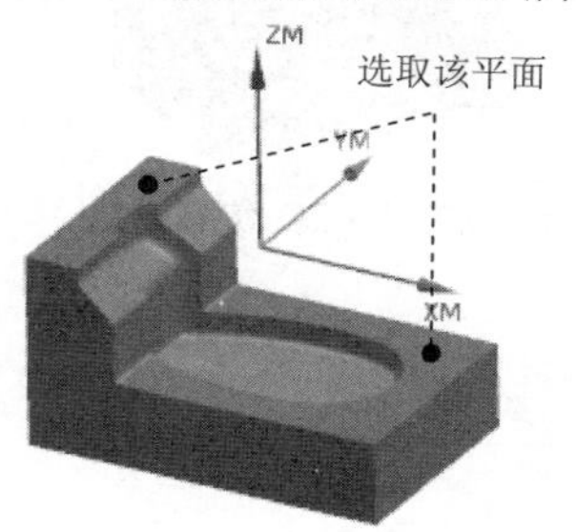

图 10.2.8 指定切削区域

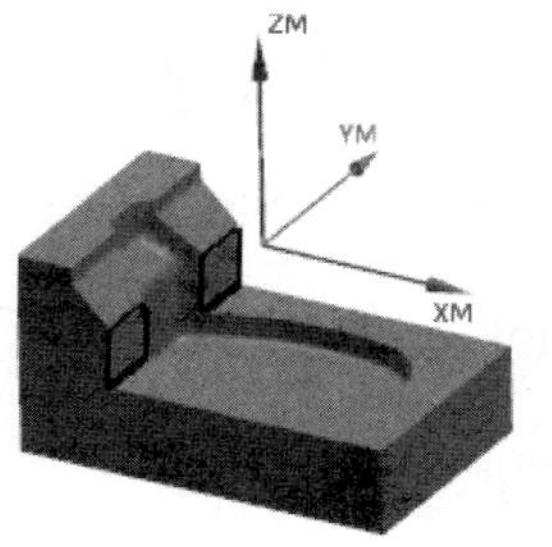

图 10.2.9 指定壁几何体

Stage4．设置刀具路径参数

Step1．创建切削模式。在刀轨设置区域的切削模式下拉列表中选择往复选项。

Step2．创建步进方式。在步距下拉列表中选择刀具平直百分比选项，在平面直径百分比文本框中输入值 75.0；在底面毛坯厚度文本框中输入值 1，在每刀深度文本框中输入值 0.0。

Stage5．设置切削参数

Step1．在刀轨设置区域中单击“切削参数”按钮，系统弹出“切削参数”对话框。

Step2．单击策略选项卡，在切削区域的切削角下拉列表中选择自动选项；单击更多选项卡，然后在原有的区域的壁清理下拉列表中选择在终点选项；单击余量选项卡，在壁余量文本框中输入值 2，在最终底面余量文本框中输入值 0.2；单击拐角选项卡，在拐角处的刀轨形状区域的凸角下拉列表中选择延伸并修剪选项，单击确定按钮，系统返回到“底壁加工”对话框。

Stage6．设置非切削移动参数

各参数采用系统默认设置值。

Stage7．设置进给率和速度

Step1．单击“底壁加工”对话框中的“进给率和速度”按钮，系统弹出“进给率和速度”对话框。

Step2．选中主轴速度区域中的☑ 主轴速度（rpm）复选框，在其后的文本框中输入值 800.0，按回车键，然后单击按钮；在进给率区域的切削文本框中输入值 250.0，按回车键，然后单击按钮，其他参数采用系统默认设置值。

Step3．单击确定按钮，系统返回“底壁加工”对话框。

Stage8．生成刀路轨迹并仿真

生成的刀路轨迹如图 10.2.10 所示，2D 动态仿真加工后的模型如图 10.2.11 所示。

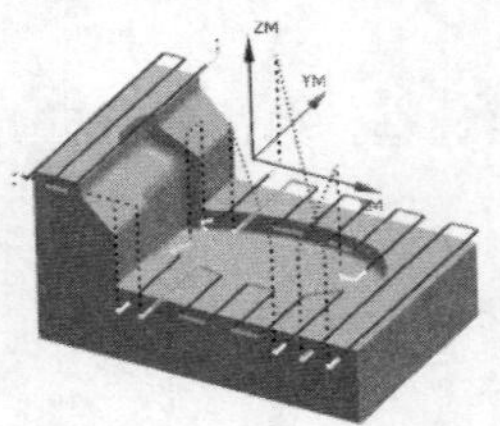

图 10.2.10　刀路轨迹

图 10.2.11　2D 仿真结果

Task6．创建深度加工轮廓铣操作（一）

Stage1．创建工序

Step1．选择下拉菜单插入(S) ➡ 工序(E)... 命令，在“创建工序”对话框中的类型

下拉列表中选择mill_contour选项，在工序子类型区域中单击“深度轮廓加工”按钮，在程序下拉列表中选择PROGRAM选项，在刀具下拉列表中选择刀具D12R2（铣刀-5 参数）选项，在几何体下拉列表中选择WORKPIECE选项，在方法下拉列表中选择MILL_SEMI_FINISH选项，使用系统默认的名称。

Step2. 单击确定按钮，系统弹出“深度轮廓加工”对话框。

Stage2. 指定切削区域

Step1. 在“深度轮廓加工”对话框的几何体区域中单击指定切削区域右侧的按钮，系统弹出“切削区域”对话框。

Step2. 在图形区中选取图 10.2.12 所示的面（共 23 个）为切削区域，单击确定按钮，系统返回到“深度轮廓加工”对话框。

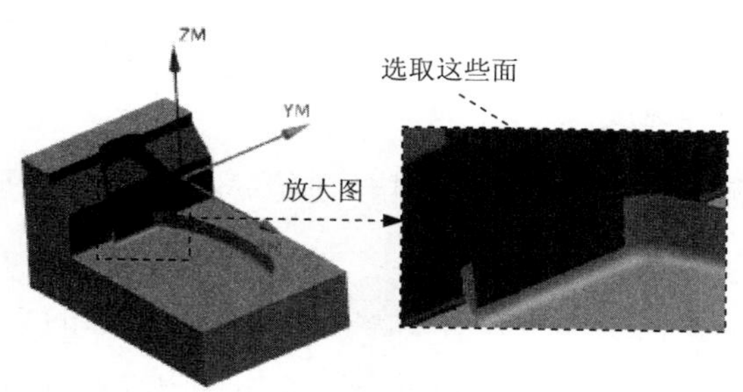

图 10.2.12　指定切削区域

Stage3. 设置一般参数

在“深度轮廓加工”对话框的合并距离文本框中输入值 3.0，在最小切削长度文本框中输入值 1.0，在每刀的公共深度下拉列表中选择恒定选项，在最大距离文本框中输入值 0.5。

Stage4. 设置切削层

Step1. 单击“深度轮廓加工”对话框中的“切削层”按钮，系统弹出“切削层”对话框。

Step2. 在范围 1 的顶部区域的ZC文本框中输入值 67，在范围定义区域的范围深度文本框中输入值 67，单击确定按钮，系统返回到“深度轮廓加工”对话框。

Stage5. 设置切削参数

Step1. 单击“深度轮廓加工”对话框中的“切削参数”按钮，系统弹出“切削参数”对话框。

Step2. 单击策略选项卡，在切削区域的切削方向下拉列表中选择混合选项，在延伸刀轨区域中选中☑ 在边上延伸复选框，然后在距离文本框中输入值 2，并在其后的下拉列表中选择mm

选项。

Step3. 单击 确定 按钮，完成切削参数的设置，系统返回到“深度轮廓加工”对话框。

Stage6. 设置非切削移动参数

Step1. 单击“深度轮廓加工”对话框中的“非切削移动”按钮，系统弹出“非切削移动”对话框。

Step2. 单击 进刀 选项卡，在 开放区域 区域的 高度 文本框中输入 0，其他参数采用系统默认设置值。

Step3. 单击 转移/快速 选项卡，在 区域内 区域的 转移类型 下拉列表中选择 直接 选项，其他参数采用系统默认设置值。

Step4. 单击 确定 按钮，完成非切削移动参数的设置，系统返回到“深度轮廓加工”对话框。

Stage7. 设置进给率和速度

Step1. 在“深度轮廓加工”对话框中单击“进给率和速度”按钮，系统弹出“进给率和速度”对话框。

Step2. 选中 主轴速度 区域中的 ☑ 主轴速度 (rpm) 复选框，在其后的文本框中输入值 1000.0，按回车键，然后单击按钮；在 进给率 区域的 切削 文本框中输入值 300.0，按回车键，然后单击按钮，其他参数采用系统默认设置值。

Step3. 单击 确定 按钮，完成进给率和速度的设置，系统返回到“深度轮廓加工”对话框。

Stage8. 生成刀路轨迹并仿真

生成的刀路轨迹如图 10.2.13 所示，2D 动态仿真加工后的模型如图 10.2.14 所示。

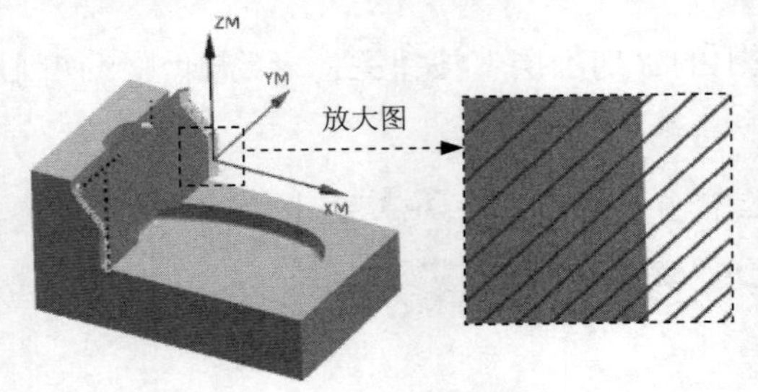

图 10.2.13　刀路轨迹

图 10.2.14　2D 仿真结果

Task7. 创建深度加工轮廓铣操作（二）

Stage1. 创建工序

Step1. 选择下拉菜单 插入(S) → 工序(E)... 命令，在“创建工序”对话框的 类型 下拉列表中选择mill_contour选项，在工序子类型区域中单击“深度轮廓加工”按钮，在程序下拉列表中选择PROGRAM选项，在刀具下拉列表中选择刀具D12R2（铣刀-5 参数）选项，在几何体下拉列表中选择WORKPIECE选项，在方法下拉列表中选择MILL_SEMI_FINISH选项，使用系统默认的名称。

Step2. 单击确定按钮，系统弹出“深度轮廓加工”对话框。

Stage2. 指定切削区域

Step1. 在“深度轮廓加工”对话框的几何体区域中单击指定切削区域右侧的按钮，系统弹出“切削区域”对话框。

Step2. 在图形区中选取图 10.2.15 所示的面（共 11 个）为切削区域，然后单击确定按钮，系统返回到“深度轮廓加工”对话框。

Stage3. 设置一般参数

在“深度轮廓加工”对话框的合并距离文本框中输入值 3.0，在最小切削长度文本框中输入值 1.0，在公共每刀切削深度下拉列表中选择恒定选项，在最大距离文本框中输入值 0.5。

Stage4. 设置切削层

Step1. 单击“深度轮廓加工”对话框中的“切削层”按钮，系统弹出“切削层”对话框。

Step2. 激活范围 1 的顶部区域的选择对象选项，在图形区选择如图 10.2.16 所示的面，单击确定按钮，系统返回到“深度轮廓加工”对话框。

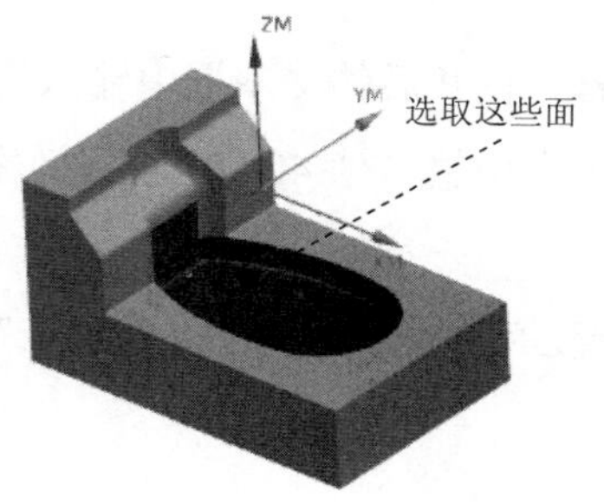

图 10.2.15 指定切削区域

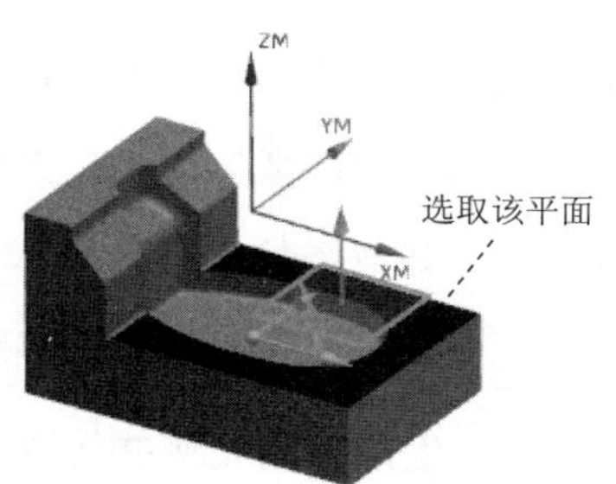

图 10.2.16 选取参照面

Stage5. 设置切削参数

Step1. 单击“深度轮廓加工”对话框中的“切削参数”按钮，系统弹出“切削参数”对话框。

Step2. 单击连接选项卡，在层到层下拉列表中选择直接对部件进刀选项，然后选中☑ 在层之间切削复选框；在步距下拉列表中选择刀具平直百分比选项，在平面直径百分比文本框中输入值 40.0。

Step3. 单击确定按钮，完成切削参数的设置，系统返回到“深度轮廓加工”对话框。

Stage6．设置非切削移动参数

Step1．单击“深度轮廓加工”对话框中的“非切削移动”按钮，系统弹出“非切削移动”对话框。

Step2．单击起点/钻点选项卡，在选择点区域单击“点对话框”按钮，系统弹出“点”对话框。然后在图形区选取如图 10.2.17 所示的点，单击确定按钮，系统返回“非切削移动”对话框。

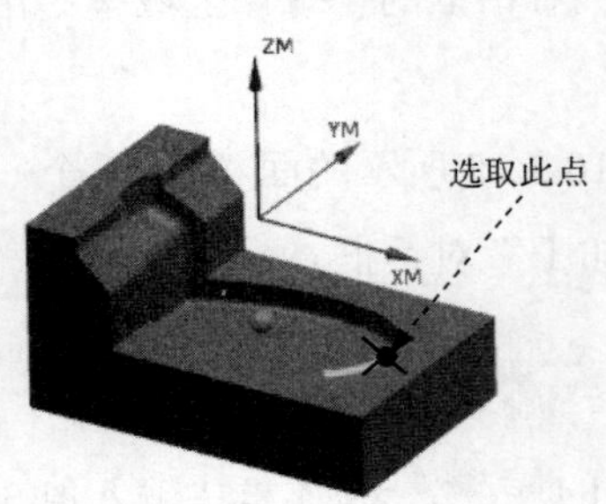

图 10.2.17　选取参照点

Step3．单击确定按钮，完成非切削移动参数的设置，系统返回到“深度轮廓加工”对话框。

Stage7．设置进给率和速度

Step1．在“深度轮廓加工”对话框中单击“进给率和速度”按钮，系统弹出“进给率和速度”对话框。

Step2．选中主轴速度区域中的☑ 主轴速度（rpm）复选框，在其后的文本框中输入值 1000.0，按回车键，然后单击按钮；在进给率区域的切削文本框中输入值 400.0，按回车键，然后单击按钮，其他参数采用系统默认设置值。

Step3．单击确定按钮，完成进给率和速度的设置，系统返回“深度轮廓加工”对话框。

Stage8．生成刀路轨迹并仿真

生成的刀路轨迹如图 10.2.18 所示，2D 动态仿真加工后的模型如图 10.2.19 所示。

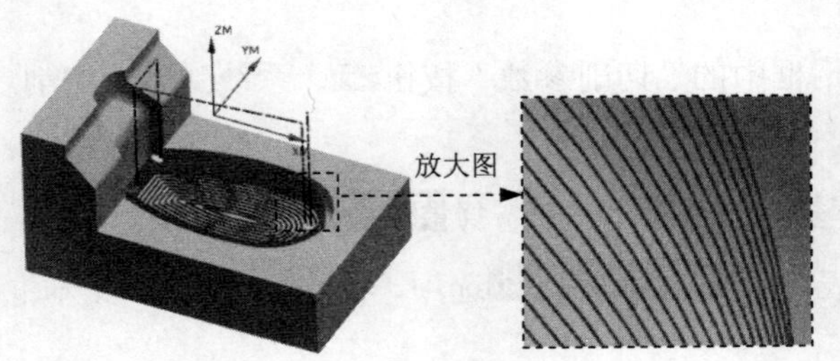

图 10.2.18　刀路轨迹

图 10.2.19　2D 仿真结果

Task8. 创建深度加工轮廓铣操作（三）

Stage1. 创建工序

Step1. 选择下拉菜单 插入(S) → 工序(E)... 命令，在“创建工序”对话框的 类型 下拉列表中选择 mill_contour 选项，在 工序子类型 区域中单击“深度轮廓加工”按钮，在 程序 下拉列表中选择 PROGRAM 选项，在 刀具 下拉列表中选择刀具 D10R2（铣刀-5 参数）选项，在 几何体 下拉列表中选择 WORKPIECE 选项，在 方法 下拉列表中选择 MILL_FINISH 选项，使用系统默认的名称。

Step2. 单击 确定 按钮，系统弹出“深度轮廓加工”对话框。

Stage2. 指定修剪边界

Step1. 在“深度轮廓加工”对话框的 几何体 区域中单击 指定修剪边界 右侧的按钮，系统弹出“修剪边界”对话框。

Step2. 在 修剪侧 区域中选中 ⊙ 外部 单选按钮，然后在图形区中选取如图 10.2.20 所示的面；单击 确定 按钮，系统返回到“深度轮廓加工”对话框。

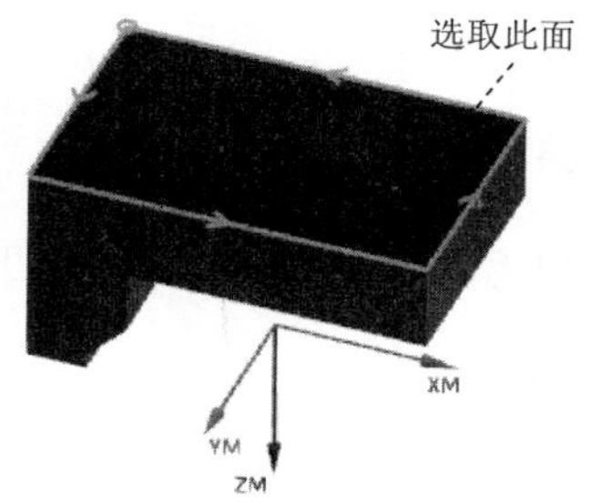

图 10.2.20　指定修剪边界

Stage3. 设置一般参数

在“深度轮廓加工”对话框的 合并距离 文本框中输入值 3.0，在 最小切削长度 文本框中输入值 1.0，在 公共每刀切削深度 下拉列表中选择 恒定 选项，在 最大距离 文本框中输入值 0.2。

Stage4. 设置切削参数

Step1. 单击“深度轮廓加工”对话框中的“切削参数”按钮，系统弹出“切削参数”对话框。

Step2. 单击 策略 选项卡，在 切削 区域的 切削顺序 下拉列表中选择 始终深度优先 选项；在 延伸刀轨 区域中选中 ☑ 在边上延伸 复选框，在 距离 文本框中输入值 2，并在其后的下拉列表中选择 mm 选项，选中 ☑ 在刀具接触点下继续切削 复选框。

Step3. 单击 余量 选项卡，在 公差 区域的 内公差 和 外公差 文本框中分别输入值 0.005，其他参数采用系统默认设置值。

Step4. 单击连接选项卡，在层到层下拉列表中选择沿部件斜进刀选项，在斜坡角文本框中输入值 15，其他参数采用系统默认设置值。

Step5. 单击确定按钮，完成切削参数的设置，系统返回到“深度轮廓加工”对话框。

Stage5. 设置非切削移动参数

采用系统默认的非切削移动参数值。

Stage6. 设置进给率和速度

Step1. 在“深度轮廓加工”对话框中单击“进给率和速度”按钮，系统弹出“进给率和速度”对话框。

Step2. 选中主轴速度区域中的☑ 主轴速度 (rpm)复选框，在其后的文本框中输入值 2000.0，按回车键，然后单击按钮；在进给率区域的切削文本框中输入值 400.0，按回车键，然后单击按钮，其他参数采用系统默认的设置值。

Step3. 单击确定按钮，完成进给率和速度的设置，系统返回“深度轮廓加工”对话框。

Stage7. 生成刀路轨迹并仿真

生成的刀路轨迹如图 10.2.21 所示，2D 动态仿真加工后的模型如图 10.2.22 所示。

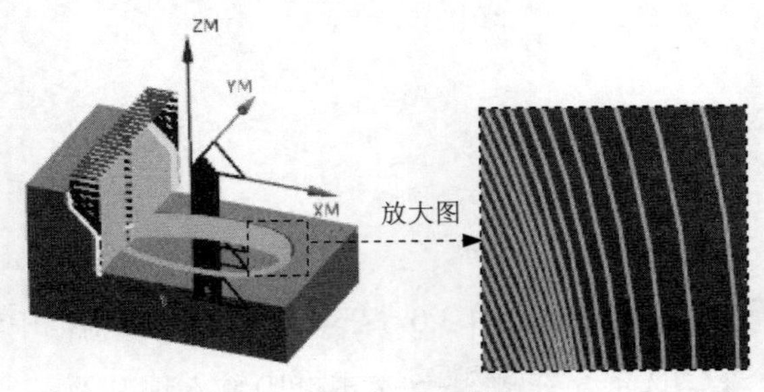

图 10.2.21　刀路轨迹

图 10.2.22　2D 仿真结果

Task9. 创建底壁加工操作（二）

Stage1. 创建工序

Step1. 选择下拉菜单插入(S) → 工序(E)...命令，系统弹出“创建工序”对话框。

Step2. 确定加工方法。在“创建工序”对话框的类型下拉列表中选择mill_planar选项，在工序子类型区域中单击“底壁加工”按钮，在刀具下拉列表中选择D10R2 (铣刀-5 参数)选项，在几何体下拉列表中选择WORKPIECE选项，在方法下拉列表中选择MILL_FINISH选项，采用系统默认的名称。

Step3. 单击确定按钮，系统弹出“底壁加工”对话框。

Stage2. 指定切削区域

Step1. 在“底壁加工”对话框的几何体区域中单击“选择或编辑切削区域几何体”按钮，系统弹出“切削区域”对话框。

Step2. 选取如图 10.2.23 所示的面为切削区域（共 3 个面），单击确定按钮，完成切削区域的创建，同时系统返回到“底壁加工”对话框。

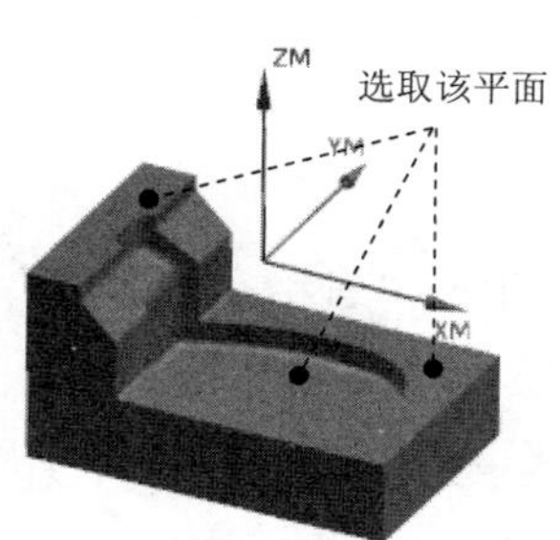

图 10.2.23 指定切削区域

Stage3. 指定壁几何体

在“底壁加工”对话框的几何体区域中选中☑ 自动壁复选框，单击指定壁几何体右侧的“显示”按钮，结果如图 10.2.24 所示。

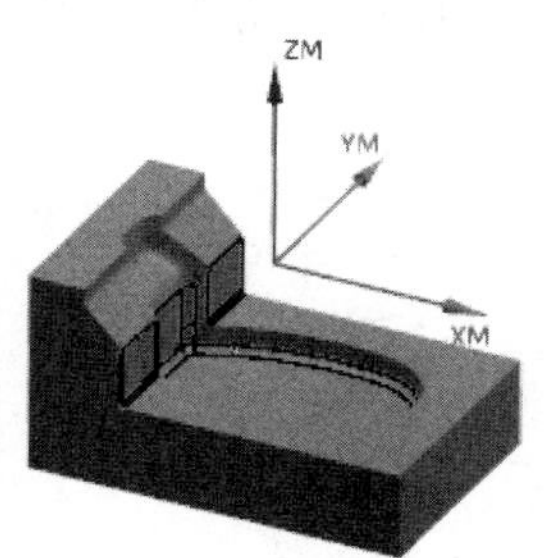

图 10.2.24 指定壁几何体

Stage4. 设置刀具路径参数

Step1. 创建切削模式。在刀轨设置区域的切削模式下拉列表中选择跟随周边选项。

Step2. 创建步进方式。在步距下拉列表中选择刀具平直百分比选项，在平面直径百分比文本框中输入值 40.0；在底面毛坯厚度文本框中输入值 1，在每刀切削深度文本框中输入值 0.0。

Stage5. 设置切削参数

Step1. 在刀轨设置区域中单击“切削参数”按钮，系统弹出“切削参数”对话框。

Step2. 单击策略选项卡，在原有的区域的壁清理下拉列表中选择在终点选项；在精加工刀路区域中选中☑ 添加精加工刀路复选框；单击确定按钮，完成切削参数的设置。

Stage6．设置非切削移动参数

Step1．在“底壁加工”对话框中单击“非切削移动”按钮，系统弹出“非切削移动”对话框。

Step2．单击进刀选项卡，在进刀类型下拉列表中选择沿形状斜进刀选项，在封闭区域区域中的斜坡角文本框中输入值 3.0，其他参数采用系统默认设置值；单击确定按钮，完成非切削移动参数的设置。

Stage7．设置进给率和速度

Step1．单击“底壁加工”对话框中的“进给率和速度”按钮，系统弹出“进给率和速度”对话框。

Step2．选中主轴速度区域中的☑ 主轴速度（rpm）复选框，在其后的文本框中输入值 2000.0，按回车键，然后单击按钮；在进给率区域的切削文本框中输入值 400.0，按回车键，然后单击按钮，其他参数采用系统默认的设置值。

Step3．单击确定按钮，系统返回“底壁加工”对话框。

Stage8．生成刀路轨迹并仿真

生成的刀路轨迹如图 10.2.25 所示，2D 动态仿真加工后的模型如图 10.2.26 所示。

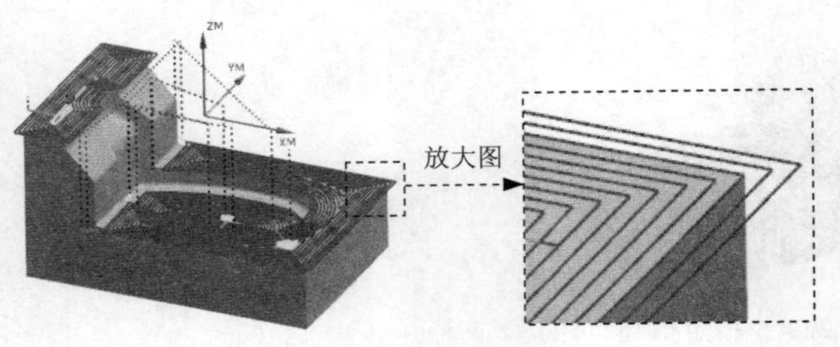

图 10.2.25　刀路轨迹

图 10.2.26　2D 仿真结果

Task10．保存文件

选择下拉菜单文件(F) → 保存(S)命令，保存文件。

10.3　面板凸模加工

下面以面板凸模为例介绍模具零件的一般加工方法，该零件的加工工艺路线如图 10.3.1 和图 10.3.2 所示。

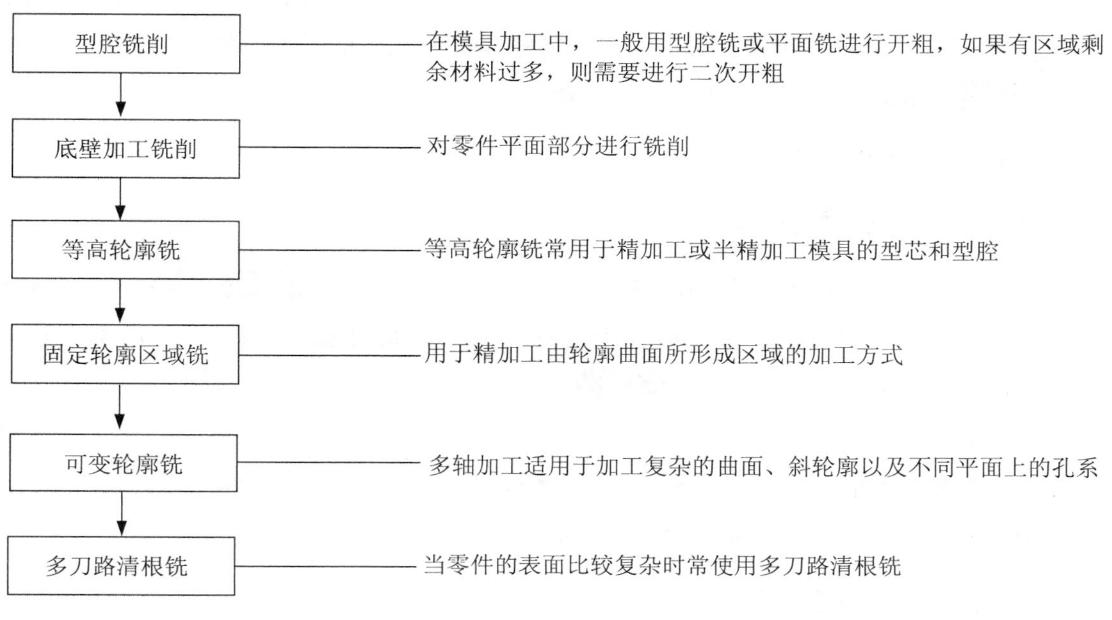

图 10.3.1 加工工艺路线（一）

a）型腔铣（一）　b）型腔铣（二）　c）底壁加工铣削（一）

d）底壁加工铣削（二）　e）等高轮廓铣　f）固定轮廓区域铣

g）底壁加工铣削（三）　h）可变轮廓铣　i）多刀路清根铣

图 10.3.2 加工工艺路线（二）

Task1．打开模型文件并进入加工模块

Step1．打开模型文件 D:\ugnx90.9\work\ch10.03\panel_mold_core.prt。

Step2. 进入加工环境。选择下拉菜单 启动 → 加工(R)... 命令，系统弹出“加工环境”对话框；在 CAM 会话配置 列表框中选择 cam_general 选项，在 要创建的 CAM 设置 列表框中选择 mill contour 选项，单击 确定 按钮，进入加工环境。

Task2. 创建几何体

Stage1. 创建机床坐标系

Step1. 将工序导航器调整到几何视图，双击坐标系节点 MCS_MILL，系统弹出“MCS 铣削”对话框，在 机床坐标系 区域中单击“CSYS 对话框”按钮，系统弹出 CSYS 对话框。

Step2. 在 类型 下拉列表中选择 动态 选项。

Step3. 单击 操控器 区域中的“操控器”按钮，在“点”对话框的 X 文本框中输入值 -110.0，在 Y 文本框中输入值 57.5，在 Z 文本框中输入值 30.0，单击两次 确定 按钮，完成机床坐标系的创建，结果如图 10.3.3 所示。

Stage2. 创建安全平面

Step1. 在“MCS 铣削”对话框 安全设置 区域的 安全设置选项 下拉列表中选择 平面 选项，单击“平面对话框”按钮，系统弹出“平面”对话框。

Step2. 在 类型 区域的下拉列表中选择 按某一距离 选项，在 平面参考 区域中单击按钮，选取如图 10.3.3 所示的平面为对象平面；在 偏置 区域的 距离 文本框中输入值为 40，并按回车键确认，单击 确定 按钮，系统返回到“MCS 铣削”对话框，完成如图 10.3.4 所示安全平面的创建。

Step3. 单击 确定 按钮。

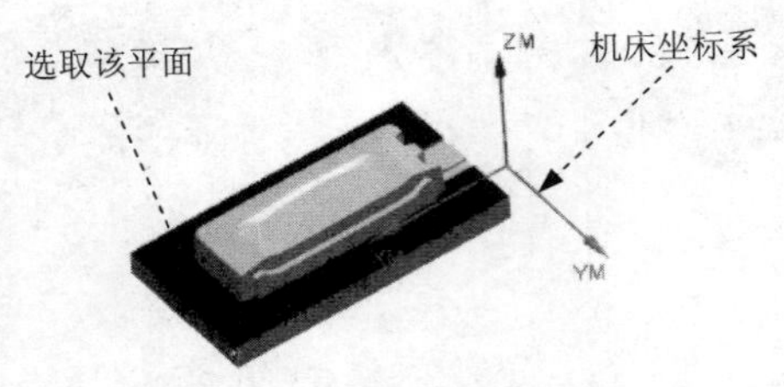

图 10.3.3 创建机床坐标系

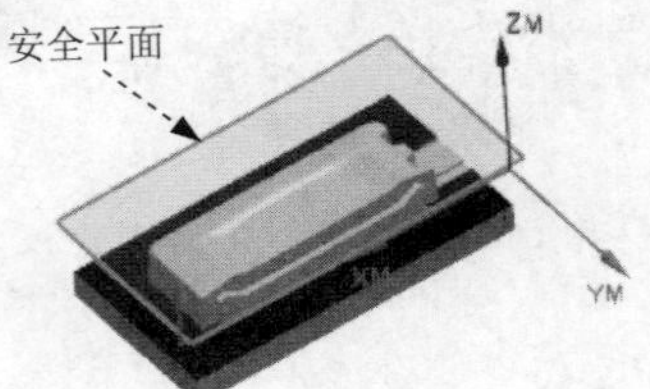

图 10.3.4 创建安全平面

Stage3. 创建部件几何体

Step1. 在工序导航器中双击 MCS_MILL 节点下的 WORKPIECE，系统弹出“工件”对话框。

Step2. 选取部件几何体。单击按钮，系统弹出“部件几何体”对话框，在图形区中框选整个零件为部件几何体。

Step3. 单击 确定 按钮，完成部件几何体的创建，同时系统返回到“工件”对话框。

Stage4. 创建毛坯几何体

Step1. 在“工件”对话框中单击按钮，系统弹出“毛坯几何体”对话框。

Step2. 在类型下拉列表中选择包容块选项，在极限区域的ZM+文本框中输入值 1.0。

Step3. 单击确定按钮，系统返回到“工件”对话框，完成如图 10.3.5 所示毛坯几何体的创建。

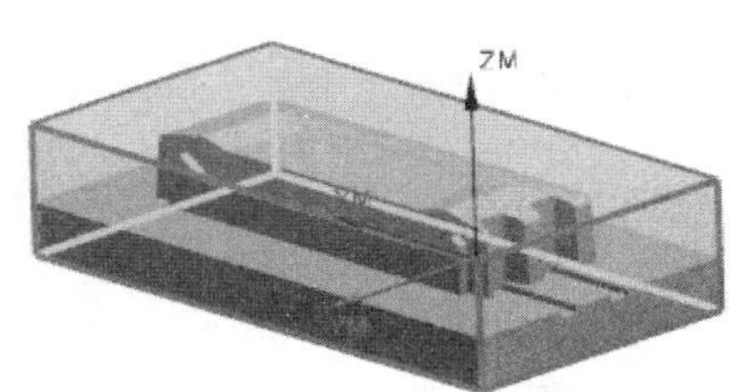

图 10.3.5 毛坯几何体

Step4. 单击确定按钮。

Task3. 创建刀具

Stage1. 创建刀具（一）

Step1. 将工序导航器调整到机床视图。

Step2. 选择下拉菜单插入(S) → 刀具(T)...命令，系统弹出“创建刀具”对话框。

Step3. 在类型下拉列表中选择mill contour选项，在刀具子类型区域中单击 MILL 按钮，在位置区域的刀具下拉列表中选择GENERIC_MACHINE选项，在名称文本框中输入 D18R2，然后单击确定按钮，系统弹出“铣刀-5 参数”对话框。

Step4. 在(D) 直径文本框中输入值 18.0，在(R1) 下半径文本框中输入值 2.0，在刀具号文本框中输入值 1，其他参数采用系统默认设置值，单击确定按钮，完成刀具的创建。

说明：本 Task 后面的详细操作过程请参见随书光盘中 video\ch10.03\reference 文件下的语音视频讲解文件 panel_mold_core-r01.avi。

Task4. 创建型腔铣操作（一）

Stage1. 创建工序

Step1. 将工序导航器调整到程序顺序视图。

Step2. 选择下拉菜单插入(S) → 工序(E)...命令，在“创建工序”对话框的类型下拉列表中选择mill_contour选项，在工序子类型区域中单击 CAVITY_MILL 按钮，在程序下拉列表中选择NC PROGRAM选项，在刀具下拉列表中选择前面设置的刀具D18R2（铣刀-5 参数）选项，在几何体下拉列表中选择WORKPIECE选项，在方法下拉列表中选择MILL ROUGH选项，使用系统默认的名称。

Step3. 单击确定按钮，系统弹出“型腔铣”对话框。

Stage2. 设置一般参数

在“型腔铣”对话框的切削模式下拉列表中选择跟随周边选项，在步距下拉列表中选择刀具平直百分比选项，在平面直径百分比文本框中输入值 50.0，在公共每刀切削深度下拉列表中选择恒定选项，在最大距离文本框中输入值 2.0。

Stage3. 设置切削参数

Step1. 在刀轨设置区域中单击“切削参数”按钮，系统弹出“切削参数”对话框。

Step2. 单击策略选项卡，在切削顺序下拉列表中选择层优先选项，然后在壁区域中选中☑ 岛清根复选框，其他参数采用系统默认设置值。

Step3. 单击余量选项卡，在部件侧面余量文本框中输入值 1.0，其他参数采用系统默认设置值。

Step4. 单击拐角选项卡，在光顺下拉列表中选择所有刀路选项。

Step5. 单击确定按钮，系统返回到“型腔铣”对话框。

Stage4. 设置非切削移动参数

Step1. 在“型腔铣”对话框中单击“非切削移动”按钮，系统弹出“非切削移动”对话框。

Step2. 单击进刀选项卡，在该对话框封闭区域区域的进刀类型下拉列表中选择螺旋选项，在开放区域区域的进刀类型下拉列表中选择线性选项，其他参数采用系统默认设置值。

Step3. 单击确定按钮，系统返回到“型腔铣”对话框。

Stage5. 设置进给率和速度

Step1. 在“型腔铣”对话框中单击“进给率和速度”按钮，系统弹出“进给率和速度”对话框。

Step2. 选中主轴速度区域中的☑ 主轴速度 (rpm)复选框，在其后的文本框中输入值 800.0，按回车键，单击按钮；在进给率区域的切削文本框中输入值 125.0，按回车键，然后单击按钮，其他参数采用系统默认设置值。

Step3. 单击确定按钮，完成进给率和速度的设置，系统返回“型腔铣”操作对话框。

Stage6. 生成刀路轨迹并仿真

生成的刀路轨迹如图 10.3.6 所示，2D 动态仿真加工后的模型如图 10.3.7 所示。

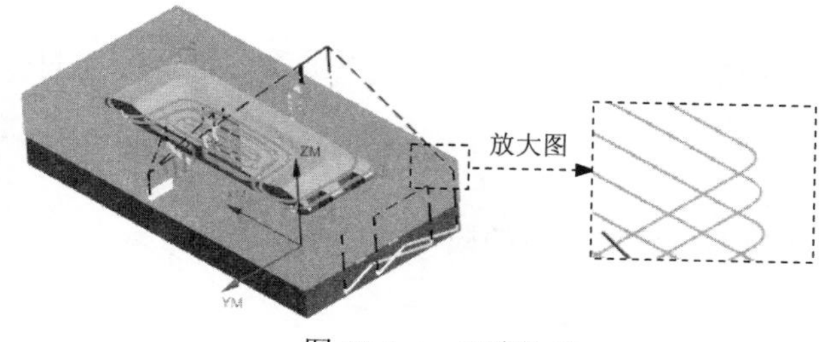

图 10.3.6 刀路轨迹

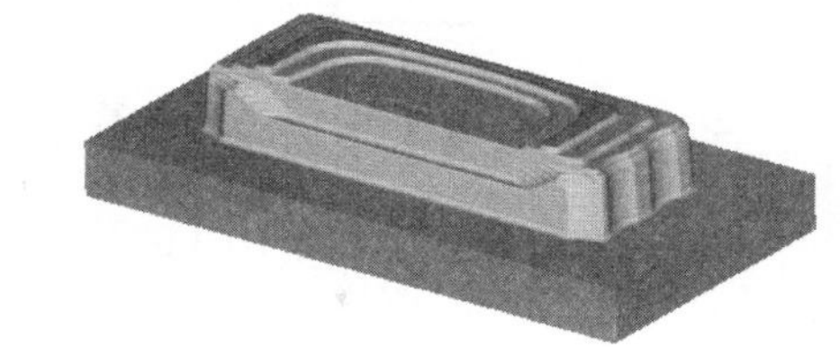

图 10.3.7 2D 仿真结果

Task5. 创建型腔铣操作（二）

Stage1. 创建工序

Step1. 选择下拉菜单 插入(S) → 工序(E)... 命令，在“创建工序”对话框的 类型 下拉列表中选择 mill_contour 选项，在 工序子类型 区域中单击 CAVITY_MILL 按钮，在 程序 下拉列表中选择 NC PROGRAM 选项，在 刀具 下拉列表中选择刀具 D10R1（铣刀-5 参数）选项，在 几何体 下拉列表中选择 WORKPIECE 选项，在 方法 下拉列表中选择 MILL_SEMI_FINISH 选项，使用系统默认的名称 CAVITY_MILL_1。

Step2. 单击 确定 按钮，系统弹出“型腔铣”对话框。

Stage2. 设置一般参数

在“型腔铣”对话框的 切削模式 下拉列表中选择 跟随周边 选项，在 步距 下拉列表中选择 刀具平直百分比 选项，在 平面直径百分比 文本框中输入值 50.0，在 公共每刀切削深度 下拉列表中选择 恒定 选项，在 最大距离 文本框中输入值 0.5。

Stage3. 设置切削参数

注：本 Stage 的详细操作过程请参见随书光盘中 video\ch10.03\reference 文件下的语音视频讲解文件 panel_mold_core-r02.avi。

Stage4. 设置非切削移动参数

采用系统默认的参数设置值。

Stage5. 设置进给率和速度

Step1. 在“型腔铣”对话框中单击“进给率和速度”按钮，系统弹出“进给率和速度”对话框。

Step2. 选中 主轴速度 区域中的 ☑ 主轴速度（rpm）复选框，在其后的文本框中输入值 1250.0，按回车键，单击 按钮；在 进给率 区域的 切削 文本框中输入值 400.0，按回车键，然后单击按钮，其他参数采用系统默认设置值。

Step3. 单击 确定 按钮，完成进给率和速度的设置，系统返回"型腔铣"操作对话框。

Stage6. 生成刀路轨迹并仿真

生成的刀路轨迹如图 10.3.8 所示，2D 动态仿真加工后的模型如图 10.3.9 所示。

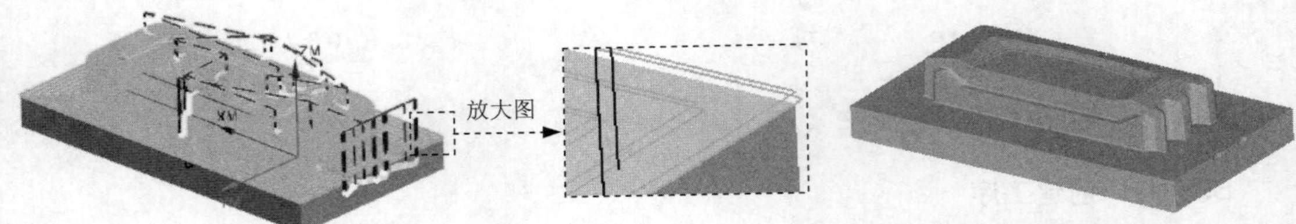

图 10.3.8 刀路轨迹

图 10.3.9 2D 仿真结果

Task6. 创建底壁加工铣操作（一）

Stage1. 创建工序

Step1. 选择下拉菜单 插入(S) → 工序(E)... 命令，系统弹出"创建工序"对话框。

Step2. 确定加工方法。在 类型 下拉列表中选择 mill_planar 选项，在 工序子类型 区域中单击"FLOOR_WALL"按钮，在 刀具 下拉列表中选择 D4R1（铣刀-5 参数）选项，在 几何体 下拉列表中选择 WORKPIECE 选项，在 方法 下拉列表中选择 METHOD 选项，采用系统默认的名称。

Step3. 单击 确定 按钮，系统弹出"底壁加工"对话框。

Stage2. 指定切削区域

Step1. 在 几何体 区域中单击"选择或编辑切削区域几何体"按钮，系统弹出"底壁加工"对话框。

Step2. 选取如图 10.3.10 所示的面为切削区域，单击 确定 按钮，完成切削区域的创建，同时系统返回到"底壁加工"对话框。

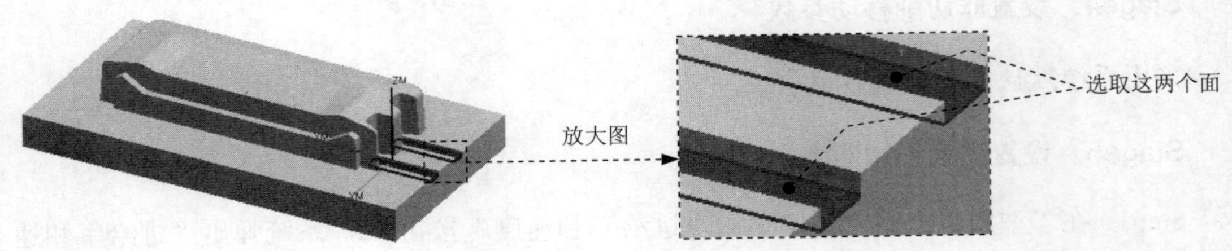

图 10.3.10 指定切削区域

Stage3. 设置刀具路径参数

Step1. 创建切削模式。在 刀轨设置 区域的 切削模式 下拉列表中选择 往复 选项。

Step2. 创建步进方式。在步距下拉列表中选择刀具平直百分比选项，在平面直径百分比文本框中输入值 75.0，在底面毛坯厚度文本框中输入值 3.0，在每刀切削深度文本框中输入值 1.0。

Stage4. 设置切削参数

Step1. 在刀轨设置区域中单击“切削参数”按钮，系统弹出“切削参数”对话框。

Step2. 单击策略选项卡，在切削角下拉列表中选择指定选项，在与 XC 的夹角文本框中输入值 180.0，其他参数采用系统默认设置值。

Step3. 单击余量选项卡，在部件余量文本框中输入值 0.1，其他参数采用系统默认设置值。单击确定按钮，系统返回到“底壁加工”对话框。

Stage5. 设置非切削移动参数

Step1. 单击“底壁加工”对话框刀轨设置区域中的“非切削移动”按钮，系统弹出“非切削移动”对话框。

Step2. 单击进刀选项卡，在该对话框封闭区域区域的进刀类型下拉列表中选择沿形状斜进刀选项，在开放区域区域的进刀类型下拉列表中选择线性选项，其他选项卡中的参数设置值采用系统默认，单击确定按钮，完成非切削移动参数的设置。

Stage6. 设置进给率和速度

Step1. 单击“底壁加工”对话框中的“进给率和速度”按钮，系统弹出“进给率和速度”对话框。

Step2. 选中主轴速度区域中的☑ 主轴速度 (rpm)复选框，在其后的文本框中输入值 1000.0，按回车键，然后单击按钮，在进给率区域的切削文本框中输入值 300.0，按回车键，然后单击按钮，其他参数采用系统默认的设置值。

Step3. 单击确定按钮，系统返回“底壁加工”对话框。

Stage7. 生成刀路轨迹并仿真

生成的刀路轨迹如图 10.3.11 所示，2D 动态仿真加工后的模型如图 10.3.12 所示。

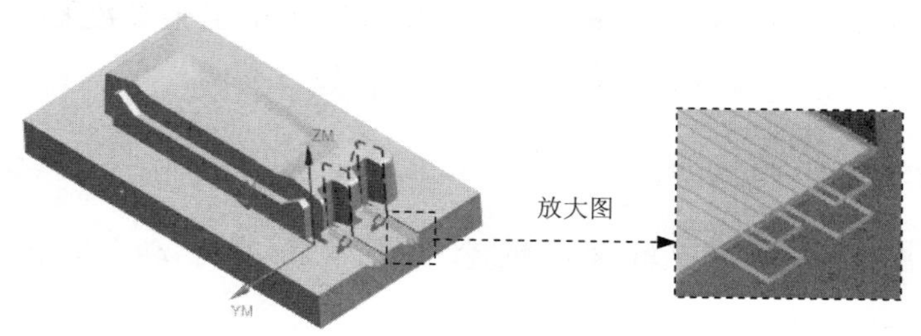

图 10.3.11 刀路轨迹

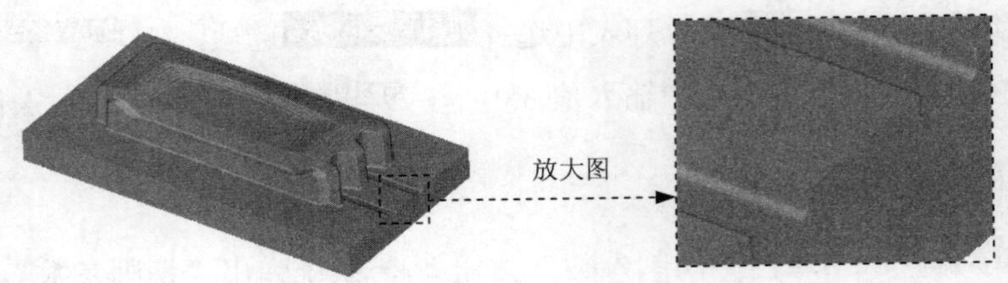

图 10.3.12　2D 仿真结果

Task7．创建底壁加工铣操作（二）

Stage1．创建工序

Step1．复制底壁加工铣（一）。在如图 10.3.13 所示的工序导航器的程序顺序视图中右击 FLOOR_WALL 节点，在弹出的快捷菜单中选择 复制 命令；然后右击 NC_PROGRAM 节点，在弹出的快捷菜单中选择 内部粘贴 命令，此时工序导航器界面如图 10.3.14 所示。

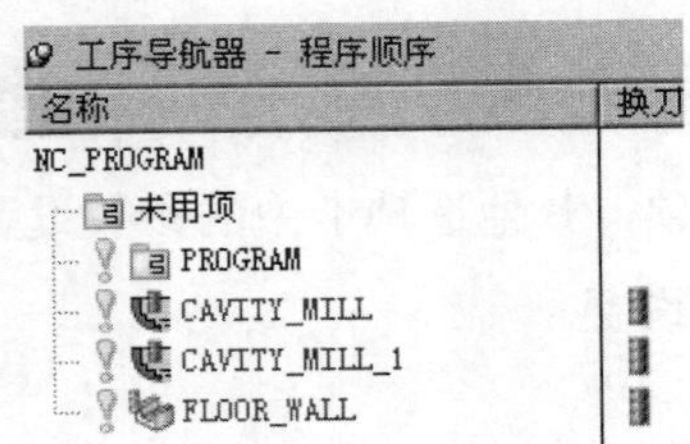

图 10.3.13　工序导航器界面（一）

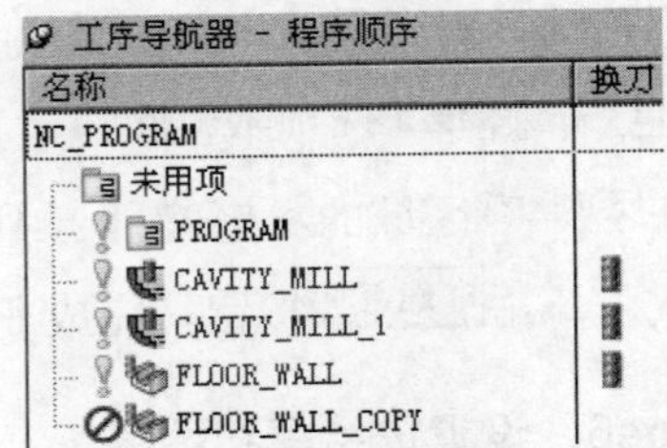

图 10.3.14　工序导航器界面（二）

Step2．双击 FACE_MILLING_AREA_COPY 节点，系统弹出“底壁加工”对话框。

Stage2．设置刀具路径参数

Step1．创建切削模式。在 刀轨设置 区域的 切削模式 下拉列表中选择 往复 选项。

Step2．创建步进方式。在 步距 下拉列表中选择 刀具平直百分比 选项，在 平面直径百分比 文本框中输入值 50.0，在 底面毛坯厚度 文本框中输入值 1.0，在 每刀切削深度 文本框中输入值 1.0。

Stage3．设置切削参数

Step1．在 刀轨设置 区域中单击“切削参数”按钮，系统弹出“切削参数”对话框。

Step2．单击 余量 选项卡，在 部件余量 文本框中输入值 0.0，其他参数采用系统默认设置值。单击 确定 按钮，系统返回到“底壁加工”对话框。

Stage4．设置非切削移动参数

Step1．单击“底壁加工”对话框 刀轨设置 区域中的“非切削移动”按钮，系统弹出“非切削移动”对话框。

Step2．单击 进刀 选项卡，在该对话框 封闭区域 区域的 进刀类型 下拉列表中选择 沿形状斜进刀

选项；在开放区域区域的进刀类型下拉列表中选择与封闭区域相同选项，其他选项卡中的参数设置值采用系统的默认设置值，单击确定按钮完成非切削移动参数的设置。

Stage5．设置进给率和速度

采用系统默认的设置值。

Stage6．生成刀路轨迹并仿真

生成的刀路轨迹如图 10.3.15 所示，2D 动态仿真加工后的模型如图 10.3.16 所示。

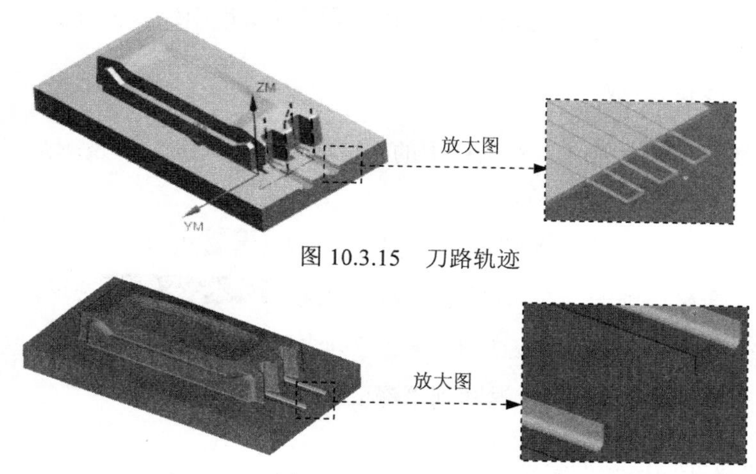

图 10.3.15　刀路轨迹

图 10.3.16　2D 仿真结果

Task8．创建等高轮廓铣操作

Stage1．创建工序

Step1．选择下拉菜单插入(S) ⟶ 工序(E)...命令，系统弹出“创建工序”对话框。

Step2．在类型下拉列表中选择mill_contour选项，在工序子类型区域中单击 ZLEVEL_PROFILE 按钮，在程序下拉列表中选择NC_PROGRAM选项，在刀具下拉列表中选择B6（铣刀-球头铣）选项，在几何体下拉列表中选择WORKPIECE选项，在方法下拉列表中选择MILL_FINISH选项，单击确定按钮，系统弹出“深度轮廓加工”对话框。

Stage2．指定切削区域

Step1．单击“深度轮廓加工”对话框指定切削区域右侧的按钮，系统弹出“切削区域”对话框。

Step2．在图形区中选取如图 10.3.17 所示的切削区域（共 36 个面），单击确定按钮，系统返回到“深度轮廓加工”对话框。

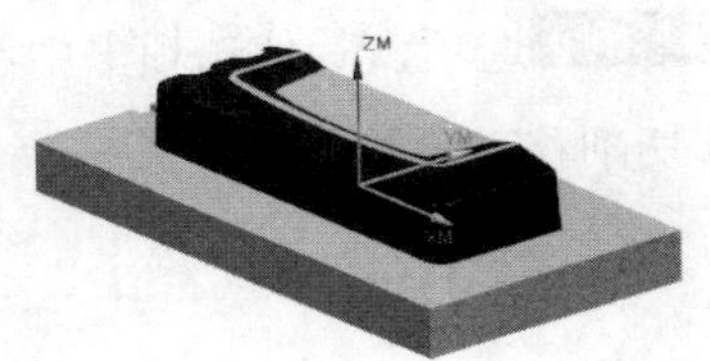
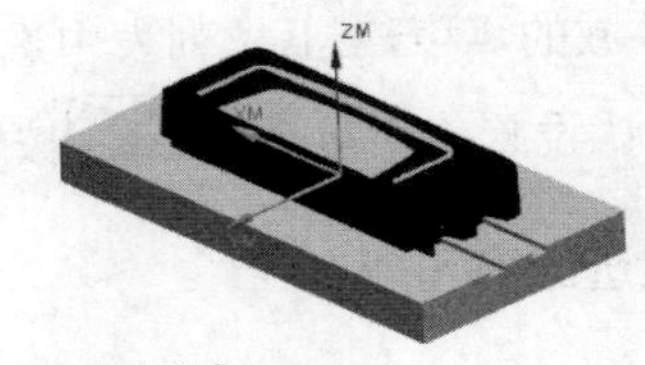

图 10.3.17　指定切削区域

Stage3．设置刀具路径参数

在“深度轮廓加工”对话框刀轨设置区域的陡峭空间范围下拉列表中选择仅陡峭的选项，在角度文本框中输入值 1.0，在合并距离文本框中输入值 1.0，在最小切削长度文本框中输入值 0.5，在公共每刀切削深度下拉列表中选择恒定选项，在最大距离文本框中输入值 0.2。

Stage4．设置切削参数

Step1．单击“深度轮廓加工”对话框中的“切削参数”按钮，系统弹出“切削参数”对话框。

Step2．单击策略选项卡，在切削顺序下拉列表中选择层优先选项。

Step3．单击连接选项卡，在层到层下拉列表中选择沿部件交叉斜进刀选项。

Step4．单击空间范围选项卡，在修剪方式下拉列表中选择轮廓线选项。

Step5．单击确定按钮，系统返回到“深度轮廓加工”对话框。

Stage5．设置非切削移动参数

采用系统默认的参数设置值。

Stage6．设置进给率和速度

Step1．在“深度轮廓加工”对话框中单击“进给率和速度”按钮，系统弹出“进给率和速度”对话框。

Step2．选中☑ 主轴速度 (rpm)复选框，然后在其文本框中输入值 1200.0，按回车键，然后单击按钮，在切削文本框中输入值 250.0。

Step3．单击确定按钮，完成进给率的设置，系统返回“深度轮廓加工”对话框。

Stage7．生成刀路轨迹并仿真

生成的刀路轨迹如图 10.3.18 所示，2D 动态仿真加工后的模型如图 10.3.19 所示。

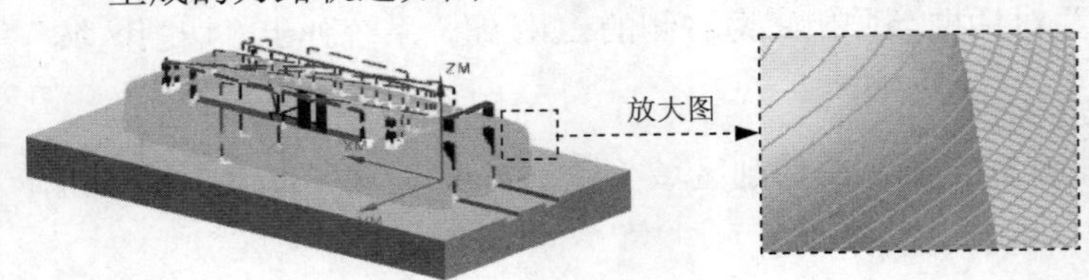

图 10.3.18　刀路轨迹

图 10.3.19　2D 仿真结果

Task9. 创建固定轴曲面轮廓铣削操作

Stage1. 创建工序

Step1. 选择下拉菜单 插入(S) → 工序(E)... 命令，系统弹出“创建工序”对话框。

Step2. 确定加工方法。在 类型 下拉列表中选择 mill_contour 选项，在 工序子类型 区域中单击 FIXED_CONTOUR 按钮，在 刀具 下拉列表中选择 B4（铣刀-球头铣）选项，在 几何体 下拉列表中选择 WORKPIECE 选项，在 方法 下拉列表中选择 MILL_FINISH 选项，单击 确定 按钮，系统弹出“固定轮廓铣”对话框。

Stage2. 指定切削区域

Step1. 单击“固定轮廓铣”对话框中 指定切削区域 右侧的按钮，系统弹出“切削区域”对话框。

Step2. 在图形区中选取图 10.3.20 所示的切削区域（共 5 个面），单击 确定 按钮，系统返回到“固定轮廓铣”对话框。

Stage3. 设置驱动几何体

在“固定轮廓铣”对话框 驱动方法 区域的下拉列表中选择 区域铣削 选项，系统弹出“区域铣削驱动方法”对话框，设置如图 10.3.21 所示的参数，完成后单击 确定 按钮，系统返回到“固定轮廓铣”对话框。

说明：在“固定轮廓铣”对话框 驱动方法 区域的下拉列表中选择 区域铣削 选项时，系统可能会弹出“驱动方法”对话框，单击 确定(O) 按钮即可。

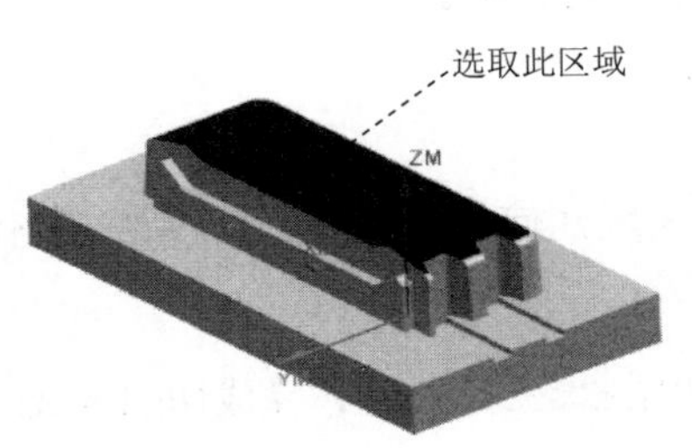

图 10.3.20　指定切削区域

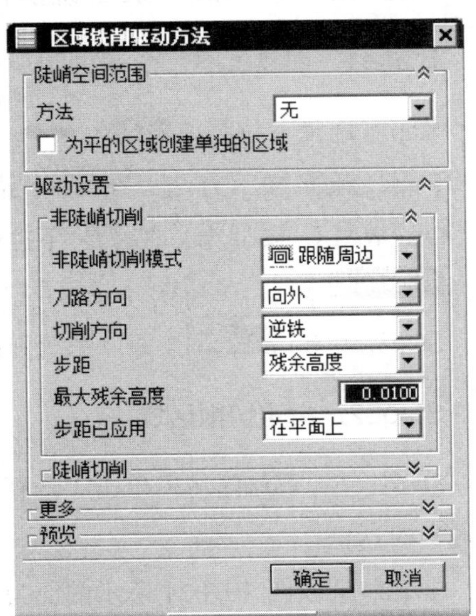

图 10.3.21　“区域铣削驱动方法”对话框

Stage4．设置切削参数

采用系统默认的参数设置值。

Stage5．设置进给率和速度

Step1. 在“固定轮廓铣”对话框中单击“进给率和速度”按钮，系统弹出“进给率和速度”对话框。

Step2. 选中 主轴速度 (rpm) 复选框，在其后的文本框中输入值 1600.0，按回车键，单击按钮；在 切削 文本框中输入值 1250.0，按回车键，然后单击按钮。

Step3. 单击 确定 按钮，系统返回“固定轮廓铣”对话框。

Stage6．生成刀路轨迹并仿真

生成的刀路轨迹如图 10.3.22 所示，2D 动态仿真加工后的模型如图 10.3.23 所示。

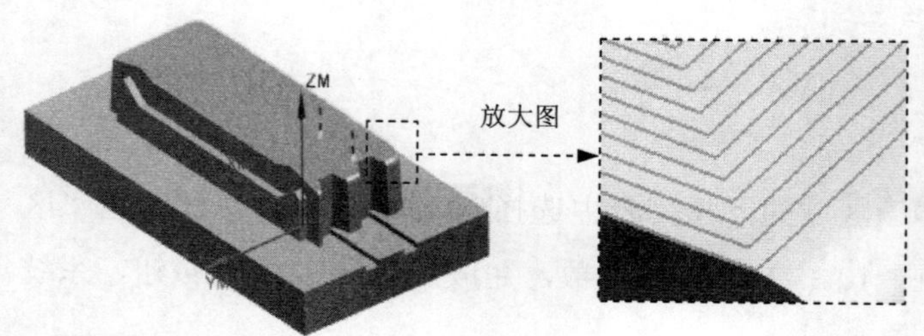

图 10.3.22　刀路轨迹

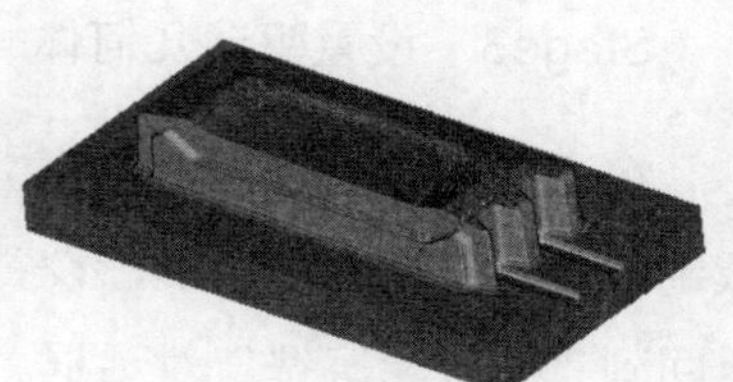

图 10.3.23　2D 仿真结果

Task10．创建底壁加工铣操作（三）

Stage1．创建工序

Step1. 选择下拉菜单 插入(S) → 工序(E)... 命令，系统弹出“创建工序”对话框。

Step2. 确定加工方法。在 类型 下拉列表中选择 mill_planar 选项，在 工序子类型 区域中单击 FLOOR_WALL 按钮，在 刀具 下拉列表中选择 D4R0（铣刀-5 参数）选项，在 几何体 下拉列表中选择 WORKPIECE 选项，在 方法 下拉列表中选择 MILL_FINISH 选项，采用系统默认的名称。

Step3. 单击 确定 按钮，系统弹出“底壁加工”对话框。

Stage2．指定切削区域

Step1. 在 几何体 区域中单击“选择或编辑切削区域几何体”按钮，系统弹出“切削区域”对话框。

Step2. 选取图 10.3.24 所示的面为切削区域，单击 确定 按钮，完成切削区域的创建，同时系统返回到“底壁加工”对话框。

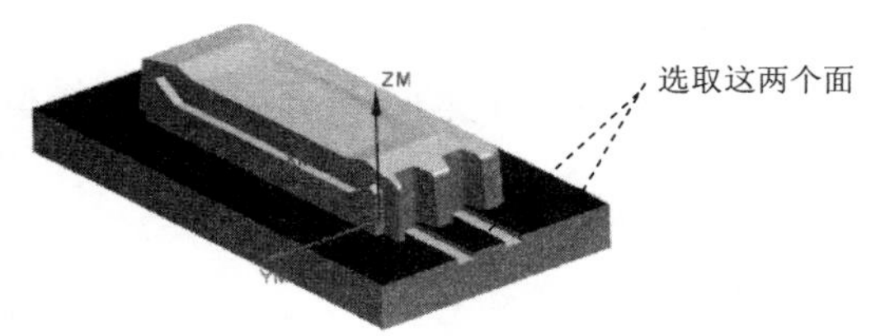

图 10.3.24 指定切削区域

Stage3．设置刀具路径参数

Step1．创建切削模式。在刀轨设置区域的切削模式下拉列表中选择跟随部件选项。

Step2．创建步进方式。在步距下拉列表中选择刀具平直百分比选项，在平面直径百分比文本框中输入值 75.0，在底面毛坯厚度文本框中输入值 0.15，在每刀切削深度文本框中输入值 0.15。

Stage4．设置切削参数

Step1．在刀轨设置区域中单击“切削参数”按钮，系统弹出“切削参数”对话框。

Step2．单击连接选项卡，在开放刀路下拉列表中选择变换切削方向选项，其他参数采用系统默认设置值。

Step3．单击拐角选项卡，在凸角下拉列表中选择绕对象滚动选项，其他参数采用系统默认设置值。

Step4．单击空间范围选项卡，在刀具延展量文本框中输入值 100，单击确定按钮，系统返回到“底壁加工”对话框。

Stage5．设置非切削移动参数

Step1．单击“底壁加工”对话框刀轨设置区域中的“非切削移动”按钮，系统弹出“非切削移动”对话框。

Step2．单击进刀选项卡，在封闭区域区域的进刀类型下拉列表中选择沿形状斜进刀选项，在开放区域区域的进刀类型下拉列表中选择线性选项，其他选项卡中的参数采用系统默认设置值，单击确定按钮，完成非切削移动参数的设置。

Stage6．设置进给率和速度

Step1．单击“底壁加工”对话框中的“进给率和速度”按钮，系统弹出“进给率和速度”对话框。

Step2．选中主轴速度区域中的☑ 主轴速度 (rpm)复选框，在其后的文本框中输入值 1000.0，在进给率区域的切削文本框中输入值 300.0，其他参数采用系统默认设置值。

Step3．单击确定按钮，系统返回“底壁加工”对话框。

Stage7．生成刀路轨迹并仿真

生成的刀路轨迹如图 10.3.25 所示，2D 动态仿真加工后的模型如图 10.3.26 所示。

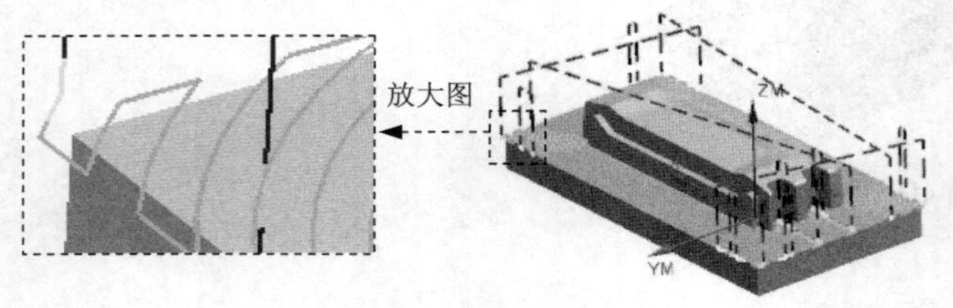

图 10.3.25　刀路轨迹

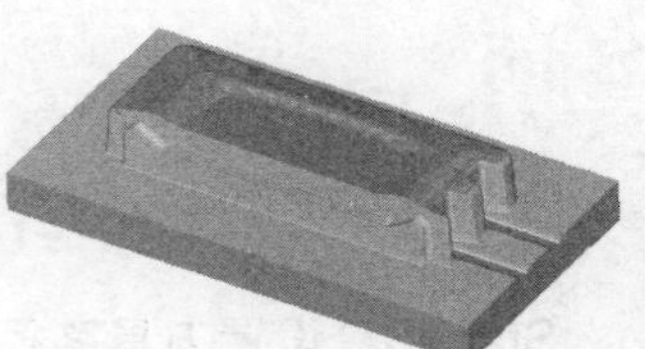

图 10.3.26　2D 仿真结果

Task11．创建可变轮廓铣削操作

Stage1．创建工序

Step1．选择下拉菜单 插入(S) → 工序(E)... 命令，系统弹出“创建工序”对话框。

Step2．确定加工方法。在类型下拉列表中选择mill_multi-axis选项，在工序子类型区域中单击 VARIABLE_CONTOUR 按钮，在刀具下拉列表中选择B4（铣刀-球头铣）选项，在几何体下拉列表中选择WORKPIECE选项，在方法下拉列表中选择METHOD选项，采用系统默认的名称。

Step3．单击确定按钮，系统弹出“可变轮廓铣”对话框。

Stage2．设置驱动方式

Step1．指定切削区域。在“可变轮廓铣”对话框中单击按钮，系统弹出“切削区域”对话框，采用系统默认的参数设置值，选取如图 10.3.27 所示的切削区域（共 5 个面），单击确定按钮，系统返回到“可变轮廓铣”对话框。

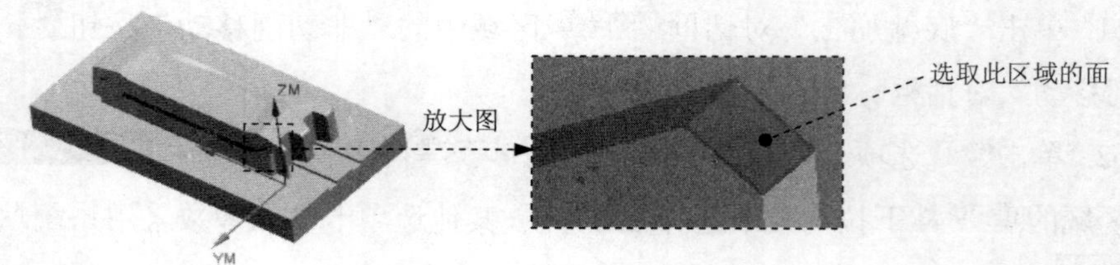

图 10.3.27　指定切削区域

Step2．设置驱动方式。在“可变轮廓铣”对话框的方法下拉列表中选择曲面选项，系统弹出“曲面区域驱动方法”对话框，在指定驱动几何体区域中单击按钮，然后选取如图 10.3.27 所示的面，单击两次确定按钮，系统返回到“可变轮廓铣”对话框。

Step3．设置投影矢量。在投影矢量区域中的矢量下拉列表中选择垂直于驱动体选项。

Stage3．设置非切削移动参数

采用系统默认的参数设置值。

Stage4．设置进给率和速度

Step1．在“可变轮廓铣”对话框中单击“进给率和速度”按钮，系统弹出“进给率和速度”对话框。

Step2．选中☑ 主轴速度（rpm）复选框，在其后方的文本框中输入值 1600.0，按回车键，然后单击按钮，在切削文本框中输入值 1250.0，按回车键，然后单击按钮。

Step3．完成后单击确定按钮，系统返回“可变轮廓铣”对话框。

Stage5．生成刀路轨迹并仿真

生成的刀路轨迹如图 10.3.28 所示，2D 动态仿真加工后的模型如图 10.3.29 所示。

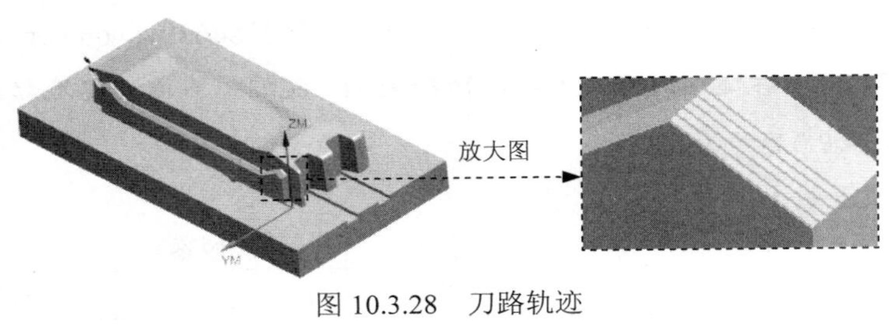

图 10.3.28　刀路轨迹

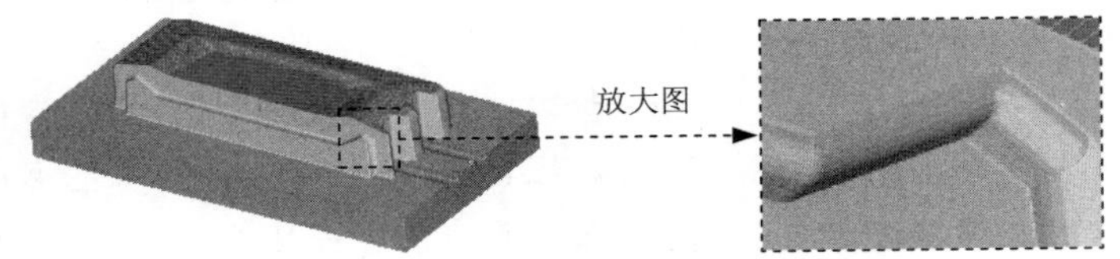

图 10.3.29　2D 仿真结果

Task12．创建清根操作

说明：本 Task 的详细操作过程请参见随书光盘中 video\ch10.03\reference 文件下的语音视频讲解文件 panel_mold_core-r03.avi。

Task13．保存文件

选择下拉菜单文件(F) ➡ 保存(S)命令，保存文件。

读者意见反馈卡

尊敬的读者：

感谢您购买中国水利水电出版社的图书！

我们一直致力于CAD、CAPP、PDM、CAM和CAE等相关技术的跟踪，希望能将更多优秀作者的宝贵经验与技巧介绍给您。当然，我们的工作离不开您的支持。如果您在看完本书之后，有好的意见和建议，或是有一些感兴趣的技术话题，都可以直接与我联系。

策划编辑：杨庆川、杨元泓

注：本书的随书光盘中含有该“读者意见反馈卡”的电子文档，您可将填写后的文件采用电子邮件的方式发给本书的责任编辑或主编。

E-mail　展迪优：zhanygjames@163.com；宋杨：2535846207@qq.com。

请认真填写本卡，并通过邮寄或 *E-mail* 传给我们，我们将奉送精美礼品或购书优惠卡。

书名：《UG NX 9.0数控加工教程》

1. 读者个人资料：

姓名：＿＿＿＿性别：＿＿年龄：＿＿职业：＿＿＿＿职务：＿＿＿＿学历：＿＿＿

专业：＿＿＿＿单位名称：＿＿＿＿＿＿＿＿电话：＿＿＿＿＿手机：＿＿＿＿

邮寄地址：＿＿＿＿＿＿＿＿＿＿＿＿＿邮编：＿＿＿＿＿E-mail：＿＿＿＿＿

2. 影响您购买本书的因素（可以选择多项）：

□内容　□作者　□价格

□朋友推荐　□出版社品牌　□书评广告

□工作单位（就读学校）指定　□内容提要、前言或目录　□封面封底

□购买了本书所属丛书中的其他图书　□其他＿＿＿＿＿＿

3. 您对本书的总体感觉：

□很好　□一般　□不好

4. 您认为本书的语言文字水平：

□很好　□一般　□不好

5. 您认为本书的版式编排：

□很好　□一般　□不好

扫描二维码获取链接在线填写“读者意见反馈卡”，即有机会参与抽奖获取图书

6. 您认为UG其他哪些方面的内容是您所迫切需要的？

＿＿＿＿＿＿＿＿＿＿＿＿＿＿＿＿＿＿＿＿＿＿＿＿

7. 其他哪些CAD/CAM/CAE方面的图书是您所需要的？

＿＿＿＿＿＿＿＿＿＿＿＿＿＿＿＿＿＿＿＿＿＿＿＿

8. 您认为我们的图书在叙述方式、内容选择等方面还有哪些需要改进的？

如若邮寄，请填好本卡后寄至：

北京市海淀区玉渊潭南路普惠北里水务综合楼401室　中国水利水电出版社万水分社

宋杨（收）　邮编：100036　联系电话：（010）82562819　传真：（010）82564371

如需本书或其他图书，可与中国水利水电出版社网站联系邮购：

http://www.waterpub.com.cn　　咨询电话：（010）68367658。